黑龙江省
密山市
耕地地力评价

田荣山 主编

中国农业出版社
北京

内 容 提 要

    本书是对黑龙江省密山市耕地地力调查与评价成果的集中反映。是在充分应用耕地信息大数据智能互联技术与多维空间要素信息综合处理技术并应用模糊数学方法进行成果评价的基础上，首次对密山市耕地资源历史、现状及问题进行了分析和探讨。它不仅客观地反映了全市土壤资源的类型、面积、分布、理化性状、养分状况和影响农业生产持续发展的障碍性因素，揭示了土壤质量的时空变化规律，而且详细介绍了测土配方施肥大数据的采集和管理、空间数据库的建立、属性数据库的建立、数据提取、数据质量控制、县域耕地资源管理信息系统的建立与应用等方法和程序。此外，还确定了参评因素的权重，并通过利用模糊数学模型，结合层次分析法，计算了密山市耕地地力综合指数。这些不仅为今后改良利用土壤、定向培育土壤、提高土壤综合肥力提供了路径、措施和科学依据；而且也为今后建立更为客观、全面的黑龙江省耕地地力定量评价体系，实现耕地资源大数据信息采集分析评价互联网络智能化管理提供参考。

    全书共7章。第一章：自然与农业生产概况；第二章：耕地地力调查与质量评价技术和方法；第三章：耕地立地条件与农田基础设施建设；第四章：土壤基本情况；第五章：耕地土壤属性；第六章：耕地地力评价；第七章：耕地质量管理及合理利用土地的建议。书末附6个附录供参考。

    该书理论与实践相结合、学术与科普融为一体，是黑龙江省农林牧业、国土资源、水利、环保等大农业领域各级领导干部、科技工作者、大中专院校教师和农民群众掌握和应用土壤科学技术的良师益友，是指导农业生产必备的工具书。

编写人员名单

总 策 划：王国良　辛洪生

主　　编：田荣山

副 主 编：滕范奎　潘永亮　汤颜辉　朱文勇

编写人员（按姓氏笔画排序）：

王　波　王艳玲　邓秀成　曲环钰

谷立新　宋福彬　张　涛　张文辉

张学峰　邵淑华　姜贵生　潘永亮

潘德斌　魏金贵

序

农业是国民经济的基础；耕地是农业生产的基础，也是社会稳定的基础。中共黑龙江省委、省政府高度重视耕地保护工作，并做了重要部署。为适应新时期农业发展的需要，确保粮食安全，增强农产品竞争能力，促进农业结构战略性调整，提高农业效益，促进农业增效、农民增收，针对当前耕地土壤现状，确定科学评价体系，摸清耕地基础地力，分析预测变化趋势，提出耕地利用与改良的措施和路径，为政府决策和农业生产提供依据，乃当务之急。

2009年，密山市结合测土配方施肥项目实施，及时开展了耕地地力调查与评价工作。在黑龙江省土壤肥料管理站、黑龙江省农业科学院、东北农业大学、中国科学院东北地理与农业生态研究所、黑龙江大学、哈尔滨万图信息技术开发有限公司及密山市农业科技人员的共同努力下，2011年12月完成了密山市耕地地力调查与评价工作，并通过了农业部组织的专家验收。耕地地力调查与评价工作，摸清了全市耕地地力状况，查清了影响当地农业生产持续发展的主要制约因素，建立了全市耕地土壤属性、空间数据库和耕地地力评价体系，提出了密山市耕地资源合理配置及耕地适宜种植、科学施肥及中低产田改造的路径和措施，初步构建了耕地资源信息管理系统。这些成果为全面提高农业生产水平，实现耕地质量计算机动态监控管理，适时提供辖区内各个耕地基础管理单元土、水、肥、气、热状况及调节措施提供了基础数据平台和管理依据。同时，也为各级政府制订农业发展规划、调整农业产业结构、加快绿色食品基地建设步伐、保证粮食生产安全以及促进农业现代化建设提供了最基础的科学评价体系和最直接的理论、方法依据，也为今后全面开展耕地地力普查工作，实施耕地综合生产能力建设，发展旱作节水农业、测土配方施肥及其他农业新技术普及工作提供了技术支撑。

《黑龙江省密山市耕地地力评价》一书，集理论基础性、技术指导性和实际应用性为一体，系统地介绍了耕地资源评价的方法与内容，应用大量的调查分析资料，分析研究了密山市耕地资源的利用现状及问题，提出了合理利用的对策和建议。本书既是一本值得推荐的实用技术读物，又是全市各级农业工作者应具备的工具书之一。该书的出版将对密山市耕地的保护与利用、分区施肥指导、耕地资源的合理配置、农业结构调整及提高农业综合生产能力起到积极的推动和指导作用。

王国良

2018 年 1 月

　　耕地是土地的精华，是农业生产中不可替代的重要生产资料，是保持社会和国民经济可持续发展的重要资源。土壤的耕地地力是指在当前管理水平下，由土壤本身特性、自然背景条件和基础设施水平等要素综合构成的耕地生产能力。对耕地地力进行评价是提高资源利用效率、推进农业结构调整、降低农业生产成本、指导科学施肥等工作的需要。

　　黑龙江省密山市的耕地地力调查与质量评价工作，是按照《耕地地力调查与质量评价技术规程》、全国农业技术推广服务中心《耕地地力评价指南》《黑龙江省测土配方施肥工作方案》的要求，在黑龙江省土壤肥料管理站、中国科学院东北地理与农业生态研究所、黑龙江大学、哈尔滨万图信息技术开发有限公司、省土壤肥料管理站有关专家的大力支持和协助下，在中共密山市委、市政府及市农业局的正确领导下，在密山市国土资源局、民政局、水务局、林业局、统计局、气象局、畜牧局、环保局、农机局等单位的全力配合和帮助下，历时3年于2011年12月完成了密山市测土配方施肥项目的耕地地力调查与质量评价工作。

　　通过对2 000个耕地地力采样点的调查、地块化验分析，对密山市耕地地力进行了质量评价分级，基本摸清了县域内耕地地力与生产潜力状况，为各级领导进行宏观决策提供了可靠的依据，为指导农业生产提供了较为科学的数据。项目实施以来，密山市测土配方施肥实施的面积达到了66 666.6公顷，野外采集的土壤农化样12 453个，测试的化验分析数据62 265项次，制作了大量的图、文、表等数据材料，整理汇编了20余万字的技术性专题报告。较系统地构建了测土配方施肥宏观决策和动态管理的基础平台，为农民科学种田、增产增收提供了科学的保障。通过项目实施，建立了较规范的密山市测土配方施肥数据库和县域土地资源空间数据库、属性数据库、密山市耕地质量管理信息系统。并且编写了《密山市耕地地力调查与质量评价技术报告》《密山市耕地地力的调查与质量评价专题报告》和《密山市耕地地力调查与质量评价工作总结》，在编写过程中，参阅了《密山市综合农业区划报告》《密山市全国第二次土壤普查报告》和《密山市相关年度的社会经济统计年鉴》，同时，还借鉴了黑龙江省土壤肥料管理站下发有关省、县（市）的耕地地力调查与评价等相关资料。

根据化验结果和调查农户施肥情况，截至2011年共发放施肥建议卡近10万份，为30 000余户农民进行了免费测土配肥，间接指导50 000余户农民，发放技术资料100 000余份，举办培训班150期，试验示范77个点次，直接为农户订购测土配方肥10 000余吨，指导应用配方肥200 000余吨，项目区内明显地提高肥料利用率3～5个百分点，平均亩增收19.94～56.75元，平均亩节本增效分别为14.07元、24.36元，增产粮食3.96万吨，总节肥2 865吨，总节本2 844.16万元，总增效4 920.72万元，总节本增效7 764.88万元。

由于此项工作应用计算机操作软件程序较多、内容新、工作量较大，加之编者水平有限，书中错误在所难免，敬请读者批评指正。

编　者

2018 年 1 月

目 录

序
前言

第一章　自然与农业生产概况

第一节　地理位置与行政区划

一、地理位置

密山市位于黑龙江省东南部，地理坐标为北纬 45°00′54″～45°55′05″，东经131°13′36″～133°08′02″。其东部与虎林市接壤，西部与鸡东县相接，北部与七台河市、宝清县为邻，南部与俄罗斯水、陆相望。市辖区经纬度方向最大南北长150.36千米，最大东西宽101.00千米。密山市是祖国东北边陲的一个拥有262千米国界线（其中陆界32千米）的国家一类口岸城市。中俄界湖兴凯湖是国家级自然保护区，其位于密山市东南部，每当夏日，湖畔游人如鲫；每逢冬令，湖面上白雪皑皑，一望无际，蔚为壮观。

二、人口与行政区划

密山市总土地面积为770 921.8公顷（约为7 709.2平方千米）。市属总土地面积536 333.3公顷，非市属面积234 588公顷；总耕地面积268 536.6公顷，市属耕地面积173 933.3公顷，占总耕地面积的64.77%；非市属面积94 603.3公顷，本次耕地评价面积157 526.6公顷，占市属耕地面积的90.57%。有汉、朝鲜、满、蒙古、瑶、苗、哈尼族等19个民族在此聚居。总人口426 495人，其中，市属部分人口359 589人，非市属人口66 906人。按农业与非农业人口，农业人口284 000人，非农业人口142 495人。密山市平均每平方千米人口密度为55.3人。市行政区内现辖16个乡（镇）154个行政村，分为8乡8镇（表1-1）。境内有牡丹江管理局及其所属6个国有农场（其中5.5个农场场部在境内），6个省驻市单位和驻军部队。市境内有乡以上的企业569家、村办企业297家、城乡个体工业3 254家，密山市全民商业机构251家、集体商业369家、个体有证商业5 346家。密山镇是密山市市委、市政府所在地，是密山市政治、经济、文化和科技中心。

表 1-1　密山市乡（镇）村级行政区划表

乡（镇）	村数	村名
密山镇	14	长青、双胜、牧付、双跃、铁西、新路、新农、新华、新山、新丰、新林、新治、新和、新鲜
连珠山镇	11	沙岗、保安、永新、发展、新发、永泉、新忠、东方红、解放、红光、连珠山
当壁镇	8	实边、祥生、庆利、庆康、宁安、临河、大顶山、三梭通
知一镇	7	加禾、福兴、迎恩、知一、向化、归仁、崇实
黑台镇	11	庆先、黑台、农业、塔头、新福、大城、兴盛、广新、直正、榆树、共裕
兴凯镇	10	兴凯、红岭、兴农、东光、兴旺、东发、平原、星火、宏亮、鲜新

乡（镇）	村数	村 名
裴德镇	9	裴德、东胜、德兴、兴利、跃进、平安、青年、红岩、中兴
柳毛乡	7	永胜、团结、利民、富乡、同心、双合、新政
杨木乡	10	凌云、朝阳、扬木、创业、伊通、金星、板石、红旗、育青、兴隆
兴凯湖乡	6	兴凯湖、石嘴子、金银库、马家岗、新民、爱民
承紫河乡	6	先锋、利湖、前进、光荣、继红、承子河
白鱼湾镇	9	劳动、勤农、湖沿、齐心、胜利、临湖、长林子、蜂蜜山、白泡子
二人班乡	15	红星、边疆、前哨、爱国、安定、新兴、安太、安康、二人班、尚礼、尚德、尚志、联城、正阳、集贤
太平乡	8	青松、太平、农丰、民主、农林、庄内、合心、庄兴
和平乡	12	庆余、三人班、东兴、新城、东明、庆合、兴光、东鲜、新建、新田、幸福、东风
富源乡	11	民富、民政、民强、爱林、宝泉、金沙、珠山、富源、富强、富民、富升
总计	154	8个镇、1个民族乡（和平乡）、8个乡、17个朝鲜族村、916个村民小组

第二节 自然概况

一、历史沿革

密山市历史悠久。据新开流新石器时代古遗址发掘所见，早在五六千年前，就有人类在兴凯湖畔生存。新开流文化是典型肃慎先世遗存。据史书记载，西汉前活动于这一地带的人属肃慎人；西汉后肃慎改称挹娄，隶属夫余国；南北朝称勿吉；隋称靺鞨；辽后靺鞨改称女真；金属恤品路；明属恨可卫；清为宁古塔将军所辖。

1899年（清光绪二十五年），清政府为抵御沙俄扩张，建立密山招垦局。1908年建立密山府。1912年废府立县，隶属吉林省管辖。1933年日军侵入密山，建东安市（今密山镇），设东安省，辖7县1市（林口、鸡西、密山、虎林、饶河、宝清、勃利7县和省会东安市）。1945年8月苏联红军进驻密山，成立临时东安省政府。1946年6月人民政权在东安设专署，在今知一镇设密山县。1948年专署撤销，密山县政府由知一镇迁往密山镇，曾分别隶属牡丹江省、合江省、松江省和黑龙江省管辖。1956年3月，密山县归牡丹江专署管辖。1983年10月，实行市管县体制，隶属牡丹江市。1988年11月，密山撤县设市，属省辖计划单列县级市由牡丹江市管辖，1992年11月，转由鸡西市管辖。

二、地形地貌

由于受历史上两次造山运动和湖泊沉积的影响，密山市地势由北向南形成低山丘陵、山前漫岗、河谷平原、湖积平原4种地貌类型。总的地势是西北高，东南低。西北部为长白山系完达山余脉的低山丘陵区，山岭连珠，起伏较大，蜿蜒分布，海拔为250～400米，其中密宝交界最高山峰老黑背海拔为683.7米；中南部属长白山系老爷岭北部余脉，是低山丘陵区的延伸漫岗地带，地势略有起伏，海拔为100～300米，最高的蜂蜜山海拔为574米；中部为穆棱河冲积平原，地势平坦，土质肥沃，海拔为90～120米；东南部为湖积平原，海拔为65～80米，地势低平，分布着沼泽和洼地。密山市地貌为低山丘陵面积占总面积的25%、水域面积占总面积的22.04%，可耕地面积占总面积的22.56%，其他用地占总面积的30.4%，可谓"三山二水五分田"。

三、气　候

密山市气候类型属中纬度大陆性季风气候，四季变化明显，高低温差悬殊。全年气候特点是：春季风大干燥低温，夏季短促湿热多雨，秋季晴朗降温迅速，冬季漫长干燥寒冷。年平均气温为2.6～3.3℃，分布趋势东南向西北随海拔高度的增加而逐渐降低。全年1月份最冷，月平均气温在-17.5℃左右；7月份最热，月平均气温在21℃左右。年最高气温可达37℃，年最低气温可达-35℃。无霜期各地差别较大，中、南部地区平均为140～150天，最长可达179天，最短113天；北部地区平均为120～130天，最长为143天，最短只有65天。

全年≥10℃活动积温平均为2 501.7℃，西北部低山丘陵区≥10℃积温为2 405℃，中部漫岗平原区≥10℃积温为2 518℃，东南部湖积低平原区≥10℃积温为2 550℃；全年≥15℃的活动积温为1 875.4℃。

从年降水总量来看，各地差异不大。根据密山市气象站近34年降水资料计算的年平均降水量为519.5毫米。

密山市降水量年际变化很明显，平均降水量以1959年最多，达到795.2毫米；最少是1975年，为368.9毫米。2005—2007年4月至9月的降水量分别为387.5毫米、416.8毫米、409.5毫米；北部山区降水量变化幅度大，最多时年降水量达902.2毫米，最少时仅272.9毫米，均为密山市的极值。夏季降水集中，占年降水量的56.7%，作物生长季的雨量占全年降水量的79.3%，为植物的生长提供了较好的自然条件。

年日照时数平均为2 330～2 515小时，作物生长季日照时数为1 101小时，太阳能年总辐射量为502.42千焦/平方厘米。

全年盛行西风和西北风，兴凯湖区盛行西南风。年平均风速为3.9～4.6米/秒，冬、春两季偏大为4～5米/秒；全年八级以上大风日数为32～40天，最多一年达81天，是附近各市、县大风日数最多的地区；南部和湖滨地区大风日数比较少，不到20天。

四、水　资　源

密山市境内河流纵横密布，湖泊水域浩瀚，全市共有穆棱河干流1条，一级支流18条，二级支流24条。分为穆棱河流域和兴凯湖流域，均系乌苏里江水系。密山市河流水面总面积为5 619.1公顷。穆棱河是流经密山市的最大河流，境内全长180千米，流域面积 3 184 平方千米。该河年平均流量 77.1 立方米/秒，年平均径流深 146 毫米，年径流总量 22.08 亿立方米；其主要支流有锅盔河、塔头湖河、裴德里河、柳毛河、塔头河等 11 条。兴凯湖流域由金银库河、承紫河、白泡子河、白棱河、骆子河、小黑河等主要河流组成，兴凯湖分大、小兴凯湖；大兴凯湖在我国部分的水面面积为 1 047.6 平方千米，约占大兴凯湖总面积的 1/4；小兴凯湖水面面积为 156.4 平方千米；大、小兴凯湖总储水量约264 亿立方米。

密山市境内多年平均径流总量为 28 亿立方米，地下水储量为 56 亿立方米，可开采量为 5.28 亿立方米。

地下水的分布随地形、地势而不同。河谷平原地区，一般地下水埋深在 1～4 米，含水层厚达 30 米；低山丘陵区主要是岩石裂隙水，地下水埋深为 60～110 米，成井条件差。

密山市水能理论储藏量为 3.14 万千瓦，现已开发 0.8 万千瓦，青年水库有水电站一座，年发电能力 720 千瓦，年发电量 150 万度。

密山市所有地表水和地下水，水质良好，污染少，适宜于生活和生产用水。

五、植　被

植被基本以森林植被和草甸沼泽植被为主。森林植被经过多年不同程度的逆行演替，由地带性植物红松阔叶混交林演变成为现在的以柞树和黑桦为主的天然次生植物群落。

根据立地条件不同，森林植被类型及主要伴生树种有明显变化。陡斜坡乔木以柞树为主，混有少量黑桦，分布在中上部及近岗脊部；灌木林主要有胡枝子、杜鹃，地植物主要有羊胡子薹草、沙参、苍术、桔梗、山藜豆等。斜缓坡柞树林主要分布在山的中下部，乔木以柞树为主，混有部分黑桦和椴树，灌木为胡枝子、榛子、铃兰、沙参、玉竹、苍术、毛莨等。混交阔叶白桦林和山杨林，分布在山坡中下部或第二阶地上，乔木主要有白桦、山杨、还混有黑桦、椴树和色树。灌木主要有胡榛子、青楷子、山梅花、珍珠梅、刺五加、五味子等，地植物主要有乌苏里薹草、唐松草、舞鹤草、银莲花、蕨类等。在山坡下部阶地，分布少量硬阔混交林，乔木除胡桃秋、水曲柳、黄菠萝外，还有椴、榆等，灌木以暴马丁香、悬钩子、胡枝子、忍冬为主，地植物主要有毛缘薹草、银莲花、百合、小叶樟等。

草原地区的草甸植被主要有丛桦、沼柳、黄花菜、小叶樟、黄唐松草、野火球、芦苇、黄莲花、毛水苏、千屈菜等。

低洼地的沼泽植被主要有乌拉薹草、塔头草、细叶薹、小狸藻、水木贼、毛果薹草、漂筏薹草等。

六、土　壤

密山市由于地形复杂，土壤的形成、种类、分布也不尽相同。全市土壤有 8 个土类，20 个亚类，8 个土属，19 个土种。在密山市市属总面积中，暗棕壤、白浆土是主要的土类，这 2 种土类占总土地面积的 74.97%；草甸土、沼泽土、河淤土和水稻土四种土类占总土地面积的 24.41%；泥炭土和风沙土仅占总土地面积的 0.62%。

1. 暗棕壤 该土壤在密山市分布广泛，它是温带湿润地区针阔叶混交林及森林-草甸植被下发育形成的地带性土壤。该类土壤主要有石质、沙石质、黏质草甸、沙质草甸、白浆化这几种亚类和土属。该土壤占市属总面积的 40.8%，面积为 218 866.6 公顷。其中，耕地面积为 11 666.6 公顷，占密山市市属耕地面积的 6.71%，主要分布在太平、富源、裴德、黑台、知一等乡（镇）。

2. 白浆土 该土壤剖面发育完整，主要特征是在黑土层下有 20 厘米左右的浅色土层，质地黏重，坚实，是机械淋溶作用发育的结果，其片状结构明显，含有较多的铁锰结核。该种土壤占市属面积的 34.1%，为 182 866.6 公顷。其中，耕地面积为 109 600 公顷，占密山市市属耕地面积的 63.01%，是密山市主要的耕地土壤。密山市各乡（镇）均有分布，主要分布在杨木、白鱼湾、富源、当壁、二人班、裴德等乡（镇）。该类土壤有白浆土、草甸白浆土和潜育白浆土 3 个亚类。

3. 草甸土 草甸土主要成土过程是草甸化过程。由于地形和地面生态环境条件、地表水和地下水的影响程度差异，草甸土有不同的附加成土过程。该类土壤占密山市市属面积的 5.21%，面积为 27 933.3 公顷。其中，耕地面积为 9 000 公顷，占密山市市属耕地面积的 5.17%。除二人班乡（集贤）、密山镇、连珠山镇外，其余各乡（镇）都有分布。

4. 沼泽土 沼泽土是因地形低洼、排水不良，河湖相沉积，母质黏重，透水性差，地表处于季节性和长期积水，在沼泽植被下发育形成的水成型土壤。一般上层为泥炭层或泥炭腐殖质层，下层为潜育层。主要分布在和平、白鱼湾、兴凯等乡（镇）。该类土壤占市属总面积的 5.59%，面积为 30 000 公顷。其中，耕地面积为 4 333.3 公顷，占市属耕地面积的 2.49%。

5. 泥炭土 泥炭土在密山市分布很少，仅占市属面积的 0.40%，面积为 2 133.3 公顷。其中，耕地面积为 933.3 公顷，占市属耕地面积的 0.54%，主要分为薄层和中层 2 个土种。

6. 河淤土 河淤土又称冲积土，分布于河流沿岸，是河流淤积过程和成土过程的产物。该类土壤占市属面积的 7.22%，面积为 38 733.3 公顷。其中，耕地面积为 3 066.6 公顷，占市属耕地面积的 1.76%，主要分布在和平、连珠山、黑台、兴凯等乡（镇）。

7. 水稻土 水稻土是人类生产活动中创造的一种特殊土壤。该土壤占密山市市属面积的 6.6%，面积为 34 666.6 公顷；耕地面积为 35 333.3 公顷，占市属耕地面积的 20.31%。随着旱改水面积的增加，水稻土的面积在耕地面积中的比重还会不断增加。目前，密山市水稻土主要有白浆化土型、草甸土型、河淤土型和沼泽土型 4 个亚类。该土壤分布较广，目前密山市各乡（镇）均有分布。

8. 风沙土（湖岗风沙土） 该类土壤密山市很少，仅分布在兴凯湖岸边，属于湖积细沙土，总面积 466.9 公顷，占密山市市属面积的 0.08%。

密山市耕地土壤类型分布见图 1-1。

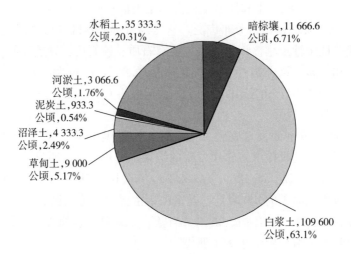

水稻土,35 333.3公顷,20.31%
暗棕壤,11 666.6公顷,6.71%
河淤土,3 066.6公顷,1.76%
泥炭土,933.3公顷,0.54%
沼泽土,4 333.3公顷,2.49%
草甸土,9 000公顷,5.17%
白浆土,109 600公顷,63.1%

图 1-1　密山市耕地土壤类型分布

七、自然灾害情况

由于密山市地形复杂，自然灾害时有发生，主要有以下几种：

1. 低温冷害　密山市的低温冷害主要分延迟型和障碍型两种。从冷害出现的年数及频率看，西北部山区最多，中部平原区次之，东南部湖滨区较少。西北部山区上述两种冷害出现的频率均达 40% 以上，出现严重冷害的频率为 15.6%；从年际变化看，20 世纪 60～70 年代出现较多，80 年代后较少。

2. 霜冻　密山市地形复杂，霜期的变化相差很大。霜冻一般发生在 5 月和 9 月，初霜日期变化很大，最早和最晚相差达 40 天之多，通常 5～6 年发生一次早霜。终霜对密山市西北部山区危害很大，出现频率达 64.8%。

3. 暴雨　降水量大于 50 毫米的暴雨日集中在 6～9 月，不同的是西北部山区集中在6～8 月，东南部湖滨区集中在 7～9 月。西北部山区 30 年累计 6～9 月出现暴雨次数为 23 次，其中 8 月达 13 次；中部和东南部 30 年累计 6～9 月出现暴雨次数分别为 18 次和 15 次。

4. 冰雹　密山市冰雹多发于西北部山区，自西北向东南路径主要有北、中、南 3 条。西北部山区和中部平原区多冰雹，东南部湖滨区次之。冰雹灾害主要集中在 5 月、6 月，占 50% 左右，对幼苗危害较大。

5. 大风　密山市是全省大风较多的区域，西北部山区和中部平原平均每年 35 次，东南部湖滨区只有 10 多次。大风主要集中在 3～5 月，占全年的 40%～50%。春季大风的主要危害是土壤水分蒸发，加剧旱情；夏季大风易使作物倒伏或折秆，秋季大风造成作物籽粒脱落。

6. 旱涝　从旱情分析看，密山市主要是春旱，给春播和幼苗生长带来了严重困难；从水涝上看，主要是夏涝，给作物造成危害，同时破坏农田的水利设施，影响田间管理。

7. 森林病虫害　森林病虫害主要有落叶松针叶早期落叶病，红松、樟子松疱锈病也有发生。主要害虫有天幕毛虫，除主要为害柞树外，也为害其他阔叶树种，1987 年，大发生时受害面积达 60％以上；此外，还有舞毒蛾、象鼻虫、天牛等害虫。人工林中常见的虫害有西伯利亚松毛虫、落叶松鞘蛾等。

累年各月降水量见表 1-2，累年各月平均气温见表 1-3，累年平均蒸发量与平均降水量见表 1-4。

表 1-2 累年各月降水量

单位：毫米

地点	1	2	3	4	5	6	7	8	9	10	11	12	年总计
金沙	3.0	3.1	8.8	22.7	51.6	78.3	122.1	131.9	67.9	34.9	16.4	5.3	546.0
完达山	5.8	4.5	10.1	27.1	48.9	79.0	102.1	119.6	62.8	43.1	13.6	5.1	521.7
农大	4.1	5.2	11.2	27.0	52.6	87.6	115.4	132.8	70.7	41.3	18.6	7.9	574.4
密山镇	2.4	3.7	8.7	25.8	51.6	76.9	112.7	125.7	73.3	39.1	16.4	4.9	541.2
朝阳	6.2	7.2	13.1	34.7	58.3	75.6	105.9	135.4	80.6	48.6	21.7	9.9	597.1
兴凯湖	5.4	7.1	13.1	38.7	57.6	69.4	101.6	119.7	79.0	49.5	19.2	8.7	569.0

表 1-3 累年各月平均气温

单位：℃

地点	1	2	3	4	5	6	7	8	9	10	11	12	年平均
金沙	−19.2	−15.3	−5.6	4.9	12.6	17.7	21.2	19.8	13.4	4.6	−6.9	−17.0	2.5
农大	−18.2	−14.6	−5.0	5.2	12.6	17.7	21.2	20.0	14.0	5.4	−6.0	−16.0	3.0
完达山	−17.6	−14.4	−4.9	5.1	12.4	17.3	21.1	19.8	13.0	5.3	−6.3	−16.4	2.9
密山镇	−18.0	−14.5	−4.8	5.2	12.7	17.8	21.4	20.2	13.9	5.3	−6.0	−15.7	3.1
朝阳	−18.9	−15.0	−5.0	4.8	12.4	17.6	21.4	20.4	14.3	5.6	−5.9	−16.3	3.0
兴凯湖	−19.2	−15.6	−5.5	3.0	11.9	17.2	21.2	20.7	14.9	6.5	−4.5	−15.4	3.0

表 1-4 累年平均蒸发量与平均降水量

单位：毫米

项目	1	2	3	4	5	6	7	8	9	10	11	12	年总计
蒸发量	13.4	22.8	70.0	144.6	217.0	177.2	175.8	144.4	126.1	88.2	37.0	13.3	1 229.8
降水量	2.4	3.7	8.7	25.8	51.6	76.9	112.7	125.7	73.3	39.1	16.4	4.9	541.2

第三节 农业生产概况

一、劳动力资源

1993 年，密山市市属部分有劳动力 113 966 人。其中，农村劳动力总数为 87 749 人，工业劳动力为 26 217 人。

1. 农村劳动力 中共十一届三中全会以后，农村已由单一的农业生产向多层次、多行业方向发展，一些剩余劳动力转向了第三产业，农村劳动力结构分布逐渐向合理方向发展。在农村劳动力中从事农业生产的为 71 512 人，从事工业生产的劳动力为 4 669 人，建筑业劳动力为 1 829 人，交通、运输、邮电业劳动力为 975 人，商业、饮食、物资、供销、仓储业劳动力为 1 697 人，科、教、文、卫、体和其他劳动力为 7 067 人。现价农村社会总产值为 77 033 万元，其中，农业总产值为 47 656 万元，工业总产值为 23 469 万元，建筑业总产值为 2 983 万元，交通运输业总产值为 1 219 万元，商业、饮食业总产值为 1 706 万元。

2. 工业劳动力　在工业劳动中，全民所有制工业劳动力为 18 423 人，集体所有制工业劳动力为 6 227 人，个体劳动力为 1 567 人。年工业总产值为 23 469 万元，其中，全民所有制工业产值为 15 478 万元，集体所有制工业产值为 7 991 万元。密山市劳动力资源充足，完全能够满足各项事业发展的需要。

二、农业动力资源

密山市农业机械化事业发展很快，到 1993 年年末，不包括农管局和驻市单位，共有大、中型拖拉机 777 台，其中，链轨 393 台；小型拖拉机 10 299 台，其中小四轮 8 100 台；拖拉机总动力 123 495 千瓦；大、中型配套农机具 976 台，小型配套农具 13 573 台；联合收割机 106 台，动力为 5 000 千瓦；家用载重汽车 108 台；动力为 9 880 千瓦；农用运输车 352 台；排灌机械 1 791 台，动力为 24 042 千瓦；脱粒机 2 550 台，磨面机 382 台；碾米机 1 006 台，农用水泵 1 968 台，喷灌机械 36 套；农业机械总动力达 19.7 千瓦。农产品加工动力机械 1 866 台，动力为 19 000 千瓦。此外，还有林业机械除草机 20 台，畜牧机械 340 台。密山市的农业机械化程度已达到 70% 以上，除机械化程度较低外，机播、机耕机械化程度也都很高。农副产品加工业基本实现机械化。

密山市青年水库有水电站一座，年发电能力为 720 千瓦，年发电量 150 万度。密山市 16 个乡（镇）220 个自然村全部通电，线路总长度达 3 245 千米，有 8 个变电所，1 318 台配电变压器。

三、畜牧业资源

密山市 1992 年年末，大牲畜总计 71 668 头（匹、只）。其中，黄牛 49 230 头，奶牛 13 841 头，马、驴 8 597 匹。当年出售和自宰肉牛 13 512 头；生猪年末存栏数 136 433 头，羊 44 040 只，其中山羊 7 023 只。

密山市的宜牧地发展远景可达 53 333.3 公顷以上，目前拥有得天独厚的天然牧场 2 165.8 公顷。发展畜牧业生产条件优越，饲草繁茂，营养丰富，水源充足，适合各种牲畜生长发育。

四、农田水利

近几年来，密山市农田水利建设突飞猛进，国家用于水利建设的投资不断增加，累计已达 2.2 亿元以上；市乡集资也有近千万元左右，其中直接用于农田水利工程建设的资金达 2 000 万元以上。密山市水库、塘坝、灌溉、抽水、机电井站和堤防等项工程共计近万项，其中水库已建成 25 座，包括大型水库青年水库在内总库容达 3.97 亿立方米；各类灌区 28 处，万亩以上灌区 6 处，引水拦河坝工程 34 处，有效灌溉面积 36 000.0 公顷；担水工程中，固定抽水站 55 处，灌溉面积 4 866.6 公顷；用于枯水期补水的临时抽水站有 200 余处，打机电井 3 860 眼，其中灌溉井 1 650 眼，水田水井 2 210 眼，治涝面积 20 000.0 亩[*]以上，占易涝面积总量的 54%；修筑堤防总长合计 23 800 千米，其中穆棱河两岸堤防长 150.0 千米以上。上述水利工作的建设，为农业生产和保障人民生命和财产安全都做出了积极的贡献。

五、农林牧副渔业生产情况

1. 农业　密山市现有耕地面积为 268 536.6 公顷，其中，市属各乡（镇）的耕地面积为 173 933.3 公顷，农业人口 282 100，人均耕地 9.5 亩左右。主要粮食作物有水稻、玉米、大豆，还有一些杂豆、薯类、高粱和谷子；经济作物主要有甜菜、烤烟、油料、药材等；蔬菜瓜类和饲料的种植面积近年来也有增长。密山市境内耕地面积由中华人民共和国成立初的 64 348.0 公顷增加到目前的 268 536.6 公顷，增长了 317.3%。

2. 林业　密山市平原绿化曾获全国先进市称号，市辖 10 个国有林场，1 个苗圃。除此之外，市辖区内省属各国有农场还拥有大面积林地。目前，密山市境内禁地总面积为 183 945.2 公顷，占密山市总面积的 23.9%。

3. 牧业　牧业生产占有很重要的地位，并且日益显示出明显的经济效益备受各级领导重视。牧业生产有着良好的发展前景，尤其是密山皮革有限公司、海宁皮革城、新华肉业及畜牧小区建设，大大促进了牧业的发展。密山市现已利用牧草地 2 187.8 公顷，其中天然草地 2 165.8 公顷，上述面积不包括穆棱河泄洪区和部分可以季节性作为牧业用地的未利用土地。牧业生产在密山市有着广阔的良好发展前景。市内有一个市属畜牧场及双丰农场千头奶牛场。境内黑龙江省农垦总局牡丹江管理分局八五一一农场万头奶牛场生产的"完达山牌"系列奶粉，多次荣获国家奖（曾获得中国婴幼儿奶粉行业十大影响力品牌、国家免检产品、中国唯一一家绿色食品乳品生产基地）。

4. 副业　占密山市 1/4 的林地，蕴藏着丰富的土特产品。山野菜品种多达 30 余种，较有名的是薇菜、蕨菜、黄花菜、蒲公英等。蕨菜、薇菜还是密山市外贸出口换汇的重点品种。年收购山野菜 160 余吨，产值近 320 万元，市内名目繁多的食用菌类资源有著名的元蘑、松蘑、榛蘑、猴头蘑、花脸蘑和大量人工培植的木耳。木耳年产量达 10 350 千克，总产值在 345 万元以上。林区主要的药用植物有柴胡、苍术、龙胆草、赤芍、白薜、沙参、百合、五味子、桔梗、刺五加、草乌头等 100 余种。这些土特产品对外贸出口、繁荣经济、增加收入、提高密山市人民生活水平都起着重大作用。

5. 渔业　改革开放以来，密山市的渔业生产有了突飞猛进的发展。截至 1993 年，密

---

　　[*]　亩为非法定计量单位，1 亩＝1/15 公顷。

山市水产总养殖面积已达 5 542 公顷。其中，省属国有农场 406.6 公顷，省属水产养殖场 160 公顷。精养鱼池面积密山市为 1 665.9 公顷，其中省属国有农场 229.6 公顷，省属水产养殖场 6.02 公顷。育种面积密山市为 408.4 公顷，省属国有农场为 42.6 公顷，省属养殖场为 97.7 公顷。密山市市属养渔户已发展到 1 589 户，养鱼人数 9 300 人，渔业劳动力达 5 900 个。密山市水产品市场供应充足，价格便宜，已连续多年被评为黑龙江省淡水养鱼先进市（人工养殖大白鱼）。

六、工业、交通、运输业

新中国成立初期，密山市只有少量粮、油、酒、服装、木材和农具加工业；如今，市属乡（镇）以上工业企业已发展到 269 余家，生产的产品有原煤、水泥、汽车配件、丝织品、棉布、无纺布、陶瓷制品、塑料制品、机制纸、服装、皮鞋、木制家具、白酒、啤酒、粮食加工、路制品等上百种。密山市铁路、公路四通八达，省、市两级干线公路 10 条，全长 265 千米，乡级公路 465 千米。密山市交通用地面积 8 280.2 公顷，其中，铁路用地 435.5 公顷、公路用地 775.4 公顷。

七、教、科、文情况

密山市内有农垦总局牡丹江分局的重点中学 1 所（原八一农大校址）和省重点中学密山一中、密山朝中，职业中学 1 所。此外，还有小学 20 所，特殊教育学校 1 所，教职人员 9 000 余人。

第四节　土地利用现状

密山市土地利用现状明细见表 1-5，密山市土地利用现状示意见图 1-2。

表 1-5　密山市土地利用现状明细

土地利用情况	土地利用现状（%）
耕地	32.4
园地	0.1
林地	24.1
牧草地	0.4
居民点及工矿地	2.8
交通用地	1
水域	31.8
未利用的土地	7.4

自国家测土配方施肥项目实施以来，与第二次土壤普查相比，耕地土壤养分发生了明显的变化。

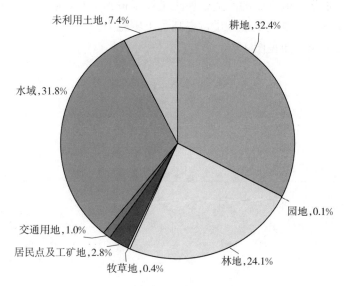

图 1-2 密山市土地利用现状示意

1. 土壤全氮 一级、二级地全氮含量明显有所下降，三级、四级地全氮含量有所提高。与第二次土壤普查结果比较，其中，一级地含氮量由 1984 年的 9.2％降至 2008 年的 3.7％，二级地含氮量由原来的 76.0％减至 12.5％；三级地含氮量由原来的 13.5％增加至 64.4％，而低含量的四级地由原来的 1.3％增加到 19.4％，平均含量水平比原来减少了 0.093％。但从总的趋势来看，土壤的全氮含量从低水平上看还是有所增加的，但增加幅度不大，且一级、二级地的含量水平大大地降低了，总的趋势和有机质含量的水平基本相似。

2. 土壤有机质 明显地下降了，由 1984 年 60.2 克/千克降至 2006 年的 41.0 克/千克。

3. pH 酸性有所增强，由 1984 年的 6.07 增到 2006 年的 5.75。经过这些年的耕种（施肥、不合理的重迎茬、秸秆还田量少等因素），土壤的酸化状况加重了。

4. 碱解氮 呈下降趋势，由 1984 年的 275.0 毫克/千克下降至 2006 年的 206.4 毫克/千克。

5. 有效磷 总体呈上升趋势，由 1984 年的 11.04 毫克/千克上升至 2006 年的 30.6 毫克/千克，但水、旱田土壤呈两极分化的趋势，旱田土壤明显高于水田，旱田土壤有效磷达 40 毫克/千克左右，水田有效磷在 20 毫克/千克左右，分化较为严重。

6. 速效钾 呈下降趋势，由 1984 年的 178.6 毫克/千克下降至 2006 年的 120.0 毫克/千克。

通过国家"测土配方施肥""标准粮田改造""中低产田改造"和"沃土工程"等项目的实施，特别是平衡施肥等一些农业实用技术的推广，引导农户改变了不良的施肥习惯，增加了有机肥的投入，普遍推广秸秆还田，逐渐地能使土壤肥力保持在比较平衡的状态；通过对土壤的测试，及时地发现在农业结构调整、农田基本建设中农户所遇到的土壤酸化、土壤养分极度贫瘠等土壤障碍因素，及时指导采取有效措施加以解决，使农户逐渐消除土壤障碍因素，加强中低产田的改造、使土壤逐步得到培肥，既保障了农业产业结构调整的顺利进行，又维护了耕地土壤质量，提高了土壤肥力。

密山市土壤类型及分布见图1-3。

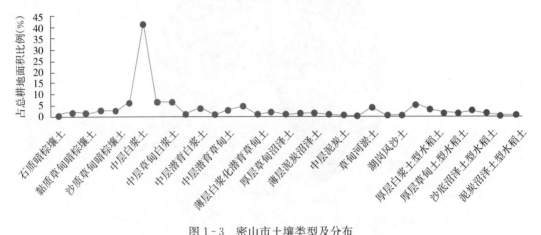

图1-3 密山市土壤类型及分布

第二章 耕地地力调查与质量评价技术和方法

耕地地力调查是对耕地的土壤属性、养分状况等进行的调查，在查清耕地地力和质量的基础上，根据地力的好坏进行等级划分，最终对耕地质量进行综合评价，同时建立耕地质量管理地理信息系统。这项工作不仅直接为当前农业和农业生态环境建议服务，更是为今后更好地培育肥沃的土壤、建立安全健康的农业生产立地环境和现代耕地质量管理方式奠定基础。科学合理的技术路线是耕地地力调查和质量评价的关键。因此，为确保此项工作的顺利进行，在工作中始终遵循着统一性的原则，充分利用现有的成果结合实际，把好技术质量关。

第一节 调查的方法与内容

一、调查方法

（一）内业调查

收集资料 包括文字资料、数据资料、图件资料等与之相关的资料。

（1）文字资料：包括密山市第二次土壤普查报告、综合农业区划报告，其中，有农业区划、林业区划、水利区划、渔业区划、气象区划、农业机械区划、土地资源调查报告和畜牧业区划等相关报告。

（2）数字资料：主要采用市统计局最近 3 年的统计数据资料和农业农村经济资料。

（3）图件资料：主要有第二次土壤普查绘制的土壤图 1∶100 000，土地利用现状图 1∶50 000，土壤氮、磷、钾养分分布图 1∶50 000，地形图 1∶50 000，行政区划图、水利工程现状、水利工程区划和水资源分布图 1∶50 000，机电井分布图 1∶50 000，农作物区划、农业气候区划和各种灾害分布图 1∶50 000，农业机械化区划图 1∶50 000，密山市交通图等。

（4）参考资料：近年来农药、化肥使用情况及数量、农机具种类数量、农业技术推广情况、良种推广及科技进步情况、产业结构调整等有关农业生产方面的资料。

（5）计算机软件资料：采用江苏省扬州市开发的"软件"（县域耕地资源管理信息系统 V3）、中国科学院东北地理与农业生态研究所软件（Supermap Deskpro 5）。

（二）外业调查

外业调查，为保证调查的质量和准确性，应结合测土配方施肥采样。主要方法是：

1. 布点 布点是本次调查工作的重要一环，正确的布点能保证获取信息的典型性和代表性；能提高耕地地力评价成果的准确性和可靠性。

（1）布点方法：布点首先考虑密山市耕地土壤类型的分布和土地利用类型，样本的采集必须能够正确反映土壤肥力变化和土地利用方式。尽可能在第二次土壤普查采样点上布点，以便反映耕地地力的变化情况。应保证在同一土类及土种上布点均匀，防止过稀或过密。根据土类或土种板块面积的大小，确定每个大小板块布点的数量，实事求是地反映耕地地力现状，保证调查结果的真实性和准确性。

（2）确定布点点位：首先利用 1/100 000 的土壤图和土地利用现状图及行政区划图，按不同的土壤类型、现状及区域，按照《规程》的要求，先进行科学、准确、有效地室内布点，根据点位图，向所在的村、屯领导及村民了解农业生产情况，说明来意。并由包乡包村干部或村领导等人（能准确地掌握采样点位置的人）进行定位、采样，同时收集相关信息。

2. 采样 地块采样，先进行采样点的 GPS 定位仪定位，按照调查表格填写。取样方法：每 100 亩为 1 个取样单位，每个取样单位可采用 S 形、X 形或棋盘形采样法。均匀随机采取 10～20 点，充分混合后，用四分法留取 1 千克，每点取样深度为 0～20 厘米，填好内外标签，系好袋，送回室内及时晾晒，待化验。具体方法：

（1）采土工具：取铲、样品袋、2B 铅笔、标签等。

（2）采样单元：每 314.6 公顷耕地采集 1 个混合土样（每个混合土样由 10～20 个样点混合而成）。

（3）采样点的数量：一般每个土壤样品的采样点确定为 9～20 个。如果地块地势平坦，可采用 X 形采样法。

（4）采样深度：采样深度一般为 0～20 厘米。

（5）采样路线：采样时应沿着一定的路线，按照随机、等量、多点混合的原则进行采样，一般采用 S 形布点采样，也可采用 X 形布点采样。要避开路边、田埂、沟边、肥堆等特殊位置，见图 2-1。

（6）采样方法：每个采样点的取土深度及采样量应均匀一致，土样上层与下层的比例要相同。取样器应垂直于地面入土，深度相同。用取土铲取样应先铲出一个断面，再平行于断面下铲取土，见图 2-2。

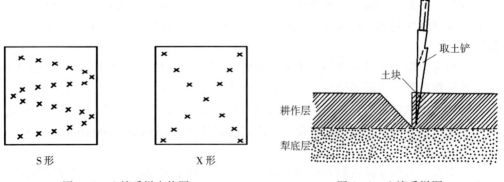

| 图 2-1　土壤采样走势图 | 图 2-2　土壤采样图 |

（7）混合土样制作：一个混合土样以取土 1 千克左右为宜。如果一个混合样品的数量

太大，可用四分法将多余的土壤弃去。方法是，将采集的土壤样品放在盘子里或塑料布上，弄碎、混匀，铺成四方形，画对角线将土样分成 4 份，把对角的 2 份分别合并成 1 份，保留 1 份，弃去 1 份。如果所得的样品依然很多，可再用四分法处理，直至所需数量为止。四分法见图 2-3。

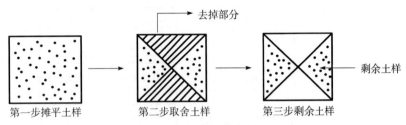

图 2-3 土样四分法分样

（8）填好标签：姓名、地点、地块、经度、纬度。统一编号：＊＊＊＊＊＊（邮编）G20090420（时间）＋乡（镇）拼音＋3 位编号。采集的样品放入统一的样品袋，必须用 2B 铅笔写好标签（用钢笔易被土样污染看不清），标签一式 2 份，袋内外各 1 份。

各乡（镇）拼音"缩写"：知一镇：Z，柳毛乡：L，杨木乡：Y，兴凯湖乡：K，承紫河乡：C，白鱼湾镇：B，当壁镇：D，二人班乡：E，密山镇：M，太平乡：T，黑台镇：H，连珠山镇：S，和平乡：P，兴凯镇：X，裴德镇：I，富源乡：F。

二、调查内容

按照《规程》的要求，准确划分地力等级，客观评价耕地地力的质量状况，就需要对耕地地力的土壤属性、自然背景条件、耕作管理水平等要素进行全面细致地调查。

1. 耕地地力调查的内容 包括立地条件、理化性状、剖面性状等项。

（1）立地条件：地貌类型、地形部位、地面坡度和地面坡向。

（2）理化性状：有机质、有效磷、速效钾、交换性镁、有效锌和有效钼。

（3）剖面性状：有效土层、障碍类型、土壤质地。

2. 生产管理调查的主要内容 包括种植制度、作物种类及产量、农药使用情况、化肥使用情况、作物秸秆还田情况、灌溉方式等。

3. 土壤养分调查 目前，根据现有的仪器设备主要调查项目的测定值有土壤的全氮、碱解氮、有效磷、速效钾、有机质、pH 和部分中微量元素如交换性钙、交换性镁、有效铁、有效锰、有效锌和有效钼等项。

本次耕地地力调查是结合测土配方施肥项目，按照黑龙江省土壤肥料管理站的总体要求和每次的采测土样点的个数统筹安排，分批次进行。在培训的基础上，进行试点，按步骤逐项完成，做到综合统一、精准操作。

密山市耕地地力调查的工作步骤见图 2-4。

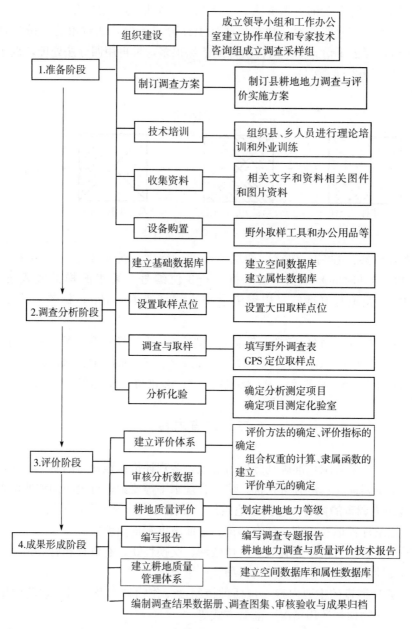

图 2-4　密山市耕地地力调查的工作步骤

第二节　样品分析及质量控制

本次地力调查所分析的土壤项目有 pH、有机质、碱解氮、有效磷和速效钾。pH 采用电位法测定；有机质采用重铬酸钾-硫酸氧化容量分析法；碱解氮采用碱解扩散法；有效磷采用盐酸-氟化铵浸提、钼锑抗比色法；速效钾采用乙酸铵浸提、原子吸收分光光度计法。

第三节 耕地资源管理信息系统建立

一、属性数据库的建立

属性数据库的建立与录入独立于空间数据库，在数据录入前应经过仔细审核。数据审核包括：对数值型数据资料量纲的统一；基本统计量的计算；异常值的判断与剔除等。主要属性数据表及其包括的数据内容见表2-1，密山市采样点属性见表2-2。

表2-1 主要属性数据表及其包括的数据内容

编号	名 称	内 容
1	采样点基本情况表	采样点基本情况、化验数据
2	土种属性数据表	土壤代码、土种名称、有效土层、障碍类型、土壤质地及耕层厚度和抗旱能力
3	行政区划属性数据表	县（乡、村）代码、乡（镇）名称和有效积温

表2-2 密山市采样点属性

字段代码	字段名称	英文名称	数据类型	数据长度	小数位	量纲	检测人	化验方法
GE120203	地貌类型	PHysiognomy type	文本	18	0			
GE210101	地形部位	Landform place	文本	50	0			
GE210105	地面坡度	Field slope	数值	4	1	°		
GE120202	地面坡向	Aspect	文本	4	0	°		
SO120204	全氮	Total nitrogen	数值	5	2	克/千克	王艳玲 付胜春	半微量开氏法
SO120203	有机质	Organic matter	数值	5	1	克/千克	潘德斌	重铬酸钾法
SO120206	有效磷	Available pHospHorus	数值	5	1	毫克/千克	魏金贵 张涛	比色法
SO120208	速效钾	Available potassium	数值	3	0	毫克/千克	宋福彬	乙酸铵-火焰光度法
SO120216	交换性钙	Exchangeable calcium	数值	6	1	毫克/千克	宋福彬 潘德斌 魏金贵 王艳玲	火焰光度法
SO120209	有效锌	Available zinc	数值	5	2	毫克/千克	宋福彬 潘德斌 魏金贵 王艳玲	火焰光度法
SO120212	有效钼	Available molybdenum	数值	4	2	毫克/千克	黑龙江省土壤肥料管理站化验室	草酸-草酸铵提取-极谱法

（续）

字段代码	字段名称	英文名称	数据类型	数据长度	小数位	量纲	检测人	化验方法
SO110203	有效土层	Active soil depth	数值	2	0	厘米		
SO110206	障碍层类型	Obstacle layer type	文本	10	0			
SO120101	土壤质地	Texture	文本	6	0			

二、空间数据库的建立

采用图件扫描后屏幕数字化的方法建立空间数据库。图件扫描的分辨率为 300dpi，彩色图用 24 位真彩，单色图用黑白格式。数字化图件包括土地利用现状图、土壤图、行政区划图和地形图等。

数字化软件采用中国科学院东北地理与农业生态研究所的 Supermap Deskpro 5，坐标系为北京 1954 坐标系。采用矢量化方法（主要图层配置）见表 2 - 3，密山市空间数据属性见表 2 - 4。

表 2 - 3　采用矢量化方法（主要图层配置）

序号	图层名称	图层属性	连接属性表
1	行政区划和地形图	线层	行政区划属性数据表
2	土壤图	多边形	土种属性数据表
3	土地利用现状图	多边形	土地利用现状属性数据
4	土壤采样点位图	点层	采样点基本情况表

表 2 - 4　密山市空间数据属性

图层代码	图层名称	英文名称	图形类型	要素类型	资料来源	年代	比例尺	备注
AD101	行政区划图	Administrative district map	矢量	多边形	当地国土部门	2004	1：50 000	
LU101	土地利用图	Current landuse map	矢量	多边形	当地国土部门	2006	1：50 000	
SB101	土壤图	Soil map	矢量	多边形	当地农业委员会区划办公室	1985	1：100 000	
GE102	地形图	Contour map	矢量	多边形	当地国土部门	1958	1：50 000	

第四节　资料汇总与图件编制

一、资料汇总

完成大田采样点基本情况调查表、大田采样点农户调查表等野外调查表的整理与录入后，对数据资料进行分类汇总与编码。大田采样点与土壤化验样点采用相同的统一编码作为关键字段。

二、图件编制

1. 耕地地力评价单元图斑的生成 耕地地力评价单元图斑是在矢量化土壤图、土地利用现状图的基础上，在 ArcView 中利用矢量图的叠加分析功能，将以上 2 个图件叠加，生成评价单元图斑。

2. 采样点位图的生成 采样点位的坐标用 GPS 定位进行野外采集，在 ArcInfo 中将采集的点位坐标转换成与矢量图一致的北京 1954 坐标系。将转换后的点位图转换成可以与 ArcView 进行交换的 . shp 格式。

3. 专题图的编制 利用 ArcInfo 将采样点位图在 ArcMap 中利用地理统计分析子模块中采用克立格插值法进行采样点数据的插值。生成土壤专题图件，包括有机质、有效磷、速效钾等专题图。地形部位、地面坡度、坡向图由地形图的等高线转换成 Arc 文件，再插值生成栅格文件。

4. 耕地地力等级图的编制 首先利用 ArcMap 的空间分析子模块的区域统计方法，将生成的专题图件与评价单元图挂接。在耕地资源管理信息系统中根据专家打分、层次分析模型与隶属函数模型进行耕地生产潜力评价，生成耕地地力等级图。

第三章　耕地立地条件与农田基础设施建设

第一节　立地目的意义和条件

耕地的立地条件是指与耕地地力直接相关的地形、地貌及成土母质等的特征。它是构成耕地基础地力的主要因素，是耕地自然地力的重要指标。

农田基础设施是人们为了改变耕地立地条件等所采取的人为措施活动。它是耕地的非自然地力因素，与当地社会、经济状况等相关，主要包括农田的排灌水条件和水土保持工程等。

据三江平原综合治理规划《水文地质报告》分析，密山市的地质构造属于新华季系第二区。地形地貌变化较大，有低山丘陵、山前漫岗、冲积平原和湖积平原。局部有碟状起伏，微地形变化异常较多。地形大致是西北高、东南低，海拔为 65～684 米。

一、成土母质

密山市山地土壤的成土母质主要是各种残积物和坡积物，母岩的性质顽强地保留在土壤之中。属于酸性岩石的主要有花岗岩、片麻岩、流纹岩、安山岩等。这类岩石风化残积和坡积物的 pH 为 5.0～5.7，盐积饱和度在 40% 左右，矿物组成中二氧化硅占 60%～70%，三氧化物占 20%～30%，氧化钙、氧化锰含量小于 5%。母质的机械组成表土多为沙壤至轻壤，其下为半风化的酥石蓬，再下可见到基岩。风化物的黏粒（<0.01 毫米）≤15%，属于基性残积物，主要由玄武岩风化物组成。酸磷反应近中性，盐基近饱和，矿物组成中二氧化硅占 50% 左右，三氧化物占 25%～30%，氧化钙、氧化锰含量都在 20% 以上，微量元素也比较丰富。质地比较黏重，多为重壤土。

山麓台地的成土母质为冲击-洪积物，厚度为 2～12 米，质地黏重，多为重壤土，容重约为 1.4 克/立方厘米，总孔隙度为 42.6%～46.0%，pH 为 6.0～6.5，黏粒含量在 30% 左右，物理性黏粒为 60%～70%。此类母质被称为黄土状黏土，但与松嫩平原黑土的黄土状黏土母质在成分和性质上有所不同。因此，在该区多发育为草甸暗棕壤和白浆土。在这一地区，尚可见局部的红色黏土，可能是第四纪初期亚热带气候下富铝化作用的产物。

在平原地区为河湖相沉积物和近代河流淤积物。河湖相沉积物堆积十分深厚，一般为 40～50 米，上层有 1～3 米厚的轻黏土，物理性黏粒占 55%～70%，黏粒为 35%～40%。此层之下可见沙层。黏重的母质湿时透水性很弱，pH 为 5.0～6.0，盐积饱和度为75%～85%，含有大量的胶体矿物，以无定形水铝英石为主，其余的有水云母、水针铁矿、多水高岭石、稍显晶型的蒙脱石和石英等。

现代河流淤积物分布在河流两岸，由于受母质来源和气候的影响，组成比较复杂，往往出现沙壤和壤土土层，但多数质地较轻，不含 $CaCO_3$，pH 为 6.0～6.5，多发育为不同类型的河淤土。此外，在兴凯湖和穆棱河岸尚有沙质风积物和河积湖积沙土，受风力搬运而再次沉积成为波状起伏沙丘，后被植物所固定，植物如遇到破坏，可形成流动沙丘。沙质风积物主要为细沙和中沙，黏粒含量极少。湖岸沉积物为均一的细沙。

二、农业的自然条件

自然资源是农业生产的重要物质基础。为了保证农业高速发展，必须充分认识本地自然条件的特点，趋利避害，按照自然规律办事。

（一）有利的自然条件

1. 地貌类型多样，有利于农林牧合理布局　密山市属于丘陵漫岗平原区，总的地势由西北向东南倾斜。由于受到地质时期新构造运动和湖泊沉积的影响，地势由北向南高低相间形成了低山丘陵、山前漫岗、冲积平原和湖积低平原 4 种地貌类型。

（1）低山丘陵：位于密山市北部完达山支脉和中南部长白山老爷岭余脉，面积为226 868.99公顷，占市属面积的 42.3％，海拔为 200～400 米，丘陵起伏，沟溪纵横，深林密布，是密山市的林业基地，发展牧业也有条件。

（2）山前漫岗：位于中部及中南部，为低山丘陵的延伸地带，呈不连续的带状分布，面积为 151 245.99 公顷，占市属面积的 28.2％，海拔为 100～200 米，是密山市开发较早的农业区。

（3）冲积平原：为穆棱河流经区域，面积为 104 584.99 公顷，占市属面积的 19.5％，海拔 90～120 米，地势较平，土壤肥沃，利于灌溉，并分布有荒地、泡沼和洼地，是密山市水稻生产的主要地区，发展牧、副、渔业有一定的条件。

（4）湖积低平原：位于兴凯湖滨一带，面积为 53 633.33 公顷，占市属面积的 10％，海拔为 65～75 米，地势低平，母质黏重，径流滞缓，分布有沼泽地和碟形洼地。在解决排水条件下，该地貌有利于大豆和牧业、渔业的发展。

由于上述 4 种地貌在境内相间分布，十分有利于各地区农、林、牧、渔的结合和发展。

2. 热量资源可以满足一年一熟作物生长　密山市属温和半湿润地区，为寒温带大陆性季风气候。密山市年平均温度 3℃，≥10℃积温 2 426～2 564℃，平均日数为 130～140 天，保证率为 80％，终霜 5 月上中旬，初霜 9 月下旬，无霜期为 110～150 天；日照时间较长，强度较大，太阳总辐射年总量为 502.42 千焦/平方厘米，特别是作物生长旺季 5～8 月，总辐射量甚强，达 272.14 千焦/平方厘米，与长江中下游地区相近。全年日照数为 2 467～2 576小时，作物生育期间（5～9 月）日照时数达 1 200 小时，占年日照时数的 47％。密山市年降水量为 510～600 毫米，保证率为 80％降水量达 440 毫米，作物生育期降水量保证率80％为 360 毫米，特别是雨热同季，为作物提供了较好的光、热、水等气象条件。

3. 土壤类型复杂，适宜多种植物生长　土壤条件较好，主要表现为土层较厚，肥力较高，类型较多，开阔平坦，易于机械作业，也易于农、林、牧各业生产。密山市主要有八大土类、20个亚类、8个土属、19个土种。

暗棕壤类：占总面积40.83%，占耕地面积的6.7%。分暗棕壤、草甸暗棕壤等亚类。

白浆土类：占总面积的34.14%，占耕地面积的62.96%。分白浆土、草甸白浆土、潜育白浆土亚类。

草甸土类：占总面积的5.21%，占耕地面积的7.77%。分草甸土、潜育草甸土等亚类。

沼泽土类：占总面积的5.6%，占耕地面积的4.53%。分草甸沼泽土、泥炭沼泽土等亚类。

泥炭土类：占总面积的0.41%，占耕地面积的0.54%。分薄层泥炭土、中层泥炭土土种。

河淤土类：占总面积的7.22%，占耕地面积的3.79%。分生草河淤土、草甸河淤土和沼泽河淤土土种。

沙土类：占总面积的0.21%。只有湖岗风沙土土种。

水稻土类：占总面积的6.38%，占耕地面积的13.71%。分白浆土型水稻土、草甸土型水稻土、河淤土型水稻土和沼泽土型水稻土。

密山市辖区内主要土壤类型占总面积及耕地面积的比例情况见图3-1、图3-2。

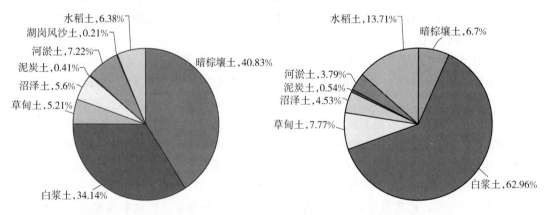

图3-1　密山市主要土壤类型占总面积的
　　　　比例情况
图3-2　密山市主要土壤类型占耕地面积的
　　　　比例情况

暗棕壤主要分布于山地、丘陵地带，坡度大，母质较粗，一般表土层厚15厘米左右，植被为次生阔叶林和针阔混交林，为林业用地。草甸暗棕壤主要分布在河谷两岸的阶地，质地较轻，宜于种植烟草、甘薯和花生等。

白浆土主要分布在穆棱河两岸漫岗、阶地及山前缓丘台地上，地势较高，易于旱作，为较早耕作土壤；草甸白浆土主要分布在平原和低阶地上，为草甸植被，腐殖质积累较多，肥力较高；潜育白浆土主要分布在湖滨低平原，为喜湿性草甸植被，母质黏重，具有明显的潜育现象，排水、熟化后可成为肥力较高的良田。

草甸土主要分布在地势低平地段，质地有沙、有黏或沙黏相间，腐殖质含量达10%左右，腐殖质层厚50厘米左右，是密山市最好的耕作土壤；潜育草甸土主要分布在低洼地带，地下水位不超过1米，植被均为小叶樟-塔头薹草群落，为宜牧业用地。

草甸沼泽土主要分布在沼泽地的外围，排水较易，潜在肥力高，为宜农土壤。腐泥沼泽土主要分布在平原水线、碟形洼地及河谷洼地，地表积水较深，宜渔业用地。

河淤土均呈带状分布于沿河两岸及河夹地带，植被为小叶樟杂类草群落，质地为沙性，松散、热潮，虽宜耕，但常受洪涝威胁，可作为季节性牧地。密山市各类土壤按密山市划分均为五等以上。现有耕地面积中 80% 地面坡度为 3°以下的平地或缓坡地耕地质量较好，可因地制宜地发展农、林、牧、副业。

4. 水源充沛，有利于发展灌溉 地表水资源丰富。穆棱河由西向东横贯密山市中部，大、小兴凯湖坐落在密山市南部，水面达 1 190 平方千米，河、湖的 16 条一级支流密布全市。密山市多年平均径流量为 28 亿立方米（其中客水为 18.7 亿立方米），保证率 80% 的年径流量为 15 亿立方米。

地下水也有一定储量。初步估算，总储量为 46.3 亿立方米，年开采量约 4.12 亿立方米。

穆棱河冲积平原地区（市属部分，下同）总水量达 3.77 亿立方米，其中地下水可开采量为 2.96 亿立方米，年径流深为 100 毫米。如合理利用地下水，可基本上满足该区的灌溉要求。低山丘陵地区的总水量为 4.88 亿立方米，其中地下水为 1.0 亿立方米，年径流深 100～150 毫米。虽水源比较多，但时空分布不均，地下水开采困难。湖滨低平原总水量为 20.4 亿立方米（客水 18.7 亿立方米），其中地下水为 0.15 亿立方米，年径流深 80 毫米，水源丰富；但小兴凯湖受养鱼限制，年提取水量为 0.12 亿立方米；大兴凯湖水位低、开发技术要求高、利用困难较大。

（二）不利的自然条件

1. 旱、涝灾害频繁 根据 1950—1980 年的资料分析，偏旱年占 20%，大旱年占 20%，偏涝年占 34%，大涝年占 13%，正常年仅占 13%。往往是旱涝交替，春旱秋涝，这是密山市粮食产量低而不稳的重要原因。影响春旱的主要气象因素是前期降水量和春季降水量。据分析，如果前期 1～3 月降水量 35～40 毫米，春季（4～6 月）降水量在 190 毫米左右才不会春旱。而密山市多年平均春季降水只有 150 毫米，大约少 40 毫米；中等干旱年春季降水量只有 120 毫米，相比正常年份少 70～90 毫米。因此，多数的年份发生春旱。密山市易旱的面积为 38 000.0 公顷，易涝的面积为 17 333.3 公顷（随着洼地被利用，面积还要扩大），应旱涝兼治，既防春旱又防秋涝。

2. 低温冷害时有发生 1950—1980 年，受低温冷害影响的有 1954 年、1957 年、1960 年、1964 年、1969 年、1971 年、1972 年、1974 年共计 8 年，占 26.67%。在这 8 年中，有 5 年欠、3 年平。据材料分析，5～9 月份平均气温总和小于 83.2℃，则发生低温冷害，每增加 1℃，亩产相应增加 4 千克。6 月份正是大田作物拔节起身期，如果平均温度每降低 1℃，亩产相应就要减少 10 千克。因此，战胜低温的重要一环是适时早播，最大限度地利用有效积温。稳定通过 7℃ 的初日为 4 月 26 日，稳定通过 10℃ 的初日为 5 月 10～14 日，适宜播期只有 15～18 天。按积温要求，大田中晚熟品种最晚播期应在 5 月 5 日前，中熟品种应在 5 月 15 日前，早熟品种不能迟于 5 月 20 日。

3. 风蚀、水蚀严重 西北部完达山余脉山势较低，对全年盛行的西北风起不到屏障作用。春、夏盛行的西南、南风，又因南部无高山密林阻挡而长驱直入腹地，致使密山市成为黑龙江省内年平均风速大、大风日数多的县（市）。全市年平均风速 4.0～4.6 米/秒，全年大风日数（8 级以上）平均为 31～39 天，最多达 76 天，密山市易风蚀面积达 20 000.0 公顷以上。密山市耕地虽然坡度不大，但坡长，也易造成不同程度的水土流失。密山市的水土流失面积达 75 333.3 公顷，占总耕地面积的 28.05%，其中严重流失的面积为 16 000.0 公顷，每年流失土壤达 1.5～3.0 立方米/亩，严重的一年流失表土达 2 厘米。因此，防风保土、保水是建设高产稳产农田的一项重要的任务。

4. 耕地土壤肥力降低　耕地土壤类型主要是白浆土、草甸土，均属冷浆型土，水、肥、气、热不协调。白浆土不良形状是冷、瘦、黏、板，既怕旱又怕涝，耕性不良；初垦时表土有机质可达 10% 左右，而垦殖后肥力逐年下降，表土有机质含量仅为 3%～5%。特别是岗地白浆土，由于风剥水蚀，有的白浆层裸露，有机质含量只有 1% 左右，每百克土有效磷不足 0.08 毫克。草甸土的质地较黏重，水多气少，土凉，虽然潜在肥力高，有机质含量可达 8%～21%，但有效性很差，每百克土壤有效磷含量仅为 0.2 毫克。由于岗地白浆土肥力低，草甸土养分有效性能也低，特别是有效磷贫乏，往往造成作物生长期养分不足、发苗慢、起身晚。这对于生育期较晚的一年一熟作物是十分不利的，也是粮食产量不高、不稳的基本原因。

三、土地利用情况

（一）利用情况

1. 耕地　密山市总耕地面积为 268 536.6 公顷，其中，旱地 226 549.8 公顷，占总耕地面积的 84.36%；水田 41 588.1 公顷，占总耕地面积的 15.49%；菜地 413.5 公顷，占总耕地面积的 0.15%。

按系统分，在密山市总耕地面积中，国有农、牧、渔业系统耕地面积为 96 054.1 公顷，占总耕地面积的 35.77%（农垦系统耕地面积为 94 603.3 公顷，占国有农、牧、渔业系统耕地面积的 98.49%）；林业系统 615.3 公顷，占总耕地面积的 0.23%；乡村系统 153 101.3 公顷，占总耕地面积的 57.01%；机关团体农副基地系统 1 882.3 公顷，占总耕地面积的 0.70%；国家建设系统（包括铁路、交通、国防、水利等部门）7 596.3 公顷，占总耕地面积的 2.83%；国有储备土地中有耕地 8 979.1 公顷，占总耕地面积的 3.34%，这部分耕地主要分布在泄洪区内；此外，外县（市）在密山市境内尚有 308.2 公顷耕地，占总耕地面积的 0.12%。在耕地总面积中，市属耕地面积为 173 933.3 公顷，占全县总耕地面积的 64.77%。

2. 园地　密山市共有园地 536.1 公顷，其中，果园面积为 279.9 公顷，占总园地面积的 52.21%；其他园地 256.2 公顷，占总园地面积的 47.79%。从园地分布看，密山市发展不平衡，果园不多，面积很少。

按系统分，在密山市总园地面积中，国有农、牧、渔业系统园地面积为 83.7 公顷，占总园地面积的 15.61%；国有林业系统园地面积为 17.3 公顷，占总园地面积的 3.22%；乡村系统园地面积为 424.3 公顷，占总园地面积的 79.15%；机关团体农副业基地园地面积为 10.8 公顷，占总园地面积的 2.02%。在园地总面积中，市属部分面积为 452.3 公顷，占总园地面积的 84.37%。

3. 林地　密山市总林地面积为 183 945.2 公顷，其中，林地面积为 159 920.8 公顷，占总林地面积的 86.94%；灌木林面积为 15 792.2 公顷，占总林地面积的 8.59%；疏林地面积为 686.1 公顷，占总林地面积的 0.37%；未成林造林地面积为 7 154.6 公顷，占总林地面积的 3.89%；迹地面积为 272.7 公顷，占总林地面积的 0.15%；苗圃 119.2 公顷，占总林地面积的 0.06%。

按系统分，国有农、牧、渔业系统林地面积为 55 383.9 公顷，占总林地面积的 30.11%；国有林业系统林地面积为 88 228.3 公顷，占总林地面积的 47.96%；乡村系统林地面积为 38 765.6 公顷，占总林地面积的 21.07%；机关团体农副业基地面积为 841.9 公顷，占总林地面积的 0.46%；国家建设用地系统面积为 685.5 公顷，占总林地面积的 0.37%；国家储备土地中有林地 35.4 公顷，外市县在密山市的林地面积为 4.3 公顷。在林地总面积中，市属部分林地面积为 129 114.2 公顷，占总林地面积的 70.19%。

4. 牧草地　密山市总牧草地面积为 2 187.8 公顷，其中，天然草地面积为 2 165.8 公顷，占总牧草地面积的 99.0%；改良草地面积为 13.1 公顷，占总牧草地面积的 0.6%；人工草地面积为 8.9 公顷，占总牧草地面积的 0.4%。

按系统分，国有农、牧、渔业系统面积为 365.5 公顷，占总牧草地面积的 16.71%；国有林业系统面积为 91.2 公顷，占总牧草地面积的 4.17%；乡村系统面积为 1 691.3 公顷，占总牧草地面积的 77.31%；机关团体农副基地 39.8 公顷，占总牧草地面积的 1.81%。在牧草地总面积中，市属部分面积为 1 924.86 公顷，占总牧草地面积的 88.0%。

5. 居民点及工矿用地　密山市总居民点及工矿用地面积为 18 396.1 公顷，其中城市用地（指建制镇以上城镇）1 725.6 公顷，占总居民点用地面积的 9.38%；农村居民点用地面积为 15 874.5 公顷，占总居民点面积的 86.29%；独立工矿用地面积为 753.9 公顷，占总居民点面积的 4.1%；特殊用地面积为 42.1 公顷，占总居民点面积的 0.23%。

按系统分，国有农、牧、渔业系统用地面积为 3 557.3 公顷，占总居民点面积的 19.34%；国有林业系统用地面积为 83.6 公顷，占总居民点面积的 0.45%；乡村系统用地面积为 12 624.4 公顷，占总居民点面积的 68.63%；机关团体农副基地用地面积为 155.3 公顷，占总居民点面积的 0.84%；国有建设系统用地面积为 1 975.5 公顷，占总居民点面积的 10.74%。在居民点及工矿用地总面积中，市属部分用地面积为 14 934.4 公顷，占总居民点面积的 81.18%。

6. 交通用地　密山市总交通用地面积为 8 280.2 公顷，其中，铁路用地面积为 435.5 公顷，占总交通用地面积的 5.26%；公路用地面积为 779.4 公顷，占总交通用地面积的 9.41%；农村道路用地面积为 7 046.4 公顷，占总交通用地面积的 85.1%；民用机场用地面积为 18.9 公顷，占总交通用地面积的 0.23%。在交通用地总面积中，市属部分面积为 5 539.7 公顷，占 66.9%。

7. 水域　密山市总水域面积为 182 898.7 公顷，其中，河流水域面积为 5 619.1 公顷，占总水域面积的 3.07%；湖泊水域面积为 120 232.2 公顷，占总水域面积的 65.74%；水库水域面积为 4 018.3 公顷，占总水域面积的 2.2%；坑塘水域面积为 5 955.4 公顷，占总水域面积的 3.26%；苇地面积为 11 201.6 公顷，占总水域面积的 6.12%；滩涂面积为 25 998.5 公顷，占总水域面积的 14.21%；沟渠面积为 8 614.1 公顷，占总水域面积的 4.71%；水工建筑物面积为 1 259.5 公顷，占总水域面积的 0.69%。在总水域面积中，市属部分面积为 170 800.8 公顷，占 93.39%。

8. 未利用土地 密山市未利用土地面积为 105 991.26 公顷，其中，荒草地面积为 34 069.5 公顷，占总未利用土地面积的 32.14%；沼泽地面积为 70 576.9 公顷，占总未利用土地面积的 66.59%；沙地、裸土地、裸岩石砾、田坎及其他未利用土地面积为 1 344.86 公顷，占总未利用土地面积的 1.27%。在未利用土地面积中，市属面积为 39 633.65 公顷，占总未利用土地面积的 37.4%。

（二）情况归类

密山市市属耕地面积 173 933.3 公顷。市属部分各类土地面积构成见表 3-1，外县（市）在密山市飞地面积统计见表 3-2，密山市飞地面积统计见图 3-3，密山市土壤分类统计见表 3-3，土壤面积统计见表 3-4；本次耕地地力评价耕地面积 157 526.6 公顷，全市各乡（镇）耕地地力分级面积统计见表 3-5。

表 3-1 密山市市属部分各类土地面积构成

土地类型		市属面积（公顷）	占市属总面积的（%）	
市属总面积		536 333.3	100.0	
耕地	灌溉水田	35 352.14	20.3	
	旱地	138 431.3	79.6	
	菜地	149.86	0.1	32.4
	小计	173 933.3	100.0	
园地	果园	204.86	45.3	
	其他园地	247.5	54.7	0.1
	小计	452.37	100.0	
林地	有林地	115 254.1	89.3	
	灌木林	8 928.48	6.9	
	疏林地	329.08	0.2	
	未成林造林地	4 272.46	3.3	24.1
	迹地	272.73	0.2	
	苗圃	57.36	0.1	
	小计	129 114.2	100.0	
牧草用地	天然草地	1 924.86	100.0	
	小计	1 924.86	100.0	0.4
居民点及工矿用地	城镇	1 725.64	11.6	
	农村居民点	12 624.15	84.5	
	独立工矿用地	554.24	3.7	2.8
	特殊用地	30.4	0.2	
	小计	14 934.43	100.0	

（续）

土地类型		市属面积（公顷）	占市属总面积的（%）	
交通用地	铁路	435.58	7.9	1.0
	公路	779.48	14.1	
	农村道路	4 324.69	78.0	
	小计	5 539.75	100.0	
水域	河流水面	5 272.45	3.1	31.8
	水库水面	3 632.14	2.1	
	坑塘水面	4 849.01	2.8	
	苇地	7 947.38	4.7	
	滩涂	24 765.32	14.5	
	沟渠	3 230.66	1.9	
	水工建筑物	871.68	0.5	
	湖泊水面	120 232.11	70.4	
	小计	170 800.9	100.0	
未利用的土地	荒草地	10 989.87	27.7	7.4
	沼泽地	27 298.92	68.8	
	田坎	4.03	0.1	
	其他	1 340.83	3.4	
	小计	39 633.65	100.0	

表3-2 外县（市）在密山市飞地面积统计

单位：公顷

名称	总面积	耕地	林地	居民点及工矿用地	交通用地	水域	未利用土地
鸡东县	354.45	308.29	4.31	9.29	3.62	17.93	11.01
合计	354.45	308.29	4.31	9.29	3.62	17.93	11.01

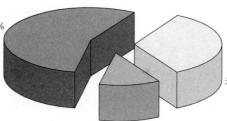

水域面积,17.93 公顷,55%

未利用土地,11.01 公顷,34%

交通用地,3.63 公顷,11%

图3-3 密山市飞地面积统计

表 3-3 密山市土壤分类统计

土 类	亚 类	土 属	土 种	县原码	省统一代码
暗棕壤	暗棕壤土	石质暗棕壤土	石质暗棕土	1	3010505
		沙石质暗棕壤土	沙质暗棕土	2	3010707
	草甸暗棕壤土	黏质草甸暗棕壤土	黏质草甸暗棕土	3	3040404
	白浆化暗棕壤土		白浆化暗棕土	4	3030303
		沙质草甸暗棕壤土	沙质草甸暗棕壤土	5	3040303
白浆土	白浆土		薄层白浆土	6	4010203
			中层白浆土	7	4010102
			厚层白浆土	8	4010101
	草甸白浆土		中层草甸白浆土	9	4020202
			厚层草甸白浆土	10	4020201
	潜育白浆土		中层潜育白浆土	11	4030102
草甸土	草甸土		厚层草甸土	12	8010401
	潜育草甸土		中层潜育草甸土	13	8040202
			厚层潜育草甸土	14	8040201
	白浆化潜育草甸土		薄层白浆化潜育草甸土	15	8040403
沼泽土	草甸沼泽土		薄层草甸沼泽土	16	9030203
			厚层草甸沼泽土	17	9030201
	泥炭腐殖质沼泽土		泥炭腐殖质沼泽土	18	9020203
	泥炭沼泽土		薄层泥炭沼泽土	19	9020103
泥炭土			薄层泥炭土	20	10030103
			中层泥炭土	21	10030102
河淤土	生草河淤土		生草河淤土	22	15010303
	草甸河淤土		草甸河淤土	23	15010103
	沼泽河淤土		沼泽河淤土	24	15010101
沙土	生草风沙土	沙岗生草风沙土	湖岗风沙土	25	16010103
水稻土	白浆土型水稻土		中层白浆土型水稻土	26	17010101
			厚层白浆土型水稻土	27	17010401
	草甸土型水稻土		中层草甸土型水稻土	28	17010202
			厚层草甸土型水稻土	29	17010203
	河淤土型水稻土		河淤土型水稻土	30	17010702
	沼泽土型水稻土	沙底沼泽土型水稻土	沙底沼泽土型水稻土	31	17020101
		黏朽沼泽土型水稻土	黏朽沼泽土型水稻土	32	17020101
		泥炭沼泽土型水稻土	泥炭沼泽土型水稻土	33	17020101

表 3-4　密山市各种土壤面积统计（本次地力评价）

原土壤代码	土壤名称	面积（公顷）	占总土壤面积（%）	其中耕地（公顷）	占总耕地面积（%）
1	石质暗棕壤土	131 355.52	24.49	0	0
2	沙石质暗棕壤土	62 753.02	11.70	2 431.74	1.54
3	黏质草甸暗棕壤土	4 131.24	0.77	1 232.50	0.78
4	白浆化暗棕壤土	13 297.92	2.48	3 296.69	2.10
5	沙质草甸暗棕壤土	7 442.77	1.39	3 597.96	2.28
6	薄层白浆土	14 224.38	2.65	8 587.43	5.45
7	中层白浆土	121 440.92	22.64	64 741.88	41.11
8	厚层白浆土	18 445.85	3.44	9 423.88	5.98
9	中层草甸白浆土	16 234.22	3.03	9 751.99	6.19
10	厚层草甸白浆土	2 408.53	0.45	1 632.41	1.04
11	中层潜育白浆土	10 344.03	1.93	5 023.48	3.19
12	厚层草甸土	1 453.16	0.27	862.71	0.55
13	中层潜育草甸土	8 144.06	1.52	3 817.35	2.42
14	厚层潜育草甸土	16 615.52	3.10	6 493.01	4.12
15	薄层白浆化潜育草甸土	1 705.57	0.32	1 070.32	0.68
16	薄层草甸沼泽土	11 011.4	2.05	2 743.35	1.74
17	厚层草甸沼泽土	4 012.29	0.75	775.35	0.49
18	泥炭腐殖质沼泽土	5 731.46	1.07	1 763.57	1.12
19	薄层泥炭沼泽土	9 287.83	1.73	1 856.25	1.18
20	薄层泥炭土	1 903.0	0.35	736.94	0.47
21	中层泥炭土	314.65	0.06	109.79	0.07
22	生草河淤土	3 497.12	0.65	0	0
23	草甸河淤土	29 224.83	5.45	5 451.62	3.46
24	沼泽河淤土	6 002.21	1.12	524.02	0.33
25	湖岗风沙土	1 123.03	0.21	0	0
26	中层白浆土型水稻土	10 993.8	2.05	7 385.13	4.69
27	厚层白浆土型水稻土	7 733.11	1.44	4 173.73	2.65
28	中层草甸土型水稻土	3 540.16	0.66	2 269.43	1.44
29	厚层草甸土型水稻土	3 059.18	0.57	2 098.15	1.33
30	河淤土型水稻土	5 309.32	0.99	3 534.14	2.24
31	沙底沼泽土型水稻土	2 699.95	0.50	1 641.87	1.04
32	黏朽沼泽土型水稻土	524.29	0.10	235.88	0.15
33	泥炭沼泽土型水稻土	368.96	0.07	264.03	0.17
合计		536 333.3		157 526.60	

表3-5 密山市各乡（镇）耕地地力分级及面积统计（本次耕地地力评价）

乡（镇）	耕地面积	一级地		二级地		三级地		四级地	
		面积（公顷）	比例（%）	面积（公顷）	比例（%）	面积（公顷）	比例（%）	面积（公顷）	比例（%）
密山镇	5 046.67	927.33	18.38	749.99	14.86	2 592.56	51.37	776.79	15.39
连珠山镇	8 573.33	2 300.17	26.83	1 956.01	22.82	3 306.62	38.57	1 010.53	11.78
当壁镇	8 206.67	2 263.30	27.58	3 681.78	44.87	1 828.16	22.27	433.43	5.28
知一镇	5 506.67	2 119.14	38.48	1 113.08	20.21	1 628.72	29.58	645.73	11.73
黑台镇	8 620.00	3 201.19	37.14	1 893.09	21.96	2 427.87	28.16	1 097.85	12.74
兴凯镇	6 706.67	1 399.77	20.87	2 712.86	40.45	811.52	12.10	1 782.52	26.58
裴德镇	10 320.00	3 309.72	32.07	2 375.52	23.02	2 665.58	25.83	1 969.18	19.08
柳毛镇	9 066.67	2 553.27	28.16	2 915.82	32.15	3 238.19	35.71	359.39	3.97
杨木乡	13 986.67	3 639.75	26.02	3 025.52	21.63	5 241.89	37.48	2 079.51	14.87
兴凯湖乡	7 733.33	1 590.97	20.57	2 818.88	36.45	2 513.57	32.50	809.91	10.48
承紫河乡	4 780.00	976.95	20.44	2 090.03	43.73	1 619.74	33.89	93.28	1.94
白鱼湾镇	12 073.33	3 994.52	33.09	3 804.53	31.51	3 821.43	31.65	452.85	3.75
二人班乡	11 586.67	4 069.47	35.12	3 167.86	27.34	4 086.49	35.27	262.85	2.27
太平乡	7 013.33	2 637.82	37.61	2 016.95	28.76	1 826.06	26.04	532.50	7.59
和平乡	8 519.98	5 111.70	59.99	812.41	9.54	2 595.89	30.47	0	0
富源乡	10 873.29	2 963.81	27.26	3 064.30	28.18	3 015.37	27.73	1 829.82	16.83
全民*	18 913.33	1 587.44	8.39	8 004.95	42.33	8 799.57	46.52	521.36	2.76
合计	157 526.60	44 646.32	28.34	46 203.58	29.33	52 019.23	33.02	14 657.50	9.31

第二节 农田基础设施建设

一、水资源的分布

水是农业生产的主要资源之一。在土壤、温度、光照及热源大致相同的条件下，常因水资源的分布和水分的供应不平衡而影响农业生产。

密山市的水分来源主要是靠大气降水。密山市多年平均年降水量为510～600毫米，东部降水较多为570～600毫米。密山市作物生育期5～9月降水量为450毫米，作物需水量为430毫米，相差较少，干燥度为0.90～0.99，水分条件比较优越。中部河谷平原地势低洼，在多雨年份常出现洪涝灾害。东部湖滨平原出现春涝。

密山市河流较多，河网密布有大、小河流16条，最大支流有锅盔、太平、庆仙、

---

* 全民：指集体土地。

塔头、解放、裴德里、柳毛、承紫河、金银库、白泡子、胜利、骆子河、白棱河、小黑河、地裂河和松阿察河。密山市地下水埋藏量较为丰富，中部河谷冲积平原埋深为1.0～3.0米，含水层厚为20.0米左右，单井涌水量为11.77吨/小时，水质良好，适于工农业和灌溉用水。穆棱河两岸岗坡和北部低山丘陵坡地，地下水埋藏较深，为60～110米，储量较少。据调查，二人班乡安康村的机电井，井深70米，正常抽水时的抽水量为30吨/小时。

密山市除有大气降水和河流供水外，还有大小泡、沼、湖泊，总储蓄水量约264.0亿立方米。大兴凯湖为国际湖泊，总储蓄水量为240.0亿～260.0亿立方米，水量十分丰富，具有很大的开采价值。由于密山市能力所限，该资源由国家统筹安排。

密山市多年平均降水径流深随着地域分布不同而不同，东部湖滨平原地区为80.0毫米（属丰水区），中部穆棱河谷平原地区为100.0毫米（属缺水区），北部低山丘陵地区为150.0毫米（属余水区）。

二、水利工程布局

长期以来，密山市共兴建各类水利工程3 080处。其中，水库塘坝工程60处，灌溉工程350处，堤防工程251处，累计完成工程量5 000万立方米；国家总投资5 700万元，灌溉效益44 733.3公顷，除涝面积5 200.0公顷；保护农田面积54 666.6公顷，其中，保护草原面积33 400.0公顷，保护可垦地8 600.0公顷。各类工程分布如下：

1. 水库及塘坝工程 主要分布在丘陵岗地，其中，穆棱河以北丘陵岗地有230座塘坝，穆棱河以南蜂蜜山残丘岗地有180座塘坝；大型水库1座，分布在穆棱河左岸支流裴德里河中下游。

2. 灌溉工程 主要集中在穆棱河两岸河谷冲积平原和大小支流的河谷平原。

3. 堤防工程 主要分布于穆棱河两岸，其中，北部堤防长120千米，南部堤防长70千米。

4. 治涝工程 治涝排水工程主要集中在穆棱河谷平原灌区和湖滨平原地区，井站提水补水工程主要分布于穆棱河谷平原及两岸岗地。

三、水利工程区划

1. 区划原则

（1）密山市自然地理特点（地形、地势、地貌、植被、水文、气象等）。

（2）全区水资源分布状况。

（3）历史上发生的自然灾害，主要是旱、涝灾害。

（4）今后农业生产发展的趋势和布局。

（5）今后水利治理的共性。

（6）行政区划的完整性。

（7）在大区的基础上进一步考虑小区的差异性划二级区。

2. 各分区特点

(1) 中部穆棱河谷冲积平原治理区：该区总面积为 95 300 公顷，市属面积为 81 500 公顷，其中耕地面积为 8 810 公顷。穆棱河由西向东从中间穿过，两岸形成平坦土地，北部有密虎铁路，南部有密虎公路，交通方便，人口密集，土质肥沃，水网密布，水源充沛，地下水较丰富。该区有 4 个万亩灌溉区，富源乡和密山镇、青年村（属裴德镇）、集贤村（属二人班乡北区）和知一镇是密山市水稻的主产区，也是朝鲜族集中居住的地区，有十分丰富的水田生产经验。中华人民共和国成立以来修建了许多水利工程，有穆棱河两岸防洪大堤，能够防御五十年一遇的洪水。富密排水工程 1976 年完工，五十年一遇标准，效果良好。青年、集贤两大万亩灌溉区已于 20 世纪 80 年代完工。该区主要水源是穆棱河，每年春季河水较枯，水田近几年打补水井 8 200 余眼，用以补偿 5 月、6 月水量的不足。该区下游有青年水库，总库容量为 3.6 亿立方米，是未来水田发展的主产区。总之，该区水资源条件较好，是密山市水田生产的主产区。

(2) 穆棱河两岸丘陵漫岗治理区：该区总面积为 184 400 公顷，市属面积为 166 300 公顷，其中耕地面积为 64 266.6 公顷，是旱田区。地形地势较复杂，既有山间河谷平原，又有坡岗地，也有低山丘陵；交通较方便，密虎铁路通过北部，公路四通八达。水库塘坝蓄水工程较多，地下水具有一定的储量。现有水库塘坝 55 座，机电井 2 620 余眼。根据农业生产的发展和水资源条件，今后可广泛发展旱田灌溉。

(3) 北部低山丘陵治理区：该区总面积为 140 200 公顷，市属面积为 103 300 公顷，其中耕地的面积 46 133.3 公顷。分布在富源、裴德的新村 2 个乡（镇）和兴凯镇的部分村屯，以及 2 个国有农场和农垦牡丹江分局（原八一农垦大学）。该区草原较少，山多、林多，是河流的发源地，地下水较少，开采较困难。中华人民共和国成立以来，修建的水利工程较少，水利化程度很低。

(4) 湖滨平原治理区：该区总面积为 364 600 公顷，市属面积为 97 800 公顷，其中耕地为 38 933.3 公顷。交通较方便，水资源较丰富，也是密山市渔业生产的中心，主要有大兴凯湖、小兴凯湖。现有水库塘坝 25 座，电力抽水站 72 处。今后以旱灌为主，有条件的地方可发展水田。

四、水利工程评价

1. 水库塘坝工程　主要存在的问题是：工程比较少、配套差，效益发展不够好。现有蓄水工程净调节水量为 1.32 亿立方米，仅占地表径流净调节水量的 60% 左右。现有水田灌溉面积需要水量为 2.0 亿立方米，所以影响了水田的发展。土质多系白浆土，适于水田生产，水资源较丰富，水稻又是高产稳产作物，应该作为全省水稻主产区。但目前缺少水源工程，水田生产发展受到一定的制约。为满足和发展水田生产，必须修建必要的水库工程，这是解决密山市西部地区水源的主要途径。另外，对现有水库塘坝工程有部分尚未配套，这部分工程发挥效益较差，如庆仙、新丰水库。应该积极配套，充分发挥工程效益。

2. 灌溉工程　灌溉工程主要分布在穆棱河谷平原及其大小支流河谷平原。这些地区土地平坦，土壤肥沃，水源充沛，是主要的产粮区；理应优先发展、重点开发。但是存在的问题是只重视平地的治理；忽视了坡岗地的治理；重视了水田的发展。忽视了旱田的发展。结果导致了岗、平、洼工程不够平衡，岗坡地抗御自然灾害的能力极差，标准过低；遇到大旱或大涝年份岗地成灾，平地减产，粮食产量大幅度下降。这是粮食产量忽上忽下、不稳不高的主要原因。

3. 井站工程　井站工程是 1975 年以来连续干旱逐年兴建起来的。由于缺少地下水勘测资料，井距较密，布局不够合理。尤其是机电井工程，缺乏统筹安排，灌区井站结合不够合理，以及缺少回灌的措施和蓄提补灌的分工，造成区域性水位下降，采补失调。

五、对各区今后治理发展的建议

1. 中部穆棱河谷冲积平原治理区　该区目前主要是地表水量不足，近期主要以打井为主提取地下水，补足 5 月、6 月穆棱河枯水期水量的不足。同时要积极修建锅盔河水库，解决富密灌区水田缺水。远景要修建塔头水库，需要穆棱河上游给水 0.72 亿立方米。当前要抓紧搞好灌区整顿配套，搞好田间配套工程，充分发挥现有工程的作用，扩大灌溉面积。根据水土资源平衡计算，近、中、长期水田面积可发展到 53 333.3 公顷为宜，旱灌面积达 33 333.3 公顷为宜。加紧青年水库的改扩建工程，以确保灌区的用水量。

2. 穆棱河两岸丘陵漫岗治理区　该区特点是坡岗地较多，发展水田灌溉较困难，今后主要以旱田灌溉为主。近期应加快现有水库塘坝工程配套，使蓄水工程充分发挥效益；同时积极打井，并提取地下水以发展旱田灌溉。远景要蓄、提并举。有条件的地方要修建蓄水工程，打井配天池工程以提高灌溉效益；同时要节约用水，采用先进的灌溉技术，发展喷滴灌。该区除沟谷平原要发展少量水田外，还要大量发展旱田灌溉。近期水田面积发展为 16 666.6 公顷，旱灌面积达到 10 000.0 公顷；远景水田面积达 20 000.0 公顷，旱灌面积达到 40 000.0 公顷为宜。

3. 低山丘陵治理区　该区是山区，地形条件较好，要适当地修建小型水库和塘坝工程，因地制宜地发展打井提水以满足农田灌溉的要求。要大力搞好封山育林，防止水土流失，保持生态平衡。远景以水田面积 3 333.3 公顷、旱田面积 20 000.0 公顷为宜。

4. 湖滨平原治理区　该区水资源较丰富，大兴凯湖、小兴凯湖水量充足，水质肥、水温高，适合发展农田灌溉。今后应大搞蓄提工程发展旱田灌溉，同时注意搞好除涝。该区的丘陵岗地应修建小型水库，应蓄提结合发展旱田灌溉，以发展水田 13 333.3 公顷，旱灌面积 30 000.0 公顷为适宜。该区 1972 年修建了一些排水工程，1978 年修建了兴凯湖二级提水工程，1979 年在灌区配套中修建了 120 座构造物工程和长为 1 200 米的肋拱式薄壳渡槽。

六、农田基础建设的问题及建议

(一) 问题

1. 青年水库问题　经过水资源平衡初步计算，青年水库的灌溉范围只能满足穆棱河以北的灌溉要求。因此，青年水库不应再考虑跨穆棱河以南的灌溉问题。

2. 锅盔河水库问题　锅盔河水库是富密灌区唯一较好的客水补助水源，急需修建，但长期以来未能解决，也应借助国家优惠政策和水利投资逐年来解决，以满足穆棱河谷平原灌溉发展。

3. 大兴凯湖水资源的问题　大兴凯湖位于密山市南部靠着俄罗斯，是十分有利的客水资源，但限于能力，近远期都无力开发。大兴凯湖水资源有广泛的开采价值，对这一资源应争取早利用、多利用、快利用。因此，建议国家统筹安排，借助"两江两湖"工程尽早考虑，以加快建设步伐。

(二) 建议

1. 过去由于长期以来重视地表水的开发，忽视地下水的开发利用，而地表水资源有限，加上土地平坦，水田较多，发展灌溉需要水量较多。所以长期以来，密山市是一个水资源较缺乏的贫困县。经过区划工作与水资源计算，发现密山市地下水埋藏量很丰富，尤其是穆棱河谷平原及大小支流河谷平原。地下沙砾石含水层深达20余米，有广泛的开采价值。从水资源平衡看，密山不仅不是一个贫水县，而且经过全面开发可以成为余水县。最近几年，对地下水的开采也初步证明了这一问题。对丘陵漫岗地和低山丘陵地区的地下水资源虽然缺乏可靠的资料，但从已打的深井来看，也是有一定开发价值的。因此，建议今后应积极开发地下水资源，扭转重地表水利用、轻地下水利用的指导思想。加快水利建设步伐，更好地为农业生产服务。

2. 30多年来，密山市兴建了5 000余座水利工程，国家投资了6 000余万元。从已用的资金、劳力、效益时间上来看，长远建设工程远远大于当年受益工程。因而长期以来，形成投资多、工程大、负担重、效益小的局面，在一定程度上影响了农业的发展。最近几年，由于连续的干旱，兴建了一批机电井工程。这批工程采取了边建设、边配套、边收益的办法，在连续大旱的状况下保证了水田面积没有下降，而且获得了丰收，效果十分显著。正反两方面的经验教训说明，今后的水利工程建设必须扭转重大型、轻小型、轻生产，重建设、轻配套的错误做法，加快小型工程、当年效益工程和井站工程的建设。

3. 土地平坦，土质肥沃，尤其是穆棱河谷冲积平原和湖滨平原，具有发展水田的广阔前途。由于这个优越的自然条件，水田发展很快。但另一方面的不足，是忽视了旱田灌溉的发展。根据现有的工程状况和水资源条件，在近期没有新的水资源工程投资的状况下，不宜再加快水田的发展，而应该保持水田面积为33 333.3～46 666.6公顷，以加快旱田灌溉的发展。从远景来看，应加大水田面积的发展，以达40 000.0公顷以上为好。逐渐把工程措施由平原转到岗地、转到山区，加快丘陵漫岗地和山区的发展，扭转平原工程多、投资多、标准高，岗坡地工程少、投资少、标准低的状况，彻底解决一遇旱涝灾害就使平地减产、岗地歉收、农业生产忽上忽下的不稳定状态。

4. 长期以来，在水利建设中，过多地重视工程措施，较少采取生物措施，因而效果不够显著，有些地方还破坏了生态平衡。因此，应加大开展生物措施治理的力度，做到生物措施与工程措施相结合。平原做到灌、排、补、防相结合，岗地做到蓄、提、防相结合。丘陵岗地大力修建天池工程，做到站、井、池相结合，借助国家"三农"的优惠政策，全面加快水利工程的建设速度。

第四章　土壤基本情况

第一节　土壤形成、分类及分布

一、土壤形成

土壤存在着多样性，群众说"一步三换土"就是这个道理。由于土壤是在多种因素作用下形成的，而这些因素变化多样，其中某一因素的微小变化就会引起土壤的变异。同一类土壤上下各层不一样，层次分化是在土壤形成过程中发育的。密山市土壤所见到的层次及其代表符号如下：

A_{00}：枯枝落叶层；　　　A_0：半腐解的有机质层；　　　A_1腐殖层；

A_p：耕作层；　　　　　A：犁底层；　　　　　　　A_w：白浆层；

B_1：过渡层；　　　　　B_2：淀积层；　　　　　　　B_3：过渡层；

C：母质层；　　　　　　G：潜育层；　　　　　　　A_t：泥炭层；

D：母岩；　　　　　　　S：沙层。

上述各层次的形成，是土壤在长期成土过程中各种矛盾运动的结果。这些矛盾的运动包括淋溶和淀积、氧化和还原、冲刷和堆积、有机质的合成和分解。

土壤中的水中总是溶解有各种物质，应当称其为土壤溶液。当土壤水饱和时，受重力的影响要向下渗漏，这样就把土壤中的部分物质从上层带到了下层，对上边土层来说是发生了淋溶，对下边的土层则发生了淀积。各种物质的溶解度和活性不同，因此淋溶和淀积有先后之分，先淋溶的淀积得深，后淋溶的淀积得浅，从而使各种物质元素在土壤剖面上发生分异。

淋溶层：由浅层至深层依次为 E_{cl}、E_s、E_c 和 E_k；淀积层：由浅层至深层依次为 I_{cl}、I_s、I_c 和 I_k。

其中，cl——易溶盐类；s——硫酸盐；c——碳酸盐；k——胶体；

密山市某些土壤经常处于干湿交替的状态，因而土壤在水的影响下会出现氧化还原交替。土壤有机质及分解的中间产物也可以使土壤某些物质发生还原，一些变价元素如铁、锰等在氧化还原影响下发生淋溶和淀积，在土体中形成铁锰结核、斑点等新生体。根据这些新生体的形状、颜色、硬度、出现部位等可以判断土壤的水分状况，它的形成也促使土壤呈现层次性。

冲刷和堆积的现象在密山市是普遍存在的。例如，坡地径流带着溶解的物质和土粒向下流动，并在低处淀积或流入江河。冲刷和堆积使不同地形部位的土层厚度、养分含量等均有显著不同。从大的范围来看江河泛滥，上游冲刷的泥沙在平原地区淤积，这一过程使土壤剖面呈现地质层次，特别是在河淤土壤的地质层次是十分明显的。

土壤有机质的合成和分解对土壤形成起着主导作用，它使土壤上层发生深刻变化，形成 A 层的各个亚层，并对底土发生一定影响。总之，土壤的多样性可从成土因素找根源，土壤层次的不同可从淋溶和淀积、氧化和还原、冲刷和堆积、合成和分解这 4 个矛盾运动中找原因。

密山市各种土壤的形成可概括为以下几个过程：

（一）暗棕壤化过程

此过程发生在丘陵山地、坡度较大、排水较好的地方。由于密山市具有明显的大陆性季风气候，夏季温暖多雨，70%～80%的雨量集中在这个季节。因此，土壤产生淋溶过程，这一过程反映在游离的钙、镁元素和一部分铁、铝元素的转移上。由于地形和母质条件的限制，水分不能在土壤中长期停留，二价、三价氧化物在剖面中相对积累，使剖面成为棕色。此外，地表植被是阔叶树林，灰分含量高达 8.17%，且以钙、镁元素为主。这种植被每年落叶多，林下草本植物繁茂。因此，在表层积累较多的腐殖质，高者可达 10% 以上。腐殖质组织中胡敏酸较高，腐殖质层的盐基饱和度较高，弱盐性，不可能产生灰化过程。在腐殖质含量较高的黑土层下，形成明显的棕色土层的过程就称为暗棕壤化过程。

（二）白浆化过程

黑龙江八一农垦大学土壤教研室研究认为，白浆化形成过程是在特殊的母质条件下发生机械淋溶的过程。经过野外考察和室内模拟淋溶试验得出以下结论：

1. 发生白浆化过程有其特殊的母质条件　从黑龙江省内各地采集 2 米以下的黑土和白浆土母质进行比较研究发现，白浆土母质中性偏碱，含代换性钠、镁较高，而代换性钙较低，有明显的淀积胶膜并呈核块状结构。钠镁多、钙少有利于胶体分散，有淀积现象说明地质淋溶较深，有地质分选过程。

2. 在室内对两种母质进行土壤淋溶时发现，白浆土母质淋出混浊液，淋出物质多，渗漏快。在干湿交替的条件下，粉碎的白浆土母质易形成结构，结构间的裂隙加快了渗漏作用。

3. 随着黏粒渗漏下去的有色矿物铁、锰不是还原态的。因此，认为白浆化过程是在有机质的参与下亚表层黏粒机械淋溶的过程，淋溶的黏粒淀积在下部的结构面上。在干时土壤形成裂隙，第一次湿润时，分散的黏粒随渗漏水淋溶。在密山市区内除长期积水的土壤之外，都可见到白浆化现象。与白浆土相同分布的草甸暗棕壤、皋甸土等是因成土母质的差异所造成的。

（三）草甸化过程

发生在平地的土壤水分较大，在干湿交替的情况下，因受草甸植被的影响和地下水的侵润，呈现出明显的潴育过程和有机质的累积过程。在有机质的参与下，湿润时三价氧化物还原成二价氧化物，干旱时二价氧化物又氧化成三价氧化物，这样则发生铁、锰化合物的移动和局部淀积，在土壤剖面中出现锈色胶膜和铁锰结核。由于草甸生长繁茂根系密集，有大量的腐殖质积累，形成了良好的团粒状结构，这是草甸化过程的另一特征。在本地区由于土质黏重和冻层的影响，在较高的地形部位也有草甸化过程在进行，但不占主导地位。

（四）沼泽化过程

沼泽化包括泥炭化和潜育化两个过程。在地势低洼长期积水的地方，茂密的沼泽植物每年生长大量的有机质。如小叶樟群落每公顷产鲜草 10.6 吨，芦苇群落每公顷 3～7.5 吨，漂筏薹草群落草根层厚度为 20～30 厘米，最厚可达 80 厘米。这些有机物在积水的嫌气条件下得不到充分的分解，在土壤上部积累厚度不等的泥炭，这一过程称为泥炭化过程。潜育化过程是由于水分过多，土层与空气隔绝，使氧化铁还原成氧化亚铁，呈灰蓝色，俗称"狗屎泥"，部分氧化亚铁沿毛管上升，在上层被氧化形成锈斑。因此，在野外根据锈斑出现的部位可判断土壤的沼泽化程度。

（五）生草化过程

生草化是幼年土壤的形成过程。在新淤积的母质上开始生长植物，形成薄的生草层，层次分化不明显，所形成的土壤称为生草土。

二、土壤分类

按照黑龙江省的统一规定，密山市土壤分类是以土壤发生学分类的理论及原则为基础，自然土壤与耕作土壤采取统一分类的原则。在低级分类里也没有区分耕型和非耕型土壤，因为土壤图上有耕地界线，又分别计算耕地和荒地土壤面积，只是没有分别注记土壤代号和命名。但在土种一级，某些土壤耕地和荒地划分标准不完全一致。例如，荒地岗地白浆土按黑土层厚度划分土种，以黑土层小于 10 厘米为薄层，10～20 厘米为中层，大于 20 厘米为厚层。耕作岗地白浆土耕层都是 18 厘米左右，原来的黑土层都已破坏，划分土种时参照了地表颜色、肥力状况和土壤腐殖质含量等，分为薄、中、厚层，其与荒地有不同的概念。关于水稻土的分类，由于该区开发较晚，水田面积年际之间变化很大，仍保留原来的土壤名称，如白浆土型水稻土、草甸土型水稻土等。关于河淤土的分类，很难有一致的标准。从理论上说，河淤土的地质淤积过程与成土过程是并行的，但河谷平原泛滥间隔时间又长短不一，再加上防洪堤的修建，人为地限制了河流地泛滥范围，对这些问题尚没有明确的规定。密山市在普查中将防洪堤以外的土壤全部划分为河淤土，在堤内有明显淤积层次的也划归河淤土类。

根据有关分类原则，在具体掌握上以主导的成土过程区划土类，以辅加的成土过程定亚类。例如，以草甸化过程为主导的称草甸土类，如果草甸土辅加有潜育化过程称潜育草甸土。土属是亚类的补充分类单位，在亚类与土种之间，依据成土母质区分土属。土种是土壤分类的基本单元，每个亚类或土属按肥力指标分为若干土种。因此，土种具有相似的利用特性，通常按腐殖质的层厚薄划分。划分标准如下：

草甸暗棕壤和白浆土 A_1 < 10 厘米为薄层，10～20 厘米为中层，> 20 厘米为厚层。

草甸土类 A_1 + AB < 25 厘米为薄层，25～40 厘米为中层，> 40 厘米为厚层。

草甸沼泽土 A < 30 厘米为薄层，> 30 厘米为厚层。

泥炭沼泽土 A_t < 25 厘米为薄层，25～50 厘米为厚层。

泥炭土　　　A_t<50～100厘米为薄层，100～200厘米为中层，>200厘米为厚层。

密山市的草甸土一般在20厘米以下就有明显的淀积胶膜，应属AB层；如按A层划分土种，皆属于薄层，所以依据A_{1+}AB划分为宜。

三、土壤分布

密山市的土壤分布，深受地形地貌和地质条件的影响。成土母质和人为灌排的影响也增加了土壤分布的复杂性。

暗棕壤分布在低山丘陵，从密山市最高部位的岩石裸露处向下土层逐渐加厚，质地加细，由棕壤化过程逐步增加到草甸化过程，土壤由石质暗棕壤到草甸暗棕壤进一步过渡到白浆土。除此之外，在平原地区局部突起的老的沙质冲积物上生长着次生阔叶林，所发育的沙质草甸暗棕壤则零星分布在平原中，过去群众称"孤独林子"，现以建筑为居民点和灌区中的农田，极个别处也有做水田的。在十万分之一图上能反映出来的约有近100块，平均每个图斑面积约为1 000亩。

白浆土分布很广，除了风化残积的山地和长期积水的沼泽地外，均有白浆土。因此，根据地形可把白浆土分为岗地白浆土、平地白浆土和低地白浆土。3种白浆土的连接是逐渐过渡的，没有明显的界线。白浆土分布连片，在土壤图上有约300个图斑，平均每个图斑面积约为11 000亩。

草甸土分布在平原及沟谷平地，由于受地下水和地表水的影响，多数有不同程度的潜育化。在形成草甸土的地形部位同样可以形成白浆土，两者分布没有一定的规律。草甸土由于受白浆土的影响，可能有白浆化的痕迹。各类草甸土在土壤图上共有约150个图斑，平均每个图斑面积约为5 500亩。

沼泽土分布在长期积水的低洼地中，面积大小不等，有的集中连片，有的分布零散，这主要受地形条件支配。地形低洼汇集高地来的地表水，使之处于积水状态，因而发育为沼泽土。各类沼泽土图斑上约有100块，平均每个图斑面积约为16 000亩。

风沙土主要分布在兴凯湖岸，呈带状，是湖积沙土，后经风的搬运堆积而成沙丘。土壤图上体现出来的有5个斑块，总面积不足10万亩。大小不一，为小兴凯湖往大兴凯湖引流排水而分割成。

泥炭土在普查中只发现有15块，总面积为10万亩。多分布在山间谷地和湖滨低地，低湿平原很少见到泥炭土。

密山市土壤分为8大土类，20个亚类，到土属的有8个，到土种的有19个。根据实际需要在密山市土壤图上反映出来的上图单元共计33个。

第二节　暗　棕　壤

暗棕壤类，俗称黄土、石砬子地，占密山市总土壤面积的40.83％。在密山市总耕地中，暗棕壤耕地面积为10 554.28公顷，占总耕地面积的6.7％。这类土壤除二人班乡外，各乡（镇）均有分布，但主要分布在新村（隶属裴德镇）、富源乡、太平乡、知一镇、裴德镇和黑台镇等乡（镇）。在耕地中的暗棕壤，分布面积最多的是太平乡，占近20%；占10%以上的还有连珠山镇、新村（隶属裴德镇）、知一镇和富源乡等乡（镇）。

暗棕壤在密山市分为石质暗棕壤、沙石质暗棕壤、黏质草甸暗棕壤、白浆化暗棕壤和沙质草甸暗棕壤5个上图单元。

一、石质暗棕壤

石质暗棕壤在土壤图上是1号土，黑龙江省统一编码为03010505，是山地土壤。自然植被为次生柞树林或杂木林，有些森林已被破坏成为秃山。母质为岩石风化残积物，土层很薄，下为碎石层。地表有约5厘米的枯枝落叶层，黑土层10厘米左右，壤土呈灰色，夹有少量小石块，植物根系较多，粒状团块状结构，较疏松。下面的碎石层上微有淀积特征，在向下过渡到母岩。表土有机质可达70克/千克以上，pH近中性，全量养分较高。表层容重为0.93～1.28克/立方厘米，总孔隙度为50.3%～64.8%，毛管空隙为44.6%～56.6%，通气孔隙为6%～8%。受母质和有机质含量的影响各项物理指标变幅较大。心土层容重较高为1.2～1.3克/立方厘米，总孔隙度降至50.3%～51.5%，毛管空隙为42.2%～48.0%。因受人为活动影响不大，物理性状没有显著变坏。

黑土层速效养分含量，碱解氮为168～298毫克/千克，有效磷为9～50毫克/千克，速效钾为128～321毫克/千克。氮、钾均较高，磷属中等和偏低。石质暗棕壤因土层较薄，地形陡峭，只适于做林业用地。

二、沙石质暗棕壤

沙石质暗棕壤在土壤图上是2号土，黑龙江省统一编码为03010707。自然状况下生长着次生阔叶杂木幼林，成土母质是风化残积和坡积物，黑土层厚度为10～27厘米，平均18厘米。浅棕灰至灰色，壤土含少量沙，程度不等，粒状团块状结构，结构不大明显，较疏松，过渡不明显。黑土层下是棕色淀积层，沙质轻壤土，厚度50厘米左右，再往下是半风化的碎石层。

土壤的机械组成，可以从新村中庆（隶属裴德镇）的土壤剖面中看到土壤质地越往下越沙。各粒级在剖面上的分布（从1.0～0.25毫米至<0.001毫米）见表4-1。

表4-1　沙石质暗棕壤机械组成

土层	取样深度（厘米）	土壤各粒级含量（%）						物理黏粒	质地名称
		1.0～0.25毫米	0.25～0.05毫米	0.05～0.01毫米	0.01～0.005毫米	0.005～0.001毫米	<0.001毫米		
A	0～18	14.28	21.65	22.45	12.24	16.32	13.08	41.62	重壤土
AB	20～30	15.88	22.23	22.39	10.18	14.25	15.07	39.05	中壤土
B	50～60	37.15	25.50	12.18	6.09	10.15	8.93	25.17	轻壤土
BC	85～95	35.72	27.08	10.05	0	10.15	6.9	17.05	沙壤土

沙石质暗棕壤表层有机质含量在3%～10%不等，淀积层有机质含量小于10克/千克，pH为6.5～6.9，由表层向下有增高的趋势。全磷为1.1克/千克，全钾为31.6克/千克，均属极高。根据点次分析，表层养分状况从平均水平来看均较高，但有些点有效磷、速效钾偏低。耕层容重较高，为1.23～1.26克/立方厘米，心土层增至1.33～1.37克/立方厘米。表土层总孔隙度为52.3%～53.6%，毛管孔隙为49.1%～49.6%，较高，通气孔隙较低，仅3%～4%，说明土壤在人为影响下趋于板结。

该土壤易于熟化，土质热潮，植被破坏后水土流失严重。耕种土壤易变贫瘠，造成肥力不足，发小苗不发老苗。一般应作为林业用地。

三、黏质草甸暗棕壤

黏质草甸暗棕壤在土壤图上是3号土，黑龙江省统一编码为03040404。此土类处于下坡地，自然植被主要是杨桦林，林下草甸植物增多。成土母质是坡积物和洪积物，土质较黏重，黑土层平均厚度约18厘米（15～20厘米），中壤至重壤土，粒状团块结构，浅灰至暗灰色。黑土层下有20厘米左右的过渡层，颜色稍浅，有淀积特征，质地比上层黏；再下为褐棕色淀积层，小核状结构，有的夹有小石块。剖面中可见到铁锰结核，土壤的机械组成可以太平乡青松村的剖面为例。各粒级在剖面表层容重为1.03克/立方厘米，心土层则达1.57克/立方厘米，相当紧实。总孔隙度表层高达61.0%，心土层低至40.7%，通气孔隙为1%～3%，各层都是较低的。

该土表层有机质含量较高，平均值为65克/千克，高者在100克/千克以上，过渡层减至20克/千克左右。土壤有机质在剖面上的分布情况是黑土层中的全磷1.2克/千克，全钾31.3克/千克，均较高。pH为6.0～6.5，属微酸性；每百克土代换总量为26～27毫克当量，较高，说明表层土壤较肥沃，保肥力强。耕层中的速效养分氮较高，钾中等而磷较低。

该土可作为林地和农用地，开垦后水土流失较严重；因处于下坡地，应挖截流沟，拦截山水。该土壤基础肥力较低，不耐种，要注意培肥地力。

四、白浆化暗棕壤

白浆化暗棕壤在土壤图上是4号土，黑龙江省统一编码为03030303。该土壤总面积中有29.6%已开垦为耕地，其地形和植被与3号土相似。成土母质一般为洪积物，下部可能有埋藏的风化残积物，呈现母质有上黏下沙的两层性。耕层平均厚度约为17厘米（15～20厘米），质地为中黏壤土。因种植年限及自然土壤的黑土层厚薄不一，则颜色有很大差别，自浅灰、灰至暗灰。由于人为耕作的影响，结构有粒状、团块状和块状之分。白浆化层平均厚17厘米（11～31厘米），质地为黏壤土，浅灰、灰白色，不明显的片状结构。再往下是红棕、褐棕色的淀积层，夹有粗沙及小石块。土壤养分状况根据土壤农化样点的分析结果，可以明显看到白浆化暗棕壤稍低于草甸暗棕壤。其利用与改良和草甸暗棕壤相似。

五、沙质草甸暗棕壤

沙质草甸暗棕壤在土壤图上是 5 号土，黑龙江省统一编码为 03040303。该土壤全部分布在穆棱河冲积平原中稍高处，母质为老的河流淤积物，表土为沙质壤土，向下沙的成分逐渐增多，最后过渡到黄沙土。该土壤在自然状况下生长次生杂木林，因在平原中局部突起，俗称"孤独林子"。黑土层平均厚 21 厘米（15～27 厘米），颜色由棕灰至暗灰色，质地为中壤至轻壤土，含沙粒，结构不明显，过渡层（AB）平均厚 24 厘米（13～35 厘米），灰棕色。淀积层厚约 39 厘米（17～54 厘米），褐棕色，不明显的核状，下接黄沙土，沙土中有不等量的小石砾，也有纯黄沙土。土壤的机械组成，以和平乡庆余村剖面为例，可以明显看出该土类的黏粒在剖面上没有分异，上下几乎一致，但到 C 层粗沙明显增多，而黏粒降低。剖面表层容重为 1.26 克/立方厘米，总孔隙度为 52.4%，稍偏紧，但毛管孔隙达 48.5%，通气孔隙仅 4%，心土层容重增至 1.5 克/立方厘米，总孔隙降至 43.7%；pH 为 6.0～6.4，属微酸性；有机质表层含量为 30 克/千克左右，过渡层为 13 克/千克左右，往下低于 10 克/千克；全钾含量高达 33.8 克/千克，全磷含量也较高为 1 克/千克左右，代换量较低，为 15～18 毫克当量/百克土，这与有机质较少、质地较粗有关。根据农化样的分析结果统计表明，速效养分除氮外其余都较低。

该土壤在平原中位置较高，大多数为村屯所占用，也可用做旱田和少部分水田。土质热潮，作物早熟，产量较高，采取措施易见效果。但基础肥力稍低，要注意培肥。

第三节 白 浆 土

白浆土类耕地面积为 99 178.75 公顷，占密山市总耕地面积的 62.96%。该土壤是密山市的主要耕地土壤，各乡（镇）均有分布。最多的几个乡（镇）有杨木乡、白鱼湾镇、富源乡、当壁镇、二人班乡和裴德镇。白浆土类分为白浆土、草甸白浆土和潜育白浆土 3 个亚类。

一、白 浆 土

白浆土又称岗地白浆土、棕壤型白浆土，在土壤图上分别是 6 号、7 号、8 号土，黑龙江省统一编码分别为 04010203、04010102、04010101。白浆土占密山市总耕地面积的 52.5%。

根据该土壤黑土层厚薄和肥力高低分为薄层、中层和厚层 3 个土种，所占的比例分别为 9.2%、78.8% 和 12%。岗地白浆土在开垦以前生长着阔叶杂木林，现在几乎全部开垦为耕地或做基建用地，剩余荒地不多。分布地形属山麓台地（山前漫岗），母质为第四纪洪积黏土，黏土层厚度为 2～16 米。剖面主要特征是，在较薄的黑土层下有 20 厘米左右厚的片状白浆层，颜色有浅灰、棕黄灰和灰白的差别。白浆层下为较厚的核块状淀积层，颜色褐棕或棕褐，深浅不一，结构体一般较大，各层均有数量不等的铁锰结核。

典型剖面采自密山市黑台镇黑台村北岗，漫岗地南坡中偏下，开垦年限约有 1 个世纪。施有机肥不多，管理较粗放，有轻度侵蚀。剖面形态特征如下：

A_p 层：0～17 厘米，耕作层灰色，粒状、团块状和块状结构，稍紧实，植物根系较少，向下过渡明显。

A_w 层：17～31 厘米，白浆层，灰白色，片状结构，结构体上有小孔隙，稍紧，植物根系少，有较多的铁锰结核，向下过渡明显。

B_1 层：31～58 厘米，过渡层暗灰棕色，小核状结构，有少量植物细根，较紧，有棕色淀积胶膜和少量铁锰结核，过渡较明显。

B_2 层：58～110 厘米，淀积层，暗棕褐色，核状结构，紧实，淀积胶膜明显，有少量铁锰结核，逐渐过渡到下层。

BC 层：110～150 厘米，过渡层褐棕色，核状结构，紧实，有不均匀的棕色胶膜，并有二氧化硅粉末。

从农化样点的分析剖面来看，岗地白浆土呈微酸性，上下层变化不大；有机质集中在表层，含量为 30～40 克/千克，向下急剧减少；全钾含量很高，均在 25 克/千克以上；全氮变幅较大为 1.2～4.8 克/千克，有高有低；全磷为 0.8%～1.6 克/千克，普遍偏低和中等水平；代换总量为 20～30 毫克当量/百克土。从薄层到厚层 3 种白浆土的全量养分来看是递增的。速效养分氮最高，钾较高，磷偏低。土壤质地普遍较黏重，多属于轻黏土至中黏土，黏粒分化明显，黏粒和物理性黏粒除一个剖面上下差别不大之外，均有黏化现象。

岗地白浆土的容重耕层为 1～1.3 克/立方厘米，因开垦年限和有机质含量而有差异；白浆层和心土层的容重相仿，均为 1.24～1.38 克/立方厘米；耕层总孔隙为 50.9%～58.7%，耕层以下为 49%～53%；毛管孔隙较高，耕层为 45%～54%，白浆层为 44%～45%；通气孔隙较低，耕层为 5% 左右，下层为 4% 左右；厚层白浆土通气孔隙下层大于上层。

岗地白浆土地形坡度较缓，一般为 3°～5°，适于做耕地，8°以上的应考虑植树或种草。该土壤因地形有一定的坡度，坡面又很长，易引起水土流失；加之黑土层较薄，因此，培肥地力和保持水土是土地利用中的主要问题。

二、草甸白浆土

草甸白浆土又称平地白浆土，在土壤图上分别是 9 号、10 号土，黑龙江省统一编码分别为 04020202、04020201。草甸白浆土占密山市总耕地面积的 7.2%。本亚类根据黑土层厚薄和肥力高低分为中层草甸白浆土和厚层草甸白浆土 2 个土种，所占面积比例分别为 87% 和 13%。草甸白浆土荒地植被为丛桦、小叶樟杂类草群落。分布地形为较高的平地，母质为洪积黏土，有些混有部分淤积物或坡积物。剖面除具有白浆土的一般特征之外，所不同的是黑土层因腐殖质含量较高而颜色较深，白浆层浅灰和灰白色，淀积层的颜色较深，核状结构较小，在 BC 层可见到锈斑。

典型剖面采自密山市连珠山镇东方红村五队后的耕地，老耕地，地形平坦。剖面形态特征如下：

A_p 层：0～18 厘米，干时灰色，轻黏土，粒状团块状结构，较疏松，层次过渡明显。

A_w 层：18～34 厘米，白灰色，中黏土，微显片状，稍紧，有铁锰结核，少量细根系，层次过渡明显。

B_1 层：34～73 厘米，棕褐色，中黏土，小核状结构，紧实，有铁锰结核及褐色胶膜淀积，逐渐过渡。

B_2 层：73～150 厘米，深浅不一的棕褐色，中黏土，小核状结构，有明显氧化铁的淀积。

根据分析剖面来看，草甸白浆土呈微酸性，下层接近母质时显中性。表层有机质含量因开垦年限和管理水平不同而有很大差别，为 2.2%～10.7%，上下层变化趋势和岗地白浆土相似，个别剖面淀积层有机质含量比白浆层的高很多；代换量为 23～37 毫克当量/百克土，保肥力较强；全氮和有机质呈正相关，含量为 2.2～3.1 克/千克；全磷为 1.1～2.3 克/千克，均属较高水平；全钾为 22.4～28.2 克/千克，含量极高。从农化样分析结果来看，草甸白浆土速效养分氮较高，磷和钾中等。

草甸白浆土的机械组成，各层均黏重，多数为轻黏土到中黏土，个别是重壤土，有明显的黏化现象，淀积层的黏粒比上一层高 1 倍左右。草甸白浆土表层容重较低，为 1.0～1.1 克/立方厘米，下层较高为 1.3～1.4 克/立方厘米；耕层总孔隙度可达 58%～60%，底层降至 44%～51%；毛管孔隙耕层为 53.0%，底层为 43%～48%；通气孔隙耕层为 5%～7%、下层为 1%～7%，变化较大。以上说明草甸白浆土的物理性状基本上是良好的，耕层黏朽化不严重。

草甸白浆土的地形平坦，是密山市较好的耕地，适于旱田或水田，但也存在改良白浆层和培肥地力问题。

三、潜育白浆土

潜育白浆土又称低地白浆土，在土壤图上是 11 号土，黑龙江省统一编码为 04030102。潜育白浆土占本土面积的 58.0%，占密山市总耕地面积的 3.2%。该土壤分布于地形低平处，荒地植被为沼柳、小叶樟等喜湿性植物，有季节性积水，需要稍加排水疏干。除具一般白浆土的特征之外，在白浆层有锈斑出现，淀积层颜色发暗，小核粒状或鱼子状结构，曾被误认为是埋藏的第二腐殖质层；白浆层灰白色，片状结构明显；BC 层有明显的灰蓝潜育斑点。典型剖面采自密山市白鱼湾镇湖沿四队，剖面形态特征如下：

A_p 层：0～20 厘米，干时灰色，团块状结构，较松，根较少，层次过渡明显。

A_w：20～41 厘米，浅灰色，片状，少量细根，稍紧，有锈斑，层次过渡明显。

B 层：41～80 厘米，暗褐色，鱼子状和小核状结构，紧实，中黏土。

BC 层：80～130 厘米，小核状，浅灰棕色，色不均匀，有灰蓝斑点，紧实。

根据 20 个剖面统计，潜育白浆土耕层厚度为 17.95±1.94 厘米，白浆层厚度为 17.25±7.16 厘米，在白浆层出现锈斑是其重要特征。从 4 个剖面的分析结果来看，土壤的 pH 为 5.7～7.2，随着土层加深 pH 有增高的趋势；土壤有机质表层含量较高为 5%～7%，第二层减至 2% 左右，有个别剖面淀积层含量达 5.5% 左右。黑土层中的全量养分，钾极高，氮、磷次之。在白浆层中，钾仍很高，磷中等而氮很低。根据 24 个农化样分析结果统计，碱解氮为 301 毫克/千克，有效磷为 18 毫克/千克，速效钾为 170 毫克/千克。土壤质地为黏重，淀积层有黏化现象，但不如其他类白浆土严重，淀积层的黏粒均在上层黏粒含量的 1 倍以内。潜育白浆土耕层较疏松，容重为 0.8～1.1 克/立方厘米。白浆层较紧实，容重达 1.4 克/立方厘米左右。具有上松下实的土体构造。物理性状较好，耕层总孔隙度达 60%，毛管孔隙为 52%，通气孔隙为 8%，结构破坏不严重。

潜育白浆土地形低洼，季节性积水，尤其在涝年，常因水成灾。所以，加强排水措施是农田建设的主要项目。根据外水的来源，可采取截洪沟或筑堤挡水，其所承受的雨水靠土壤改良来调节。还要采取措施改良白浆土。

第四节　草甸土

草甸土类，当地俗称黑土、黑油沙、黑朽土。该土类耕地面积 12 239.82 公顷，占密山市总耕地的 7.77%。除了集贤（隶属二人班乡）、密山镇、连珠山镇 3 个乡（镇）没有草甸土之外，其他各乡（镇）均有分布。草甸土类在本次普查中划分为草甸土、潜育草甸土和白浆化潜育草甸土 3 个亚类。其共性是均分布在平坦的地形部位，水分充足，草甸植被生长繁茂，有机质在剖面中大量积累。由于水分的干湿交替，土壤潴育明显，剖面中可见到铁子和锈斑及灰蓝色的潜育斑点。该土壤由于所处条件的不同，分别发育成不同的亚类。

一、草甸土

草甸土又称典型草甸土、黑土型草甸土，在土壤图上为 12 号土，黑龙江省统一编码为 08010401，占密山市总耕地面积的 0.55%。黑土层厚度均大于 50 厘米，属厚层草甸土。自然状况下生长以禾本科、豆科和菊科蒿属为主的杂草群落，几乎全部开垦为耕地。本土壤分布在河谷平原较高的部位，一般低洼地和岗坡地的过渡地带，除了成土过程中有机质的积累之外，还可能承受外面冲积来的腐殖质土，所以黑土层较厚，可达 50～100 厘米。成土母质为洪积淤积物，质地较黏重。土壤的主要特征是黑土层深厚，明显的粒状、团粒状结构，但从亚表层开始有胶膜淀积的特征。

典型剖面采自黑台镇庆先大队五队的地块，是岗间平地、老耕地，种旱田，局部种过水田。剖面形态特征如下：

A_p 层：0～19 厘米，暗灰色，粒状团块状，有小而硬的铁锰结核，较疏松，少量细根，过渡明显。

A_1 层：19～50 厘米，黑灰色，粒状结构，有铁锰结核，较疏松，有个别细根，过渡不明显。

AB 层：50～100 厘米，暗灰色，粒状结构，结构体内颜色浅，稍紧实，少量铁子，逐渐过渡到下层。

BC 层：100～150 厘米，灰色、带锈色和灰蓝色，粒状结构，结构体内颜色浅，较紧实。

根据 9 个剖面统计，黑土层厚度（A_1＋AB）平均值为 84 厘米，最厚达 100 厘米，最薄为 55 厘米。

草甸土的有机质含量表层可达 120 克/千克，亚表层显著减少，但仍可达 60 克/千克，下层虽然颜色较暗，但有机质含量并不很高，一般只有 10～20 克/千克。各层均呈弱酸性反应，pH 变化不大，为 5.7～6.2。全量养分和代换量均较高，全氮达 3～5 克/千克，全磷为 2～3 克/千克，全钾为 25～28 克/千克，代换量为 38～58 毫克当量/百克土，是潜在肥力很高的土壤。速效养分根据 6 个农化样分析结果统计，碱解氮为 325 毫克/千克，有效磷为 25 毫克/千克，速效钾为 194 毫克/千克。可见氮、钾丰富，磷偏低。草甸土的土质黏重，多属轻黏土和中黏土，黏粒在剖面上有分异现象。

草甸土上下各层容重均为 0.8～1.2 克/立方厘米，总孔隙为 54％～69％，毛管孔隙 52％～66％，但通气孔隙较小仅为 1％～4％。

草甸土潜在肥力高、耐种，是密山市最好的耕地土壤。

二、潜育草甸土

潜育草甸土又称沼泽化草甸土，根据黑土层厚薄进一步划分为中层潜育草甸土（黑土层厚度为 25～40 厘米），在土壤图上是 13 号土，黑龙江省统一编码为 08040202；厚层潜育草甸土（黑土层厚度均大于 40 厘米），在土壤图上是 14 号土，黑龙江省统一编码为 08040201。潜育草甸土占密山市耕地的 6.55％。中层潜育草甸土和厚层潜育草甸土两者的比例是 33：67，厚层占 2/3。本土壤分布在河谷低平地和岗间谷地上，自然状况下生长小叶樟、薹草等喜湿植物，并混有菊科和豆科等杂类草。根据杂类草混生的情况可判断土壤的潜育化程度。杂类草越少，潜育化程度就越强；如果杂类草消失，全为小叶樟所取代，则土壤由潜育草甸土演变为草甸沼泽土。

潜育草甸土除具有上述草甸土的黑土层深厚和腐殖质含量高外，还因水分过多，表层有半泥炭化的草根层，下部潜育明显，在剖面中有大量锈斑。典型剖面采自杨木乡胜利桥南的岗间平地，当年种植作物为大豆，基本上没有上过粪肥，产量较为稳定。剖面形态特征如下：

A_p 层：0～16 厘米，暗灰色，小粒状结构，较松，有少量铁子，有机质含量高，土体轻，有半泥炭化现象，过渡明显。

A_1 层：16～56 厘米，黑灰色，良好的粒状结构，微有淀积胶膜的光泽，较松，层次过渡从颜色上看较为明显。

AB 层：66～110 厘米，灰色、微带灰蓝色，粒状结构，较紧实，有少量铁子，逐渐过渡到下一层。

BC 层：110～130 厘米，棕灰色，有斑杂的铁锈色和潜育斑点。

从形态特征可以看到新生体出现的部位极不一致，说明潜育草甸土的潜育化程度有很大的差别，尚可根据锈斑和潜育斑出现的部位进一步划分为轻潜育、中潜育和重潜育，由于生产上实际意义不大而又不易掌握，所以没有细分。

潜育草甸土表层有机质含量很高，一般为 70～140 克/千克，高者达 250 克/千克以上，第二层为 40～100 克/千克，从上至下逐渐减少。土壤 pH 为 6.0～7.3，属于微酸性到中性，乡（镇）之间有所不同，上下层之间变异不大，全量养分中全氮为 3～7 克/千克，高者达 10 克/千克；全磷为 2～3 克/千克，高者达 5 克/千克；全钾均在 20 克/千克以上，代换量为 42～64 毫克当量/百克土，可见潜在肥力很高。根据 64 个农化样分析统计，碱解氮为 317 毫克/千克，有效磷为 26 毫克/千克，速效钾为 200 毫克/千克。

潜育草甸土的机械组成均较黏重，但黏粒在剖面上分异不明显。

潜育草甸土潜在肥力高，可作为旱田或水田，耐种年限长，在利用中要稍加排水，否则易内涝。旱年往往高产，而涝年则受损失。另外，在耕作上要注意适时，如果湿耕，则破坏土壤结构，使土质变黏朽，会演变成黑朽土。虽然肥力高，但从长远来看要注意养地培肥。

三、白浆化潜育草甸土

白浆化潜育草甸土在土壤图上是 15 号土，黑龙江省统一编码为 08040403。白浆化潜育草甸土占密山市总耕地面积的 0.67%。本土壤分布地形和自然植被同潜育草甸土，是潜育白浆土和潜育草甸土之间的过渡亚类。其亚表层为白浆化层，颜色稍浅，不显片状，从结构上来看与上下层差不多。

典型剖面采自连珠山镇西沟塘，该地已开垦半个多世纪，常受水害。近几年来，多处已修建了排水沟，耕地条件有所好转。剖面形态特征如下：

A_p 层：0～18 厘米，暗灰色，粒状、团块状结构，较松，有少量小的铁锰结核，层次过渡明显。

A_1A_w 层：18～36 厘米，浅灰色，不明显的小粒状结构，较松，层次过渡较明显。

A_1B 层：36～70 厘米，黑灰色，粒状微有棱角结构，曾认为是第二腐殖质层，较松，有铁子，有淀积胶膜，过渡较明显。

BC 层：70～100 厘米，棕灰色，不明显的小粒状结构，含有沙粒，少量锈斑，过渡较为明显。

C 层：100～160 厘米，浅灰棕色，斑杂有锈色并带灰蓝色，含有沙粒。

根据 11 个剖面统计，耕层厚 20±2.88 厘米，白浆化层 15±10.23 厘米，AB 层 35±9.33 厘米。耕层见到铁锰结核，白浆化层或过渡层可见到锈斑。

白浆化潜育草甸土表层有机质含量为 60～80 克/千克，白浆化层有机质为 30～60 克/千克，再往下的暗色土层为 20～30 克/千克。土壤有机质在剖面上的分布有两种情况：一是从上往下逐渐减少；二是第二层突然减少，而后又有所增加。全氮含量为 3.5 克/千克左右，全磷为 1.4 克/千克左右，均属较高水平，全钾极高在 30 克/千克左右，代换量较高，每百克土中达 34～38 毫克当量。速效养分根据 6 个农化样分析统计，碱解氮为 336毫克/千克，有效磷为 28 毫克/千克，速效钾为 201 毫克/千克。

白浆化潜育草甸土的机械组成较黏重，但黏粒在剖面上差异不大。白浆化潜育草甸土，在利用上同潜育草甸土，但基础肥力偏低，不过仍属于肥力较高的土壤，在利用上应注意培肥和改良。

第五节　沼　泽　土

沼泽土类耕地面积为 7 135.95 公顷，占密山市总耕地面积的 4.53％。除了当壁镇、二人班乡、集贤（隶属二人班乡）和连珠山镇之外，均有沼泽土分布，平原地区的乡（镇）如和平乡、白鱼湾镇和兴凯湖乡等分布较多。沼泽土类分为草甸沼泽土、泥炭腐殖质沼泽土和泥炭沼泽土 3 个亚类，分述如下：

一、草甸沼泽土

草甸沼泽土类，占密山市总耕地面积的 2.24％。按黑土层厚薄划分为薄层草甸沼泽土（A_1＜30 厘米）和厚层草甸沼泽土（A_1＞30 厘米），在土壤图上分别为 16 号、17 号土，黑龙江省统一编码分别为 09030203、09030201。两者所占比例为 73.4：26.6，故大多数是属于薄层的。在自然状况下生长小叶樟或大叶樟、莎草、沼柳等植被，地形低洼，雨季常有积水。其剖面特征是表层有 10～20 厘米半泥炭化的草根层，下为腐殖质层，再往下可见到潜育层。腐殖层的上部多数颜色发淡，疏干后很易演变为白浆层，成为潜育白浆土，证明该区的草甸沼泽土有干湿交替，有一定的白浆化发育。草甸沼泽土微酸性，全量养分含量很高，有机质达 120 克/千克，全氮为 5.4 克/千克，全磷为 4.2 克/千克，全钾为 24 克/千克，代换量为 40～45 毫克当量/百克土，具有很高的潜在力。土壤质地黏重，为重壤土至中黏土，需要系统排水，方可开垦为农田。

二、泥炭腐殖质沼泽土和泥炭沼泽土

泥炭腐殖质沼泽土和泥炭沼泽土在土壤图上分别为 18 号、19 号土，黑龙江省统一编码分别为 09020203、09020103。分布在密山市最低洼地形部位，常年积水，因此没有白浆化现象。两种土壤基本相似，表层泥炭厚度小于 50 厘米，泥炭层下一个有腐殖质层，另一个没有，下面是潜育层，占密山市总耕地面积的 2.2％，多半是为了土地连片或干旱年份而开垦的。两种土壤面积的比值是 38：62，以泥炭沼泽土居多。上述两种土壤表层有机质含量高达 400～550 克/千克，第二层仍在 30 克/千克以上。表层全氮在 15 克/千克以上，全磷为 1.4～4 克/千克，差别较大，全钾高在 20 克/千克左右，代换量较高，每百克土中在 60 毫克当量以上，潜在肥力极高，可作为肥源。下层土壤质地很黏重，为轻黏土至中黏土，在利用中主要是排涝问题。由于水分大，土温较低，庄稼易贪青晚熟。在旱年日照多，土温提高，则产量较高。如无排水措施，涝年将减产，甚至绝产。

第六节　泥　炭　土

泥炭土可根据泥炭层厚薄，分为薄层（A_t50～100 厘米）泥炭土和中层（100～200

厘米）泥炭土，在土壤图上分别为 20 号、21 号土，黑龙江省统一编码分别为 10030103 和 10030102。该土类耕地面积 850.64 公顷，占密山市总耕地面积的 0.54%。密山市主要是薄层泥炭土，A_t 层厚 68±17 厘米（12 个点统计），中层泥炭土只有少量面积不足万亩，A_t 层厚 135±21 厘米。密山市泥炭土的总蕴藏量在 1 000.0 万立方米以上（不包括 A_t < 50 厘米的沼泽土中的泥炭土）。

密山市的泥炭土均属低位泥炭，富含营养物质。根据八一农垦大学和朝阳农场的分析材料，平均有机质含量达 600 克/千克，全氮为 22 克/千克，全磷为 2.5 克/千克，碱解氮为 8.0～28 毫克/百克土，有效磷为 0.7～7 毫克/百克土，pH 为 6.0～6.3，腐殖质为 25%～30%，容重 0.28～0.39 克/立方厘米；比重为 1.69～1.81，总孔隙度为 73.2%～86.3%，持水量为 170%～940%，高出一般土壤 4～8 倍。平时吸收气体的能力强，吸氮为 0.3%～1.0%，碳氮比为 10.5～17.4，是很好的改土原料和肥源，可以直接使用或用来垫圈，制堆肥、粒肥及腐殖酸类肥料，效果更为明显。在工业上，泥炭可作为吸收剂、干馏制油、绝缘材料等多种用途。

第七节　河淤土

河淤土又称冲积土，泛滥地土壤，分布于河流沿岸，是在新近河流淤积物上发育的土壤，是河流在淤积过程和成土过程并行的产物。该土类耕地面积 5 970.26 公顷，占总耕地面积的 3.79%。凡靠近河流的乡（镇）均有分布，以和平乡、连珠山镇、黑台镇、兴凯镇等乡（镇）为多。在两道防洪堤之间的土壤均已划入河淤土，而堤内原受泛滥影响并具有明显地质层次的也划入了河淤土。

根据河淤土的土壤发育程度和成土过程分为生草河淤土、草甸河淤土和沼泽河淤土。这类土壤均带沙质，因受成土和地质两个过程的影响，其理化性状变化很大。

一、生草河淤土

生草河淤土在土壤图上是 22 号土，黑龙江省统一编码为 15010303。该类土壤占密山市总面积的 0.65%，没有耕地。发育在淤积风积的包上，通体含沙，表土层小于 20 厘米，层次分化不明显。地面生长着一些较耐旱的禾本科、菊科等杂类草，一般不适于开垦，可作为放牧用地。

二、草甸河淤土

草甸河淤土在土壤图上是 23 号土，黑龙江省统一编码为 15010103。该类土壤占密山市总耕地面积的 2.02%。分布地形较平坦，地面生长草甸植被，以小叶樟为主的杂类草群落。表层为壤土，底土为沙土。根据 23 个剖面统计，黑土层厚 20±4.88 厘米，过渡层（AB）厚 23±11.39 厘米，以下接沙层。pH 为 6.0～6.5，表层有机质含量为 30～40 克/千克，全氮为 1～2 克/千克，全磷为 1～1.8 克/千克，全钾在 30 克/千克左右，代换量为 17～

30 毫克当量/百克土。虽然表层养分较高，但到底土层有机质含量只有 2.4～2.8 克/千克，所以潜在肥力较低。因土壤质地较轻，土质热潮，养分转化得快，是本地区较好的耕地土壤。但受洪水威胁，在防洪堤以外的部分耕地得不到保障，因此退耕还牧还是很必要的。

三、沼泽河淤土

沼泽河淤土在土壤图上是 24 号土，黑龙江省统一编码为 15010101，该类土壤占密山市总面积的 1.12％，其中约有近万亩的耕地。该类土壤是泛滥地中地形低洼的土壤，在自然状况下生长小叶樟、莎草等沼泽植被。黑土层较薄，一般为 10～24 厘米，过渡层厚为 10～50 厘米，下为沙层。其性质与草甸河淤土相似，只是在治理上除了防洪之外，还需要排涝，一般应为牧副渔业用地。

第八节　水　稻　土

水稻土是人类在生产活动中创造的一种特殊土壤，是自然土壤和旱耕土壤淹水种稻而成。水稻土在土壤图上分别为 26 号、27 号、28 号、29 号、30 号和 31 号、32 号、33 号土，黑龙江省统一编码分别为 17010101、17010401、17010202、17010203、17010702 和 17020101。该土类耕地面积 21 596.90 公顷，占密山市总耕地面积的 13.71。除新村（隶属裴德镇）外均有水稻土，但主要分布于穆棱河、裴德里河流域的黑台镇、和平乡、兴凯镇、集贤（隶属二人班乡）等乡（镇），富源乡、连珠山镇等乡（镇）也陆续有开垦。由于密山市开发较晚，种植水稻时间不长，仅有半个多世纪的历史，加之淹水时间短、撤水期和冻结期长。因而使水稻土发育的程度不高，剖面分化不甚明显，仍保留着其前身土壤的某些形态特征。在本次普查中将水稻土类按其前身土壤划分为白浆土型水稻土、草甸土型水稻土、河淤土型水稻土和沼泽土型水稻土 4 个亚类。它们的共同特点是分布在地势低平、灌溉便利、水源充足的冲积平原和山间谷地，原生植被生长繁茂，有机质积累较多。由于水稻土在形成过程中受干湿交替、水稻连作、水旱轮作的影响，自然成土过程已变为次要地位，人为因素起了主导作用，改变了形成方向和循环关系，使其剖面具有 3 个明显的特殊层次：耕作层，又叫淹育层（A），灰色，淹水时软，落干后龟裂，沿根孔和裂隙有锈纹锈斑；渗育层（P），是受灌溉水浸润和淋洗的层次，色灰白，肥力低；潴育层（W）或淀积层（B），是受灌溉水和地下水双重影响的层次，铁锰淀积物较多，呈黄、锈棕和灰杂色。现分述如下：

一、白浆土型水稻土

白浆土型水稻土又分中层白浆土型水稻土和厚层白浆土型水稻土，在土壤图上分别是 26 号、27 号土，黑龙江省统一编码分别为 17010101、17010401。

典型剖面采自三梭通（隶属当壁镇）中平村前，耕种了半个多世纪，地形为穆棱河谷平原，亩产在 400 千克左右。剖面形态特征如下：

A 层：0～17 厘米，灰色，无结构，轻黏土，有根孔、锈纹，根系较多，过渡明显。

P 层：17～36 厘米，灰白色，似前土壤的白浆层，但已不显片状结构，有根孔、锈纹及锈斑，根系较少，过渡明显。

B_1 层：36～84 厘米，为过渡层，深灰色，粒状结构，具有不明显的胶膜，铁锰淀积物少，干时较松散。

B_2 层：84～150 厘米，湿时灰蓝色，干时灰褐色，小核状结构，具灰褐色胶膜，有较多的锈斑和潜育斑。

二、草甸土型水稻土

草甸土型水稻土又分中层草甸土型水稻土和厚层草甸土型水稻土，在土壤图上分别是 28 号、29 号土，黑龙江省统一编码分别为 17010202、17010203。

典型剖面采自黑台镇大成村西，地形平坦，耕种了半个多世纪，平均亩产在 500 千克左右。剖面形态特征如下：

A 层：0～17 厘米，深灰色，无结构，湿时松软，中黏土，根系较多，根孔、锈纹不太明显，层次过渡明显。

P 层：17～33 厘米，深灰色，较紧实，无结构，干时呈块状，锈斑较多，有根系，过渡明显。

此层下面存有一层 20 厘米左右的腐殖质层，其特性与潜育草甸土相对应层相似。

W_1 层：55～90 厘米，为过渡层，灰蓝色，较紧实，具有明显的潜育斑，从颜色看过渡明显。

W_2 层：90～120 厘米，锈棕色，也可称为铁淀积亚层，有潜育斑。

三、沼泽土型水稻土

沼泽土型水稻土又分沙底沼泽土型水稻土、黏朽沼泽土型水稻土和泥炭土型水稻土，在土壤图上分别是 31 号、32 号、33 号土，黑龙江省统一编码（所占比例不大）为 17020101。

典型剖面采自和平乡三人班原一队前，地形低洼，开垦年限近半个多世纪，平均亩产在 400 千克左右。剖面形态特征如下：

A 层：0～20 厘米，浅灰色，无结构，轻壤土，根系较多，根孔、锈纹不太明显，有潜育斑，层次过渡明显。

G 层：20～100 厘米，湿时灰蓝色，干后灰白色，无结构，养分含量低，有少量铁子。

四、河淤土型水稻土

河淤土型水稻土在土壤图上是 30 号土，黑龙江省统一编码为 17010702。

典型剖面采自和平乡兴光地方站北，地处穆棱河河漫滩，地形平坦，开垦近半个多世纪，平均亩产在 500 千克左右。剖面形态特征如下：

A 层：0～19 厘米，锈棕灰色，粒状至无结构，重黏土，有明显的根孔、锈纹锈斑，细根较多，向下过渡明显。

P 层：19～33 厘米，棕灰色，中壤土，较紧实，根系少量，向下过渡明显。

B 层：33～43 厘米，黄灰杂色，无结构，中壤土，较紧实，锈斑较多，无根系，过渡明显。

Cg 层：43～70 厘米，锈棕色夹有潜育斑，无结构，沙壤土至粉沙土。

水稻土类中除河淤土型水稻土含沙较多、通透性好以外，其余的质地较黏重，多为轻黏土和重黏土。容重差异很大为 1.08～1.31 克/立方厘米，总孔隙为 50.33%～59.21%，毛管孔隙为 44.75%～56.09%。

水稻土的有机质含量差异很大，以沼泽土型最高，表层可达 140 克/千克，河淤土型和白浆土型的含量较低为 50 克/千克左右，而草甸土型有机质一般都在 70 克/千克左右，属中等含量；全磷含量普遍较低，白浆土型含量为 0.95～1.48 克/千克；全钾含量丰富，为 18.4～32.8 克/千克；代换量变幅很大，为 19.42～33.44 毫克当量/百克土，高者达 40.67 毫克当量/百克土；pH 变化不大，为 5.8～6.5，属弱酸性土壤；水稻土的速效养分除磷含量普遍低外，其余各项均属高或丰富。

随着农业生产条件的改善，水田面积正在不断扩大。因此，必须搞好水利建设，抓好以排水为重点的排灌渠系配套，使水田园田化。要注意培肥地力，增施堆厩肥，也可用河泥、沙子、炉灰等改土。

第九节 沙 土

密山市的沙土为湖岗风沙土，在土壤图上是 25 号土，黑龙江省统一编码为 16010103。总面积不大，占密山市面积的 0.21%，分布在兴凯湖岸边，是湖积细沙土，受风力搬运而成岗（沙丘）。地表生长的植物主要有柞树、黑桦、赤松、紫椴、山杨等乔木，林下有葡萄、胡枝子、苦参、桧木及本地次生阔叶林下常见的草本植物，裸露地生长着山棘豆、鸡眼草、蒿等。由于受风力搬运堆积的时间长短不同，土壤剖面层次分化差异很大，有的只有 A、C 层。表层土壤有机质为 30～40 克/千克，全氮为 1～2 克/千克，全磷为 0.6～0.7 克/千克，代换量为 7～11 毫克当量/百克土，均较低。因含钾云母矿物，全钾很高，达 32～36 克/千克，pH 为 5.7～6.5，属微酸性。统体含沙，以 0.25～0.05 毫米的粒级为多。

湖岗风沙土是密山市局部特有的土壤，应严加保护，不准破坏林木和随意拉运湖沙，否则自然植被遭到破坏，便形成流动沙丘，成为祸患。

第五章　耕地土壤属性

土壤是人类最基本的生产资料，被称之为"衣食之源，生存之本"。它不仅是农业生产的基础、各种作物的生活基地、人类衣食住行所需物质和能量的主要来源，而且是物质和能量转化的场地。通过它使物质和能量不断循环，满足作物和人类生活的需要。

密山市耕地土壤自1984年土壤普查以来，经过30多年的农事操作和各种自然因素的影响，土壤的基础肥力状况已发生了明显的变化。总的变化趋势是：土壤的全氮、土壤有机质、土壤碱解氮、土壤速效钾呈下降趋势，土壤有效磷总体呈上升趋势，但水旱田呈分化趋势，土壤酸性增强，酸化程度加重。

从密山市14 435个农田土样化验数据中可以看出，农田土样养分水平呈局域性分布。湖积低平原区土壤基础6项指标均列密山市之首，明显高于其他各区，冲积平原区土壤的全氮、有机质、碱解氮、有效磷、速效钾名列全市第二，山前漫岗区6项指标均居密山市平均水平，低山丘陵区土壤的全氮、土壤有机质、碱解氮、速效钾均为密山市最低水平。其中，富源乡以北的地区、合并后隶属裴德镇的新村区域速效养分最低；西片的太平乡、黑台镇等土壤酸性较强。土壤养分的差异与土壤类型、农事操作水平、耕地开垦年限和自然因素影响有一定关系。

密山各乡（镇）耕地土壤6项指标化验统计见表5-1。

表5-1　密山各乡（镇）耕地土壤6项指标化验统计

乡（镇）	pH	全氮 （克/千克）	有机质 （克/千克）	碱解氮 （毫克/千克）	有效磷 （毫克/千克）	速效钾 （毫克/千克）	样本数 （2007年取样数量，个）
密山镇	5.62	2.39	43.9	224.30	33.2	107.73	119
和平乡	5.85	3.01	44.1	235.19	40.7	176.23	122
太平乡	5.69	1.89	45.4	232.97	28.7	127.60	95
黑台镇	6.02	1.98	43.1	217.13	26.9	222.02	117
连珠山镇	5.79	3.26	45.1	220.10	34.9	144.71	96
裴德镇	5.79	2.05	40.9	214.95	31.7	122.92	121
兴凯镇	5.54	2.76	38.6	204.65	44.5	114.61	126
富源乡	5.80	2.51	35.5	206.29	42.2	141.88	115
科研所	6.00	0.00	19.3	124.27	29.2	92.40	20
知一镇	5.69	2.17	36.7	223.67	32.9	120.75	120
二人班乡	6.14	2.13	33.6	172.12	38.3	155.33	94
当壁镇	6.04	2.57	32.8	183.02	38.6	106.92	121
白鱼湾镇	5.82	2.08	32.9	204.54	33.5	147.99	121
兴凯湖乡	5.56	2.52	45.6	261.25	23.7	103.26	125

（续）

乡（镇）	pH	全氮 （克/千克）	有机质 （克/千克）	碱解氮 （毫克/千克）	有效磷 （毫克/千克）	速效钾 （毫克/千克）	样本数 （2007年取样数量，个）
承紫河乡	5.55	4.11	53.3	271.31	22.8	105.85	123
柳毛乡	5.57	2.60	44.0	262.13	21.3	136.16	126
杨木乡	5.76	2.48	42.9	263.17	32.6	114.76	111
平均值	5.78	2.53	39.8	218.88	32.68	131.83	110.12

第一节 有机质和酸碱度

一、土壤有机质

土壤有机质是土壤肥力的物质基础，是土壤质量的重要指标。土壤有机质在土壤肥力和植物营养中具有重要作用，它可以为植物生长提供必需的氮、磷、钾等多种营养元素，并改善耕地土壤的结构性能和理化性状。

根据 2006—2007 年 8 000 余个土样化验分析结果显示，密山市耕地土壤有机质平均值为 41.0 克/千克，最低值为 11.0 克/千克，最高值为 98.8 克/千克。其中，含量小于 20.0 克/千克的土壤占总面积 18.8%，含量为 30.0～40.0 克/千克的土壤占总面积 36.5%，含量为 40.0～60.0 克/千克的土壤占总面积 36.3%，含量大于 60.0 克/千克的土壤占总面积 8.4%。有机质总体上呈下降趋势，区域分布是南部湖滨平原和中南部河谷平原区高于中部的山前漫岗和西北部的低山丘棱区。

与 1984 年的全国第二次土壤普查时相比，有机质含量水平明显下降，平均每年约下降 0.07 个百分点。水旱田土壤无明显区别，按表层有机质高含量所占面积比例顺位为合并到裴德镇的新村、连珠山镇、富源乡、裴德镇、兴凯湖乡、白鱼湾镇、兴凯镇、黑台镇、杨木乡等，均占一半以上。有机质含量在中高等以上的土类分别为厚层白浆土、河淤土、中层草甸土、泥炭腐殖质沼泽土和各种厚层草甸土。有机质含量在低等以下的土类分别为暗棕壤土、中层白浆土、沙底沼泽土、薄层泥炭沼泽土、薄层白浆土和风沙土。密山镇的有机质含量为中等偏低，基本上与 1984 年的全国第二次土壤普查时的含量情况是一致的。有机质含量较高的土壤类型是中层和各种厚层的草甸土，其次是厚层白浆土和河淤土，较低和最低的为暗棕壤土、中层白浆土、薄层白浆土和风沙土。

有机质含量下降有以下原因：

（1）与 1984 年相比：随着科技的发展，农作物产量明显提高。无论籽实还是秸秆，都从土壤中带走大量的养分，从而加速了有机质的分解和消耗；而秸秆还田的量又很少。

（2）随着机械化程度的提高：农户的动物饲养量减少，畜禽粪便积攒、堆沤的数量更少，由此导致有机肥的施用量减少，有机质下降的速度加快。

1984 年与 2006 年有机质状况比较见表 5-2，密山市有机质频率分布比较图见图 5-1，

1984 年与 2006 年有机质分级统计比较见表 5-3，密山市主要土壤类型有机质统计见表 5-4，各乡（镇）有机质分级统计见表 5-5。

表 5-2 1984 年与 2006 年有机质状况比较

年份	平均值（克/千克）	最大值（克/千克）	最小值（克/千克）	标准差	变异系数（%）	样本数（个）
1984 年	60.2	117.1	46.4	26.2	43.5	817
2006 年	41.0	98.8	11.0	17.8	43.4	1 872

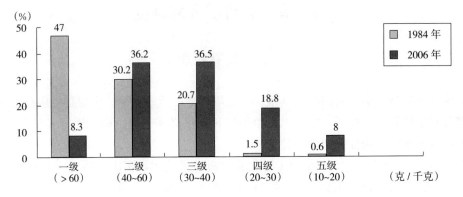

图 5-1 密山市有机质频率分布比较图

表 5-3 1984 年与 2006 年有机质分级统计比较

级 别	一级	二级	三级	四级	五级
有机质含量（克/千克）	>60	40～60	30～40	20～30	10～20
1984 年（%）	47.0	30.2	20.7	1.5	0.6
2006 年（%）	8.3	36.2	36.5	18.8	8.0

表 5-4 密山市主要土壤类型有机质统计

土壤类型	平均值（克/千克）	标准差（克/千克）	最大值（克/千克）	最小值（克/千克）	变异系数（%）	样本数（个）
厚层草甸土	88.4	35.3	144.6	42.9	39.9	18
中层草甸土 泥炭腐殖质沼泽土	76.2	57.3	253.8	21.1	75.2	25
厚层白浆土 河淤土	46.1	12.0	92.6	27.8	26.0	55
暗棕壤土 中层白浆土 沙底沼泽土 薄层泥炭沼泽土	45.9	18.0	158.3	19.0	39.2	280
薄层白浆土 风沙土	33.9	8.4	55.5	17.3	40.4	45

表5-5 各乡（镇）有机质分级统计

乡（镇）	平均值（克/千克）	变幅（克/千克）	面积分级统计（%）				
			一级 >60 （克/千克）	二级 40~60 （克/千克）	三级 30~40 （克/千克）	四级 20~30 （克/千克）	五级 10~20 （克/千克）
密山镇	47.3	29.2~64.5	5.74	56.10	34.50	2.40	0
和平乡	41.4	21.7~61.1	5.70	55.70	25.41	13.19	0
太平乡	39.4	19.4~59.4	17.89	38.95	32.63	7.38	5.81
黑台镇	41.3	23.8~58.9	5.98	44.44	45.29	4.27	0
连珠山镇	38.4	18.1~58.7	14.58	42.71	34.38	7.29	1.04
裴德镇	39.6	19.6~59.6	4.96	42.15	40.49	12.39	0.83
兴凯镇	38.5	17.4~59.7	6.35	30.16	44.44	16.67	1.59
富源乡	40.4	20.9~59.9	0	20.86	54.78	24.35	0
科研所	19.8	14.8~24.8	0	0	0	25.00	75.0
知一镇	33.9	10.6~57.2	6.67	25.00	28.33	31.67	8.33
二人班乡	35.5	14.1~56.9	4.26	15.96	40.43	29.79	9.57
当壁镇	37.7	17.6~57.8	0	12.39	51.24	34.71	1.65
白鱼湾镇	35.7	21.2~50.2	0.83	5.79	58.68	34.71	0
兴凯湖乡	39.4	19.6~59.2	13.6	49.60	23.20	10.40	0.32
承紫河乡	45.8	29.2~62.5	26.02	57.72	13.01	1.63	0.81
柳毛乡	37.6	16.1~59.1	13.10	42.06	26.09	16.37	0.79
杨木乡	39.1	19.0~59.1	0.90	47.75	31.53	9.91	1.80
17个	38.3	19.6~56.9	9.04	36.71	36.53	16.59	8.96

二、土壤酸碱度

土壤酸碱度是土壤的一个重要属性，是影响植物生长、微生物活动、土壤养分的转化与供给的重要因素。

2006年，密山市耕层土壤pH平均值为5.75，范围为5.0~6.5，属微酸性土壤。其中，pH低于5.0的土壤占总面积1.60%，pH为5.01~5.5的土壤占总面积22.29%，pH为5.51~6.5的土壤占总面积71.46%，pH大于6.5的土壤占总面积4.65%，95%以上的土壤为酸性土壤。

与1984年全国第二次土壤普查相比，土壤的酸性明显增强。1984年，除草甸土、沼泽土、泥炭土、风沙土和沼泽土型水稻土pH范围在5.60~5.95外，其余各类土壤pH平均值均在6.07以上，酸性由南部向北部、东部向西部逐渐增强。各pH区域分布的总体趋势是：pH较高的区域为东南部，较低的区域分布在偏西北地带。pH较高的土壤为白浆土和暗棕壤土，其次是白浆化潜育草甸土，pH最低的土壤为泥炭土。

土壤pH酸性增强的原因：

（1）生理酸性肥料的施用：硫酸钾和氯化钾都是生理酸性肥，长期施用会使土壤的酸性增强。

（2）长期以来，大豆作物重迎茬严重，受大豆根系吸收与分泌的影响，土壤酸性增强。

（3）种植年限的增多，土壤受到雨水的淋溶和冲刷，也会造成土壤酸性的增强。

各类土壤 pH 统计见表 5-6，2006 年 pH 统计见表 5-7，各乡（镇）土壤 pH 统计见表 5-8。

表 5-6 各类土壤 pH 统计

项 目	泥炭土	白浆土型水稻土	草甸白浆土	暗棕壤
平均值	5.60	6.15	6.01	6.41
变幅	4.6～5.7	4.7～5.7	4.9～5.7	5.2～5.6

表 5-7 2006 年 pH 统计

项 目	平均值	最大值	最小值	标准差	变异系数（%）	样本数（个）
pH	5.75	7.61	4.01	0.57	9.81	1 871

表 5-8 各乡（镇）土壤 pH 统计

乡（镇）	密山镇	和平乡	太平乡	黑台镇	连珠山镇	裴德镇	兴凯镇	富源乡	科研所
平均值	5.62	5.85	5.69	6.02	5.79	5.79	5.54	5.80	6.00
变幅	5.1～5.8	5.4～6.1	5.5～6.4	5.3～6.6	5.0～6.5	5.5～6.1	5.2～6.3	5.4～6.6	5.8～6.1

乡（镇）	知一镇	二人班乡	当壁镇	白鱼湾镇	兴凯湖乡	承紫河乡	柳毛乡	杨木乡
平均值	5.69	6.14	6.04	5.82	5.56	5.55	5.57	5.76
变幅	5.4～6.6	5.4～6.1	5.8～6.3	5.6～6.4	4.7～6.0	4.9～6.3	4.8～6.1	5.0～6.1

<h1 align="center">第二节 大量元素</h1>

<h2 align="center">一、土壤全氮</h2>

耕地土壤全氮含量平均值为 2.5 克/千克，土壤氮素含量不同的级别增加或减少的比较明显，最低含量为 1.2 克/千克，最高的含量达到 8.3 克/千克。其中，含量大于 4.1 克/千克的土壤占总面积的 3.8%，含量为 3.1～4.0 克/千克的土壤占总面积的 12.5%，含量为 2.1～3.0 克/千克的土壤占总面积的 64.35%，含量为 1.2～2.0 克/千克的土壤占总面积的 19.44%。

与第二次土壤普查结果比较，土壤全氮的增加或减少有所不同。其中，一级含量由原来的 9.2% 降至现在的 3.8%，二级含量由原来的 76.0% 减至 12.5%；三级含量由原来的 13.5% 增加至 64.4%，而低含量的四级由原来的 1.3% 增加到 19.4%，平均含量水平比原来减少了 0.093%。但土壤的全氮含量从低水平上看还是有所增加的，但增加幅度不大，且一级、二级的含量水平大大降低了。总的趋势与有机质含量的水平基本相似。

全氮的区域分布与有机质的区域分布十分相似，也呈东南部比西北部含量高的趋势，其原因与土壤有机质含量、土壤保肥性能有关。2007 年、2008 年的调查表明，土壤全氮含量较高的土地在中东南部，主要分布在国铁界的上下地段和南部地段，即河淤冲积地段的穆棱河谷上下游和湖滨漫岗地带。含量大于 4.1 克/千克的土壤一般出现在沿兴凯湖周边的地段，主要为白鱼湾镇等；含量为 3.1～4.0 克/千克的土壤一般出现在承紫河乡、兴凯湖等；含量为 2.1～3.0 克/千克的土壤一般出现在包括部分的密山镇、连珠山镇、当壁镇、二人班乡的集贤村、知一镇、和平乡、柳毛乡、杨木乡等；含量为 1.2～2.0 克/千克的土壤一般出现在中、西部和北部地区呈区域性分布，主要包括部分的裴德镇、兴凯镇、密山镇北部、连珠山北部和太平乡的大部分村屯等地段。较低的地段为合并到裴德镇的新村一带，含量较低的地段主要为低山丘陵地区。该地区土壤以薄层白浆土和暗棕壤土居多，土壤表层在破坏后的短期内，土壤氮素表现出极度缺乏且可能恢复较缓慢。

　　1984 年与 2008 年密山市土壤全氮含量对比见表 5-9，密山市全氮含量等级划分比较见表 5-10，密山市全氮含量分布变化比较见图 5-2。

表 5-9　1984 年与 2008 年密山市土壤全氮含量对比

项　目	1984 年	2008 年
平均值（克/千克）	4.46	2.5
最小值（克/千克）	1.80	1.2
最大值（克/千克）	21.56	8.3
标准差	1.47	0.87
变异系数（%）	33.03	35.11
样本数（个）	799	216

表 5-10　密山市全氮含量等级划分比较

级　别	一级	二级	三级	四级
全氮含量（克/千克）	>4.1	3.1～4.0	2.1～3.0	1.2～2.0
1984 年（%）	9.2	76.0	13.5	1.3
2008 年（%）	3.7	12.5	64.4	19.4

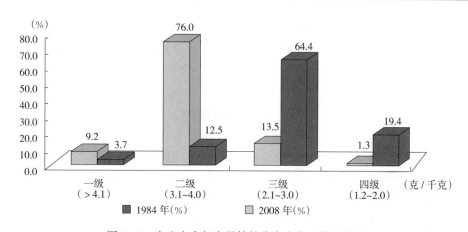

图 5-2　密山市全氮含量等份分布变化比较示意图

本次耕地地力评价面积为 157 526.6 公顷。密山市各乡（镇）土壤全氮分级面积统计见表 5-11。

表 5-11　密山市各乡（镇）土壤全氮分级面积统计

乡（镇）	耕地面积（公顷）	一级地		二级地		三级地		四级地	
		面积（公顷）	占比例（%）	面积（公顷）	占比例（%）	面积（公顷）	占比例（%）	面积（公顷）	占比例（%）
密山镇	5 046.67	0	0	360.33	7.14	3 986.87	78.86	706.53	14.00
连珠山镇	8 573.33	1 225.13	14.29	2 449.40	28.57	3 673.67	42.85	1 225.13	14.29
当壁镇	8 206.67	0	0	586.78	7.15	7 619.89	92.85	0	0
知一镇	5 506.67	0	0	786.90	14.29	2 753.33	50.00	1 966.43	35.71
黑台镇	8 620.00	0	0	0	0	2 652.37	30.77	5 967.63	69.23
兴凯镇	6 706.67	478.86	7.14	1 437.24	21.43	4 311.72	64.29	478.86	7.14
裴德镇	10 320.00	0	0	0	0	3 439.66	33.33	6 880.34	66.67
柳毛乡	9 066.67	0	0	1 295.63	14.29	6 476.32	71.43	1 295.63	14.29
杨木乡	13 986.67	998.65	7.14	2 997.34	21.43	3 995.99	28.57	5 994.69	42.86
兴凯湖乡	7 733.33	0	0	552.16	7.14	7 181.17	92.86	0	0
承紫河乡	4 780.00	2 124.23	44.44	1 593.17	33.33	1 062.12	22.23	0	0
白鱼湾镇	12 073.33	0	0	0	0	6 898.70	57.14	5 174.63	42.86
二人班乡	11 586.67	0	0	0	0	7 449.07	64.29	4 137.60	35.71
太平乡	7 013.32	0	0	0	0	1 502.96	21.43	5 510.38	78.57
和平乡	8 519.98	0	0	3 041.64	35.70	5 478.34	64.28	0	0
富源乡	10 873.29	0	0	1 553.80	14.29	7 766.82	71.43	1 553.80	14.29
全民*	18 913.33	0		0		0		0	
合计	157 526.60	4 826.87		16 653.57		76 248.18		40 891.65	
占比例（%）	100		3.48		12.01		55.01		29.50

*全民：指集体土地。扣除全民土地，各乡（镇）土壤全氮分级面积为 138 613.34 公顷。

土壤全氮含量的高低与土壤有机质关系密切。在各种土壤利用类型中，全氮含量最高的是水田和菜果园，其次是旱地、菜地，最低的为栽培果树和苗木的土壤。密山市土壤利用类型的变化规律是：水田全氮含量高于旱田，旱田全氮含量高于果树和苗木园。从本地区的土壤类型来看，中层草甸土、厚层草甸土、泥炭腐殖质沼泽土、厚层白浆土、河淤土地区的全氮含量要高于暗棕壤土、中层白浆土、沙地沼泽土、薄层泥炭沼泽土、薄层白浆土及风沙土地区。

二、土壤碱解氮

土壤中的氮素是作物营养中最主要的元素。土壤碱解氮是土壤供氮能力的重要指标，在测土配方施肥的实践中有重要的意义。

2006 年，密山市已耕地土壤碱解氮平均值为 206.38 毫克/千克，最大值为 332.32 毫克/千克，最小值为 100.41 毫克/千克。其中，含量小于 150 毫克/千克的土壤占总面积的 11.86%，含量为 150～180 毫克/千克的土壤占总面积的 18.52%，含量为 180～200

毫克/千克的土壤占总面积的 14.23％，含量为 200～220 毫克/千克的土壤占总面积的 13.78％，含量为 220～240 毫克/千克的土壤占总面积的 10.11％，含量大于 240 毫克/千克的土壤占总面积的 31.51％。较高的区域分布于承紫河乡、兴凯湖乡、白鱼湾镇等，其次为黑台镇、太平乡、二人班乡等地，较低的区域出现在合并到裴德镇的新村一带，其余乡（镇）相差不大。

土壤碱解氮总体分布趋势是：中南部高，西部次之，北部最低，其余区域为中间水平。含量较高的区域主要是黏质草甸暗棕壤土、草甸沼泽土、泥炭腐殖质沼泽土和泥炭沼泽土。

1984 年土壤普查时，土壤碱解氮范围为 250～300 毫克/千克，2006 年平均为 206.4 毫克/千克。虽然目前的养分含量与 1984 年相比已有明显下降，但经过多年来的农事活动，氮肥的施用基本能维持平衡。

1984 年与 2006 年土壤碱解氮对比见表 5－12，1984 年和 2006 年土壤碱解氮分级比例统计见表 5－13，耕层土壤碱解氮频率分布比较见图 5－3，密山市各乡（镇）碱解氮统计见表 5－14。

表 5－12　1984 年与 2006 年土壤碱解氮对比

项　目	平均值（毫克/千克）	最大值（毫克/千克）	最小值（毫克/千克）	标准差	变异系数（％）	样本数（个）
1984 年	250.0	557.0	104.0	33.12	33.12	763
2006 年	206.4	332.3	100.4	33.14	16.06	1 771

表 5－13　1984 年和 2006 年土壤碱解氮分级比例统计

级　别	一级	二级	三级	四级	五级	六级
碱解氮含量（毫克/千克）	＞240	220～240	200～220	180～200	150～180	＜150
1984 年（％）	9.2	76.0	13.5	1.3	0.00	0.00
2006 年（％）	31.51	10.11	13.78	14.23	18.52	11.86

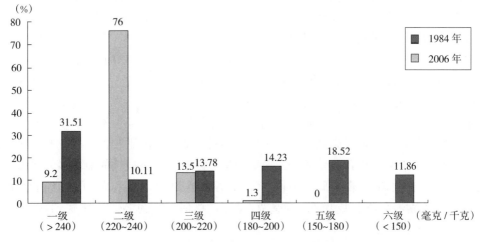

图 5－3　耕层土壤碱解氮频率分布比较

表 5-14 密山市各乡（镇）碱解氮分级含量统计

乡（镇）	平均值（毫克/千克）	变幅	面积分布统计（%）					
			一级 ＞240 （毫克/千克）	二级 220～240 （毫克/千克）	三级 200～220 （毫克/千克）	四级 180～200 （毫克/千克）	五级 150～180 （毫克/千克）	六级 ＜150 （毫克/千克）
密山镇	275.7	166～384.8	20.17	17.65	26.88	21.85	13.45	0
和平乡	253.5	110～396.9	45.07	12.3	10.66	16.39	6.56	9.02
太平乡	243.4	96～390.0	35.79	9.47	12.63	8.42	24.21	9.47
黑台镇	239.9	112～366.9	35.04	6.84	11.11	11.97	15.39	19.66
连珠山镇	218.6	125～311.8	32.29	12.50	14.58	11.46	17.71	11.46
裴德镇	204.8	94～315.2	20.66	15.70	27.27	17.35	13.22	5.79
兴凯镇	225.7	108～343.0	20.60	5.56	19.84	14.29	25.39	14.28
富源乡	209.2	118～299.7	13.04	19.13	21.74	20.87	17.39	7.83
科研所	137.2	85～188.5	0.00	0.00	0.00	5.00	15.00	80.00
知一镇	198.8	90～306.7	23.33	5.00	5.00	17.5	26.67	22.50
二人班乡	216.1	121～310.3	9.58	3.19	7.45	15.96	32.98	30.85
当壁镇	207.1	126～287.9	5.79	8.27	6.61	22.31	43.80	13.22
白鱼湾镇	262.0	146～377.4	16.53	4.96	17.36	30.58	24.79	5.79
兴凯湖乡	262.8	142～382.6	56.00	15.20	11.20	2.40	11.20	4.00
承紫河乡	265.6	131～399.3	62.60	12.20	10.57	6.50	4.88	3.25
柳毛乡	239.1	109～368.3	49.21	7.14	10.32	7.14	15.87	9.52
杨木乡	240.6	104～376.3	41.44	15.32	20.72	12.61	4.51	5.41

三、土壤有效磷

　　磷是作物生长所必需的营养元素，对作物生长发育和生理代谢起着重要作用，作物需求量较大，是土壤肥力的重要指标之一。2006 年，密山市有效磷平均值为 30.6 毫克/千克，最大值为 194.0 毫克/千克，最小值为 1.6 毫克/千克。其中，含量小于 10 毫克/千克的土壤占总面积的 7.96%，含量为 10～15 毫克/千克的土壤占总面积的 9.24%，含量为 15～20 毫克/千克的土壤占总面积的 10.95%，含量为 20～30 毫克/千克的土壤占总面积的 26.6%，含量为 30～40 毫克/千克的土壤占总面积的 18.43%，含量大于 40 毫克/千克的土壤占总面积的 26.76%，总体属中、高水平。含量相对较高地区主要分布于湖滨平原区和低山丘陵地带；山前漫岗和河谷冲积地带相对较低，需磷肥较强烈；较低的地区为柳毛乡、杨木乡的部分村屯，承紫河、二人班的集贤一带；含量最低的地块多为水田。不同的土壤类型其有效磷含量水平也不同，暗棕壤土类为 18.58 毫克/千克，白浆土类为 18.65 毫克/千克，水稻土类为 26.80 毫克/千克，草甸土类为 28.16 毫克/千克，沼泽土类为 40.43 毫克/千克。

　　与 1984 年全国第二次土壤普查相比，土壤有效磷发生了以下变化：

（1）土壤有效磷总体呈上升趋势：1984年全国第二次土壤普查时有效磷为11.04毫克/千克，现已上升为30.60毫克/千克。多数地块有效磷积累较快，极端低下的地块仍然存在，小于5毫克/千克的土壤占总面积的2.08%。土壤有效磷含量不平衡，含量差异较大。

（2）水旱田土壤呈两极分化的趋势：旱田土壤明显高于水田，旱田土壤有效磷达40毫克/千克，水田有效磷在20毫克/千克以下。有效磷含量较低的乡（镇）有二人班的集贤、当壁镇、黑台镇、兴凯镇的部分村屯和合并到裴德镇的新村一带。

耕地土壤有效磷发生变化的原因有以下几方面：一是有效磷相对于氮、钾来说，损失途径少，不易流失，土壤积累较多；二是多年来密山市大豆重迎茬面积较大，类似磷酸二铵、一铵类肥料普遍多年使用，土壤有效磷积累较多；三是稻农有重氮累磷钾现象。因为水田有效磷活性大，土壤利用率高，少施或不施仍有一定的产量。部分农户认为，施磷肥作用不太大，有的农户使用复合肥料，贪图便宜，肥中磷含量较低，不能满足水稻需求，致使水田有效磷严重消耗。

密山市1984年与2006年土壤有效磷比较见表5-15，主要土壤类型有效磷统计见表5-16，1984年和2006年土壤有效磷分级统计比较见表5-17，密山市土壤有效磷分级示意见图5-4，密山市各乡（镇）有效磷统计见表5-18。

表5-15　密山市1984年与2006年土壤有效磷比较

年　份	平均值（毫克/千克）	最大值（毫克/千克）	最小值（毫克/千克）	标准差	变异系数（%）	样本数（个）
1984年	11.04	61.96	1.0	9.06	87.07	510
2006年	30.6	194.00	1.6	26.07	85.2	1 872

表5-16　密山市主要土壤类型有效磷统计

土壤类型	平均值（毫克/千克）	标准差	最大值（毫克/千克）	最小值（毫克/千克）	极差	样本数（个）
暗棕壤	18.58	12.27	46.25	6.25	40.00	56
白浆土	18.65	11.18	50.33	5.67	61.33	71
草甸土	28.16	12.33	58.00	11.50	46.50	26
沼泽土	40.43	17.80	72.00	18.67	53.33	7
水稻土	26.80	14.03	64.50	8.00	56.50	40

表5-17　1984年和2006年土壤有效磷分级统计比较

级　别	一级	二级	三级	四级	五级	六级
有效磷含量（毫克/千克）	>40	40~30	30~20	20~15	15~10	<10
1984年（%）	0.40	11.90	31.40	49.80	5.90	0.60
2006年（%）	26.76	18.43	26.00	10.95	9.24	7.96

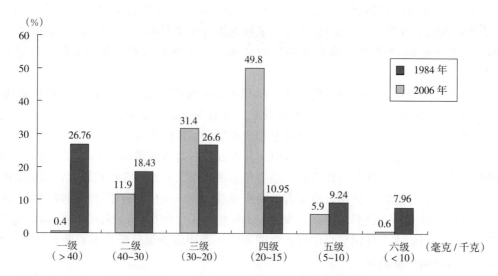

图 5-4 密山市土壤有效磷分级示意

表 5-18 密山市各乡（镇）有效磷分级含量统计

乡（镇）	平均值（毫克/千克）	变幅（毫克/千克）	面积分布统计（%）					
			一级 >40（毫克/千克）	二级 40～30（毫克/千克）	三级 30～20（毫克/千克）	四级 20～15（毫克/千克）	五级 15～10（毫克/千克）	六级 <10（毫克/千克）
密山镇	43.9	15.8～72.0	21.01	31.93	40.34	6.72	0	0
和平乡	46.6	1.0～190.9	29.51	6.56	28.69	18.85	9.84	6.56
太平乡	38.3	9.6～67.0	0.91	19.64	26.36	8.64	11.58	11.57
黑台镇	36.2	9.4～63.0	18.80	19.66	21.37	10.26	11.97	17.95
连珠山镇	44.1	9.0～79.2	32.29	15.63	29.47	9.47	9.47	4.21
裴德镇	44.0	8.6～79.4	26.45	22.31	28.93	8.26	9.09	4.96
兴凯镇	49.7	16.4～83.0	46.30	26.26	22.22	5.56	0	0
富源乡	41.3	13.6～69.0	50.43	23.48	19.13	4.35	1.74	0.87
科研所	30.7	18.0～43.4	10.00	30.00	55.00	5.00	0	0
知一镇	38.6	8.60～68.6	29.17	11.67	22.50	17.50	12.50	6.67
二人班乡	52.6	10.2～95.4	37.23	15.96	21.26	5.32	12.77	7.45
当壁镇	46.4	12.0～80.8	40.49	19.83	33.88	2.48	2.47	0.83
白鱼湾镇	44.4	11.8～77.0	26.45	28.93	28.92	8.26	5.78	1.65
兴凯湖乡	39.0	10.2～67.8	6.00	13.60	33.60	18.40	14.40	12.00
承紫河乡	41.7	11.0～72.4	7.32	21.14	26.83	16.26	8.94	19.51
柳毛乡	37.5	8.00～67.0	12.69	7.94	11.11	18.25	25.39	24.60
杨木乡	43.3	10.0～76.6	29.73	13.51	22.52	9.91	14.41	9.91

四、土壤速效钾

钾是作物生长所必需的营养元素，又是作物需求量很大的营养元素。土壤速效钾是指水溶性钾和黏土矿物晶体表面吸附的交换性钾，其含量水平的高低反映土壤的供钾能力，是土壤质量的主要指标。

2006 年，密山市耕地土壤速效钾平均值为 120.0 毫克/千克，最高值为 520.6 毫克/千克，最小值为 70.3 毫克/千克。其中，含量小于 100 毫克/千克的土壤占总面积的 36.79%，含量为 100～125 毫克/千克的土壤占总面积的 24.16%，含量为 125～150 毫克/千克的土壤占总面积的 14.95%，含量为 150～200 毫克/千克的土壤占总面积的 13.77%，含量大于 200 毫克/千克的土壤占总面积的 10.25%，总体属中低水平。

1984 年的土壤普查，速效钾含量为 178.62 毫克/千克。目前，速效钾含量已下降至 120.0 毫克/千克，下降速度较快，平均每年下降约 3 毫克/千克。尤其是水田，速效钾将成为作物产量的限制因子。

速效钾含量较高的地区为湖滨平原的承紫河乡、兴凯湖乡和白鱼湾镇一带，较低的乡（镇）有合并到裴德镇的新村和富源乡以北的村屯一带地区，其余各乡（镇）地区相差不大。各种土壤类型中以中层潜育草甸土、厚层潜育草甸土、泥炭沼泽土、泥炭腐殖质沼泽土和泥炭土含量为最高，其他类型土壤的差距不大。

不同土壤速效钾含量统计见表 5-19，1984 年与 2006 年土壤速效钾比较见表 5-20，土壤速效钾分级统计示意见图 5-5，1984 年与 2006 年速效钾分级统计比较见表 5-21，各乡（镇）速效钾分级统计见表 5-22。

表 5-19　不同土壤速效钾含量统计

项　　目	平均值 （毫克/千克）	标准差	最大值 （毫克/千克）	最小值 （毫克/千克）	极差	样本数 （个）
暗棕壤	154.53	83.85	395.25	71.75	323.50	55
白浆土	156.72	52.33	347.12	83.17	264.00	425
草甸土	201.90	85.27	401.67	92.33	309.33	69
沼泽土	207.67	98.77	353.33	90.33	263.00	20
水稻土	120.23	49.10	346.00	56.75	289.25	161

表 5-20　1984 年与 2006 年土壤速效钾比较

年　份	平均值 （毫克/千克）	最大值 （毫克/千克）	最小值 （毫克/千克）	标准差	变异系数 （%）	样本数 （个）
1984 年	178.62	724.0	37.0	42.14	33.2	768
2006 年	120.00	520.6	70.3	28.31	23.59	1 873

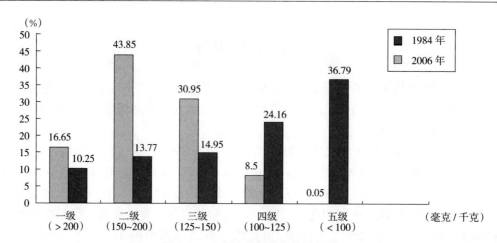

图 5-5　土壤速效钾分级统计示图

表 5-21　1984 年与 2006 年速效钾分级统计比较

级　　别	一级	二级	三级	四级	五级
速效钾含量（毫克/千克）	＞200	150～200	125～150	100～125	＜100
1984 年（％）	16.65	43.85	30.95	8.50	0.05
2006 年（％）	10.25	13.77	14.95	24.16	36.79

表 5-22　各乡（镇）速效钾分级含量统计

乡（镇）	平均值（毫克/千克）	变　幅	面积分布统计（％）				
			一级 ＞200 （毫克/千克）	二级 150～200 （毫克/千克）	三级 125～150 （毫克/千克）	四级 100～125 （毫克/千克）	五级 ＜100 （毫克/千克）
密山镇	119.7	50.9～188.8	25.21	6.72	21.01	11.76	57.98
和平乡	203.6	95.8～311.6	22.95	27.87	19.67	19.67	9.84
太平乡	162.6	90.41～234.9	7.37	12.63	15.79	28.42	35.79
黑台镇	194.1	88.3～299.8	41.03	15.39	20.51	14.53	8.55
连珠山镇	174.6	81.8～266.6	14.58	31.25	9.38	14.58	30.21
裴德镇	164.9	76.1～253.8	6.61	9.09	19.01	31.41	33.88
兴凯镇	172.4	80.9～263.9	4.76	9.52	13.49	28.57	43.65
富源乡	172.6	70.4～274.9	6.96	16.52	26.96	31.3	18.26
科研所	94.4	82.3～106.5	0.00	0.00	0.00	30.00	70.00
知一镇	182.5	70.3～294.7	9.17	12.50	11.67	18.33	48.33
二人班乡	204.5	99.2～309.8	14.89	17.02	12.77	26.6	28.72
当壁镇	179.7	83.7～275.7	4.13	8.27	13.22	19.84	54.55
白鱼湾镇	206.6	98.6～314.5	13.22	26.45	19.84	33.06	7.44
兴凯湖乡	145.4	81.4～209.3	1.60	4.00	8.00	32.8	53.60
承紫河乡	143.7	80.9～206.3	1.63	8.13	8.94	26.83	54.47
柳毛乡	176.8	71.9～281.7	8.73	15.08	15.10	19.05	42.06
杨木乡	181.1	72.9～289.2	8.11	6.31	5.41	28.83	51.35

第三节　中微量元素

土壤微量元素是人们依据各种化学元素在土壤中存在的数量划分的一部分含量很低的元素。微量元素与其他大量元素一样，在植物生理功能上是同等重要的，并且是不可相互替代。土壤养分库中微量元素的不足会影响作物的生长、产量和品质，土壤中的微量元素含量是耕地地力的重要指标。

土壤中微量元素的含量与土壤类型、母质及土壤所处的环境条件有密切关系。同时，也与土地的开垦时间、微量元素肥料和有机肥料施入量有关。在一块地上长期种植一种作物，也会对土壤中微量元素含量有较大的影响。不同作物对不同微量元素的敏感性也不相同，如玉米对钙、锌比较敏感，缺钙、锌时，玉米会出现白叶病和烂心病；大豆对硼、钼的需要量较多，严重缺乏时表现"花而不实"；马铃薯需要较多的硼、铜，而氯过多则会影响其品质和糖分含量。

由于第二次土壤普查时的条件有限，没有对微量元素进行调查、测试，所以本次的所有微量元素的调查、测试值无法与其进行比较分析。本次地力调查评价也是对第二次土壤普查资料的一个完整补充。

土壤阳离子代换量的大小基本上能表示土壤保持养分的能力。代换量大的土壤，保肥性强，供肥稳、肥性好，施肥后漏肥少，有后劲，作物不易脱肥，一次施肥量可大些；代换量小的土壤则相反。由此可见，离子代换作用。

使土壤具有保肥性能、有供肥性能、稳肥性能、缓冲性能，可指导土壤定向改造，提高土壤肥力。

本次评价工作主要是对交换性钙、交换性镁、有效铁、有效锰、有效锌和有效钼等元素进行了测定和分析。

一、土壤交换性钙

释　　义：土壤胶体上可被替换下来的钙离子量，以每千克干土中所含钙的毫克数表示。

字段代码：SO120216

英文名称：Exchangeable calcium

数据类型：数值

量　　纲：毫克/千克

数据长度：6

小　数　位：1

极　小　值：0

极　大　值：9 999.9

备　　注：乙酸铵-原子吸收光谱法

1. 各土壤类型交换性钙含量水平　密山市各土壤类型交换性钙含量统计见表 5-23。

表 5 - 23 密山市各土壤类型交换性钙含量统计

土壤类型	暗棕壤	白浆土	草甸土	沼泽土	泥炭土	河淤土	水稻土	风沙土
平均值（毫克/千克）	3 673.6	3 858.1	3 826.3	3 427.4	4 244.4	3 507.2	3 653.1	3 427.3
最大值（毫克/千克）	6 078.8	6 077.6	5 557.2	5 382.6	5 380.3	5 245.7	5 516.3	5 314.1
最小值（毫克/千克）	1 440.3	1 485.5	1 711.8	1 715.4	3 303.8	1 565.9	1 575.9	1 640.6
样本数（个）	2 293	2 583	841	926	82	737	1 464	32

从表 5 - 23 可以看出，密山市耕地各土壤类型交换性钙含量平均值为 3 707.18 毫克/千克，变化幅度为 1 804.9～5 569.07 毫克/千克。其中，交换性钙含量最高是泥炭土，平均值为 4 244.4 毫克/千克；依次是白浆土平均值为 3 858.1 毫克/千克，草甸土平均值为 3 826.3 毫克/千克，暗棕壤土平均值为 3 673.6 毫克/千克，水稻土平均值为 3 653.1 毫克/千克，河淤土平均值为 3 507.2 毫克/千克，沼泽土平均值为 3 427.4 毫克/千克；最低是风沙土，平均含量为 3 427.3 毫克/千克。

2. 各土种交换性钙含量水平 密山市各土种交换性钙含量统计见表 5 - 24。

表 5 - 24 密山市各土种交换性钙含量统计

单位：毫克/千克

土种名称	平均值	最大值	最小值	样本数（个）
石质暗棕壤	3 687.59	5 380.30	2 157.30	748
沙石质暗棕壤	3 789.03	6 078.70	1 445.60	929
黏质草甸暗棕壤	3 311.34	3 945.90	2 839.70	57
白浆化暗棕壤	3 514.20	5 200.70	2 290.80	221
沙质草甸暗棕壤	3 490.88	5 409.40	1 575.90	338
薄层白浆土	3 826.34	5 380.30	2 515.10	241
中层白浆土	3 913.79	6 078.80	2 057.80	935
厚层白浆土	3 790.45	5 380.30	2 301.70	405
中层草甸白浆土	3 621.50	5 556.30	1 448.54	523
厚层草甸白浆土	4 113.99	5 099.40	2 799.10	97
中层潜育白浆土	3 926.57	5 692.70	1 787.90	382
厚层草甸土	3 953.38	4 889.10	2 591.60	70
中层潜育草甸土	3 863.51	5 409.40	2 555.50	320
厚层潜育草甸土	3 849.63	5 557.20	2 054.50	394
薄层白浆化潜育草甸土	3 300.03	4 605.90	1 711.80	57
薄层草甸沼泽土	3 319.87	5 371.50	1 710.80	481
厚层草甸沼泽土	4 037.85	5 380.30	2 072.80	62
泥炭腐殖质沼泽土	3 799.66	5 381.20	1 710.70	111

（续）

土种名称	平均值	最大值	最小值	样本数（个）
薄层泥炭沼泽土	3 326.49	5 382.10	2 839.70	272
薄层泥炭土	4 243.81	5 380.30	3 303.80	69
中层泥炭土	4 247.96	4 948.50	3 771.20	13
生草河淤土	3 422.49	4 622.05	1 576.30	50
草甸河淤土	3 534.88	5 245.70	1 575.90	602
沼泽河淤土	3 310.11	3 998.40	1 576.70	85
中层白浆土型水稻土	3 914.58	5 195.40	1 712.40	316
厚层白浆土型水稻土	3 324.71	4 888.40	1 440.30	273
中层草甸土型水稻土	3 984.41	5 516.30	1 769.20	155
厚层草甸土型水稻土	3 775.70	4 886.20	2 057.80	112
河淤土型水稻土	3 794.60	5 409.40	1 709.60	301
沙底沼泽土型水稻土	2 867.22	5 076.50	1 708.60	138
黏朽沼泽土型水稻土	3 488.26	3 954.40	2 999.20	19
泥炭沼泽土型水稻土	4 567.84	5 380.40	3 303.80	150
风沙土	3 427.3	5 314.1	1 640.6	32

从表 5 - 24 可以看出，密山市耕地各土种交换性钙含量平均为 3 603.41 毫克/千克，变化幅度为 1 440.3～6 078.8 毫克/千克。其中，交换性钙含量最高的是泥炭沼泽土型水稻土，平均值为 4 567.84 毫克/千克；依次是薄层泥炭土平均值为 4 243.81 毫克/千克，中层泥炭土平均值为 4 247.96 毫克/千克，厚层白浆土平均值为 4 113.9 毫克/千克，厚层草甸沼泽土平均值为 4 037.85 毫克/千克，厚层草甸土平均值为 3 953.38 毫克/千克；最低的是沙底沼泽土型水稻土，平均值为 2 867.22 毫克/千克。

3. 各乡（镇）交换性钙含量评价　密山市各乡（镇）交换性钙含量统计见表 5 - 25。

表 5 - 25　密山市各乡（镇）交换性钙含量统计

单位：毫克/千克

乡（镇）	平均值	最大值	最小值	样本数
白鱼湾镇	2 944.23	4 395.30	2 432.20	624
承紫河乡	4 426.01	5 380.30	3 614.10	424
当壁镇	3 700.23	4 198.40	1 574.80	369
二人班乡	4 001.67	5 135.20	2 578.10	484
富源乡	3 632.88	4 566.90	2 862.20	513
和平乡	2 719.05	3 856.80	1 711.80	846
黑台镇	4 564.36	5 409.40	3 325.90	696

（续）

乡（镇）	平均值	最大值	最小值	样本数
连珠山镇	3 495.56	5 409.40	2 231.80	617
柳毛乡	4 530.27	5 516.30	3 045.60	546
密山镇	3 162.04	4 836.90	1 574.40	654
裴德镇	3 784.90	5 802.90	1 708.60	929
太平乡	3 876.26	5 260.30	2 805.20	615
兴凯湖乡	4 271.30	5 380.20	2 839.70	414
兴凯镇	3 217.83	4 382.30	2 057.80	755
杨木乡	4 315.95	5 692.80	3 519.10	873
知一镇	3 483.24	4 700.90	1 440.40	380

从表5-25可以看出，密山市各乡（镇）交换性钙含量平均为3 757.86毫克/千克，变化幅度为1 440.4～5 802.9毫克/千克。其中，交换性钙最高的是黑台镇，平均值为4 564.36毫克/千克；依次是柳毛乡平均值为4 530.27毫克/千克，承紫河乡平均值为4 426.01毫克/千克，杨木乡平均值为4 315.95毫克/千克，兴凯湖乡平均值为4 271.3毫克/千克，二人班乡平均值为4 001.67毫克/千克，太平乡平均值为3 876.26毫克/千克，裴德镇平均值为3 784.9毫克/千克，当壁镇平均值为3 700.23毫克/千克，富源乡平均值为3 632.88毫克/千克，连珠山镇平均值为3 495.56毫克/千克，知一镇平均值为3 483.24毫克/千克，密山镇平均值为3 162.04毫克/千克，兴凯镇平均值为3 217.83毫克/千克，白鱼湾镇平均值为2 944.23毫克/千克；最低的是和平乡，平均值为2 719.05毫克/千克。

二、土壤交换性镁

释　　义：土壤胶体上可被替换下来的镁离子量，以每千克干土中所含镁的毫克数表示。

字段代码：SO120217

英文名称：Exchangeable magnesium

数据类型：数值

量　　纲：毫克/千克

数据长度：5

小 数 位：1

极 小 值：0

极 大 值：9 999.9

备　　注：乙酸铵-原子吸收光谱法

1. 各土壤类型交换性镁含量水平　密山市各土壤类型交换性镁含量统计见表5-26。

表 5-26　密山市各土壤类型交换性镁含量统计

土壤类型	暗棕壤	白浆土	草甸土	沼泽土	泥炭土	河淤土	水稻土	风沙土
平均值（毫克/千克）	562.59	587.78	578.41	487.21	654.15	473.21	465.19	480.21
最大值（毫克/千克）	905.90	905.90	889.40	792.50	788.90	745.90	914.10	769.20
最小值（毫克/千克）	10.90	48.40	74.50	165.90	547.80	115.90	52.20	140.90
样本数（个）	2 293	2 583	841	926	82	737	1 464	32

从表 5-26 可以看出，密山市耕地各土壤类型交换性镁平均值为 536.09 毫克/千克，变化幅度为 10.9～914.1 毫克/千克。其中，泥炭土交换性镁含量最高，平均值为 654.15 毫克/千克，依次是白浆土平均值为 587.78 毫克/千克，草甸土平均值为 578.41 毫克/千克，暗棕壤土平均值为 562.59 毫克/千克，沼泽土平均值为 487.21 毫克/千克，风沙土平均值为 480.21 毫克/千克；河淤土平均值为 473.21 毫克/千克；水稻土最低，平均值为 465.19 毫克/千克。

2. 各土种交换性镁含量水平　密山市各土种交换性镁含量统计见表 5-27。

表 5-27　密山市各土种交换性镁含量统计

单位：毫克/千克

土种名称	平均值	最大值	最小值	样本数（个）
石质暗棕壤	590.90	800.30	315.00	748
沙石质暗棕壤	577.94	905.90	52.20	929
黏质草甸暗棕壤	548.44	715.20	393.30	57
白浆化暗棕壤	564.65	721.60	280.90	221
沙质草甸暗棕壤	458.74	765.90	10.70	338
薄层白浆土	607.77	891.20	235.10	241
中层白浆土	599.60	905.90	52.20	935
厚层白浆土	565.89	862.40	317.80	405
中层草甸白浆土	539.79	889.40	105.90	523
厚层草甸白浆土	633.03	863.10	389.40	97
中层潜育白浆土	592.66	889.40	10.90	382
厚层草甸土	630.82	792.50	409.10	70
中层潜育草甸土	550.21	774.70	10.90	320
厚层潜育草甸土	600.02	889.40	306.60	394
薄层白浆化潜育草甸土	523.01	708.80	165.90	57
薄层草甸沼泽土	436.95	745.90	164.70	481
厚层草甸沼泽土	490.08	665.20	165.60	62
泥炭腐殖质沼泽土	584.13	792.50	164.60	111

（续）

土种名称	平均值	最大值	最小值	样本数（个）
薄层泥炭沼泽土	535.85	731.10	418.15	272
薄层泥炭土	662.03	788.90	547.80	69
中层泥炭土	611.69	657.40	554.10	13
生草河淤土	457.12	639.85	102.15	50
草甸河淤土	472.51	745.90	115.90	602
沼泽河淤土	481.73	653.80	208.40	85
中层白浆土型水稻土	551.66	774.70	165.90	316
厚层白浆土型水稻土	466.03	914.90	165.90	273
中层草甸土型水稻土	527.10	792.50	10.90	155
厚层草甸土型水稻土	407.27	792.50	115.90	112
河淤土型水稻土	413.48	765.90	10.90	301
沙底沼泽土型水稻土	344.87	532.20	162.70	138
黏朽沼泽土型水稻土	478.48	525.30	415.40	19
泥炭沼泽土型水稻土	570.43	625.80	500.50	150
风沙土	480.21	769.20	140.90	32

从表 5-27 可以看出，密山市耕地各土种交换性镁含量平均值为 517.42 毫克/千克，变化幅度为 10.7～914.9 毫克/千克。其中，交换性镁含量最高是薄层泥炭土型水稻土，平均值为 662.03 毫克/千克，依次是厚层草甸白浆土平均值为 633.03 毫克/千克，厚层草甸土平均值为 630.82 毫克/千克，中层泥炭土平均值为 611.69 毫克/千克，薄层白浆土平均值为 607.77 毫克/千克；最低的是沙底沼泽土型水稻土，平均值为 344.87 毫克/千克。

3. 各乡（镇）交换性镁含量评价　密山市各乡（镇）交换性镁含量统计见表 5-28。

表 5-28　密山市各乡（镇）交换性镁含量统计

乡（镇）	平均值（毫克/千克）	最大值（毫克/千克）	最小值（毫克/千克）	样本数（个）
白鱼湾镇	526.15	724.7	459.4	624
承紫河乡	645.79	865.9	489.7	424
当壁镇	599.05	772.5	208.4	369
二人班乡	656.69	897.2	105.9	484
富源乡	652.45	800.3	395.1	513
和平乡	365.42	712.5	165.9	846
黑台镇	495.64	792.5	115.9	696
连珠山镇	541.89	757.8	126.5	617

（续）

乡（镇）	平均值 （毫克/千克）	最大值 （毫克/千克）	最小值 （毫克/千克）	样本数 （个）
柳毛乡	581.05	745.9	52.2	546
密山镇	436.96	708.8	205.1	654
裴德镇	563.58	905.9	160.6	929
太平乡	574.19	781.3	136.4	615
兴凯湖乡	551.36	860.3	452.5	414
兴凯镇	456.19	584.7	192.8	755
杨木乡	690.84	889.4	257.6	873
知一镇	553.01	711.1	203.1	380

从表5-28可以看出，密山市各乡（镇）交换性镁含量平均值为555.64毫克/千克，变化幅度为52.2～905.9毫克/千克。其中，交换性镁含量最高是杨木乡，平均值为690.84毫克/千克；依次是二人班乡平均值为656.69毫克/千克，富源乡平均值为652.45毫克/千克，承紫河乡平均值为645.79毫克/千克，当壁镇平均值为599.05毫克/千克，柳毛乡平均值为581.05毫克/千克，太平乡平均值为574.19毫克/千克，裴德镇平均值为563.58毫克/千克，知一镇平均值为553.01毫克/千克，兴凯湖乡平均值为551.36毫克/千克，连珠山镇平均值为541.89毫克/千克，白鱼湾镇平均值为526.15毫克/千克，黑台镇平均值为495.64毫克/千克，兴凯镇平均值为456.19毫克/千克，密山镇平均值为436.96毫克/千克；最低的是和平乡，平均值为365.42毫克/千克。

三、土壤有效铁

释　　义：耕层土壤中能供作物吸收的铁的含量，以每千克干土中所含铁的毫克数表示。

字段代码：SO120215

英文名称：Available iron

数据类型：数值

量　　纲：毫克/千克

数据长度：6

小 数 位：1

极 小 值：0

极 大 值：5 000

备　　注：DTPA 提取-原子吸收光谱法

铁在作物体内是一些酶的组分。其常分布于某些重要氧化还原酶结构上的活性部分，起着电子传递的作用，对于催化各类物质（碳水化合物、脂肪和蛋白质等）代谢中的氧化还原反应有着重要影响。因此，铁与碳、氮代谢的关系十分密切。

1. 各土壤类型有效铁含量水平 密山市各土壤类型有效铁含量统计见表 5-29。

表 5-29 密山市各土壤类型有效铁含量统计

土壤类型	暗棕壤	白浆土	草甸土	沼泽土	泥炭土	河淤土	水稻土	风沙土
平均值（毫克/千克）	67.2	66.9	66.7	75.5	65.5	68.7	76.1	63.9
最大值（毫克/千克）	119.8	126.4	128.1	123.8	98.6	89.6	129.5	67.3
最小值（毫克/千克）	22.2	20.4	14.3	36.8	42.8	14.3	22.1	63.6
样本数（个）	2 293	2 583	841	926	83	737	1 326	32

从表 5-29 可以看出，密山市耕地土壤有效铁平均值为 68.81 毫克/千克，不同土壤的有效铁含量不同。含量最高的是水稻土，平均值为 76.1 毫克/千克，变化幅度为22.1～129.5 毫克/千克；风沙土含量最低，平均值为 63.9 毫克/千克，变化幅度为 63.6～67.3 毫克/千克；依次是沼泽土平均值为 75.5 毫克/千克，变化幅度为 36.8～123.8 毫克/千克；河淤土平均值为 68.7 毫克/千克，变化幅度为 14.3～89.6 毫克/千克；暗棕壤土平均值为 67.2 毫克/千克，变化幅度为 22.2～119.8 毫克/千克；白浆土平均值为 66.9 毫克/千克，变化幅度为 20.4～126.4 毫克/千克；草甸土平均值为 66.7 毫克/千克，变化幅度为 14.3～128.1 毫克/千克；泥炭土平均值为 65.5 毫克/千克，变化幅度为 42.8～98.6 毫克/千克。

2. 各土种有效铁含量水平 密山市各土种有效铁含量统计见表 5-30。

表 5-30 密山市各土种有效铁含量统计

土种名称	平均值（毫克/千克）	最大值（毫克/千克）	最小值（毫克/千克）	样本数（个）
石质暗棕壤	68.1	118.3	34.8	748
沙石质暗棕壤	63.9	129.1	34.2	929
黏质草甸暗棕壤	67.3	112.8	47.5	57
白浆化暗棕壤	68.1	114.6	34.8	221
沙质草甸暗棕壤	74.1	123.8	22.2	338
薄层白浆土	67.4	123.9	31.4	241
中层白浆土	64.2	98.6	20.4	935
厚层白浆土	71.3	126.4	34.8	405
中层草甸白浆土	67.9	89.2	20.2	523
厚层草甸白浆土	82.2	103.6	46.1	97
中层潜育白浆土	70.9	89.1	29.9	382
厚层草甸土	70.5	88.1	41.2	70
中层潜育草甸土	65.6	89.6	34.5	320
厚层潜育草甸土	67.5	114.9	36.9	394
薄层白浆化潜育草甸土	61.9	87.9	43.1	57
薄层草甸沼泽土	79.1	107.7	42.8	481

（续）

土种名称	平均值 （毫克/千克）	最大值 （毫克/千克）	最小值 （毫克/千克）	样本数 （个）
厚层草甸沼泽土	59.7	86.5	48.1	62
泥炭腐殖质沼泽土	64.6	87.9	49.7	111
薄层泥炭沼泽土	77.4	85.9	44.2	272
薄层泥炭土	66.8	93.8	43.4	70
中层泥炭土	58.4	65.2	49.7	13
生草河淤土	68.9	87.3	32.9	50
草甸河淤土	68.6	88.4	31.3	602
沼泽河淤土	69.2	86.3	34.8	85
中层白浆土型水稻土	72.2	89.6	44.3	316
厚层白浆土型水稻土	78.3	109.5	41.7	273
中层草甸土型水稻土	74.6	89.2	36.8	155
厚层草甸土型水稻土	62.5	118.9	22.2	112
河淤土型水稻土	78.4	88.4	37.9	301
沙底沼泽土型水稻土	88.6	123.8	64.5	138
黏朽沼泽土型水稻土	80.1	84.2	71.5	19
泥炭沼泽土型水稻土	56.2	70.6	48.9	12
风沙土	63.9	67.3	63.6	32

从表 5-30 可以看出，沙底沼泽土型水稻土有效铁含量最高，平均值为 88.6 毫克/千克，变化幅度为 64.5～123.8 毫克/千克；泥炭沼泽土型水稻土有效铁含量最低，平均值为 56.2 毫克/千克，变化幅度为 48.9～70.6 毫克/千克。

3. 各乡（镇）有效铁含量评价 密山市各乡（镇）有效铁含量统计见表 5-31。

表 5-31 密山市各乡（镇）有效铁含量统计

乡（镇）	平均值 （毫克/千克）	最大值 （毫克/千克）	最小值 （毫克/千克）	样本数 （个）
白鱼湾镇	64.8	82.4	44.2	624
承紫河乡	70.6	87.4	42.8	424
当壁镇	72.4	79.9	61.3	369
二人班乡	62.9	80.8	40.8	484
富源乡	57.8	83.1	41.6	513
和平乡	81.9	89.5	37.9	846
黑台镇	76.1	98.6	14.3	696
连珠山镇	49.1	89.6	34.8	617
柳毛乡	62.7	89.1	34.2	546
密山镇	66.6	89.3	34.1	654

（续）

乡（镇）	平均值 （毫克/千克）	最大值 （毫克/千克）	最小值 （毫克/千克）	样本数 （个）
裴德镇	61.1	126.2	42.7	929
太平乡	87.1	129.1	22.1	615
兴凯湖乡	63.3	83.1	44.2	414
兴凯镇	75.1	85.8	44.3	755
杨木乡	75.9	89.2	20.4	873
知一镇	69.3	89.1	48.6	380

从表 5 - 31 可以看出，各乡（镇）有效铁的含量差别不大。密山市耕层土壤有效铁含量平均值为 68.54 毫克/千克，变化幅度为 14.3～129.1 毫克/千克；其中，太平乡有效铁含量最高，平均值为 87.1 毫克/千克，变化幅度为 22.1～129.1；连珠山镇土壤有效铁含量最低，平均值为 49.1 毫克/千克，变化幅度为 34.8～89.6。

由此分析，影响土壤中有效铁的因素较多，有以下几点：

（1）土壤 pH：pH 高的土壤含有较多的氢氧根离子，可与土壤中铁生成难溶的氢氧化铁，从而降低了土壤有效性。

（2）氧化还原条件：长期处于还原条件的酸性土壤。例如，太平乡和和平乡淹水条件下的水稻土，铁被还原成溶解度大的亚铁，有效铁增加；相反，在干旱、少雨地区土壤中氧化环境占优势，使三价铁增多，从而降低了铁的溶解度。

（3）土壤有机质：据分析，有机质含量高的土壤，有效铁的相对含量也较高。

（4）成土母质：成土母质决定全铁含量，对有效铁的影响也极为深刻。从密山市

不同类型的土壤中有效铁含量分布可以看出，相似母质来源的不同类型土壤，有效铁含量水平也极为相似。

四、土壤有效锰

释　　义：耕层土壤中能供作物吸收的锰的含量，以每千克干土中所含锰的毫克数表示。

字段代码：SO120214

英文名称：Available manganic

数据类型：数值

量　　纲：毫克/千克

数据长度：5

小 数 位：1

极 小 值：0

极 大 值：999.9

备　　注：DTPA 提取-原子吸收光谱法

锰是植物生长和发育的必需营养元素之一，在植物体内直接参与光合作用，也是植物许多酶的重要组成部分，影响植物组织中生长素的水平，参与硝酸还原成氨的作用等。根据土壤有效锰的分级标准，土壤有效锰的临界值为 5.0 毫克/千克（严重缺锰，很低），大于 15 毫克/千克为丰富。

1. 各土壤类型有效锰含量水平　密山市各土壤类型有效锰含量统计见表 5-32。

表 5-32　密山市各土壤类型有效锰含量统计

土壤类型	暗棕壤	白浆土	草甸土	沼泽土	泥炭土	河淤土	水稻土	风沙土
平均值（毫克/千克）	45.7	45.4	43.5	46.8	48.1	51.2	49.3	37.7
最大值（毫克/千克）	87.1	86.6	69.1	96.9	66.1	96.4	94.9	55.7
最小值（毫克/千克）	21.3	8.7	17.4	21.3	26.4	17.4	21.3	33.9
样本数（个）	2 293	2 583	841	926	83	737	1 326	40

从表 5-32 可以看出，密山市耕地土壤有效锰平均值为 45.96 毫克/千克，变化幅度为 8.7～96.9 毫克/千克，不同土壤的有效锰含量不同。含量最高的是河淤土，平均值为 51.2 毫克/千克，变化幅度为 17.4～96.4 毫克/千克；风沙土含量最低，平均值为 37.7 毫克/千克，变化幅度为 33.9～55.7 毫克/千克；依次为水稻土平均值为 49.3 毫克/千克，变化幅度为 21.3～94.9 毫克/千克；泥炭土平均值为 48.1 毫克/千克，变化幅度为 26.4～66.1 毫克/千克；沼泽土平均值为 46.8 毫克/千克，变化幅度为 21.3～96.9 毫克/千克；暗棕土平均值为 45.7 毫克/千克，变化幅度为 21.2～87.1 毫克/千克；白浆土平均值为 45.4 毫克/千克，变化幅度为 8.7～86.6 毫克/千克；草甸土平均值为 43.5 毫克/千克，变化幅度为 17.4～69.1 毫克/千克。

土壤中的全锰含量不适于作为判断锰的供给指标，土壤中的有效锰才是植物可以利用的锰。植物吸收的锰来自土壤，土壤中的锰含量多少与成土母质、土壤类型及气候条件等有关。土壤中锰的形态随土壤 pH、氧化还原条件及有机质的多少而变化，通气性良好的轻质土壤，锰由低价向高价转化；而淹水条件下，强酸性土壤中高价锰向低价锰转化。因此，水稻土土壤中有效锰常常增加，而北方沙质土壤有效锰往往不足，这就是密山市水稻土相对有效锰含量较高的原因之一。

2. 各土种有效锰含量水平　密山市各土种有效锰含量统计见表 5-33。

表 5-33　密山市各土种有效锰含量统计

土种名称	平均值 （毫克/千克）	最大值 （毫克/千克）	最小值 （毫克/千克）	样本数 （个）
石质暗棕壤	46.1	66.9	25.5	748
沙石质暗棕壤	44.1	68.5	25.5	929
黏质草甸暗棕壤	43.5	66.2	29.9	57
白浆化暗棕壤	47.1	64.9	29.4	221
沙质草甸暗棕壤	49.4	87.1	21.3	338
薄层白浆土	49.9	66.1	11.7	241

（续）

土种名称	平均值 （毫克/千克）	最大值 （毫克/千克）	最小值 （毫克/千克）	样本数 （个）
中层白浆土	43.9	68.8	16.3	935
厚层白浆土	46.7	65.9	25.5	405
中层草甸白浆土	48.1	86.5	21.3	523
厚层草甸白浆土	56.4	66.1	33.5	97
中层潜育白浆土	42.7	77.5	8.7	382
厚层草甸土	40.4	61.6	29.9	70
中层潜育草甸土	43.4	82.4	23.5	320
厚层潜育草甸土	44.7	68.5	19.6	394
薄层白浆化潜育草甸土	39.7	64.1	21.3	57
薄层草甸沼泽土	44.9	96.9	21.1	481
厚层草甸沼泽土	43.6	65.9	26.6	62
泥炭腐殖质沼泽土	36.9	61.1	21.2	111
薄层泥炭沼泽土	55.1	87.4	29.9	272
薄层泥炭土	50.3	66.1	26.1	70
中层泥炭土	35.7	40.1	29.9	13
生草河淤土	49.5	87.1	20.2	50
草甸河淤土	51.8	96.9	17.4	602
沼泽河淤土	47.3	77.8	23.1	85
中层白浆土型水稻土	52.4	87.9	22.1	316
厚层白浆土型水稻土	51.8	86.6	21.3	273
中层草甸土型水稻土	46.3	86.9	22.5	155
厚层草甸土型水稻土	48.1	91.5	21.8	112
河淤土型水稻土	45.4	82.1	21.3	301
沙底沼泽土型水稻土	50.1	96.9	20.2	138
黏朽沼泽土型水稻土	54.3	65.1	40.9	19
泥炭沼泽土型水稻土	39.4	62.5	30.4	12
风沙土	37.7	55.7	33.9	40

　　从表 5-33 可以看出，薄层泥炭沼泽土有效锰含量最高，平均值为 55.1 毫克/千克，变化幅度为 29.9～87.4 毫克/千克；泥炭沼泽土型水稻土含量最低，平均值为 39.4 毫克/千克，变化幅度为 30.4～62.5 毫克/千克。总之，锰的有效性与土壤的全锰含量关系不甚密切。除了与土壤的酸度关系密切外，再就是缺锰土壤主要是与成土母质含锰量过低有关。

3. 各乡（镇）土壤有效锰含量评价　密山市各乡（镇）有效锰含量统计见表 6‑34。

表 5‑34　密山市各乡（镇）有效锰含量统计

乡（镇）	平均值 （毫克/千克）	最大值 （毫克/千克）	最小值 （毫克/千克）	样本数 （个）
白鱼湾镇	36.5	64.5	29.3	624
承紫河乡	49.4	65.9	26.4	424
当壁镇	57.5	66.1	37.5	369
二人班乡	48.5	66	11.7	484
富源乡	44.3	61.1	25.5	513
和平乡	46.6	96.9	21.3	846
黑台镇	53.1	65.5	17.4	696
连珠山镇	43.6	60.9	30.8	617
柳毛乡	39.4	67.8	23.2	546
密山镇	42.3	68.5	23.1	654
裴德镇	33.9	62.9	21.3	929
太平乡	56.3	65.2	21.8	615
兴凯湖乡	47.7	65.9	22.7	414
兴凯镇	61.4	87.9	40.9	755
杨木乡	44.6	66.9	8.7	873
知一镇	45.6	69.4	33.9	380

从表 5‑34 可以看出，密山市耕层土壤有效锰含量平均值为 46.91 毫克/千克，变化幅度为 8.7～96.9 毫克/千克。其中，兴凯镇含量最高，平均值为 61.4 毫克/千克，变化幅度为 40.9～87.9 毫克/千克；裴德镇含量最低，平均值为 33.9 毫克/千克，变化幅度为 21.3～62.9 毫克/千克；依次是当壁镇平均值为 57.5 毫克/千克，太平乡平均值为 56.3 毫克/千克，黑台镇平均值为 53.1 毫克/千克，承紫河乡平均值为 49.4 毫克/千克，二人班乡平均值为 48.5 毫克/千克，兴凯湖乡平均值为 47.7 毫克/千克，和平乡平均值为 46.6 毫克/千克，知一镇平均值为 45.6 毫克/千克，杨木乡平均值为 44.6 毫克/千克，富源乡平均值为 44.3 毫克/千克，连珠山镇平均值为 43.6 毫克/千克，密山镇平均值为 42.3 毫克/千克，柳毛乡平均值为 39.4 毫克/千克，白鱼湾镇平均值为 36.5 毫克/千克。和平乡有效锰相对较偏高的原因是由于土壤耕地大部分都是水稻土，偏酸性造成的。

综合上述，分析得出影响土壤有效锰的因素如下：

（1）土壤有效锰的多少与土壤酸碱性、氧化还原电位、土壤质地、土壤水分状况及有机质含量等有关。

（2）土壤 pH：土壤 pH（即土壤的酸碱性）对锰的有效性关系甚为突出，高 pH 土壤比低 pH 土壤更易吸附锰。因此，高 pH 的石灰性土壤有效锰含量较低；低 pH 的酸性土壤有效锰含量较高。pH 大于 7.5，有效锰急剧下降；pH 大于 8.0 时，土壤有效锰很低。

（3）土壤质地：土壤锰的有效性总的趋势是，沙土至中壤随土壤黏粒含量（粒径小于 0.01 毫米）增加而增加，中壤至重壤随黏粒含量的增加而降低。通常沙性大的土壤，有效锰含量较低。

（4）土壤有机质：土壤有机质的存在，可促使锰的还原而增加活性锰。土壤有机质含量高，有效锰含量也高；有机质含量低，有效锰含量也低。土壤有效锰与土壤有机质之间呈正相关关系。

（5）土壤水分状况：土壤水分状况直接影响土壤氧化还原状况，从而影响土壤中锰的不同形态的变化。淹水时，锰向还原状态变化，有效锰增加；干旱时，锰向氧化状态变化，有效锰降低。因此，同一母质发育的水稻土其有效锰高于相应的旱地土壤，旱地沙土常常处于氧化状态，锰以高价锰为主，有效锰较低，常常易缺锰。通常土壤有效锰随土壤碳酸钙含量增加而降低，锰的有效性与碳酸含量之间呈负相关。

五、土壤有效锌

释　　义：耕层土壤中能供作物吸收的锌的含量，以每千克干土中所含锌的毫克数表示。

字段代码：SO120209

英文名称：Available zinc

数据类型：数值

量　　纲：毫克/千克

数据长度：5

小　数　位：2

极　小　值：0

极　大　值：99.99

备　　注：DTPA 提取-原子吸收光谱法

锌是农作物生长发育不可缺少的微量营养元素，它既是植物体内氧化还原过程的催化剂，又是参与植物细胞呼吸作用的碳酸酐酶的组成成分。在作物体内，锌主要参与生长素的合成和某些酶的活动。缺锌时作物生长受抑制，叶小簇生，坐蔸不发，叶脉间失绿发白，叶黄矮化，根系生长不良，不利于种子形成，从而影响作物产量及品质。如玉米缺锌时出现花白苗，在 3～5 叶期幼叶呈淡黄色或白色，中后期节间缩短，植株矮小，根部发黑，不结果穗或果穗秃尖瞎粒，甚至干枯死亡；水稻缺锌，植株矮缩，小花不孕率增加，延迟成熟。不同作物对锌肥敏感度不同，对锌肥敏感的作物有玉米、水稻、高粱、棉花、大豆、番茄和西瓜等。

1. 各土壤类型有效锌的含量水平　密山市各土壤类型有效锌的含量见表 5-35。

表 5-35　密山市各土壤类型有效锌含量统计

土壤类型	暗棕壤	白浆土	草甸土	沼泽土	泥炭土	河淤土	水稻土	风沙土
平均值（毫克/千克）	1.41	1.53	1.56	1.37	1.45	1.41	1.55	1.12
最大值（毫克/千克）	3.6	4.6	3.8	3.64	1.93	2.58	3.3	1.15
最小值（毫克/千克）	0.13	0.19	0.21	0.6	0.93	0.13	0.29	0.09

（续）

土壤类型		暗棕壤	白浆土	草甸土	沼泽土	泥炭土	河淤土	水稻土	风沙土
样本数（个）		2 293	2 583	841	926	82	737	1 326	19
地力等级	一级	—	1.53	1.52	—	—	—	1.27	—
	二级	1.23	1.68	1.63	1.09	1.41	—	1.49	—
	三级	1.41	1.41	1.25	1.42	1.46	1.55	1.62	—
	四级	1.42	1.36	—	1.28	0	1.37	1.41	—

从表5-35可以看出，密山市耕地土壤有效锌平均含量为1.42毫克/千克，变化幅度为0.09～4.6毫克/千克。不同土壤的有效锌含量不同，其中，有效锌含量最高的是草甸土，平均值为1.56毫克/千克，变化幅度为0.21～3.8毫克/千克；含量较高的是水稻土，平均值为1.55毫克/千克，变化幅度为0.29～3.3毫克/千克；依次是白浆土平均值为1.53毫克/千克，变化幅度为0.19～4.6毫克/千克；泥炭土平均值为1.45毫克/千克，变化幅度为0.93～1.93毫克/千克；暗棕壤土平均值为1.41毫克/千克，变化幅度为0.13～3.6毫克/千克；河淤土平均值为1.41毫克/千克，变化幅度为0.13～2.58毫克/千克；沼泽土平均值为1.37毫克/千克，变化幅度为0.6～3.64毫克/千克；风沙土含量最低，平均值为1.12毫克/千克，变化幅度为0.09～1.15毫克/千克。

2. 各土种有效锌含量水平　密山市各土种有效锌含量统计见表5-36。

表5-36　密山市各土种有效锌含量统计

土种名称	平均值（毫克/千克）	最大值（毫克/千克）	最小值（毫克/千克）	样本数（个）	地力分级			
					一级	二级	三级	四级
石质暗棕壤	1.38	3.87	0.13	748	0	0	0	1.38
沙石质暗棕壤	1.45	3.37	0.13	929	0	0	0	1.45
黏质草甸暗棕壤	1.31	1.70	0.77	57	0	1.23	1.45	0
白浆化暗棕壤	1.38	2.97	0.13	221	0	0	1.40	0.59
沙质草甸暗棕壤	1.39	3.10	0.13	338	0	0	1.48	1.38
薄层白浆土	1.49	2.33	0.70	241	0	1.65	1.42	0
中层白浆土	1.55	4.30	0.19	935	0	1.72	1.41	0
厚层白浆土	1.58	3.80	0.57	405	1.68	1.36	0	0
中层草甸白浆土	1.38	4.22	0.24	523	1.38	0	0	0
厚层草甸白浆土	1.86	3.79	1.04	97	1.86	0	0	0
中层潜育白浆土	1.53	3.70	0.63	382	0	1.74	1.44	1.36
厚层草甸土	1.48	2.68	0.13	70	1.51	1.45	0	0
中层潜育草甸土	1.52	3.69	0.21	320	1.57	1.58	1.14	0
厚层潜育草甸土	1.65	3.80	0.13	394	0	1.69	1.35	0
薄层白浆化潜育草甸土	1.25	2.27	0.66	57	0	1.13	1.25	0
薄层草甸沼泽土	1.55	3.64	2.67	481	0	1.51	1.55	1.56

（续）

土种名称	平均值 （毫克/千克）	最大值 （毫克/千克）	最小值 （毫克/千克）	样本数 （个）	地力分级			
					一级	二级	三级	四级
厚层草甸沼泽土	1.71	2.40	0.70	62	0	1.40	1.57	2.18
泥炭腐殖质沼泽土	1.42	2.43	0.81	111	0	1.36	1.44	0
薄层泥炭沼泽土	0.96	1.70	0.29	272	0	0.77	1.06	0.68
薄层泥炭土	1.46	1.93	0.75	69	0	0	1.45	0
中层泥炭土	1.46	1.59	1.40	13	0	1.40	1.52	0
生草河淤土	1.34	2.42	0.11	50	0	0	1.61	1.31
草甸河淤土	1.43	2.58	0.13	602	0	0	1.95	1.37
沼泽河淤土	1.26	2.27	0.13	85	0	0	1.26	0
中层白浆土型水稻土	1.49	2.31	0.60	316	0	1.52	1.44	0
厚层白浆土型水稻土	1.43	3.30	0.60	273	1.27	1.49	0	0
中层草甸土型水稻土	1.69	2.60	0.29	155	0	1.49	1.75	0
厚层草甸土型水稻土	1.50	2.43	0.82	112	0	1.55	1.47	0
河淤土型水稻土	1.73	2.60	0.70	301	0	0	1.77	1.49
沙底沼泽土型水稻土	1.38	2.11	0.60	138	0	0.65	1.49	1.25
黏朽沼泽土型水稻土	1.41	1.94	0.94	19	0	0	1.38	1.94
泥炭沼泽土型水稻土	1.40	2.11	0.60	12	0	0	1.55	0
风沙土	1.12	1.15	0.09	19	0	0	0	0

从表5-36可以看出，密山市耕地土壤各土种有效锌平均含量为1.42毫克/千克，变化幅度为0.11~4.3毫克/千克。不同土壤的有效锌含量不同，其中，厚层草甸白浆土有效锌含量最高，平均值为1.86毫克/千克，变化幅度为1.04~3.79毫克/千克；薄层泥炭沼泽土有效锌含量最低，平均值为0.96毫克/千克，变化幅度为0.29~1.7毫克/千克；其他土种有效锌平均值为1.33毫克/千克，变化幅度平均为0.5~2.56毫克/千克。

综上所述，不仅土壤机械组成与土壤中有效锌含量高低十分密切，而且土壤质地对有效锌的含量影响较大。土壤质地越沙，锌含量越低；土壤质地越黏，含量越高。土壤有效锌含量顺序：黏质土＞轻壤土＞中壤土＞沙壤土＞沙质土。除了成土母质和土壤类型外，首先是pH。一般情况下，随着土壤pH的升高，有效锌含量降低，pH高的土壤容易出现缺锌现象。据相关资料报道，土壤pH对有效锌的影响最为突出。其次是碳酸钙与黏土矿物。土壤中碳酸钙与锌结合成溶解度较低的$ZnCO_3$，降低了有效锌含量。同时，吸附在碳酸钙矿物表面的锌也不易被作物吸收利用。因此，缺锌症状常发生在石灰性土壤上。但酸性土施用石灰过量，也会诱发缺锌。锌容易被黏土矿物固定，降低有效性。另外，锌与磷有拮抗作用。土壤中锌与磷酸会形成难溶性磷酸锌沉淀，这是引起作物中磷锌比例失调的缘故。在实践中，经常观察到含磷高的土壤中反映出缺锌症状。随着磷肥施用量增加，会引起作物严重缺锌，所以在生产实践当中应加以注意。最后应当指出的是，土壤中有机质与有效锌含量成正相关，即有机质含量高的土壤，有效锌的含量一般都比较高。由此，各项生产措施当中和田间施肥上一定要与有机肥结合起来使用。

3. 密山市各乡（镇）有效锌含量评价 密山市各乡（镇）有效锌含量统计见表5-37。

表5-37 密山市各乡（镇）有效锌含量统计

乡（镇）	平均值（毫克/千克）	最大值（毫克/千克）	最小值（毫克/千克）	样本数（个）	地力分级			
					一级	二级	三级	四级
白鱼湾镇	1.25	2.49	0.75	624	1.48	1.41	1.14	1.22
承紫河乡	1.61	2.80	0.70	424	1.69	1.61	1.55	1.64
当壁镇	1.71	2.31	1.00	369	1.88	1.69	1.66	1.69
二人班乡	1.37	2.08	0.86	484	1.16	1.28	1.50	1.53
富源乡	1.04	1.80	0.77	513	0.97	1.02	1.05	1.04
和平乡	1.46	2.60	0.70	846	1.43	1.40	1.49	1.44
黑台镇	1.85	2.50	0.13	696	1.91	1.82	1.91	1.77
连珠山镇	0.85	2.55	0.12	617	0.95	1.17	0.98	0.62
柳毛乡	1.66	2.60	0.60	546	1.60	1.72	1.66	1.63
密山镇	1.48	3.10	0.13	654	1.68	1.81	1.41	1.35
裴德镇	1.58	2.35	0.95	929	1.64	1.57	1.58	1.58
太平乡	1.64	3.80	0.57	615	2.28	1.88	1.48	1.48
兴凯湖乡	1.31	2.80	0.50	414	1.40	1.42	1.23	1.18
兴凯镇	1.17	2.20	0.60	755	0.95	1.09	1.23	1.35
杨木乡	1.94	4.60	1.20	873	2.08	2.01	1.88	1.92
知一镇	1.67	3.30	1.00	380	1.81	1.79	1.63	1.52

调查结果表明，由于各乡（镇）的土壤质地、pH、施肥水平的不同而使各乡（镇）有效锌的含量也不同。密山市耕层土壤有效锌含量平均为1.47毫克/千克，变化幅度为0.12~4.6毫克/千克；其中，杨木乡有效锌含量最高，平均为1.94毫克/千克，变化幅度为1.2~4.6毫克/千克；其次是黑台镇平均值为1.85毫克/千克，变化幅度为0.13~2.5毫克/千克；依次是当壁镇、知一镇、柳毛乡、太平乡、承紫河乡、裴德镇、密山镇、和平乡、二人班乡、兴凯湖乡、白鱼湾镇、兴凯镇和富源乡，土壤有效锌平均值分别为1.71毫克/千克、1.67毫克/千克、1.66毫克/千克、1.64毫克/千克、1.61毫克/千克、1.58毫克/千克、1.48毫克/千克、1.46毫克/千克、1.37毫克/千克、1.31毫克/千克、1.25毫克/千克、1.17毫克/千克和1.04毫克/千克，平均值为1.18毫克/千克，变化幅度平均为0.54~2.24毫克/千克；连珠山镇土壤有效锌含量最低，平均值为0.85毫克/千克，变化幅度为0.13~2.50毫克/千克。

六、土壤有效钼

释　　义：耕层土壤中能供作物吸收的钼的含量，以每千克干土中所含钼的毫克数表示。

字段代码：SO120212

英文名称：Available molybdenum

数据类型：数值

量　　纲：毫克/千克

数据长度：4

小　数　位：2

极　小　值：0

极　大　值：9.99

备　　注：草酸—草酸铵提取-极谱法

土壤中钼的测定有双重意义，一是判断土壤供给钼的能力，是否需要施用钼肥；二是判断土壤中钼是否过多，对草食动物有无不良影响。特别是，环境污染问题突出后，钼的测定成了非常必要的指标之一。密山市曾经是大豆主产区，大豆面积每年都达到耕地面积的50%以上。因此，把有效钼作为密山市地力评价指标非常重要。通过对土壤和植物中钼的分析，对植物和动物营养都具有重要意义。

全钼不足以说明供给能力，因此，地力评价是采用有效钼含量的高低作为评价指标。有效钼用草酸—草酸铵溶液所提取的含量，临界值指标定为0.15毫克/千克。即土壤有效钼含量低于0.15毫克/千克，说明缺乏钼肥。种植豆科等作物，必须施用钼肥才能取得较高产量。若有效钼在0.15~0.2毫克/千克时，处在缺钼边缘值范围，对钼敏感作物应该施用钼肥。如果土壤含量大于0.2毫克/千克时，不用施用钼肥。一般不会出现缺钼症状，相反过量施钼会带来危害。

土壤有效钼含量分级与评价见表5-38。

表5-38　土壤有效钼含量分级与评价

分　级	评　价	含量（毫克/千克）	对缺钼敏感农作物的反应
五级	很低	<0.1	缺钼，可能有缺钼症状
四级	低	0.1~0.15	缺钼，无症状，潜在性缺乏
三级	中	0.16~0.20	不缺钼，作物生长正常
二级	高	0.21~0.30	—
一级	很高	>0.30	—
—	缺钼临界值	0.15	—

1. 各土壤类型有效钼的含量水平　密山市各土壤类型有效钼含量统计见表5-39。

表5-39　密山市各土壤类型有效钼含量统计

土壤类型	暗棕壤	白浆土	草甸土	沼泽土	泥炭土	河淤土	水稻土	风沙土
平均值（毫克/千克）	0.136 0	0.130 0	0.131 5	0.123 9	0.133 3	0.138 1	0.136 2	0.136 5
最大值（毫克/千克）	0.180	0.181	0.182	0.186	0.171	0.184	0.182	0.183
最小值（毫克/千克）	0.080	0.080	0.081	0.087	0.081	0.090	0.085	0.084
样本数（个）	2 293	2 583	841	926	83	737	1 326	32

调查结果表明，密山市耕地土壤有效钼平均值为 0.133 1 毫克/千克，变化幅度为 0.08～0.186 毫克/千克。不同土壤的有效钼含量不同，含量最高的是河淤土，有效钼平均值为 0.138 1 毫克/千克，变化幅度为 0.09～0.184 毫克/千克；依次是风沙土平均值为 0.136 5 毫克/千克，变化幅度为 0.084～0.183 毫克/千克；水稻土平均值为 0.136 2 毫克/千克，变化幅度为 0.085～0.182 毫克/千克；暗棕壤土平均值为 0.136 毫克/千克，变化幅度为 0.08～0.18 毫克/千克；泥炭土平均值为 0.133 3 毫克/千克，变化幅度为 0.081～0.171 毫克/千克；草甸土平均值为 0.131 5 毫克/千克，变化幅度为 0.081～0.182 毫克/千克；白浆土平均值为 0.13 毫克/千克，变化幅度为 0.08～0.181 毫克/千克；沼泽土含量最低，有效钼测试平均值为 0.123 9 毫克/千克，变化幅度为 0.087～0.186 毫克/千克。

2. 各土种有效钼含量水平　密山市各土种有效钼含量统计见表 5‐40。

表 5‐40　密山市各土种有效钼含量统计

土种名称	平均值（毫克/千克）	最大值（毫克/千克）	最小值（毫克/千克）	样本数（个）
石质暗棕壤	0.138 1	0.185 0	0.083 0	748
沙石质暗棕壤	0.131 4	0.182 0	0.083 0	929
黏质草甸暗棕壤	0.143 5	0.172 0	0.081 0	57
白浆化暗棕壤	0.141 9	0.180 0	0.080 0	221
沙质草甸暗棕壤	0.138 2	0.182 0	0.087 0	338
薄层白浆土	0.135 6	0.183 0	0.085 0	241
中层白浆土	0.126 5	0.182 0	0.082 0	935
厚层白浆土	0.139 9	0.183 0	0.082 0	405
中层草甸白浆土	0.127 7	0.174 0	0.085 0	523
厚层草甸白浆土	0.156 7	0.183 0	0.121 0	97
中层潜育白浆土	0.132 7	0.184 0	0.083 0	382
厚层草甸土	0.129 3	0.172 0	0.081 0	70
中层潜育草甸土	0.128 6	0.176 0	0.083 0	320
厚层潜育草甸土	0.137 5	0.183 0	0.082 0	394
薄层白浆化潜育草甸土	0.107 8	0.160 0	0.080 0	57
薄层草甸沼泽土	0.132 9	0.181 0	0.082 0	481
厚层草甸沼泽土	0.128 8	0.174 0	0.096 0	62
泥炭腐殖质沼泽土	0.113 8	0.174 0	0.087 0	111
薄层泥炭沼泽土	0.111 1	0.172 0	0.081 0	272
薄层泥炭土	0.134 7	0.171 0	0.088 0	70
中层泥炭土	0.125 3	0.171 0	0.097 0	13
生草河淤土	0.136 3	0.177 0	0.095 0	50
草甸河淤土	0.138 6	0.184 0	0.091 0	602
沼泽河淤土	0.134 1	0.171 0	0.100 0	85

（续）

土种名称	平均值 （毫克/千克）	最大值 （毫克/千克）	最小值 （毫克/千克）	样本数 （个）
中层白浆土型水稻土	0.143 1	0.183 0	0.096 0	316
厚层白浆土型水稻土	0.117 8	0.173 0	0.085 0	273
中层草甸土型水稻土	0.142 5	0.173 0	0.099 0	155
厚层草甸土型水稻土	0.131 1	0.183 0	0.092 0	112
河淤土型水稻土	0.147 7	0.186 0	0.110 0	301
沙底沼泽土型水稻土	0.132 8	0.184 0	0.089 0	138
黏朽沼泽土型水稻土	0.123 1	0.131 0	0.110 0	19
泥炭沼泽土型水稻土	0.103 3	0.131 0	0.083 0	12
风沙土	0.136 5	0.183 0	0.084 0	32

调查结果表明，密山市耕地土壤有效钼平均含量为 0.127 6 毫克/千克，变化幅度为 0.080～0.186 毫克/千克。不同土壤的有效钼含量不同，厚层草甸白浆土有效钼含量最高，平均值为 0.156 7 毫克/千克，变化幅度为 0.121～0.183 毫克/千克；泥炭沼泽土型水稻土有效钼含量最低，平均值为 0.103 3 毫克/千克，变化幅度为 0.083～0.131 毫克/千克；其他土种有效钼含量平均值为 0.123 5 毫克/千克，变化幅度为 0.083～0.160 毫克/千克。

3. 各乡（镇）有效钼含量评价 密山市各乡（镇）有效钼含量统计见表 5-41。

表 5-41 密山市各乡（镇）有效钼含量统计

乡（镇）	平均值 （毫克/千克）	最大值 （毫克/千克）	最小值 （毫克/千克）	样本数 （个）
白鱼湾镇	0.092 9	0.172	0.081	624
承紫河乡	0.123 8	0.183	0.082	424
当壁镇	0.131 8	0.173	0.110	369
二人班乡	0.149 7	0.173	0.131	484
富源乡	0.122 4	0.172	0.084	513
和平乡	0.121 8	0.184	0.086	846
黑台镇	0.154 1	0.184	0.087	696
连珠山镇	0.135 7	0.176	0.099	617
柳毛乡	0.117 3	0.173	0.083	546
密山镇	0.138 6	0.185	0.092	654
裴德镇	0.157 1	0.176	0.095	929
太平乡	0.147 4	0.183	0.096	615
兴凯湖乡	0.135 1	0.183	0.082	414
兴凯镇	0.114 8	0.164	0.097	755
杨木乡	0.131 2	0.185	0.084	873
知一镇	0.140 7	0.177	0.088	380

调查结果表明，密山市耕层土壤有效钼含量平均为 0.132 1 毫克/千克，变化幅度为 0.081～0.185 毫克/千克。其中，裴德镇最高，平均值为 0.157 1 毫克/千克，变化幅度为 0.095～0.176 毫克/千克；其次是黑台镇，平均值为 0.154 1 毫克/千克，变化幅度为 0.087～0.187 毫克/千克；白鱼湾镇最低，平均值为 0.092 9 毫克/千克，变化幅度为 0.081～0.172 0 毫克/千克；其他依次是二人班乡平均值为 0.149 7 毫克/千克，太平乡平均值为 0.147 4 毫克/千克，知一镇平均值为 0.140 7 毫克/千克，密山镇平均值为 0.138 6 毫克/千克，连珠山镇平均值为 0.135 7 毫克/千克，兴凯湖乡平均值为 0.135 1 毫克/千克，当壁镇平均值为 0.131 8 毫克/千克，杨木乡平均值为 0.131 2 毫克/千克，承紫河乡平均值为 0.123 8 毫克/千克，富源乡平均值为 0.121 8 毫克/千克，和平乡平均值为 0.122 4 毫克/千克，柳毛乡平均值为 0.117 3 毫克/千克，兴凯镇平均值为 0.114 8 毫克/千克，变化幅度为 0.075 8～0.144 4 毫克/千克。

根据资料分析，土壤中的钼以含氧酸根及阴离子形式存在；在 pH>5 时主要是二价钼酸根离子，是植物根系能吸收利用的形式。按形态区分，包括水溶态钼（土壤溶液中 MoO_4^{2-}）及交换态钼（为土壤黏土矿物与氧化物所吸附的二价钼酸根离子）。这两种形态的二价钼酸根离子之间存在着动态平衡。一般情况下，土壤溶液中钼的浓度很低，而被吸附的钼可为 OH^- 代换。在土壤 pH 提高到 6 时，土壤无机组分对钼的吸附减弱；pH 为 7.5～8 时，吸附作用几乎停止。故土壤中钼的化学行为与其他微量元素阳离子不相同，随 pH 的增大，有效性提高。每提高一个 pH 单位，二价钼酸根离子的浓度增大 100 倍。因此，在酸性土壤中全钼量可以较高，但有效钼含量却很低，易发生缺钼的现象。当然，土壤中二价钼酸根离子的浓度还受其他因素的影响，如钼的变价导致不同价态钼氧化物的产生，从而降低了钼的可溶性，在酸性条件下有利于低价氧化钼的形成。

综上所述，密山市属于缺钼地区。一般豆科作物需要的钼较多（>0.5 毫克/千克），而非豆科作物需要较少（0.1～0.4 毫克/千克）。虽然植物需钼量很少，但时有发生钼的缺乏，而植物耐钼性的临界指标范围较大。相反，以钼浓度超过 10～20 毫克/千克的植物组织做饲料会导致反刍动物钼中毒（钼诱导的铜缺乏）。

第六章 耕地地力评价

耕地地力评价大体可分为以产量为依据的耕地当前生产能力评价和以自然要素为主的生产潜力评价。本次耕地地力评价是指耕地用于一定方式下，在各种自然要素相互作用下所表现出来的潜在的生产能力。

耕地地力评价是以土壤因素为主的潜力评价。根据密山市的土壤养分、土壤理化性状、土壤剖面组成、土壤管理等因素相互作用表现出来的综合特征，揭示耕地潜在生物生产力的高低。通过耕地地力评价，可以全面了解密山市的耕地地力现状，合理调整农业结构；生产无公害农产品、绿色食品、有机食品；针对耕地土壤存在的障碍因素，改造中低产田，保护耕地质量，提高耕地的综合生产能力；建立耕地资源数据库，对耕地质量实行有效的管理等方面提供科学的数据。

第一节 耕地地力评价的原则

耕地地力的评价是对耕地的基础地力及其生产能力的全面鉴定，因此，在评价时应遵循以下 3 方面原则：

一、综合因素研究与主导因素分析相结合的原则

耕地地力是各类要素的综合体现，主导因素是指对耕地地力起决定作用的，相对稳定的因子，在评价中要着重对其进行研究分析。

二、定性与定量相结合的原则

影响耕地地力的因素有定性的和定量的，评价时定量和定性评价相结合。可定量的评价因子按其数值参与计算评价；对非数量化的定性因子充分应用了专家知识，先进行数字化处理，再进行计算评价。

三、采用 GIS 支持的自动化评价方法原则

充分应用了计算机技术，通过建立数据库、评价模型，实现评价流程的全数字化、自动化。

第二节 耕地地力评价原理和方法

本次评价工作我们充分地收集了有关密山市耕地情况资料，在此基础上，采用中国科

学院东北地理研究所的 Supermap Deskpro 5 软件对图件进行矢量化处理，在 ARCGIS 中进行图件叠加，耕地统计学插值等空间分析，最后将所有完成的图件导入到江苏省扬州市的《县域耕地资源管理信息系统 V3》进行耕地地力评价。耕地地力评价技术流程见图 6-1，耕地生产潜力评价指标见图 6-2。

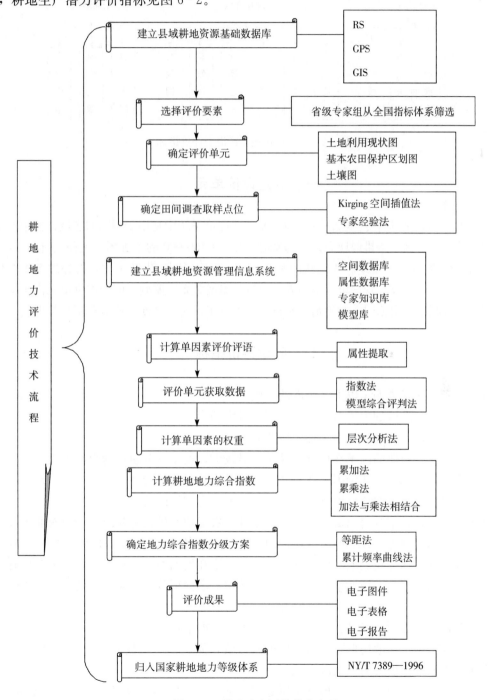

图 6-1　耕地地力评价技术流程

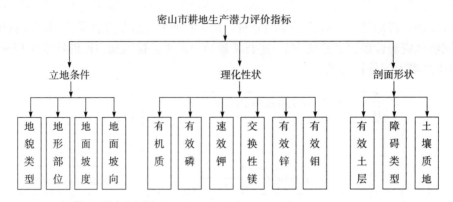

图6-2　密山市耕地生产潜力评价指标

一、确定评价单元

耕地评价单元是具有专门特征的耕地单元，在评价系统中是用于制图的区域；在生产上用于实际的农事管理，是耕地地力评价的基础。用1：100 000的土壤图（土种）、行政区划图（到村的行政界限）、土地利用现状图和1：50 000地形图，先数字化，再叠加产生图斑为耕地管理单元，形成了管理单元空间界线及行政隶属关系的明确，同一评价单元内土壤类型相同、土地利用类型相同，既满足了对耕地地力做出评价，又便于耕地利用与管理。

二、确定评价指标

评价指标的选择遵循了以下5方面的原则：

（1）重要性：选取的因子对耕地地力有比较大的影响。

（2）易获取性：通过常规的方法可以获取。

（3）差异性：选取的因子在评价区域内变异较大，便于划分耕地地力的等级。

（4）稳定性：选取的评价因素在时间序列上具有相对的稳定性。

（5）评价范围：选取评价因素与评价区域的大小有密切的关系。

基于以上考虑，结合密山市本地的土壤条件、农田地基础设施状况、当前农业生产中耕地存在的突出问题等，并参照全国耕地地力评价指标体系的66项指标体系，最后确定了立地条件4项包括地貌类型、地形部位、地面坡度和地面坡向，理化性状6项包括有机质、有效磷、速效钾、交换性镁、有效锌和有效钼，剖面形状3项包括有效土层、障碍层类型和土壤质地，共计13项评价指标（图6-2）。

每一个指标的名称、释义、量纲、上下限等定义如下：

（1）地貌类型：在地貌形态中地块所处的位置，属文本型，数据长度18，小数位0，极小为河谷平原地，极大为山前漫岗地。

（2）地形部位：地块在地貌形态中所处的位置，属文本型，数据长度50，小数位0，极小为低洼地，极大为山地中上部。

（3）地面坡度：地面倾斜高度的大小，属数值型，量纲表示为度（°），数据长度 4，小数位 1，极小值 1.5，极大值 10.0。

（4）地面坡向：地表坡面所对的方向，属文本型，数据长度 4，小数位 0，极小为北坡地，极大为南坡地。

（5）有机质：反映耕地土壤耕层（0~20 厘米）有机质的含量。以每千克土中所含有机质的克数表示，属数值型，量纲表示为克/千克。数据长度 5，小数位 1，极小值 10，极大值 55。

（6）有效磷：反映耕层土壤中能供作物吸收的磷元素的含量。以每千克干土中所含磷的毫克数表示，属数值型，量纲表示为毫克/千克。数据长度 3 位，小数位 1，极小值 20.0，极大值 65.0。

（7）速效钾：反映土壤中容易被作物吸收利用的钾素含量，包括土壤溶液中的以及吸附在土壤胶体上的代换性钾离子。以每千克干土中所含钾的毫克数表示，属数值型，量纲表示为毫克/千克。数据长度 3 位，小数位 0，极小值 55，极大值 160。

（8）交换性镁：反映土壤中容易被作物吸收利用的交换性镁含量，包括土壤溶液中的以及吸附在土壤胶体上的代换性镁离子。以每千克干土中所含镁的毫克数表示，属数值型，量纲表示为毫克/千克。数据长度 5 位，小数位 1，极小值 0，极大值 999.9。

（9）有效锌：反映土壤中容易被作物吸收利用的锌素含量，包括土壤溶液中的以及吸附在土壤胶体上的代换性锌离子。以每千克干土中所含锌的毫克数表示，属数值型，量纲表示为毫克/千克。数据长度 5 位，小数位 2，极小值 0.13，极大值 4.6。

（10）有效钼：反映土壤中容易被作物吸收利用的钼素含量，包括土壤溶液中的以及吸附在土壤胶体上的代换性钼离子。以每千克干土中所含钼的毫克数表示，属数值型，量纲表示为毫克/千克。数据长度 4 位，小数位 2，极小值 0.08，极大值 0.18。

（11）有效土层：反映耕种土壤根系能活动的厚度，该层土壤质地由疏松、结构良好，逐渐过渡到土壤质地较差状态，有机质由含量较多逐渐过渡到较低状态，当然是作物根系主要的活动层。属数值型，量纲表示为厘米，数据长度 2，小数位 0，极小值 12，极大值 135。

（12）障碍层类型：反映构成植物生长障碍的土层类型。属文本型，量纲无，数据长度 10，小数位 0，极小为薄层岗地白浆层，极大为厚层草甸白浆层。

（13）土壤质地：反映土壤中各种粒径土粒的组合比例关系称为机械组成，根据机械组成的近似性，划分为若干类别。属文本型，量纲无，数据长度 6，小数位 0，极小为轻黏壤土，极大为中壤土。

三、评价单元赋值

根据各评价因子的空间分布图或属性数据库，将各评价因子数据赋值给评价单元。主要采取以下方法：

1. 对点位数据　如有机质、有效磷、速效钾、交换性镁、有效锌和有效钼等，采用插值的方法形成栅格图与评价单元图叠加，通过统计给评价单元赋值。

2. 对矢量分布图　如有效土层厚度、障碍层类型、土壤质地等，直接与评价单元图叠加，通过加权统计、属性提取，给评价单元赋值。

四、评价指标的标准化

所谓评价指标标准化就是要对每一个评价单元不同数量级、不同量纲的评价指标数据进行0～1化。数值型指标的标准化，采用数学方法进行处理；概念型指标标准化先采用专家经验法，对定性指标进行数值化描述，然后进行标准化处理。

模糊评价法是数值标准化最通用的方法。它是采用模糊数学的原理，建立起评价指标值与耕地生产能力的隶属函数关系，其数学表达式 $\mu = f(x)$。μ 是隶属度，这里代表生产能力；x 代表评价指标值。根据隶属函数关系，可以对于每个 x 算出其对应的隶属度 μ，是 0→1 中间的数值。在本次评价中，将选定的评价指标与耕地生产能力的关系分为戒上型函数、戒下型函数、峰型函数以及概念型40多种类型的隶属函数。前3种类型可以先通过专家打分的办法对一组评价单元值评估出相应的一组隶属值，根据这两组数据拟合隶属函数，计算所有评价单元的隶属度；后一种是采用专家直接打分评估法，确定每一种概念型的评价单元的隶属度。

以下是各个评价指标隶属函数的建立和标准化结果（另加耕层厚度、土壤结构、有效积温和抗旱能力4项）：

1. 地貌类型（概念型）专家评估：地貌类型隶属度评估见表6-1。

表6-1　地貌类型隶属度评估

地形部位	隶属度
河谷平原	0.4
湖积平原	0.6
丘陵	0.69
山地	0.89
山前漫岗	1

2. 地形部位（概念型）专家评估：地形部位隶属度评估见表6-2。

表6-2　地形部位隶属度评估

地形部位	土　类	隶属度
低岗地	暗棕壤土	0.4
低山缓坡地	草甸土	0.9
岗地	白浆土	0.6
岗坡地	白浆土	0.7
沟谷地	水稻土 河淤土	0.8
丘陵缓坡	暗棕壤土	0.2
山地平原	水稻、河淤、泥炭、沼泽土	1.0

3. 地面坡度

（1）专家评估：地面坡度隶属度评估见表6-3。

表6-3　地面坡度隶属度评估

坡　度	隶属度
1.5°～3.0°	1.0
3.0°~5.0°	0.9
5.0°～7.0°	0.8
7.0°～10.0°	0.6
≥10.0°	0.3

（2）建立隶属函数：坡度拟合结果见图6-3。

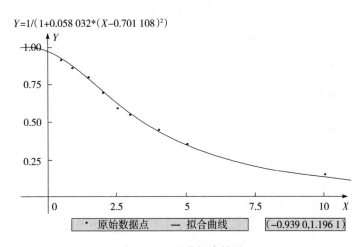

图6-3　坡度拟合结果

4. 地面坡向

（概念型）：专家评估：坡向隶属度评估见表6-4。

表6-4　坡向隶属度评估

坡　向	隶属度
南	1.0
东南	0.9
东	0.8
东北	0.7
西南	0.6
西	0.5
西北	0.4
北	0.3

5. 有机质

（1）专家评估：有机质隶属度评估表6-5。

表 6-5　有机质隶属度评估

有机质（克/千克）	隶属度（0~1）
55	1.0
45	0.9
40	0.8
35	0.7
30	0.6
25	0.5
20	0.4
15	0.3
10	0.1

（2）建立隶属函数：有机质拟合结果见图 6-4。

$Y=1/(1+0.001\,033*(X-66.035\,525)^2)$

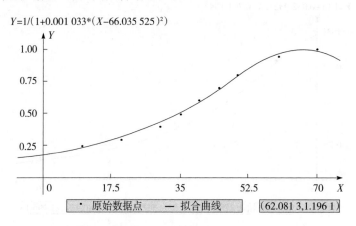

图 6-4　有机质拟合结果

6. 有效磷

（1）专家评估：有效磷隶属度评估见表 6-6。

表 6-6　有效磷隶属度评估

有效磷（毫克/千克）	隶属度（0~1）
65	1.00
60	0.94
55	0.87
50	0.80
45	0.71
40	0.60
35	0.49
30	0.31
20	0.20

（2）建立隶属函数：磷（旱田）拟合结果见图 6-5，磷（水田）拟合结果见图 6-6。

$Y=1/(1+0.001\,045*(X-56.521\,102)^2)$

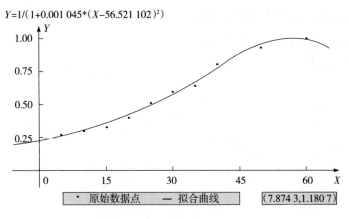

图 6-5 磷（旱田）拟合结果

$Y=1/(1+0.001\,466*(X-37.567\,407)^2)$

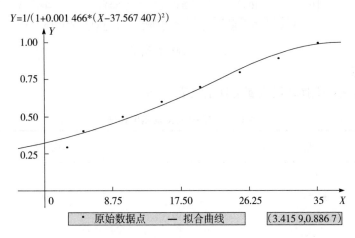

图 6-6 磷（水田）拟合结果

7. 速效钾

（1）专家评估：速效钾隶属度评估见表 6-7。

表 6-7 速效钾隶属度评估

速效钾（毫克/千克）	隶属度（0～1）
160	1.00
150	0.96
140	0.94
130	0.90
120	0.85
110	0.80
100	0.75
90	0.70
80	0.65
70	0.60
55	0.52

（2）建立隶属函数：钾拟合结果见图 6 - 7。

$$Y=1/(1+0.000\,015*(X-357.526\,419)^2)$$

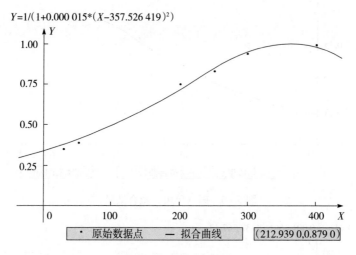

图 6 - 7　钾拟合结果

8. 交换性镁

（1）专家评估：交换性镁隶属度评估见表 6 - 8。

表 6 - 8　交换性镁隶属度评估

交换性镁（毫克/千克）	隶属度（0～1）
75	0.25
150	0.50
225	0.75
＞300	1.00

（2）建立隶属函数：交换性镁拟合结果见图 6 - 8。

$$Y=1/(1+0.000\,022*(X-271.008\,900)^2)$$

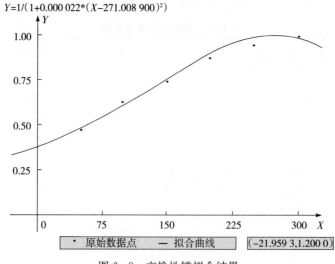

图 6 - 8　交换性镁拟合结果

9. 有效锌

（1）专家评估：有效锌隶属度评估见表6-9。

表6-9 有效锌隶属度评估

有效锌（毫克/千克）	隶属度（0～1）
0.5	0.25
2.5	0.50
3.5	0.75
>4	1.00

（2）建立隶属函数：有效锌拟合结果见图6-9。

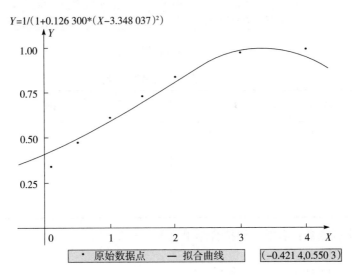

$Y=1/(1+0.126\ 300*(X-3.348\ 037)^2)$

图6-9 有效锌拟合结果

10. 有效钼

（1）专家评估：有效钼隶属度评估见表6-10。

表6-10 有效钼隶属度评估

有效钼（毫克/千克）	隶属度（0～1）
0.045	0.25
0.090	0.50
0.135	0.75
0.180	1.00

（2）建立隶属函数：有效钼拟合结果见图6-10。

11. 有效土层厚：

（1）专家评估：有效土层隶属度评估见表6-11。

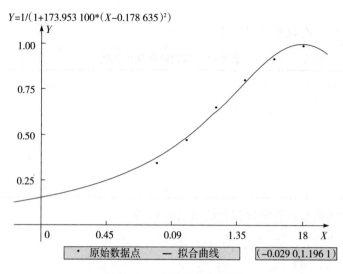

图 6 - 10　有效钼拟合结果

表 6 - 11　有效土层隶属度评估

有效土层（厘米）	隶属度（0～1）
12.5	0.25
25.0	0.50
37.5	0.75
>50.0	1.00

（2）建立隶属函数：有效土层拟合结果见图 6 - 11。

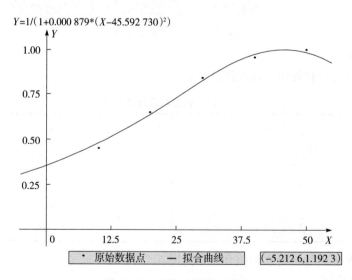

图 6 - 11　有效土层拟合结果

12. 障碍层类型（概念型）　专家评估：障碍层类型隶属度评估表 6 - 12。

表 6-12 障碍层类型隶属度评估

土种名称	障碍层类型	隶属度（0～1）
薄层岗地白浆土	白浆层	0.7
中层岗地白浆土	白浆层	0.7
厚层白浆土	白浆层	0.7
中层草甸白浆土	白浆层	0.7
厚层草甸白浆土	白浆层	0.7
中层潜育白浆土	白浆层	0.7
其 他	无	1.0

13. 土壤质地（概念型） 专家评估：质地隶属度评见表 6-13，不同土类、土种质地的隶属度见表 6-14。

表 6-13 质地隶属度评

质地	沙壤	轻壤	中壤	重壤	轻黏	黏壤
隶属度	0.7	0.9	1.0	0.8	0.5	0.6

表 6-14 不同土类土种质地的隶属度

土 类	原编码	黑龙江省统一编码	土 种	质 地	隶属度
暗棕壤	1	03010505	石质暗棕壤	沙壤	0.6
	2	03010707	沙石质暗棕壤	沙壤	0.6
	3	03040404	黏质草甸暗棕壤	轻壤	0.8
	4	03030303	白浆化暗棕壤	沙壤	0.6
	5	03040303	沙质草甸暗棕壤	沙壤	0.6
白浆土	6	04010203	薄层白浆土	轻壤	0.8
	7	04010102	中层白浆土	轻壤	0.8
	8	04010101	厚层白浆土	中壤	1.0
	9	04020202	中层草甸白浆土	中壤	1.0
	10	04020201	厚层草甸白浆土	中壤	1.0
	11	04030102	中层潜育白浆土	重壤	0.8
草甸土	12	08010401	厚层草甸土	中壤	1
	13	08040202	中层潜育草甸土	重壤	0.8
	14	08040201	厚层潜育草甸土	重壤	0.8
	15	08040403	薄层白浆化潜育草甸土	重壤	0.8
沼泽土	16	09030203	薄层草甸沼泽土	轻黏	0.6
	17	09030201	厚层草甸沼泽土	轻壤	0.6
	18	09020203	泥炭腐殖质沼泽土	轻壤	0.8
	19	09020103	薄层泥炭沼泽土	轻黏	0.6

（续）

土 类	原编码	黑龙江省统一编码	土 种	质 地	隶属度
泥炭土	20	10030103	薄层泥炭土	轻壤	0.8
	21	10030102	中层泥炭土	轻壤	0.8
河淤土	22	15010303	生草河淤土	轻黏	0.6
	23	15010103	草甸河淤土	轻黏	0.6
	24	15010101	沼泽河淤土	重壤	0.8
风沙土	25	16010103	湖岗生草风沙土	沙壤	0.6
水稻土	26	17010101	中层白浆土型水稻土	黏壤	0.5
	27	17010401	厚层白浆土型水稻土	黏壤	0.5
	28	17010202	中层草甸土型水稻土	重壤	0.8
	29	17010203	厚层草甸土型水稻土	重壤	0.8
	30	17010702	河淤土型水稻土	黏壤	0.5
	31	17020101	沙底沼泽土型水稻土	轻黏	0.6
	32	17020101	黏朽沼泽土型水稻土	重壤	0.8
	33	17020101	泥炭沼泽土型水稻土	轻壤	0.8

14. 耕层厚度

（1）专家评估：耕层厚度隶属度评估见表 6 - 15。

表 6 - 15　耕层厚度隶属度评估

耕层厚度（厘米）	隶属度（0～1）
22	1.00
21	0.95
20	0.90
19	0.85
18	0.80
17	0.75
16	0.70
15	0.65

（2）建立隶属函数：耕层厚度拟合结果见图 6 - 12。

15. 土壤结构（概念型）　专家评估：土壤结构隶属度评估见表 6 - 16。

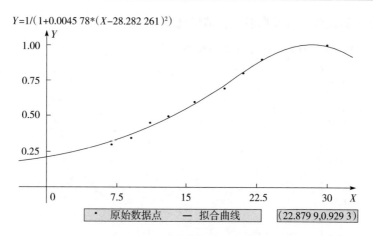

图6-12 耕层厚度拟合结果

表6-16 土壤结构隶属度评估

土壤结构	无	团粒	块状	团块状	核状	柱状	棱柱状	片状
土类	沙土	草甸土	暗棕壤	岗地白浆土	河淤土	水稻土	泥炭土	沼泽土
隶属度	0.3	1.0	0.7	0.8	0.6	0.9	0.4	0.5

16. 有效积温

（1）专家评估：有效积温隶属度评估见表6-17。

表6-17 有效积温隶属度评估

积温≥10℃	乡（镇）区域	村屯区域	隶属度
1 900～2 100	裴德镇 230382106	红岩村 106207、中兴村 106208	0.3
2 100～2 250	裴德镇 230382106 富源乡 230382212	裴德（平安村 106205、青年村 106206） 富源村 230382212	0.5
2 250～2 350	密山镇 230382100 连珠山镇 230382101 黑台镇 230382104 太平乡 230382208 兴凯镇 230382105	密山镇 230382100 连珠山村 230382101 黑台村 230382104 太平村 230382208 兴凯村 230382105	0.6
2 350～2 450	杨木乡 230382201 柳毛乡 230382200 知一镇 230382103 当壁镇 230382102 二人班乡 230382206	杨木村 230382201 柳毛村 230382200 知一村 230382103 三梭通村 230382102 二人班村 230382206	0.8
2 450～2 550	承紫河乡 230382203 兴凯湖乡 230382202 白鱼湾镇 230382204 当壁镇（实边 206201） 二人班（边疆 206201、爱国 206203）	承紫河村 230382203 兴凯湖村 230382202 白泡子村 230382204 实边村（实边 206201） 二人班村（边疆 206201、爱国 206203）	1.0

（2）建立隶属函数：有效积温拟合结果见图6-13。

$$Y=1/(1+0.000\,006*(X-2\,597.774\,003)^2)$$

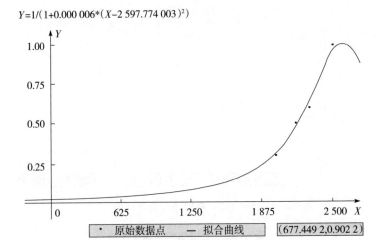

图6-13 有效积温拟合结果

17. 抗旱能力（概念型）

（1）专家评估：抗旱能力隶属度评估见表6-18。

表6-18 抗旱能力隶属度评估

类　型	一般值	天　数	隶属度
轻　壤	60	＞70	1.00
中　壤	80	60～70	0.90
重　壤	80	50～60	0.85
轻　黏	70	30～50	0.75
黏　壤	70	20～30	0.55

（2）建立隶属函数：抗旱能力拟合结果见图6-14。

$$Y=0.013\,022*X+-0.007\,692$$

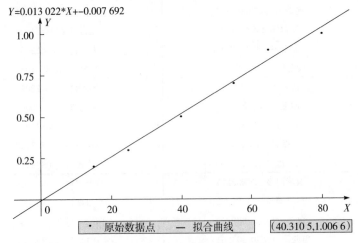

图6-14 抗旱能力拟合结果

五、确定指标权重

采用层次分析法确定每一个评价因素对耕地综合地力的贡献大小。

1. 构造评价指标层次结构图 根据各个评价因素间的关系，构造层次结构图。

2. 建立层次分析矩阵 按照各个因素相互之间的隶属关系排成从高到低的若干层次，比较同一层次各因素对上一层次的相对重要性，给出数个评估数值。数据处理后再反馈给专家，经多次反复拟合隶属函数和评估各个要素对耕地生产潜力的权重，最后达到绝大多数专家对评价结果满意的结果。

密山市耕地地力评价指标隶属函数见表 6-19，耕地地力评价层次分析模型见图 6-15，层次分析结果见表 6-20。

表 6-19 密山市耕地地力评价指标隶属函数

序号	函数类型	项目	隶属函数方程	C	Ut	计算人
1	戒下型	坡度	$Y=1/[1+0.058\,032*(u-c)^2]$	$C=-0.701\,18$	$Ut=10$	潘永亮
2	戒上型	有机质	$Y=1/[1+0.001\,033*(u-c)^2]$	$C=66.035\,52$	$Ut=3$	潘德斌
3	戒上型	有效磷	$Y=1/[1+0.001\,045*(u-c)^2]$	$C=56.521\,1$	$Ut=1.1$	潘德斌
4	戒上型	速效钾	$Y=1/[1+0.000\,015*(u-c)^2]$	$C=357.526\,4$	$Ut=28$	潘德斌
5	戒上型	交换性镁	$Y=1/[1+0.000\,022*(u-c)^2]$	$C=271.008\,9$	$Ut=10$	潘德斌
6	戒上型	有效锌	$Y=1/[1+0.126\,3*(u-c)^2]$	$C=3.348$	$Ut=0.1$	潘德斌
7	戒上型	有效钼	$Y=1/[1+173.953\,1*(u-c)^2]$	$C=0.178\,6$	$Ut=0.01$	潘德斌
8	戒上型	有效土层厚	$Y=1/[1+0.000\,879*(u-c)^2]$	$C=45.592\,7$	$Ut=2$	潘永亮
9	戒上型	耕层厚度	$Y=1/[1+0.004\,5*(u-c)^2]$	$C=28.282\,26$	$Ut=6$	潘永亮
10	戒上型	≥10℃积温	$Y=1/[1+0.000\,006*(u-c)^2]$	$C=2\,597.774$	$Ut=2\,000$	潘永亮
11	正直线型	抗旱能力	$Y=0.012\,418+0.003\,84*(u-c)^2$	$C=81.857\,67$	$Ut=15$	潘永亮

```
========================= 层次分析报告 =========================
模型名称:密山市耕地地力评价层次分析模型
计算时间:2012-2-14 上午 09:49:11
------------------------ 构造层次模型 ------------------------
目标层----▶        ┌──────────────┐
                  │  耕地地力评价  │
                  └──────────────┘
          ┌───────────┼───────────┐
准则层----▶ ┌────────┐  ┌────────┐  ┌────────┐
          │ 立地条件 │  │ 理化性状 │  │ 剖面性状 │
          └────────┘  └────────┘  └────────┘
              │           │           │
指标层----▶ 地形部位     有机质        质地
          坡向        有效磷        有效土层厚
          坡度        速效钾        障碍层类型
          地貌类型      有效锌
                     有效钼
                     交换性镁
```

目标层判别矩阵原始资料：

| 1.0000 | 3.3333 | 1.6667 |

0.3000	1.0000	0.4000
0.6000	2.5000	1.0000

特征向量：[0.519 2, 0.144 9, 0.335 9]

最大特征根为：3.005 5

$CI=2.770\,642\,649\,433\,83E-03$

$RI=0.58$

$CR=CI/RI=0.004\,776\,97<0.1$

一致性检验通过！

准则层（1）判别矩阵原始资料：

1.000 0	5.000 0	2.500 0	1.250 0
0.200 0	1.000 0	0.400 0	0.200 0
0.400 0	2.500 0	1.000 0	0.500 0
0.800 0	5.000 0	2.000 0	1.000 0

特征向量：[0.408 6, 0.073 3, 0.172 7, 0.345 4]

最大特征根为：4.006 2

$CI=2.077\,730\,165\,423\,71E-03$

$RI=0.9$

$CR=CI/RI=0.002\,308\,59<0.1$

一致性检验通过！

准则层（2）判别矩阵原始资料：

1.000 0	1.666 7	3.333 3	5.000 0	5.000 0	5.000 0
0.600 0	1.000 0	2.500 0	3.333 3	2.857 1	3.333 3
0.300 0	0.400 0	1.000 0	1.666 7	1.666 7	1.666 7
0.200 0	0.300 0	0.600 0	1.000 0	1.000 0	1.000 0
0.200 0	0.350 0	0.600 0	1.000 0	1.000 0	1.000 0
0.200 0	0.300 0	0.600 0	1.000 0	1.000 0	1.000 0

特征向量：[0.394 9, 0.253 2, 0.120 8, 0.076 3, 0.078 4, 0.076 3]

最大特征根为：6.011 1

$CI=2.213\,421\,852\,489\,18E-03$

$RI=1.24$

$CR=CI/RI=0.001\,785\,02<0.1$

一致性检验通过！

准则层（3）判别矩阵原始资料：

1.000 0	0.666 7	0.500 0
1.500 0	1.000 0	0.666 7
2.000 0	1.500 0	1.000 0

特征向量：[0.221 2, 0.318 9, 0.459 9]

最大特征根为：3.001 6

$CI=7.868\,716\,081\,325\,11E-04$

$RI=0.58$

$CR=CI/RI=0.001\,356\,68<0.1$

一致性检验通过！

层次总排序一致性检验：

$$CI=1.663\ 778\ 967\ 601\ 5E-03$$

$$RI=0.841\ 771\ 609\ 855\ 297$$

$$CR=CI/RI=0.001\ 976\ 52<0.1$$

总排序一致性检验通过！

图 6-15 密山市耕地地力评价层次分析模型

表 6-20 层次分析结果

层次 A	层次 C			
	立地条件 0.519 2	理化性状 0.144 9	剖面性状 0.335 9	组合权重 $\sum C_i A_i$
地形部位	0.408 6			0.212 2
坡向	0.073 3			0.038 0
坡度	0.172 7			0.089 7
地貌类型	0.345 4			0.179 3
有机质		0.394 9		0.057 2
有效磷		0.253 2		0.036 7
速效钾		0.120 8		0.017 5
有效锌		0.076 3		0.011 1
有效钼		0.078 4		0.011 4
交换性镁		0.076 3		0.011 1
质地			0.221 2	0.074 3
有效土层厚			0.318 9	0.107 1
障碍层类型			0.459 9	0.154 5

注：本报告由《县域耕地资源管理信息系统 V3.2》分析提供。

六、计算耕地地力生产性能综合指数（IFI）

$$IFI=\sum F_i\times C_i\ (i=1,\ 2,\ 3\cdots\cdots)$$

式中：IFI——耕地地力综合指数（Integrated Fertility Index）；

F_i——第 i 个因素评语；

C_i——第 i 个因素的组合权重。

密山市评价单元分值是 0.413 32～0.878 82。

七、确定耕地地力综合指数分级方案

采取累积曲线分级法划分耕地地力等级，用加法模型计算耕地生产性能综合指数（IFI），将密山市耕地地力划分为 4 级。密山市耕地地力指数分级见表 6-21。

表 6-21　密山市耕地地力指数分级

地力分级	地力综合指数 分级（IFI）	耕地面积 （公顷）	占密山市耕地 总面积（％）	产量 （千克/亩）
一级	＞0.83	44 646.32	28.34	500
二级	0.66～0.83	46 203.58	29.33	450
三级	0.50～0.66	52 019.20	33.02	400
四级	＜0.41	14 657.50	9.31	350 以下
合计		157 526.60	100.00	

八、归并农业部地力等级指标划分标准

耕地地力的另一种表达方式，即以产量表达耕地地力水平。农业部 1997 年颁布了《全国耕地类型区耕地地力等级划分》农业行业标准，将全国耕地地力根据粮食单产水平划分为 10 个等级。

现将密山市耕地地力调查与质量评价地力等级，划归全国地力等级的级别。见表 6-22。

表 6-22　密山市耕地地力等级归入省级、国家级分级统计

密山市耕地 地力等级	省级框架	产量水平 （千克/公顷）	国家级框架	产量水平 （千克/公顷）
一级	一级	＞6 750	六级	6 000～7 500
	二级	6 000～6 750		
二级	三级	5 250～6 000	七级	4 500～6 000
	四级	4 500～5 250		
三级	五级	3 750～4 500	八级	3 000～4 500
	六级	3 000～3 750		
四级	七级	2 250～3 000	九级	1 500～3 000
	八级	1 500～2 250		
0	九级	＜1 500	十级	＜1 500

第三节　耕地地力评价等级划分

密山市本次耕地地力评价耕地面积为 157 526.6 公顷。其中，旱田面积为 121 266.6 公顷，占本次耕地地力评价面积的 76.98％；水田面积为 36 260.0 公顷，占本次耕地地力评价面积的 23.02％。

各土类耕地面积分布分别是暗棕壤耕地面积为 10 558.89 公顷，占本次耕地地力评价面积的 6.7％；白浆土耕地面积为 99 161.07 公顷，占本次耕地地力评价面积的 62.96％；草甸土耕地面积 12 243.39 公顷；占本次耕地地力评价面积的 7.77％；沼泽土耕地面积 7 138.52 公顷，占本次耕地地力评价面积 4.53％；泥炭土耕地面积 846.73，占本次耕地

地力评价面积的 0.54%；河淤土耕地面积 5 975.64 公顷，占本次耕地地力评价面积的 3.79%；水稻土面积 21 602.36 公顷，占本次耕地地力评价面积的 13.71%。

本次耕地地力调查和质量评价将密山市基本农田划分为 4 个等级，一级地面积为 44 646.32公顷，占本次耕地地力评价面积的 28.34%；二级地面积 46 203.58 公顷，占本次耕地地力评价面积的 29.33%；三级地面积为 52 019.20 公顷，占本次耕地地力评价面积的 33.02%；四级地面积为14 657.50公顷，占本次耕地地力评价面积的 9.46%；一级地属密山市域内高产田土壤，二级、三级地属中产田，四级地属低产田土壤。见表 6-23。

表 6-23　密山市耕地地力评价统计

地力分级	耕地面积 （公顷）	占本次评价耕地面积 （%）	常年产量 （千克/亩）
一级	44 646.32	28.34	510
二级	46 203.58	29.33	460
三级	52 019.20	33.02	410
四级	14 657.50	9.31	330 以下
合　计	157 526.60	100.00	—

从耕地地力等级的分布特征看，高产田的土壤类型主要分布于河谷冲积平原地带，也就是在国铁线以南的当壁镇、二人班乡、知一镇部分村屯、柳毛乡以东地带、杨木乡的东南片和湖滨平原地区的承紫河乡、兴凯湖乡、白鱼湾镇和当壁镇的南片地区，占全县一级地总面积的 34.34%。土壤类型主要是轻壤土类、中壤土类的各种厚层草甸土、中层草甸土、泥炭腐殖质沼泽土和厚层白浆土及河淤土。

一、一 级 地

密山市一级地水旱田总面积 44 646.32 公顷，占密山市本次耕地总面积的 28.34%，密山市各乡（镇）均有分布，各乡（镇）一级地所占面积比例见表 6-24，一级土壤分布面积示意图见图 6-16，一级地土壤分布面积统计见表 6-25，一级地理化形状统计见表6-26。

表 6-24　各乡（镇）水旱田一等地面积及所占比例

乡（镇）	耕地面积 （公顷）	一级地面积 （公顷）	一级地占本乡（镇） 面积（%）	占一级地 面积（%）
密山镇	5 046.67	927.33	18.38	2.08
连珠山镇	8 573.33	2 300.17	26.83	5.16
当壁镇	8 206.67	2 263.30	27.58	5.08
知一镇	5 506.67	2 119.14	38.48	4.75
黑台镇	8 620.00	3 201.19	37.14	7.18
兴凯镇	6 706.67	1 399.77	20.87	3.14
裴德镇	10 320.00	3 309.72	32.07	7.42
柳毛镇	9 066.67	2 553.27	28.16	5.72

（续）

乡（镇）	耕地面积 （公顷）	一级地面积 （公顷）	一级地占本乡（镇） 面积（%）	占一级地 面积（%）
杨木乡	13 986.67	3 639.75	26.02	8.16
兴凯湖乡	7 733.33	1 590.97	20.57	3.57
承紫河乡	4 780.00	976.95	20.44	2.19
白鱼湾镇	12 073.33	3 994.52	33.09	8.96
二人班乡	11 586.67	4 069.47	35.12	9.12
太平乡	7 013.32	2 637.82	37.61	5.91
和平乡	8 519.98	5 111.68	59.99	11.46
富源乡	10 873.29	2 963.81	27.26	6.65
全民	18 913.33	1 587.46	8.39	3.56
合计（公顷）	157 526.60	44 646.32		
占比例（%）			28.34	100

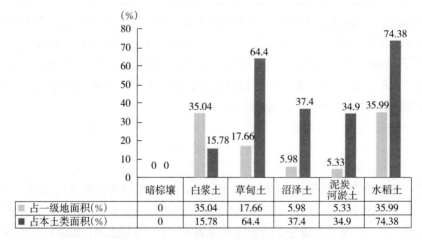

图 6-16　密山市一级土壤分布面积示图

表 6-25　密山市一级地土壤分布面积统计

土壤类型	耕地面积 （公顷）	一级地面积 （公顷）	占一级地面积 （%）	占本土类比例 （%）
暗棕壤	10 558.89	0	0	0
白浆土	99 161.07	15 644.04	35.04	15.78
草甸土	12 243.39	7 884.33	17.66	64.4
沼泽土	7 138.52	2 669.83	5.98	34.90
泥炭土、河淤土	6 822.37	2 380.88	5.33	74.38
水稻土	21 602.36	16 067.24	35.99	74.38
小计	157 526.6	446 46.22	100.00	

暗棕壤类土壤耕地面积为 10 558.89 公顷，一级地无分布；白浆土类一级地面积为 15 644.04 公顷，占一级地的 35.04%；草甸土类一级地面积为 7 884.33 公顷，占一等地的 17.66%；沼泽土类一级地面积为 2 669.83 公顷，占一级地的 5.98%；泥炭、河淤土类一级地面积为 2 380.88 公顷，占一级地的 5.33%；水稻型水稻土一级地面积为 16 067.24 公顷，占一级地的 35.99。

一级地所处地形地势都较平缓，主要分布在穆棱河冲积平原和湖滨平原地区一带，基本没有侵蚀障碍因素。一级地耕层深厚，大多数在 20 厘米以上。结构较好，多数为粒状小团块结构，质地适宜。属酸性土壤，pH 平均值在 6.1 以上，土壤有机质含量为 5.15%，范围为 41.0～62.0 克/千克；碱解氮平均为 211.0 毫克/千克，有效磷平均为 42.5 毫克/千克，速效钾平均为 164.2 毫克/千克，抗旱抗涝等能力强，属适于种植玉米、大豆、水稻等高产作物，产量水平比较高，一般为 500 千克/亩以上。见表 6 - 26。

表 6 - 26　密山市一级地理化性状统计

项　目	平均值	样本值（90%）分布范围
全氮（克/千克）	4.1 以上	4.1 以上
有机质（克/千克）	5.15	4.1～6.2
pH	6.10	5.6～6.5
碱解氮（毫克/千克）	211.0	200.0～220.0
有效磷（毫克/千克）	42.5	37.1～48.0
速效钾（毫克/千克）	164.2	151.0～180.0

二、二　级　地

密山市二级地面积为 46 203.58 公顷，占密山市评价耕地面积的 29.33%，密山市各乡（镇）均有分布。各乡（镇）二级地所占面积比例见表 6 - 27，二级地土壤分布面积统计见表 6 - 28，二级地面积比例示意图见图 6 - 17，二级地耕地理化形状统计见表 6 - 29。

表 6 - 27　各乡（镇）二等地面积及所占比例

乡（镇）	耕地面积（公顷）	二级地面积（公顷）	二级地占本乡（镇）面积（%）	占二级地面积（%）
密山镇	5 046.67	749.99	14.86	1.62
连珠山镇	8 573.33	1 956.01	22.82	4.23
当壁镇	8 206.67	3 681.78	44.87	7.97
知一镇	5 506.67	1 113.08	20.21	2.41
黑台镇	8 620.00	1 893.09	21.96	4.10
兴凯镇	6 706.67	2 712.86	40.45	5.87
裴德镇	10 320.00	2 375.52	23.02	5.14

（续）

乡（镇）	耕地面积 （公顷）	二级地面积 （公顷）	二级地占本乡 （镇）面积（%）	占二级地面积 （%）
柳毛镇	9 066.67	2 915.82	32.15	6.31
杨木乡	13 986.67	3 025.52	21.63	6.55
兴凯湖乡	7 733.33	2 818.88	36.45	6.10
承紫河乡	4 780.00	2 090.03	43.73	4.52
白鱼湾镇	12 073.33	3 804.53	31.51	8.24
二人班乡	11 586.67	3 167.86	27.34	6.86
太平乡	7 013.33	2 016.95	28.76	4.37
和平乡	8 520.00	812.41	9.54	1.76
富源乡	10 873.33	3 064.30	28.18	6.63
全民	18 913.33	8 004.95	42.33	17.33
合计（公顷）	157 526.67	46 203.58		
占比例（%）			29.33	100

表 6-28　密山市二级地土壤分布面积统计

土壤类型	耕地面积	二级地面积	占二级地面积（%）	占本土类面积（%）
暗棕壤	10 558.89	966.67	2.09	9.16
白浆土	99 161.07	35 720.00	77.32	36.03
草甸土	12 243.39	3 231.50	6.99	26.39
沼泽土	7 138.52	2 357.33	5.10	33.03
泥炭土、河淤土	6 822.37	2 581.33	5.59	37.84
水稻土	21 602.36	1 342.98	2.91	6.22
小计	157 526.6	46 203.58	100.00	

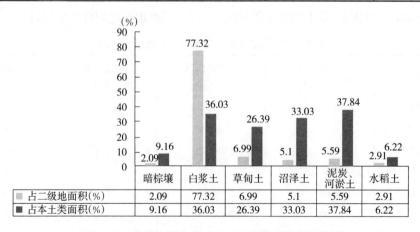

图 6-17　各类土壤占密山市二级地面积比例示意图

　　土壤类型中白浆土最大，面积为 35 723.28 公顷，占密山市二级地面积的 77.32%；暗棕壤二级地面积为 966.75 公顷，占二级地面积的 2.09%；草甸土面积为 3 231.50 公顷，占密山市二级地面积的 6.99%；沼泽土二级地面积 2 357.55 公顷，占二级地面积的 5.10%；泥炭土和河淤土二级地面积 2 581.57 公顷，占二级地面积的 5.59%；水稻土二级地面积 1 342.98 公顷，占二级地面积的 2.91%。

　　二级地主要分布于较平坦的河谷冲积平原、山前漫岗和低山丘陵的低阶地，绝大部分耕地没有侵蚀或侵蚀较轻，基本上无障碍因素，耕层较深厚，一般为 16～20 厘米，结构较好，多为粒状或小团块状结构，质地比较适宜。土壤属酸性，pH 在 5.8 以上；土壤有机质在 36.0 克/千克以上，碱解氮为 190.0 毫克/千克，有效磷为 35.2 毫克/千克，速效钾为 130.0 毫克/千克。保肥性能较好，抗旱排涝能力相对较强，基本适于种植各种作物，产量水平一般在 450 千克/亩左右。

表 6-29　二级地耕地土壤理化性状统计

项　目	平均值	样本值（90%）分布范围
全氮（克/千克）	3.55	3.1～4.0
有机质（克/千克）	36.00	21.0～45.0
pH	5.80	5.50～6.10
碱解氮（毫克/千克）	190.00	180.0～200.0
有效磷（毫克/千克）	35.20	32.5～37.2
速效钾	130.00	125.0～138.5

三、三　级　地

　　密山市三级地面积为 52 019.2 公顷，占密山市评价耕地面积的 33.02%，密山市各乡（镇）均有分布。各乡（镇）三级地所占面积比例所见表 6-30，三级地土壤分布面积统计见表 6-31，三级地面积比例示意图见图 6-18，三级地耕地理化形状统计见表 6-32。

表 6-30　各乡（镇）三等地面积及所占比例

乡（镇）	耕地面积（公顷）	三级地面积（公顷）	三级地面积占本乡（镇）（%）	占二级地面积（%）
密山镇	5 046.67	2 592.56	51.37	4.98
连珠山镇	8 573.33	3 306.62	38.57	6.36
当壁镇	8 206.67	1 828.16	22.27	3.51
知一镇	5 506.67	1 628.72	29.58	3.13
黑台镇	8 620.00	2 427.87	28.16	4.67
兴凯镇	6 706.67	811.52	12.10	1.56
裴德镇	10 320.00	2 665.58	25.83	5.11
柳毛镇	9 066.67	3 238.19	35.71	6.23

（续）

乡（镇）	耕地面积 （公顷）	三级地面积 （公顷）	三级地面积占本 乡（镇）（%）	占二级地面积 （%）
杨木乡	13 986.67	5 241.89	37.48	10.08
兴凯湖乡	7 733.33	2 513.57	32.49	4.83
承紫河乡	4 780.00	1 619.74	33.89	3.11
白鱼湾镇	12 073.33	3 821.43	31.65	7.35
二人班乡	11 586.67	4 086.49	35.27	7.86
太平乡	7 013.32	1 826.06	26.04	3.51
和平乡	8 519.98	2 595.89	30.47	4.99
富源乡	10 873.29	3 015.37	27.73	5.80
全 民	18 913.33	8 799.54	46.53	16.92
合计（公顷）	157 526.60	52 019.20		
占比例（%）			33.02	100

表 6 - 31　密山市三级地土壤分布面积统计

土壤类型	耕地面积 （公顷）	三级地面积 （公顷）	占三级地 面积（%）	占本土类 面积（%）
暗棕壤	10 558.89	4 743.26	9.12	44.92
白浆土	99 161.07	38 328.09	73.68	38.65
草甸土	12 243.39	784.60	1.51	6.41
沼泽土	7 138.52	2 111.14	4.06	29.57
泥炭、河淤土	6 822.37	1 859.92	3.58	27.26
水稻土	21 602.36	4 192.19	8.05	19.41
小计	157 526.60	52 019.20	100.00	

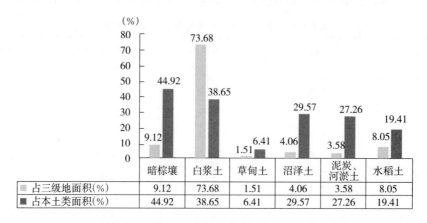

图 6 - 18　各类土壤占三级地面积比例示意图

土壤类型中暗棕壤土类三级地面积为 4 743.26 公顷，占三级地面积的 9.12%；白浆土（以部分薄层、中层白浆土类为主）三级地面积为 38 328.09 公顷，占三级地面积的 73.68%；沼泽土三级地面积 2 653.33 公顷，占三级地面积的 5.1%；泥炭土和河淤土三级地面积 2 309.57 公顷，占三级地面积的 4.44%；水稻土三级地无分布。

三级地大都地处山前漫岗的低平地河谷平原的冲积洪积地带和河漫滩，有轻度的土壤侵蚀，耕层厚度为 15～20cm，土壤呈酸性，pH 为 5.2，有机质含量平均为 33.0 克/千克，碱解氮为 165.0 毫克/千克，有效磷为 25.0 毫克/千克，速效钾平均为 115.0 毫克/千克，土壤蓄水，抗旱、抗涝能力中等偏低，也能适于种植多种农作物，产量水平一般为 400 千克/亩左右。

表 6-32　三级地耕地理化性状统计

项　目	平均值	样本值（90%）分布范围
全氮（克/千克）	2.55	2.1～3.0
有机质（克/千克）	33.0	33.0～39.0
pH	5.2	4.7～5.8
碱解氮（毫克/千克）	165.0	150.0～180.0
速效磷（毫克/千克）	25.0	20.0～28.6
速效钾（毫克/千克）	115.0	100.0～125.0

四、四 级 地

密山市四级地面积为 14 657.5 公顷，占密山市评价耕地面积的 9.31%。密山市各乡（镇）均有分布。各乡（镇）所占的面积及比例见表 6-33，四级地土壤分布面积统计见表 6-34，四级地面积比例示意图见图 6-19。

表 6-33　各乡（镇）四级地面积及所占比例

乡（镇）	耕地面积（公顷）	四级地面积（公顷）	四级地占本乡面积（镇）（%）	占四级地面积（%）
密山镇	5 046.67	776.79	15.39	5.29
连珠山镇	8 573.33	1 010.53	11.78	6.89
当壁镇	8 206.67	433.43	5.28	2.95
知一镇	5 506.67	645.73	11.73	4.41
黑台镇	8 620.00	1 097.85	12.74	7.49
兴凯镇	6 706.67	1 782.52	26.58	12.16
裴德镇	10 320.00	1 969.18	19.08	13.43
柳毛镇	9 066.67	359.39	3.97	2.45
杨木乡	13 986.67	2 079.51	14.87	14.19
兴凯湖乡	7 733.33	809.91	10.48	5.53

（续）

乡（镇）	耕地面积 （公顷）	四级地面积 （公顷）	四级地占本乡 面积（镇）（%）	占四级地 面积（%）
承紫河乡	4 780.00	93.28	1.94	0.64
白鱼湾镇	12 073.33	452.85	3.75	3.09
二人班乡	11 586.67	262.85	2.27	1.79
太平乡	7 013.32	532.50	7.59	3.64
和平乡	8 519.98	0	0	0
富源乡	10 873.29	1 829.82	16.83	12.49
全 民	18 913.33	521.36	2.76	3.56
合计（公顷）	157 526.60	14 657.50		
占比例（%）			9.31	100

表 6-34　各土壤类型四级地面积统计

土壤类型	耕地面积 （公顷）	四级地面积 （公顷）	占四级地 比例（%）	占本土类 比例（%）
暗棕壤	10 558.89	4 848.88	33.08	45.92
白浆土	99 161.07	9 565.66	64.58	9.55
草甸土	12 243.39	342.96	2.34	2.8
沼泽土	7 138.52	0	0	0
泥炭、河淤土	6 822.37	0	0	0
水稻土	21 602.36	0	0	0
小计	157 526.60	14 657.50	100.00	

四级地面积为 14 657.5

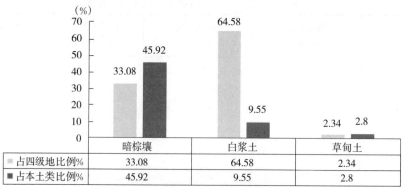

图 6-19　各类土壤占四级地面积比例示意图

密山市四级地主要以暗棕壤土类、薄层白浆土类为主和部分的薄层草甸土，沼泽土、泥炭土和水稻土无四级地分布。

四级地主要分布于低山丘陵地区一带和穆棱河谷的沿岸漫滩，地形起伏不平，土壤有侵蚀，侵蚀程度较重，土壤多为泛滥地带，土体多存在障碍因素。耕层较薄，一般为15～18厘米，结构较差，多为质地不良、保肥保水性能极差，抗旱排涝能力差，适于种植一些较耐瘠薄的作物和早熟经济作物，产量一般为350千克/亩左右，甚至还低，经济效益较差。四级地土壤理化性状统计见表3-35，密山市土壤分级面积统计见表3-36。

表6-35　四级地土壤理化性状统计

项　目	平均值	样本值（90%）分布范围
全氮（克/千克）	1.6	1.2～2.0
有机质（克/千克）	18.0	15.0～27.0
pH	5.0	4.9～5.2
碱解氮（毫克/千克）	150.0	100.0～170.0
有效磷（毫克/千克）	20.2	10.0～27.5
速效钾（毫克/千克）	98.2	65.5～128.8

表6-36　密山市土壤分级面积统计

单位：公顷

土类	面积	一级地	二级地	三级地	四级地
暗棕壤	10 558.89	0	966.75	4 743.26	4 848.88
白浆土	99 161.07	15 644.04	35 723.28	38 328.09	9 465.66
草甸土	12 243.39	7 884.33	3 231.5	784.6	342.96
沼泽土	7 138.52	2 669.83	2 357.55	2 111.14	0
泥炭土、河淤土	6 822.37	2 380.88	2 581.57	1 859.92	0
水稻土	21 602.36	16 067.24	1 342.93	4 192.19	0
总计	157 526.6	44 646.32	46 203.58	52 019.2	14 657.5

第七章　耕地质量管理及合理利用土地的建议

加强耕地质量管理主要围绕着土壤资源保护、白浆土改良、合理施肥、合理耕作、防旱治涝等方面来进行。

第一节　加强耕地质量管理的对策与建议

一、防治土壤的侵蚀

土壤侵蚀包括水蚀和风蚀，是农业生产中保护土壤资源维持地力常新的一个重要问题。根据土壤面积统计，密山市易受侵蚀的面积为 272 000.0 公顷，占市属面积的 50.71%。其中有耕地 82 000.0 公顷，占总市属耕地面积的 47.14%。据报道，密山市的耕地中侵蚀面积 95 420.0 公顷，稍大于本次土壤普查所统计的易侵蚀面积。其中，水蚀面积为 75 420.0 公顷，风蚀面积为 20 000.0 公顷；严重风蚀的面积在 4 000.0 公顷以上。土壤侵蚀程度见表 7-1。

表 7-1　土壤侵蚀程度分组

土壤侵蚀程度	合　计		其中耕地		主要土壤
	面积（公顷）	占比例（%）	面积（公顷）	占比例（%）	
严重侵蚀	153 649.1	40.30	5 911.9	4.42	暗棕壤类、风沙土
无侵蚀	118 612.7	31.11	76 358.7	57.06	岗地白浆土、河淤土
无侵蚀也无堆积	43 235.4	11.34	21 507.7	16.07	草甸土、草甸白浆土
堆积大于侵蚀	65 739.6	17.25	30 041.1	22.45	沼泽土、潜育化土壤
总　计	381 236.8	100.00	133 819.4	100.00	

（一）土壤侵蚀所造成的危害

1. 冲走沃土，地力减退　据调查，一般有水土流失的地块，每年流失肥沃的表土都在 1~2 毫米厚，亩流失表土 1 吨左右；坡度较大的耕地每年平均流失沃土 3~5 毫米，年流失量 2~3 吨。密山市坡耕地为 76 000.0 公顷，每年每亩流失沃土按 2 吨计算，年流失量为 2 280 000 吨，流失的土壤中按平均含有机质 50.0 克/千克、全氮 2.5 克/千克、全磷 1.8 克/千克、全钾 2.0 克/千克计算，每年流失土壤的养分：有机质 11.4 万吨、全氮 5 700 吨、全磷 4 104 吨、全钾 45 600 吨。流失的有机质相当于含有机质 8%（中下等水平）的农家肥 142.5 吨，相当于密山市 1979 年使用农家肥的数量。流失的全氮折合含氮

46％的尿素1.2万吨，全磷相当于含磷18％的过磷酸钙2.3万吨，是密山市平均年使用化肥的10倍以上。由此可见，侵蚀对地力减退的危害。

2. 破坏农田，减少耕地面积　根据调查，密山市冲刷的沟系达1 500条，全长280千米，沟系占地面积633.3公顷。冲刷沟切割农田、吞食农田，影响机耕作业。如柳毛乡利民村东北沟有一大片耕地被五条沟切割成三段七块，造成耕作管理不便，增加作业成本。全村因沟蚀减少耕地面积100余亩。

3. 毁坏幼苗造成毁耕、补种、绝产　根据调查，密山市每年有600.0～666.6公顷666.6公顷的农田因风害和水蚀而造成毁种或绝产。如杨木乡的朝阳村，1979年因风害使春播的1 500亩小麦种子被吹出地面，造成严重损失。又如壮志、凌云村岗地250余亩谷子、玉米，寸苗高时，因一次暴雨而被冲绝产。白鱼湾镇胜利村七队的200多亩大豆、玉米和五队15亩大豆，1983年春季因一次大雨造成山前漫岗地表径流而被冲毁，前者补种，后者绝产，损失严重。

4. 泥沙下泻，治高河床，淤塞渠道　根据密山市水文站测定，密山市主要水系穆棱河河水含沙量为54.8立方米，自中华人民共和国成立以来河床抬高0.5米以上。由于上游毁林开荒破坏植被，大量泥沙注入河流，加之个别工厂多年抛弃灰渣，流入坡降较小的平原区淤积阻塞河道、抬高河床，这也是促成河水泛滥、河流改道的重要原因。据调查，二人班乡的集贤一带的正阳村后段河流改道150米；太平乡合心村前段出现了三股流。

5. 加重了旱涝灾害　由于侵蚀使土壤物理性状变坏，降低了涵养和调解水分的能力，使土地易旱易涝。据测定每年每亩坡地平均流走50立方米水，密山市坡耕地一年白白流掉5 650万立方米的水，相当于坡地旱灌一次的用水量。

（二）产生土壤侵蚀的原因

产生土壤侵蚀的原因，可分为自然因素和人为因素两个方面。自然因素是造成土壤侵蚀的条件，是否发生土壤侵蚀的关键还是人为因素。只有弄清造成土壤侵蚀的原因及其发生规律，才可以因地制宜采取有效的防治措施。

1. 自然因素

（1）地形：地形是造成水土流失的基本原因，坡度、坡长及集水面积和水土流失程度有密切关系。从理论上讲，坡度增加4倍，则径流速度增加2倍；径流每增大1倍，冲走的土壤增多32倍。从实地看到，地形坡度在3°以内侵蚀轻微；3°～5°侵蚀较重；5°～7°以上严重侵蚀。密山市内坡耕地66 666.5公顷，坡度大部分在3°以内，还有一些在7°以上的。密山市坡耕地坡度分级见表7-2。

表7-2　密山市坡耕地坡度分级

坡耕地总面积（公顷）	不同坡度所占（％）				
	1.5°～3°	3°～5°	5°～7°	7°～10°	＞10°
66 666.5	52 533.3	5 000.0	4 266.6	2 840.0	2 026.6

同样的坡度，坡长不同时，冲刷量不一样。坡度愈长，受重力加速度的影响，流速加快，冲刷量增大。据调查，当坡度3°时，坡长400米每年每亩流失土量1.25立方米；坡长600米，每年每亩流失土量1.7立方米。

集水面积或称汇水面积，使岗地上的自然水线接受来水的面积。据农场调查，集水面积 500~600 亩，坡度 0.6°~0.7°就能造成冲刷沟；在集水面积 800~1 000 亩，坡度 0.4°~0.5°；集水面积 1 500 亩，坡度 0.3°；集水面积 3 000~5 000 亩，坡度 0.2°时都可造成冲刷沟。

（2）气候：影响土壤侵蚀的气候因素主要是降水和风。多年来，密山市全年降水量为 510.8~569.0 毫米，年降水量不算多，但多集中在 6~9 月。占全年降水量的 70% 以上，而且降水强度大。一日最大降水量 131.7 毫米（1966 年 7 月 30 日），最大月降水量 480.0 毫米（1930 年 9 月），最大降水过程 210.2 毫米（1964 年 8 月 19~22 日），最长连续降水日数 16 天，连续降水 125.4 毫米。

密山市全年盛行西北风和西风，年平均风速 3.9~4.6 米/秒。春季风势最大，大风日数最多，是牡丹江地区大风最多的县。春季最大风速是 17 米/秒，持续 2~3 天，最多次数可达 10 次，累计天数为 15~20 天。由于，春季地表裸露，降水较少，因此风蚀严重。

（3）土壤：密山市耕地以白浆土居多，底土黏重，渗透不良。据在室内用环刀法测定各层的渗透系数，有些耕地结构遭到破坏，土质板结，吸水保肥能力降低，抗蚀能力减弱，这是引起土地侵蚀的土壤因素。

密山市降水情况统计见表 7-3，白浆土透水系数见表 7-4。

表 7-3　密山市降水情况统计

地　点	年降水（毫米）	6~9 月降水（毫米）		日最大降水（毫米）	次最大降水（毫米）	最长连续降水	
		合计	占全年（%）			（天数）	（毫米）
三道岭	510.8	359	70.3	123.4	149.4	—	—
金沙	546.0	400.2	73.3	121.2	201.1	12	91.1
爱林	530.0	382.4	72.2	124.9	199.4	—	—
东发	529.2	378.7	72.6	90.1	121.8	—	—
完达山	521.7	363.5	69.7	89.4	111.8	12	67.5
青年水库	549.6	385.5	70.1	130.9	176.2	—	—
农大	574.4	406.5	70.2	105.9	127.8	13	104.4
密山镇	541.2	388.6	71.8	131.7	162.7	15	125.4
二人班集贤	547.5	393.4	70.0	125.1	210.2	—	—
朝阳	597.5	397.5	66.6	117.5	203.2	16	108.2
兴凯湖	569.0	369.7	65.0	121.0	150.1	16	102.9

表 7-4　白浆土透水系数

项　目	荒　地			耕　地		
层次	A1	Aw	B	Ap	Aw	B
深度（厘米）	0~18	18~38	50~80	0~20	20~38	50~80
K10（毫米/分钟）	4.3	1.01	0	0.32	0.18	0
质地	轻黏土	轻黏土	中黏土	轻黏土	轻黏土	中黏土

2. 人为因素 在自然状况下，土地生长着茂密自然植被，土壤侵蚀是很轻微的。人们为了生存和生活，对土壤进行干预改造。开垦荒地种植作物，应当说是一个进步，但是如果处理不当，便会引起土壤侵蚀，导致土壤资源破坏。恩格斯在自然辩证法中写道："我们不要得意我们对自然界的胜利，对于每一次胜利，自然界都报复了我们"。密山市土壤侵蚀的人为因素，主要表现在毁林上。据有关资料，密山市森林源原来是以红松、赤松为主的针阔混交林，伴生有椴、榆、桦、柞等树种，是树种多、材质好的林区。由于历史上沙俄和日本帝国主义掠夺式的采伐，加之火灾使森林遭到毁灭性的破坏。中华人民共和国成立后，大力开展植树造林活动，森林资源不断得到恢复，覆盖率在逐年提高。

（三）土壤侵蚀的防治

关于土壤侵蚀的防治，已得到密山市市委、市政府的重视，累计治理面积 51 666.5 公顷以上。其中，横坡打垄 23 333.3 公顷，修梯田 1 666.6 公顷，水土保持 6 666.6 余公顷，封山育林 20 000.0 公顷；还挖截流沟 50.0 万米，修地中梗 3.5 万米，还治沟 1 600 余条，谷地 80 余个，沟头防护 10 万余米，共投资上百万元，完成工程量上百万立方米。但是已治理的耕地面积只占有耕地侵蚀面积的 30.0% 以上，尚有 3/4 以上的面积未得到治理，同时有些治理工程标准和质量不高。为此，必须对防治土壤侵蚀工作给予足够的重视。有人说当前世界性的三大危机是能源、环境污染和土地侵蚀。而在能源未枯竭之前，人们可以找到别的能源来代替，环境污染可以得到改造，但人们赖以生存的土壤，已经流失却无法得到弥补。

防治土壤侵蚀要采取综合措施，包括农业、林业和工程措施。

（1）农业措施：调整垄向，变顺坡垄为横坡垄。据黑龙江省水保所研究点观测材料，3°坡地横垄的相比顺垄径流量减少 32%～39%，冲刷量减少 44%～53%；横垄比顺垄土壤含量高 2%～5%。实践证明，横坡打垄是大面积控制坡耕地水土流失的有效措施，改垄后垄沟坡降以 1% 左右为宜。

农业措施中还包括耕作施肥改良土壤，提高土壤的蓄水能力。最近几年国内外所倡导的少耕免耕法，是防止土壤侵蚀的有效措施，并值得研究和试行的。

（2）生物措施：主要指林业措施。植树造林主要是防止土壤侵蚀、改善农田生态环境的重要措施。在森林植被下，大雨降到林地，雨水有 14%～40% 被林冠截流，5%～10% 被林下枯枝落叶层吸收，50%～80% 缓缓地渗入地下成为地下水。形成径流而沿地表流失的水量不过 1%，主要可以涵养水源，保持水土。据有关资料介绍，3 333.3 公顷森林的需水量就相当于一座 100 万立方米的水库。每平方千米森林，平均可以储存 5 万～20 万吨水，水被储存起来，就减少了流失侵蚀的危害。

农田防护林的效益，根据黑龙江省有关部门调查可降低风速 25%～48%，土壤水分增加 3.3%～4.7%，大豆增产 13%～26.2%。关于林带的设置，黑龙江省林业科学院经过测定，以综合防风效能比较，林网以 250×（1 000～1 200 米）为宜，林型为疏透结构。农田防护林一般占地比例为 4%～6% 即可达到保护农田的效果。

据此，为了防止土壤侵蚀和改善农田生态环境，应广植林木。除农田防护林外，还应种植以水土保持为目的的沟头，沟坡等水土保持林及水分涵养林等。对一些坡度较大（大于 8°）的耕地应逐步退耕还林。

在生物措施中除了森林之外，还包括对一年生、多年生作物和草地的管理，配合畜牧业的发展，在坡地种植多年生牧草，或者把保护性差和保护性好的作物施行带状间作，均可起到保持水土的作用。

（3）工程措施：在水土流失严重的地段，特别在陡坡、沟头、河岸等地，仅仅用生物措施不能达到预期的目的，必须与工程措施相结合。工程措施包括梯田、截流沟、水渠护坡及小型蓄水池和水库等。工程措施的特点是投资大，成本高，见效快，寿命长，施工要求严格。工程措施只能和农业措施及生物措施相结合才能发挥最大效益。

二、土壤的干旱和湿涝

密山市土壤旱、涝是作物产量不稳的主要原因。据报道，中华人民共和国成立以来，偏旱年和涝年占 34.0%，大涝年占 13.0%。密山市受涝面积最多达 22 000 公顷（1971年），最大受旱面积达 28 666.6 余公顷。往往是旱涝交替、春旱秋涝。按照土壤易旱和易涝的程度，把土壤进行分组，密山市易涝土壤占 35.1%，易旱土壤占 3.8%，正常土壤占 61.1%。这是指一般年份说的，如遇特殊气候年份，旱或涝波及的范围会有很大变化。

旱和涝相比较，涝的危害大于旱灾。这是因为涝灾伴随有低温寡照，而且影响田间作业，春涝种不上地，夏涝草荒，秋涝收不好庄稼，往往抢整地破坏了土壤，一年影响好几年。旱灾仅仅缺水，而没有其他副作用，因此，怕涝大于怕旱。根据国有农场统计，涝年比旱年粮、豆总产平均减产 31.2%，粮食作物亩产减产 22.0%，大豆亩减产 22.9%，这个问题带有地区性。造成密山市有旱有涝的主要原因是气候、地形和土壤。土壤旱涝程度分组见表 7-5。

表 7-5 土壤旱涝程度分组

项 目	总 面 积		其中耕地	
	公顷	（%）	公顷	（%）
易旱土壤	146 776.17	38.5	508.52	3.8
正常土壤	146 394.93	38.4	8 176.45	61.1
易轻涝土壤	26 686.58	7.0	2 034.08	15.2
易中涝土壤	31 642.65	8.3	1 753.05	13.1
易重涝土壤	29 736.47	7.8	909.98	6.8
总 计	381 236.8	100	13 382.07	100

（一）气候条件

年代和季节之间降水量是不均匀的，是造成旱涝的直接原因。密山市最大年份降水量902.2 毫米（1957 年），最小年份降水量 287 毫米（1975 年），相差 3 倍多；最大月降水量达 480.0 毫米（1930 年 9 月）。作物生育期间各月份降水量年度之间变化很大，其中尤以春季和秋季为甚，如 9 月降水量最多年较最少年差 28.4 倍，5 月差 8.9 倍。由于上述降水特点，出现涝年和旱年、涝季和旱季。作物生长期月降水变动状况见表 7-6。

表7-6　作物生长期月降水变动状况

年月	平均值 （毫米）	最大值 （毫米）	最小值 （毫米）	变幅 （％）	最大最小 相差倍数
5月	48.4	125.1	14.0	111.1	8.9
6月	79.9	177.3	11.3	166.0	15.7
7月	119.0	227.4	30.4	197.0	7.5
8月	120.4	231.9	31.6	200.3	7.3
9月	74.6	272.6	9.6	263.0	28.4
10月	42.8	101.2	4.8	96.4	21.1
全年	559.9	938.9	338.1		2.8

密山市多年平均降水量在586.0毫米，从全国比较来看总降水量是不多的。年降水量仅高于内蒙古和西北地区，远低于南方各地区，如：上海地区年平均降水量750～1 250毫米，在亚热带地区和热带地区则为1 500～2 000毫米，有的高达3 000毫米以上。从黑龙江省省内看，密山多年平均降水量低于三江平原的其他各市县，如虎林市是615.3毫米、饶河县是610.8毫米、宝清县是625.5毫米、汤原县是617.7毫米，也低于尚志、方正和延寿各县和伊春等地区，与松嫩平原黑土区的年平均降水量500～660毫米相近。比西部黑钙土地区的降水量409.2～510.5毫米高约100毫米。仅是降水一个因素不至于造成严重的旱涝灾害，导致旱涝的原因还在于地形和土壤等各项的因素。

（二）地形条件

雨水落到地面部分渗入土壤，当土壤达到饱和之后，渗吸结束，注入缓慢的渗漏阶段。多余的水分以径流的形式，延斜坡向低地集中，这就是降水到地面的重新分配，也就导致低地成涝。密山市山地、丘陵的实际面积为260 000.0公顷，占密山市总土地面积的48.5％；平原地区还有9万余亩的沙岗，占密山市总土地面积的1.6％。这就是说密山市有约70％的面积多余的水以径流形式向30％的面积上集中。此外，密山市处于穆棱河中游，除了密山市的汇水之外，还有密山市以外的汇水区顺流而下的水，这部分水一般危害洪泛区以内的土壤。平原地区坡降比较缓，为1/4 000～1/6 000，排泄不畅，加重了该地区的内涝灾害。

（三）土壤条件

白浆土是密山市的主要耕地土壤，占总耕地面积的63.0％。白浆土的底土较为黏重，容重一般为1.5～1.6克/立方厘米，几乎是不透水的。据测定，土壤水分经常变动的层次厚度为：白浆土20～40厘米、草甸土30～60厘米、黑土达80厘米。在这层次下，水分周年变化不大，基本处于稳定状态。因此，白浆土蓄水层浅，如连续降水超过25毫米/次，土壤的湿度就达到毛管持水量的程度，连续降雨超过56毫米，土壤水分达到饱和成涝；如果7天晴天，土壤水分即可消退到作物感到缺水的程度。因此，该土壤性质决定了白浆土不耐旱、不担涝。

根据上述特点决定了密山市必须旱涝兼治，治理措施要工程措施、农业措施和生物措施相结合。

工程措施包括蓄（修水库、蓄水池）、截（截水沟）、防（防洪堤）、灌（灌水工程）。其中，应适当强调蓄水作用，蓄水可以灌溉，蓄水可以减少低地的涝害兼有排水的作用，这是根据旱涝这一特点提出来的。

农业措施主要指深耕深松，增施有机肥料，改良土壤结构，增厚肥沃土层，以增加土壤的蓄水能力。如曙光农场经过改良使白浆土肥沃土层已达 30 厘米，其下再深松 10～15 厘米，在 1975—1979 年连续 5 年干旱的情况下，粮食产量仍在 200 千克/亩以上，根据黑龙江省农业科学院合江农科所 1981 年在富锦县试验，深松到 45～60 厘米，使底土容重降低，20～40 厘米的总孔隙度比平翻及耕茬增加 4.2%～5.3%，提高了蓄水能力。

深松对容重及土壤水分的影响见表 7-7。

表 7-7 深松对容重及土壤水分的影响

项　目	土壤容重 （克/立方厘米）		饱和持水量 （%）		饱和储水量 （毫米）	总孔隙度 （%）
	0～20	20～40	0～20	20～40	0～50	20～40
深松（40～50 厘米）	1.1	1.12	48	46.6	261.9	57.1
平翻	1.1	1.27	52.3	36.2	245.1	51.3
耙茬	1.1	1.23	51.2	40.4	249.8	52.9

根据黑龙江八一农垦大学试验，白浆土深松后土壤水分含量因降水情况而有明显的差异。深松后 11 天即 7 月 3 日调查，深松后 45 天即 8 月 7 日测定，各层土壤含水量均比对照区增加。因为，此间降水 11 次，总降水量达 224.0 毫米，深松后土壤储藏水量能力增加。按 30 厘米土层含水量增加 7.2% 计算，每亩含水量增加 234.0 吨，可见深松对调节水分能力是有很大作用的。深松和土壤水分见表 7-8。

表 7-8 深松和土壤水分

单位:%

土层深度（厘米） 处理	7 月 3 日			8 月 7 日		
	0～10	10～20	20～30	0～10	10～20	20～30
深松	13.2	21.9	23.4	29.8	29	27.4
对照	13.1	23.3	24.4	27	26.3	26.1
差值（±）	+0.1	-1.4	-1.0	+2.8	2.7	+1.3

如果深松再结合施用有机肥效果会更好。有机肥料不仅是多种植物养料的给源，而且能改善土壤结构，增加土壤调解水分的能力，如泥灰的吸水率可达 800%～1 500%，一般土壤中腐殖质吸水率至少也在 150% 以上，高者可达 400%～600%。

生物措施主要是指植树造林，增加覆盖率，使大地园林化。森林有防旱、治涝和涵养水源的能力，因此被称为绿色水库。森林之所以具有排涝的作用，是因为林木蒸腾水分的作用十分强烈，在整个寿命中需要比它自身重量大 300～1 000 倍的水分进行循环，才能维持正常生活。在一般情况下，每公顷森林在生长季节，每天蒸腾到空中的水分约为 20 吨。一片森林比同纬度海面的蒸发量还要大 50%。因此，可以选择蒸腾大的树种进行生物排水。例如，杨、柳的叶面生长在旺盛期 21 小时蒸腾 44 千克水，而同一时期内自由水面一昼夜仅蒸发 2 千克水。因此，要重视森林对防治旱涝的作用。

三、白浆土的改良

白浆土是密山市的主要耕地土壤，在密山市耕地中白浆土的面积占 63%。由于白浆土在农业生产中表现有一定的不利因素，主要是物理性质不良，抗旱抗涝能力不如黑土；养分的总储量不如黑土高，耐种年限短，因此在省内外传统的把白浆土列为低产土壤。但也有不同看法，因为对一般白浆土来说，在气候适宜的情况下能获得较高的产量。特别是大豆的产量，白浆土区的平均产量高于黑土区的平均产量。用纯白浆土在不施肥的情况下种大豆，亩产可达到 57.1 千克，种小麦也有一定产量。此外，由于白浆土不需要特殊的措施进行改良，只需一般农业措施，如施农家肥、压绿肥、秸秆还田、草炭改土、客土加沙、深松深翻等措施，也能得到很好的效果。但从长远来说，保持和提高地力就得从现在做起，使土壤不成为高产的限制因素，对各种土壤进行改良是必要的。但在改良中除有共性之外，白浆土应有其独特的地方。现根据中华人民共和国成立以来对白浆土改良所进行的试验研究和大田生产实践经验进行简要总结。

（一）关于白浆层翻动问题

关于白浆层翻上来还是不翻上来改良好的问题　从 20 世纪 50 年代就有争议。主张翻上来改良者认为，作物吸收养分不局限于表层，白浆层在亚表层的影响和翻上来的影响是近似的。在大田和小区试验中，有翻上一定量的白浆层，而不显著减产的例子。白浆土深翻对玉米产量的影响见表 7-9，翻上白浆层对大豆产量的影响见表 7-10。

表 7-9　白浆土深翻对玉米产量的影响

处　　理	穗长（厘米）	穗粒数	百粒重（克）	亩产量（千克）	产量比率（%）
深翻 30 厘米，施草炭、石灰、化肥	17.7	445.6	26.2	341.05	114.5
深翻 20 厘米，施草炭、石灰、化肥	18.3	412.0	26.6	320.3	107.5
深翻 20 厘米不施肥	18.7	373.6	26.4	297.9	100

表 7-10　翻上不翻上白浆层对大豆产量的影响

处　　理	百粒重（克）	小区产量（千克）	亩产量（千克）
不翻上白浆层	17.90	1.87	77.6
翻上白浆层 3～4 厘米	18.33	1.94	80.8
翻上白浆层 7～8 厘米	17.35	2.02	83.9

注：表中数据是在不同耕翻深度的基础上施用马粪、石灰和熏土的平均结果。1960 年八五二农场科研站试验。

八五六农场科研站试验翻上白浆层 5～6 厘米，1978 年种大豆百粒重下降 0.05 克，减产 2.72%；1979 年种小麦千粒重提高 0.029 克，增产 9%。且把白浆层翻到地表来改良，易于机械作业，是简单易行的。

另外，一些主张不打乱土层，逐步采取深松深施肥，种绿肥等进行改良。其理由是翻上白浆层明显的减产，而且翻上越多，减产越严重。翻上白浆层对大豆产量的影响见表7-11。

表7-11　翻上白浆层对大豆产量的影响

处　　理	株高（厘米）	茎粗（厘米）	第一结荚高（厘米）	分枝	节数	荚数	不实荚	粒/株	百粒重（克）	产量（千克/亩）
未翻上白浆土	62.1	0.49	20.0	3.4	13.0	18.0	0.73	34.5	21.9	156
翻上白浆土层2厘米	53.4	0.47	18.2	3.2	12.6	16.0	0.81	32.8	21.3	152
翻上白浆土层4厘米	47.3	0.46	16.7	2.6	12.3	16.2	0.90	—	20.0	116
翻上白浆土层6厘米	39.3	0.40	15.0	1.7	11.0	10.6	0.93	18.3	18.4	74
翻上白浆土层10厘米	46.6	0.39	18.0	2.0	10.6	10.8	0.73	—	17.4	68

白浆层粉沙含量较高，遇雨形成结皮，小苗出不来。有的还认为白浆层翻到地表，破坏了表层肥力。以上两种论点都有事实和试验做依据。究其原因主要是白浆土种类不同，种植作物不同，耕翻后所采取的措施不同所造成的。例如，白浆土的黑土层厚薄、有机质含量的高低、白浆层粉粒黏粒含量的多少等，翻上白浆层对麦类作物的影响大于豆类作物。据最近研究，白浆土的黑土层，如果去除有机质，是可以得到改良的。翻上白浆层的多少，根据表层土壤有机质含量和施入的有机物质而定。

（二）关于白浆土施石灰问题

早在20世纪50年代初，白浆土施用石灰有明显的效果；1938—1949年的试验证明，每公顷施石灰5～6吨，在休闲地施用有机肥的基础上施用，可分别提高谷类作物（小麦、燕麦）产量22%～33%、多年生牧草第二年产量25%～36%、牧草后种小麦产量提高20%、大豆产量提高28%。在休闲地每公顷施用40.0吨有机肥的基础上，施5.4吨石灰。施石灰增产的原因认为是石灰可增加磷肥的有效性，改善土壤结构及其物理性状；施石灰可使土壤中有效磷增多2～3倍。有机肥和石灰对产量的影响见表7-12。

表7-12　有机肥和石灰对产量的影响

作物 作用年次		春小麦 第一年	燕麦+牧草 第二年	两年生牧草 第三年和第四年	春小麦 第五年	大豆 第六年	春小麦 第七年	燕麦 第八年	谷类和大豆 总计
增产100千克/公顷	厩肥+石灰	3.67	4.56	53.1	2.75	6.35	1.8	5.3	24.43
	单施厩肥	3.64	3.29	22.7	1.40	3.05	1.4	1.9	14.68
增产（%）	厩肥+石灰	47.5	35.9	49.5	50.5	45.5	25.5	49.5	43.00
	单施厩肥	47.5	25.9	33.9	25.7	21.9	15.0	16.7	27.8

试验表明，在白浆土上施用石灰增产的例子较多，例如，黑龙江八五二农场科研站1966年试验大豆增产13.5%，并以亩施石灰30千克为最好。黑龙江八五二农场1983年试验报道，亩施石灰10～50千克，大豆增产11.7%～22.63%。从20世纪50年代到现在所做的试验和大田调查中，在白浆土上施用石灰增产显著的例子很多。但也有不增产的，同一试验，有的年份增产，有的年份不增产，其机理，施用剂量的依据和施用条件有

待进一步的研究。

（三）关于秸秆还田

在国有农场内通过大量的盆栽、小区试验和大田调查证明，秸秆还田增加土壤的活性有机质，是增加产量和大面积改良白浆土的有效途径。

秸秆还田可增加土壤养分，改善土壤的物理性状，促进有益微生物的活动。如施用得当，第二年可增产10%左右，若再配合施用化肥，增产可达30%以上，且能达到种地养地的目的。秸秆直接还田在国有农场中已经大面积的推广应用，从试验和实践中看到，秸秆还田的施用技术问题主要有以下几点：

1. 秸秆还田的作业质量问题　当前还田主要是麦秆，其次是玉米秆。还田质量关键是粉碎的粗细和抛撒的均匀程度。特别是在高产的条件下，秸秆量大，如果粉碎不细、抛撒不均匀就影响翻压质量，甚至会造成减产。如云山农场五队玉米站秆翻地，因影响出苗率和中耕伤苗，大豆田间植株断空率达17.1%，株数44.3万株/公顷，比粉碎还田的少16%，亩产126.9千克，与对照平产；而粉碎还田的亩产137.74千克，比对照增产10%。

2. 秸秆还田翻压的深度　国内外都认为以浅为宜。秸秆耙入浅层（0～10厘米）能更大地刺激土壤各类微生物数量的增长，有利于秸秆有机残体的腐解。特别是在黑龙江高寒地区，翻入底层，土温低，微生物少，很难分解。所以经过多次试验，还是以浅为宜。麦秆还田方法对土壤微生物数量的影响见表7-13。

表7-13　麦秆还田方法对土壤微生物数量的影响

还田方法	处理	微生物数量（个/克土）			
		细菌$\times 10^6$	放射菌$\times 10^6$	真菌$\times 10^6$	好气纤维素细菌$\times 10^3$
翻压到 15～20厘米	对照	40.3 (100)	75 (100)	3.6 (100)	0.5 (100)
	麦秆	80.3 (200)	44 (59)	4.9 (139)	0.6 (114)
耙入 0～10厘米	对照	12.0 (100)	3.5 (100)	5.8 (100)	0.1 (100)
	麦秆	197.3 (1 644)	12.9 (370)	16.0 (370)	0.9 (850)

3. 土壤水分的影响　秸秆还田如果遇到天气干旱，秸秆分解得慢，有可能造成减产。如在八五〇农场试验，1983年前期，秸秆还田后大豆亩产134千克，而对照是116千克；1981年种玉米还田的亩产246千克，对照231千克，增产6.3%。因此，秸秆还田以早为宜。一是早期茎秆中水分较多；二是便于秸秆与土壤密接，利于蓄水保墒。

4. 关于配合施用化肥问题　秸秆的C∶N比大，一般是（80～100）∶1，而土壤中适宜的C∶N比的临界值是（25～30）∶1。如果超过这个数值微生物活动缺少养料，需要从土壤吸收补充，发生土壤养分的生物固定。秸秆翻压后第二年初夏以前，出现土壤中有效氮磷的下降。有效磷比未翻压秸秆的土壤下降24%～58%，有效磷固定量为0.33～

· 123 ·

1.65 毫克/百克土。随着秸秆的腐解，C/N、C/P 的降低，才能逐渐释放出多余的有效养分。据分析，玉米秸秆翻压结合氮磷化肥，分解出去，速效氮急剧下降，由 67.2 毫克/百克土下降到 14.65 毫克/百克土，1 个月以后，速效氮提高到 41.50～54.66 毫克/百克土。为此，秸秆还田应当结合施用氮磷化肥。

（四）施绿肥改良

白浆土施用绿肥进行改良，20 世纪 50 年代就曾在曙光农场进行试验，翻压后可能由于过深的缘故，第二年是减产。20 世纪 60 年代和 70 年代，在国有农场和地方对白浆土施用绿肥进行了较系统的研究。在绿肥品种方面认为油菜、豌豆、草木和秸食豆较好，种植的方式有清、间、套、复种等。绿肥增产效果显著，小区试验和大田调查可增产粮豆 15%～40%，而且还有 3 年的后效。从当前来看，推广绿肥尚有一定困难，一是种植比较麻烦；二是要占地，影响当年效益。因此，种绿肥不宜清种，必须和发展畜牧业、解决饲草问题相结合，才能有发展的可能。

（五）客土和加沙改良

白浆土的黑土层较薄，土质黏重，群众中有用客土和加沙改良的。客土就是用腐殖土、淤黑土即草甸土或因水蚀而淤积的表土施入土中进行改良。如白鱼湾镇蜂蜜山村一队，亩施淤黑土 10 立方米，玉米增产 26.8%。在白浆土上加沙去黏在 20 世纪 50 年代曾用过，认为在黑土层薄、有机质含量少的白浆土上，加沙后反而使土质变硬，而在黑朽土上没有这种表现。所以强调在施用有机肥的基础上施用沙土，有良好效果。但不管是客土还是加沙，只能是小面积的进行，不便于大面积应用。

（六）施草炭改良

草炭是个很好的改土材料，已经广泛地用来改良白浆土。亩施生草炭 5 千克、1 万千克、2 万千克，玉米分别增产 7.4%、19.2%和 21.2%；亩施腐熟草炭 0.45 万～0.5 万千克、0.9 万～1 万千克、2 万千克，大豆分别增产 23%～26.1%、34.1～34.8%和 34.1%，而且后效较长。如 1975 年每亩施 0.5 万千克、1 万千克、2 万千克草炭，到 1978 年玉米仍分别增产 18.2%、19.9%。施用草炭后可增加土壤有机质，改善土壤的通气和透水性能。酸度低和分解程度高的草炭可直接施用，用草炭制作堆肥和过圈粪效果更好，1 立方米过圈草炭约相当于 5 立方米生草炭的增产效果。

（七）深松改良

白浆土黑土层薄，底土黏重，容水量少，怕旱怕涝。因此，早在 20 世纪 50 年代就想用深松的办法，增加土壤蓄水能力，借以减轻旱涝灾害。当时对平地白浆土主要是怕涝。单靠深松防治涝灾只能在一定范围内起作用，如果连续降雨，整个松土层被水饱和反而加重了涝灾。仅就如此，不能否定深松的积极作用。实践证明，深松能够显著地改善底土的物理性状，如能结合施有机肥效果更好。

根据黑龙江八一农垦大学试验，深松后总孔隙度增加，空气含量增加，固相比明显减少，各土层的容重明显降低，为作物生长创造了适宜的松紧度。深松试验证明，如结合施有机肥，可以加强松土的作用，并在整个生长期内保持适宜的松紧度，若深松不施有机肥，松土作用则随着时间的推移逐渐减弱。深松对土壤容重的影响见表 7-14

表 7 - 14　深松对土壤容重的影响

单位:%

| 深度（厘米） | 7月3日 | | | 8月7日 | | | 9月15日 | | |
处理	0～10	10～20	20～30	1～10	10～20	20～30	0～10	10～20	20～30
深　松	1.01	1.11	1.15	1.1	1.19	1.21	1.22	1.26	1.26
对　照	1.16	1.22	1.2	1.17	1.24	1.22	1.27	1.32	1.28
差　值	−0.15	−0.11	−0.05	−0.07	−0.05	−0.01	−0.05	−0.06	−0.02

据测定，深松后土壤储水能力增加，在降水量达 224 毫米时，按 30 厘米土层计算，每亩含水量增加 234 吨。由于深松后孔隙度增加，通气性变好，土温可提高 0.4～1.9℃。深松后由于松土层加厚，根系扎得深、分支多，0～20 厘米根干重增加 34.8%、20～30 厘米根干重增加 135.1%，在 30 厘米以下根系也有所伸展。

（八）种稻改良

白浆土特别是草甸白浆土和潜育白浆土，所处地形低平，遇雨易涝，无雨易旱，受水的影响较大，作物产量不稳。如果种植水稻，则变不利因素为有利因素，这样可发挥土壤的生产潜力，使单产高而稳。如 1966 年是重涝年，大豆亩产仅 46 千克，而水稻亩产 209 千克；1968 年是丰收年，大豆亩产 80 千克，水稻亩产 210 千克；1977 年是旱年，大豆亩产 52 千克，而水稻亩产 251 千克；在旱涝年份，对水稻的影响较小。在淹水条件下，有机质积累多，土壤中磷有效性增强，起到了改良白浆土的作用。因此，凡是有条件的地方，应尽力将草甸白浆土和潜育白浆土开发为水田。

四、合理施肥问题

俗话说"种地不上粪，等于瞎胡闹。"合理用肥是增加作物产量的关键性措施，施肥包括农家肥和化肥。农家肥是全肥，富含各种养料，除增加作物养分外，还能增加土壤有机质，兼有养地和改良土壤的作用。

（一）农家肥

密山市在 1956 年以前完全施用农家肥，平均亩施肥水平只有 300 千克左右，而且是就近施用。20 世纪到 50 年代末和 60 年代初，施用农家肥稍有增加，平均亩施肥水平不到 500 千克，并施用少量化肥进行追肥。到 20 世纪 70 年代，由于地力减退，已影响到了粮食产量，对增施粪肥才有了新的认识。亩施类肥量增加到 2 000 千克左右，施用化肥量也有明显增加，平均亩施 3～9 千克，试行了农家肥和化肥结合、氮磷搭配，但粪肥数量和质量仍很低，满足不了作物高产稳产的需要。近几年，由于有机肥源和原料的关系，施用粪肥水平因播种面积扩大，不但没有增加反而下降。1983 年，密山市平均亩施农家肥 750 千克，数量是较低的。从粪肥质量来看，根据对杨木乡壮志村二队等 30 个点的采样分析结果，粪肥质量差异较大，有个别队的粪肥所含量不及耕层土壤中的养分数量，起不到增肥的作用，有人称之为黄土搬家，浪费劳力和运输力，得不偿失。因此，应当在广开肥源、增加粪肥数量的同时，注意提高质量。

关于在白浆土上施用农家肥的效果，早在 20 世纪 50 年代就证明优于草甸土和黑土上施肥效果。多点调查结果表明，施肥比不施肥增产，其增产百分比白浆土为110%、草甸土为95%、黑土为75%。在白浆土上亩施农家肥1 000千克，约可增产14.2%。每500千克粪肥平均对主要作物增产籽实10.5千克。其中，玉米增产最多，其次为谷子、小麦、大豆。农家肥一般亩施2 000千克以下为适宜，过多当年效果并不显著。当然，施肥的效果因粪肥质量和施用方法而异。

在俄罗斯临近地区的白浆土上施用厩肥，多年的试验是亩施2.4～2.7吨时第一年可使春小麦增产30%～105%、大豆增产25%～80%，甜菜增产35%～100%，有机肥后效达3～4年。

农家肥养分含量统计见表7-15。

表7-15 农家肥养分含量统计

项　目	平均值	标准差	最高值	最低值
有机质（克/千克）	114.00	80.40	334.00	38.60
全磷（克/千克）	3.20	1.80	7.10	0.15
全氮（克/千克）	7.80	4.80	15.70	3.27
速效氮（毫克/100克）	40.83	16.55	80.00	6.00
有效磷（毫克/100克）	10.06	15.46	58.30	0.29
pH	7.3	0.62	8.13	5.26

（二）化肥

密山市化肥的施用是从1956年开始的，而且用量逐年有所增加。从每亩平均施用化肥水平来看，1971年是2.84千克（商品量，下同），到1982年增加到6.08千克。到目前密山市三大作物平均亩施化肥约30千克，全国亩施化肥平均40～45千克、辽宁省45千克、吉林省30千克、黑龙江省14千克。

从黑龙江省来看，在施用化肥中存在的问题是：一是化肥施得浅，多施在表层，施肥不集中，多是撒施；二是氮、磷配合不当，盲目施用氮肥或盲目施用磷肥；三是化肥施入土壤中之后，利用率低，氮的利用率30%～40%，磷只有10%～20%。这些问题在密山市同样存在。

关于白浆土上施用化肥，在20世纪60年代初期，通过大量试验就已经明确了如下问题：

（1）氮磷配合效果最显著，平均增产33.1%；单独施用时磷肥效果最显著，平均增产16.9%，每千克磷肥增产6.5千克籽实；氮次之，平均增产8.8%，每千克氮肥增产3.9千克籽实；钾肥无效果。

（2）氮和磷效果与土壤水分条件有关，在雨水充足的条件下，氮的效果比磷高；氮磷配合比例在雨水充足时为2∶1，在干旱情况下为1∶1。

（3）在白浆土上施用磷肥，不仅当年有效，第二年仍有显著效果。

（4）磷肥施入后20天左右土壤中有效磷最高，1个月以后，含磷量下降，并趋于稳定。

（5）磷肥在土壤中不易移动，过磷酸钙在土壤中可下渗 3 厘米，上移 1.5 厘米，因此，应特别注意施肥位置。

（6）磷肥的肥效与土壤湿度正相关，相关系数为 0.99，即当土壤湿度升高时，土壤中有效磷的含量相应的增加。

（7）在一定范围内土壤水分适当时，有效磷最多，水分过多过少有效磷含量均减低，但在长期浸水的稻田，又可使磷活化，增加了磷的有效性。

近几年，随着化肥用量的增加，各地又进行了大量的试验工作，概括起来有以下几点：

1. 关于施肥的部位问题　化肥的施用问题，深施比浅施好。早在 20 世纪 50 年代苏联就有报道秋深施化肥的经验，提出 3/4 的肥料秋深施、1/4 春天做种肥效果最好，并认为土壤质地黏重，在施后气温很快降低的条件下，肥料在土壤中不会损失。当时在国内某些单位也已试行秋施肥，并获得较好的效果。但当时由于化肥用量不多以及肥量供应时间上有问题，一直没有大面积应用。最近几年随着化肥量的增多和尿素的出现，只做种肥表施已不能适应，还发生严重的伤苗和死苗现象。对此，在施肥技术上发生一个由浅施到深施的变革，秋深施肥已经在生产上广为使用，效果是显著的。

黑龙江省牡丹江农科所 1978—1980 年试验，尿素秋深施 15 厘米，小麦比对照增产 33.6%，每千克尿素增产 2.95 千克；玉米增产 22.7%，每千克尿素增产 4.19 千克。玉米在播种前一次深施 15 厘米，比侧深施 5 厘米多增产 19.6%，比种追结合多增产 5.4%～15.0%。一次深施 15 厘米，有保氮和提高肥料利用率的作用。尿素施入土壤中氨化后向上移动 6～8 厘米，向下移动 3～4 厘米。铵态氮集中在 9～19 厘米土层中，减少了尿素的损失。据测定，表施 1 厘米氨的挥发量为尿素的 20%～35%，侧深施 5 厘米为 15%～18%，深施 15 厘米为 0.6%。在土壤水分适宜的条件下，对尿素的利用玉米可达 50%～70%，小麦可达 30%～70%，以深施 15 厘米的为明显。

关于磷肥施用的部位，大家都知道，磷在土壤中的含量是很少的，因此磷肥应当施在便于根系吸收的部位。为了减少土壤对磷的固定，传统的主张是集中施用并做成粒状，以减少和土壤的接触面积而防止固定。但是集中施用和粒状施用，虽然位置肥效提高了，但化学肥效降低了。这样一来土壤不易固定，而根系也不易吸收。从 20 世纪 50 年代的试验看，其有不同的结果，有时粉状的比粒状的好，适当分散比集中好。如黑龙江省农业科学院土壤肥料与环境资源研究所试验，磷肥做种肥带施（肥料施于深 6～8 厘米、宽 6～8 厘米）、底肥带施（深 12～15 厘米、宽 6～8 厘米）和分层带施（底肥种肥各半）比穴施和条施的好，在各种土壤上均有增产效果。大豆在白浆土上增产 20.7%～39.6%、在暗棕壤上增产 39.4%～53.8%，玉米在河淤土上增产 7.4%～12.4%、在风沙土上增产 8.6%～14.6%。玉米 5～6 叶期测定植株吸磷量带施比穴施高 2.8～4.7 倍。

2. 关于化肥的用量和比例问题　多数土壤对化肥的需要第一位是磷，第二位是氮。由于磷在土壤中有积累，如果连年大量施用磷肥，有可能逐步突出氮肥的效果，但从目前来看还达不到这种程度。根据国有农场联合肥料试验网材料，在白浆土上种小麦，以亩施 9 千克（按有效成分计）氮磷为最佳，平均亩增产 66.4 千克，每千克肥增产 7.4 千克，氮磷比涝年 1∶1、旱年 1∶2 为宜。大豆最佳用量也是 9 千克（1∶2），亩增产 34.4 千克，千克肥增产 3.8 千克。在不同同年份丰年 9 千克（1：2），涝年 6 千克（1：2），旱年 9 千克（1：2）为好。玉米以亩施肥 20 斤 2：1 为佳。

在草甸土上磷的效果稍次于白浆土，小麦以 9 千克（1：1）为最佳，亩增产 60.9 千克，每千克纯肥增产 6.8 千克；不同年份之间，涝年 6 千克（1：1），丰年和旱年 9 千克（1：2）为好。在草甸土上种大豆，适宜施肥量与小麦相似。

试验证明，总的趋势是氮钾单施效果不明显，磷肥作用良好，氮磷肥配合联因效应显著。单施氮肥小麦仅增产 8% 左右，大豆基本平产，还有不少减产点例。在白浆土区，单施等量氮肥小麦增产 33.9%，大豆增产 12.1%。在草甸土上亩施磷肥 6 千克，比单施氮肥小麦仅增产 2%，大豆增产 7.2%，效果较小。钾肥只是在开垦年限久、土壤速效钾低于每百克土 12 毫克时，才有良好效果。

氮磷配合效果好，在草甸土上小麦增产 15.7%、大豆增产 11.2%，与单施磷肥比较，斤肥增产量，小麦、大豆分别提高了 71.9% 和 58.8%。在白浆土区，氮、磷配合小麦增产 56.5%、大豆增产 20.5%，与单施肥比较，斤肥增产小麦、大豆分别提高 23.0%、64.7%。

3. 关于微量元素肥料　密山市属于大豆钼肥有效区，国有农场生产上使用钼肥已有近 20 年的历史，增产率在 5%～15%，百粒重增加 2.7～5 克。钼肥可对根瘤发育和花荚形成有明显的促进作用，同时可使大豆提早成熟 2～3 天。

有些国有农场已将钼肥应用在大豆、玉米和小麦三大作物上，均获得较好的效果。大豆亩施钼 20～30 克拌种，增产幅度为 8.2%。大豆施钼，提高固氮能力，如亩施钼 20 克拌种，单株根瘤增加 42.0%，重量增加 5.5%，有效量增加 21.0%。

玉米用钼拌种可促进早熟，增产 18%～50%。1975—1979 年 4 年平均增产 28.66%。小麦拌钼后，提高成苗率 2%～9.4%，平均亩增产 4～15 千克，增产幅度为 5.2%～11.6%。分析气候资料与大田作物施钼肥的关系，认为施钼对抗御涝灾和低温有一定的作用。

五、土壤的耕作问题

土壤耕作是农业生产中最基本和最常用的技术措施。它是通过机械和生物的作用，调节土壤肥力条件来控制土壤肥力因素。土壤中各种肥力因素是处在相互作用和动态平衡中。这些相互作用和动态平和对作物生育有时是有利的，有时是不利的。为了避免和消除不利方面的作用，促使向有利方面转化，就必须根据作物的要求和土壤耕层构造状况，采取正确的土壤耕作措施和耕作方法，制定合理的土壤耕作制度。只有这样，才能对土壤中的物质和能量向有利于作物方向转化，达到稳产、高产。所以，建立适应本地区特点的土壤耕作制度，是发展农业生产的一项重要任务。

（一）土壤耕作制的形成和发展

从人类耕种土地开始，就有了土壤耕作。随着生产关系的改变，生产力的发展，耕作工具的改进，耕作方法的不断完善，土壤耕作制也就相应的有所发展。密山市土壤耕作制的形成和发展大体可分为 3 个阶段：

1. 扣耕交替的垄作制阶段　本阶段从清光绪年间定居农业开始到 20 世纪 50 年代前期，这一阶段的开荒初期即为垄作。一般从利用土壤自然肥力出发，作物种类单调，多为荒地的先锋作物大豆和抗逆性强的谷、糜等。工具笨粗，开始以镐头为主，又称"镐头荒"，以后"撞山倒"（大犁）开荒，大犁相继应用。由于当时可垦荒地较多，所以在肥力下降，产量降低时便弃耕，土地转为撂荒。随着移民的增加，牲畜、作物种类和品种、工具及耕种方法得到相应的改善，便产生了经济利用土地的要求，则出现了"作物换茬垄作耕作方式"，形成了以大豆为中心的大豆-高粱-谷子和玉米（混大豆）-高粱-谷子的三年轮作一扣两耕的土壤耕作，或大豆-高粱-大豆-谷子的两扣两耕土壤耕作。这种土壤耕作的特点是建立在木犁、耕耙旧农具的基础上的扣、耕交替的垄作制，试行耕种结合，终年保持垄型。

这种土壤耕作制的形成是广大农民群众在一定社会生产条件下，掌握了自然特点，经过长期实践建立起来的。主要优点是：扣、耕结合试行轮耕，适于不同作物特点；耕种结合、作业次数少，可用较少的老畜力耕较多的土地；扣、耕垄作，便于集中施肥，充分发挥肥料的增产作用，终年保持垄型，适于本地区春季低温干旱，夏季多雨内涝的特点，有利于春季增温保墒，夏季减轻涝害和耕地的土壤侵蚀。主要缺点是：由于动力小、农具结构强度差的缘故，造成耕层过浅不能充分发挥好土壤的潜在肥力，保蓄水分的容量小；三角形犁层透水性差，妨碍根系向下伸长，扣种质量粗放，埋茬不严，不但水分容易损失，而且种子入土深浅不一致，出苗不齐，有时将表层干土扣入垄内，形成夹干土，造成芽干，引起了缺苗断条；在单位面积中株数不够、扣种浅耕，不能根除多年生杂草，常引起草荒。

2. 翻、扣、耕结合的轮耕制阶段　从 20 世纪 50 年代中期至 70 年代前期，由于新式畜力农具和机械农具的引入，在继承固有的扣耕土壤耕作制的基础上发展为翻、扣、耕结合的土壤耕作制。其特点是：由过去耕层土壤不全面耕翻的耕作，进入到耕层土壤全面耕翻，是土壤耕作的一次变革，标志着生产力和耕作技术的进一步提高。

这一时期有两种土壤耕作系统：一是固有的土壤耕作系统，即以畜力为主，全用旧式农具的扣、耕交替的垄作轮耕制；二是新旧结合的土壤耕作系统，即仍以畜力为主，配合施用机引动力机具的翻、扣、趟、耕交替的垄平结合轮耕制。土壤耕作措施的安排是：小麦试行平翻平作，玉米、大豆一般采用扣种，而在翻地基础上采用蹚种或平翻起垄种，高粱、谷子必耕。在机械力量较强的乡（镇）村屯，除麦茬平翻外，玉米、高粱、谷子等茬口也平翻。平翻面积的扩大，耕地深度的加深，各种作物的播种方法和行距的改变等，都有别于固有的土壤耕作制度。

翻、扣、耕结合的轮耕制，除继承了固有的扣耕交替的垄作制优点外，由于平翻耕法的应用，克服了固有的土壤耕作制的缺点。表现在加深耕层，疏松土壤，增加了土壤的蓄水能力和土壤的通透性；对冷凉黏重的土壤，有利于熟化；平翻耕法翻地彻底。残茬掩埋严密，种床平坦，播深一致，出苗整齐，给作物生育创造了良好的土壤条件；有利于系统消灭杂草，作业效率高，提高了劳动生产率。但是，平翻耕法作业次数多，强度高，破坏土壤结构严重，耕翻后形成一个平坦裸露的地表状态，加剧了风蚀、水蚀，易使土壤肥力降低。同一深度的翻耕，生产了坚硬的水平犁底层，影响透水和根系下扎。春季耕翻或翻耙脱节，跑墒严重，杂草种子全层感染，防除困难，易造成草荒。

3. 松、翻、扣、搅、耙相结合的轮耕阶段　20 世纪 70 年代中期，随着深松耕法的应用，土壤耕作制又有了新的改革。其主要特点是：耕层由上虚下实的平面结构变成虚实并存的立体结构。优点是深松部分打破了犁底层，加深耕作层，增加蓄水容积，防止夏涝，变伏雨为春墒，防春旱作用较大，实的部分供水能力强，所以，既能防旱，也可防涝；深松不能翻转土层，残留在地面上，有防风保土作用；种子播在熟土上，有利于旱出苗和后期生育，提高产量。作业次数减少，既减轻土壤破坏，又降低成本，提高经济效益。

这一阶段，由于耕法种类多，土壤耕作具有更大的灵活性。各种耕法在轮耕体系中的安排主要依据作物的特性和当地的土壤气候特点。小麦茬伏翻、浅翻深松或深松搅垄，中耕作物可豆茬耙茬或原垄。玉米和高粱茬秋翻原垄或春扣垄，中耕作物可结合中耕管理进行垄沟深松。从播种方法来说，小麦平播，玉米起垄掩种或扣种，高粱、谷子原垄耕种。

深松耕法纳入土壤耕作体系，表现出明显的效果，但受机械力量等因素的限制，推广面积仅占机械面积的 35.0% 左右。

综上所述，在不同的历史发展阶段，从土壤耕作制度的形成和发展可以看出：土壤耕作制是在一定自然条件和社会经济条件下形成的，随着这些条件的改变，土壤耕作制将不断演变，逐步提高，不断完善。自然条件是决定的因素，而人为的经济活动，在与当地自然条件相适应中则起着主导作用。不同历史阶段上的典型方式的形成，既是与本地区自然条件相适应的产物，又是与当时的生产水平相一致的。因此，土壤耕作制的改变，既要继承原有土壤耕作制的合理部分，改革其不适应部分，又要考虑新的土壤耕作各个环节之间相互制约的关系。

（二）现行土壤耕作制的分析

现行土壤耕作制的形成虽然是自然、社会经济条件综合作用的结果，具有某些适应自然条件的作物要求的特点，但并不是尽善尽美的。从发挥土壤潜力，迅速提高粮食产量的要求来看，现行土壤耕作制还存在一些缺点有待改进。因此，对现行土壤耕作制中各环节的具体研究和分析，明确优缺点，对建立密山市新的土壤耕作制是十分必要的。

1. 现行耕作制的优点

（1）从土壤耕作制的改革中可以看出，各发展阶段虽然作物种类、轮作类型和耕种方法发生了一些变化，但是，直到现在，终年保持垄形、轮翻、耕种结合的垄作耕法，都没有本质改变。其有利于提高地温，促进作物生育，调节土壤水分，减轻春旱夏涝威胁，利于防风保土，减轻土壤侵蚀。垄作相对加厚了耕作层，又便于集中施肥，作物生育好，产量比平作高。垄作可轮翻，耕种结合，多种作业一次完成，减少劳畜力消耗，适于地多人少的条件。所以，垄作形式应继承和发扬。

（2）组成现行土壤耕作制的耕法种类多：可以根据当地的具体条件，选用不同耕法组成土壤耕作制。既可保证正常年份的作物高产，又可在特殊年份采取应变措施保证稳产，表现出很大的灵活性。

（3）根据作物的生育特性和土壤、气候特点，选择适宜的耕法，采取以深耕、深松为基础，深浅结合，翻耕结合，扣耕结合，垄平结合。常年耕作的耕作体系，既可发挥土壤潜力，提高作物产量，又可保护土地资源。

（4）平翻平播平作：平播后起垄和平翻起垄垄上播等方法结合，它既保持了平作耕法的平翻平播深耕保墒细种的先进环节，又吸取了垄作耕法的起垄耕作的优点。所以，现在的土壤耕作制既有继承，又有发展，利益完善，适应性较强。

（5）深松耕法的引入，对农业生产起很大的推动作用，克服了土层全面翻转的弊病，采取"间隔深松"的方法，创建了"虚实并存"的独特耕层构造。它继承了"耕种结合"的优良传统，创造了苗期深耕这种"耕管结合"的方式。我们可采用多种深松方式，机动灵活运用这些方法，适应错综复杂的条件，为生产赢得主动权。

2. 土壤耕作中存在的问题

（1）土壤耕作制是耕作制度的重要组合部分，是在轮作制的基础上建立起来的。由于密山市作物种植比例不尽合理，轮作制度混乱，所以，与轮作制相适应的土壤耕作制度并没建立牢固，只是根据作物茬口的特点，临时决定土壤耕作措施。虽然耕法种类很多，但没有把现行的土壤耕作措施组成合理的耕作技术体系，使其发挥调节作物-土壤-气候之间矛盾的作用。如同零件很多，并没组装成机器一样，没有发挥系统的功能。同时，作物要求的复杂性，气候条件的多变性，土壤条件的差别不大，缺乏针对性。结果是采用了措施，消耗了成本，并没完全达到预期的效果。

（2）随着农业生产的发展，机械化程度不断提高，而机械化土壤耕作中各个环节是互相制约、相辅相成的。每一个技术环节都必须有相应的农具，达到一定的作业质量要求，才能收效。所以农具配套、技术培训，以及提高作业质量等问题，是充分发挥机械耕作作用的必要条件。

目前，密山市机具状况是：动力多，农具少；平作机具多，垄作机具少；非作物生育期作业机具多，作物生育期作业机具少；大中型机具多，小型机具少，有手扶拖拉机，但没有农具，只能用于运输或拉木梨；以提高劳动效率为目的的机具多，以提高农艺质量为目的的机具少。作业过程达不到质量要求，主要问题表现在：

①耕翻浅、质量差，翻耙脱节，出现扣荏不严，跑耕漏耕，跑墒严重，土块大，影响播种质量，缺苗断条。

②由于没有平作农具，秋翻后只好用旧农具春天垄种，保墒不好，不利保苗，土壤过暄，镇压不实，播种太深，出苗不齐。

③农具的限制和达不到标准作业要求，土壤中存在"三层"即地表有板结层，影响出苗和保墒；中层有粗层，削弱了毛细管的导水作用；下层为犁底层，影响蓄水、透水和地下水上升。由于"三层"的存在使耕层的蓄水、供水、保墒的平衡失调。

根据以上分析，认为现行土壤耕作制是广大农民朋友们同自然斗争所积累的科学成果，各种耕法的有机结合能比较好的利用当地气候、土壤及作物之间的规律，对生产起到了积极的作用。但是，因受自然、经济和技术的因素影响，并没充分发挥土壤耕作在增产中的作用，还有许多缺点需要改进。因此，应该在科学分析的基础上继承优点，改正缺点，逐步建立和完善适于密山市具体条件的土壤耕作制。

3. 土壤耕作制改革的几点意见

（1）改革中应遵循的原则：土壤耕作制是由许多耕作措施所组成，它在作物高产的基础上，协调气候与土壤之间的矛盾。因此，在改革土壤耕作制时，需要做到以下几点：

①与当地的气候条件和土壤条件相适应。根据密山市热量资源差、春风大、降水分布不均及春旱夏涝的特点，以及土壤质地黏重，耕层薄，肥力低，地形复杂的特性，土壤耕作制应该以垄作为主，翻、松、扣、搅、耙相结合，达到蓄水保墒；抗旱防涝，加深耕层，防止水土流失，保护土壤资源。

②充分满足种植制的要求。根据轮作中种植作物的种类和种植顺序，选择适宜的耕法，组成合理的耕作体系。做到各措施间瞻前顾后，前后呼应，一环扣一环地组成一个完成全部耕作任务的整体。既为作物创造良好的土壤环境，又为下次作业创造有利条件。

③与当地的生产条件相适应。既要充分利用现有的机具设备，提高生产率，又要降低能源消耗和生产成本，提高经济效益。所以，应该体现少耕的原则。

④土壤耕作制中各种耕作措施和技术应用要有一定的灵活性。在拟定土壤耕作制时已经考虑了生产单位的具体条件，但是，有的条件是发展的、变化的。因此，土壤耕作制要有一定的灵活性，采用应变措施，以适应具体条件的变化。

（2）改革的想法：根据农作物布局和耕作制度的区划，从土壤耕作制角度可划分两大区，即北部低山、丘陵漫岗温凉半湿区，南部湖积低平原、河流冲积平原和半湿润区。现分述如下：

①北部低山、丘陵漫岗温凉半湿润区。该地区主要位于密山市北部，西起锅盔河，东至杨岗及穆棱河以南的低山、丘陵和中部山前漫岗。耕地面积为 73 600.0 公顷，占密山市总耕地面积的 27.41%。

该区气候特点是热量不足，温凉湿润，年平均温度 2.5℃（北部低山区小于 2.5℃）≥10℃积温 2 400～2 500℃，年降水量 240～570 毫米，分布不均，夏季降水量占全年降水量的 55%～61%；春旱夏涝，且多暴雨。无霜期在北部低山区为 105～125 天，中部山前丘陵漫岗为 126～140 天。土壤为暗棕壤、岗地白浆土和平地白浆土，土层薄，肥力低，透水差，地势为低山丘陵漫岗。水土流失严重。生产条件是机械化程度低，耕作粗放，产量低。

土壤耕作要解决加深耕层，蓄水保墒，提高低温，控制水土流失，提高劳动生产率等问题。土壤耕作应以深松垄作为主，尽量减少土层翻转。

这样耕作的理由是：适于岗坡地的特点，以深松为主，翻、松、耙、搅结合。种植形式以垄作为主，平播、扣种、耕种、原垄种结合。常年保持垄形，翻土次数少，消耗动力小，减轻对土壤的破坏，有利于蓄水保墒，防止风蚀水蚀，加深耕层，保护土壤，提高地温。同时，有利于提高劳动生产率。

②南部平原温和半湿润区。该区为穆棱河冲积平原和兴凯湖湖积低平原地带。耕地面积为 49 066.6 公顷，占密山市总耕地面积的 18.27%。

该区的气候特点是热量资源丰富，气温较高，雨量充沛，湿度大，常受洪涝危害。年平均气温 3℃，≥10℃积温 2 500～2 550℃，年降水量 550～600 毫米，无霜期 146～150 天。土壤为草甸土、草甸白浆土和潜育白浆土，地势平坦，土质肥沃，母质黏重，排水不畅；生产条件差，地少人多，机械化程度低，田间管理跟不上。耕作粗放。

耕作上存在的主要问题是：土壤质地黏重，水分大，影响田间管理和作业质量，土壤冷浆、熟化差，怕内涝，特别是春涝。所以在耕作上主要解决排水散墒，熟化土壤，在湖积低平原区采取三区轮作的土壤耕作制。

这种土壤耕作制是翻、松、耙、原垄种结合。优点是：以前种植的麦茬在旱年搅垄有利于保水，涝年平翻有利散墒，熟化土壤；玉米茬原垄越冬卡种或扣种大豆，大豆茬耙茬种小杂粮，无论旱年涝年都利于调节水分，不误农时，降低作业成本；深松以垄沟深松为主，安排在作物苗期。既有利于加深耕层，保蓄水分，又机动灵活。

另外，玉米茬处理在秋雨少时可耙茬，雨水多时可浅平翻，粗耙越冬，通过冻融熟化土壤，第二年春季顶凌耙涝，不误农时。

总之，通过土壤耕作制的改革来提高产量的潜力很大。只要认真总结不同地区的生产经验，正确选择耕作措施，灵活的、合理的组合，建立起适合本地区自然经济特点的土壤耕作制。

第二节　耕作土壤的改良和利用分区

农业生产是以一定规格的地块和区域进行布局的，而不是以土壤界限作为土地界限的。所以，同一生产区域会有多种土壤出现，甚至同一地块也不一定是一种土壤。因此，需要把具有共同生产特征和改良利用方向相一致的土壤组合，分区划片，才便于生产应用，这也是把土壤普查成果应用于生产的重要步骤。

一、分区的原则与依据

土壤改良利用分区应该是土壤组合及其他自然生态条件的综合性分区。密山市土壤改良利用分区，是在充分分析土壤普查各项成果基础上，根据土壤组合、肥力属性及其与自然条件、农业经济条件的内在联系，综合编制而成的。

1. 分区的原则

（1）在同一分区内，成土条件、土壤组合、基本性质和肥力有相似性。

（2）同一分区内，主要生产问题及改良利用方向和措施基本一致。

（3）在当前生产管理体制下，土壤改良利用分区要相对保持乡、镇、村、屯界限的完整性。

2. 分区的依据　密山市土壤改良利用分区暂分为两级，第一级为区；区下分亚区。区级划分依据，主要是根据同一自然景观单元内土壤的近似性和改良利用方向的一致性，并结合小地形、水分状况等特点划分的。分区命名：区级，突出了自然景观和改良利用方向，名称沿用了以往分区划片的称呼；亚区，以主要土壤类型命名。采用这种形式命名，可缩减名称文字，又能指出改良利用方向，确切的体现每一个区的基本特点，这是适合于密山市地貌景观多样的实际情况的。

根据上诉原则与依据，密山市土壤改良利用共划分为4个区，8个亚区。见表7-16。

表7-16 密山市土壤改良利用分区

分区名称	面积（公顷）	面积占（%）		土壤改良利用方向
		本市	分区	
Ⅰ 北部低山丘棱林农区	243 233.1			增施有机肥，合理耕作，植树造林。防止水土流失，加速林相更新，搞好农田基本建设，充分利用山产资源
Ⅰ1 山前漫岗白浆土亚区	50 035.6	38.12	20.57	
Ⅰ2 低山丘陵暗棕壤亚区	193 197.5		79.43	
Ⅱ 中部冲积平原农牧区	98 634.2			加强水利工程配套设施，合理开采地下水；增施有机肥，提高地力；植树种草，防止水土流失；保护草原，洪泛区要逐步退耕还牧
Ⅱ1 冲积平原白浆土亚区	73 469.6	15.46	74.49	
Ⅱ2 洪泛地河淤土亚区	25 164.6		25.51	
Ⅲ 南部丘陵漫岗农林区	127 699.3			增肥改土，合理耕作；营造防护林和加强农业工程措施，防止水土流失；对坡度大，肥力很低的耕地，要有计划退耕，植树种草
Ⅲ1 山前漫岗白浆土亚区	91 385.4	20.02	71.56	
Ⅲ2 低山丘陵暗棕壤亚区	36 313.9		28.44	
Ⅳ 湖积低平原农牧渔区	168 420.9			搞好以排水为重点的水利工程建设，增加水田面积；合理开发利用沼泽地，发展养鱼、放牧及芦苇等副业生产
Ⅳ1 湖积平原沼泽土亚区	146 531.2	26.40	87.0	
Ⅳ2 湖滨低洼地沼泽土亚区	21 889.7		13.0	

二、分区的概述

（一）北部低山丘陵林农区

该区属完达山南麓，位于林密铁路以北，包括6个乡（镇）及国有农场，面积为243 233.1公顷，占密山市总面积38.12%。其中，市属耕地面积为39 126.8公顷（耕地数字均不包括国有农场，下同）占密山市耕地面积的22.50%。该区的利用方向应是以林为主，林农结合。按其土壤特点，可进一步划分为山前漫岗白浆土亚区，低山丘陵暗棕壤亚区。

1. 山前漫岗白浆土亚区 该亚区位于该区完达山余脉南侧，林密铁路以北的地带。包括太平乡、黑台镇、连珠山镇、兴凯镇、密山镇和裴德镇一大部分，计6个乡（镇）（农场），面积为50 035.6公顷，占该区20.57%。其中，耕地面积为20 863.7公顷，占该区耕地面积的53.32%。

该亚区的主要地貌类型是北部山丘延伸的垄状漫岗，并被几条沟谷横切。地下水埋藏较深，水源少，为旱作区。春季干旱，低温，无霜期126～145天，≥10℃活动积温为2 400～2 500℃。土壤以岗地白浆土为主，占本亚区面积66.4%；其次是暗棕壤、草甸土。主要耕地白浆土质地黏重，通透性差，固、液、气三相比不协调。其耕层养分平均值为：全氮为2.5克/千克，有机质为40.1克/千克，碱解氮为220毫克/千克，有效磷为20毫克/千克，速效钾为150毫克/千克。因开发年限长，粪肥不足，肥力减退，森林植被遭到破坏，水土流失严重，耕作比较粗放，单产低，经营单一。为了进一步提高单位面积产量，充分发挥土壤的增产潜力。在改土培肥和作物种植上应采取以下措施：

（1）深松改土，增加有机肥：本亚区表土流失，耕层的厚度为16～20厘米，并已混有部分白浆层，肥力不高。因此，要采取深松的办法逐步加深耕作层，打破白浆层，改善土壤的通透性，但要尽量防止把白浆层翻上来。有条件的可掺炉灰改土，要特别强调增施有机肥和磷肥。

（2）植树造林，防止水土流失：要借助国家退耕还林优惠政策的时机，加快植树造林的步伐，尽快把荒山秃岭绿化起来。营造农田防护林，使水土保持林、水分涵养林和薪炭林有机地结合起来，对岗坡地要采取横向打垄，山前坡地要挖截流沟，防止水土流失。

（3）建立合理的耕作制度：要大力推行轮作、轮耕、轮施肥的四区三制配套的耕作制度。建立以杂粮—玉米—大豆—经济作物为主的轮作制，要保持一定数量的豆科养地作物，适当增加甜菜、烟、麻等经济作物比重。

2. 低山丘陵暗棕壤亚区 该亚区是该市最北部的一个区，包括太平乡、黑台镇、连珠山镇、合并密山镇的双胜区一带、裴德镇、兴凯镇大部分和富源乡、合并到裴德镇的新村一带地区，面积为 193 197.5 公顷，占该区 79.43%。其中，耕地面积为 18 265.1 公顷，占该区耕地面积的 46.68%。

地貌类型多样，又低山丘陵，山前漫岗和沟谷平地等。地下水埋藏较深，为 60～110 米，成井条件较差，山间河流多，地表水较丰富。山地以天然次生杂木林为主，山产资源丰富，是密山市的木材和多种经营生产基地。沟谷平地尚有一部分未被开垦，生长着小叶樟、薹草等草甸植被。气候冷凉，热量不足。≥10℃活动积温小于 2 400℃，无霜期 106～125 天，作物易遭早霜。土壤以暗棕壤为主，占本亚区 66.5%；其次是岗地白浆土，占 14%。此外还有沼泽土、草甸土等。由于开发较晚，土质比较肥沃，暗棕壤类耕层养分平均值为：有机质在 50.0 克/千克以上，全氮为 3.8 克/千克，碱解氮为 283 毫克/千克，有效磷为 20 毫克/千克以上，速效钾为 170 毫克/千克以上；岗地白浆土有机质在 38.0 克/千克左右，全氮 30.0 克/千克，碱解氮 200 毫克/千克，有效磷 21 毫克/千克，速效钾 120 毫克/千克，相比而言，地力普遍好于上区。由于人均耕地多，管理粗放，单产不高。有些林地森林覆被率低，水土流失严重，土层薄，沟谷平地易内涝。

今后改良意见如下：

（1）合理采伐造林，加速林相更新：该区是密山市唯一的木材产区，要加强采伐管理。对有培育前途的林分要采取抚育伐的方式促进林木速生。对残破林相要进行带状或块状改造，逐步实现针阔混交林，向红松、落叶松用材林区和阔叶用材林区方向发展。

（2）加强农田基本建设，防止水土流失：坡度较大的农田要退耕还林、还牧，山前坡要挖截流沟防治山水。沟谷川地要取直河道，健全排水设施，降低地下水位，促进土壤热化。

（3）发挥土壤优势，充分利用山产资源：要进一步发挥本亚区土地面积大，土质肥沃的优势，做到用养结合。选用早熟高产品种，积极发展早熟玉米、大豆、薯类等经济作物，建立健全三区三制耕作制度。充分利用山产资源，发展养蜂、木耳、人参、山葡萄、山野菜等多种经营和羊、牛、猪等牧业生产。

（二）中部冲积平原农牧区

该区位于林密铁路以南，鸡密公路以北的穆棱河冲积平原地带，包括太平乡、黑台镇、连珠山镇、密山镇、裴德镇、兴凯镇、二人班乡的集贤一带、知一镇、柳毛乡、杨木乡的一部分和和平乡，面积为98 634.2公顷，占密山市总面积的15.46％。其中，市属耕地面积30 955.8公顷，占密山市耕地面积17.79％。该区利用方向应以农为主，农牧结合，按其土壤特点可分为冲积平原白浆土亚区，洪泛地河淤土亚区。

1. 冲积平原白浆土亚区 该区位于穆棱河两岸修筑的知一大堤和幸福大堤以外的冲积平原农作地带，包括太平乡、黑台镇、连珠山镇、密山镇的双胜区一带、裴德镇、兴凯镇、二人班乡的集贤一带、知一镇、柳毛乡、杨木乡一部分及和平乡，面积为73 469.6公顷，占该区面积的74.49％。其中，耕地面积30 955.8公顷，占该区耕地面积的100％。

本亚区地势平坦，微地形复杂，古河道、泡沼及岗、平、洼地交错，地下水位1～3米，含水层厚在20米左右储藏多，成井条件好。垦前是以小叶樟为主的草甸植被。气候温和，热量丰富，≥10℃活动积温2 500～2 550℃，无霜期146～150天。土壤以草甸白浆土为主（包括白浆土型水稻土），占61.5％；其次为草甸土。草甸白浆土耕层养分含量：全氮为2.6克/千克，有机质为53.0克/千克，碱解氮为250毫克/千克，有效磷为25毫克/千克，速效钾为160毫克/千克。水稻土养分平均值为：有机质为5.7％，全氮为2.7克/千克，碱解氮为260毫克/千克，有效磷为28毫克/千克，速效钾为120毫克/千克。本亚区人多地少，水旱兼作，土地肥沃，产量较高，是密山市水稻产区。但因土壤黏朽、冷浆，加之春季常缺自流水，又易受季节性洪水威胁。

今后主要改良利用意见如下：

（1）增肥改土，提高单产：对于黏朽冷浆的草甸土、水稻土，要增施有机肥，改变种水稻不上粪，单靠化肥增产的做法，防止土壤板结，不断提高地力。

（2）要充分利用就近取材的便利条件，用河沙、炉灰改土，还可以采用连珠山镇保安村的做法，用河淤泥改造沙质草甸暗棕壤土。要合理安排劳动力，提高水田机械化程度，克服水旱争嘴、耕作粗放，采用科学种田方法，不断提高单位面积产量。

2. 洪泛地河淤土亚区 该亚区为穆棱河两岸的季节性洪水泛滥地带，位于知一镇、太平乡、当壁镇、黑台镇、连珠山镇、密山镇的双胜区一带、裴德镇、兴凯镇、二人班乡的集贤一带、柳毛乡、杨木乡及和平乡，面积为25 164.6公顷，占该区面积的25.51％。虽有部分耕地，因受洪涝灾害影响无丰收保证，（属泄洪区内）故也未统计在耕地数。

该区地势平坦，微地形复杂，古河道纵横交错，泡沼星罗棋布，又有13支河流流入穆棱河内，正常年份水量充沛。气象条件与冲积平原白浆土亚区相近，开垦之前生长着繁茂的以小叶樟杂草类为主的草甸植被。土壤以冲积母质河沙上发育的草甸河淤土为主，占67.0％；其次是沼泽河淤土和生草河淤土，各占19.0％和14.0％。由于土质热潮，养分含量较高，在一些不利的因素影响下，缺乏统一管理；加之附近的村民此区乱垦耕地，既保证不了收成，又破坏了草甸植被和柳树灌丛，应加强管理。另外，由于河流沿岸水土流失严重，泥沙下泄，抬高河床，影响排洪，致使河水泛滥，河流改道。为了更好地发挥土壤资源的经济效益。

今后应采取以下措施：

（1）加强管理，严禁毁林开荒，建设优质高产草场：要加强该区的土地管理，严禁继续毁林开荒，滥挖河沙。对已开垦的耕地要根据效益情况逐年退耕还牧，种植牧草，优化再生草原，使之建成为优质高产的草场和季节性牧场，逐步成为密山市的牧业基地。

（2）植树造林，防止水土流失：要以生物措施和水利工程措施相结合的办法，解决穆棱河的两岸水土流失、河道加宽、泥沙淤积和抬高河床的问题。因此，要在穆棱河两岸营造护岸林，对其支流发源地要禁止开荒搞副业，加速造林步伐，迅速提高该区森林覆被率，以及采取相应的工程措施，如结合拉运河沙，有计划地取直河道，清理河底。

（三）南部丘陵漫岗农业区

该区位于密山市的中南部，包括太平岭的蜂蜜山区及其周围的丘陵漫岗地带。按其自然景观、地貌类型和土壤情况，与北部低山丘陵林农区相近似，但因被穆棱河冲积平原所分隔而不相连，故单独划为一个区，二者属同一类型区。该区面积为127699.3公顷，占密山市总面积的20.02%。其中，市属耕地面积为56 565.1公顷，占密山市市属耕地面积的32.52%。该区的利用方向应是以农为主，农林结合。按其土壤特点可分为山前漫岗白浆土亚区，低山丘陵暗棕壤亚区。

1. 山前漫岗白浆土亚区 该亚区位于穆棱河以南的漫岗地带，包括当壁镇、柳毛乡、杨木乡、白鱼湾镇、兴凯湖乡、承紫河乡的大部分，二人班乡和集贤的大部分地带区域，面积为91 385.4公顷，占该区面积的71.56%。其中，耕地面积为47 621.2公顷，占该区耕地面积的84.19%。

该亚区地貌以漫岗为主，地形开阔，气候温和，适于各种农作物生长。与北部同类型区相比，无霜期延长5～20天，≥10℃活动积温多50～100℃。土壤以岗地白浆土为主，占该区85.5%；其次为草甸土等。白浆土耕层养分平均值为：有机质为38.0克/千克，全氮为2.1克/千克，碱解氮为210毫克/千克，有效磷为21毫克/千克，速效钾为160毫克/千克。总的来看，养分含量普遍稍低于北部同类型区，这可能与开发较久、人均耕地较多、施有机肥较少，以及土壤侵蚀严重有关。根据本亚区白浆土多，肥力下降，单产不高，土壤侵蚀严重等情况。

今后应采取以下措施：

（1）大力营造防护林：密山市是黑龙江省大风较多的县份之一，而密山市的主要风道就在该区。因此，营造防护林防止大风成灾，保持水土是至关重要的。杨木、柳毛等乡（镇）已按规划营造了主、副林带100余条，长达500～1 000千米的农田防护林，已陆续展开。并与村、屯规划，山水林田路综合治理紧密结合起来，加速大地园林化，促进生态平衡。

（2）增施有机肥，提高地力：该亚区是密山市主要粮食产区，耕地面积占密山市总耕地36.0%。其中，薄层白浆土达6 466.6公顷。占本亚区耕地11.43%。由此可见，在本亚区增肥改土，培肥地力，提高单位面积产量将对密山市农业生产起着重要作用。耕层有机质含量已降至到了3%左右。土层薄，肥力低，土壤板结是作物产量不高的重要原因。今后应着重增施有机肥，提高地力，改善土壤物理形状。二人班乡边疆村一带、兴凯镇红山红岭一带和裴德镇、密山镇等乡（镇）一带利用农家肥改良白浆土，使土壤有机质增加了1～1.5倍，粮食连年获得丰收，可见增施有机肥的作用。

（3）合理深耕深松、土壤不深耕深松，就不能蓄水供肥。深耕深松必须因地制宜，并与防风、保土、灌水、施肥等搭配起来，才能收到更大的效果。该亚区由于耕翻不尽合理，多数耕地部分白浆层已被翻入表土，影响了表土的物理形状和供肥能力。今后应建立合理的耕作制度，减少耕翻，增加夏季深松，抓好秋翻，搞好蓄水，以抗旱保墒和防止风蚀型的农业。

2. 低山丘陵暗棕壤亚区 该亚区位于穆棱河以南属太平岭余脉的蜂蜜山区及其周围的丘陵地带，包括当壁镇、知一镇、白鱼湾镇、兴凯湖乡、承紫河乡的部分村屯，面积为36 313.9公顷，占该区面积为 28.44%。其中，耕地面积为 8 943.9公顷，占该区耕地面积的 15.81%。

该亚区面积较小，地貌类型简单，多为低山丘陵，自然植被是以柞树为主的天然次生杂木林。气候比较温和，≥10℃活动积温 2 400～2 500℃，无霜期126～145 天，分别高于北部同类型地区 100℃和 20 天左右。土壤以暗棕壤为主，占该区面积的 61.3%；其次是岗地白浆土。由于开发时间早，森林植被遭受破坏，水土流失严重，黑土层较薄，其养分平均值为：暗棕壤类有机质为 37.0 克/千克，全氮为 2.2 克/千克，碱解氮为 220 毫克/千克，有效磷为 15 毫克/千克，速效钾为 100 毫克/千克；岗地白浆土的有机质为 35.0 克/千克，全氮为 1.8 克/千克，碱解氮为 185 毫克/千克，有效磷为 12 毫克/千克，速效钾为 120 毫克/千克。可见本亚区土壤养分普遍低于北部同类型的区域。

今后应采取以下措施：

（1）植树造林，防止水土流失：本亚区森林覆被率低，宜林荒山荒地近 10 余万多亩，应尽快绿化起来。对于无培育前途的多代萌生的柞树林要进行带状改造。根据本亚区山地土壤多为沙石质暗棕壤，土层薄，肥力低等情况，应以樟子松（也是主要的绿化树种）为主，杨、桦、椴树为伴的针阔叶混交林区。

（2）加强农田基本建设，用地养地结合：对于山前坡耕地，要采取生物措施和必要的农业工程措施，如种植绿肥、牧草，挖截水沟，修地埂和水簸箕等，防止水土流失。坡度大于 8°的地块要逐步退耕还林还牧。要增施有机肥，不断提高地力，合理耕翻，做到用地养地相结合。

（四）湖积低平原农牧渔区

该区位于密山市东南部，为穆兴水路和兴凯湖滨的湖积低平原地带，面积为168 420.9公顷，占密山市总面积的 26.40%。其中，市属耕地面积为 7 173.0 公顷，占密山市市属耕地面积的 4.12%。该区利用方向应以农牧渔全面发展。根据该区特点，可分为湖积低平原沼泽土亚区和湖滨低洼地沼泽土亚区。

1. 湖积低平原沼泽土亚区 该亚区位于大、小兴凯湖湖滨地带，包括白鱼湾镇、兴凯湖乡、承紫河乡、杨木乡的一部分，面积为 146 531.2 万公顷，占该区面积的 87.0%，其中，耕地面积为 7 133.3 公顷，密山市市属耕地面积的 4.1%。

该亚区地势低平，海拔 65～75 米，呈现蝶形洼地、带状沙岗等微地貌。开垦之前自然植被以小叶樟、芦苇、薹草等构成的各种沼泽。气候条件比较好，活动积温大于2 550℃，无霜期大于 150 天，均为各区之首。由于受兴凯湖水面的影响，小气候十分明显，春季回暖晚，秋季降温幅度小，温度较高，利于农业生产。土壤以沼泽土为主，约9 6731.2公顷，占该区面积的 57.43%；其次为潜育白浆土、草甸土等。沼泽土耕层养分平均值为：有机质在 60.0 克/千克以上，全氮为 6.5 克/千克，碱解氮为 280 毫克/千克，有效磷为 30 毫克/千克，速效钾为 100 毫克/千克；潜育白浆土有机质在 50.0 克/千克以上，全氮为 4.0 克/千克，碱解氮为 300 毫克/千克，有效磷为 18 毫克/千克，速效钾为 150 毫克/千克。由此可见，土壤基础肥力是很高的，除潜育白浆土有效磷含量低外，其余各项含量均高于其他区。由于土壤本身底土黏重，渗透微弱，加之坡降仅 1/6 000～1/10 000，径流滞缓，则排水条件比较差，易遭受内涝。

今后应采取以下措施：

（1）加强排水，促进土壤熟化：要搞好以排水为重点的水利工程建设，引流开沟，修筑台田，排除地表水，减少内涝，提高地温，合理翻地晒垄，促进土壤熟化。当前可建立以较耐涝的杂粮、玉米、大豆为主要作物的三区三制的耕作制，今后要逐步发展喜水耐涝性作物，扩大水田面积。

（2）合理开发利用沼泽地：该亚区是密山市沼泽土面积最多地区，占密山市沼泽土面积的 90.1％。其中，尚未开发利用的沼泽土约 39 200.0 公顷（包括农场）。合理利用这一土地资源，使其发挥更大的经济效益，将对该区产生深远影响。今后应统一规划，全面安排，宜农则农，适当发展水稻生产；宜牧则牧，加强草场管理，提高草质，发展养牛；宜渔则渔，结合排水工程，清理泡沼，修建养鱼池，由单一捕捞向捕养结合发展；宜副则副，采取适当的工程措施，发展芦苇等副业生产。坚决克服那种只顾眼前利益，不考虑经济效果，旱年种，涝年撂荒的做法，以便地尽其力。

2. 湖滨低洼地沼泽土亚区　该亚区包括穆兴水路、地河及小兴凯湖东部地带，面积为 21 869.7 公顷，占该区面积的 13.0％。其中，耕地只有几百亩。该亚区地势低洼，季节性积水面积大，有的地段常年积水，为鱼类栖息繁殖的好场所。自然植被以芦苇为主，土壤为泥炭沼泽土。

根据本地的自然条件，今后应采取以下措施：

以渔业和副业生产为主，建立起以捕养结合的渔业生产基地。要采取切实可行的措施，进一步利用沼泽地发展以芦苇为主的副业生产。

第三节　土地利用经验

中华人民共和国成立以来，密山市的土地开发利用工作不断取得新的成就，20 世纪 50 年代国有农场大规模垦荒，60～70 年代国家从不同渠道有计划的扶持和鼓励开荒，80 年代在改革大潮中，农民的资源意识和土地开发自觉性增强，大量宜农荒地被开发利用，使密山市耕地由中华人民共和国成立初期的 64 348.0 公顷发展到现在的 26 8536.6 公顷，垦殖率由 8.3％上升至目前的 44.8％。土地利用也从偏重农业过渡到农、林、牧、付、渔全面发展。

中共十一届三中全会以来，土地开发利用工作进入了一个崭新的阶段，珍惜和合理利用每一寸土地的基本国策已深入人心，土地管理得到重视和加强，土地资产价值得到充分体现，土地资源得到开发和保护，土地利用结构趋于合理，土地资源在国民经济建设中的作用也越来越明显。其主要经验是：

一、调整农业用地结构，农、林、牧、渔全面发展

为了进一步地加快国民经济的发展，不断提高人民生活水平，在保证粮食生产稳定发展的前提下，本着"宜农则农，宜林则林，宜牧则牧，宜渔则渔"的原则，逐渐调整农业内部用地结构，在土地开发利用方向上，坚持因地制宜，注重效益。

经过多年的努力，不但耕地面积不断扩大，也稳定了林业用地，保护了牧业用地，发展了渔业用地，从而改变了关闭自守、单一经营种植业的落后生产方式，促进了农、林、牧、渔业的全面发展。

二、合理配置各项用地，充分发挥土地资源优势和潜力

密山市地形、气候、土壤、植被和水文地质等自然条件在不同区域有较大的差异，土地的基本用途也不尽相同，经过对不同区域的土地开发利用程度、生态条件、经济效益和后备资源潜力的科学分析和实践摸索，逐渐对各类生产用地进行了适度合理的调整和配置，从而提高了土地生产率，获得了较好的经济效益和社会效益。

目前，农、林、牧、建设用地布局基本合理，除牧业用地偏少，未利用土地需要开发利用外，如何根据生产的发展在其他各类用地内部进行调剂使用，做到地尽其利，显得越来越重要。比如，在穆棱河两岸冲积平原地区，地势平坦，气温高，有效积温多，无霜期长，地表水丰富，适宜水稻生产。近些年来，通过旱改水工程，使这一区域水田面积逐年扩大，产量增长，收入增加。又如，密山镇东北校、新建村一带土壤的含沙成分多，结构好，土温高，适宜蔬菜生长，加之地理位置和交通条件优越，近年来已发展成为密山市的主要蔬菜生产基地之一。随着对外开放和边境贸易的发展，蔬菜出口俄罗斯也日益增加，进一步发挥了这一地区的大棚和地膜覆盖面积的迅速增加，同时又发挥了这一地区土地资源优势和潜力。再如，密山镇至连珠山镇之间有近 20 平方千米的区域，毗邻城镇，地势平稳，交通便利，是各业用地的必争之地。为了适应改革开放和发展经济的需要，经过权衡利弊，从生产力的布局，发展外向型经济，实行专业化协作，保护环境和城市发展方向诸方面统筹考虑，市政府最后确定该区作为城市建设发展用地，这样，不仅一些工业，居住，公共建筑，而且还可以利用现有城市的水、电、通信、管线、道路等基础设施，进行新区的配套建设。这些得天独厚的优越条件，加快了城市发展，容纳了大量社会富余劳动力和农宝地，发挥出了更大的土地经济效益。

三、大搞农田基本建设，改造中低产田，增强抵御自然灾害能力

密山市市委、市政府历来十分重视农田基本建设，密山市水利建设成绩突出。据统计，中华人民共和国成立以来，密山市共投入水利工程建设资金达到 8 000 余万元，共兴修水利工程 3 200 多项。其中，建成大型水库 1 座，小型水库 22 座，万亩以上灌区 4 处，各类灌区 25 处，各类提水站 550 余处，机电井 6 000 余眼，治涝面积 33 333.3 余公顷，

堤防工程 500 千米以上，这些工程对减少旱涝灾害，促进粮食生产起了关键性作用。

近年来，密山市市委、市政府抓住农业综合开发的机遇，充分利用国家投资和优惠政策，发动群众，改造中低产田。总投资达上亿元。

四、开源节流并重，保护和扩大耕地面积，改造利用废弃地

为了充分利用土地资源，贯彻国家的有关土地法律、法规和政策，市人大、市政府先后制定了一系列开发和保护土地资源的地方法规和实施细则。在严禁擅自毁林、超坡开荒，严格履行荒地开发审批手续的基础上，鼓励合理垦荒，并制定了多项优惠政策，使耕地面积不断增加，同时又维护了生态环境的平衡。

近年来，市政府运用行政手段严格控制基本建设挤占耕地，要求各地坚决不得突破计划下达的年度占用耕地指标，切实保护了耕地资源。最近几年，按照国务院制定的基本农田保护条例，积极开展划定基本农田保护区的规划编制工作，使对耕地的保护走上了法治化的轨道。废弃地改造利用工作，长期以来坚持"制定规划，逐年实施，自筹资金，政策优惠"的原则，在利用方向上因地制宜，或复田，或养鱼，或建房，或植树，最大限度地挖掘了土地的使用潜力。土地管理部门还积极利用参与拟建项目选址的机会，引导建设单位改造利用废弃地，省属密山煤矿机关，后勤以及生活区的建设，就是在大片的低洼沼泽地上垫起 1 米以上的石料做基础建设起来的，不但变废地为宝地，也美化了城市，净化了环境。

五、强化土地管理机构，加强土地的统一管理

《土地管理法》颁布后，土地管理机构得到了充实和加强，市、乡、村三级土地管理网络的建立和完善，变土地的多头分散管理体制为城乡地政统一管理的体制，结束了土地无偿无期无流动使用的历史，开辟了土地有偿有期有流动使用的新时期，以及加强国有土地资源资产并重管理等项措施，推动了土地使用制度的改革，加强了土地部门与计划、财政、金融、税务、国有资产、工商、农业、林业、水利、规划、房产、城建、矿产、公安、法院等部门的联系，使土地管理在国民经济建设中的服务范围不断扩大。

地籍管理，用地审批，土地资源调查与利用规划，房地产开发，土地有偿使用，地价评估等项工作与市场经济密不可分，土地管理部门在国民经济中的重要地位和特殊作用，也日渐突出。

土地管理机构的充实和加强，对土地资源的优化配置，保证国有土地资产的保值增值都有着重要意义。

第四节 土地利用存在的主要问题

土地资源开发与利用，虽然取得了很大成绩，但由于过去土地管理机构不健全，法律法规不完善，技术手段也比较落后，又受到土地开发条件和资金投入的局限等客观因素的

制约，土地利用还存在着一些不合理、不充分的地方，开发程度和生产潜力都有待进一步提高。主要的问题是：

一、掠夺式的土地经营方式导致土地资源的严重破坏、生态环境恶化、土地利用综合效益不高

重用轻养，重开发轻保护，是当前土地利用的通病。长期以来部分耕地用养失调，造成土壤贫瘠化。片面追求粮食产量，忽视养地作物和牧草、绿肥的种植，忽视有机肥的积极作用，只用不养或用多养少，导致土壤肥力不断下降。在土地开发上，由于前期的盲目开荒，乱垦滥伐造成部分地区生态平衡失调，生态环境恶化，土地资源不但得不到综合利用。在林业生产上长期以来存在着采育失调，采伐量大于生产量，林缘后退，森林覆盖率已由中华人民共和国成立初期的 37.0% 下降到了目前的 20.7%。在矿产资源开发上，一度国有、集体、个人煤矿一哄而上，在地质资料不清，缺少统一开采规划的情况下，造成投入与效益脱节，甚至部分矿井报废，矿产资源也遭到了不同程度的破坏。采石与采煤一样存在着重开发，轻复垦的弊端。在水产养殖上，则表现为急功近利，养殖与捕捞失调，如被誉为天然养鱼池的小兴凯湖就曾因捕捞过度，水产品产量急剧下降，不得不停捕和限捕。人无远虑，必有近忧，土地利用只顾眼前的短期行为，往往造成贻害后人的恶果。

二、水土流失严重

由于森林覆盖率下降，市属水土流失面积已达 111 466.6 公顷，占市属总土地面积的 20.7%。其中，耕地的水土流失面积 78 000.0 公顷，占密山市市属耕地面积的 44.8%，耕地年均剥蚀厚度为 0.2 厘米，亩流失表土在 2 吨以上，密山市年流失表土约 3 350 000 立方米，每年流失土壤养料有机质全氮和全磷各 6 000 吨左右，流失全钾 50 000 多吨。

三、土地资源利用不尽合理，缺少宏观上的统一规划

土地租用规划可以协调解决土地供需之间和国民经济各部门之间的用地矛盾，对土地的开发、利用、整治、保护统一进行协调和宏观指导。由于土地利用统一的规划还不够完善，使土地资源的浪费还时常有发生。第一，在低洼易涝区域的垦荒活动缺少相应的水利工程配套措施，往往受到洪涝侵害，垦而复荒，损失惨重。第二，由于缺少居民点建设规划，20世纪 60~70 年代，在备战备荒，分散隐蔽指导思想下形成的山区农村居民点建设，选址分散，形成不了规模。不但增加了修路、饮水、架线等基础建设负担，而且给生产、生活管理，医疗和学生就学诸方面都带来了众多问题。第三，终于迫使部分居民点撤点并村，劳民伤财。80 年代，部分地区在良田中修建养鱼池和营造速生丰产林一度很盛行，大量的耕地被占用，使宝贵的、不能替代的耕地资源遭到了破坏，并造成难以在短期内复原的憾事。

由于土地利用总体规划还不够完善，长期以来，省属国有农场和驻市单位与地方在水利工程设计建设，居民点及工矿用地建设，城市公用设施建设以及道路交通用地等方面，

一直存在着各自为政，重复建设，甚至相互矛盾，彼此制约，影响了生产、生活和综合用地效益的发挥。

第五节 合理利用土地的建议

土地是人类生产、生活的基础，是国民经济最基本的生产资料。合理利用土地资源不但对社会经济的发展，同时对建立良好生态环境起着重要作用。根据土地资源利用的现状，就如何发挥密山市土地资源优势，提高土地的综合生产效益，提出以下几点建议：

一、抓紧完善土地利用总体规划，加强对土地利用的宏观调控

土地利用总体规划是指一定区域内的土地开发、利用、治理、保护在空间上，时间上做总体的战略安排，其核心是协调各部门对土地资源的需求，以保证国民经济持续、稳定、协调的发展。根据实际需要开展土地利用的项目规划，可以使土地利用在一定范围内更详细具体的体现规划意图，在落实规划的过程中更具有操作性和目的性。总体规划对进一步修订和完善密山市已经完成的诸如兴凯湖自然保护（旅游）区规划、村镇建设用地规划、菜田保护区规划、新开流古遗址文物保护区规划、砂场用地规划、废弃地改造利用规划、基本农田保护区规划等专项规划，将起到匡正和指导作用，而这些规划的实施会进一步改善土地生态系统功能，提高土地生产力和土地利用的综合经济效益。

二、科学配置土地，优化用地结构

经土地详查统计，密山市现有耕地面积 268 536.6 公顷，林地面积 183 933.3 公顷，牧草地面积 2 200.0 公顷。其中，市属部分（包括除农垦系统以外的驻市单位）现有耕地 173 933.3 公顷，林地面积 129 133.3 公顷，牧草地 1 933.3 公顷。科学实践证明，农、林、牧用地的优化组合，能促进各业全面发展，形成良性循环，产生相当高的经济效益和社会效益。从目前农、林、牧用地结构看，耕地与林地面积比为 1：0.7，而牧草地很少，还不足耕地的 1‰，但适宜牧业生产的多宜性用地很多，比如林地中的部分疏林地、灌木地，水域中的部分滩涂以及泄洪区的荒草地，都可以加以利用。除此之外，密山市还有 30 000.0 多公顷的荒草地等待开发利用，利用方向应向牧草地倾斜，加上部分退耕还牧土地，牧业用地的发展潜力很大，远期发展用做牧草地的面积可达 12 000 公顷左右，加上林、牧兼容的多宜性用地，牧草地利用前景在 50 000 公顷左右，与耕地面积比将达到 0.2：1，使农、林、牧用地比例更趋合理，有望逐步建立起三者之间相互依赖，相互协调发展的良好生态系统。

三、珍惜、保护土地资源，充分、集约、永续、合理利用土地

土地不但是一种自然资源和特殊的生产资料，而且还是构成社会土地关系的客体。对

土地的开发、利用、保护和整治的过程，也是在空间上不同地域的人与自然之间的物质或能量的转换过程，它必然引起生态环境的变化。在人类的土地利用活动中，如果协调人地关系，促进土地生态系统平衡，达到充分、集约、永续、合理利用土地的目的有着重要意义。

1. 切实保护耕地，加快改造中低产田　耕地是人类为适应生存和发展，通过辛勤劳动而开发出来的土地精华，随着我国人口的城乡建设的发展，严格控制占用耕地，切实保护耕地已成为发展国民经济的一个重要的战略问题。

对现有耕地的保护，首先要根据"一保吃饭、二保建设"的原则，对国民经济各部门的土地需求进行综合平衡和统筹安排。严格控制非农业建设占用耕地，从严掌握黑龙江省下达的年度占用耕地指标，尤其要着重控制占用耕地面积大、而且不易恢复的砖瓦生产占地的审批。对于优质耕地改做林、牧、副、渔用地和改做经济作物用地，也必须严格控制，以保证有足够的耕地生产粮食，为国家提供所需的商品粮。

耕地的保护，要在制度上加以完善，对已经划定为基本农田保护区的粮、菜用地，要坚决按照国务院颁发的基本农田保护条例依法进行管理，坚决控制非农业建设占用保护区内耕地。

在抓好耕地节流的同时要积极搞好耕地的开源，依据乡（镇）、村的土地利用规划，努力扩大耕地面积。与此同时，要努力改造利用现有的废弃地，能复垦造田的优先予以支持。

在所有耕地中，白浆土面积最大，易造成水土流失的坡耕地多，部分耕地排水不畅，效益不高，这是造成密山市中、低产农田面积大的主要原因。密山市中、低产农田占耕地面积的 64.7%，改造难度大，任务重。为了充分挖掘这部分耕地的潜力，提高土地的产出率，市政府已经组织有关部门进行了中、低产田全面调查，制定了统一规划，综合治理，统筹计划，借助国家"三农"政策的有利时机，先易后难的改造方针，实践证明这是投资少，见效快，增产潜力大的好办法。近几年来，市农业等部门有计划的每年利用国家和省投资以及地方自筹资金进行中低产田改造的综合配套建设，取得了很明显的增产，增收效益。

2. 加快荒山绿化速度，扩大森林覆盖率　森林是自然生态系统中最活跃、最重要的组成部分，是生态平衡的主体。林业生产不仅有其经济效益，更重要的是生态效益和社会效益。森林具有巨大的改造自然环境的能力。因此发展林业必须树立"生态利用"为中心的思想。

目前，应抓住退耕还林的有利时机，加快荒山绿化力度，持续开展植树造林、封山育林和全民义务植树活动。要重视新技术的采用，提高植树成活率。积极调整林种结构，使用材林和防护林面积不断扩大，经济林比重不断增加，进一步提高林地产出率。充分利用废弃地，发展农村四旁绿化。增加城市绿地面积，充分发挥森林调节气候，净化大气，涵养水源，保持水土，防御风沙和观赏休憩的功能，提高国土质量，改善生态环境。与此同时，要始终加强以法治林，严禁乱砍滥伐和破坏森林资源的行为。

3. 合理利用草地资源，发展畜牧业生产　畜牧业的发展，既能为城乡人民提供肉、蛋、奶等高蛋白，富营养的食品，又能为轻化工业生产提供皮、毛、骨、血和内脏等重要原料，还能为农业、林业生产提供优质的有机肥料，可见其在国民经济建设中所处的重要地位。如何利用草地资源发展密山市畜牧业生产，是摆在面前的一个长期待解决的问题，对此提出如下的建议：首先应当在草地改良建设上下工夫，调动国家、集体、个人的积极性，进行天然草地改良和人工草场的建设，搞好草地的综合利用。根据密山市特点，利用山区优势，发展畜牧业基地建设是有条件的，近期结合林下放牧，合理利用野生植物饲料，潜力是很大的。由于每年有很长的一段枯草期，应做好青贮饲草和配合饲料的利用。引进的新华屠宰有限公司的建设和投产，为实行牧、工、商综合经营开辟了新天地，这无疑将会促进畜牧业有一个大的飞跃发展。

4. 充分利用水面广阔的优势，大力发展水产养殖业　密山市水域辽阔，大、小兴凯湖水面广袤，水库、塘坝星罗棋布，大小河流纵横密布，是淡水养殖和捕捞的好场所。密山市精养鱼池面积已发展到了 3 666.6 公顷，育种鱼池面积已达万余亩，水产品年产量较大。在目前渔业生产的基础上，应进一步推广科学养鱼，掌握各种鱼类特性，饲养方法和病害防治技术，合理搭配深水鱼和浅水鱼品种，提高单位面积产量，引进效益高的品种和名贵品种，使水产养殖业向更高层次发展。有条件的地区，可发展立体养殖，水面养禽，水中养鱼，使禽、鱼相互受益，提高水面利用率。

5. 科学规划，合理开发矿业资源　密山市地下矿藏丰富，有煤炭、石墨、石灰石、大理石、花岗岩、钛铁、钾长石等，由于过去受"有水快流"思潮影响，资源破坏和浪费严重。近几年来虽然对采矿废弃地进行改造利用，但由于耗资大、见效慢，进展迟缓。为了使矿产资源得到合理利用，土地资源又免遭破坏，开采前必须搞好规划，建立切实可行的复垦计划，使土地和矿产资源的利用，在经济、生态和社会效益诸方面都获得同步提高。

6. 采取综合措施，治理水土流失　由于受到自然因素（地形、土壤、气象）和人为因素的影响，水土流失比较严重，市属部分流失面积已达 111 466.6 余公顷，占市属总土地面积的 20.7%，水土流失造成的危害，使 78 000 余公顷坡耕地每年流失沃土约 3 350 000 立方米，使沟壑增多，生态失调。治理水土流失，就是要坚持以预防为主，全面规划，综合治理，因地制宜，加强管理，注重效益的原则，生物措施与工程措施相结合，治理和保护并重。对小流域综合治理，重点注意在江河两旁侵蚀沟附近营林，种草，并兴修必要的水土保持工程。对坡度较大的耕地要坚决退耕还林，使侵蚀面积逐步控制或稳定在最小的范围内。

7. 充分利用地理环境和自然风光，发展旅游观光业　密山市地处北国边陲，特殊的地理位置和对俄旅游业的开发，具有较强的诱惑力，兴凯湖浴场、泄洪闸、当壁镇口岸、莲花泡、王震陵园、青年水库、新开流石器时代遗址等一大批自然风光和人文景观，是宝贵的旅游资源。近年来，随着改革开放，人们的物质生活得到改善，闲暇时间增多，旅游观光已经成为一种时髦的、甚至必不可少的生活方式。应不失时机的抓好风景名胜区的建设，结合兴凯湖自然保护区的建设管理，促进旅游事业的发展，满足人们生活的需要，提高这部分土地利用的经济效益。

综上所述，节约用地，保护土地永续利用，提高土地生产率和不断挖掘土地利用潜力，是必须要面临的一个重大的、持久的课题，应格外地予以重视。

四、加强土地管理的基础建设

加强地籍管理是科学管理土地的重要手段，也是土地管理深化改革，维护土地公有制，实行土地有偿使用的客观需要。

1. 搞好土地详查的后续工作　为了进一步巩固土地的详查成果，除了将数据图件和文字资料立卷归档、精心管理外，还要按地籍调查技术规程要求，常年抓好土地的动态监测和变更登记工作，使详查成果常用常新，为国民经济建设服务，为各部门规划，生产和管理服务。

2. 加快颁发齐全土地证工作　在认真做好土地申报登记的基础上，对已经达到权属合法，界址清楚，面积准确的宗地，应及时颁发土地使用证，依法进行管理。

3. 适时进行土地的评等定级　农用地的土地评等定级与城镇国有土地的分等定级方法不同。城镇土地的等级评定主要是依据人口的密度，基础设施完善度，商业繁华度，交通通达度等项指标，进行综合考虑予以划定的。农用地和其他土地的等级划分，是在土地详查基础上，根据当地影响农业生产的主要因素，综合考虑予以划定的，在评定中重点要选好参评因子，确定参评因子权重，按有关程序进行。

五、发挥土地职能部门作用，依法、统一、全面、科学地管理土地

要加强土地法制观念教育，把宣传、贯彻、执行土地管理法作为长期战略任务来抓，使各级广大干部、群众自觉遵守。

土地管理机构是涉及国民经济各部门的带有综合性的管理部门，需要在工作中进一步协调好部门间的工作关系，强化自身队伍建设，提高管理人员的政治、业务素质，以适应新时期依法、统一、全面、科学管理土地的时代要求。

附　　录

附录1　密山市大豆、玉米作物适宜性评价

第一节　大豆作物适宜性评价

大豆也是密山市的主栽作物，由于受到市场的冲击，到目前种植面积已降至 26 000.0 公顷，与上年种植面积的 53 333.3 公顷减少 27 333.0 公顷。虽然这种作物适应性较广，耐阴耐瘠薄，从南到北都有种植，但大豆作物在不同的土壤质地上所表现出来的产量性状是不一样的，差异明显。因此，将土壤质地等因素的差异加大，其余指标与地力评价指标一样来进行评价是非常有必要的。

一、评价指标的标准化

土壤质地（概念型）　　土壤质地隶属度专家评估见附表 1-1。

附表 1-1　土壤质地隶属度专家评估

土壤质地	中壤土	轻壤土	黏、重壤土类	沙壤土
隶属度	1.0	0.9	0.7	0.8

二、确定指标权重

采用层次分析法确定每一个评价因素对耕地综合地力的贡献大小。

1. 构造评价指标层次结构图　根据各个评价因素间的关系，构造了层次结构图。见附图 1-1。

附图 1-1　层次分析构造矩阵图

2. 建立判断矩阵 采用专家评估法，比较同一层次各因素对上一层次的相对重要性，给出数量化的评估。专家评估的初步结果经合适的数学处理后（包括实际计算的最终结果——组合权重）反馈给专家，请专家重新修改或确认，经多轮反复形成最终的判断矩阵。

3. 确定各评价因素的综合权重 利用层次分析计算方法确定每一个评价因素的综合评价权重。评价指标的专家评估及权重见附图 1-2。

	立地条件	理化性状	剖面性状
立地条件	1.0000	3.3333	1.6667
理化性状	0.3000	1.0000	0.4000
剖面性状	0.6000	2.5000	1.0000

	地形部位	坡向	坡度	地貌类型
地形部位	1.0000	5.0000	2.5000	1.2500
坡向	0.2000	1.0000	0.2000	0.4000
坡度	0.4000	5.0000	1.0000	0.5000
地貌类型	0.8000	2.5000	2.0000	1.0000

	有机质	有效磷	速效钾	有效钼
有机质	1.0000	1.6667	3.3333	5.0000
有效磷	0.6000	1.0000	2.5000	2.8571
速效钾	0.3000	0.4000	1.0000	1.6667
有效钼	0.2000	0.3500	0.6000	1.0000

	质地	有效土层厚	障碍层类型
质地	1.0000	0.6667	0.5000
有效土层厚	1.5000	1.0000	0.6667
障碍层类型	2.0000	1.5000	1.0000

附图 1-2 评价指标的专家评估及权重值

4. 构造层次分析模型 密山市大豆适宜性评价层次分析模型见附图 1-3。

·························· 层次分析报告 ··························

模型名称：密山市大豆适宜性评价层次分析模型
计算时间：2012-2-16 上午 08:25:08

—————— 构造层次模型 ——————

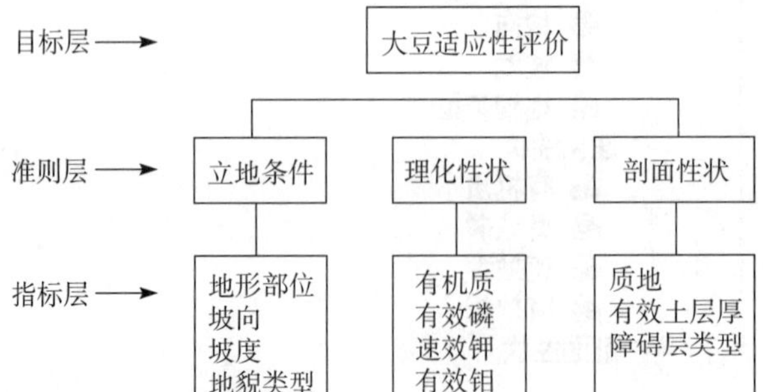

目标层 —→ 大豆适应性评价

准则层 —→ 立地条件 理化性状 剖面性状

指标层 —→ 地形部位 有机质 质地
　　　　　坡向　　　有效磷　有效土层厚
　　　　　坡度　　　速效钾　障碍层类型
　　　　　地貌类型 有效钼

目标层判别矩阵原始资料：

$$
\begin{matrix}
1.000\ 0 & 3.333\ 3 & 1.666\ 7 \\
0.300\ 0 & 1.000\ 0 & 0.400\ 0 \\
0.600\ 0 & 2.500\ 0 & 1.000\ 0
\end{matrix}
$$

特征向量：$[0.519\ 2,\ 0.144\ 9,\ 0.335\ 9]$

最大特征根为：3.005 5

$CI = 2.77064264943383E-03$

$RI = 0.58$

$CR = CI/RI = 0.00477697 < 0.1$

一致性检验通过！

准则层（1）判别矩阵原始资料：

$$
\begin{matrix}
1.000\ 0 & 5.000\ 0 & 2.500\ 0 & 1.250\ 0 \\
0.200\ 0 & 1.000\ 0 & 0.200\ 0 & 0.400\ 0 \\
0.400\ 0 & 5.000\ 0 & 1.000\ 0 & 0.500\ 0 \\
0.800\ 0 & 2.500\ 0 & 2.000\ 0 & 1.000\ 0
\end{matrix}
$$

特征向量：$[0.405\ 6,\ 0.079\ 9,\ 0.217\ 8,\ 0.296\ 7]$

最大特征根为：4.195 7

$CI = 6.52269804049386E-02$

$RI = 0.9$

$CR = CI/RI = 0.07247442 < 0.1$

一致性检验通过！

准则层（2）判别矩阵原始资料：

$$
\begin{matrix}
1.000\ 0 & 1.666\ 7 & 3.333\ 3 & 5.000\ 0 \\
0.600\ 0 & 1.000\ 0 & 2.500\ 0 & 2.857\ 1 \\
0.300\ 0 & 0.400\ 0 & 1.000\ 0 & 1.666\ 7 \\
0.200\ 0 & 0.350\ 0 & 0.600\ 0 & 1.000\ 0
\end{matrix}
$$

特征向量：$[0.471\ 9,\ 0.296\ 6,\ 0.138\ 2,\ 0.093\ 4]$

最大特征根为：4.012 9

$CI = 4.2966239956419E-03$

$RI = 0.9$

$CR = CI/RI = 0.00477403 < 0.1$

一致性检验通过！

准则层（3）判别矩阵原始资料：

$$
\begin{matrix}
1.000\ 0 & 0.666\ 7 & 0.500\ 0 \\
1.500\ 0 & 1.000\ 0 & 0.666\ 7 \\
2.000\ 0 & 1.500\ 0 & 1.000\ 0
\end{matrix}
$$

特征向量：$[0.221\ 2,\ 0.318\ 9,\ 0.459\ 9]$

最大特征根为：3.001 6

$CI = 7.86871608132511E-04$

$RI = 0.58$

$CR = CI/RI = 0.00135668 < 0.1$

一致性检验通过！

层次总排序一致性检验：

$$CI=0.034752734345577$$

$$RI=0.792508978238046$$

$$CR=CI/RI=0.04385153 < 0.1$$

总排序一致性检验通过！

层次分析结果

层次 A	层次 C			组合权重
	立地条件	理化性状	剖面性状	$\sum C_iA_i$
	0.519 2	0.144 9	0.335 9	
地形部位	0.405 6			0.210 6
坡向	0.079 9			0.041 5
坡度	0.217 8			0.113 1
地貌类型	0.296 7			0.154 1
有机质		0.471 9		0.068 4
有效磷		0.296 6		0.043 0
速效钾		0.138 2		0.020 0
有效钼		0.093 4		0.013 5
质地			0.221 2	0.074 3
有效土层厚			0.318 9	0.107 1
障碍层类型			0.459 9	0.154 5

本报告由《县域耕地资源管理信息系统 V3.2》分析提供

附图 1-3　密山市大豆适宜性评价层次分析模型

5. 适宜性等级划分　大豆耕地适宜性等级划分见附图 1-4，大豆适宜性指数分级见附表 1-2。

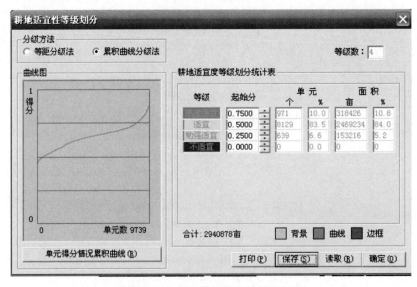

附图 1-4　大豆耕地适宜性等级划分

附表 1-2　大豆适宜性指数分级

地力分级	地力综合指数分级（IFI）
高度适宜	>0.82
适　宜	0.82～0.65
勉强适宜	0.65～0.46
不适宜	<0.46

三、评价结果与分析

本次对大豆作物评价将密山市耕地总面积划分为 4 个等级：高度适宜耕地属高产田土壤，面积为 447.2 公顷，占总耕地面积的 0.26%；适宜耕地为中产田土壤，面积为 150 038.7 公顷，占总耕地面积 86.26%；勉强适宜耕地面积为 23 447.4 公顷，占耕地总面积的 13.48%；不适宜耕地全市无分布。勉强适宜耕地、不适宜耕地为低产田土壤，面积为 23 447.4 公顷，占总耕地面积的 13.48%。

附表 1-3　大豆不同适宜性耕地地块数及面积统计

适宜性	地　块 （个数）	面　积 （公顷）	所占比例 （%）
高度适宜	33	447.2	0.26
适　宜	15 296	150 038.7	86.26
勉强适宜	3 768	23 447.4	13.48
不适宜	0	0	0
合　计	19 097	173 933.3	100.0

从地力等级的分布特征来看，等级的高低与地形部位、土壤类型及土壤质地密切相关。高中产土壤主要集中在国铁的南北地区一带，穆棱河的南北两侧的一带，行政区域主要包括黑台镇、二人班乡、当壁镇的部分村屯、连珠山乡、密山镇、知一镇、和平乡、裴德镇、兴凯镇、柳毛乡和杨木乡的部分村屯。这一带地区土壤类型以中层白浆土、草甸土、暗棕壤土为主，地势较缓，坡度一般不超过 3°；低产土壤则主要分布在西部和北部的地区。

大豆不同适宜性耕地相关指标平均值见附表 1-4。

附表 1-4　大豆不同适宜性耕地相关指标平均值

适宜性	有效积温 （℃）	地形部位	有机质 （克/千克）	质地	有效磷 （毫克/千克）	速效钾 （毫克/千克）	耕层厚度 （厘米）	抗旱能力 （%）
高度适宜	2 450～2 550	山地平原	>4.1	中壤	>40.0	>200	>25	>70
适宜	2 350～2 450	低山缓坡	<4.0	轻壤	<40.0	<200	18～25	50～70
勉强适宜	2 250～2 350	岗坡地	>2.0	重壤	>20.0	>80.0	15～18	20～50
不适宜	<2 100	低岗地	<1.1	沙、黏壤	<6.0	>50.3	<15	<20

1. 高度适宜　密山市高度适宜的面积为 447.2 公顷，只占密山市耕地总面积的 0.26%；主要分布在河谷平原地区一带和湖积平原一带的山地平原等乡（镇）。土壤类型主要以中壤、轻壤和重壤为主的黑土、各种草甸土和中层的白浆土类为主，这一地区地势较平缓，有效积温较高，加之土壤较肥沃，所以产量表现相对较高。大豆高度适宜耕地相关指标统计见附表 1-5。

附表 1-5　大豆高度适宜耕地相关指标统计

相关指标	平均值（中间值）	最大值（高）	最小值（低）
有效积温（℃）	2 225	>2 550	<1 900
地形部位	低山平原地段	山地平原	低岗地
有机质（克/千克）	2.60	>4.1	<1.1
土壤质地	轻、重类土壤	中壤	沙、黏质类土壤
有效磷（毫克/千克）	23.0	>40.0	>6.0
速效钾（毫克/千克）	125.15	>200	>50.3
耕层厚度（厘米）	20.0	>25.0	<15.0
抗旱能力（天）	45	>70	<20

高度适宜地块所处地形平缓，坡度一般较小并有一定的起伏，侵蚀和障碍因素很小。各项养分含量高。土壤结构较好，质地适宜，一般为壤土或壤质黏土。容重适中，土壤大都呈中性至微酸性，

养分丰富，有机质一般在 26 克/千克以上，有效磷平均在 23.0 毫克/千克，速效钾平均在 125.2 毫克/千克。保水保肥性能较好，有一定的抗旱排涝能力。该级地适于种植大豆，产量水平相对较高。

2. 适宜　密山市适宜的面积为 150 038.7 公顷，占密山市耕地总面积的 86.26%；主要分布在高度适宜地带以外的地区，包括富源乡、兴凯镇的大部分村屯、合并到密山镇的双胜一带的地区、柳毛乡的东片和杨木乡等乡（镇）。土壤类型主要以中层、岗地白浆土、中层草甸土为主。大豆适宜耕地相关指标统计见附表 1-6。

附表 1-6　大豆适宜耕地相关指标统计

相关指标	平均值（中间值）	最大值（高）	最小值（低）
有效积温（℃）	2 300	>2 350	<2 200
地形部位	低山缓坡地段	低山缓坡	低岗地
有机质（克/千克）	约 2.0	<4.1	<1.1
土壤质地	轻壤类土壤	轻、重壤类土壤	沙、黏质类土壤
有效磷（毫克/千克）	约 20	<40.0	>6.0
速效钾（毫克/千克）	约 100	<200	>50.3
耕层厚度（厘米）	16~18	18~25	<15.0
抗旱能力（天）	35	50~70	<20

适宜地块所处地形较平缓，坡度一般较小，侵蚀和障碍因素也较小。各项养分含量相对比较高。质地适宜，一般为轻壤土。容重比较适中，土壤大都呈中性至微碱性，养分含量比较丰富，有机质约为 20 克/千克有效磷平均值接近 20.0 毫克/千克，速效钾平均值接近 100.0 毫克/千克。保水保肥性能比较好，该级地适于种植大豆，产量水平正常年景下相对比较高。

3. 勉强适宜　密山市勉强适宜的面积为 23 447.4 公顷，占密山市耕地总面积的 13.48%；主要分布在适宜区以外的一些地带区包括富源乡的富民、珠山一带，合并到裴德镇的新村、中兴一带，太平乡的农丰、宏林一带等乡（镇）。土壤类型主要以薄层白浆土、薄层草甸土、部分暗棕壤土为主。大豆勉强适宜耕地相关指标统计见附表 1-7。

附表 1-7　大豆勉强适宜耕地相关指标统计

相关指标	平均值（中间值）	最大值（高）	最小值（低）
有效积温（℃）	2 150	＞2 200	＜2 100
地形部位	岗、坡、洼地段	岗坡、低洼地段	低岗地
有机质（克/千克）	16 左右	＜20	＜11
土壤质地	黏、重壤类土壤	黏、重土壤	黏、沙质类土壤
有效磷（毫克/千克）	15 左右	接近 20	＞6.0
速效钾（毫克/千克）	80.0	＞80	＞50.3
耕层厚度（厘米）	15～18	16～20	＜15.0
抗旱能力（天）	20	20～50	＜20

大豆勉强适宜地块所处的地形一般的是坡度较大的坡地或山间的低洼地，主要分布在适宜地区以外的地带，坡度一般较大或较小，侵蚀和障碍因素大。各项养分含量偏低。质地较差，一般为黏、重壤土。容重还相对较适中，土壤呈酸性至微碱性，养分含量较低，有机质在 16 克/千克左右，有效磷平均 15.0 毫克/千克，速效钾平均值在 80.0 毫克/千克。该级地勉强地适于种植大豆，产量水平相对就较低了。

4. 不适宜　在密山市境内，不适宜的区域几乎无分布。

经过《县域耕地资源管理信息系统 V3.2》软件系统的分析计算处理，在对大豆作物适应性评价的"单元图"上（可通过电脑上产生的大豆作物适应性评价的"单元图"点开查看）未显示出现。

四、计算耕地地力生产性能综合指数（IFI）

$$IFI = \sum F_i \times C_i (i = 1, 2, 3 \cdots\cdots)$$

式中：IFI——耕地地力综合指数（Integrated Fertility Index）；

F_i——第 i 个因素评语；

C_i——第 i 个因素的组合权重。

密山市的评价单元分值为 0.466 4～0.827 63。

第二节 玉米作物适应性评价

玉米作物也是密山市的主要粮食作物，近几年来，由于受到市场粮食的需求和价格的提升玉米种植面积已猛增至 106 000.0 公顷（比上年种植面积的 40 000.0 公顷提升了66 000.0 公顷），这种作物适应性较广，在密山市境内都可种植。玉米是高产作物，对速效养分表现比较敏感，一般在中性土壤上表现较好，当然不同的有效积温带、地形部位、土壤的质地、耕层的厚度和抗旱能力大小等因素上都是不一样的表现，差异较为明显。

一、评价指标的标准化

土壤质地（概念型） 土壤质地隶属度专家评估见附表 1-8。

附表 1-8 土壤质地隶属度专家评估

土壤质地	中壤土	轻壤土	黏、重壤土	沙壤土
隶属度	1.0	0.9	0.7	0.8

二、确定指标权重

采用层次分析法确定每一个评价因素对耕地综合地力的贡献大小。

1. 构造评价指标层次结构图 根据各个评价因素间的关系，构造了层次分析构造矩阵，见附图 1-5。

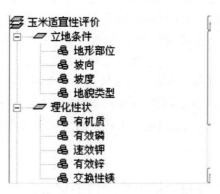

附图 1-5 层次分析构造矩阵

2. 建立层次判断矩阵 采用专家评估法，比较同一层次各因素对上一层次的相对重要性，给出数量化的评估。专家评估的初步结果经过合适的数学处理后（包括实际计算的最终结果—组合权重）反馈给专家，请专家重新修改或确认。经多轮反复形成最终的判断矩阵。

3. 确定各评价因素的综合权重 利用层次分析计算方法确定每一个评价因素的综合评价权重。见附图 1-6。

	立地条件	理化性状	剖面性状
立地条件	1.0000	3.3333	1.6667
理化性状	0.3000	1.0000	0.4000
剖面性状	0.6000	2.5000	1.0000

	地形部位	坡向	坡度	地貌类型
地形部位	1.0000	5.0000	2.5000	1.2500
坡向	0.2000	1.0000	0.4000	0.2000
坡度	0.4000	2.5000	1.0000	0.5000
地貌类型	0.8000	5.0000	2.0000	1.0000

	有机质	有效磷	速效钾	有效锌	交换性镁
有机质	1.0000	1.6667	3.3333	5.0000	5.0000
有效磷	0.6000	1.0000	2.5000	3.3333	3.3333
速效钾	0.3000	0.4000	1.0000	1.6667	1.6667
有效锌	0.2000	0.3000	0.6000	1.0000	1.0000
交换性镁	0.2000	0.3000	0.6000	1.0000	1.0000

	质地	有效土层厚	障碍层类型
质地	1.0000	0.6667	0.5000
有效土层厚	1.5000	1.0000	0.6667
障碍层类型	2.0000	1.5000	1.0000

附图 1-6　评价指标的专家评估及权重值

4. 构造层次分析模型　密山市玉米适宜性评价层次分析模型见附图 1-7。

∷∷∷∷∷∷∷∷∷∷∷∷∷∷∷∷∷∷∷∷∷∷∷∷ 层次分析报告 ∷∷∷∷∷∷∷∷∷∷∷∷∷∷∷∷∷∷∷∷∷∷∷∷

模型名称:密山市玉米适宜性评价层次分析模型
计算时间:2012-2-16 上午 08:30:25

-------------------------------- 构造层次模型 --------------------------------

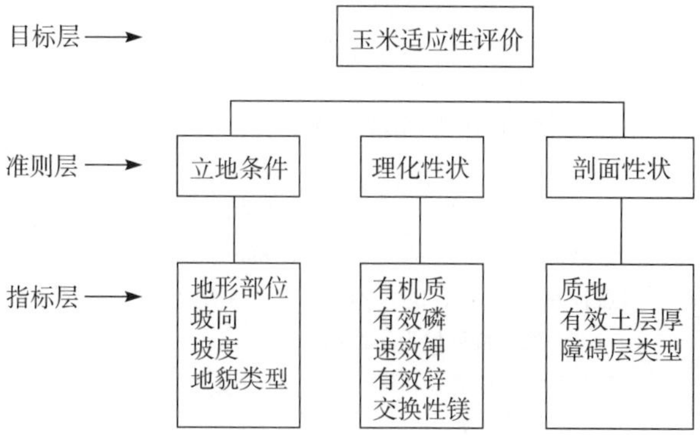

目标层 —→　玉米适应性评价

准则层 —→　立地条件　　理化性状　　剖面性状

指标层 —→
地形部位
坡向
坡度
地貌类型

有机质
有效磷
速效钾
有效锌
交换性镁

质地
有效土层厚
障碍层类型

目标层判别矩阵原始资料：

1.000 0	3.333 3	1.666 7
0.300 0	1.000 0	0.400 0
0.600 0	2.500 0	1.000 0

特征向量：$[0.519\,2,\ 0.144\,9,\ 0.335\,9]$

最大特征根为：3.005 5

$CI = 2.77064264943383E - 03$

$RI = 0.58$

$CR = CI/RI = 0.00477697 < 0.1$

一致性检验通过！

准则层（1）判别矩阵原始资料：

1.000 0	5.000 0	2.500 0	1.250 0
0.200 0	1.000 0	0.400 0	0.200 0
0.400 0	2.500 0	1.000 0	0.500 0
0.800 0	5.000 0	2.000 0	1.000 0

特征向量：$[0.408\,6,\ 0.073\,3,\ 0.172\,7,\ 0.345\,4]$

最大特征根为：4.006 2

$CI = 2.07773016542371E - 03$

$RI = 0.9$

$CR = CI/RI = 0.00230859 < 0.1$

一致性检验通过！

准则层（2）判别矩阵原始资料：

1.000 0	1.666 7	3.333 3	5.000 0	5.000 0
0.600 0	1.000 0	2.500 0	3.333 3	3.333 3
0.300 0	0.400 0	1.000 0	1.666 7	1.666 7
0.200 0	0.300 0	0.600 0	1.000 0	1.000 0
0.200 0	0.300 0	0.600 0	1.000 0	1.000 0

特征向量：$[0.427\,5,\ 0.280\,1,\ 0.128\,4,\ 0.082\,0,\ 0.082\,0]$

最大特征根为：5.007 8

$CI = 1.94301286508702E - 03$

$RI = 1.12$

$CR = CI/RI = 0.00173483 < 0.1$

一致性检验通过！

准则层（3）判别矩阵原始资料：

1.000 0	0.666 7	0.500 0
1.500 0	1.000 0	0.666 7
2.000 0	1.500 0	1.000 0

特征向量：$[0.221\,2,\ 0.318\,9,\ 0.459\,9]$

最大特征根为：3.001 6

$CI = 7.86871608132511E - 04$

$RI = 0.58$

$CR = CI/RI = 0.00135668 < 0.1$

一致性检验通过!

层次总排序一致性检验：

$CI=1.62459938427096E-03$

$RI=0.824384798696267$

$CR=CI/RI=0.00197068<0.1$

总排序一致性检验通过!

层次分析结果

层次 A	层次 C			
	立地条件 0.519 2	理化性状 0.144 9	剖面性状 0.335 9	组合权重 $\sum C_iA_i$
地形部位	0.408 6			0.212 2
坡向	0.073 3			0.038 0
坡度	0.172 7			0.089 7
地貌类型	0.345 4			0.179 3
有机质		0.427 5		0.061 9
有效磷		0.280 1		0.040 6
速效钾		0.128 4		0.018 6
有效锌		0.082 0		0.011 9
交换性镁		0.082 0		0.011 9
质地			0.221 2	0.074 3
有效土层厚			0.318 9	0.107 1
障碍层类型			0.459 9	0.154 5

本报告由《县域耕地资源管理信息系统 V3.2》分析提供

附图 1-7　密山市玉米适应性评价层次分析模型

5. 适宜性等级划分　玉米耕地适宜性等级划分附图 1-8，玉米适宜性指数分级见附表 1-9。

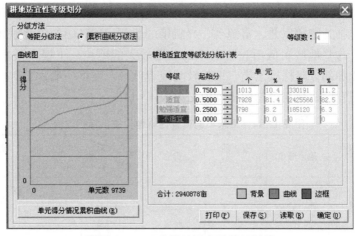

附图 1-8　玉米耕地适宜性等级划分

附表 1-9　玉米适宜性指数分级

地力分级	地力综合指数分级（IFI）
高度适宜	＞0.81
适　宜	0.71～0.61
勉强适宜	0.61～0.51
不适宜	＜0.51

三、评价结果与分析

本次玉米作物评价将密山市耕地总面积划分为 4 个等级：高度适宜的耕地在密山市辖区内几乎不存在（软件分析并未显示）；适宜的耕地面积为 96 194.0 公顷，占耕地总面积的 55.30%；勉强适宜的耕地为 77 657.7 公顷，占耕地总面积的 44.65%；不适宜的耕地还有 81.6 公顷，占耕地总面积的 0.05%。适宜耕地为中产田土壤，勉强适宜的耕地、不适宜的耕地为低产田土壤。见附表 1-10。

附表 1-10　玉米不同适宜性耕地地块数及面积统计

适 宜 性	地 块（个数）	面 积（公顷）	占总面积（%）
高度适宜	0	0	0
适　宜	9 803	96 194.0	55.30
勉强适宜	9 248	77 657.7	44.65
不适宜	46	81.6	0.05
合　计	19 097	173 933.3	100.0

从地力等级的分布特征来看，等级的高低与地形部位、土壤类型及土壤质地密切相关。高中产土壤主要集中在国铁以南的地区和穆棱河以南的地区，这一地区主要包括二人班乡、当壁镇、连珠山乡的南部片、知一镇、密山镇、兴凯镇、裴德镇的部分村屯、柳毛乡、杨木乡、承紫河乡、兴凯湖乡和鱼湾镇等地区，这一地区土壤类型主要以中厚层草甸土、中层白浆土等为主，地势较缓，坡度一般不超过 3°；低产田的土壤则主要分布在国铁以北地段，包括裴德镇以北、富源乡、兴凯镇的北部、连珠山的以北地区和密山镇的原双胜地区一带。这些地区属低山丘陵区中的坡度较大的地块。土壤类型主要是岗地白浆土、薄层草甸土和部分暗棕壤土类，地势较陡或者低平，坡度一般大于 3°或者小于 1°。

玉米不同适宜性耕地相关指标平均值见附表 1-11。

附表 1-11　玉米不同适宜性耕地相关指标平均值

适宜性	有效积温（℃）	地形部位	有机质（克/千克）	质地	有效磷（毫克/千克）	速效钾（毫克/千克）	耕层厚度（厘米）	抗旱能力（天）
高度适宜	0	0	0	0	0	0	0	0
适　宜	2 350～2 450	低山缓坡	＜4.0	轻壤	＜40.0	＜200	18～25	50～70
勉强适宜	2 250～2 350	岗坡地	＞2.0	重壤	＞20.0	＞80.0	15～18	20～50
不适宜	＜2 100	低岗地	＜1.1	沙、暗、黏壤	＜6.0	＞50.3	＜15	＜20

1. 高度适宜　在辖区内几乎不存在高度适宜性耕地，软件分析的"单元图"上也并未显示出来。说明在密山市的范围高度适宜性耕地无分布。

2. 适宜　密山市适宜的面积为 96 194.0 公顷，占密山市总耕地面积的 55.3%；主要分布在河谷平原地区一带和湖积平原一带的山地平原，还包括太平乡南片、二人班乡、当壁镇、连珠山乡的地区、富源乡、兴凯镇的大部分村屯、合并到密山镇的双胜一带的地区、柳毛乡的东片和杨木乡等乡（镇）。土壤类型主要以中层、岗地白浆土、中层草甸土为主。玉米适宜性耕地相关指标统计见附表 1-12。

附表 1-12　玉米适宜性耕地相关指标统计

相关指标	平均值（中间值）	最　大（高）	最　小（低）
有效积温（℃）	＞2 300	＞2 350	＜2 200
地形部位	低山缓坡地段	低山缓坡	低岗地
有机质（克/千克）	＞20	＜41	＜11
土壤质地	轻壤类土壤	轻、重壤类土壤	沙、黏质 类土壤
有效磷（毫克/千克）	＞20	＜40.0	＞6.0
速效钾（毫克/千克）	＞100	＜200	＞50.3
耕层厚度（厘米）	18～20	18～25	＜15.0
抗旱能力（天）	40	50～70	＜20

适宜地块所处地形较平缓，坡度一般较小，侵蚀和障碍因素也较小。各项养分含量相对比较高，质地适宜，一般为轻壤土。容重比较适中，土壤大都呈中性至微碱性，养分含量比较丰富，有机质在 20 克/千克，有效磷平均值在 20.0 毫克/千克以上，速效钾平均值在 100.0 毫克/千克以上。保水保肥性能比较好，该地适于种植玉米，产量水平在正常年景下相对比较高。

3. 勉强适宜　密山市勉强适宜的面积为 77 657.7 公顷，占密山市总耕地面积的 44.65%；主要分布在适宜区以外的一些地带区包括富源乡的富民、珠山一带，合并到裴德镇的新村、中兴一带，太平乡的农丰、宏林一带等的乡（镇）。土壤类型主要以薄层白浆土、薄层草甸土、部分暗棕壤土为主。玉米勉强适宜性耕地相关指标统计见附表 1-13。

附表 1-13　玉米勉强适宜性耕地相关指标统计

相关指标	平均值（中间值）	最　大（高）	最　小（低）
有效积温（℃）	2 100	＞2 200	＜2 100
地形部位	岗、坡、洼地段	岗坡、低洼地段	低岗地
有机质（克/千克）	15 左右	＜20	＜11
土壤质地	黏、重壤类土壤	黏、重土壤	黏、沙质类土壤
有效磷（毫克/千克）	15 左右	接近 20	＞6.0
速效钾（毫克/千克）	80	＞80	＞50.3
耕层厚度（厘米）	15～18	16～20	＜15.0
抗旱能力（天）	25	20～50	＜20

玉米勉强适宜地块所处的地形一般的是坡度较大的坡地或山间的低洼地,主要分布在适宜地区以外的地带,坡度一般较大或较小,侵蚀和障碍因素大。各项养分含量偏低。质地较差,一般为黏、重壤土。容重还相对较适中,土壤呈酸性至微碱性,养分含量较低,有机质在15克/千克左右,有效磷平均值为15.0毫克/千克,速效钾为60～100.0毫克/千克。该地勉强适于种植玉米,产量水平相对就较低了。

4. 不适宜 密山市不适宜种植的区域面积还有81.6公顷,占密山市耕地总面积的0.05%(这是软件分析计算单元图上所显示出来的);这一部分主要分布在一些低河谷漫滩、山间、沟塘、沟底等地段上,坡度也相对较大或较小,包括富源乡的爱林区域的地段、合并到裴德镇的新村的红岩村、红峰村区域的地段、还有太平乡的宏林区域的地段等。土壤大都偏碱性,或微酸性,侵蚀和障碍因素大。各项养分含量低,土壤类型主要以薄层白浆土、暗棕壤土和沙质土为主。该级地不适于种植玉米,产量水平相对来讲就更低了。

四、计算耕地地力生产性能综合指数 (*IFI*)

$$IFI = \sum F_i \times C_i (i = 1, 2, 3 \cdots\cdots)$$

式中:*IFI*——耕地的地力综合指数 (Integrated Fertility Index);

      F_i——第 i 个因素评语;

      C_i——第 i 各因素的组合权重。

密山市的评价单元分值为 0.513 52～0.812 83。

附录2　密山市耕地地力调查与平衡施肥的对策与建议

密山市是国家商品粮生产重点基地县之一，几十年来，密山市的粮食生产取得了长足的发展。从 20 世纪 80 年代起，粮食产量连续大幅度增长，到 2006 年粮食总产近 7.5 亿千克，密山市化肥施用量达 60 000 余吨，亩施化肥 23.5 千克以上，是 20 世纪 80 年代亩施用量的 3 倍以上。从化肥施用量可以看出，粮食的增长和化肥使用量的增加是有直接关系的，也是粮食产量不可缺少的一项重要措施。但是如何施用好化肥，既促进粮食增产，又不导致耕地土壤地力改变或板结下降，保护好耕地土壤环境和土壤结构，用养地结合，既节本又增加效益。这就需要运用耕地地力调查的结果，人为的掌握和调控运用平衡施肥技术，根据不同作物，目标产量、耕地地力条件和作物需肥规律，行之有效地给作物施肥，使肥料尽最大效率发挥性能，为作物高产高效源源不断地供应养分。

一、耕地地力调查与平衡施肥

耕地地力调查是提高平衡施肥技术水平的前提，是稳定粮食生产保证粮食安全的需要。粮食是人类赖以生存的基础，粮食安全不仅关系国民经济的发展和社会的稳定，还有深远的政治意义。一直以来，我国十分重视粮食生产，手中有粮，心里不慌。随着经济和社会的不断发展，耕地逐渐减少和人口不断增加的矛盾将更加激烈，维护和提高粮食生产，必须发挥科学技术的强力支持，运用好平衡施肥技术，是提高粮食产量、保证粮食安全的一项重要技术措施。

密山市是农业生产的大县，是以粮食生产为主要手段来维持生活的。在现有条件下，自然生产力较为低下，农民不得不投入大量的费用购买化肥来维持粮食的高产。但化肥却逐年涨价，效益却显得逐年下降，有大部分农户在使用化肥时由于搭配不合理，不仅利用率低下，而且增加成本，板结土壤污染耕地环境，降低了效益。如何科学合理地使用好化肥，以其达到人们理想的目的，这就必须通过对耕地地力进行调查与质量评价，将耕地土壤的家底查清，运用平衡施肥技术才能实现人们利用自然和改造自然，达到粮食增产，节本增效的目的。

目前，随着我国加入世贸组织后，对农产品的品质要求越来越高，农业生产必须从单纯的高产、高效向绿色无公害的方向发展，向国际市场上发展，这就对耕地环境质量、施肥技术、农药使用等提出了更加严格的要求。所以，在当今发展的新形势下，必须做好耕地地力调查与平衡施肥技术的实施。

二、耕地地力及肥力状况

密山市属中纬度大陆性的季风气候，四季变化明显，高低温差悬殊，是低山丘陵、山前满岗、河谷冲积和湖滨低地的平原区。位于黑龙江省的东南部，通过近几年的地力调查，对密山市的地力有了一个基本的了解，按照《耕地地力调查与质量评价技术规程》的要求和全国农业技术推广中心的《耕地地力评价指南》的要求，将密山市耕地地力评价为4级。密山市耕地地力评价统计见附表2-1，密山市各乡（镇）耕地地力等级面积统计见附表2-2。

附表2-1　密山市耕地地力评价统计

地力分级	耕地面积 （公顷）	占密山市耕地 总面积（%）	产　量 （千克/亩）
一　级	44 646.32	28.34	500
二　级	46 203.58	29.33	450
三　级	52 019.20	33.02	400
四　级	14 567.50	9.31	350 以下
合　计	157 526.60	100.00	

附表2-2　密山市各乡（镇）耕地地力等级面积统计

单位：公顷

乡（镇）	耕地面积	一级地	二级地	三级地	四级地
密山镇	5 046.67	927.33	749.99	2 592.56	776.79
连珠山镇	8 573.33	2 300.17	1 956.01	3 306.62	1 010.53
当壁镇	8 206.67	2 263.30	3 681.78	1 828.16	433.43
知一镇	5 506.67	2 119.14	1 113.08	1 628.72	645.73
黑台镇	8 620.00	3 201.19	1 893.09	2 427.87	1 097.85
兴凯镇	6 706.67	1 399.77	2 712.86	811.52	1 783.52
裴德镇	10 320.00	3 309.72	2 375.52	2 665.58	1 967.18
柳毛乡	9 066.67	2 553.27	2 915.82	3 238.19	359.39
杨木乡	13 986.67	3 639.75	3 025.52	5 241.89	2 079.51
兴凯湖乡	7 733.33	1 590.97	2 818.88	2 513.57	809.91
承紫河乡	4 780.00	976.95	2 090.03	1 619.74	93.28
白鱼湾镇	12 073.33	3 994.52	3 804.53	3 821.43	452.85
二人班乡	11 586.67	4 069.47	3 167.86	4 086.49	262.85
太平乡	7 013.32	2 637.82	2 016.95	1 826.06	532.50
和平乡	8 519.98	5 111.68	812.41	2 595.89	0
富源乡	10 873.29	2 963.81	3 064.30	3 015.37	1 829.82
全　民	18 913.33	1 587.46	8 004.95	8 799.54	521.36
合 计（公顷）	157 526.60	44 646.32	46 203.58	52 019.20	14 657.50
占比例（%）	100.0	28.34	29.33	33.02	9.31

密山市耕地地力分级为一级至四级，归入全国地力分级是六级至九级。从地力等级分布特征看，一级地高产田土壤主要分布在中南部的乡（镇），国铁以南的河谷冲积平原和湖滨的低平原地区，二级、三级地中产田土壤地段主要分布在国铁的南北地段地区，四级

地的低产田土壤主要分布在国铁以北的地段地区。密山市各乡（镇）土壤的检测六项指标见附表 2-3。

附表 2-3　密山市各乡（镇）土壤基础六项指标统计

乡（镇）	全氮（克/千克）	pH	有机质（克/千克）	碱解氮（毫克/千克）	有效磷（毫克/千克）	速效钾（毫克/千克）	样本数（个）
密山镇	2.39	5.62	43.9	224.30	33.2	107.73	119
和平乡	3.01	5.85	44.1	235.19	40.7	176.23	122
太平乡	1.89	5.69	454	232.97	28.7	127.60	95
黑台镇	1.98	6.02	43.1	217.13	26.9	222.02	96
连珠山镇	3.26	5.79	45.1	220.10	34.9	144.71	96
裴德镇	2.05	5.79	409	214.95	31.7	122.92	121
兴凯镇	2.76	5.54	38.6	204.55	44.5	114.61	126
富源乡	2.51	5.80	35.5	206.29	42.2	141.88	115
科研所	0.00	6.00	19.3	124.27	29.2	92.40	20
知一镇	2.17	5.69	36.7	204.29	32.9	120.75	99
二人班乡	2.13	6.14	33.6	172.12	38.3	155.33	94
当壁镇	2.57	6.04	32.8	183.02	38.6	106.92	121
白鱼湾镇	2.08	5.82	32.9	204.54	33.5	147.99	121
兴凯湖乡	2.52	5.56	45.6	261.25	23.7	103.26	125
承紫河乡	4.11	5.55	53.3	271.31	22.8	105.85	123
柳毛乡	2.60	5.57	44.0	262.13	21.3	136.16	126
杨木乡	2.48	5.76	42.9	263.17	32.6	114.76	111

从附表 2-3 中可以看出，自 1984 年全国第二次土壤普查以来，土壤的基础肥力状况正发生明显变化。总的趋势是土壤全氮、土壤有机质、土壤碱解氮、土壤速效钾呈下降趋势，土壤有效磷呈上升趋势，但水、旱田呈分化趋势，土壤酸性增强。六项养分指标中，居首位较高的是河谷平原地区和湖滨低平原地区乡（镇），较低的地区是黑台镇的部分村屯、太平乡的北部、密山镇的北部村屯、富源乡的大部分地区和合并裴德镇新村地区一带，养分分布呈局域性。

根据密山市耕地地力和肥力状况，如何搞好测土配方平衡施肥这项高新技术，也是今后我们利用耕地地力调查与质量评价结果，进一步更好地服务于"三农"，打牢农业基础，适应现代化农业；精准农业，提高农产品质量和效益要做好的一项重要工作。

三、平衡施肥的规划与对策

1. 平衡施肥规划　根据密山市耕地地力评价等级和耕地土壤六项指标的检测，初步将密山市按乡（镇）地力等级和六项指标分为：

高肥区耕地：包括一级地力耕地。

中肥区耕地：包括二级、三级地力耕地。

低肥区耕地：包括四级地力耕地。

根据以上分区，制订出了密山市测土配方平衡施肥的总体规划。

（1）总的原则：依据耕地地力等级和土壤农化样的检测值，参照常规施肥水平，按照平衡施肥的技术标准，按作物需肥和土壤供肥能力，按目标产量做到应施则施，一定要深施根下部。

（2）具体工作应做到：

①在填写农户测土配方施肥建议卡时，应对施肥品种做好养分含量的换算，商品量和纯量一定要标明，以免因农民不清楚而误事。

②在开配方单时，要把单质肥料和多质肥料进行注明，对复合肥料（复混肥）加单质肥料要写明品种。

③引导农民对测土配方平衡施肥技术提高认识，积极参与勇于实践，大力推广，作为今后乃至长期的一项重要工作。

2. 平衡施肥的对策

（1）为了保持和提高耕地地力和土壤肥力，应逐步加大对有机肥的使用，有条件的地方，可以加强秸秆还田的面积，对于二级、三级地力的乡（镇），应该大力推广纳入政府的工作日程。

（2）广辟肥源，农闲季节，大搞高温造肥，大力发展畜牧业，通过过腹还田，增加堆肥和沤肥的质量，提高肥效

（3）测土配方平衡施肥要根据不同耕地土壤设立肥力监测点，跟踪长期监测，建立技术档案，统计地力变化规律，以便指导施肥生产。

（4）制定和实施耕地保养的长效机制，结合地方的实际情况，制定适合当地农业生产实际、有效保护耕地资源，提高耕地质量的地力性政策法规，使耕地地力向良好的方向发展。

附录3　密山市农作物测土配方施肥总论

（一）实施测土配方施肥的目的和意义

推广运用测土配方施肥技术，是各级农业部门当前的一项重点工作，也是加快农业农村经济发展的长期任务。推广测土配方施肥，不但有利于在耕地面积减少、水资源约束趋紧、化肥价格居高不下、粮价上涨空间有限的条件下，促进粮食增收目标的实现，而且有利于加强以耕地产出能力为核心的农业综合生产能力的建设。搞好测土配方施肥，提高科学施肥水平，不仅是促进粮食稳定增产、农民持续增收的重大举措，也是节本增效、提高农产品质量的有力支撑，更是加强生态环境保护、促进农业持续发展的重要条件。

（二）什么是测土配方施肥

人到医院看病，医生先要为你检查化验，做出诊断后根据病情开方抓药，以对症下药。测土配方施肥就是田间医生，为你的耕地看病开方下药。测土配方施肥是国际上通称的平衡施肥，是联合国在世界上推行的先进农业技术。概括起来说，一是测土，就是取土样测定土壤养分含量；二是配方，就是根据土壤养分含量，结合庄稼需要的肥料开方配药；三是合理施肥，就是根据庄稼生长发育中最需要肥料的时期进行定量施肥，或者是在科技人员的指导下施肥。

（三）为什么要实施测土配方施肥

这就要从农作物、土壤、肥料三要素关系谈起。农作物生长的根基在土壤，植物养分60%～70%是从土壤中吸收利用的。土壤中的养分种类很多，主要分三类：第一类是土壤里相对含量较少、农作物吸收利用较多的氮、磷、钾，叫做大量元素。第二类是土壤含量相对较多的、可是农作物吸收利用却较少的钙、镁、硫、铁、硅等，叫做中量元素。第三类是土壤里含量很少、农作物吸收利用也少的铜、锰、硼、锌、钼等，叫做微量元素。土壤中包含的这些营养元素，都是农作物生长发育所必需的。当土壤营养供应不足时，就要靠施肥来补充，以达到供肥和农作物需肥的平衡。

（四）测土配方施肥有哪些内容

测土是在对土壤做出诊断，分析作物需肥规律，掌握土壤供肥和肥料释放相关条件变化特点的基础上，确定施用肥料的种类、配比肥料用量，按方配肥。

从广义上讲，应当包括农肥和化肥配合施用。在这里可以打一个比喻，补充土壤养分、施用农肥比为"食补"，施用化肥比为"药补"。人们常说"食补好于药补"，因为农家肥中含有大量的有机质，可以增加土壤团粒结构，改善土壤水、肥、气、热状况、不仅能补充土壤中含量不足的氮、磷、钾三大元素，又可以补充各种中量、微量元素。实践证明，农家肥和化肥配合施用，可以提高化肥利用率的5%～10%。

（五）如何实现测土配方施肥

测土配方施肥技术是一项较复杂的技术，农民掌握起来不容易，只有把该技术物化后，才能够真正实现。即测、配、产、供、施一条龙服务，由专业部门进行测土、配方，由化肥企业按配方进行生产供给农民，由农业技术人员指导科学施用。简单地说，就是农民直接买配方肥，再按具体方案施用。这样，就把一项复杂的技术变成了一件简单的事情，这项技术才能真正应用到农业生产中去，才能发挥出它应有的作用。

（六）测土配方施用有哪些关键环节

概括起来主要有以下 3 个关键环节：

1. 广泛地开展测土配方施肥技术培训，组织专家巡回指导 重点围绕着大豆、玉米、水稻、烤烟、甜菜、瓜果和蔬菜等主要作物，突出合理确定施肥数量、选择肥料品种、把握施肥时期和改进施肥方法等重点内容，组织专家进村入户、田间地头指导等多种形式，广泛开展以测土配方施肥技术、合理使用方法为主要内容的技术培训。

2. 做好肥料市场专项治理 重点对复混肥、配方肥、精制有机肥和微生物肥料产品进行质量抽检，并将质量抽检情况向社会公布。编印识别假冒伪劣肥料知识挂图和相关技术资料，提高农民鉴别假冒伪劣肥料的能力和维权意识。

3. 完善测土配方施肥基础设施，推进测土配方施肥技术标准化 积极推动"沃土工程"的实施，配套完善土壤分析化验仪器设备、田间试验基础条件等相关设施，为测土配方施肥技术推广提供有力的保障手段。

（七）配方施肥的种类主要有哪些

从肥料定量的不同依据来划分，可分为三大类型：

1. 地力分区（级）配方法 按土壤肥力高低分成若干等级，或划出一个肥力均等的片区，作为一个配方区。利用土壤普查资料和过去田间试验成果，结合群众的实践经验，估算出这一配方区比较适宜的肥料种类及其施用量。

2. 目标产量配方法 根据作物产量的构成，由土壤和肥料两个方面供给养分的原理来计算肥料的施用量。目标产量确定后，计算作物需要吸收多少养分来施用多少肥料。目前主要采用养分平衡法，就是以土壤养分测定值来计算土壤供肥量。

肥料需要量可按下列公式计算：

$$化肥施用量 = \frac{（作物单位吸收量 \times 目标产量）-（土壤养分测定值 \times 0.15 \times 校正系数）}{肥料养分含量 \times 肥料当季利用率}$$

式中，式中作物单位吸收量×目标产量——作物吸收量；

土壤测定值×0.15×校正系数——土壤供肥量；

土壤养分测定值以毫克/千克表示，0.15 为养分换算系数。

校正系数要通过田间试验获得。

3. 肥料效应函数法 不同肥料施用量对产量的影响，称为肥料效应。肥料用量和产量之间存在着一定的函数关系。通过不同肥料用量的田间试验，得出函数方程，用以计算出肥料最适宜的用量。常用的有氮、磷、钾比例法：通过田间肥料测试，得出氮、磷、钾最适用量，然后计算出氮、磷、钾之间的比例，确定其中一个肥料元素的用量，就可以按比例计算出其他元素的用量，如以氮定磷、定钾，以磷定氮、定钾等。

（八）怎样进行农作物缺肥观察

缺氮：新梢细且短，叶小直立，颜色灰绿，叶柄、叶脉和表层发红；花少果小，果实早熟，很容易脱落，根系发育不健全，红根多，大根少，新根发黄。

缺磷：不同的作物表现各不相同。当玉米缺乏磷肥时，会表现为苗期生长缓慢，5 片叶之后症状比较明显，叶片紫色，籽粒不饱满。当小麦缺磷肥时则表现为幼苗生长缓慢，根系发育不良，分蘖减少，茎基部呈紫色，叶色暗绿，略带紫色，穗小粒少。

缺钾：初期表现为下部叶片尖端变黄，沿叶片边缘逐渐变黄，但叶脉两边和叶脉仍然保持原来的绿色。严重时，会从下部叶片逐渐向上发展，最后导致大部分叶片枯黄，叶片边缘呈火烧状。禾谷类作物则会导致分蘖力减弱，节间短小，叶片软弱下垂，茎秆柔软容易倒伏。而双子叶植物则会导致叶片卷曲，逐渐皱缩，有时叶片残缺，但叶片中部仍保持绿色。块根类作物会导致根重量下降，质量低劣。

（九）哪些肥料不可混用

尿素：不能与草木灰、钙镁磷肥、窑灰钾肥混用。

碳铵：不能与草木灰、人粪尿、硝酸磷肥、磷酸铵、氯化钾、磷矿粉、钙镁磷肥、氯化铵、尿素混用。

普通过磷酸钙：不能和草木灰、钙镁磷肥、灰钾肥混用。

磷酸二氢钾：不能和草木灰、钙镁磷肥、灰钾肥混用。

硫酸铵：不能与碳铵、氨水、草木灰、窑灰钾肥混用。

氯化铵：不能和草木灰、钙镁磷肥、窑灰钾肥混用。

硝酸铵：不能与草木灰、氨水、窑灰钾肥、鲜厩肥、堆肥混用。

氨水：不能与人粪尿、草木灰、钾氮混肥、磷酸铵、氯化钾、磷矿粉、钙镁磷肥、氯化铵、尿素、碳铵及过磷酸钙混用。

硝酸磷肥：不能与堆肥、草肥、厩肥、草木灰混用。

磷矿粉：不能和磷酸铵混用。

人畜粪：不能和草木灰、窑灰钾肥混用。

附录 4 密山市大豆、玉米、水稻作物的 施肥技术及肥料鉴别

一、大豆作物的施肥技术

近年来，随着农业结构的调整，密山市大豆种植面积略有所下降，但大豆仍是密山市主要农业产业的种植作物，掌握大豆的生育特点、需肥规律和施肥技术，对提高农民种植大豆作物的效益是十分重要的。

1. 大豆的营养特点 大豆对各种营养元素的需要量如下：每形成 50 千克大豆籽粒，约需氮 3.6 千克、五氧化二磷 0.75 千克、氧化钾 1.25 千克。此外，大豆还要吸收少量的钙、镁、铁、硫、锰、锌、铜、硼、钼等常量元素和微量元素。出苗到开花期吸收氮、磷、钾的量只占总量的 1/4～1/3；显蕾开花后的生殖生长期，叶片和茎秆中氮素浓度不但不下降反而上升；大豆开花结荚期养分的积累速度最快，干物质积累量占全量的 2/3～3/4。

2. 大豆对氮肥的吸收 大豆根瘤菌可提供大豆所需氮素的 20%～30%，而且集中在鼓粒期之前。生物氮促进大豆均衡的营养生长和生殖生长，无机氮则以促进营养生长为主。因此，必须根据大豆作物各生长发育时期对氮的吸收特点及固氮性能变化，合理施用无机氮肥。生育早期，根瘤菌固氮量低。若苗期氮素化肥施用量过少，造成氮素不足，不利于大豆生长；若苗期氮素化肥施用量过多，造成氮素浪费，又对根系发育不利，还抑制根瘤菌的形成和固氮作用。开花期，大豆对氮的吸收达到高峰，且由开花到结荚期，根瘤菌固氮量也达到高峰，因此，该期所需大量氮素主要由生物氮提供。以后根瘤菌固氮能力逐渐下降。在大豆鼓粒期，大量氮素不断从植株的其他部分积累到种子内，需吸收大量氮素，而此时根瘤菌固氮能力已衰退，就需要从土壤中吸收氮素和叶面施氮予以补充，在此之前土壤氮素不足应补充，有效的办法是在蹚最后一遍地时追施一次尿素 5～10 千克/亩为好。

近年来，生产上开始施用速生型根瘤菌肥料。采用根瘤菌肥料，成本低，增产效果明显。施用根瘤菌肥料增产可达 5%～15%，由于根瘤菌肥料受气候影响较大，年季间效果差异较大，因此应当与无机氮肥配合使用。

3. 大豆对磷肥的吸收 大豆各生长发育时期对磷的吸收量不同。从出苗到初花期，吸收量占总吸收量的 15% 左右，开花至结荚期占 60%，结荚至鼓粒期占 20% 左右，鼓粒至成熟对磷的吸收很少。大豆生育前期，吸磷不多，但对磷素敏感。此期缺磷，营养生长受到抑制，植株矮化，并延迟生殖生长，开花期花量减少，即使后期得到补给，也很难恢复，直接影响产量。磷对大豆根瘤菌的共生固氮作用十分重要，施氮配合施磷能达到以磷促氮的效果；在花期，磷、氮配合施用也可以以磷来促进根瘤菌固氮，增加花量，既能促进营养生长，又有利于生殖生长，以磷的增花、氮的增粒来共同达到加速花、荚、粒的协调发育。

4. 大豆对钾、钙的吸收　大豆植株含钾量很高。大豆对钾的吸收主要在幼苗期至开花结荚期，生长后期植株茎叶的钾则迅速向荚、粒中转移。钾在大豆的幼苗期可加速营养生长。苗期，大豆吸钾量多于氮、磷量；开花结荚期吸钾速度加快，结荚后期达到顶峰；鼓粒期吸收速度降低。农家肥料含钾化合物较多，有条件的应该尽量多施用有机肥。钙在大豆植株中含量较多，是常量元素和灰分元素。钙主要存在于老龄叶片之中。但是过多的钙会影响钾和镁的吸收比例。在酸性土壤中，钙可调节土壤酸碱度，以利于大豆生长和根瘤菌的繁殖。

5. 大豆对微量元素的吸收　大豆对钼的需要量是其他作物的100倍。钼是大豆根瘤菌固氮酶不可缺少的元素。施钼能促进大豆种子萌发，提前开花、结荚和成熟，提高产量构成因素（荚数、荚粒数、粒重）和品质，一般可增产5%～10%。目前，我国大豆生产中使用微量元素较多的是钼酸铵。

6. 大豆缺素诊断　大豆在生长发育过程中，如果缺乏某种元素，就会在不同的器官上表现出某种特定症状。

（1）缺氮：幼苗缺氮则茎细弱，单叶不肥壮，子叶早黄（不足20天脱落）；以后下部叶片叶色变浅，呈淡绿色，进而变黄而干枯。有时叶面出现青铜色斑纹，严重缺氮的植株生长停止，叶片自下而上发黄脱落。

（2）缺磷和高磷中毒：缺磷的植株早期叶色变深，呈浓绿色或墨绿色，以后在底部叶片的叶脉间缺绿，最后叶脉也缺绿而死亡。缺磷的植株矮小，生长缓慢，叶小而狭长，直立向上；严重缺磷时茎秆变红色；开花后缺磷则叶片上出现棕色斑点。磷过多则产生磷中毒。高磷中毒的植株叶片变淡，叶缘变褐，叶脉间失绿，叶片脱落。

（3）缺钾：根系发育不良；老叶从叶缘开始变黄，逐渐皱缩向下卷曲；但中部叶脉附近仍可保持绿色，从而使叶片变得残缺不全。后期缺钾时，上部小叶的叶柄变棕褐色，叶片下垂死亡。

（4）缺钙：在单叶着生的茎部产生黑斑；单叶边缘表现黄色乃至黑色。花期前缺钙则茎基部叶边缘出现蓝色或黄色斑点，叶片深绿色，斑纹密集皱缩，茎秆软弱。结荚期缺钙，叶片黄绿并带红色或淡紫色，叶片脱落延迟，不结荚或有荚而无籽粒。

（5）缺少微量元素：缺镁则老叶呈灰绿色，叶脉间发生黄色斑点，叶缘向下卷曲。缺钼则叶色淡黄，生长不良，表现缺氮症状，根瘤不发达。缺硼的植株生育变慢，叶面凹凸不平，根系发育不良，茎尖分生组织死亡。

7. 施肥技术

（1）基肥：大豆的基肥以优质的农家肥为主，每亩施1 000～1 500千克。

（2）种肥：一般亩施磷酸二铵5～8千克、尿素2.5～5千克、氯化钾4～5千克。施用时应避免种子与肥料接触，采取种下深施、双侧深施或单侧深施。种下深施10～15厘米，侧深施距种子6～8厘米。

（3）追肥：

①根部追肥。花期追肥，亩施尿素5～10千克；然后立即培土覆盖，以减少肥料损失。

②根外追肥。依据大豆生长情况，在初花期或鼓粒期，进行叶面喷肥。亩施用尿素

75～150 克、钼酸铵 10～30 克、磷酸二氢钾 100 克，对水 30 升喷雾。

（4）种子拌肥：播前每 100 千克种子，用钼酸铵 30～50 克，对水 1 千克拌匀；可同时再按 100 千克种子，5 千克根瘤菌剂加水稀释成糊状拌种，拌后阴干，避免阳光直晒以免失效；拌种后应在 24 小时内播种。

二、玉米作物的施肥技术

（一）配方施肥

1. 养分平衡法（测土配方） 根据氮、磷、钾肥的施肥参数，进行取土样化验分析，按"养分平衡"原理制定目标产量计算氮、磷、钾肥施用量。这一方法是在农业技术部门的指导下实施。

$$化肥施用量 = \frac{（作物单位吸收量 \times 目标产量）-（土壤养分测定值 \times 0.15 \times 校正系数）}{肥料养分含量 \times 肥料当季利用率}$$

基础参数如下：

（1）每生产 100 千克玉米需要吸收氮 2.8 千克、五氧化二磷 1.3～1.8 千克、氧化钾 3.5 千克。目标产量一般定在 500 千克/亩左右。

（2）土壤供肥系数（校正系数）：速效氮为高肥力 0.51、中肥力 0.14；有效磷高肥力为 1.5、中肥力为 1.2、低肥力为 0.8；速效钾高肥力 0.5、中肥力 0.4、低肥力为 0.2。

（3）化肥利用率：氮肥高肥力为 10%、中肥力为 10%～30%、低肥力为 40%；磷肥高肥力为 30%、中肥力为 40%～50%、低肥力为 60%；钾肥高肥力为 10%、中肥力 10%～40%、低肥力为 40%。

2. 氮、磷、钾比例 根据不同地力，实行分区划片配方比例，就是以地力分区划片为基础，以土定产，以产定肥，氮、五氧化二磷、氧化钾的比例一般按 1：0.5：0.5 或 1：0.5：0.3 的比例实施。根据试验单产在 500 千克左右时施纯氮 10～12 千克、纯磷 5～6 千克、纯钾 4～5 千克或 3～4 千克较接近经济合理施肥方案。折合尿素 20～25 千克，普通过磷酸钙 25～30 千克，硫酸钾 9～10 千克或 8～9 千克。

3. 施用作物专用肥 采取制定配方，提供配方给厂家生产专用肥，让农民使用"傻瓜肥"，使配方施肥技术简便易行地应用到田块去。施用 N：P：K＝18：13：14 的玉米专用肥，亩施用 20～30 千克做基肥，再用尿素 15～20 千克做追肥。以上施肥方法简便易行，农民朋友可直接参照实施。同时由于密山市土壤前些年的化验数据认为普遍也缺少锌元素，建议在施肥料的同时补施 2～3 千克/亩的硫酸锌为好。

（二）施肥要点

要求亩施用农肥 1 000 千克左右。用 10%～20% 的氮肥和磷、钾肥加上农肥等做底肥，用 80%～90% 氮肥做追肥。其中：在 6～7 叶追施 20%～30%；喇叭口期再追施 50%～70%。

玉米是密山市主栽作物之一，种植面积每年都在 40 000.0 公顷以上。近几年，随着市场价格的不断上涨，种植玉米的效益越来越可观，特别是在旱涝不均的年份，大豆产量低、价格又不稳，所以玉米越发被人们所关注。现在应用的玉米品种绝大部分是单交种，生长势较强。如果品种适当，水、肥、气、热等自然条件适宜，再加上有先进的施肥技术，玉米平均亩产可超过 600 千克，有很大的增产潜力。所以说玉米是高产的粮食作物。

（三）需肥规律

从玉米内、外部发育特征看，玉米一生可划分为 4 个生育阶段：

1. 出苗阶段　出苗到第三片叶以前，这时玉米所需的养分主要由种子自身供给。

2. 出苗—拔节阶段　玉米从第四片叶开始，植株利用的养分才从土壤中吸收。这时根系和叶面积都不发达，生长缓慢，吸收的养分较少。这时的吸氮量约占一生的 2%，吸磷量约占一生的 1%，吸钾量约占一生的 3%。

3. 拔节—抽穗阶段　玉米从拔节开始，对营养元素的需要量逐渐增加，此时需氮量占一生的 35%。五氧化二磷占一生的 46%，氧化钾占一生的 70%。

4. 抽雄—成熟阶段　抽雄期的玉米对养分的吸收量达到盛期，在仅占生育期的 7%～8% 的短暂时间里，对氮、磷的吸收量接近所需总量的 20%，钾占 28% 左右。这一阶段植株的生育状况在很大程度上取决于前一生育期的养分供应及植株长势。玉米籽粒灌浆期间同样需吸收较多养分，此期需吸收的氮量占一生吸氮量 45%，五氧化二磷占 35%。氮充足能延长叶片的功能期，稳定较大的绿叶面积，避免早衰，对增加粒重有着重要的作用。钾虽然在开花前都已吸收结束，但是吸收数量不足，会使果穗发育不良，顶部籽粒不饱满，出现败育或植株倒伏而减产。

（四）施肥技术

针对玉米生育期需肥规律特点，主要采取以下施肥措施：玉米生产田每生产 100 千克籽粒需氮肥 2.5～3.0 千克，折合成尿素 5～6 千克；五氧化二磷 0.68～1.25 千克，折合二胺 2～3 千克，氧化钾 2.0～2.5 千克，折合氯化钾 4～5 千克。在生产过程中应依据地力等条件实行测土配方施肥，做到氮、磷、钾及微量元素合理搭配。每公顷施用优质农肥 30～40 吨，结合整地撒施或条施夹肥；磷肥每公顷施五氧化二磷 75～112 千克，结合整地做底肥或种肥施入；钾肥每公顷施氧化钾 60～75 千克做底肥或种肥，但不能秋施底肥；氮肥每公顷施纯氮 100～150 千克，其中 30%～40% 做底肥或种肥，另外 60%～70% 用做追肥。

（五）施肥原则

1. 稳氮、降磷、增钾，补充中、微量元素，增施农家肥　密山市大部分地块的养分基本情况是：氮素营养基本平衡或略有盈余，磷素营养成分在土壤中有较多的积累，而钾素营养投入明显小于作物所需，亏损较大，中、微量元素相对缺乏。长期按传统的施肥技术进行施肥，前面的现象将进一步加剧，不但降低了肥料的利用率，而且也增加了生产成本，影响了玉米的产量和质量，进而影响玉米的种植效益。配方施肥是实现科学施肥的重要技术，因此在生产中，最好是配方施肥。做不到配方施肥的地方，应稳定氮肥的投入水平，适当降低磷肥的投入量。有条件的地方经试验、示范，可推广应用"磷素活化剂"等产品（嫩江等地区已使用多年了，效果非常好）；要增加钾肥的投入，每公顷施氯化钾或硫酸钾 90～150 千克；要补充中、微量元素。缺锌地块每公顷要施用硫酸锌 15～22 千克。

农肥在改良土壤、提高土壤有机质含量及肥力等方面具有重要作用；随着化肥投入水平的不断提高，农肥的总体投入水平已存在着有所下降的趋势，对农业的持续发展已造成较大的影响；玉米生产难以实现高产稳产。因此在施肥技术上，要树立增施农肥的主导思想，积造优质农肥，扩大秸秆还田面积，力争公顷施入有机质含量在 8% 以上的优质农家肥 22～30 立方米，以增加农业生产的后劲，提高玉米产量，改进玉米品质，增加玉米效益。

2. 减少单一化肥的施用，推广有机、无机复合肥料 化肥的大面积应用，在提高粮食产量、满足人们生产、生活需要等方面发挥了不可估量的作用。但随着人口的不断增长和人们生活水平的提高，单一化肥的应用与可持续农业发展以及追求高质量农产品的矛盾明显在突出。积极推广有机、无机复合肥料、生物肥料等高科技产品已成为历史的必然选择。多数有机、无机复合肥料不但含有植物所必需的营养元素氮、磷、钾，还有一些中、微量元素，同时更主要的还有大量的有机质，这对农业可持续发展、绿色环保食品的生产都有重要的作用。

3. 适当调整种肥、追肥的比例，调整追肥的时间 近几年，人们在选用品种生育期时比较谨慎，一般比原栽培品种缩短了生育期，相应增加了种植密度，这就容易发生早衰现象。为避免这一现象，生产中可提高肥料的投入，同时追肥时间提前。另外，密度加大、高产、高效栽培技术是被人们认可了，紧凑型玉米品种比平展型的玉米品种易被人们接受，氮肥做种肥一般投入即可，追肥数量应该相应增加，做到"前轻后重"。

三、水稻作物的施肥技术

（一）配方施肥

1. 养分平衡法（测土配方施肥） 根据氮、磷、钾肥的施肥参数，进行取土样化验分析，按"养分平衡"原理制定目标产量计算氮、磷、钾肥施用量；这一方法是在农业技术部门的指导下实施的。

$$化肥施用量 = \frac{（作物单位吸收量 \times 目标产量）-（土壤养分测定值 \times 0.15 \times 校正系数）}{肥料养分含量 \times 肥料当季利用率}$$

基础参数如下：

（1）每生产 100 千克稻谷需要吸收氮 2～2.5 千克、五氧化二磷 1.5～2.5 千克、氧化钾 3～3.5 千克。目标产量一般定在 500 千克/亩左右。

（2）土壤供肥系数（校正系数）：速效氮为 0.24～0.33；有效磷高肥力为 0.8、中肥力为 0.6、低肥力为 0.2；速效钾高肥力为 0.65、中肥力为 0.55、低肥力为 0.45。

（3）化肥利用率：氮肥高肥力为 20%、中肥力为 20%～40%，低肥力为 45%；磷肥高肥力为 30%、中肥力为 40%～50%、低肥力为 60%；钾肥高肥力为 40%、中肥力为 40%～50%、低肥力为 70%。

2. 氮、磷、钾比例 根据不同的地力，实行分区划片配方比例，就是以地力分区划片为基础，以土定产，以产定肥，氮、五氧化二磷、氧化钾的比例一般按 1∶0.4∶1 或 1∶0.4∶0.8 的比例实施。根据密山境内及周边地区的大量试验，单产在 500 千克左右时，施纯氮 6～7 千克，纯磷 3～4 千克，纯钾 6～7 千克或 5～6 千克较接近经济合理施肥方案。折合尿素 13～16 千克，磷酸二铵 8～10 千克，硫酸钾 5～7 千克或 4～6 千克。

3. 施用作物专用肥　采取制定配方，提供配方给厂家生产专用配方肥，让农民使用"傻瓜肥"，使配方施肥技术简便易行地应用到田块中去。施用 N：P：K＝16：12：17 的水稻专用配方肥，亩施用 20～25 千克做基肥，补施尿素 10～18 千克做追肥较为合适。

以上施肥方法是简便易行的方法，农民朋友可直接参照实施。同时由于密山市前几年的土壤普遍锌元素含量并不高，建议施肥的同时在补施 2～3 千克/亩的硫酸锌为好。

（二）施肥要点

重施底肥，要求亩施用农肥 750～1 500 千克。一般较黏重的土壤占总氮肥量的 60%，沙质的土壤占总氮肥量的 50%，比较易漏肥的沙土地占总氮肥量的 40% 和农肥、磷、钾肥全部做底肥；早施分蘖肥，移栽后 10 天左右，用总氮量的 10%～20%；其余做巧施穗肥，看叶色适当施用。

（三）施肥技术

"庄稼一枝花，全靠肥当家"，种庄稼要施肥，今日已成为常识，肥料的施用为农业近年来的快速增长做出了巨大的贡献。但是农民朋友在施肥中还存在着不少问题，比如重氮肥轻磷钾肥，重化肥轻有机肥，不因地制宜施肥，不看苗施肥等，造成了肥料的不必要浪费，而该施的却又施肥不足，影响了农民种田效益的提高。下面就水稻的需肥特性、吸肥规律和施肥技术作一些简要的介绍。

（四）水稻的需肥特性

1. 水稻对氮、磷、钾的吸收量　水稻是对氮、磷、钾营养元素的吸收量相对较多的作物，而氮、磷、钾往往又是水稻吸收量多而土壤供给量又常常不足的三种营养元素。生产 500 千克稻谷及相应的稻草，需吸收氮（N）7.5～9.55 千克、磷（P_2O_5）4.05～5.1 千克，钾（K_2O）9.15～19.1 千克，三者的比例大致为 2：1：3。但也要考虑到稻根也需要一些养分，在水稻未收获前，由于淋洗的作用和落叶已损失了一些，实际上水稻吸肥总量高于此值。且上述吸肥比例也因品种、气候、土壤、施肥水平及产量高低而有一定差异。

2. 水稻各生育期的吸肥规律　水稻各生育期内的养分含量，一般是随着生育期的发展，植株干物质积累量的增加，氮、磷、钾含有率渐趋减少。但对不同营养元素、不同施肥水平和不同水稻类型，变化情况并不完全一样。据研究，稻体内的氮素含有率，早稻在返青之后，晚稻在分蘖期以后急剧下降，拔节以后比较平稳；含氮高峰早稻一般在返青期，晚稻在分蘖期。但在供氮水平较高时，早、晚稻的含氮高峰期可分别延至分蘖期和拔节期。磷在水稻整个生育期内含量变化较小，在 0.4%～1% 的范围内，晚稻含量比早稻高，但含磷高峰期均在拔节期，以后逐渐减少。钾在水稻体内的含有率早稻高于晚稻，含钾量的变幅也是早稻大于晚稻，但含钾的高峰均在拔节期。水稻各生育阶段的养分与吸收量是不同的，且受品种、土壤、施肥、灌溉等栽培措施的影响，单季稻生育期长，一般存在 2 个吸肥高峰，分别相当于分蘖盛期和幼穗分化后期。

（五）施肥量与施肥期

1. 施肥量　水稻施肥量，可根据水稻对养分的需要量，土壤养分的供给量以及所施肥料的养分含量和利用率进行全面考虑。水稻对土壤的依赖程度和土壤肥力关系密切，土壤肥力越高,土壤供给养分的比例越大。密山市水稻土缺氮敏感,缺磷不明显,缺钾易表现。为了充分发挥施化肥的增产效应,不仅要氮、磷、钾配合施用,还应推行测土配方施肥。我国稻区当季化肥利用率大致范围是氮肥为 $30\% \sim 60\%$、磷肥为 $10\% \sim 25\%$、钾肥为 $40\% \sim 70\%$。

2. 确定施肥期　水稻高产的施肥时期一般可分为基肥、分蘖肥、穗肥、粒肥 4 个时期。

(1) 基肥:水稻移栽前施入土壤的肥料为基肥,基肥需要有机肥与无机肥相结合,达到既满足有效分蘖期内有较高的速效养分供应,又肥效稳长。氮肥做基肥,可提高肥效,减少逸失。基肥中氮的用量,因品种、栽培方法、栽培季节和土壤肥力而定。田肥的宜少些,田瘦的宜多些;大田营养生长期短的基肥氮也宜少些。缺磷、缺钾土壤,基肥中还应增施磷、钾肥。

(2) 分蘖肥:分蘖期是增加根数的重要时期,宜在施足基肥的基础上早施分蘖肥,促进分蘖,提高成穗率,增加有效穗。若稻田肥力水平高,底肥足,不宜多施分蘖肥,"三高一稳"栽培法及质量群体栽培法,其施肥特点就是减少前期施肥用量,增加中、后期肥料的比重,使各生育阶段吸收适量的肥料,达到平稳促进。

(3) 穗肥:根据追肥的时期和所追肥料的作用,可分为促花肥和保花肥。促花肥是在穗轴分化期至颖花分化期施用,此期施氮具有促进枝梗和颖花分化的作用,增加每穗颖花数。保花肥是在花粉细胞减数分裂期稍前施用,具防止颖花退化,增加茎鞘贮藏物积累的作用。穗肥的施用,除直接增大"产量容器"外,还可增强最后三片叶的光合功能,具有养根保叶,增加粒重,减少空秕粒,增"源"畅"流"的作用。前期营养水平高,穗肥应以保花肥为主,前期施肥少,中期叶色褪淡落黄明显,穗肥宜早施,做到促、保结合。

(4) 粒肥:粒肥具有延长叶片的功能,提高光合强度,增加粒重,减少空秕粒的作用。尤其群体偏小的稻田及穗型大的、灌浆期长的品种,施用粒肥显得更为重要。

(六) 几种施肥方法

1. "前促"施肥法　其特点是将全部肥料施于水稻生长前期,多采用重施基肥、早施攻蘖肥的分配方式,一般基肥占总施肥量的 $70\% \sim 80\%$,其余肥料在移栽返青后即全部施用。

2. 前促、中控、后补施肥法　注重稻田的早期施肥,强调中期限氮和后期氮素补给,一般基蘖肥占总肥量的 $80\% \sim 90\%$,穗、粒肥占 $10\% \sim 20\%$,适用于生育期较长,分蘖穗比重大的杂交稻。

3. 前稳、中促、后保施肥法　减少前期施氮量,中期重施穗肥,后期适当施用粒肥,一般基蘖肥占施肥量的 $50\% \sim 60\%$,穗粒肥占总施肥量的 $40\% \sim 50\%$。

四、如何鉴别肥料的质量

农民在购买肥料时,对肥料的质量比较关心,如何鉴别肥料的质量,一直是广大农民朋友关注的热点问题。目前,市场上销售的肥料可分为 4 类:即单元肥料、复合肥、混配肥、叶面肥。

（一）单元肥料的鉴别

市场上出现最多的假冒氮肥，如假尿素。一般有两种情况：一种是整袋成分不一致，如果包装袋上口处的流动性好，下面的不流动甚至结块，且可闻到较强的挥发氨味，则基本上可以判断上面的是尿素，下面是掺假的碳酸氢铵类；如果上下流动性都很好，但颗粒的颜色、粒径大小不一致，则可能是掺假的硝酸铵。另一种是整袋肥料的成分一致，常见的假冒物有吉化颗粒硝酸铵、俄罗斯颗粒硝酸铵，还有一些大分子有机物，如多元醇等。上述物质的颗粒、颜色、溶解性与尿素很相似。

1. 如何鉴别

（1）外观：尿素为白色半透明颗粒，表面无反光；而硝酸铵颗粒表面有明显的色泽和反光；多元醇为不透明的乳白色颗粒，没有色泽也不反光。

（2）手感：尿素光滑、松散、没有潮湿的感觉；硝酸铵虽然光滑但却有湿潮感；多元醇虽然松散无潮湿感，但却不太光滑。

（3）火烧：分别把 3 种物质放在烧红的木炭或铁板上，尿素熔化、冒白烟，有氨臭味；硝酸铵剧烈燃烧、发出强光和白烟，并拌有"嗤…嗤…"声；多元醇虽分解燃烧，但无氨味。

市场上流通的单元磷肥品种主要为普钙，已发现的假冒物有磷石膏、钙镁磷肥、废水泥渣、砖瓦粉末。

2. 主要鉴别方法

（1）外观：普钙为灰色的疏松粉状物，有酸味；磷石膏为灰白色的六角柱形结晶或晶状粉末，无酸味；钙镁磷肥的颜色为灰绿或灰棕，没有酸味；呈很干燥的玻璃质细粒或细粉末；废水泥渣为灰色粉粒无光泽，有坚硬块状物，粉粒较粗，无酸味；砖瓦粉末颜色发蓝、粉粒较粗，无酸味。

（2）手感：普钙质地重，手感发腻；磷石膏质地轻，手感发棉、比较轻浮；钙镁磷肥质地重，手感受棉、较干燥；废水泥渣质地重，不干燥，有坚硬水泥渣存在；砖瓦粉末手感发涩，不干燥，有砖瓦渣存在。

（3）水溶性：普钙部分溶于水；磷石膏完全溶于水；钙镁磷肥不溶于水；废水泥粉和砖瓦浆在水多的情况下发生沉淀。

（4）在磷肥的识别中若出现以下现象：普钙中有土块、石块、煤渣等明显杂质，则可断定为劣质产品；若酸味过浓，水分较大，则为未经熟化的不合格非成品；如果发现颜色发黑，手感发涩、发扎，为粉煤灰属假冒品。

（二）复合肥料的鉴别

市场上出现较多的假冒的复合肥是磷酸二铵。已发现的假冒物有硝酸磷肥、重过磷酸钙（三料）、颗粒过磷酸钙，虽然它们与磷酸二铵的颜色、颗粒和抗压强度相似，但养分、种类、含量、价格的差别却很大。磷酸二铵的养分含量为磷（P_2O_5）46%～48%、氮（N）16%～18%；硝酸磷肥的养分含量为磷（P_2O_5）11%～13%、氮（N）25%～27%；重过磷酸钙（三料）的养分含量为磷（P_2O_5）42%～46%；颗粒过磷酸钙的养分含量为磷（P_2O_5）14%～18%。

鉴别方法

（1）外观：磷酸二铵（美国产）在不受潮的情况下为不规则颗粒，其中心黑褐色、边缘微黄，颗粒外缘微有半透明感，受潮后颗粒黑褐色加深，无黄色和边缘透明感，遇水后在表面泛起极少量粉白色。硝酸磷肥也为不规则颗粒，颜色为黑褐色，表面光滑。重过磷酸钙（三料）的颗粒为深灰色。过磷酸钙颗粒的颜色浅，为灰色，表面光滑程度差。

（2）水溶性：磷酸二铵、硝酸磷肥、重过磷酸钙（三料）均溶于水；颗粒过磷酸钙仅部分溶于水。

（3）火烧：磷酸二铵、硝酸磷肥在烧红的木炭或铁板上能很快熔化，并放出氨气；重过磷酸钙（三料）在烧红的木炭或铁板上没有氨味；过磷酸钙在烧红的木炭或铁板上也没有氨味，并且颗粒形状无变化。

（4）必要时通过有资质的化验室做定量分析。

（三）混配肥的鉴别

混配肥也称复混肥，三元［氮（N）＋磷（P_2O_5）＋钾（K_2O）］养分总含量大于等于40％的肥料称为高浓度复合肥。当前市场上以三（多）元复合肥为名称的绝大多数肥料不是复合肥，而是混配（复混）肥。假冒的混配（复混）肥多为污泥、垃圾、土、煤灰粉等颗粒物，一般不含氮素化肥。

鉴别方法

（1）外观：含氮素化肥特别是含尿素或硝酸铵较多的混配（复混）肥由于在生产过程中炉温适合，因而颗粒熔融状态好，表面比较光滑；而假混配（复混）肥颗粒表面粗糙，没有光泽，看不见尿素等肥料的残迹。

（2）火烧：烧灼方法是辨别真假混配（复混）肥和鉴别浓度高低的主要方法。在烧红的木炭或铁板上复混（混配）肥会熔化（氮素越多熔化越快）、冒烟，并发出氨味，颗粒变形变小（浓度越高残留物越少）。当然最准确的方法还是抽样做定量分析。

（四）叶面肥的鉴别

一般劣质的叶面肥多表现为包装简单，三证（生产许可证、产品质量合格证、肥料登记证）号不全，成分不明。有的浓度很低、液体透亮，有的则有明显的沉淀。

鉴别方法

（1）包装：检查商品是否是农业部门登记的产品，有无肥料使用登记证号，产品商标（注册）、主要成分、使用范围、厂名厂址与农业部门的文件通告是否一致，如果有明显不同，则是假冒产品；如果没有肥料全部登记证号，则属非法生产、销售的产品，不能推广使用。

（2）外观：对液体肥料讲，产品说明中标称含硫酸亚铁的液体肥料应发绿；含黄腐酸的液体肥料应呈棕褐色；含腐殖酸钠钾盐的液体肥料应呈黑褐色。如果已标明分别含有上述各种成分，但与上述各颜色不符的即是假冒品；如果颜色相符，但沉淀过多，则是劣质品。固体叶面肥料主要由尿素、磷酸二氢钾、微量元素等复混配成，可按上述单元素肥料、复合肥料等的鉴别方法采用直观其颜色、晶体形状等方法加以识别。

（3）看田间效果：按照使用说明上的方法进行喷施操作，3～5天后作物的叶色和生长情况应有明显的变化；含锌的肥料产品其叶色的变化应更为明显；而按照上述方法操作7天左右仍无变化的就视为是假冒伪劣产品。

附录5　密山市耕地地力调查与质量评价工作报告

一、自然与生产概况

密山市位于黑龙江省的东南部，鸡西市的东部。地理坐标为北纬 $45°00'\sim45°55'05''$，东经 $131°13'36''\sim133°08'02''$。其东部与虎林市接壤，西部与鸡东县相接，北部与七台河市、宝清县为邻，南部与俄罗斯水、陆相望。市辖区内按经纬度方向最大南北长150.4千米，最大东西宽101.0千米。密山市是祖国东北边陲的一个拥有262千米国界线长（其中陆界32千米）的国家一类口岸城市。中俄界湖兴凯湖是国家级自然保护区，其位于密山市东南部，每当夏日，湖畔游人如鲫；每逢冬令，湖面上白雪皑皑，一望无际，蔚为壮观，并有自己独特的小气候。

密山市辖区内有汉、朝鲜、满、蒙古、瑶、苗、哈尼族等19个民族在此居住，总人口约为42.6万人。密山市有耕地面积为157 526.6公顷，粮豆播种面积为135 266.6公顷。其中，水稻作物36 200.0公顷，玉米作物40 133.3公顷，大豆作物58 933.3公顷，其他作物为22 260公顷。常年降水量为 $521.7\sim597.1$ 毫米，有效积温 $\geqslant10℃$ 的为 $2\,426.4\sim2\,563.6℃$，平均日照 $2\,467.4\sim2\,575.8$ 小时，作物生长季总辐射量为 $50\sim55$ 千卡/平方厘米，占全省第二、第三、第四积温带，无霜期在 $106\sim151$ 天，9月中下旬出现早霜。分为八大土类（全省分为17个土类、47个亚类），33个亚类，16个乡（镇），154个行政村。农业人口约为28.4万人。达到6万余吨的生产用肥量，正常年景条件下密山市的种粮户可生产约10多亿千克的粮食。

截至2008年，市属地区生产总值56.4亿元，同比增长11.1%，三次的产业结构比调整为40.8：25.2：34。实现农业总产值27.8亿元，同比增长8.0%，农民人均纯收入为5 010元，同比增长6.4%；城镇人均可支配收入为8 641元，同比增长11.45%；全社会消费品零售总额实现11.5亿元，同比增长17%；全社会固定资产投资完成额为6.6亿元，同比增长47.8%。进出口贸易额2亿美元，比上一年增长11.0%；全口径财政收入2.5亿元，比上一年增长8.0%（按可比口径）。

二、目的意义

近年来，随着改革步伐的进展，党的惠农政策的落实，密山市的农业生产以调整结构为重点，以市场为导向，以效益为中心，以科技为依托，走因地制宜的发展道路，农业综合生产能力有了明显的提升，在种植业结构调整上，有机食品和绿色无公害食品生产中，经济作物发展上都取得了一定的成果，因此，面对新的发展形势，适时开展耕地地力调查，摸清土壤"家底"，搞好质量评价，对今后的县域经济的发展是有着十分重要的意义，也是建设生态农业的重要举措。

三、工作组织

1. 成立耕地地力评价调查领导小组　本次的耕地地力调查受到密山市市委、市政府的高度重视，首先成立了耕地地力调配与质量评价的领导小组，市政府主管农业的副市长亲自任组长，农委主任、推广中心主任任副组长的领导机构，下设办公室（农业技术推广中心）。

领导小组负责组织协调、制定工作计划，落实人员，安排资金，指导全面工作。办公室负责具体日常工作，制定耕地地力调查与评价的工作方案及耕地地力开展的其他各项工作。参加耕地地力调查与质量评价工作共 48 人，有领导小组、野外调查小组、分析测试小组、专家评价小组、报告编写小组，各小组有分工、有协作，各有侧重，并且在野外调查中，各乡（镇）农技推广站的工作人员及各包村干部配合做好耕地地力调查和测土配方施肥工作。

2. 开展业务技术培训，严把质量关　耕地地力调查是一项时间紧、技术性强、质量要求高的工作。为使参加调查、采样、化验的工作人员能够正确的掌握技术要领，顺利完成野外调查和化验分析的工作，黑龙江省土壤肥料管理站集中培训了化验分析人员，又分批次的培训了推广中心主任和土肥站站长。根据黑龙江省土壤肥料管理站的要求，密山市集中的培训了市里参加此项工作的技术人员，并建立了县级耕地地力与质量评价技术组，多次开会讨论在实际工作中遇到的问题，并以省土壤肥料管理站和中国科学院东北地理与农业生态研究所为专家顾问，不懂、不会的问题及时地向专家请教，并得到了专家们的大力支持。尤其是在数据库的建设、数字化的处理方面、软件的应用程序得到了中国科学院地理与农业生态研究所等相关部门的鼎力相助，使我们的工作顺利完成。

在外业采样之前，开展技术培训，并且对外业组全体人员进行了一次野外实地演练。采样方法、GPS 的使用，采样的部位、调查表的填写、样品的留取、样品标签（内、外各 1 张）等有关事项逐个演练，做到精准无误，高标准、高质量地完成该项工作。

3. 收集各种资料　在开展耕地地力调查与质量评价的过程中，按照黑龙江省土壤肥料管理站《调查指南》的要求，收集了密山市有关的大量基础资料。主要有密山市的土壤图、土地利用现状图，土壤氮、磷、钾养分图，行政区划图，水利工程现状图，地形图；密山市（气象、农机、水产、农业档案、统计、林业、国土等）相关部门提供了大量的图文信息资料，为调查工作的顺利开展提供了有力支持。

四、主要工作成果

通过结合"测土配方施肥"项目开展的耕地地力调查与评价工作，获取了密山市有关农业生产的大量的、内容丰富的测试数据和调查资料及相关数字化图件，通过各类报告和相关的软件工作系统，形成了对今后密山市当前和今后相当一个时期农业生产发展有积极意义的工作成果。

1. 文字报告

（1）密山市耕地地力调查与质量评价技术报告。

（2）密山市耕地地力调查与评价专题报告（4份）：①密山市耕地地力调查与质量评价大豆作物适应性评价专题利用报告；②密山市耕地地力调查与质量评价玉米作物适应性评价专题利用报告；③密山市耕地地力调查与中低产田改造对策建议的专题报告；④密山市耕地地力调查与平衡施肥对策建议的专题报告。

（3）密山市耕地地力调查与质量评价工作报告。

2. 数字化成果图　密山市耕地地力等级分布图，密山市采样点分布图，密山市行政区划图，密山市耕地资源管理单元分布图，密山市土地利用现状图，密山市耕地施肥分区图，密山市土壤图，密山市有机质等级分布图，密山市 pH 等级分布图，密山市全氮等级分布图，密山市碱解氮等级分布图，密山市有效磷等级分布图，密山市速效钾等级分布图，密山市有效锰等级分布图，密山市有效锌等级分布图，密山市大豆作物适宜性评价分布图，密山市玉米作物适宜性评价分布图。

五、主要做法与经验教训

密山市的耕地地力调查，在黑龙江省土壤肥料管理站的指导下，在市委、市政府的正确领导下，在各协调部门的大力配合下，在全体参加工作人员的齐心努力下，历经3年多的时间，圆满地完成了密山市耕地地力调查与质量评价工作。在工作中，得到了市委、市政府等相关的部门和广大村民们的大力协助，根据上级的总体工作方案和《耕地地力调查评价指南》农业技术推广中心对各项具体工作内容、质量标准，都严格按要求实施，我们还多方征求意见，尤其是对参加过农业区划和第二次土壤普查的农业退休老专家，请他们对密山市评价指标的选定、各参评指标的评价及权重等，提建议和看法，并多次召开专家评价会，反复对参评指标进行多次的研究探讨，尽量接近实际水平，提高对地力评价的质量。

1. 应用现代数字化技术，建立密山市耕地资源数据库　研究本次耕地地力调查，是在结合测土配方施肥项目工作中开展的。利用中国科学院东北地理与农业生态研究所 Supermap Deskpro 5 的软件和哈尔滨万图信息技术开发有限公司，将密山市的土壤图、行政区划图、土地利用现状图和地形图等图件进行矢量化处理，在 ARCGIS 和相应软件中进行图件叠加，地统计学插值等空间分析，最后将所有完成的图件导入到江苏省扬州市的《县域耕地资源管理信息系统 V3》软件进行耕地地力评价，形成千余个评价单位，并建立了属性数据库和空间数据库。通过数据化技术，按照密山市的生产实际，选择了 13 项评价指标，按照《耕地地力评价指南》将密山市耕地地力划分为 4 个等级。

（1）一级地力耕地 44 646.32 公顷，占耕地面积 28.34%。

（2）二级地力耕地 46 203.58 顷，占耕地面积 29.33%。

（3）三级地力耕地 52 019.20 公顷，占耕地面积 33.02%。

（4）四级地力耕地 14 657.50 公顷，占耕地面积 9.31%。

制作出密山市地力分级图、氮素养分分布图、磷素养分分布图、钾素养分分布图、全氮分布图、有机质分布图、pH 分布图、样点分布图、土壤图和土地利用现状图。耕地地力的多个调查点，结合测土配方采点 10 435 个，共获得检验测定数据 5 000 多个，基本上摸清了密山市辖区内耕地土壤的内在质量和肥力状况。

自 1984 年第二次土壤普查以来，土壤理化性状发生了明显的变化，土壤全氮与第二次土壤普查结果比较，土壤全氮的增加或减少有所不同。其中一级含量比例的由原来的 9.2% 降至现在的 3.7%，二级比例的从原来的 76.0% 减至 12.5%；三级含量的从原来的 13.5% 增加至 64.4%，而低含量的四级比例由原来的 1.3% 增加到 19.4%，平均含量水平比原来减少了 0.093%。但从总的趋势来看，土壤的全氮含量从低水平上还是有所增加的，但增加幅度不大，且一级、二级的含量水平大大地降低了。土壤碱解氮呈下降趋势，由 1984 年的 250.0 毫克/千克，下降至目前的 206.38 毫克/千克，土壤有效磷总体呈上升趋势，由 1984 年 11.04 毫克/千克，上升至目前的 30.6 毫克/千克，但水、旱田分化的差距并不大。土壤速效钾呈下降趋势，由 1984 年的 178.6 毫克/千克下降到了 120.0 毫克/千克，平均每年下降约为 3 毫克/千克，土壤有机质呈下降趋势，由 1984 年的 6.02% 下降至目前平均在 4.10% 左右。土壤的 pH 有所增强，酸化较严重，由 1984 年时的仅泛滥地河床冲积土较低外，其余的土类 pH 平均为 6.07，发展到现在的耕作土壤均为 5.75 左右，属于较微酸性土壤。

2. 为今后的测土配方施肥工作及农业结构调整、中低产田的土壤改良提供了可靠的依据 本次耕地地力调查，运用的技术手段先进，信息量大，信息准确，全面直观，为今后的测土配方施肥工作奠定了良好的基础。

通过耕地地力调查与评价工作，对密山市种植业结构的调整是一个很好的参考指标，它可以准确有效地根据不同地理环境、水文地质、不同的养分分布，很直观有效地改变种植的作物，适宜发展高效农业，减少农民对生产成本的投入，并获得较高的产量和效益。尤其通过本次的评价，一部分中低产田显露出来，根据低产土壤状况，可以采取人为有效的手段进行改造，使低产的土壤变高产土壤，趋利避害。目前密山市的中低产土壤主要是暗棕壤土类，薄层及部分中层的白浆土类，一些低地的、薄层草甸土和沼泽土，通过人为的改造都可以变为高产田土壤。

3. 主要体会 耕地地力调查与质量评价工作是一项技术先进、运用计算机操作的一个系统性工作，由于以前缺乏这方面的知识，加之基础知识的薄弱，在调查的过程中遇到很多的难点。还有密山市是地处鸡西、密山和虎林为三江平原体系的二区，化验设备和手段有限，耕地的土壤质量检测不能按要求全部做到；从基础环境上看，微量元素和一些有害物质污染土壤，在这个区域基本没有，所以质量与环境评价没有做。再有，在耕地地力评价级别的过程中，只能按土壤面积进行全面的评价，在各级耕地面积上只能靠比例进行计算所占的土壤面积，所以软件的研究和开发需在今后能进一步的完善功能。

测土配方施肥工作是提高农业科技含量的重要手段，也是在今后相当一段时间内值得农业科技人员掌握和运用的一项行之有效的手段。通过对地力评价和计算机软件的进一步开发，去除人为因素，最大限度的、特别简单合理的程序，让广大的科技人员和农民都能掌握，并且行之有效，这对农业生产的提高和促进发展都是功在当代、利在千秋。

六、资金的使用情况

为了搞好耕地地力调查与评价工作，在时间紧、任务重的前提下，确保工作的顺利进行，项目领导小组科学合理的规范项目资金的使用。实行专款专用，严格按照项目资金的管理有关规定执行，并接受审计部门的监督审查。

七、存在的问题与建议

（1）利用的原有图件与现实的生产现状不完全符合，水、旱田的区分、面积的大小、数量的变化，有的地方出入较大。

（2）土类面积与耕地面积的比较需做较为深入细致的工作进行分解和计算。

（3）部分计算机软件程序有一定的时限性，过期不好使，缺少可长期应用的软件程序，修订和修改当中的内容无从下手。

（4）在化验检验的设备上还需进一步的配备和加强，最好做到所有的设备配齐配全，性能质量过关，免去更多的修理和维护费用，以免耽误时效。

本次耕地地力调查只是一个简单的过程，有很多的东西还没有做到位，由于人员的技术水平、时间有限，在数据的分析调查上还不够全面，有待进一步的深入细化，纳入日常工作中去，缺啥补啥。成果的应用上也只是一个简单开始，在今后的工作和生产上，有待进一步的研究如何利用，使耕地地力调查与评价工作更好地转化为生产力，更好地服务于农业生产。给各级政府部门的领导提供科学依据，指导服务于农业生产。

今后应加强此项工作人员的配备和培训工作。随着科技的进步，社会经济的发展，农业的基础地位越来越显得重要，应不断加强对农业科技的投入，对人民生活水平的提高，对保护耕地地力、保护土壤的生态环境，生产产品质量的安全，使质量效益型农业生产不断地向前发展，都有着重要的意义。

八、大　事　记

1. 2007 年 6 月 4～7 日，参加农业部在江苏扬州举办的"县域耕地资源管理信息系统"及相关技术培训班。

2. 2007 年 7 月 10 日，市委、市政府和政府农业副市长召集会议，研究项目实施细则并明确了各方分工。成立了相关组织：密山市耕地地力调查与质量评价领导小组、密山市县域耕地地力调查与质量评价实施小组、密山市县域耕地地力调查与质量评价专家组、密山市县域耕地地力调查与质量评价编写组、密山市县域耕地地力调查与质量评价分析测试组。

3. 2007 年 7 月 12 日举办培训班，培训以入户调查工作为主要内容，规范了表格的填写、汇总与整理。

4. 2007 年 7 月 15～28 日，到中国科学院东北地理与农业生态研究所进行图件数字化。

5. 2007 年 11 月 30 日，耕地地力调查与质量评价专家组成员研究确定了密山市评价指标。

6. 2008 年 1 月 8 日—2008 年 2 月 1 日，到中国科学院东北地理与农业生态研究所进行项目初评。

7. 2008 年 3 月 20 日，密山市政府副市长参加农业委员会主持召开耕地地力调查与质量评价的工作会议，会上听取了各方工作汇报并对耕地地力调查与质量评价下一步工作进行了安排部署。会议还就初步评价结果进行了研讨，对其中存在的问题与不足提出了整改建议，要求在当年 8 月末前完成力所能及的整改工作，确因技术问题无法进行的都到技术依托单位解决。

8. 2008 年 10 月，相关同志到中国科学院东北地理与农业生态研究所进行细评并编写技术报告、专题报告和工作报告。

9. 2011 年 3～8 月，相关同志到黑龙江省哈尔滨万图信息技术开发有限公司（技术依托单位），对编写的技术报告、专题报告和工作报告进行了进一步修稿，并且制作了密山市新的"工作空间"。

密山市耕地地力评价工作组织

实施单位：密山市农业技术推广中心

协作单位：黑龙江省土肥管理站、黑龙江省哈尔滨万图信息技术开发有限公司

一、总策划　王国良　辛洪生

二、耕地地力评价领导小组

组　长：密山市政府副市长　　　　　　　　　　时景泉

副组长：密山市农业局长　　　　　　　　　　　刘立铭

　　　　密山市财政局长　　　　　　　　　　　刘丽馥

　　　　密山市农业技术推广中心主任　　　　　田荣山

三、耕地地力评价外业调查组

组　长：滕范奎

副组长：潘永亮

成　员：王普文　毛　羽　孙哲辉　安传富　刘金铎　张志华　徐艳华　邵淑华

　　　　王忠友　朱宝山　孟宪江　高福山　李荣华等

四、耕地地力评价土样测试组

组　长：王艳玲

成　员：滕范奎　潘德斌　宋福彬　魏金贵　张　涛　王广胜　付胜春

五、耕地地力评价专家组

组　长：田荣山

副组长：滕范奎　潘永亮

成　员：丁锐学　姜贵生　王艳玲　王振兰　宋福彬　潘德斌　徐长江　汪君利

六、耕地地力评价报告编写组

主　编：田荣山

副主编：滕范奎　潘永亮　汤颜辉　朱文勇

执　笔：潘永亮　潘德斌

参编人员：王艳玲　张　涛　张文辉　曲环钰　宋福彬　姜贵生　谷立新　魏金贵
　　　　　邓秀成　张学峰　邵淑华

附录6　密山市大豆、玉米和水稻作物"测土配方施肥"推荐表

密山市作物耕地养分丰缺指标范围：pH：5.7～6.5，有机质：30～45 克/千克；碱解氮：200～320 毫克/千克，有效磷：15～25 毫克/千克，速效钾：120～230 毫克/千克。

附表6-1　密山市大豆作物"测土配方施肥"推荐表（目标产量160千克/亩）

序号	原编号	采样地点	测试值（毫克/千克）			需施化肥纯量（千克/亩）			推荐一（千克/亩）各肥料商品用量			推荐二（千克/亩）各肥料商品用量	
			氮	磷	钾	N	P₂O₅	K₂O	二铵	尿素	硫酸钾	复混肥	尿素
1	B001	白鱼湾镇	161.7	9.4	71.6	4.1	6.7	3.6	14.5	3.2	6.1	18.8	5.0
2	B002	白鱼湾镇	147.0	14.4	72.8	4.1	6.7	3.6	14.5	3.2	6.1	18.8	5.0
3	B003	白鱼湾镇	147.0	8.3	73.9	4.1	6.7	3.6	14.5	3.2	6.1	18.8	5.0
4	B004	白鱼湾镇	161.7	15.5	78.5	4.1	6.7	3.6	14.5	3.2	6.1	18.8	5.0
5	B005	白鱼湾镇	154.4	17.4	125.1	4.1	6.4	3.5	13.8	3.4	6.0	18.2	5.0
6	B006	白鱼湾镇	183.8	20.5	94.0	3.9	5.7	3.6	12.5	3.6	6.1	17.2	5.0
7	B007	白鱼湾镇	198.5	28.1	109.5	3.8	4.1	3.6	10.0	4.2	6.1	15.4	5.0
8	B008	白鱼湾镇	169.1	10.2	84.8	4.1	6.7	3.6	14.5	3.2	6.1	18.8	5.0
9	B009	白鱼湾镇	191.1	20.3	104.4	3.8	5.8	3.6	12.5	3.4	6.1	17.1	5.0
10	B010	白鱼湾镇	183.8	44.4	160.1	3.9	3.3	3.6	10.0	4.6	4.9	14.5	5.0
11	B011	白鱼湾镇	161.7	15.2	79.7	4.1	6.7	3.6	14.5	3.2	6.1	18.8	5.0
12	B012	白鱼湾镇	176.4	28.7	102.6	4.0	4.0	3.6	10.0	4.8	6.1	15.9	5.0
13	B013	白鱼湾镇	198.5	24.0	108.4	3.8	5.0	3.6	10.9	3.9	6.1	15.9	5.0
14	B014	白鱼湾镇	191.1	37.1	110.7	3.8	3.8	3.6	10.0	4.4	6.1	15.5	5.0
15	B015	白鱼湾镇	176.4	22.5	137.7	4.0	5.3	3.3	11.6	4.2	5.6	16.3	5.0
16	B016	白鱼湾镇	220.5	43.3	500.9	3.5	3.3	1.8	10.0	3.7	2.6	11.3	5.0
17	B017	白鱼湾镇	132.3	37.1	348.1	4.1	3.3	1.8	10.0	4.9	2.6	12.5	5.0
18	B018	白鱼湾镇	198.5	81.6	103.2	3.8	3.3	3.6	10.0	4.2	6.1	15.4	5.0
19	B019	白鱼湾镇	198.5	41.8	180.2	3.8	3.3	2.7	10.0	4.2	4.3	13.6	5.0
20	B020	白鱼湾镇	191.1	71.3	107.8	3.8	3.3	3.6	10.0	4.4	6.1	15.5	5.0
21	B021	白鱼湾镇	198.5	54.9	125.6	3.8	3.3	3.5	10.0	4.2	5.9	15.2	5.0
22	B022	白鱼湾镇	198.5	32.7	121.0	3.8	3.3	3.5	10.0	4.2	6.1	15.3	5.0
23	B023	白鱼湾镇	183.8	33.0	160.7	3.9	3.3	3.0	10.0	4.6	4.9	14.5	5.0
24	B024	白鱼湾镇	198.5	16.1	82.0	3.8	6.6	3.6	14.5	2.5	6.1	18.1	5.0
25	B025	白鱼湾镇	191.1	29.5	81.4	3.8	3.9	3.6	10.0	4.4	6.1	15.5	5.0
26	B026	白鱼湾镇	227.9	80.8	84.8	3.4	3.3	3.6	10.0	3.5	6.1	14.6	5.0
27	B027	白鱼湾镇	161.7	25.8	81.4	4.1	4.6	3.6	10.0	4.9	6.1	16.1	5.0

（续）

序号	原编号	采样地点	测试值（毫克/千克）			需施化肥纯量（千克/亩）			推荐一（千克/亩）各肥料商品用量			推荐二（千克/亩）各肥料商品用量	
			氮	磷	钾	N	P$_2$O$_5$	K$_2$O	二铵	尿素	硫酸钾	复混肥	尿素
28	B028	白鱼湾镇	198.5	41.8	85.4	3.8	3.3	3.6	10.0	4.2	6.1	15.4	5.0
29	B029	白鱼湾镇	176.4	39.8	83.7	4.0	3.3	3.6	10.0	4.8	6.1	15.9	5.0
30	B030	白鱼湾镇	257.3	50.3	264.1	3.1	3.3	1.8	10.0	2.8	2.6	10.4	5.0
31	B031	白鱼湾镇	272.0	65.8	272.2	2.9	3.3	1.8	10.0	2.4	2.6	10.0	5.0
32	B032	白鱼湾镇	257.3	51.2	231.4	3.1	3.3	1.9	10.0	2.8	2.8	10.6	5.0
33	B033	白鱼湾镇	191.1	81.4	404.4	3.8	3.3	1.8	10.0	4.4	2.6	12.0	5.0
34	B034	白鱼湾镇	191.1	58.8	383.1	3.8	3.3	1.8	10.0	4.4	2.6	12.0	5.0
35	B035	白鱼湾镇	191.1	54.2	375.6	3.8	3.3	1.8	10.0	4.4	2.6	12.0	5.0
36	B036	白鱼湾镇	249.9	89.1	164.1	3.2	3.3	2.9	10.0	3.0	4.8	12.8	5.0
37	B037	白鱼湾镇	220.5	60.2	133.1	3.5	3.3	3.4	10.0	3.7	5.7	14.4	5.0
38	B038	白鱼湾镇	205.8	54.5	141.2	3.7	3.3	3.2	10.0	4.1	5.5	14.6	5.0
39	B039	白鱼湾镇	183.8	64.7	147.5	3.9	3.3	3.1	10.0	4.6	5.3	14.9	5.0
40	B040	白鱼湾镇	198.5	63.5	150.3	3.8	3.3	3.1	10.0	4.2	5.2	14.5	5.0
41	B041	白鱼湾镇	249.9	55.9	152.6	3.2	3.3	3.1	10.0	3.0	5.1	13.1	5.0
42	B042	白鱼湾镇	257.3	86.3	157.2	3.1	3.3	3.0	10.0	2.8	5.0	12.8	5.0
43	B043	白鱼湾镇	227.9	120.4	163.6	3.4	3.3	2.9	10.0	3.5	4.8	13.3	5.0
44	B044	白鱼湾镇	176.4	16.1	260.7	4.0	6.6	1.8	14.5	3.0	2.6	15.1	5.0
45	B045	白鱼湾镇	125.0	25.5	78.5	4.1	4.7	3.6	10.2	4.9	6.1	16.2	5.0
46	B046	白鱼湾镇	132.3	8.9	86.6	4.1	6.7	3.6	14.5	3.2	6.1	18.8	5.0
47	B047	白鱼湾镇	139.7	11.2	91.2	4.1	6.7	3.6	14.5	3.2	6.1	18.8	5.0
48	B048	白鱼湾镇	154.4	17.6	74.0	4.1	6.3	3.6	13.8	3.5	6.1	18.4	5.0
49	B049	白鱼湾镇	147.0	10.5	76.8	4.1	6.7	3.6	14.5	3.2	6.1	18.8	5.0
50	B050	白鱼湾镇	139.7	10.5	76.8	4.1	6.7	3.6	14.5	3.2	6.1	18.8	5.0
51	B051	白鱼湾镇	161.7	14.9	95.8	4.1	6.7	3.6	14.5	3.2	6.1	18.8	5.0
52	B052	白鱼湾镇	161.7	19.9	81.4	4.1	5.9	3.6	12.7	3.9	6.1	17.7	5.0
53	B053	白鱼湾镇	147.0	26.9	142.3	4.1	4.4	3.2	10.0	4.9	5.5	15.4	5.0
54	B054	白鱼湾镇	183.8	16.7	151.5	3.9	6.5	3.1	14.2	3.0	5.2	17.3	5.0
55	B055	白鱼湾镇	205.8	33.8	171.0	3.7	3.3	2.8	10.0	4.1	4.6	13.7	5.0
56	B056	白鱼湾镇	176.4	26.6	165.3	4.0	4.5	2.9	10.0	4.8	4.8	14.6	5.0
57	B057	白鱼湾镇	176.4	53.5	118.2	4.0	3.3	3.6	10.0	4.8	6.1	15.9	5.0
58	B058	白鱼湾镇	154.4	91.3	113.6	4.1	3.3	3.6	10.0	4.9	6.1	16.1	5.0

（续）

序号	原编号	采样地点	测试值（毫克/千克）			需施化肥纯量（千克/亩）			推荐一（千克/亩）各肥料商品用量			推荐二（千克/亩）各肥料商品用量	
			氮	磷	钾	N	P₂O₅	K₂O	二铵	尿素	硫酸钾	复混肥	尿素
59	B059	白鱼湾镇	183.8	21.9	172.8	3.9	5.4	2.8	11.8	3.9	4.5	15.3	5.0
60	B060	白鱼湾镇	154.4	20.8	133.7	4.1	5.7	3.4	12.3	4.0	5.7	17.1	5.0
61	B061	白鱼湾镇	169.1	16.1	80.2	4.1	6.6	3.6	14.4	3.2	6.1	18.8	5.0
62	B062	白鱼湾镇	169.1	16.1	91.2	4.1	6.6	3.6	14.4	3.2	6.1	18.8	5.0
63	B063	白鱼湾镇	169.1	14.9	89.4	4.1	6.7	3.6	14.5	3.2	6.1	18.8	5.0
64	B064	白鱼湾镇	139.7	6.2	72.2	4.1	6.7	3.6	14.5	3.2	6.1	18.8	5.0
65	B065	白鱼湾镇	169.1	9.7	86.0	4.1	6.7	3.6	14.5	3.2	6.1	18.8	5.0
66	C001	承紫河乡	249.9	17.9	174.5	3.2	6.3	2.7	13.6	1.6	4.5	14.7	5.0
67	C002	承紫河乡	249.9	21.4	135.3	3.2	5.5	3.3	12.1	2.2	5.7	14.9	5.0
68	C003	承紫河乡	257.3	11.7	169.2	3.1	6.7	2.8	14.5	1.0	4.7	15.2	5.0
69	C004	承紫河乡	249.9	33.0	124.2	3.2	3.3	3.5	10.0	3.0	6.0	14.0	5.0
70	C005	承紫河乡	242.6	60.9	157.8	3.3	3.3	3.0	10.0	3.2	5.0	13.2	5.0
71	C006	承紫河乡	301.4	38.5	187.6	2.6	3.3	2.6	10.0	1.7	4.1	10.8	5.0
72	C007	承紫河乡	294.0	34.4	225.5	2.7	3.3	2.0	10.0	1.9	3.0	9.9	5.0
73	C008	承紫河乡	301.4	36.5	119.9	2.6	3.3	3.6	10.0	1.7	6.1	12.8	5.0
74	C009	承紫河乡	198.5	45.8	189.6	3.8	3.3	2.5	10.0	4.2	4.0	13.3	5.0
75	C010	承紫河乡	294.0	26.1	196.5	2.7	4.6	2.4	10.0	1.9	3.8	10.7	5.0
76	C011	承紫河乡	286.7	62.0	296.5	2.8	3.3	1.8	10.0	2.1	2.6	9.6	5.0
77	C012	承紫河乡	257.3	77.5	143.6	3.1	3.3	3.2	10.0	2.8	5.4	13.2	5.0
78	C013	承紫河乡	272.0	91.5	192.6	2.9	3.3	2.5	10.0	2.4	4.0	11.4	5.0
79	C014	承紫河乡	257.3	50.2	120.3	3.1	3.3	3.6	10.0	2.8	6.1	13.9	5.0
80	C015	承紫河乡	279.3	36.7	125.2	2.8	3.3	3.5	10.0	2.3	6.0	13.2	5.0
81	C016	承紫河乡	257.3	33.0	118.6	3.1	3.3	3.6	10.0	2.8	6.1	13.9	5.0
82	C017	承紫河乡	294.0	13.7	111.2	2.7	6.7	3.6	14.5	1.0	6.1	16.6	5.0
83	C018	承紫河乡	264.6	25.4	133.5	3.0	4.7	3.4	10.2	2.5	5.7	13.5	5.0
84	C019	承紫河乡	257.3	31.1	185.9	3.1	3.5	2.6	10.0	2.8	4.2	12.0	5.0
85	C020	承紫河乡	227.9	25.9	146.6	3.4	4.6	3.2	10.0	3.5	5.3	13.8	5.0
86	C021	承紫河乡	279.3	49.9	178.5	2.8	3.3	2.7	10.0	2.3	4.4	11.6	5.0
87	C022	承紫河乡	272.0	19.7	153.5	2.9	5.9	3.1	12.8	1.3	5.1	14.3	5.0
88	C023	承紫河乡	272.0	19.4	192.2	2.9	6.0	2.5	13.0	1.3	4.0	13.2	5.0
89	C024	承紫河乡	242.6	22.5	139.9	3.3	5.3	3.3	11.6	2.6	5.5	14.6	5.0

（续）

序号	原编号	采样地点	测试值（毫克/千克）			需施化肥纯量（千克/亩）			推荐一（千克/亩）各肥料商品用量			推荐二（千克/亩）各肥料商品用量	
			氮	磷	钾	N	P₂O₅	K₂O	二铵	尿素	硫酸钾	复混肥	尿素
90	C025	承紫河乡	249.9	42.7	197.5	3.2	3.3	2.4	10.0	3.0	3.8	11.8	5.0
91	C026	承紫河乡	257.3	36.5	111.7	3.1	3.3	3.6	10.0	2.8	6.1	13.9	5.0
92	C027	承紫河乡	249.9	54.0	173.9	3.2	3.3	2.8	10.0	3.0	4.5	12.5	5.0
93	C028	承紫河乡	249.9	43.5	178.3	3.2	3.3	2.7	10.0	3.0	4.4	12.4	5.0
94	C029	承紫河乡	257.3	30.1	217.2	3.1	3.7	2.1	10.0	2.8	3.2	11.0	5.0
95	C030	承紫河乡	301.4	20.7	250.4	2.6	5.7	1.8	12.4	1.0	2.6	10.9	5.0
96	C031	承紫河乡	235.2	32.6	142.9	3.3	3.3	3.2	10.0	3.3	5.4	13.8	5.0
97	C032	承紫河乡	249.9	35.9	185.7	3.2	3.3	2.6	10.0	3.0	4.2	12.1	5.0
98	C033	承紫河乡	242.6	51.0	217.1	3.3	3.3	2.1	10.0	3.2	3.2	11.4	5.0
99	C034	承紫河乡	213.2	65.7	197.6	3.6	3.3	2.4	10.0	3.9	3.8	12.7	5.0
100	C035	承紫河乡	242.6	24.9	184.7	3.3	4.8	2.6	10.5	3.0	4.2	12.6	5.0
101	C036	承紫河乡	301.4	69.8	219.3	2.6	3.3	2.1	10.0	1.7	3.2	9.9	5.0
102	C037	承紫河乡	227.9	19.6	138.7	3.4	5.9	3.3	12.8	2.4	5.6	15.8	5.0
103	C038	承紫河乡	235.2	23.7	127.6	3.3	5.1	3.4	11.0	3.0	5.9	14.8	5.0
104	C039	承紫河乡	242.6	42.2	181.0	3.3	3.3	2.7	10.0	3.2	4.3	12.5	5.0
105	C040	承紫河乡	257.3	106.8	182.2	3.1	3.3	2.6	10.0	2.8	4.3	12.1	5.0
106	C041	承紫河乡	249.9	43.4	183.9	3.2	3.3	2.6	10.0	3.0	4.2	12.2	5.0
107	C042	承紫河乡	272.0	75.7	270.6	2.9	3.3	1.8	10.0	2.4	2.6	10.0	5.0
108	C043	承紫河乡	147.0	26.3	208.0	4.1	4.5	2.3	10.0	4.9	3.5	13.5	5.0
109	C044	承紫河乡	227.9	38.4	296.3	3.4	3.3	1.8	10.0	3.5	2.6	11.1	5.0
110	C045	承紫河乡	301.4	45.3	133.7	2.6	3.3	3.4	10.0	1.7	5.7	12.4	5.0
111	C046	承紫河乡	235.2	40.4	111.2	3.3	3.3	3.6	10.0	3.3	6.1	14.5	5.0
112	C047	承紫河乡	264.6	50.5	110.4	3.0	3.3	3.6	10.0	2.6	6.1	13.7	5.0
113	C048	承紫河乡	213.2	63.7	129.8	3.6	3.3	3.4	10.0	3.9	5.8	14.7	5.0
114	C049	承紫河乡	191.1	59.9	82.6	3.8	3.3	3.6	10.0	4.4	6.1	15.5	5.0
115	C050	承紫河乡	176.4	23.5	79.1	4.0	5.1	3.6	11.1	4.4	6.1	16.6	5.0
116	C051	承紫河乡	249.9	30.4	147.8	3.2	3.7	3.1	10.0	3.0	5.3	13.3	5.0
117	C052	承紫河乡	264.6	47.2	105.0	3.0	3.3	3.6	10.0	2.6	6.1	13.7	5.0
118	C053	承紫河乡	249.9	34.5	135.4	3.2	3.3	3.3	10.0	3.0	5.7	13.6	5.0
119	C054	承紫河乡	279.3	55.4	244.1	2.8	3.3	1.8	10.0	2.3	2.6	9.8	5.0
120	C055	承紫河乡	257.3	92.5	391.4	3.1	3.3	1.8	10.0	2.8	2.6	10.4	5.0

（续）

序号	原编号	采样地点	测试值（毫克/千克）			需施化肥纯量（千克/亩）			推荐一（千克/亩）各肥料商品用量			推荐二（千克/亩）各肥料商品用量	
			氮	磷	钾	N	P₂O₅	K₂O	二铵	尿素	硫酸钾	复混肥	尿素
121	C056	承紫河乡	249.9	94.3	113.0	3.2	3.3	3.6	10.0	3.0	6.1	14.1	5.0
122	C057	承紫河乡	249.9	38.8	112.3	3.2	3.3	3.6	10.0	3.0	6.1	14.1	5.0
123	C058	承紫河乡	249.9	13.2	106.2	3.2	6.7	3.6	14.5	1.2	6.1	16.8	5.0
124	C059	承紫河乡	249.9	14.4	138.7	3.2	6.7	3.3	14.5	1.2	5.6	16.3	5.0
125	C060	承紫河乡	227.9	12.1	127.4	3.4	6.7	3.4	14.5	1.8	5.9	17.1	5.0
126	D001	当壁镇	227.9	25.7	122.9	3.4	4.6	3.5	10.1	3.5	6.0	14.6	5.0
127	D002	当壁镇	213.2	16.0	91.2	3.6	6.7	3.6	14.5	2.1	6.1	17.7	5.0
128	D003	当壁镇	227.9	20.8	91.2	3.4	5.7	3.6	12.3	2.6	6.1	16.0	5.0
129	D004	当壁镇	147.0	18.9	92.0	4.1	6.1	3.6	13.2	3.7	6.1	18.0	5.0
130	D005	当壁镇	198.5	28.2	99.5	3.8	4.1	3.6	10.0	4.2	6.1	15.4	5.0
131	D006	当壁镇	294.0	26.9	78.2	2.7	4.4	3.6	10.0	1.9	6.1	13.0	5.0
132	D007	当壁镇	227.9	32.6	104.7	3.4	3.3	3.6	10.0	3.5	6.1	14.6	5.0
133	D008	当壁镇	205.8	53.4	87.0	3.7	3.3	3.6	10.0	4.1	6.1	15.2	5.0
134	D009	当壁镇	183.8	30.1	83.1	3.9	3.7	3.6	10.0	4.6	6.1	15.7	5.0
135	D010	当壁镇	220.5	13.6	78.2	3.5	6.7	3.6	14.5	1.9	6.1	17.5	5.0
136	D011	当壁镇	227.9	32.7	84.7	3.4	3.3	3.6	10.0	3.5	6.1	14.6	5.0
137	D012	当壁镇	198.5	22.5	80.0	3.8	5.3	3.6	11.6	3.6	6.1	16.3	5.0
138	D013	当壁镇	191.1	78.5	85.2	3.8	3.3	3.6	10.0	4.4	6.1	15.5	5.0
139	D014	当壁镇	213.2	30.1	106.3	3.6	3.7	3.6	10.0	3.9	6.1	15.0	5.0
140	D015	当壁镇	161.7	22.1	121.2	4.1	5.4	3.5	11.7	4.3	6.1	17.1	5.0
141	D016	当壁镇	183.8	16.4	121.2	3.9	6.6	3.5	14.3	2.9	6.1	18.3	5.0
142	D017	当壁镇	301.4	26.4	85.9	2.6	4.5	3.6	10.0	1.7	6.1	12.8	5.0
143	D018	当壁镇	191.1	37.1	84.7	3.8	3.3	3.6	10.0	4.4	6.1	15.5	5.0
144	D019	当壁镇	183.8	38.3	78.2	3.9	3.3	3.6	10.0	4.6	6.1	15.7	5.0
145	D020	当壁镇	242.6	81.8	67.1	3.3	3.3	3.6	10.0	3.2	6.1	14.6	5.0
146	D021	当壁镇	301.4	22.2	142.4	2.6	5.4	3.2	11.7	1.0	5.4	13.2	5.0
147	D022	当壁镇	205.8	13.0	85.9	3.7	6.7	3.6	14.5	2.3	6.1	17.9	5.0
148	D023	当壁镇	220.5	17.8	72.4	3.5	6.3	3.6	13.7	2.3	6.1	17.1	5.0
149	D024	当壁镇	257.3	36.4	97.7	3.1	3.3	3.6	10.0	2.8	6.1	13.9	5.0
150	D025	当壁镇	205.8	17.8	130.1	3.7	6.3	3.4	13.7	2.6	5.8	17.1	5.0
151	D026	当壁镇	257.3	47.6	201.2	3.1	3.3	2.4	10.0	2.8	3.7	11.5	5.0

（续）

序号	原编号	采样地点	测试值（毫克/千克）			需施化肥纯量（千克/亩）			推荐一（千克/亩）各肥料商品用量			推荐二（千克/亩）各肥料商品用量	
			氮	磷	钾	N	P$_2$O$_5$	K$_2$O	二铵	尿素	硫酸钾	复混肥	尿素
152	D027	当壁镇	205.8	26.7	91.2	3.7	4.4	3.6	10.0	4.1	6.1	15.2	5.0
153	D028	当壁镇	198.5	34.9	100.1	3.8	3.3	3.6	10.0	4.2	6.1	15.4	5.0
154	D029	当壁镇	257.3	25.1	163.5	3.1	4.8	2.9	10.4	2.7	4.8	12.8	5.0
155	D030	当壁镇	198.5	22.0	125.9	3.8	5.4	3.5	11.8	3.6	5.9	16.3	5.0
156	D031	当壁镇	205.8	17.5	90.0	3.7	6.4	3.6	13.8	2.6	6.1	17.5	5.0
157	D032	当壁镇	161.7	28.1	100.8	4.1	4.2	3.6	10.0	4.9	6.1	16.1	5.0
158	D033	当壁镇	191.1	12.6	71.8	3.8	6.7	3.6	14.5	2.7	6.1	18.3	5.0
159	D034	当壁镇	169.1	14.5	84.1	4.1	6.7	3.6	14.5	3.2	6.1	18.8	5.0
160	D035	当壁镇	205.8	16.3	96.1	3.7	6.6	3.6	14.4	2.4	6.1	17.8	5.0
161	D036	当壁镇	191.1	40.5	75.3	3.8	3.3	3.6	10.0	4.4	6.1	15.5	5.0
162	D037	当壁镇	191.1	16.3	87.1	3.8	6.6	3.6	14.4	2.7	6.1	18.2	5.0
163	D038	当壁镇	220.5	13.1	83.8	3.5	6.7	3.6	14.5	1.9	6.1	17.5	5.0
164	D039	当壁镇	147.0	18.2	91.2	4.1	6.2	3.6	13.5	3.6	6.1	18.2	5.0
165	D040	当壁镇	191.1	24.4	90.6	3.8	4.9	3.6	10.7	4.2	6.1	16.0	5.0
166	E001	二人班乡	179.3	60.6	100.5	4.0	3.3	3.6	10.0	4.7	6.1	15.8	5.0
167	E002	二人班乡	183.8	68.9	111.7	3.9	3.3	3.6	10.0	4.6	6.1	15.7	5.0
168	E003	二人班乡	176.4	28.0	112.8	4.0	4.2	3.6	10.0	4.8	6.1	15.9	5.0
169	E004	二人班乡	227.9	36.2	118.6	3.4	3.3	3.6	10.0	3.5	6.1	14.6	5.0
170	E005	二人班乡	176.4	20.8	137.3	4.0	5.7	3.3	12.3	3.9	5.6	16.8	5.0
171	E006	二人班乡	147.0	36.2	138.6	4.1	3.3	3.3	10.0	4.9	5.6	15.5	5.0
172	E007	二人班乡	154.4	35.0	128.7	4.1	3.3	3.4	10.0	4.9	5.9	15.8	5.0
173	E008	二人班乡	176.4	56.8	146.3	4.0	3.3	3.2	10.0	4.8	5.3	15.1	5.0
174	E009	二人班乡	176.4	52.7	174.7	4.0	3.3	2.7	10.0	4.8	4.5	14.3	5.0
175	E010	二人班乡	191.1	39.5	147.0	3.8	3.3	3.2	10.0	4.4	5.3	14.7	5.0
176	E011	二人班乡	191.1	49.2	163.1	3.8	3.3	2.9	10.0	4.4	4.8	14.3	5.0
177	E012	二人班乡	205.8	48.0	133.5	3.7	3.3	3.4	10.0	4.1	5.7	14.8	5.0
178	E013	二人班乡	191.1	50.0	155.2	3.8	3.3	3.0	10.0	4.4	5.1	14.5	5.0
179	E014	二人班乡	176.4	36.9	192.1	4.0	3.3	2.5	10.0	4.8	4.0	13.8	5.0
180	E015	二人班乡	139.7	30.8	133.4	4.1	3.6	3.4	10.0	4.9	5.7	15.7	5.0
181	E016	二人班乡	147.0	62.1	283.7	4.1	3.3	1.8	10.0	4.9	2.6	12.5	5.0
182	E017	二人班乡	191.1	60.9	202.9	3.8	3.3	2.3	10.0	4.4	3.7	13.1	5.0

（续）

序号	原编号	采样地点	测试值（毫克/千克）			需施化肥纯量（千克/亩）			推荐一（千克/亩）各肥料商品用量			推荐二（千克/亩）各肥料商品用量	
			氮	磷	钾	N	P$_2$O$_5$	K$_2$O	二铵	尿素	硫酸钾	复混肥	尿素
183	E018	二人班乡	257.3	52.9	240.3	3.1	3.3	1.8	10.0	2.8	2.6	10.4	5.0
184	E019	二人班乡	169.1	65.5	387.0	4.1	3.3	1.8	10.0	4.9	2.6	12.5	5.0
185	E020	二人班乡	249.9	45.8	187.0	3.2	3.3	2.6	10.0	3.0	4.1	12.1	5.0
186	E021	二人班乡	227.9	85.6	193.3	3.4	3.3	2.5	10.0	3.5	3.9	12.5	5.0
187	E022	二人班乡	183.8	75.2	203.5	3.9	3.3	2.3	10.0	4.6	3.6	13.2	5.0
188	E023	二人班乡	227.9	84.8	193.4	3.4	3.3	2.5	10.0	3.5	3.9	12.5	5.0
189	E024	二人班乡	257.3	64.7	70.9	3.1	3.3	3.6	10.0	2.8	6.1	13.9	5.0
190	E025	二人班乡	213.2	75.0	163.1	3.6	3.3	2.9	10.0	3.9	4.8	13.7	5.0
191	E026	二人班乡	191.1	20.9	160.7	3.8	5.6	3.0	12.3	3.5	4.9	15.7	5.0
192	E027	二人班乡	205.8	33.0	209.7	3.7	3.3	2.2	10.0	4.1	3.5	12.5	5.0
193	E028	二人班乡	161.7	54.8	124.6	4.1	3.3	3.5	10.0	4.9	6.0	15.9	5.0
194	E029	二人班乡	110.3	35.7	93.4	4.1	3.3	3.6	10.0	4.9	6.1	16.1	5.0
195	E030	二人班乡	169.1	38.8	168.9	4.1	3.3	2.8	10.0	4.9	4.7	14.6	5.0
196	E031	二人班乡	198.5	56.8	301.2	3.8	3.3	1.8	10.0	4.2	2.6	11.8	5.0
197	E032	二人班乡	205.8	49.9	210.2	3.7	3.3	2.2	10.0	4.1	3.4	12.5	5.0
198	E033	二人班乡	213.2	75.5	194.0	3.6	3.3	2.5	10.0	3.9	3.9	12.8	5.0
199	E034	二人班乡	257.3	87.8	216.5	3.1	3.3	2.1	10.0	2.8	3.3	11.1	5.0
200	E035	二人班乡	198.5	80.6	338.6	3.8	3.3	1.8	10.0	4.2	2.6	11.8	5.0
201	E036	二人班乡	161.7	41.3	261.4	4.1	3.3	1.8	10.0	4.9	2.6	12.5	5.0
202	E037	二人班乡	147.0	57.2	175.7	4.1	3.3	2.7	10.0	4.9	4.5	14.4	5.0
203	E038	二人班乡	198.5	53.3	179.1	3.8	3.3	2.7	10.0	4.2	4.4	13.6	5.0
204	E039	二人班乡	227.9	102.5	85.2	3.4	3.3	3.6	10.0	3.5	6.1	14.6	5.0
205	E040	二人班乡	198.5	73.7	202.2	3.8	3.3	2.3	10.0	4.2	3.7	12.9	5.0
206	E041	二人班乡	213.2	128.2	535.5	3.6	3.3	1.8	10.0	3.9	2.6	11.4	5.0
207	E042	二人班乡	198.5	61.6	183.1	3.8	3.3	2.6	10.0	4.2	4.2	13.5	5.0
208	E043	二人班乡	198.5	63.8	193.4	3.8	3.3	2.5	10.0	4.2	3.9	13.2	5.0
209	E044	二人班乡	183.8	44.8	166.1	3.9	3.3	2.9	10.0	4.6	4.7	14.4	5.0
210	E045	二人班乡	183.8	49.0	162.0	3.9	3.3	2.9	10.0	4.6	4.9	14.5	5.0
211	E046	二人班乡	147.0	44.3	106.3	4.1	3.3	3.6	10.0	4.9	6.1	16.1	5.0
212	E047	二人班乡	176.4	48.0	120.5	4.0	3.3	3.5	10.0	4.8	6.1	15.9	5.0
213	E048	二人班乡	176.4	50.3	151.2	4.0	3.3	3.1	10.0	4.8	5.2	15.0	5.0

（续）

序号	原编号	采样地点	测试值（毫克/千克）			需施化肥纯量（千克/亩）			推荐一（千克/亩）各肥料商品用量			推荐二（千克/亩）各肥料商品用量	
			氮	磷	钾	N	P_2O_5	K_2O	二铵	尿素	硫酸钾	复混肥	尿素
214	E049	二人班乡	132.3	45.6	130.1	4.1	3.3	3.4	10.0	4.9	5.8	15.8	5.0
215	E050	二人班乡	147.0	55.3	100.8	4.1	3.3	3.6	10.0	4.9	6.1	16.1	5.0
216	E051	二人班乡	205.8	65.5	177.7	3.7	3.3	2.7	10.0	4.1	4.4	13.5	5.0
217	E052	二人班乡	227.9	52.9	200.1	3.4	3.3	2.4	10.0	3.5	3.7	12.3	5.0
218	E053	二人班乡	183.8	77.1	157.3	3.9	3.3	3.0	10.0	4.6	5.0	14.6	5.0
219	E054	二人班乡	198.5	49.5	253.9	3.8	3.3	1.8	10.0	4.2	2.6	11.8	5.0
220	E055	二人班乡	161.7	69.4	161.4	4.1	3.3	2.9	10.0	4.9	4.9	14.8	5.0
221	E056	二人班乡	161.7	37.8	209.6	4.1	3.3	2.2	10.0	4.9	3.5	13.4	5.0
222	E057	二人班乡	183.8	24.1	207.0	3.9	5.0	2.3	10.8	4.3	3.5	13.7	5.0
223	E058	二人班乡	198.5	34.7	212.1	3.8	3.3	2.2	10.0	4.2	3.4	12.6	5.0
224	E059	二人班乡	205.8	39.3	358.6	3.7	3.3	1.8	10.0	4.1	2.6	11.6	5.0
225	E060	二人班乡	198.5	37.0	197.4	3.8	3.3	2.4	10.0	4.2	3.8	13.1	5.0
226	E061	二人班乡	161.7	21.1	264.8	4.1	5.6	1.8	12.2	4.1	2.6	13.8	5.0
227	E062	二人班乡	183.8	13.6	266.8	3.9	6.7	1.8	14.5	2.9	2.6	14.9	5.0
228	E063	二人班乡	205.8	23.4	291.5	3.7	5.1	1.8	11.2	3.6	2.6	12.3	5.0
229	E064	二人班乡	205.8	24.6	252.8	3.7	4.9	1.8	10.6	3.8	2.6	12.0	5.0
230	E065	二人班乡	176.4	20.2	246.3	4.0	5.8	1.8	12.6	3.8	2.6	13.9	5.0
231	E066	二人班乡	139.7	20.9	118.5	4.1	5.6	3.6	12.3	4.1	6.1	17.4	5.0
232	E067	二人班乡	110.3	23.1	111.5	4.1	5.2	3.6	11.3	4.4	6.1	16.8	5.0
233	E068	二人班乡	139.7	12.0	104.2	4.1	6.7	3.6	14.5	3.2	6.1	18.8	5.0
234	E069	二人班乡	139.7	32.6	245.0	4.1	3.3	1.8	10.0	4.9	2.6	12.5	5.0
235	E070	二人班乡	154.4	20.1	208.3	4.1	5.8	2.2	12.6	3.9	3.5	15.1	5.0
236	F001	富源乡	257.3	49.2	149.6	3.1	3.3	3.1	10.0	2.8	5.2	13.0	5.0
237	F002	富源乡	198.5	67.5	193.3	3.8	3.3	2.5	10.0	4.2	3.9	13.2	5.0
238	F003	富源乡	154.4	60.5	279.8	4.1	3.3	1.8	10.0	4.9	2.6	12.5	5.0
239	F004	富源乡	169.1	64.2	359.5	4.1	3.3	1.8	10.0	4.9	2.6	12.5	5.0
240	F005	富源乡	272.0	59.2	294.5	2.9	3.3	1.8	10.0	2.4	2.6	10.0	5.0
241	F006	富源乡	257.3	43.9	194.5	3.1	3.3	2.5	10.0	2.8	3.9	11.7	5.0
242	F007	富源乡	242.6	41.1	179.8	3.3	3.3	2.7	10.0	3.2	4.3	12.5	5.0
243	F008	富源乡	169.1	42.8	113.7	4.1	3.3	3.6	10.0	4.9	6.1	16.1	5.0
244	F009	富源乡	220.5	33.6	260.1	3.5	3.3	1.8	10.0	3.7	2.6	11.3	5.0

（续）

序号	原编号	采样地点	测试值（毫克/千克）			需施化肥纯量（千克/亩）			推荐一（千克/亩）各肥料商品用量			推荐二（千克/亩）各肥料商品用量	
			氮	磷	钾	N	P_2O_5	K_2O	二铵	尿素	硫酸钾	复混肥	尿素
245	F010	富源乡	242.6	35.3	168.7	3.3	3.3	2.8	10.0	3.2	4.7	12.8	5.0
246	F011	富源乡	242.6	20.9	147.9	3.3	5.6	3.1	12.3	2.3	5.3	14.8	5.0
247	F012	富源乡	279.3	49.0	221.0	2.8	3.3	2.1	10.0	2.3	3.1	10.4	5.0
248	F013	富源乡	257.3	77.7	376.5	3.1	3.3	1.8	10.0	2.8	2.6	10.4	5.0
249	F014	富源乡	316.1	61.9	391.1	2.4	3.3	1.8	10.0	1.4	2.6	8.9	5.0
250	F015	富源乡	213.2	33.0	104.3	3.6	3.3	3.6	10.0	3.9	6.1	15.0	5.0
251	F016	富源乡	198.5	68.3	173.4	3.8	3.3	2.8	10.0	4.2	4.5	13.8	5.0
252	F017	富源乡	205.8	36.5	106.3	3.7	3.3	3.6	10.0	4.1	6.1	15.2	5.0
253	F018	富源乡	257.3	21.4	262.0	3.1	5.5	1.8	12.1	2.0	2.6	11.6	5.0
254	F019	富源乡	183.8	51.4	129.5	3.9	3.3	3.4	10.0	4.6	5.8	15.4	5.0
255	F020	富源乡	242.6	70.2	128.2	3.1	3.3	3.4	10.0	3.2	5.9	14.0	5.0
256	F021	富源乡	213.2	48.9	198.8	3.6	3.3	2.4	10.0	3.9	3.8	12.7	5.0
257	F022	富源乡	257.3	49.7	534.4	3.1	3.3	1.8	10.0	2.8	2.6	10.4	5.0
258	F023	富源乡	198.5	35.7	162.0	3.8	3.3	2.9	10.0	4.2	4.9	14.1	5.0
259	F024	富源乡	169.1	40.5	145.4	4.1	3.3	3.2	10.0	4.9	5.4	15.3	5.0
260	F025	富源乡	301.4	51.9	360.1	2.6	3.3	1.8	10.0	1.7	2.6	9.3	5.0
261	F026	富源乡	147.0	16.4	126.4	4.1	6.6	3.5	14.3	3.3	5.9	18.5	5.0
262	F027	富源乡	117.6	43.2	162.0	4.1	3.3	2.9	10.0	4.9	4.9	14.8	5.0
263	F028	富源乡	205.8	84.4	129.5	3.7	3.3	3.4	10.0	4.1	5.8	14.9	5.0
264	F029	富源乡	205.8	56.0	238.7	3.7	3.3	1.8	10.0	4.1	2.6	11.7	5.0
265	F030	富源乡	227.9	48.4	320.4	3.4	3.3	1.8	10.0	3.5	2.6	11.1	5.0
266	F031	富源乡	257.3	79.1	146.0	3.1	3.3	3.2	10.0	2.8	5.3	13.1	5.0
267	F032	富源乡	257.3	52.2	121.5	3.1	3.3	3.5	10.0	2.8	6.1	13.9	5.0
268	F033	富源乡	249.9	50.3	277.3	3.2	3.3	1.8	10.0	3.0	2.6	10.5	5.0
269	F034	富源乡	257.3	78.1	161.2	3.1	P_2O_5	2.9	10.0	2.8	4.9	12.7	5.0
270	F035	富源乡	198.5	56.1	135.0	3.8	3.3	3.3	10.0	4.2	5.7	14.9	5.0
271	F036	富源乡	198.5	57.0	190.2	3.8	3.3	2.5	10.0	4.2	4.0	13.3	5.0
272	F037	富源乡	227.9	43.1	145.4	3.4	3.3	3.2	10.0	3.5	5.4	13.9	5.0
273	F038	富源乡	257.3	66.3	141.1	3.1	3.3	3.2	10.0	2.8	5.5	13.3	5.0
274	F039	富源乡	183.8	65.5	92.3	3.9	3.3	3.6	10.0	4.6	6.1	15.7	5.0
275	F040	富源乡	257.3	31.1	164.4	3.1	3.5	2.9	10.0	2.8	4.8	12.6	5.0

（续）

序号	原编号	采样地点	测试值（毫克/千克）			需施化肥纯量（千克/亩）			推荐一（千克/亩）各肥料商品用量			推荐二（千克/亩）各肥料商品用量	
			氮	磷	钾	N	P₂O₅	K₂O	二铵	尿素	硫酸钾	复混肥	尿素
276	F041	富源乡	227.9	66.7	170.6	3.4	3.3	2.8	10.0	3.5	4.6	13.1	5.0
277	F042	富源乡	191.1	55.4	204.9	3.8	3.3	2.3	10.0	4.4	3.6	13.0	5.0
278	F043	富源乡	242.6	20.3	141.1	3.3	5.8	3.2	12.5	2.2	5.5	15.2	5.0
279	F044	富源乡	242.6	71.5	207.4	3.3	3.3	2.3	10.0	3.2	3.5	11.7	5.0
280	F045	富源乡	213.2	43.5	157.0	3.6	3.3	3.0	10.0	3.9	5.0	13.9	5.0
281	F046	富源乡	198.5	64.9	169.8	3.8	3.3	2.8	10.0	4.2	4.6	13.9	5.0
282	F047	富源乡	227.9	33.3	133.7	3.4	3.3	3.4	10.0	3.5	5.7	14.2	5.0
283	F048	富源乡	198.5	72.5	167.9	3.8	3.3	2.8	10.0	4.2	4.7	13.9	5.0
284	F049	富源乡	272.0	77.8	199.4	2.9	3.3	2.4	10.0	2.4	3.8	11.2	5.0
285	F050	富源乡	198.5	54.3	120.3	3.8	3.3	3.6	10.0	4.2	6.1	15.4	5.0
286	F051	富源乡	264.6	45.9	207.4	3.0	3.3	2.3	10.0	2.6	3.5	11.1	5.0
287	F052	富源乡	286.7	53.7	328.9	2.8	3.3	1.8	10.0	2.1	2.6	9.6	5.0
288	F053	富源乡	235.2	55.6	193.5	3.3	3.3	2.5	10.0	3.3	3.9	12.3	5.0
289	F054	富源乡	176.4	29.7	257.7	4.0	3.8	1.8	10.0	4.8	2.6	12.3	5.0
290	F055	富源乡	249.9	111.7	521.0	3.2	3.3	1.8	10.0	3.0	2.6	10.5	5.0
291	F056	富源乡	198.5	103.7	130.7	3.8	3.3	3.4	10.0	4.2	5.8	15.0	5.0
292	F057	富源乡	205.8	69.9	165.6	3.7	3.3	2.9	10.0	4.1	4.8	13.8	5.0
293	F058	富源乡	264.6	23.9	361.8	3.0	5.0	1.8	10.9	2.3	2.6	10.7	5.0
294	F059	富源乡	227.9	78.8	189.0	3.4	3.3	2.5	10.0	3.5	4.1	12.6	5.0
295	F060	富源乡	176.4	102.9	169.8	4.0	3.3	2.8	10.0	4.8	4.6	14.4	5.0
296	F061	富源乡	169.1	43.9	134.4	4.1	3.3	3.3	10.0	4.9	5.7	15.6	5.0
297	F062	富源乡	198.5	82.9	97.8	3.8	3.3	3.6	10.0	4.2	6.1	15.4	5.0
298	F063	富源乡	213.2	83.3	183.2	3.6	3.3	2.6	10.0	3.9	4.2	13.1	5.0
299	F064	富源乡	227.9	50.3	274.0	3.4	3.3	1.8	10.0	3.5	2.6	11.1	5.0
300	F065	富源乡	213.2	58.4	375.9	3.6	3.3	1.8	10.0	3.9	2.6	11.4	5.0
301	F066	富源乡	227.9	28.3	161.8	3.4	4.1	2.9	10.0	3.5	4.9	13.4	5.0
302	F067	富源乡	205.8	55.1	225.2	3.7	3.3	2.0	10.0	4.1	3.0	12.1	5.0
303	F068	富源乡	198.5	36.9	270.4	3.8	3.3	1.8	10.0	4.2	2.6	11.8	5.0
304	F069	富源乡	191.1	42.7	231.3	3.8	3.3	1.9	10.0	4.4	2.8	12.2	5.0
305	F070	富源乡	220.5	60.5	163.1	3.5	3.3	2.9	10.0	3.7	4.8	13.5	5.0
306	F071	富源乡	227.9	74.5	144.8	3.4	3.3	3.2	10.0	3.5	5.4	13.9	5.0

（续）

序号	原编号	采样地点	测试值（毫克/千克）			需施化肥纯量（千克/亩）			推荐一（千克/亩）各肥料商品用量			推荐二（千克/亩）各肥料商品用量	
			氮	磷	钾	N	P₂O₅	K₂O	二铵	尿素	硫酸钾	复混肥	尿素
307	F072	富源乡	227.9	74.6	127.1	3.4	3.3	3.5	10.0	3.5	5.9	14.4	5.0
308	F073	富源乡	316.1	71.2	250.9	2.4	3.3	1.8	10.0	1.4	2.6	8.9	5.0
309	F074	富源乡	183.8	45.5	197.8	3.9	3.3	2.4	10.0	4.6	3.8	13.4	5.0
310	F075	富源乡	191.1	76.0	288.7	3.8	3.3	1.8	10.0	4.4	2.6	12.0	5.0
311	F076	富源乡	161.7	52.3	138.7	4.1	3.3	3.3	10.0	4.9	5.6	15.5	5.0
312	F077	富源乡	198.5	76.0	202.1	3.8	3.3	2.3	10.0	4.2	3.7	12.9	5.0
313	F078	富源乡	205.8	87.5	168.5	3.7	3.3	2.8	10.0	4.1	4.7	13.7	5.0
314	F079	富源乡	154.4	49.7	137.4	4.1	3.3	3.3	10.0	4.9	5.6	15.5	5.0
315	F080	富源乡	198.5	61.3	219.8	3.8	3.3	2.1	10.0	4.2	3.2	12.4	5.0
316	F081	富源乡	205.8	41.6	132.0	3.7	3.3	3.4	10.0	4.1	5.8	14.8	5.0
317	F082	富源乡	198.5	31.4	123.4	3.8	3.5	3.5	10.0	4.2	6.0	15.3	5.0
318	F083	富源乡	176.4	35.9	150.9	4.0	3.3	3.1	10.0	4.8	5.2	15.0	5.0
319	F084	富源乡	147.0	39.4	111.2	4.1	3.3	3.6	10.0	4.9	6.1	16.1	5.0
320	F085	富源乡	154.4	40.7	110.6	4.1	3.3	3.6	10.0	4.9	6.1	16.1	5.0
321	F086	富源乡	139.7	19.1	230.7	4.1	6.0	1.9	13.1	3.7	2.8	14.7	5.0
322	F087	富源乡	169.1	106.1	275.9	4.1	3.3	1.8	10.0	4.9	2.6	12.5	5.0
323	F088	富源乡	227.9	46.6	263.7	3.4	3.3	1.8	10.0	3.5	2.6	11.1	5.0
324	F089	富源乡	183.8	34.9	155.7	3.9	3.3	3.0	10.0	4.6	5.1	14.7	5.0
325	F090	富源乡	183.8	56.3	169.2	3.9	3.3	2.8	10.0	4.6	4.7	14.3	5.0
326	H001	黑台镇	139.7	22.8	73.0	4.1	5.5	3.6	11.4	4.4	6.1	16.9	5.0
327	H002	黑台镇	183.8	36.5	142.3	3.9	3.3	3.2	10.0	4.6	5.4	15.1	5.0
328	H003	黑台镇	176.4	25.3	182.2	4.0	4.7	2.6	10.3	4.7	4.3	14.2	5.0
329	H004	黑台镇	191.1	20.0	174.9	3.8	5.8	2.7	12.7	3.4	4.5	15.6	5.0
330	H005	黑台镇	183.8	31.4	158.9	3.9	3.5	3.0	10.0	4.6	5.0	14.6	5.0
331	H006	黑台镇	220.5	14.8	171.2	3.5	6.7	2.8	14.5	1.9	4.6	16.0	5.0
332	H007	黑台镇	110.3	19.3	86.5	4.1	6.0	3.6	13.0	3.8	6.1	17.9	5.0
333	H008	黑台镇	147.0	28.1	171.2	4.1	4.1	2.8	10.0	4.9	4.6	14.5	5.0
334	H009	黑台镇	205.8	38.6	171.2	3.7	3.3	2.8	10.0	4.1	4.6	13.7	5.0
335	H010	黑台镇	161.7	29.3	150.9	4.1	3.9	3.1	10.0	4.9	5.2	15.1	5.0
336	H011	黑台镇	169.1	25.8	124.6	4.1	4.6	3.5	10.1	4.9	6.0	16.0	5.0
337	H012	黑台镇	183.8	17.6	172.4	3.9	6.3	2.8	13.8	3.1	4.6	16.5	5.0

（续）

序号	原编号	采样地点	测试值（毫克/千克）			需施化肥纯量（千克/亩）			推荐一（千克/亩）各肥料商品用量			推荐二（千克/亩）各肥料商品用量	
			氮	磷	钾	N	P₂O₅	K₂O	二铵	尿素	硫酸钾	复混肥	尿素
338	H013	黑台镇	161.7	18.7	148.5	4.1	6.1	3.1	13.3	3.7	5.3	17.2	5.0
339	H014	黑台镇	213.2	18.3	153.4	3.6	6.2	3.1	13.5	2.5	5.1	16.1	5.0
340	H015	黑台镇	176.4	16.3	122.7	4.0	6.6	3.5	14.4	3.1	6.0	18.5	5.0
341	H016	黑台镇	198.5	15.3	228.8	3.8	6.7	1.9	14.5	2.5	2.9	14.9	5.0
342	H017	黑台镇	205.8	18.4	162.6	3.7	6.2	2.9	13.4	2.7	4.8	16.0	5.0
343	H018	黑台镇	139.7	37.0	211.7	4.1	3.3	2.2	10.0	4.9	3.4	13.3	5.0
344	H019	黑台镇	180.9	15.8	84.1	4.0	6.7	3.6	14.5	2.9	6.1	18.5	5.0
345	H020	黑台镇	169.1	39.8	177.9	4.1	3.3	2.7	10.0	4.9	4.4	14.3	5.0
346	H021	黑台镇	169.1	22.0	227.0	4.1	5.4	2.0	11.8	4.2	2.9	14.0	5.0
347	H022	黑台镇	132.3	28.3	111.7	4.1	4.1	3.6	10.0	4.9	6.1	16.1	5.0
348	H023	黑台镇	152.9	19.6	147.8	4.1	5.9	3.1	12.9	3.8	5.3	17.0	5.0
349	H024	黑台镇	257.3	38.7	207.4	3.1	3.3	2.3	10.0	2.8	3.5	11.3	5.0
350	H025	黑台镇	220.5	34.1	268.7	3.5	3.3	1.8	10.0	3.7	2.6	11.3	5.0
351	H026	黑台镇	257.3	24.9	97.6	3.1	4.8	3.6	10.5	2.6	6.1	14.2	5.0
352	H027	黑台镇	227.9	24.7	174.9	3.4	4.9	2.7	10.6	3.3	4.5	13.3	5.0
353	H028	黑台镇	173.5	19.8	85.9	4.0	5.9	3.6	12.8	3.8	6.1	17.6	5.0
354	H029	黑台镇	242.6	22.1	260.6	3.3	5.4	1.8	11.8	2.5	2.6	11.8	5.0
355	H030	黑台镇	242.6	44.9	202.1	3.3	3.3	2.3	10.0	3.2	3.7	11.8	5.0
356	H031	黑台镇	191.1	17.9	160.7	3.8	6.3	3.0	13.6	3.0	4.9	16.5	5.0
357	H032	黑台镇	205.8	27.9	254.0	3.7	4.9	1.8	10.0	4.1	2.6	11.6	5.0
358	H033	黑台镇	176.4	18.3	260.6	4.0	6.2	1.8	13.4	3.4	2.6	14.4	5.0
359	H034	黑台镇	161.7	38.6	255.8	4.1	3.3	1.8	10.0	4.9	2.6	12.5	5.0
360	H035	黑台镇	191.1	20.7	156.3	3.8	5.7	3.0	12.4	3.5	5.0	15.9	5.0
361	H036	黑台镇	154.4	45.9	246.6	4.1	3.3	1.8	10.0	4.9	2.6	12.5	5.0
362	H037	黑台镇	220.5	47.3	303.9	3.5	2.3	1.8	10.0	3.7	2.6	11.3	5.0
363	H038	黑台镇	161.7	24.8	183.8	4.1	4.8	2.6	10.5	4.8	4.2	14.5	5.0
364	H039	黑台镇	249.9	25.6	92.9	3.2	4.7	3.6	10.1	2.9	6.1	14.2	5.0
365	H040	黑台镇	147.0	20.3	88.1	4.1	5.8	3.6	12.5	4.0	6.1	17.6	5.0
366	H041	黑台镇	180.9	19.3	83.4	4.0	6.0	3.6	13.0	3.5	6.1	17.6	5.0
367	H042	黑台镇	183.8	16.2	90.2	3.9	6.6	3.6	14.4	2.9	6.1	18.4	5.0
368	H043	黑台镇	154.4	43.1	105.5	4.1	3.3	3.6	10.0	4.9	6.1	16.1	5.0

（续）

序号	原编号	采样地点	测试值（毫克/千克）			需施化肥纯量（千克/亩）			推荐一（千克/亩）各肥料商品用量			推荐二（千克/亩）各肥料商品用量	
			氮	磷	钾	N	P_2O_5	K_2O	二铵	尿素	硫酸钾	复混肥	尿素
369	H044	黑台镇	154.4	21.7	102.5	4.1	5.5	3.6	11.9	4.2	6.1	17.2	5.0
370	H045	黑台镇	176.4	33.3	119.6	4.0	3.3	3.6	10.0	4.8	6.1	15.9	5.0
371	H046	黑台镇	139.7	49.0	82.2	4.1	3.3	3.6	10.0	4.9	6.1	16.1	5.0
372	H047	黑台镇	169.1	43.0	91.7	4.1	3.3	3.6	10.0	4.9	6.1	16.1	5.0
373	H048	黑台镇	161.7	60.2	63.1	4.1	3.3	3.6	10.0	4.9	6.1	16.1	5.0
374	H049	黑台镇	227.9	43.6	76.7	3.4	3.3	3.6	10.0	3.5	6.1	14.6	5.0
375	H050	黑台镇	198.5	50.6	108.2	3.8	3.3	3.6	10.0	4.2	6.1	15.4	5.0
376	H051	黑台镇	227.9	110.9	127.0	3.4	3.3	3.5	10.0	3.5	5.9	14.4	5.0
377	H052	黑台镇	198.5	54.3	173.6	3.8	3.3	2.8	10.0	4.2	4.5	13.8	5.0
378	H053	黑台镇	161.7	35.7	123.3	4.1	3.3	3.5	10.0	4.9	6.0	16.0	5.0
379	H054	黑台镇	279.3	82.4	88.7	2.8	3.3	3.6	10.0	2.3	6.1	13.4	5.0
380	H055	黑台镇	180.9	28.8	160.1	4.0	4.0	3.0	10.0	4.7	4.9	14.6	5.0
381	H056	黑台镇	139.7	50.1	139.9	4.1	3.3	3.3	10.0	4.9	5.5	15.5	5.0
382	H057	黑台镇	183.8	77.6	102.1	3.9	3.3	3.6	10.0	4.6	6.1	15.7	5.0
383	H058	黑台镇	227.9	92.2	91.7	3.4	3.3	3.6	10.0	3.5	6.1	14.6	5.0
384	H059	黑台镇	147.0	21.1	110.4	4.1	5.6	3.6	12.2	4.1	6.1	17.4	5.0
385	H060	黑台镇	176.4	81.5	121.0	4.0	3.3	3.5	10.0	4.8	6.1	15.9	5.0
386	I001	裴德镇	242.6	14.6	175.5	3.3	6.7	2.7	14.5	1.4	4.5	15.4	5.0
387	I002	裴德镇	183.8	16.9	173.6	3.9	6.5	2.8	14.1	3.0	4.5	16.6	5.0
388	I003	裴德镇	161.7	42.2	125.2	4.1	3.3	3.5	10.0	4.9	6.0	15.9	5.0
389	I004	裴德镇	176.4	27.6	234.4	4.0	4.2	1.9	10.0	4.8	2.7	12.5	5.0
390	I004	裴德镇	139.7	9.9	75.2	4.1	6.7	3.6	14.5	3.2	6.1	18.8	5.0
391	I005	裴德镇	235.2	18.1	133.5	3.3	6.2	3.4	13.6	1.9	5.7	16.2	5.0
392	I006	裴德镇	132.3	43.7	102.2	4.1	3.3	3.6	10.0	4.9	6.1	16.1	5.0
393	I007	裴德镇	227.9	29.6	145.4	3.4	3.8	3.2	10.0	3.5	5.4	13.9	5.0
394	I008	裴德镇	272.0	31.8	127.0	2.9	3.4	3.5	10.0	2.4	5.9	13.3	5.0
395	I009	裴德镇	205.8	25.5	249.9	3.7	4.7	1.8	10.2	4.0	2.6	11.7	5.0
396	I010	裴德镇	169.1	25.8	176.1	4.1	4.6	2.7	10.0	4.9	4.4	14.4	5.0
397	I011	裴德镇	152.9	25.5	118.1	4.1	4.7	3.6	10.2	4.9	6.1	16.2	5.0
398	I012	裴德镇	160.3	14.6	88.2	4.1	6.7	3.6	14.5	3.2	6.1	18.8	5.0
399	I013	裴德镇	227.9	27.9	97.7	3.4	4.2	3.6	10.0	3.5	6.1	14.6	5.0

（续）

序号	原编号	采样地点	测试值（毫克/千克）			需施化肥纯量（千克/亩）			推荐一（千克/亩）各肥料商品用量			推荐二（千克/亩）各肥料商品用量	
			氮	磷	钾	N	P_2O_5	K_2O	二铵	尿素	硫酸钾	复混肥	尿素
400	I014	裴德镇	279.3	48.7	159.0	2.8	3.3	3.0	10.0	2.3	5.0	12.2	5.0
401	I015	裴德镇	169.1	18.4	92.2	4.1	6.2	3.6	13.4	3.6	6.1	18.1	5.0
402	I016	裴德镇	205.8	34.4	113.5	3.7	3.3	3.6	10.0	4.1	6.1	15.2	5.0
403	I017	裴德镇	132.3	100.8	109.2	4.1	3.3	3.6	10.0	4.9	6.1	16.1	5.0
404	I018	裴德镇	162.9	46.2	188.2	4.1	3.3	2.5	10.0	4.9	4.1	14.0	5.0
405	I019	裴德镇	161.7	46.0	290.1	4.1	3.3	1.8	10.0	4.9	2.6	12.5	5.0
406	I020	裴德镇	242.6	8.9	308.1	3.3	6.7	1.8	14.5	1.4	2.6	13.5	5.0
407	I021	裴德镇	176.4	17.3	189.4	4.0	6.4	2.5	13.9	3.3	4.1	16.2	5.0
408	I022	裴德镇	213.2	9.1	149.2	3.6	6.7	3.1	14.5	2.1	5.2	16.9	5.0
409	I023	裴德镇	242.6	31.3	152.8	3.3	3.5	3.1	10.0	3.2	5.1	13.3	5.0
410	I024	裴德镇	191.1	59.2	142.9	3.8	3.3	3.2	10.0	4.4	5.4	14.9	5.0
411	I025	裴德镇	169.1	24.6	71.2	4.1	4.9	3.6	10.6	4.7	6.1	16.4	5.0
412	I026	裴德镇	147.0	49.1	121.9	4.1	3.3	3.5	10.0	4.9	6.1	16.0	5.0
413	I027	裴德镇	249.9	21.0	147.2	3.2	5.6	3.2	12.2	2.1	5.3	14.6	5.0
414	I028	裴德镇	191.1	35.0	228.9	3.8	3.3	1.9	10.0	4.4	2.9	12.3	5.0
415	I029	裴德镇	161.7	13.6	150.3	4.1	6.7	3.1	14.5	3.2	5.2	17.9	5.0
416	I030	裴德镇	161.7	11.6	140.5	4.1	6.7	3.3	14.5	3.2	5.5	18.2	5.0
417	I031	裴德镇	198.5	19.8	135.3	3.8	5.9	3.3	12.8	3.2	5.7	16.6	5.0
418	I032	裴德镇	176.4	36.5	169.9	4.0	3.3	2.8	10.0	4.8	4.6	14.4	5.0
419	I033	裴德镇	139.7	9.9	81.9	4.1	6.7	3.6	14.5	3.2	6.1	18.8	5.0
420	I034	裴德镇	198.5	22.7	90.2	3.8	5.3	3.6	11.4	3.7	6.1	16.2	5.0
421	I035	裴德镇	191.1	50.4	116.2	3.8	3.3	3.6	10.0	4.4	6.1	15.5	5.0
422	I036	裴德镇	191.1	25.1	108.5	3.8	4.8	3.6	10.4	4.3	6.1	15.8	5.0
423	I037	裴德镇	161.7	19.4	119.9	4.1	6.0	3.6	13.0	3.8	6.1	17.9	5.0
424	I038	裴德镇	147.0	31.6	130.8	4.1	2.4	3.4	10.0	4.9	5.8	15.7	5.0
425	I039	裴德镇	139.7	45.7	232.1	4.1	3.3	1.9	10.0	4.9	2.8	12.7	5.0
426	I040	裴德镇	213.2	36.3	146.1	3.6	3.3	3.2	10.0	3.9	5.3	14.2	5.0
427	I041	裴德镇	102.9	52.0	146.1	4.1	3.3	3.2	10.0	4.9	5.3	15.3	5.0
428	I042	裴德镇	139.7	35.1	143.6	4.1	3.3	3.2	10.0	4.9	5.4	15.4	5.0
429	I043	裴德镇	176.4	33.0	74.1	4.0	3.3	3.6	10.0	4.8	6.1	15.9	5.0
430	I044	裴德镇	147.0	39.4	100.6	4.1	3.3	3.6	10.0	4.9	6.1	16.1	5.0

（续）

序号	原编号	采样地点	测试值（毫克/千克）			需施化肥纯量（千克/亩）			推荐一（千克/亩）各肥料商品用量			推荐二（千克/亩）各肥料商品用量	
			氮	磷	钾	N	P_2O_5	K_2O	二铵	尿素	硫酸钾	复混肥	尿素
431	I045	裴德镇	154.4	48.6	82.4	4.1	3.3	3.6	10.0	4.9	6.1	16.1	5.0
432	I046	裴德镇	176.4	30.5	101.8	4.0	3.6	3.6	10.0	4.8	6.1	15.9	5.0
433	I047	裴德镇	147.0	77.3	80.4	4.1	3.3	3.6	10.0	4.9	6.1	16.1	5.0
434	I048	裴德镇	161.7	34.2	106.0	4.1	3.3	3.6	10.0	4.9	6.1	16.1	5.0
435	I049	裴德镇	183.8	46.0	67.1	3.9	3.3	3.6	10.0	4.6	6.1	15.7	5.0
436	I050	裴德镇	139.7	35.1	92.0	4.1	3.3	3.6	10.0	4.9	6.1	16.1	5.0
437	I051	裴德镇	264.6	31.2	154.6	3.0	3.5	3.0	10.0	2.6	5.1	12.7	5.0
438	I052	裴德镇	249.9	38.1	178.0	3.2	3.3	2.7	10.0	3.0	4.4	12.4	5.0
439	I053	裴德镇	154.4	49.7	513.5	4.1	3.3	1.8	10.0	4.9	2.6	12.5	5.0
440	I054	裴德镇	176.4	44.7	541.0	4.0	3.3	1.8	10.0	4.8	2.6	12.3	5.0
441	I055	裴德镇	249.9	31.9	339.5	3.2	3.4	1.8	10.0	3.0	2.6	10.5	5.0
442	I056	裴德镇	213.2	19.9	208.0	3.6	5.9	2.3	12.7	2.8	3.5	14.1	5.0
443	I057	裴德镇	183.8	26.1	231.5	3.9	4.6	1.9	10.0	4.6	2.8	12.4	5.0
444	I058	裴德镇	176.4	17.5	151.9	4.0	6.4	3.1	13.8	3.3	5.2	17.3	5.0
445	I059	裴德镇	176.4	12.6	139.9	4.0	6.7	3.3	14.5	3.0	5.5	18.0	5.0
446	I060	裴德镇	242.6	15.7	140.7	3.3	6.7	3.2	14.5	1.4	5.5	16.4	5.0
447	I061	裴德镇	257.3	33.1	167.1	3.1	3.3	2.9	10.0	2.8	4.7	12.5	5.0
448	I062	裴德镇	191.1	46.9	139.5	3.8	3.3	3.3	10.0	4.4	5.5	15.0	5.0
449	I063	裴德镇	161.7	57.4	95.2	4.1	3.3	3.6	10.0	4.9	6.1	16.1	5.0
450	I064	裴德镇	139.7	24.5	101.2	4.1	4.9	3.6	10.7	4.7	6.1	16.5	5.0
451	I065	裴德镇	191.1	41.4	231.5	3.8	3.3	1.9	10.0	4.4	2.8	12.2	5.0
452	I066	裴德镇	242.6	24.0	277.3	3.3	5.0	1.8	10.9	2.8	2.6	11.3	5.0
453	I067	裴德镇	257.3	22.4	415.3	3.1	5.3	1.8	11.6	2.2	2.6	11.3	5.0
454	I068	裴德镇	249.9	30.6	357.1	3.2	3.6	1.8	10.0	3.0	2.6	10.5	5.0
455	I069	裴德镇	286.7	83.3	286.3	2.8	2.3	1.8	10.0	2.1	2.6	9.6	5.0
456	I070	裴德镇	183.8	21.2	261.4	3.9	5.6	1.8	12.1	3.8	2.6	13.5	5.0
457	I071	裴德镇	176.4	28.1	95.8	4.0	4.1	3.6	10.0	4.8	6.1	15.9	5.0
458	I072	裴德镇	176.4	43.0	141.0	4.0	3.3	3.2	10.0	4.8	5.5	15.3	5.0
459	I073	裴德镇	176.4	26.4	123.3	4.0	4.5	3.5	10.0	4.8	6.0	15.8	5.0
460	I074	裴德镇	220.5	31.9	126.4	3.5	3.3	3.5	10.0	3.7	5.9	14.6	5.0
461	I075	裴德镇	183.8	42.0	201.5	3.9	3.3	2.3	10.0	4.6	3.7	13.3	5.0

（续）

序号	原编号	采样地点	测试值（毫克/千克）			需施化肥纯量（千克/亩）			推荐一（千克/亩）各肥料商品用量			推荐二（千克/亩）各肥料商品用量	
			氮	磷	钾	N	P₂O₅	K₂O	二铵	尿素	硫酸钾	复混肥	尿素
462	I076	裴德镇	198.5	23.8	257.1	3.8	5.0	1.8	11.0	3.9	2.6	12.4	5.0
463	I077	裴德镇	169.1	22.2	294.7	4.1	5.4	1.8	11.7	4.3	2.6	13.5	5.0
464	I078	裴德镇	191.1	9.7	261.9	3.8	6.7	1.8	14.5	2.7	2.6	14.7	5.0
465	I079	裴德镇	213.2	17.2	283.8	3.6	6.4	1.8	13.9	2.3	2.6	13.8	5.0
466	I080	裴德镇	249.9	14.2	111.6	3.2	6.7	3.6	14.5	1.2	6.1	16.8	5.0
467	I081	裴德镇	176.4	10.2	113.7	4.0	6.7	3.6	14.5	3.0	6.1	18.6	5.0
468	I082	裴德镇	198.5	6.1	145.6	3.8	6.7	3.2	14.5	2.5	5.4	17.3	5.0
469	I083	裴德镇	213.2	8.2	147.2	3.6	6.7	3.2	14.5	2.1	5.3	16.9	5.0
470	I084	裴德镇	213.2	11.9	168.4	3.6	6.7	2.8	14.5	2.1	4.7	16.3	5.0
471	I085	裴德镇	183.8	22.1	153.1	3.9	5.4	3.1	11.7	3.9	5.1	15.8	5.0
472	I086	裴德镇	176.4	11.6	124.2	4.0	6.7	3.5	14.5	3.0	6.0	18.5	5.0
473	I087	裴德镇	154.4	10.7	181.0	4.1	6.7	2.7	14.5	3.2	4.3	17.0	5.0
474	I089	裴德镇	147.0	8.0	152.8	4.1	6.7	3.1	14.5	3.2	5.1	17.8	5.0
475	I090	裴德镇	183.8	7.5	151.8	3.9	6.7	3.1	14.5	2.9	5.2	17.5	5.0
476	K001	兴凯湖乡	176.4	88.8	192.0	4.0	3.3	2.5	10.0	4.8	4.0	13.8	5.0
477	K002	兴凯湖乡	242.6	33.8	133.1	3.3	3.3	3.4	10.0	3.2	5.7	13.9	5.0
478	K003	兴凯湖乡	183.8	46.4	206.8	3.9	3.3	2.3	10.0	4.6	3.5	13.1	5.0
479	K004	兴凯湖乡	205.8	114.7	112.9	3.7	3.3	3.6	10.0	4.1	6.1	15.2	5.0
480	K005	兴凯湖乡	169.1	49.8	100.6	4.1	3.3	3.6	10.0	4.9	6.1	16.1	5.0
481	K006	兴凯湖乡	198.5	34.8	73.0	3.8	3.3	3.6	10.0	4.2	6.1	15.4	5.0
482	K007	兴凯湖乡	125.0	30.7	335.6	4.1	3.6	1.8	10.0	4.9	2.6	12.5	5.0
483	K008	兴凯湖乡	198.5	67.5	167.5	3.8	3.3	2.9	10.0	4.2	4.7	14.0	5.0
484	K009	兴凯湖乡	286.7	65.6	278.5	2.8	3.3	1.8	10.0	2.1	2.6	9.6	5.0
485	K010	兴凯湖乡	154.4	29.0	123.3	4.1	4.0	3.5	10.0	4.9	6.0	16.0	5.0
486	K011	兴凯湖乡	235.2	23.1	93.9	3.3	5.2	3.6	11.3	2.8	6.1	15.4	5.0
487	K012	兴凯湖乡	227.9	29.4	126.4	3.4	3.9	3.5	10.0	3.5	5.9	14.4	5.0
488	K013	兴凯湖乡	257.3	55.2	162.0	3.1	3.3	2.9	10.0	2.8	4.9	12.7	5.0
489	K014	兴凯湖乡	272.0	26.1	167.1	2.9	4.6	2.9	10.0	2.4	4.7	12.2	5.0
490	K015	兴凯湖乡	272.0	59.1	209.2	2.9	3.3	2.2	10.0	2.4	3.5	10.9	5.0
491	K016	兴凯湖乡	198.5	114.2	263.2	3.8	3.3	1.8	10.0	4.2	2.6	11.8	5.0
492	K017	兴凯湖乡	205.8	41.8	134.4	3.7	3.3	3.3	10.0	4.1	5.7	14.8	5.0

（续）

序号	原编号	采样地点	测试值（毫克/千克）			需施化肥纯量（千克/亩）			推荐一（千克/亩）各肥料商品用量			推荐二（千克/亩）各肥料商品用量	
			氮	磷	钾	N	P₂O₅	K₂O	二铵	尿素	硫酸钾	复混肥	尿素
493	K018	兴凯湖乡	176.4	19.3	130.7	4.0	6.0	3.4	13.0	3.6	5.8	17.4	5.0
494	K019	兴凯湖乡	183.8	27.6	176.7	3.9	4.3	2.7	10.0	4.6	4.4	14.0	5.0
495	K020	兴凯湖乡	294.0	88.4	477.9	2.7	3.3	1.8	10.0	1.9	2.6	9.5	5.0
496	K021	兴凯湖乡	257.3	89.3	412.3	3.1	3.3	1.8	10.0	2.8	2.6	10.4	5.0
497	K022	兴凯湖乡	242.6	46.7	245.4	3.3	3.3	1.8	10.0	3.2	2.6	10.7	5.0
498	K023	兴凯湖乡	257.3	30.5	213.5	3.1	3.6	2.2	10.0	2.8	3.3	11.1	5.0
499	K024	兴凯湖乡	257.3	28.1	201.8	3.1	4.1	2.3	10.0	2.8	3.7	11.5	5.0
500	K025	兴凯湖乡	213.2	31.0	94.5	3.6	3.6	3.6	10.0	3.9	6.1	15.0	5.0
501	K026	兴凯湖乡	205.8	68.8	212.9	3.7	3.3	2.2	10.0	4.1	3.4	12.4	5.0
502	K027	兴凯湖乡	147.0	50.2	166.3	4.1	3.3	2.9	10.0	4.9	4.7	14.7	5.0
503	K028	兴凯湖乡	191.1	35.0	134.4	3.8	3.3	3.3	10.0	4.4	5.7	15.1	5.0
504	K029	兴凯湖乡	249.9	40.4	180.4	3.2	3.3	2.7	10.0	3.0	4.3	12.3	5.0
505	K030	兴凯湖乡	198.5	45.3	134.4	3.8	3.3	3.3	10.0	4.2	5.7	14.9	5.0
506	K031	兴凯湖乡	257.3	43.5	149.7	3.1	3.3	3.1	10.0	2.8	5.2	13.0	5.0
507	K032	兴凯湖乡	125.0	53.0	193.9	4.1	3.3	2.5	10.0	4.9	3.9	13.9	5.0
508	K033	兴凯湖乡	257.3	91.6	194.5	3.1	3.3	2.5	10.0	2.8	3.9	11.7	5.0
509	K034	兴凯湖乡	176.4	47.4	130.7	4.0	3.3	3.4	10.0	4.8	5.8	15.6	5.0
510	K035	兴凯湖乡	198.5	55.9	139.3	3.8	3.3	3.3	10.0	4.2	5.5	14.8	5.0
511	K036	兴凯湖乡	213.2	45.6	141.7	3.6	3.3	3.2	10.0	3.9	5.5	14.4	5.0
512	K037	兴凯湖乡	205.8	45.6	133.1	3.7	3.3	3.4	10.0	4.1	5.7	14.8	5.0
513	K038	兴凯湖乡	198.5	48.4	175.5	3.8	3.3	2.7	10.0	4.2	4.5	13.7	5.0
514	K039	兴凯湖乡	176.4	31.9	241.1	4.0	3.3	1.8	10.0	4.8	2.6	12.3	5.0
515	K040	兴凯湖乡	191.1	27.4	176.1	3.8	4.3	2.7	10.0	4.4	4.4	13.9	5.0
516	L001	柳毛乡	242.6	66.0	135.0	3.3	3.3	3.3	10.0	3.2	5.7	14.1	5.0
517	L002	柳毛乡	198.5	34.3	88.1	3.8	3.3	3.6	10.0	4.2	6.1	15.4	5.0
518	L003	柳毛乡	205.8	55.4	230.2	3.7	3.3	1.9	10.0	4.1	2.8	11.9	5.0
519	L004	柳毛乡	198.5	36.8	94.8	3.8	3.3	3.6	10.0	4.2	6.1	15.4	5.0
520	L005	柳毛乡	147.0	36.2	99.6	4.1	3.3	3.6	10.0	4.9	6.1	16.1	5.0
521	L006	柳毛乡	110.3	5.0	66.7	4.1	6.7	3.6	14.5	3.2	6.1	18.8	5.0
522	L007	柳毛乡	205.8	20.7	63.7	3.7	5.7	3.6	12.4	3.1	6.1	16.6	5.0
523	L008	柳毛乡	235.2	38.7	160.0	3.3	3.3	3.0	10.0	3.3	4.9	13.3	5.0

（续）

序号	原编号	采样地点	测试值（毫克/千克）			需施化肥纯量（千克/亩）			推荐一（千克/亩）各肥料商品用量			推荐二（千克/亩）各肥料商品用量	
			氮	磷	钾	N	P₂O₅	K₂O	二铵	尿素	硫酸钾	复混肥	尿素
524	L009	柳毛乡	213.2	31.6	110.1	3.6	3.4	3.6	10.0	3.9	6.1	15.0	5.0
525	L010	柳毛乡	139.7	19.9	149.6	4.1	5.9	3.1	12.7	3.9	5.2	16.8	5.0
526	L011	柳毛乡	169.1	20.2	167.9	4.1	5.8	2.8	12.6	3.9	4.7	16.2	5.0
527	L012	柳毛乡	198.5	14.6	110.6	3.8	6.7	3.6	14.5	2.5	6.1	18.1	5.0
528	L013	柳毛乡	257.3	19.1	103.2	3.1	6.0	3.6	13.1	1.6	6.1	15.8	5.0
529	L014	柳毛乡	257.3	61.9	122.8	3.1	3.3	3.5	10.0	2.8	6.0	13.8	5.0
530	L015	柳毛乡	227.9	35.4	140.6	3.4	3.3	3.3	10.0	3.5	5.5	14.0	5.0
531	L016	柳毛乡	301.4	161.8	649.0	2.6	3.3	1.8	10.0	1.7	2.6	9.3	5.0
532	L017	柳毛乡	227.9	150.2	660.6	3.4	3.3	1.8	10.0	3.5	2.6	11.1	5.0
533	L018	柳毛乡	294.0	45.2	278.9	2.7	3.3	1.8	10.0	1.9	2.6	9.5	5.0
534	L019	柳毛乡	191.1	70.8	141.1	3.8	3.3	3.2	10.0	4.4	5.5	14.9	5.0
535	L020	柳毛乡	205.8	180.7	231.4	3.7	3.3	1.9	10.0	4.1	2.8	11.9	5.0
536	L021	柳毛乡	257.3	52.9	150.9	3.1	3.3	3.1	10.0	2.8	5.2	13.0	5.0
537	L022	柳毛乡	242.6	54.6	113.1	3.3	3.3	3.6	10.0	3.2	6.1	14.3	5.0
538	L023	柳毛乡	242.6	25.2	141.2	3.3	4.7	3.2	10.3	3.0	5.5	13.8	5.0
539	L024	柳毛乡	183.8	23.4	88.7	3.9	5.1	3.6	11.1	4.2	6.1	16.4	5.0
540	L025	柳毛乡	205.8	26.7	74.5	3.7	4.4	3.6	10.0	4.1	6.1	15.2	5.0
541	L026	柳毛乡	198.5	52.0	91.7	3.8	3.3	3.6	10.0	4.2	6.1	15.4	5.0
542	L027	柳毛乡	191.1	42.4	104.5	3.8	3.3	3.6	10.0	4.4	6.1	15.5	5.0
543	L028	柳毛乡	198.5	32.8	77.1	3.8	3.3	3.6	10.0	4.2	6.1	15.4	5.0
544	L029	柳毛乡	169.1	28.6	78.3	4.1	4.0	3.6	10.0	4.9	6.1	16.1	5.0
545	L030	柳毛乡	176.4	33.1	78.3	4.0	3.3	3.6	10.0	4.8	6.1	15.9	5.0
546	L031	柳毛乡	161.7	32.4	108.2	4.1	3.3	3.6	10.0	4.9	6.1	16.1	5.0
547	L032	柳毛乡	154.4	51.8	140.2	4.1	3.3	3.3	10.0	4.9	5.5	15.5	5.0
548	L033	柳毛乡	198.5	35.1	146.1	3.8	3.3	3.2	10.0	4.2	5.5	14.6	5.0
549	L034	柳毛乡	139.7	75.4	92.3	4.1	3.3	3.6	10.0	4.9	6.1	16.1	5.0
550	L035	柳毛乡	140.3	19.1	169.9	4.1	6.0	2.8	13.1	3.7	4.6	16.4	5.0
551	M001	密山镇	213.2	17.8	119.7	3.6	6.3	3.6	13.7	2.4	6.1	17.2	5.0
552	M002	密山镇	147.0	52.6	71.0	4.1	3.3	3.6	10.0	4.9	6.1	16.1	5.0
553	M003	密山镇	257.3	25.5	162.9	3.1	4.7	2.9	10.2	2.7	4.8	12.7	5.0
554	M004	密山镇	249.9	10.6	88.2	3.2	6.7	3.6	14.5	1.2	6.1	16.8	5.0

（续）

序号	原编号	采样地点	测试值（毫克/千克）			需施化肥纯量（千克/亩）			推荐一（千克/亩）各肥料商品用量			推荐二（千克/亩）各肥料商品用量	
			氮	磷	钾	N	P_2O_5	K_2O	二铵	尿素	硫酸钾	复混肥	尿素
555	M005	密山镇	139.7	47.4	95.4	4.1	3.3	3.6	10.0	4.9	6.1	16.1	5.0
556	M006	密山镇	132.3	46.2	112.1	4.1	3.3	3.6	10.0	4.9	6.1	16.1	5.0
557	M007	密山镇	139.7	30.0	62.0	4.1	3.7	3.6	10.0	4.9	6.1	16.1	5.0
558	M008	密山镇	249.9	55.6	120.6	3.2	3.3	3.5	10.0	3.0	6.1	14.1	5.0
559	M009	密山镇	139.7	12.0	91.5	4.1	6.7	3.6	14.5	3.2	6.1	18.8	5.0
560	M010	密山镇	257.3	77.6	79.9	3.1	3.3	3.6	10.0	2.8	6.1	13.9	5.0
561	M011	密山镇	220.5	39.9	108.8	3.5	3.3	3.6	10.0	3.7	6.1	14.8	5.0
562	M012	密山镇	242.6	48.6	114.9	3.3	3.3	3.6	10.0	3.2	6.1	14.3	5.0
563	M013	密山镇	176.4	43.3	155.8	4.0	3.3	3.0	10.0	4.8	5.0	14.8	5.0
564	M014	密山镇	227.9	31.1	192.0	3.4	3.5	2.5	10.0	3.5	4.0	12.5	5.0
565	M015	密山镇	169.1	37.7	143.2	4.1	3.3	3.2	10.0	4.9	5.4	15.4	5.0
566	M016	密山镇	198.5	21.9	149.9	3.8	5.4	3.1	11.8	3.5	5.2	15.6	5.0
567	M017	密山镇	227.9	55.5	141.2	3.4	3.3	3.2	10.0	3.5	5.5	14.0	5.0
568	M018	密山镇	176.4	20.8	120.6	4.0	5.7	3.5	12.3	3.9	6.1	17.3	5.0
569	M019	密山镇	176.4	73.0	89.4	4.0	3.3	3.6	10.0	4.8	6.1	15.9	5.0
570	M020	密山镇	308.7	38.6	169.6	2.5	3.3	2.8	10.0	1.5	4.6	11.2	5.0
571	M021	密山镇	227.9	33.3	70.3	3.4	3.3	3.6	10.0	3.5	6.1	14.6	5.0
572	M022	密山镇	169.1	25.9	119.1	4.1	4.6	3.6	10.0	4.9	6.1	16.1	5.0
573	M023	密山镇	227.9	41.8	107.6	3.4	3.3	3.6	10.0	3.5	6.1	14.6	5.0
574	M024	密山镇	198.5	121.2	478.0	3.8	3.3	1.8	10.0	4.2	2.6	11.8	5.0
575	M025	密山镇	301.4	16.1	114.7	2.6	6.6	3.6	14.4	1.0	6.1	16.5	5.0
576	M026	密山镇	139.7	112.8	153.8	4.1	3.3	3.1	10.0	4.9	5.1	15.1	5.0
577	M027	密山镇	176.4	91.4	154.1	4.0	3.3	3.1	10.0	4.8	5.1	14.9	5.0
578	M028	密山镇	139.7	32.6	138.8	4.1	3.3	3.3	10.0	4.9	5.6	15.5	5.0
579	M029	密山镇	152.9	93.3	122.6	4.1	3.3	3.5	10.0	4.9	6.0	16.0	5.0
580	M030	密山镇	161.7	30.3	84.8	4.1	3.7	3.6	10.0	4.9	6.1	16.1	5.0
581	M031	密山镇	176.4	19.2	180.5	4.0	6.0	2.7	13.1	3.6	4.3	16.0	5.0
582	M032	密山镇	147.0	54.9	118.7	4.1	3.3	3.6	10.0	4.9	6.1	16.1	5.0
583	M033	密山镇	176.4	7.9	102.2	4.0	6.7	3.6	14.5	3.0	6.1	18.6	5.0
584	M034	密山镇	139.7	20.4	82.4	4.1	5.8	3.6	12.5	4.0	6.1	17.6	5.0
585	M035	密山镇	176.4	32.1	250.6	4.0	3.3	1.8	10.0	4.8	2.6	12.3	5.0

（续）

序号	原编号	采样地点	测试值（毫克/千克）			需施化肥纯量（千克/亩）			推荐一（千克/亩）各肥料商品用量			推荐二（千克/亩）各肥料商品用量	
			氮	磷	钾	N	P_2O_5	K_2O	二铵	尿素	硫酸钾	复混肥	尿素
586	M036	密山镇	257.3	18.5	249.3	3.1	6.1	1.8	13.4	1.5	2.6	12.4	5.0
587	M037	密山镇	191.1	24.8	258.2	3.8	4.8	1.8	10.5	4.2	2.6	12.3	5.0
588	M038	密山镇	161.7	43.1	243.7	4.1	3.3	1.8	10.0	4.9	2.6	12.5	5.0
589	M039	密山镇	191.1	85.4	111.1	3.8	3.3	3.6	10.0	4.4	6.1	15.5	5.0
590	M040	密山镇	220.5	56.9	102.8	3.5	3.3	3.6	10.0	3.7	6.1	14.8	5.0
591	M041	密山镇	183.8	35.1	104.7	3.9	3.3	3.6	10.0	4.6	6.1	15.7	5.0
592	M042	密山镇	213.2	58.8	102.8	3.6	3.3	3.6	10.0	3.9	6.1	15.0	5.0
593	M043	密山镇	161.7	52.0	123.1	4.1	3.3	3.5	10.0	4.9	6.0	16.0	5.0
594	M044	密山镇	176.4	79.3	87.5	4.0	3.3	3.6	10.0	4.8	6.1	15.9	5.0
595	M045	密山镇	205.8	35.8	150.2	3.7	3.3	3.1	10.0	4.1	5.2	14.3	5.0
596	M046	密山镇	161.7	34.4	110.7	4.1	3.3	3.6	10.0	4.9	6.1	16.1	5.0
597	M047	密山镇	176.4	24.5	127.0	4.0	4.9	3.5	10.7	4.5	5.9	16.1	5.0
598	M048	密山镇	183.8	18.6	100.9	3.9	6.1	3.6	13.3	3.3	6.1	17.7	5.0
599	M049	密山镇	154.4	22.0	70.3	4.1	5.4	3.6	11.8	4.3	6.1	17.1	5.0
600	M050	密山镇	227.9	26.9	79.3	3.4	4.4	3.6	10.0	3.5	6.1	14.6	5.0
601	M051	密山镇	180.9	78.4	104.7	4.0	3.3	3.6	10.0	4.7	6.1	15.8	5.0
602	M052	密山镇	213.2	28.4	103.4	3.6	4.1	3.6	10.0	3.9	6.1	15.0	5.0
603	M053	密山镇	198.5	15.0	92.0	3.8	6.7	3.6	14.5	2.5	6.1	18.1	5.0
604	M054	密山镇	205.8	30.9	141.7	3.7	3.6	3.2	10.0	4.1	5.5	14.5	5.0
605	M055	密山镇	154.4	25.2	112.1	4.1	4.8	3.6	10.3	4.8	6.1	16.3	5.0
606	M056	密山镇	142.9	40.2	99.2	4.1	3.3	3.6	10.0	4.9	6.1	16.1	5.0
607	M057	密山镇	242.6	31.5	94.5	3.3	3.4	3.6	10.0	3.2	6.1	14.3	5.0
608	M058	密山镇	191.1	12.8	114.3	3.8	6.7	3.6	14.5	2.7	6.1	18.3	5.0
609	M059	密山镇	180.9	57.5	146.3	4.0	3.3	3.2	10.0	4.7	5.3	15.0	5.0
610	M060	密山镇	272.0	31.4	145.9	2.9	3.5	3.2	10.0	2.4	5.3	12.8	5.0
611	M061	密山镇	161.7	26.3	96.4	4.1	4.5	3.6	10.0	4.9	6.1	16.1	5.0
612	M062	密山镇	139.7	60.8	92.0	4.1	3.3	3.6	10.0	4.9	6.1	16.1	5.0
613	M063	密山镇	169.1	26.1	72.4	4.1	4.6	3.6	10.0	4.9	6.1	16.1	5.0
614	M064	密山镇	205.8	24.3	72.2	3.7	4.9	3.6	10.7	3.8	6.1	15.6	5.0
615	M065	密山镇	139.7	29.4	116.8	4.1	3.9	3.6	10.0	4.9	6.1	16.1	5.0
616	M066	密山镇	249.9	8.3	137.3	3.2	6.7	3.3	14.5	1.2	5.6	16.3	5.0

（续）

序号	原编号	采样地点	测试值（毫克/千克）			需施化肥纯量（千克/亩）			推荐一（千克/亩）各肥料商品用量			推荐二（千克/亩）各肥料商品用量	
			氮	磷	钾	N	P₂O₅	K₂O	二铵	尿素	硫酸钾	复混肥	尿素
617	M067	密山镇	205.8	13.7	113.1	3.7	6.7	3.6	14.5	2.3	6.1	17.9	5.0
618	M068	密山镇	249.9	22.5	193.9	3.2	5.3	2.5	11.5	2.4	3.9	12.8	5.0
619	M069	密山镇	139.7	31.2	212.8	4.1	3.5	2.2	10.0	4.9	3.4	13.3	5.0
620	M070	密山镇	257.3	18.2	178.6	3.1	6.2	2.7	13.5	1.4	4.4	14.3	5.0
621	M071	密山镇	257.3	30.9	184.3	3.1	3.6	2.6	10.0	2.8	4.2	12.0	5.0
622	M072	密山镇	132.3	22.4	122.7	4.1	5.3	3.5	11.6	4.3	6.0	16.9	5.0
623	M073	密山镇	139.7	36.9	129.6	4.1	3.3	3.4	10.0	4.9	5.8	15.8	5.0
624	M074	密山镇	139.7	16.4	176.7	4.1	6.6	2.7	14.3	3.3	4.4	17.0	5.0
625	M075	密山镇	257.3	30.0	151.9	3.1	3.7	3.1	10.0	2.8	5.2	13.0	5.0
626	M076	密山镇	183.8	21.7	95.2	3.9	5.5	3.6	11.9	3.9	6.1	16.9	5.0
627	M077	密山镇	227.9	22.3	216.2	3.4	5.4	2.1	11.7	2.9	3.3	12.8	5.0
628	M078	密山镇	161.7	48.9	78.7	4.1	3.3	3.6	10.0	4.9	6.1	16.1	5.0
629	M079	密山镇	176.4	19.5	86.9	4.0	5.9	3.6	12.9	3.7	6.1	17.7	5.0
630	M080	密山镇	169.1	15.2	137.2	4.1	6.7	3.3	14.5	3.2	5.6	18.3	5.0
631	M081	密山镇	191.1	54.3	95.2	3.8	3.3	3.6	10.0	4.4	6.1	15.5	5.0
632	M082	密山镇	227.9	20.1	138.8	3.4	5.8	3.3	12.6	2.5	5.6	15.7	5.0
633	M083	密山镇	139.7	43.7	106.6	4.1	3.3	3.6	10.0	4.9	6.1	16.1	5.0
634	M084	密山镇	147.0	37.2	89.0	4.1	3.3	3.6	10.0	4.9	6.1	16.1	5.0
635	M085	密山镇	169.1	17.5	114.1	4.1	6.4	3.6	13.8	3.4	6.1	18.4	5.0
636	M086	密山镇	213.2	36.4	240.4	3.6	3.3	1.8	10.0	3.9	2.6	11.4	5.0
637	M087	密山镇	183.8	91.7	259.4	3.9	3.3	1.8	10.0	4.6	2.6	12.2	5.0
638	M088	密山镇	132.3	29.5	110.5	4.1	3.9	3.6	10.0	4.9	6.1	16.1	5.0
639	M089	密山镇	220.5	43.4	148.7	3.5	3.3	3.1	10.0	3.7	5.3	14.0	5.0
640	M090	密山镇	139.7	32.0	196.4	4.1	3.3	2.4	10.0	4.9	3.8	13.8	5.0
641	M091	密山镇	139.7	17.5	246.1	4.1	6.4	1.8	13.8	3.4	2.6	14.8	5.0
642	M092	密山镇	169.1	13.8	81.8	4.1	6.7	3.6	14.5	3.2	6.1	18.8	5.0
643	M093	密山镇	198.5	41.3	113.7	3.8	3.3	3.6	10.0	4.2	6.1	15.4	5.0
644	M094	密山镇	242.6	39.9	167.7	3.3	3.3	2.8	10.0	3.2	4.7	12.9	5.0
645	M095	密山镇	176.4	24.6	115.5	4.0	4.9	3.6	10.6	4.6	6.1	16.3	5.0
646	M096	密山镇	227.9	26.4	122.6	3.4	4.5	3.5	10.0	3.5	6.0	14.6	5.0
647	M097	密山镇	227.9	13.7	77.7	3.4	6.7	3.6	14.5	1.8	6.1	17.4	5.0

（续）

序号	原编号	采样地点	测试值（毫克/千克）			需施化肥纯量（千克/亩）			推荐一（千克/亩）各肥料商品用量			推荐二（千克/亩）各肥料商品用量	
			氮	磷	钾	N	P_2O_5	K_2O	二铵	尿素	硫酸钾	复混肥	尿素
648	M098	密山镇	152.7	14.8	96.5	4.1	6.7	3.6	14.5	3.2	6.1	18.8	5.0
649	M099	密山镇	161.7	41.1	87.8	4.1	3.3	3.6	10.0	4.9	6.1	16.1	5.0
650	M100	密山镇	139.7	16.9	111.7	4.1	6.5	3.6	14.1	3.4	6.1	18.5	5.0
651	M101	密山镇	147.0	46.4	136.4	4.1	3.3	3.3	10.0	4.9	5.6	15.6	5.0
652	M102	密山镇	169.1	41.1	198.3	4.1	3.3	2.4	10.0	4.9	3.8	13.7	5.0
653	M103	密山镇	169.1	89.4	514.6	4.1	3.3	1.8	10.0	4.9	2.6	12.5	5.0
654	M104	密山镇	176.4	77.9	157.1	4.0	3.3	3.0	10.0	4.8	5.0	14.8	5.0
655	M105	密山镇	176.4	24.5	125.2	4.0	4.9	3.5	10.6	4.5	6.0	16.1	5.0
656	M106	密山镇	198.5	85.8	175.8	3.8	3.3	2.7	10.0	4.2	4.5	13.7	5.0
657	M107	密山镇	161.7	43.7	149.6	4.1	3.3	3.1	10.0	4.9	5.2	15.2	5.0
658	M108	密山镇	154.4	27.5	210.8	4.1	4.3	2.2	10.0	4.9	3.4	13.4	5.0
659	M109	密山镇	198.5	56.9	177.1	3.8	3.3	2.7	10.0	4.2	4.4	13.7	5.0
660	M110	密山镇	198.5	72.7	179.3	3.8	3.3	2.7	10.0	4.2	4.4	13.6	5.0
661	M111	密山镇	176.4	57.1	179.6	4.0	3.3	2.7	10.0	4.8	4.3	14.1	5.0
662	M112	密山镇	205.8	80.1	192.7	3.7	3.3	2.5	10.0	4.1	4.0	13.0	5.0
663	M113	密山镇	213.2	112.5	149.2	3.6	3.3	3.1	10.0	3.9	5.2	14.1	5.0
664	M114	密山镇	161.7	20.6	118.3	4.1	5.7	3.6	12.4	4.0	6.1	17.5	5.0
665	M115	密山镇	176.4	11.8	165.8	4.0	6.7	2.9	14.5	3.0	4.8	17.3	5.0
666	M116	密山镇	161.7	24.8	153.9	4.1	4.8	3.1	10.5	4.8	5.1	15.4	5.0
667	M117	密山镇	205.8	17.7	153.9	3.7	6.3	3.1	13.7	2.6	5.1	16.4	5.0
668	M118	密山镇	161.7	25.4	143.3	4.1	4.7	3.2	10.2	4.9	5.4	15.5	5.0
669	M119	密山镇	147.0	12.6	129.6	4.1	6.7	3.4	14.5	3.2	5.8	18.5	5.0
670	M120	密山镇	169.1	14.4	142.7	4.1	6.7	3.2	14.5	3.2	5.4	18.1	5.0
671	M121	密山镇	191.1	23.8	137.7	3.8	5.0	3.3	11.0	4.1	5.6	15.6	5.0
672	M122	密山镇	147.0	43.7	127.7	4.1	3.3	3.4	10.0	4.9	5.9	15.8	5.0
673	M123	密山镇	191.1	39.6	150.8	3.8	3.3	3.1	10.0	4.4	5.2	14.6	5.0
674	M124	密山镇	161.7	32.1	145.2	4.1	3.3	3.2	10.0	4.9	5.4	15.3	5.0
675	M125	密山镇	183.8	24.7	110.8	3.9	4.8	3.6	10.5	4.4	6.1	16.0	5.0
676	M126	密山镇	205.8	36.3	101.4	3.7	3.3	3.6	10.0	4.1	6.1	15.2	5.0
677	M127	密山镇	249.9	36.3	171.2	3.2	3.3	2.8	10.0	3.0	4.6	12.6	5.0
678	M128	密山镇	183.8	33.0	228.3	3.9	3.3	2.0	10.0	4.6	2.9	12.5	5.0

（续）

序号	原编号	采样地点	测试值（毫克/千克）			需施化肥纯量（千克/亩）			推荐一（千克/亩）各肥料商品用量			推荐二（千克/亩）各肥料商品用量	
			氮	磷	钾	N	P₂O₅	K₂O	二铵	尿素	硫酸钾	复混肥	尿素
679	M129	密山镇	191.1	68.9	211.9	3.8	3.3	2.2	10.0	4.4	3.4	12.8	5.0
680	M130	密山镇	154.4	22.3	131.4	4.1	5.4	3.4	11.7	4.3	5.8	16.7	5.0
681	M131	密山镇	176.4	31.6	100.6	4.0	3.4	3.6	10.0	4.8	6.1	15.9	5.0
682	M132	密山镇	242.6	30.6	136.6	3.3	3.6	3.3	10.0	3.2	5.6	13.8	5.0
683	M133	密山镇	169.1	60.9	419.6	4.1	3.3	1.8	10.0	4.9	2.6	12.5	5.0
684	M134	密山镇	132.3	32.2	211.4	4.1	3.3	2.2	10.0	4.9	3.4	13.3	5.0
685	M135	密山镇	154.4	24.7	103.9	4.1	4.9	3.6	10.6	4.7	6.1	16.4	5.0
686	M136	密山镇	161.7	37.6	72.1	4.1	3.3	3.6	10.0	4.9	6.1	16.1	5.0
687	M137	密山镇	147.0	34.6	102.7	4.1	3.3	3.6	10.0	4.9	6.1	16.1	5.0
688	M138	密山镇	191.1	31.2	121.4	3.8	3.5	3.5	10.0	4.4	6.1	15.5	5.0
689	M139	密山镇	183.8	14.3	97.7	3.9	6.7	3.6	14.5	2.9	6.1	18.5	5.0
690	M140	密山镇	154.4	32.8	67.7	4.1	3.3	3.6	10.0	4.9	6.1	16.1	5.0
691	M141	密山镇	147.0	9.9	85.2	4.1	6.7	3.6	14.5	3.2	6.1	18.8	5.0
692	M142	密山镇	176.4	71.7	364.6	4.0	3.3	1.8	10.0	4.8	2.6	12.3	5.0
693	M143	密山镇	213.2	79.4	89.6	3.6	3.3	3.6	10.0	3.9	6.1	15.0	5.0
694	M144	密山镇	169.1	54.5	85.2	4.1	3.3	3.6	10.0	4.9	6.1	16.1	5.0
695	M145	密山镇	147.0	32.6	123.3	4.1	3.3	3.5	10.0	4.9	6.0	16.0	5.0
696	M146	密山镇	161.7	39.6	110.8	4.1	3.3	3.6	10.0	4.9	6.1	16.1	5.0
697	M147	密山镇	198.5	47.0	113.3	3.8	3.3	3.6	10.0	4.2	6.1	15.4	5.0
698	M148	密山镇	176.4	28.5	86.0	4.0	4.1	3.6	10.0	4.8	6.1	15.9	5.0
699	M149	密山镇	139.7	37.9	98.0	4.1	3.3	3.6	10.0	4.9	6.1	16.1	5.0
700	M150	密山镇	191.1	35.2	182.1	3.8	3.3	2.6	10.0	4.4	4.3	13.7	5.0
701	M151	密山镇	154.4	37.6	190.8	4.1	3.3	2.5	10.0	4.9	4.0	14.2	5.0
702	M152	密山镇	176.4	29.3	171.5	4.0	3.9	2.8	10.0	4.8	4.6	14.4	5.0
703	M153	密山镇	205.8	56.9	188.3	3.7	3.3	2.5	10.0	4.1	4.1	13.2	5.0
704	M154	密山镇	161.7	34.1	211.4	4.1	3.3	2.2	10.0	4.9	3.4	13.3	5.0
705	M155	密山镇	205.8	83.0	143.3	3.7	3.3	3.2	10.0	4.1	5.4	14.5	5.0
706	M156	密山镇	161.7	37.1	111.4	4.1	3.3	3.6	10.0	4.9	6.1	16.1	5.0
707	M157	密山镇	235.2	24.1	96.2	3.3	3.3	3.6	10.8	3.0	6.1	15.0	5.0
708	M158	密山镇	139.7	56.7	166.4	4.1	3.3	2.9	10.0	4.9	4.7	14.7	5.0
709	M159	密山镇	161.7	34.8	83.5	4.1	3.3	3.6	10.0	4.9	6.1	16.1	5.0

（续）

序号	原编号	采样地点	测试值（毫克/千克）			需施化肥纯量（千克/亩）			推荐一（千克/亩）各肥料商品用量			推荐二（千克/亩）各肥料商品用量	
			氮	磷	钾	N	P₂O₅	K₂O	二铵	尿素	硫酸钾	复混肥	尿素
710	M160	密山镇	198.5	25.1	98.9	3.8	4.8	3.6	10.4	4.1	6.1	15.6	5.0
711	M161	密山镇	191.1	12.4	109.7	3.8	6.7	3.6	14.5	2.7	6.1	18.3	5.0
712	M162	密山镇	205.8	23.2	135.2	3.7	5.2	3.3	11.2	3.6	5.7	15.5	5.0
713	M163	密山镇	154.4	25.7	120.9	4.1	4.6	3.5	10.1	4.9	6.1	16.1	5.0
714	M164	密山镇	169.1	25.8	130.8	4.1	4.6	3.4	10.1	4.9	5.8	15.8	5.0
715	M165	密山镇	191.1	33.4	111.3	3.8	3.3	3.6	10.0	4.4	6.1	15.5	5.0
716	M166	密山镇	147.0	25.2	125.5	4.1	4.7	3.5	10.3	4.8	5.9	16.1	5.0
717	M167	密山镇	154.4	42.0	253.3	4.1	3.3	1.8	10.0	4.9	2.6	12.5	5.0
718	M168	密山镇	191.1	67.4	136.0	3.8	3.3	3.3	10.0	4.4	5.6	15.1	5.0
719	M169	密山镇	220.5	42.4	132.7	3.5	3.3	3.4	10.0	3.7	5.7	14.4	5.0
720	M170	密山镇	205.8	56.7	155.9	3.7	3.3	3.0	10.0	4.1	5.0	14.1	5.0
721	M171	密山镇	257.3	63.0	123.5	3.1	3.3	3.5	10.0	2.8	6.0	13.8	5.0
722	M172	密山镇	176.4	47.7	105.8	4.0	3.3	3.6	10.0	4.8	6.1	15.9	5.0
723	M173	密山镇	154.4	40.8	95.0	4.1	3.3	3.6	10.0	4.9	6.1	16.1	5.0
724	M174	密山镇	169.1	29.9	102.1	4.1	3.8	3.6	10.0	4.9	6.1	16.1	5.0
725	M175	密山镇	183.8	30.2	67.1	3.9	3.7	3.6	10.0	4.6	6.1	15.7	5.0
726	M176	密山镇	213.2	45.5	74.7	3.6	3.3	3.6	10.0	3.9	6.1	15.0	5.0
727	M177	密山镇	183.8	30.1	113.9	3.9	3.7	3.6	10.0	4.6	6.1	15.7	5.0
728	M178	密山镇	183.8	41.3	161.3	3.9	3.3	2.9	10.0	4.6	4.9	14.5	5.0
729	M179	密山镇	198.5	24.1	96.5	3.8	5.0	3.6	10.8	3.9	6.1	15.9	5.0
730	M180	密山镇	139.7	20.6	72.7	4.1	5.7	3.6	12.4	4.0	6.1	17.5	5.0
731	M181	密山镇	205.8	20.2	107.1	3.7	5.8	3.6	12.6	3.1	6.1	16.7	5.0
732	M182	密山镇	205.8	75.1	148.3	3.7	3.3	3.1	10.0	4.1	5.3	14.3	5.0
733	M183	密山镇	191.1	36.1	98.2	3.8	3.3	3.6	10.0	4.4	6.1	15.5	5.0
734	M184	密山镇	169.1	31.1	89.6	4.1	3.5	3.6	10.0	4.9	6.1	16.1	5.0
735	M185	密山镇	235.2	45.2	133.5	3.3	3.3	3.4	10.0	3.3	5.7	14.1	5.0
736	M186	密山镇	176.4	36.6	128.8	4.0	3.3	3.4	10.0	4.8	5.8	15.6	5.0
737	M187	密山镇	161.7	31.3	130.8	4.1	3.5	3.4	10.0	4.9	5.8	15.7	5.0
738	M188	密山镇	191.1	32.5	142.1	3.8	3.3	3.2	10.0	4.4	5.5	14.9	5.0
739	M189	密山镇	183.8	32.5	145.8	3.9	3.3	3.2	10.0	4.6	5.3	15.0	5.0
740	M190	密山镇	132.3	18.3	77.1	4.1	6.2	3.6	13.5	3.6	6.1	18.2	5.0

（续）

序号	原编号	采样地点	测试值（毫克/千克）			需施化肥纯量（千克/亩）			推荐一（千克/亩）各肥料商品用量			推荐二（千克/亩）各肥料商品用量	
			氮	磷	钾	N	P$_2$O$_5$	K$_2$O	二铵	尿素	硫酸钾	复混肥	尿素
741	M191	密山镇	205.8	34.9	120.2	3.7	3.3	3.6	10.0	4.1	6.1	15.2	5.0
742	M192	密山镇	213.2	54.1	95.2	3.6	3.3	3.6	10.0	3.9	6.1	15.0	5.0
743	M193	密山镇	117.6	63.8	74.5	4.1	3.3	3.6	10.0	4.9	6.1	16.1	5.0
744	M194	密山镇	169.1	52.1	76.5	4.1	3.3	3.6	10.0	4.9	6.1	16.1	5.0
745	M195	密山镇	191.1	40.0	90.2	3.8	3.3	3.6	10.0	4.4	6.1	15.5	5.0
746	M196	密山镇	147.0	37.6	95.3	4.1	3.3	3.6	10.0	4.9	6.1	16.1	5.0
747	M197	密山镇	161.7	41.6	75.8	4.1	3.3	3.6	10.0	4.9	6.1	16.1	5.0
748	M198	密山镇	183.8	28.6	113.3	3.9	4.0	3.6	10.0	4.6	6.1	15.7	5.0
749	M199	密山镇	161.7	54.7	141.4	4.1	3.3	3.2	10.0	4.9	5.5	15.4	5.0
750	M200	密山镇	213.2	21.8	123.3	3.6	5.5	3.5	11.9	3.2	6.0	16.0	5.0
751	P001	和平乡	205.8	12.3	129.9	3.7	6.7	3.4	14.5	2.3	5.8	17.6	5.0
752	P002	和平乡	169.1	15.2	145.1	4.1	6.7	3.2	14.5	3.2	5.4	18.0	5.0
753	P003	和平乡	183.8	19.0	173.0	3.9	6.0	2.8	13.1	3.4	4.5	16.1	5.0
754	P004	和平乡	169.1	10.7	149.9	4.1	6.7	3.1	14.5	3.2	5.2	17.9	5.0
755	P005	和平乡	272.0	22.9	273.6	2.9	5.2	1.8	11.4	1.9	2.6	10.8	5.0
756	P006	和平乡	125.0	28.9	323.6	4.1	4.0	1.8	10.0	4.9	2.6	12.5	5.0
757	P007	和平乡	198.5	29.4	295.8	3.8	3.9	1.8	10.0	4.2	2.6	11.8	5.0
758	P008	和平乡	198.5	22.3	252.1	3.8	5.4	1.8	11.7	3.6	2.6	12.8	5.0
759	P009	和平乡	201.3	23.0	232.1	3.7	5.2	1.9	11.3	3.7	2.8	12.8	5.0
760	P010	和平乡	227.9	21.5	179.9	3.4	5.5	2.7	12.0	2.7	4.3	14.1	5.0
761	P011	和平乡	198.5	24.5	190.1	3.8	4.9	2.5	10.7	4.0	4.0	13.7	5.0
762	P012	和平乡	198.5	22.3	248.3	3.8	5.4	1.8	11.7	3.6	2.6	12.8	5.0
763	P013	和平乡	227.9	23.2	173.0	3.4	5.2	2.8	11.2	3.0	4.5	13.8	5.0
764	P014	和平乡	213.2	16.0	94.5	3.6	6.7	3.6	14.5	2.1	6.1	17.7	5.0
765	P015	和平乡	169.1	12.0	86.3	4.1	6.7	3.6	14.5	3.2	6.1	18.6	5.0
766	P016	和平乡	183.8	18.9	112.3	3.9	6.1	3.6	13.2	3.4	6.1	17.7	5.0
767	P017	和平乡	176.4	13.3	103.4	4.0	6.7	3.6	14.5	3.0	6.1	18.6	5.0
768	P018	和平乡	176.4	14.4	103.4	4.0	6.7	3.6	14.5	3.0	6.1	18.6	5.0
769	P019	和平乡	191.1	75.0	526.1	3.8	3.3	1.8	10.0	4.4	2.6	12.0	5.0
770	P020	和平乡	169.1	23.3	155.9	4.1	5.1	3.0	11.2	4.5	5.0	15.7	5.0
771	P021	和平乡	169.1	18.1	245.8	4.1	6.2	1.8	13.6	3.6	2.6	14.7	5.0

（续）

序号	原编号	采样地点	测试值（毫克/千克）			需施化肥纯量（千克/亩）			推荐一（千克/亩）各肥料商品用量			推荐二（千克/亩）各肥料商品用量	
			氮	磷	钾	N	P₂O₅	K₂O	二铵	尿素	硫酸钾	复混肥	尿素
772	P022	和平乡	191.1	20.0	176.1	3.8	5.8	2.7	12.7	3.4	4.4	15.5	5.0
773	P023	和平乡	183.8	18.9	132.5	3.9	6.1	3.4	13.2	3.4	5.7	17.3	5.0
774	P024	和平乡	191.1	18.7	157.2	3.8	6.1	3.0	13.3	3.1	5.0	16.4	5.0
775	P025	和平乡	227.9	12.3	179.9	3.4	6.7	2.7	14.5	1.8	4.3	15.6	5.0
776	P026	和平乡	132.3	26.1	173.0	4.1	4.6	2.8	10.0	4.9	4.5	14.5	5.0
777	P027	和平乡	154.4	31.8	146.4	4.1	3.4	3.2	10.0	4.9	5.3	15.3	5.0
778	P028	和平乡	117.6	15.3	178.0	4.1	6.7	2.7	14.5	3.2	4.4	17.1	5.0
779	P029	和平乡	125.0	32.9	159.1	4.1	3.3	3.0	10.0	4.9	5.0	14.9	5.0
780	P030	和平乡	176.4	7.2	164.1	4.0	6.7	2.9	14.5	3.0	4.8	17.3	5.0
781	P031	和平乡	176.4	11.6	124.9	4.0	6.7	3.5	14.5	3.0	6.0	18.5	5.0
782	P032	和平乡	125.0	10.4	50.8	4.1	6.7	3.6	14.5	3.2	6.1	18.8	5.0
783	P033	和平乡	191.1	7.2	135.0	3.8	6.7	3.3	14.5	2.7	5.7	17.8	5.0
784	P034	和平乡	161.7	10.2	224.9	4.1	6.7	2.0	14.5	3.2	3.0	15.7	5.0
785	P035	和平乡	205.8	18.0	142.0	3.7	6.3	3.2	13.6	2.7	5.5	16.7	5.0
786	P036	和平乡	139.7	18.6	171.1	4.1	6.1	2.8	13.3	3.6	4.6	16.6	5.0
787	P037	和平乡	205.8	13.5	212.9	3.7	6.7	2.2	14.5	2.3	3.4	15.2	5.0
788	P038	和平乡	169.1	11.1	119.6	4.1	6.7	3.6	14.5	3.2	6.1	18.8	5.0
789	P039	和平乡	183.8	12.0	121.1	3.9	6.7	3.5	14.5	2.9	6.1	18.4	5.0
790	P040	和平乡	176.4	15.6	105.3	4.0	6.7	3.6	14.5	3.0	6.1	18.6	5.0
791	P041	和平乡	147.0	14.7	95.2	4.1	6.7	3.6	14.5	3.2	6.1	18.8	5.0
792	P042	和平乡	227.9	32.4	161.4	3.4	3.3	2.9	10.0	3.5	4.9	13.4	5.0
793	P043	和平乡	191.1	14.7	75.2	3.8	6.7	3.6	14.5	2.7	6.1	18.3	5.0
794	P044	和平乡	176.4	18.8	200.8	4.0	6.1	2.4	13.2	3.5	3.7	15.5	5.0
795	P045	和平乡	227.9	28.3	157.7	3.4	4.1	3.0	10.0	3.5	5.0	13.5	5.0
796	P046	和平乡	198.5	28.9	65.2	3.8	4.0	3.6	10.0	4.2	6.1	15.4	5.0
797	P047	和平乡	191.1	27.7	107.1	3.8	4.2	3.6	10.0	4.4	6.1	15.5	5.0
798	P048	和平乡	161.7	20.3	87.9	4.1	5.8	3.6	12.5	4.0	6.1	17.6	5.0
799	P049	和平乡	183.8	19.5	94.7	3.9	5.9	3.6	12.9	3.5	6.1	17.5	5.0
800	P050	和平乡	227.9	15.8	135.8	3.4	6.7	3.3	14.5	1.8	5.6	16.9	5.0
801	P051	和平乡	198.5	15.5	92.1	3.8	6.7	3.6	14.5	2.5	6.1	18.1	5.0
802	P052	和平乡	198.5	16.4	123.6	3.8	6.6	3.5	14.3	2.6	6.0	17.9	5.0

（续）

序号	原编号	采样地点	测试值（毫克/千克）			需施化肥纯量（千克/亩）			推荐一（千克/亩）各肥料商品用量			推荐二（千克/亩）各肥料商品用量	
			氮	磷	钾	N	P$_2$O$_5$	K$_2$O	二铵	尿素	硫酸钾	复混肥	尿素
803	P053	和平乡	147.0	18.8	100.8	4.1	6.1	3.6	13.2	3.7	6.1	18.0	5.0
804	P054	和平乡	161.7	19.8	153.6	4.1	5.9	3.1	12.8	3.9	5.1	16.8	5.0
805	P055	和平乡	176.4	54.0	110.3	4.0	3.3	3.6	10.0	4.8	6.1	15.9	5.0
806	P056	和平乡	191.1	25.4	171.7	3.8	4.7	2.8	10.2	4.3	4.6	14.2	5.0
807	P057	和平乡	183.8	36.5	87.5	3.9	3.3	3.6	10.0	4.6	6.1	15.7	5.0
808	P058	和平乡	161.7	52.9	135.8	4.1	3.3	3.3	10.0	4.9	5.6	15.6	5.0
809	P059	和平乡	183.8	73.6	280.8	3.9	3.3	1.8	10.0	4.6	2.6	12.2	5.0
810	P060	和平乡	161.7	21.8	98.9	4.1	5.4	3.6	11.8	4.2	6.1	17.2	5.0
811	P061	和平乡	198.5	15.5	67.7	3.8	6.7	3.6	14.5	2.5	6.1	18.1	5.0
812	P062	和平乡	195.6	13.3	47.4	3.8	6.7	3.6	14.5	2.6	6.1	18.2	5.0
813	P063	和平乡	183.8	65.9	64.1	3.9	3.3	3.6	10.0	4.6	6.1	15.7	5.0
814	P064	和平乡	176.4	45.9	106.5	4.0	3.3	3.6	10.0	4.8	6.1	15.9	5.0
815	P065	和平乡	169.1	49.5	95.8	4.1	3.3	3.6	10.0	4.9	6.1	16.1	5.0
816	P066	和平乡	154.4	13.2	92.6	4.1	6.7	3.6	14.5	3.2	6.1	18.8	5.0
817	P067	和平乡	183.8	19.9	82.7	3.9	5.9	3.6	12.7	3.5	6.1	17.4	5.0
818	P068	和平乡	198.5	74.7	61.6	3.8	3.3	3.6	10.0	4.2	6.1	15.4	5.0
819	P069	和平乡	169.1	21.8	93.2	4.1	5.5	3.6	11.9	4.2	6.1	17.2	5.0
820	P070	和平乡	191.1	26.8	98.3	3.8	4.4	3.6	10.0	4.4	6.1	15.5	5.0
821	P071	和平乡	161.7	25.7	107.2	4.1	4.7	3.6	10.1	4.9	6.1	16.1	5.0
822	P072	和平乡	154.4	21.7	97.0	4.1	5.5	3.6	11.9	4.2	6.1	17.2	5.0
823	P073	和平乡	161.7	18.7	186.3	4.1	6.7	2.6	13.3	3.7	4.1	16.1	5.0
824	P074	和平乡	205.8	18.8	455.9	3.7	6.1	1.8	13.2	2.8	2.6	13.6	5.0
825	P075	和平乡	176.4	9.2	91.6	4.0	6.7	3.6	14.5	3.0	6.1	18.6	5.0
826	P076	和平乡	198.5	24.7	86.9	3.8	4.9	3.6	10.6	4.0	6.1	15.7	5.0
827	P077	和平乡	183.8	25.9	57.2	3.9	4.6	3.6	10.0	4.6	6.1	15.7	5.0
828	P078	和平乡	173.5	11.0	79.9	4.0	6.7	3.6	14.5	3.1	6.1	18.7	5.0
829	P079	和平乡	163.5	8.7	59.7	4.1	6.7	3.6	14.5	3.2	6.1	18.8	5.0
830	P080	和平乡	213.2	15.0	167.9	3.6	6.7	2.8	14.5	2.1	4.7	16.3	5.0
831	P081	和平乡	227.9	24.7	92.9	3.4	4.9	3.6	10.6	3.3	6.1	15.0	5.0
832	P082	和平乡	147.0	19.4	81.1	4.1	5.9	3.6	12.9	3.8	6.1	17.8	5.0
833	P083	和平乡	139.7	14.4	77.7	4.1	6.7	3.6	14.5	3.2	6.1	18.8	5.0

（续）

序号	原编号	采样地点	测试值（毫克/千克）			需施化肥纯量（千克/亩）			推荐一（千克/亩）各肥料商品用量			推荐二（千克/亩）各肥料商品用量	
			氮	磷	钾	N	P_2O_5	K_2O	二铵	尿素	硫酸钾	复混肥	尿素
834	P084	和平乡	139.7	17.3	98.2	4.1	6.4	3.6	13.9	3.4	6.1	18.4	5.0
835	P085	和平乡	139.7	15.0	81.2	4.1	6.7	3.6	14.5	3.2	6.1	18.8	5.0
836	P086	和平乡	139.7	16.4	83.5	4.1	6.6	3.6	14.3	3.3	6.1	18.7	5.0
837	P087	和平乡	139.7	15.6	81.2	4.1	6.7	3.6	14.5	3.2	6.1	18.8	5.0
838	P088	和平乡	139.7	18.2	86.5	4.1	6.2	3.6	13.5	3.6	6.1	18.2	5.0
839	P089	和平乡	139.7	17.2	92.9	4.1	6.4	3.6	14.0	3.4	6.1	18.5	5.0
840	P090	和平乡	139.7	16.6	85.9	4.1	6.5	3.6	14.2	3.3	6.1	18.6	5.0
841	P091	和平乡	169.1	16.6	97.1	4.1	6.5	3.6	14.2	3.3	6.1	18.6	5.0
842	P092	和平乡	117.6	14.8	100.6	4.1	6.7	3.6	14.5	3.2	6.1	18.8	5.0
843	P093	和平乡	139.7	17.0	88.2	4.1	6.5	3.6	14.0	3.4	6.1	18.5	5.0
844	P094	和平乡	183.8	20.7	138.2	3.9	5.7	3.3	12.4	3.7	5.6	16.6	5.0
845	P095	和平乡	169.1	19.3	119.2	4.1	6.0	3.6	13.0	3.8	6.1	17.9	5.0
846	P096	和平乡	139.7	18.5	108.8	4.1	6.1	3.6	13.4	3.6	6.1	18.1	5.0
847	P097	和平乡	161.7	15.7	102.4	4.1	6.7	3.6	14.5	3.2	6.1	18.8	5.0
848	P098	和平乡	139.7	15.0	110.6	4.1	6.7	3.6	14.5	3.2	6.1	18.8	5.0
849	P099	和平乡	153.9	15.3	82.9	4.1	6.7	3.6	14.5	3.2	6.1	18.8	5.0
850	P100	和平乡	147.0	22.4	113.1	4.1	5.3	3.6	11.6	4.3	6.1	17.0	5.0
851	P101	和平乡	198.5	25.8	105.3	3.8	4.6	3.6	10.0	4.2	6.1	15.4	5.0
852	P102	和平乡	154.4	20.7	109.4	4.1	5.7	3.6	12.4	4.0	6.1	17.5	5.0
853	P103	和平乡	161.7	24.6	115.5	4.1	4.9	3.6	10.6	4.7	6.1	16.4	5.0
854	P104	和平乡	257.3	19.4	122.9	3.1	6.0	3.5	13.0	1.6	6.0	15.6	5.0
855	P105	和平乡	183.8	19.5	87.7	3.9	5.9	3.6	12.9	3.5	6.1	17.5	5.0
856	P106	和平乡	183.8	23.3	126.4	3.9	5.1	3.5	11.2	4.1	5.9	16.2	5.0
857	P107	和平乡	198.5	23.5	102.9	3.8	5.1	3.6	11.1	3.8	6.1	16.0	5.0
858	P108	和平乡	227.9	20.7	110.0	3.4	5.7	3.6	12.4	2.6	6.1	16.1	5.0
859	P109	和平乡	176.4	23.8	102.9	4.0	5.0	3.6	11.0	4.4	6.1	16.5	5.0
860	P110	和平乡	183.8	26.3	114.9	3.9	4.5	3.6	10.0	4.6	6.1	15.7	5.0
861	P111	和平乡	183.8	40.3	211.7	3.9	3.3	2.2	10.0	4.6	3.4	13.0	5.0
862	P112	和平乡	191.1	34.8	186.5	3.8	3.3	2.6	10.0	4.4	4.1	13.6	5.0
863	P113	和平乡	183.8	30.8	190.0	3.9	3.6	2.5	10.0	4.6	4.0	13.6	5.0
864	P114	和平乡	191.1	14.4	152.4	3.8	6.7	3.1	14.5	2.7	5.2	17.3	5.0

（续）

序号	原编号	采样地点	测试值（毫克/千克）			需施化肥纯量（千克/亩）			推荐一（千克/亩）各肥料商品用量			推荐二（千克/亩）各肥料商品用量	
			氮	磷	钾	N	P$_2$O$_5$	K$_2$O	二铵	尿素	硫酸钾	复混肥	尿素
865	P115	和平乡	227.9	71.8	258.9	3.4	3.3	1.8	10.0	3.5	2.6	11.1	5.0
866	P116	和平乡	191.1	68.6	278.0	3.8	3.3	1.8	10.0	4.4	2.6	12.0	5.0
867	P117	和平乡	157.9	25.9	98.1	4.1	4.6	3.6	10.0	4.9	6.1	16.1	5.0
868	P118	和平乡	301.4	31.6	175.3	2.6	3.4	2.7	10.0	1.7	4.5	11.2	5.0
869	P119	和平乡	205.8	19.4	64.1	3.7	6.0	3.6	13.0	2.9	6.1	17.0	5.0
870	P120	和平乡	135.3	17.8	83.7	4.1	6.3	3.6	13.7	3.5	6.1	18.3	5.0
871	P121	和平乡	161.7	50.7	185.8	4.1	3.3	2.6	10.0	4.9	4.2	14.1	5.0
872	P122	和平乡	176.4	70.3	121.4	4.0	3.3	3.5	10.0	4.8	6.1	15.9	5.0
873	P123	和平乡	183.8	64.1	224.6	3.9	3.3	2.0	10.0	4.6	3.0	12.6	5.0
874	P124	和平乡	132.3	14.7	117.3	4.1	6.7	3.6	14.5	3.2	6.1	18.8	5.0
875	P125	和平乡	176.4	8.3	118.6	4.0	6.7	3.6	14.5	3.0	6.1	18.6	5.0
876	P126	和平乡	205.8	17.4	142.7	3.7	6.4	3.2	13.8	2.6	5.4	16.8	5.0
877	P127	和平乡	205.8	26.4	158.9	3.7	4.5	3.0	10.0	4.1	5.0	14.0	5.0
878	P128	和平乡	191.1	34.5	227.1	3.8	3.3	2.0	10.0	4.4	2.9	12.4	5.0
879	P129	和平乡	183.8	26.9	213.5	3.9	4.4	2.2	10.0	4.6	3.3	12.9	5.0
880	P130	和平乡	180.5	24.3	190.2	4.0	4.9	2.5	10.7	4.4	4.0	14.2	5.0
881	P131	和平乡	169.1	18.8	150.2	4.1	6.1	3.1	13.2	3.7	5.2	17.1	5.0
882	P132	和平乡	139.7	3.8	109.4	4.1	6.7	3.6	14.5	3.2	6.1	18.8	5.0
883	P133	和平乡	220.5	30.1	192.7	3.5	3.7	2.5	10.0	3.7	4.0	12.7	5.0
884	P134	和平乡	169.1	38.2	123.6	4.1	3.3	3.5	10.0	4.9	6.0	16.0	5.0
885	P135	和平乡	205.8	18.6	182.5	3.7	6.1	2.6	13.3	2.8	4.3	15.4	5.0
886	P136	和平乡	154.4	32.7	118.3	4.1	3.3	3.6	10.0	4.9	6.1	16.1	5.0
887	P137	和平乡	191.1	29.5	144.6	3.8	3.8	3.2	10.0	4.4	5.4	14.8	5.0
888	P138	和平乡	213.2	27.6	102.6	3.6	4.3	3.6	10.0	3.9	6.1	15.0	5.0
889	P139	和平乡	169.1	22.8	150.8	4.1	5.2	3.1	11.4	4.4	5.2	16.0	5.0
890	P140	和平乡	191.1	18.1	208.4	3.8	6.2	2.2	13.6	3.0	3.5	15.1	5.0
891	P141	和平乡	169.1	30.5	153.9	4.1	3.6	3.1	10.0	4.9	5.1	15.1	5.0
892	P142	和平乡	161.7	33.8	118.5	4.1	3.3	3.6	10.0	4.9	6.1	16.1	5.0
893	P143	和平乡	161.7	52.0	140.1	4.1	3.3	3.3	10.0	4.9	5.5	15.5	5.0
894	P144	和平乡	169.1	32.2	145.8	4.1	3.3	3.2	10.0	4.9	5.3	15.3	5.0
895	P145	和平乡	183.8	36.6	98.3	3.9	3.3	3.6	10.0	4.6	6.1	15.7	5.0

（续）

序号	原编号	采样地点	测试值（毫克/千克）			需施化肥纯量（千克/亩）			推荐一（千克/亩）各肥料商品用量			推荐二（千克/亩）各肥料商品用量	
			氮	磷	钾	N	P₂O₅	K₂O	二铵	尿素	硫酸钾	复混肥	尿素
896	P146	和平乡	132.3	60.8	129.3	4.1	3.3	3.4	10.0	4.9	5.8	15.8	5.0
897	P147	和平乡	176.4	41.2	106.5	4.0	3.3	3.6	10.0	4.8	6.1	15.9	5.0
898	P148	和平乡	220.5	55.9	381.8	3.5	3.3	1.8	10.0	3.7	2.6	11.3	5.0
899	P149	和平乡	205.8	38.0	97.7	3.7	3.3	3.6	10.0	4.1	6.1	15.2	5.0
900	P150	和平乡	191.1	22.5	102.7	3.8	5.3	3.6	11.5	3.8	6.1	16.5	5.0
901	P151	和平乡	147.0	33.6	60.3	4.1	3.3	3.6	10.0	4.9	6.1	16.1	5.0
902	P152	和平乡	176.4	46.1	64.1	4.0	3.3	3.6	10.0	4.8	6.1	15.9	5.0
903	P153	和平乡	161.7	31.2	75.5	4.1	3.5	3.6	10.0	4.9	6.1	16.1	5.0
904	P154	和平乡	161.7	59.8	107.8	4.1	3.3	3.6	10.0	4.9	6.1	16.1	5.0
905	P155	和平乡	161.7	16.3	79.3	4.1	6.6	3.6	14.4	3.2	6.1	18.7	5.0
906	P156	和平乡	147.0	18.3	122.3	4.1	6.2	3.5	13.5	3.6	6.0	18.1	5.0
907	P157	和平乡	191.1	20.1	102.1	3.8	5.8	3.6	12.6	3.4	6.1	17.1	5.0
908	P158	和平乡	191.1	21.7	85.6	3.8	5.5	3.6	11.9	3.7	6.1	16.7	5.0
909	P159	和平乡	176.4	17.1	107.2	4.0	6.4	3.6	14.0	3.2	6.1	18.3	5.0
910	P160	和平乡	147.0	33.5	52.1	4.1	3.3	3.6	10.0	4.9	6.1	16.1	5.0
911	S001	连珠山镇	139.7	35.2	276.9	4.1	3.3	1.8	10.0	4.9	2.6	12.5	5.0
912	S002	连珠山镇	227.9	47.0	248.3	3.4	3.3	1.8	10.0	3.5	2.6	11.1	5.0
913	S003	连珠山镇	147.0	29.4	238.3	4.1	3.9	1.8	10.0	4.9	2.6	12.6	5.0
914	S004	连珠山镇	122.9	128.9	267.9	4.1	3.3	1.8	10.0	4.9	2.6	12.5	5.0
915	S005	连珠山镇	154.4	23.7	105.2	4.1	5.1	3.6	11.0	4.6	6.1	16.7	5.0
916	S006	连珠山镇	147.0	33.1	297.4	4.1	3.3	1.8	10.0	4.9	2.6	12.5	5.0
917	S007	连珠山镇	195.6	41.0	69.7	3.8	3.3	3.6	10.0	4.3	6.1	15.4	5.0
918	S008	连珠山镇	139.7	105.1	563.1	4.1	3.3	1.8	10.0	4.9	2.6	12.5	5.0
919	S009	连珠山镇	227.9	28.7	92.0	3.4	4.0	3.6	10.0	3.5	6.1	14.6	5.0
920	S010	连珠山镇	169.1	25.8	94.6	4.1	4.6	3.6	10.1	4.6	6.1	16.1	5.0
921	S011	连珠山镇	198.5	26.5	137.8	3.8	4.5	3.3	10.0	4.2	5.6	14.8	5.0
922	S012	连珠山镇	171.5	21.9	65.5	4.1	5.4	3.6	11.8	4.2	6.1	17.1	5.0
923	S013	连珠山镇	136.8	14.2	22.1	4.1	6.7	3.6	14.5	3.2	6.1	18.8	5.0
924	S014	连珠山镇	136.9	41.2	71.5	4.1	3.3	3.6	10.0	4.9	6.1	16.1	5.0
925	S015	连珠山镇	183.8	23.9	116.1	3.9	5.0	3.6	10.9	4.3	6.1	16.3	5.0
926	S016	连珠山镇	176.4	54.5	106.5	4.0	3.3	3.6	10.0	4.8	6.1	15.9	5.0

（续）

序号	原编号	采样地点	测试值（毫克/千克）			需施化肥纯量（千克/亩）			推荐一（千克/亩）各肥料商品用量			推荐二（千克/亩）各肥料商品用量	
			氮	磷	钾	N	P$_2$O$_5$	K$_2$O	二铵	尿素	硫酸钾	复混肥	尿素
927	S017	连珠山镇	220.5	25.0	236.4	3.5	4.8	1.8	10.4	3.5	2.7	11.6	5.0
928	S018	连珠山镇	169.1	13.5	213.9	4.1	6.7	2.2	14.5	3.2	3.3	16.0	5.0
929	S019	连珠山镇	176.4	14.9	158.3	4.0	6.7	3.0	14.5	3.0	5.0	17.5	5.0
930	S020	连珠山镇	176.4	5.5	159.5	4.0	6.7	3.0	14.5	3.0	4.9	17.5	5.0
931	S021	连珠山镇	147.0	36.9	206.5	4.1	3.3	2.3	10.0	4.9	3.5	13.5	5.0
932	S022	连珠山镇	132.3	12.1	125.7	4.1	6.7	3.5	14.5	3.2	5.9	18.6	5.0
933	S023	连珠山镇	227.9	80.6	357.1	3.4	3.3	1.8	10.0	3.5	2.6	11.1	5.0
934	S024	连珠山镇	161.7	36.2	167.3	4.1	3.3	2.9	10.0	4.9	4.7	14.7	5.0
935	S025	连珠山镇	138.9	34.4	110.1	4.1	3.3	3.6	10.0	4.9	6.1	16.1	5.0
936	S026	连珠山镇	183.8	38.4	155.8	3.9	3.3	3.0	10.0	4.6	5.0	14.7	5.0
937	S027	连珠山镇	205.8	75.5	100.4	3.7	3.3	3.6	10.0	4.1	6.1	15.2	5.0
938	S028	连珠山镇	169.1	36.6	208.9	4.1	3.3	2.2	10.0	4.9	3.5	13.4	5.0
939	S029	连珠山镇	125.0	44.0	96.8	4.1	3.3	3.6	10.0	4.9	6.1	16.1	5.0
940	S030	连珠山镇	191.1	29.2	182.4	3.8	3.9	2.6	10.0	4.4	4.3	13.7	5.0
941	T001	太平乡	169.1	66.4	245.7	4.1	3.3	1.8	10.0	4.9	2.6	12.5	5.0
942	T002	太平乡	227.9	66.2	227.4	3.4	3.3	2.0	10.0	3.5	2.9	11.5	5.0
943	T003	太平乡	147.0	67.0	221.2	4.1	3.3	2.1	10.0	4.9	3.1	13.1	5.0
944	T004	太平乡	198.5	62.4	252.5	3.8	3.3	1.8	10.0	4.2	2.6	11.8	5.0
945	T005	太平乡	176.4	62.4	187.2	4.0	3.3	2.6	10.0	4.8	4.1	13.9	5.0
946	T006	太平乡	176.4	64.5	206.3	4.0	3.3	2.3	10.0	4.8	3.6	13.3	5.0
947	T007	太平乡	198.5	60.4	186.5	3.8	3.3	2.6	10.0	4.2	4.1	13.4	5.0
948	T008	太平乡	139.7	79.0	215.1	4.1	3.3	2.1	10.0	4.9	3.3	13.2	5.0
949	T009	太平乡	191.1	79.5	211.7	3.8	3.3	2.2	10.0	4.4	3.4	12.8	5.0
950	T010	太平乡	191.1	77.8	245.7	3.8	3.3	1.8	10.0	4.4	2.6	12.0	5.0
951	T011	太平乡	191.1	53.6	193.3	3.8	3.3	2.5	10.0	4.4	3.9	13.2	5.0
952	T012	太平乡	169.1	94.6	204.9	4.1	3.3	2.3	10.0	4.9	3.6	13.5	5.0
953	T013	太平乡	161.7	61.9	232.8	4.1	3.3	1.9	10.0	4.9	2.8	12.7	5.0
954	T014	太平乡	198.5	59.8	193.5	3.8	3.3	2.5	10.0	4.2	3.9	13.2	5.0
955	T015	太平乡	161.7	67.2	204.9	4.1	3.3	2.3	10.0	4.9	3.6	13.5	5.0
956	T016	太平乡	176.4	70.5	220.5	4.0	3.3	2.1	10.0	4.8	3.1	12.9	5.0
957	T017	太平乡	169.1	106.8	219.2	4.1	3.3	2.1	10.0	4.9	3.2	13.1	5.0

（续）

序号	原编号	采样地点	测试值（毫克/千克）			需施化肥纯量（千克/亩）			推荐一（千克/亩）各肥料商品用量			推荐二（千克/亩）各肥料商品用量	
			氮	磷	钾	N	P₂O₅	K₂O	二铵	尿素	硫酸钾	复混肥	尿素
958	T018	太平乡	183.8	71.3	215.8	3.9	3.3	2.1	10.0	4.6	3.3	12.9	5.0
959	T019	太平乡	205.8	55.1	228.0	3.7	3.3	2.0	10.0	4.1	2.9	12.0	5.0
960	T020	太平乡	205.8	62.4	213.1	3.7	3.3	2.2	10.0	4.1	3.4	12.4	5.0
961	T021	太平乡	183.8	23.6	198.8	3.9	5.1	2.4	11.1	4.2	3.8	14.0	5.0
962	T022	太平乡	176.4	67.2	220.5	4.0	3.3	2.1	10.0	4.8	3.1	12.9	5.0
963	T023	太平乡	176.4	107.0	220.5	4.0	3.3	2.1	10.0	4.8	3.1	12.9	5.0
964	T024	太平乡	169.1	73.2	190.6	4.1	3.3	2.5	10.0	4.9	4.0	14.0	5.0
965	T025	太平乡	176.4	84.1	202.2	4.0	3.3	2.3	10.0	4.8	3.7	13.5	5.0
966	T026	太平乡	227.9	67.5	207.6	3.4	3.3	2.3	10.0	3.5	3.5	12.0	5.0
967	T027	太平乡	176.4	86.9	205.6	4.0	3.3	2.3	10.0	4.8	3.6	13.4	5.0
968	T028	太平乡	169.1	80.3	189.3	4.1	3.3	2.5	10.0	4.9	4.1	14.0	5.0
969	T029	太平乡	198.5	75.7	187.9	3.8	3.3	2.5	10.0	4.2	4.1	13.3	5.0
970	T030	太平乡	176.4	60.2	227.4	4.0	3.3	2.0	10.0	4.8	2.9	12.7	5.0
971	T031	太平乡	227.9	54.1	120.3	3.4	3.3	3.6	10.0	3.5	6.1	14.6	5.0
972	T032	太平乡	191.1	44.6	125.7	3.8	3.3	3.5	10.0	4.4	5.9	15.4	5.0
973	T033	太平乡	191.1	28.5	111.9	3.8	4.1	3.6	10.0	4.4	6.1	15.5	5.0
974	T034	太平乡	227.9	24.4	125.7	3.4	4.9	3.5	10.7	3.3	5.9	14.9	5.0
975	T035	太平乡	147.0	42.5	114.7	4.1	3.3	3.6	10.0	4.9	6.1	16.1	5.0
976	T036	太平乡	183.8	35.8	114.9	3.9	3.3	3.6	10.0	4.6	6.1	15.7	5.0
977	T037	太平乡	205.8	32.0	108.3	3.7	3.3	3.6	10.0	4.1	6.1	15.2	5.0
978	T038	太平乡	176.4	38.3	114.1	4.0	3.3	3.6	10.0	4.8	6.1	15.9	5.0
979	T039	太平乡	176.4	27.6	123.1	4.0	4.3	3.5	10.0	4.8	6.0	15.8	5.0
980	T040	太平乡	191.1	28.9	119.1	3.8	4.0	3.6	10.0	4.4	6.1	15.5	5.0
981	T041	太平乡	191.1	30.5	127.5	3.8	3.6	3.4	10.0	4.4	5.9	15.3	5.0
982	T042	太平乡	169.1	44.5	131.1	4.1	3.3	3.4	10.0	4.9	5.8	15.7	5.0
983	T043	太平乡	147.0	42.0	151.0	4.1	3.3	3.1	10.0	4.9	5.2	15.1	5.0
984	T044	太平乡	220.5	32.1	125.7	3.5	3.3	3.5	10.0	3.7	5.9	14.6	5.0
985	T045	太平乡	169.1	52.2	152.1	4.1	3.3	3.1	10.0	4.9	5.2	15.1	5.0
986	T046	太平乡	161.7	34.5	152.2	4.1	3.3	3.1	10.0	4.9	5.2	15.1	5.0
987	T047	太平乡	183.8	47.3	125.7	3.9	3.3	3.5	10.0	4.6	5.9	15.6	5.0
988	T048	太平乡	198.5	38.1	110.7	3.8	3.3	3.6	10.0	4.2	6.1	15.4	5.0

（续）

序号	原编号	采样地点	测试值（毫克/千克）			需施化肥纯量（千克/亩）			推荐一（千克/亩）各肥料商品用量			推荐二（千克/亩）各肥料商品用量	
			氮	磷	钾	N	P₂O₅	K₂O	二铵	尿素	硫酸钾	复混肥	尿素
989	T049	太平乡	154.4	23.6	120.9	4.1	5.1	3.5	11.1	4.5	6.1	16.7	5.0
990	T050	太平乡	117.6	35.2	154.0	4.1	3.3	3.1	10.0	4.9	5.1	15.0	5.0
991	T051	太平乡	220.5	24.6	121.5	3.5	4.9	3.5	10.6	3.5	6.1	15.1	5.0
992	T052	太平乡	169.1	46.2	105.8	4.1	3.3	3.6	10.0	4.9	6.1	16.1	5.0
993	T053	太平乡	198.5	28.5	105.8	3.8	4.1	3.6	10.0	4.2	6.1	15.4	5.0
994	T054	太平乡	191.1	38.1	111.3	3.8	3.3	3.6	10.0	4.4	6.1	15.5	5.0
995	T055	太平乡	205.8	26.2	119.7	3.7	4.5	3.6	10.0	4.1	6.1	15.2	5.0
996	T056	太平乡	169.1	21.0	127.5	4.1	5.6	3.4	12.2	4.1	5.9	17.2	5.0
997	T057	太平乡	154.4	36.3	137.2	4.1	3.3	3.3	10.0	4.9	5.6	15.5	5.0
998	T058	太平乡	169.1	35.7	139.0	4.1	3.3	3.3	10.0	4.9	5.5	15.5	5.0
999	T059	太平乡	132.3	32.1	120.3	4.1	3.3	3.6	10.0	4.9	6.1	16.0	5.0
1000	T060	太平乡	176.4	23.9	121.2	4.0	5.0	3.5	10.9	4.4	6.1	16.4	5.0
1001	T061	太平乡	183.8	63.9	99.2	3.9	3.3	3.6	10.0	4.6	6.1	15.7	5.0
1002	T062	太平乡	154.4	56.1	107.6	4.1	3.3	3.6	10.0	4.9	6.1	16.1	5.0
1003	T063	太平乡	176.4	44.4	104.4	4.0	3.3	3.6	10.0	4.8	6.1	15.9	5.0
1004	T064	太平乡	147.0	59.7	99.8	4.1	3.3	3.6	10.0	4.9	6.1	16.1	5.0
1005	T065	太平乡	147.0	43.6	90.2	4.1	3.3	3.6	10.0	4.9	6.1	16.1	5.0
1006	T066	太平乡	169.1	21.4	132.8	4.1	5.5	3.4	12.0	4.1	5.7	16.9	5.0
1007	T067	太平乡	161.7	53.5	122.7	4.1	3.3	3.5	10.0	4.9	6.0	16.0	5.0
1008	T068	太平乡	161.7	40.3	110.2	4.1	3.3	3.6	10.0	4.9	6.1	16.1	5.0
1009	T069	太平乡	139.7	40.0	111.5	4.1	3.3	3.6	10.0	4.9	6.1	16.1	5.0
1010	T070	太平乡	198.5	40.0	98.6	3.8	3.3	3.6	10.0	4.2	6.1	15.4	5.0
1011	X001	兴凯镇	147.0	18.1	93.9	4.1	6.2	3.6	13.5	3.6	6.1	18.2	5.0
1012	X002	兴凯镇	227.9	19.5	102.8	3.4	5.9	3.6	12.9	2.4	6.1	16.4	5.0
1013	X003	兴凯镇	176.4	17.9	102.6	4.0	6.3	3.6	13.6	3.4	6.1	18.1	5.0
1014	X004	兴凯镇	249.9	36.9	77.7	3.2	3.3	3.6	10.0	3.0	6.1	14.1	5.0
1015	X005	兴凯镇	198.5	31.2	89.3	3.8	3.5	3.6	10.0	4.2	6.1	15.4	5.0
1016	X006	兴凯镇	176.4	19.2	88.2	4.0	6.0	3.6	13.0	3.6	6.1	17.7	5.0
1017	X007	兴凯镇	235.2	57.3	155.7	3.3	3.3	3.0	10.0	3.3	5.1	13.4	5.0
1018	X008	兴凯镇	205.8	50.5	174.1	3.7	3.3	2.8	10.0	4.1	4.5	13.6	5.0
1019	X009	兴凯镇	147.0	28.6	111.7	4.1	4.0	3.6	10.0	4.9	6.1	16.1	5.0

（续）

序号	原编号	采样地点	测试值（毫克/千克）			需施化肥纯量（千克/亩）			推荐一（千克/亩）各肥料商品用量			推荐二（千克/亩）各肥料商品用量	
			氮	磷	钾	N	P$_2$O$_5$	K$_2$O	二铵	尿素	硫酸钾	复混肥	尿素
1020	X010	兴凯镇	135.3	27.9	70.2	4.1	4.2	3.6	10.0	4.9	6.1	16.1	5.0
1021	X011	兴凯镇	143.3	27.0	105.7	4.1	4.4	3.6	10.0	4.9	6.1	16.1	5.0
1022	X012	兴凯镇	176.4	24.3	116.2	4.0	4.9	3.6	10.7	4.5	6.1	16.3	5.0
1023	X013	兴凯镇	161.7	17.4	94.7	4.1	6.4	3.6	13.9	3.4	6.1	18.4	5.0
1024	X014	兴凯镇	161.7	22.7	205.0	4.1	5.3	2.3	11.5	4.4	3.6	14.4	5.0
1025	X015	兴凯镇	176.4	22.3	187.7	4.0	5.4	2.6	11.6	4.1	4.1	14.9	5.0
1026	X016	兴凯镇	242.6	20.2	142.6	3.3	5.8	3.2	12.6	2.2	5.4	15.2	5.0
1027	X017	兴凯镇	249.9	34.9	226.2	3.2	3.3	2.0	10.0	3.0	3.0	10.9	5.0
1028	X018	兴凯镇	213.2	21.7	98.2	3.6	5.5	3.6	11.9	3.1	6.1	16.2	5.0
1029	X019	兴凯镇	198.5	22.4	193.4	3.8	5.3	2.5	11.6	3.6	3.9	14.2	5.0
1030	X020	兴凯镇	198.5	29.7	84.1	3.8	3.8	3.6	10.0	4.2	6.1	15.4	5.0
1031	X021	兴凯镇	176.4	32.2	161.4	4.0	3.3	2.9	10.0	4.8	4.9	14.7	5.0
1032	X022	兴凯镇	191.1	52.2	162.5	3.8	3.3	2.9	10.0	4.4	4.9	14.3	5.0
1033	X023	兴凯镇	198.5	54.1	244.4	3.8	3.3	1.8	10.0	4.2	2.6	11.8	5.0
1034	X024	兴凯镇	183.8	49.5	228.9	3.9	3.3	1.9	10.0	4.6	2.9	12.5	5.0
1035	X025	兴凯镇	227.9	51.9	143.0	3.4	3.3	3.2	10.0	3.5	5.4	14.0	5.0
1036	X026	兴凯镇	176.4	27.4	297.3	4.0	4.3	1.8	10.0	4.8	2.6	12.3	5.0
1037	X027	兴凯镇	161.7	21.8	93.3	4.1	5.5	3.6	11.9	4.2	6.1	17.2	5.0
1038	X028	兴凯镇	257.3	37.3	246.5	3.1	3.3	1.8	10.0	2.8	2.6	10.4	5.0
1039	X029	兴凯镇	227.9	35.7	208.8	3.4	3.3	2.2	10.0	3.5	3.5	12.0	5.0
1040	X030	兴凯镇	257.3	37.6	215.5	3.1	3.3	2.1	10.0	2.8	3.3	11.1	5.0
1041	X031	兴凯镇	257.3	39.2	209.6	3.1	3.3	2.2	10.0	2.8	3.5	11.3	5.0
1042	X032	兴凯镇	198.5	35.4	185.9	3.8	3.3	2.6	10.0	4.1	4.2	13.4	5.0
1043	X033	兴凯镇	139.7	25.9	192.8	4.1	4.6	2.5	10.0	4.9	4.0	13.9	5.0
1044	X034	兴凯镇	249.9	32.7	184.7	3.2	3.3	2.6	10.0	3.0	4.2	12.2	5.0
1045	X035	兴凯镇	183.8	32.6	230.2	3.9	3.3	1.9	10.0	4.6	2.8	12.5	5.0
1046	X036	兴凯镇	191.1	31.3	275.4	3.8	3.5	1.8	10.0	4.4	2.6	12.0	5.0
1047	X037	兴凯镇	191.1	27.7	292.9	3.8	4.2	1.8	10.0	4.4	2.6	12.0	5.0
1048	X038	兴凯镇	154.4	34.9	225.3	4.1	3.3	2.0	10.0	4.9	3.0	12.9	5.0
1049	X039	兴凯镇	213.2	27.3	206.6	3.6	4.3	2.3	10.0	3.9	3.5	12.4	5.0
1050	X040	兴凯镇	183.8	31.1	136.0	3.9	3.5	3.3	10.0	4.6	5.6	15.2	5.0

（续）

序号	原编号	采样地点	测试值（毫克/千克）			需施化肥纯量（千克/亩）			推荐一（千克/亩）各肥料商品用量			推荐二（千克/亩）各肥料商品用量	
			氮	磷	钾	N	P$_2$O$_5$	K$_2$O	二铵	尿素	硫酸钾	复混肥	尿素
1051	X041	兴凯镇	198.5	22.5	207.1	3.8	5.3	2.3	11.6	3.6	3.5	13.7	5.0
1052	X042	兴凯镇	198.5	22.8	218.7	3.8	5.3	2.1	11.4	3.7	3.2	13.3	5.0
1053	X043	兴凯镇	161.7	26.0	208.9	4.1	4.6	2.2	10.0	4.9	3.5	13.4	5.0
1054	X044	兴凯镇	227.9	36.0	182.5	3.4	3.3	2.6	10.0	3.5	4.3	12.8	5.0
1055	X045	兴凯镇	147.0	31.1	200.6	4.1	3.5	2.4	10.0	4.9	3.7	13.7	5.0
1056	X046	兴凯镇	183.8	36.4	165.3	3.9	3.3	2.9	10.0	4.6	4.8	14.4	5.0
1057	X047	兴凯镇	176.4	31.8	196.0	4.0	3.4	2.4	10.0	4.8	3.9	13.6	5.0
1058	X048	兴凯镇	183.8	29.0	228.3	3.9	4.0	2.0	10.0	4.6	2.9	12.5	5.0
1059	X049	兴凯镇	205.8	21.5	204.6	3.7	5.5	2.3	12.0	3.3	3.6	13.9	5.0
1060	X050	兴凯镇	176.4	27.0	178.8	4.0	4.4	2.7	10.0	4.8	4.4	14.2	5.0
1061	X051	兴凯镇	154.4	31.2	145.7	4.1	3.5	3.2	10.0	4.9	5.4	15.3	5.0
1062	X052	兴凯镇	205.8	37.7	169.5	3.7	3.3	2.8	10.0	4.1	4.6	13.7	5.0
1063	X053	兴凯镇	205.8	33.0	142.3	3.7	3.3	3.2	10.0	4.1	5.5	14.5	5.0
1064	X054	兴凯镇	183.8	35.4	160.0	3.9	3.3	2.8	10.0	4.6	4.9	14.5	5.0
1065	X055	兴凯镇	169.1	37.6	173.4	4.1	3.3	2.8	10.0	4.9	4.5	14.5	5.0
1066	X056	兴凯镇	198.5	56.7	257.9	3.8	3.3	1.8	10.0	4.2	2.6	11.8	5.0
1067	X057	兴凯镇	191.1	67.9	273.5	3.8	3.3	1.8	10.0	4.4	2.6	12.0	5.0
1068	X058	兴凯镇	139.7	39.7	237.1	4.1	3.3	1.8	10.0	4.9	2.6	12.6	5.0
1069	X059	兴凯镇	154.4	39.6	264.4	4.1	3.3	1.8	10.0	4.9	2.6	12.5	5.0
1070	X060	兴凯镇	147.0	21.5	153.4	4.1	5.5	3.1	12.0	4.2	5.1	16.3	5.0
1071	X061	兴凯镇	132.3	20.6	148.4	4.1	5.7	3.1	12.4	4.0	5.3	16.7	5.0
1072	X062	兴凯镇	132.3	21.1	137.9	4.1	5.6	3.3	12.2	4.1	5.6	16.8	5.0
1073	X063	兴凯镇	227.9	89.0	126.5	3.4	3.3	3.5	10.0	3.5	5.9	14.4	5.0
1074	X064	兴凯镇	169.1	84.1	140.3	4.1	3.3	3.3	10.0	4.9	5.5	15.5	5.0
1075	X065	兴凯镇	198.5	10.1	152.5	3.8	6.7	3.1	14.5	2.5	5.1	17.1	5.0
1076	X066	兴凯镇	220.5	82.4	130.1	3.5	3.3	3.4	10.0	3.7	5.8	14.5	5.0
1077	X067	兴凯镇	176.4	39.3	129.6	4.0	3.3	3.3	10.0	4.8	5.8	15.6	5.0
1078	X068	兴凯镇	227.9	42.0	126.0	3.4	3.3	3.5	10.0	3.5	5.9	14.5	5.0
1079	X069	兴凯镇	257.3	63.4	295.4	3.1	3.3	1.8	10.0	2.8	2.6	10.4	5.0
1080	X070	兴凯镇	220.5	9.9	85.0	3.5	6.7	3.6	14.5	1.9	6.1	17.5	5.0
1081	Y001	杨木乡	198.5	38.1	127.0	3.8	3.3	3.5	10.0	4.2	5.9	15.2	5.0

（续）

序号	原编号	采样地点	测试值（毫克/千克）			需施化肥纯量（千克/亩）			推荐一（千克/亩）各肥料商品用量			推荐二（千克/亩）各肥料商品用量	
			氮	磷	钾	N	P$_2$O$_5$	K$_2$O	二铵	尿素	硫酸钾	复混肥	尿素
1082	Y002	杨木乡	213.2	57.4	119.9	3.6	3.3	3.6	10.0	3.9	6.1	15.0	5.0
1083	Y003	杨木乡	301.4	35.5	84.1	2.6	3.3	3.6	10.0	1.7	6.1	12.8	5.0
1084	Y004	杨木乡	198.5	44.6	108.3	3.8	3.3	3.6	10.0	4.2	6.1	15.4	5.0
1085	Y005	杨木乡	176.4	54.8	127.0	4.0	3.3	3.5	10.0	4.8	5.9	15.7	5.0
1086	Y006	杨木乡	205.8	46.6	175.4	3.7	3.3	2.7	10.0	4.1	4.5	13.5	5.0
1087	Y007	杨木乡	213.2	57.4	90.2	3.6	3.3	3.6	10.0	3.9	6.1	15.0	5.0
1088	Y008	杨木乡	249.9	26.6	181.3	3.2	4.5	2.6	10.0	3.0	4.3	12.3	5.0
1089	Y009	杨木乡	279.3	41.3	154.6	2.8	3.3	3.0	10.0	2.3	5.1	12.3	5.0
1090	Y010	杨木乡	220.5	58.2	160.9	3.5	3.3	3.0	10.0	3.7	4.9	13.6	5.0
1091	Y011	杨木乡	161.7	51.6	134.2	4.1	3.3	3.3	10.0	4.9	5.7	15.6	5.0
1092	Y012	杨木乡	249.9	48.2	138.7	3.2	3.3	3.3	10.0	3.0	5.6	13.5	5.0
1093	Y013	杨木乡	249.9	34.2	140.5	3.2	3.3	3.3	10.0	3.0	5.5	13.5	5.0
1094	Y014	杨木乡	286.7	45.7	131.3	2.8	3.3	3.4	10.0	2.1	5.8	12.9	5.0
1095	Y015	杨木乡	249.9	35.9	240.5	3.2	3.3	1.8	10.0	3.0	2.6	10.5	5.0
1096	Y016	杨木乡	183.8	45.5	122.1	3.9	3.3	3.5	10.0	4.6	6.0	15.7	5.0
1097	Y017	杨木乡	227.9	28.0	144.4	3.4	4.2	3.2	10.0	3.5	5.4	13.9	5.0
1098	Y018	杨木乡	191.1	25.2	120.9	3.8	4.7	3.5	10.3	4.3	6.1	15.7	5.0
1099	Y019	杨木乡	249.9	63.5	217.8	3.2	3.3	2.1	10.0	3.0	3.2	11.2	5.0
1100	Y020	杨木乡	191.1	41.9	134.4	3.8	3.3	3.3	10.0	4.4	5.7	15.1	5.0
1101	Y021	杨木乡	205.8	48.5	87.7	3.7	3.3	3.6	10.0	4.1	6.1	15.2	5.0
1102	Y022	杨木乡	176.4	30.9	200.5	4.0	3.6	2.4	10.0	4.8	3.7	13.5	5.0
1103	Y023	杨木乡	257.3	16.4	136.7	3.1	6.6	3.3	14.3	1.1	5.6	16.0	5.0
1104	Y024	杨木乡	198.5	22.4	172.1	3.8	5.5	2.8	11.6	3.6	4.6	14.8	5.0
1105	Y025	杨木乡	191.1	34.5	152.8	3.8	3.3	3.1	10.0	4.4	5.1	14.6	5.0
1106	Y026	杨木乡	279.3	67.7	144.2	2.8	3.3	3.2	10.0	2.3	5.4	12.7	5.0
1107	Y027	杨木乡	176.4	44.4	138.2	4.0	3.3	3.3	10.0	4.8	5.6	15.4	5.0
1108	Y028	杨木乡	249.9	50.8	196.9	3.2	3.3	2.4	10.0	3.0	3.8	11.8	5.0
1109	Y029	杨木乡	110.3	34.0	134.1	4.1	3.3	3.3	10.0	4.9	5.7	15.6	5.0
1110	Y030	杨木乡	220.5	27.5	128.8	3.5	4.3	3.4	10.0	3.7	5.8	14.6	5.0
1111	Y031	杨木乡	205.8	45.8	105.8	3.7	3.3	3.6	10.0	4.1	6.1	15.2	5.0
1112	Y032	杨木乡	205.8	42.9	137.2	3.7	3.3	3.3	10.0	4.1	5.6	14.7	5.0

（续）

序号	原编号	采样地点	测试值（毫克/千克）			需施化肥纯量（千克/亩）			推荐一（千克/亩）各肥料商品用量			推荐二（千克/亩）各肥料商品用量	
			氮	磷	钾	N	P₂O₅	K₂O	二铵	尿素	硫酸钾	复混肥	尿素
1113	Y033	杨木乡	198.5	66.9	204.4	3.8	3.3	2.3	10.0	4.2	3.6	12.9	5.0
1114	Y034	杨木乡	220.5	39.7	172.8	3.5	3.3	2.8	10.0	3.7	4.5	13.3	5.0
1115	Y035	杨木乡	249.9	71.2	256.4	3.2	3.3	1.8	10.0	3.0	2.6	10.5	5.0
1116	Y036	杨木乡	227.9	25.2	224.2	3.4	4.7	2.0	10.3	3.4	3.0	11.7	5.0
1117	Y037	杨木乡	169.1	48.4	164.9	4.1	3.3	2.9	10.0	4.9	4.8	14.7	5.0
1118	Y038	杨木乡	154.4	25.5	99.4	4.1	4.7	3.6	10.2	4.9	6.1	16.2	5.0
1119	Y039	杨木乡	169.1	11.6	88.9	4.1	6.7	3.6	14.5	3.2	6.1	18.8	5.0
1120	Y040	杨木乡	213.2	22.0	142.3	3.6	5.4	3.2	11.8	3.2	5.4	15.4	5.0
1121	Y041	杨木乡	227.9	44.5	167.7	3.4	3.3	2.8	10.0	3.5	4.7	13.2	5.0
1122	Y042	杨木乡	213.2	54.6	162.6	3.6	3.3	2.9	10.0	3.9	4.8	13.7	5.0
1123	Y043	杨木乡	198.5	88.8	247.0	3.8	3.3	1.8	10.0	4.2	2.6	11.8	5.0
1124	Y044	杨木乡	176.4	8.1	127.3	4.0	6.7	3.4	14.5	3.0	5.9	18.4	5.0
1125	Y045	杨木乡	191.1	21.6	116.0	3.8	5.5	3.6	11.9	3.7	6.1	16.7	5.0
1126	Y046	杨木乡	183.8	21.8	149.8	3.9	5.5	3.1	11.9	3.9	5.2	16.0	5.0
1127	Y047	杨木乡	191.1	21.4	140.5	3.8	5.5	3.3	12.0	3.6	5.5	16.2	5.0
1128	Y048	杨木乡	220.5	69.7	254.0	3.5	3.3	1.8	10.0	3.7	2.6	11.3	5.0
1129	Y049	杨木乡	205.8	38.9	306.2	3.7	3.3	1.8	10.0	4.1	2.6	11.6	5.0
1130	Y050	杨木乡	279.3	59.2	204.9	2.8	3.3	2.3	10.0	2.3	3.6	10.9	5.0
1131	Y051	杨木乡	147.0	31.5	132.9	4.1	3.4	3.4	10.0	4.9	5.7	15.7	5.0
1132	Y052	杨木乡	242.6	67.8	298.8	3.3	3.3	1.8	10.0	3.2	2.6	10.7	5.0
1133	Y053	杨木乡	183.8	44.0	130.5	3.9	3.3	3.4	10.0	4.6	5.8	15.4	5.0
1134	Y054	杨木乡	154.4	48.2	129.8	4.1	3.3	3.4	10.0	4.9	5.8	15.8	5.0
1135	Y055	杨木乡	191.1	63.2	388.8	3.8	3.3	1.8	10.0	4.4	2.6	12.0	5.0
1136	Y056	杨木乡	139.7	38.6	215.4	4.1	3.3	2.1	10.0	4.9	3.3	13.2	5.0
1137	Y057	杨木乡	176.4	43.4	130.1	4.0	3.3	3.4	10.0	4.8	5.8	15.6	5.0
1138	Y058	杨木乡	139.7	16.5	94.4	4.1	6.6	3.6	14.3	3.3	6.1	18.7	5.0
1139	Y059	杨木乡	220.5	39.7	129.9	3.5	3.3	3.4	10.0	3.7	5.8	14.5	5.0
1140	Y060	杨木乡	161.7	18.1	138.9	4.1	6.2	3.3	13.6	3.6	5.6	17.7	5.0
1141	Y061	杨木乡	198.5	73.0	201.8	3.8	3.3	2.3	10.0	4.2	3.7	12.9	5.0
1142	Y062	杨木乡	249.9	30.8	181.8	3.2	3.6	2.6	10.0	3.0	4.3	12.3	5.0
1143	Y063	杨木乡	257.3	56.6	144.2	3.1	3.3	3.2	10.0	2.8	5.4	13.2	5.0

（续）

序号	原编号	采样地点	测试值（毫克/千克）			需施化肥纯量（千克/亩）			推荐一（千克/亩）各肥料商品用量			推荐二（千克/亩）各肥料商品用量	
			氮	磷	钾	N	P$_2$O$_5$	K$_2$O	二铵	尿素	硫酸钾	复混肥	尿素
1144	Y064	杨木乡	235.2	22.7	98.9	3.3	5.3	3.6	11.4	2.8	6.1	15.3	5.0
1145	Y065	杨木乡	198.5	25.0	140.8	3.8	4.8	3.2	10.4	4.1	5.5	15.0	5.0
1146	Y066	杨木乡	257.3	22.9	209.6	3.1	5.2	2.2	11.3	2.3	3.5	12.1	5.0
1147	Y067	杨木乡	301.4	47.7	185.3	2.6	3.3	2.6	10.0	1.7	4.2	10.9	5.0
1148	Y068	杨木乡	191.1	30.8	328.7	3.8	3.6	1.8	10.0	4.4	2.6	12.0	5.0
1149	Y069	杨木乡	227.9	34.0	84.4	3.4	3.3	3.6	10.0	3.5	6.1	14.6	5.0
1150	Y070	杨木乡	154.4	39.5	119.1	4.1	3.3	3.6	10.0	4.9	6.1	16.1	5.0
1151	Z001	知一镇	139.7	21.5	98.3	4.1	5.5	3.6	12.0	4.2	6.1	17.3	5.0
1152	Z002	知一镇	183.8	17.6	93.5	3.9	6.3	3.6	13.8	3.1	6.1	18.0	5.0
1153	Z003	知一镇	183.8	15.5	75.6	3.9	6.7	3.6	14.5	2.9	6.1	18.5	5.0
1154	Z004	知一镇	225.4	18.7	151.3	3.4	6.1	3.1	13.3	2.3	5.2	15.8	5.0
1155	Z005	知一镇	242.6	23.7	157.2	3.3	5.1	3.0	11.0	2.8	5.0	13.8	5.0
1156	Z006	知一镇	227.9	19.3	149.2	3.4	6.0	3.1	13.0	2.3	5.2	15.6	5.0
1157	Z007	知一镇	154.4	15.5	108.4	4.1	6.7	3.6	14.5	3.2	6.1	18.8	5.0
1158	Z008	知一镇	183.8	14.9	105.5	3.9	6.7	3.6	14.5	2.9	6.1	18.5	5.0
1159	Z009	知一镇	183.8	19.3	165.3	3.9	6.0	2.9	13.0	3.4	4.8	16.2	5.0
1160	Z010	知一镇	213.2	23.6	225.6	3.6	5.1	2.0	11.1	3.5	3.0	12.5	5.0
1161	Z011	知一镇	147.0	12.6	77.4	4.1	6.7	3.6	14.5	3.2	6.1	18.8	5.0
1162	Z012	知一镇	151.3	12.7	98.5	4.1	6.7	3.6	14.5	3.2	6.1	18.8	5.0
1163	Z013	知一镇	154.4	12.9	140.7	4.1	6.7	3.2	14.5	3.2	5.5	18.2	5.0
1164	Z014	知一镇	147.0	15.8	106.7	4.1	6.7	3.6	14.5	3.2	6.1	18.8	5.0
1165	Z015	知一镇	183.8	24.9	136.0	3.9	4.8	3.3	10.5	4.4	5.6	15.5	5.0
1166	Z016	知一镇	161.7	11.7	74.5	4.1	6.7	3.6	14.5	3.2	6.1	18.8	5.0
1167	Z017	知一镇	198.5	21.7	84.3	3.8	5.5	3.6	11.9	3.5	6.1	16.5	5.0
1168	Z018	知一镇	132.3	11.4	83.1	4.1	6.7	3.6	14.5	3.2	6.1	18.8	5.0
1169	Z019	知一镇	176.4	15.1	103.8	4.0	6.7	3.6	14.5	3.0	6.1	18.6	5.0
1170	Z020	知一镇	249.9	21.4	126.8	3.2	5.5	3.5	12.1	2.2	5.9	15.1	5.0
1171	Z021	知一镇	198.5	19.0	126.2	3.8	6.0	3.5	13.1	3.0	5.9	17.1	5.0
1172	Z022	知一镇	169.1	11.1	81.4	4.1	6.7	3.6	14.5	3.2	6.1	18.8	5.0
1173	Z023	知一镇	257.3	18.1	92.9	3.1	6.2	3.6	13.6	1.4	6.1	16.1	5.0
1174	Z024	知一镇	147.0	12.4	83.7	4.1	6.7	3.6	14.5	3.2	6.1	18.8	5.0

（续）

序号	原编号	采样地点	测试值（毫克/千克）			需施化肥纯量（千克/亩）			推荐一（千克/亩）各肥料商品用量			推荐二（千克/亩）各肥料商品用量	
			氮	磷	钾	N	P_2O_5	K_2O	二铵	尿素	硫酸钾	复混肥	尿素
1175	Z025	知一镇	176.4	17.6	107.8	4.0	6.3	3.6	13.8	3.3	6.1	18.2	5.0
1176	Z026	知一镇	205.8	31.7	86.0	3.7	3.4	3.6	10.0	4.1	6.1	15.2	5.0
1177	Z027	知一镇	139.7	15.6	99.8	4.1	6.7	3.6	14.5	3.2	6.1	18.8	5.0
1178	Z028	知一镇	176.4	17.0	95.8	4.0	6.5	3.6	14.0	3.2	6.1	18.4	5.0
1179	Z029	知一镇	139.7	12.9	98.6	4.1	6.7	3.6	14.5	3.2	6.1	18.8	5.0
1180	Z030	知一镇	213.2	30.9	218.3	3.6	3.6	2.1	10.0	3.9	3.2	12.1	5.0
1181	Z031	知一镇	257.3	18.7	103.2	3.1	6.1	3.6	13.3	1.5	6.1	15.9	5.0
1182	Z032	知一镇	249.9	13.7	186.2	3.2	6.7	2.6	14.5	1.2	4.2	14.9	5.0
1183	Z033	知一镇	242.6	13.2	172.1	3.3	6.7	2.8	14.5	1.4	4.6	15.5	5.0
1184	Z034	知一镇	125.0	10.7	95.9	4.1	6.7	3.6	14.5	3.2	6.1	18.8	5.0
1185	Z035	知一镇	138.9	9.5	68.2	4.1	6.7	3.6	14.5	3.2	6.1	18.8	5.0
1186	Z036	知一镇	183.8	13.5	103.2	3.9	6.7	3.6	14.5	2.9	6.1	18.5	5.0
1187	Z037	知一镇	166.5	11.4	100.5	4.1	6.7	3.6	14.5	3.2	6.1	18.8	5.0
1188	Z038	知一镇	154.4	11.9	98.9	4.1	6.7	3.6	14.5	3.2	6.1	18.8	5.0
1189	Z039	知一镇	169.1	15.7	135.3	4.1	6.7	3.3	14.5	3.2	5.7	18.3	5.0
1190	Z040	知一镇	235.2	21.4	210.6	3.3	5.5	2.2	12.1	2.5	3.4	13.0	5.0
1191	Z041	知一镇	137.6	12.6	91.6	4.1	6.7	3.6	14.5	3.2	6.1	18.8	5.0
1192	Z042	知一镇	191.1	17.9	91.7	3.8	6.7	3.6	13.6	3.0	6.1	17.7	5.0
1193	Z043	知一镇	191.1	13.0	107.8	3.8	6.7	3.6	14.5	2.7	6.1	18.3	5.0
1194	Z044	知一镇	176.4	24.4	149.8	4.0	4.9	3.1	10.7	4.5	5.2	15.4	5.0
1195	Z045	知一镇	220.5	26.7	195.0	3.5	4.4	2.4	10.0	3.7	3.9	12.6	5.0
1196	Z046	知一镇	205.8	26.1	213.6	3.7	4.6	2.2	10.0	4.1	3.3	12.4	5.0
1197	Z047	知一镇	141.9	6.2	98.8	4.1	6.7	3.6	14.5	3.2	6.1	18.8	5.0
1198	Z048	知一镇	169.1	18.4	144.4	4.1	6.2	3.2	13.4	3.6	5.4	17.4	5.0
1199	Z049	知一镇	139.7	12.2	164.6	4.1	6.7	2.9	14.5	3.2	4.8	17.5	5.0
1200	Z050	知一镇	147.0	20.7	113.5	4.1	5.7	3.6	12.4	4.0	6.1	17.5	5.0

附表6-2　密山市玉米作物"测土配方施肥"推荐表（目标产量700千克/亩）

序号	原编号	采样地点	测试值（毫克/千克）氮	磷	钾	需施化肥纯量（千克/亩）N	P_2O_5	K_2O	推荐一 各肥料商品用量 尿素	二铵	硫酸钾	分时期 底肥 二铵	底肥 尿素	底肥 硫酸钾	追肥 尿素	推荐二 各肥料商品用量 复混肥	尿素	分时期 底肥 复混肥	追肥 尿素
1	B001	白鱼湾镇	161.7	9.4	71.6	13.6	8.9	6.7	22.0	19.3	11.0	19.3	6.6	11.0	15.4	36.9	15.4	36.9	15.4
2	B002	白鱼湾镇	147.0	14.4	72.8	13.6	8.9	6.7	22.0	19.3	11.0	19.3	6.6	11.0	15.4	36.9	15.4	36.9	15.4
3	B003	白鱼湾镇	147.0	8.3	73.9	13.6	8.9	6.7	22.0	19.3	11.0	19.3	6.6	11.0	15.4	36.9	15.4	36.9	15.4
4	B004	白鱼湾镇	161.7	15.5	78.5	13.6	8.9	6.7	22.0	19.3	11.0	19.3	6.6	11.0	15.4	36.9	15.4	36.9	15.4
5	B005	白鱼湾镇	154.4	17.4	125.1	13.6	8.5	6.5	22.3	18.4	11.0	18.4	6.7	11.0	15.6	36.1	15.6	36.1	15.6
6	B006	白鱼湾镇	183.8	20.5	94.0	13.1	7.6	6.7	21.9	16.6	11.0	16.6	6.6	11.0	15.3	34.2	15.3	34.2	15.3
7	B007	白鱼湾镇	198.5	28.1	109.5	12.5	5.5	6.7	22.1	13.0	11.0	13.0	6.6	11.0	15.5	30.6	15.5	30.6	15.5
8	B008	白鱼湾镇	169.1	10.2	84.8	13.6	8.9	6.7	22.0	19.3	11.0	19.3	6.6	11.0	15.4	36.9	15.4	36.9	15.4
9	B009	白鱼湾镇	191.1	20.3	104.4	12.8	7.7	5.6	21.3	16.7	11.0	16.7	6.4	11.0	14.9	34.1	14.9	34.1	14.9
10	B010	白鱼湾镇	183.8	44.4	160.1	13.1	4.4	6.7	23.0	13.0	11.0	13.0	6.9	11.0	16.1	30.9	16.1	30.9	16.1
11	B011	白鱼湾镇	161.7	15.2	79.7	13.6	8.9	6.7	22.0	19.3	11.0	19.3	6.6	11.0	15.4	36.9	15.4	36.9	15.4
12	B012	白鱼湾镇	176.4	28.7	102.6	12.8	6.7	6.7	23.0	13.0	11.0	13.0	6.9	11.0	16.1	30.9	16.1	30.9	16.1
13	B013	白鱼湾镇	198.5	24.0	108.4	12.5	6.7	6.7	21.5	14.5	11.0	14.5	6.5	11.0	15.1	32.0	15.1	32.0	15.1
14	B014	白鱼湾镇	191.1	37.1	110.7	13.3	4.4	6.7	22.7	13.0	11.0	13.0	6.8	11.0	15.9	30.8	15.9	30.8	15.9
15	B015	白鱼湾镇	176.4	22.5	137.7	13.3	7.1	6.2	23.0	15.4	11.0	15.4	6.9	11.0	16.1	33.3	16.1	33.3	16.1
16	B016	白鱼湾镇	220.5	43.3	500.9	11.7	4.4	3.3	20.3	13.0	6.7	13.0	6.1	6.7	14.2	25.8	14.2	25.8	14.2
17	B017	白鱼湾镇	132.3	37.1	348.1	13.6	4.4	3.3	23.0	13.0	6.7	13.0	6.9	6.7	16.1	26.6	16.1	26.6	16.1
18	B018	白鱼湾镇	198.5	81.6	103.2	12.5	4.4	6.7	22.1	13.0	11.0	13.0	6.6	11.0	15.5	30.6	15.5	30.6	15.5
19	B019	白鱼湾镇	198.5	41.8	180.2	12.5	4.4	5.0	22.1	13.0	11.0	13.0	6.6	10.0	15.5	29.6	15.5	29.6	15.5
20	B020	白鱼湾镇	191.1	71.3	107.8	12.8	4.4	6.7	22.7	13.0	11.0	13.0	6.8	11.0	15.9	30.8	15.9	30.8	15.9
21	B021	白鱼湾镇	198.5	54.9	125.6	12.5	4.4	6.5	22.1	13.0	11.0	13.0	6.6	11.0	15.5	30.6	15.5	30.6	15.5

（续）

序号	原编号	采样地点	测试值（毫克/千克）			需施化肥纯量（千克/亩）			推荐一（千克/亩）							推荐二（千克/亩）			
									各肥料商品用量			分时期				各肥料商品用量		分时期	
												底肥			追肥			底肥	追肥
			氮	磷	钾	N	P₂O₅	K₂O	尿素	二铵	硫酸钾	二铵	尿素	硫酸钾	尿素	复混肥	尿素	复混肥	尿素
22	B022	白鱼湾镇	198.5	32.7	121.0	12.5	4.4	6.6	22.1	13.0	11.0	13.0	6.6	11.0	15.5	30.6	15.5	30.6	15.5
23	B023	白鱼湾镇	183.8	33.0	160.7	13.1	4.4	5.5	23.0	13.0	11.0	13.0	6.9	11.0	16.1	30.9	16.1	30.9	16.1
24	B024	白鱼湾镇	198.5	16.1	82.0	12.5	8.9	6.7	19.7	19.3	11.0	19.3	5.9	11.0	13.8	36.2	13.8	36.2	13.8
25	B025	白鱼湾镇	191.1	29.5	81.4	12.8	5.2	6.7	22.7	13.0	11.0	13.0	6.8	11.0	15.9	30.8	15.9	30.8	15.9
26	B026	白鱼湾镇	227.9	80.8	84.8	11.4	4.4	6.7	19.7	13.0	11.0	13.0	5.9	11.0	13.8	29.9	13.8	29.9	13.8
27	B027	白鱼湾镇	161.7	25.8	81.4	13.6	6.2	6.7	23.0	13.4	11.0	13.4	6.9	11.0	16.1	31.3	16.1	31.3	16.1
28	B028	白鱼湾镇	198.5	41.8	85.4	12.5	4.4	6.7	22.1	13.0	11.0	13.0	6.6	11.0	15.5	30.6	15.5	30.6	15.5
29	B029	白鱼湾镇	176.4	39.8	83.7	13.3	4.4	6.7	23.0	13.0	11.0	13.0	6.9	11.0	16.1	30.9	16.1	30.9	16.1
30	B030	白鱼湾镇	257.3	50.3	264.1	10.3	4.4	3.3	17.3	13.0	6.7	13.0	5.2	6.7	12.1	24.9	12.1	24.9	12.1
31	B031	白鱼湾镇	272.0	65.8	272.2	9.7	4.4	3.3	16.1	13.0	6.7	13.0	4.8	6.7	11.3	24.5	11.3	24.5	11.3
32	B032	白鱼湾镇	257.3	51.2	231.4	10.3	4.4	3.6	17.3	13.0	7.1	13.0	5.2	7.1	12.1	25.3	12.1	25.3	12.1
33	B033	白鱼湾镇	191.1	81.4	404.4	12.8	4.4	3.3	22.7	13.0	6.7	13.0	6.8	6.7	15.9	26.5	15.9	26.5	15.9
34	B034	白鱼湾镇	191.1	58.8	383.1	12.8	4.4	3.3	22.7	13.0	6.7	13.0	6.8	6.7	15.9	26.5	15.9	26.5	15.9
35	B035	白鱼湾镇	191.1	54.2	375.6	12.8	4.4	3.3	22.7	13.0	6.7	13.0	6.8	6.7	15.9	26.5	15.9	26.5	15.9
36	B036	白鱼湾镇	249.9	89.1	164.1	10.6	4.4	5.4	17.9	13.0	10.9	13.0	5.4	10.9	12.5	29.2	12.5	29.2	12.5
37	B037	白鱼湾镇	220.5	60.2	133.1	11.7	4.4	6.3	20.3	13.0	11.0	13.0	6.1	11.0	14.2	30.1	14.2	30.1	14.2
38	B038	白鱼湾镇	205.8	54.5	141.2	12.2	4.4	6.1	21.5	13.0	11.0	13.0	6.5	11.0	15.1	30.5	15.1	30.5	15.1
39	B039	白鱼湾镇	183.8	64.7	147.5	13.1	4.4	5.9	23.0	13.0	11.0	13.0	6.9	11.0	16.1	30.9	16.1	30.9	16.1
40	B040	白鱼湾镇	198.5	63.5	150.3	12.5	4.4	5.8	22.1	13.0	11.0	13.0	6.6	11.0	15.5	30.6	15.5	30.6	15.5

（续）

序号	原编号	采样地点	测试值（毫克/千克）			需施化肥纯量（千克/亩）			推荐一（千克/亩）							推荐二（千克/亩）			
									各肥料商品用量			分时期				各肥料商品用量		分时期	
												底肥			追肥			底肥	追肥
			氮	磷	钾	N	P₂O₅	K₂O	尿素	二铵	硫酸钾	二铵	尿素	硫酸钾	尿素	复混肥	尿素	复混肥	尿素
41	B041	白鱼湾镇	249.9	55.9	152.6	10.6	4.4	5.8	17.9	13.0	11.0	13.0	5.4	11.0	12.5	29.4	12.5	29.4	12.5
42	B042	白鱼湾镇	257.3	86.3	157.2	10.3	4.4	5.6	17.3	13.0	11.0	13.0	5.2	11.0	12.1	29.2	12.1	29.2	12.1
43	B043	白鱼湾镇	227.9	120.4	163.6	11.4	4.4	5.5	19.7	13.0	10.9	13.0	5.9	10.9	13.8	29.8	13.8	29.8	13.8
44	B044	白鱼湾镇	176.4	16.1	260.7	13.3	8.9	3.3	21.5	19.3	6.7	19.3	6.4	6.7	15.0	32.4	15.0	32.4	15.0
45	B045	白鱼湾镇	125.0	25.5	78.5	13.6	6.2	6.7	23.0	13.6	11.0	13.6	6.9	11.0	16.1	31.5	16.1	31.5	16.1
46	B046	白鱼湾镇	132.3	8.9	86.6	13.6	8.9	6.7	22.0	19.3	11.0	19.3	6.6	11.0	15.4	36.9	15.4	36.9	15.4
47	B047	白鱼湾镇	139.7	11.2	91.2	13.6	8.9	6.7	22.0	19.3	11.0	19.3	6.6	11.0	15.4	36.9	15.4	36.9	15.4
48	B048	白鱼湾镇	154.4	17.6	74.0	13.6	8.5	6.7	22.3	18.4	11.0	18.4	6.7	11.0	15.6	36.1	15.6	36.1	15.6
49	B049	白鱼湾镇	147.0	10.5	76.8	13.6	8.9	6.7	22.0	19.3	11.0	19.3	6.6	11.0	15.4	36.9	15.4	36.9	15.4
50	B050	白鱼湾镇	139.7	10.5	76.8	13.6	8.9	6.7	22.0	19.3	11.0	19.3	6.6	11.0	15.4	36.9	15.4	36.9	15.4
51	B051	白鱼湾镇	161.7	14.9	95.8	13.6	8.9	6.7	22.0	19.3	11.0	19.3	6.6	11.0	15.4	36.9	15.4	36.9	15.4
52	B052	白鱼湾镇	161.7	19.9	81.4	13.6	7.8	6.0	22.9	17.0	11.0	17.0	6.9	11.0	16.0	34.8	16.0	34.8	16.0
53	B053	白鱼湾镇	147.0	26.9	142.3	13.6	5.9	5.8	23.0	13.0	11.0	13.0	6.9	11.0	16.1	30.9	16.1	30.9	16.1
54	B054	白鱼湾镇	183.8	16.7	151.5	13.1	8.7	5.2	21.0	18.9	10.5	18.9	6.3	10.5	14.7	36.2	14.7	36.2	14.7
55	B055	白鱼湾镇	205.8	33.8	171.0	12.2	4.4	5.4	21.5	13.0	10.8	13.0	6.5	10.8	15.1	30.0	15.1	30.0	15.1
56	B056	白鱼湾镇	176.4	26.6	165.3	13.3	6.0	6.7	23.0	13.0	11.0	13.0	6.9	11.0	16.1	30.7	16.1	30.7	16.1
57	B057	白鱼湾镇	176.4	53.5	118.2	13.3	4.4	6.7	23.0	13.0	11.0	13.0	6.9	11.0	16.1	30.9	16.1	30.9	16.1
58	B058	白鱼湾镇	154.4	91.3	113.6	13.6	4.4	6.7	23.0	13.0	11.0	13.0	6.9	11.0	16.1	30.9	16.1	30.9	16.1
59	B059	白鱼湾镇	183.8	21.9	172.8	13.1	7.3	5.2	22.2	15.8	10.4	15.8	6.7	10.4	15.6	32.9	15.6	32.9	15.6

（续）

| 序号 | 原编号 | 采样地点 | 测试值（毫克/千克） | | | 需施化肥纯量（千克/亩） | | | 推荐一 各肥料商品用量 | | | 推荐一 分时期 底肥 | | | 追肥 | 推荐二 各肥料商品用量 | | 推荐二 分时期 底肥 | 追肥 |
			氮	磷	钾	N	P₂O₅	K₂O	尿素	二铵	硫酸钾	二铵	尿素	硫酸钾	尿素	复混肥	尿素	复混肥	尿素
60	B060	白鱼湾镇	154.4	20.8	153.7	13.6	7.6	6.3	23.0	16.4	11.0	16.4	6.9	11.0	16.1	34.3	16.1	34.3	16.1
61	B061	白鱼湾镇	169.1	16.1	80.2	13.6	8.9	6.7	22.0	19.3	11.0	19.3	6.6	11.0	15.4	36.9	15.4	36.9	15.4
62	B062	白鱼湾镇	169.1	16.1	91.2	13.6	8.9	6.7	22.0	19.3	11.0	19.3	6.6	11.0	15.4	36.9	15.4	36.9	15.4
63	B063	白鱼湾镇	169.1	14.9	89.4	13.6	8.9	6.7	22.0	19.3	11.0	19.3	6.6	11.0	15.4	36.9	15.4	36.9	15.4
64	B064	白鱼湾镇	139.7	6.2	72.2	13.6	8.9	6.7	22.0	19.3	11.0	19.3	6.6	11.0	15.4	36.9	15.4	36.9	15.4
65	B065	白鱼湾镇	169.1	9.7	86.0	13.6	8.9	6.7	22.0	19.3	11.0	19.3	6.6	11.0	15.4	36.9	15.4	36.9	15.4
66	C001	承紫河乡	249.9	17.9	174.5	10.6	8.4	5.2	15.9	18.2	10.3	18.2	4.8	10.3	11.1	33.2	11.1	33.2	11.1
67	C002	承紫河乡	249.9	21.4	135.3	10.6	7.4	6.2	16.7	16.1	11.0	16.1	5.0	11.0	11.7	32.1	11.7	32.1	11.7
68	C003	承紫河乡	257.3	11.7	169.2	10.6	8.9	5.3	14.8	19.3	10.6	19.3	4.4	10.6	10.4	34.4	10.4	34.4	10.4
69	C004	承紫河乡	249.9	33.0	124.2	10.6	4.4	6.5	17.9	13.0	11.0	13.0	5.4	11.0	12.5	29.4	12.5	29.4	12.5
70	C005	承紫河乡	242.6	60.9	157.8	10.8	4.4	5.6	18.5	13.0	11.0	13.0	5.5	11.0	12.9	29.5	12.9	29.5	12.9
71	C006	承紫河乡	301.4	38.5	187.6	8.6	4.4	4.8	14.0	13.0	9.6	13.0	4.2	9.6	9.8	26.8	9.8	26.8	9.8
72	C007	承紫河乡	294.0	34.4	225.5	8.9	4.4	3.7	14.3	13.0	7.5	13.0	4.3	7.5	10.0	24.8	10.0	24.8	10.0
73	C008	承紫河乡	301.4	36.5	119.9	8.6	4.4	6.7	14.0	13.0	11.0	13.0	4.2	11.0	9.8	28.2	9.8	28.2	9.8
74	C009	承紫河乡	198.5	45.8	189.6	12.5	6.1	4.7	22.1	13.3	9.5	13.3	6.6	9.5	15.5	29.1	15.5	29.1	15.5
75	C010	承紫河乡	294.0	26.1	196.5	8.9	4.4	4.5	14.2	13.3	9.1	13.3	4.3	9.1	9.9	26.6	9.9	26.6	9.9
76	C011	承紫河乡	286.7	62.0	296.5	9.2	4.4	3.3	14.9	13.0	6.7	13.0	4.5	6.7	10.4	24.1	10.4	24.1	10.4
77	C012	承紫河乡	257.3	77.5	143.6	10.3	4.4	6.0	17.3	13.0	11.0	13.0	5.2	11.0	12.1	29.2	12.1	29.2	12.1
78	C013	承紫河乡	272.0	91.5	192.6	9.7	4.4	4.7	16.1	13.0	9.3	13.0	4.8	9.3	11.3	27.1	11.3	27.1	11.3

（续）

序号	原编号	采样地点	测试值（毫克/千克）			需施化肥纯量（千克/亩）			推荐一（千克/亩）							推荐二（千克/亩）			
									各肥料商品用量			分时期				各肥料商品用量		分时期	
												底肥			追肥			底肥	追肥
			氮	磷	钾	N	P₂O₅	K₂O	尿素	二铵	硫酸钾	二铵	尿素	硫酸钾	尿素	复混肥	尿素	复混肥	尿素
79	C014	承紫河乡	257.3	50.2	120.3	10.3	4.4	6.7	17.3	13.0	11.0	13.0	5.2	11.0	12.1	29.2	12.1	29.2	12.1
80	C015	承紫河乡	279.3	36.7	125.2	9.5	4.4	6.5	15.5	13.0	11.0	13.0	4.6	11.0	10.8	28.6	10.8	28.6	10.8
81	C016	承紫河乡	257.3	33.0	118.6	10.3	4.4	6.7	17.3	13.0	11.0	13.0	5.2	11.0	12.1	29.2	12.1	29.2	12.1
82	C017	承紫河乡	294.0	13.7	111.2	8.9	8.9	6.7	14.0	19.3	11.0	19.3	4.2	11.0	9.8	34.5	9.8	34.5	9.8
83	C018	承紫河乡	264.6	25.4	133.5	10.0	6.3	6.3	16.4	13.7	11.0	13.7	4.9	11.0	11.5	29.6	11.5	29.6	11.5
84	C019	承紫河乡	257.3	31.1	185.9	10.3	4.7	4.8	17.3	13.0	9.7	13.0	5.2	9.7	12.1	27.9	12.1	27.9	12.1
85	C020	承紫河乡	227.9	25.9	146.6	11.4	6.1	5.9	19.6	13.3	11.0	13.3	5.9	11.0	13.7	30.2	13.7	30.2	13.7
86	C021	承紫河乡	279.3	49.9	178.5	9.5	4.4	5.0	15.5	13.0	10.1	13.0	4.6	10.1	10.8	27.7	10.8	27.7	10.8
87	C022	承紫河乡	272.0	19.7	153.5	9.7	7.9	5.7	14.5	17.1	11.0	17.1	4.3	11.0	10.1	32.4	10.1	32.4	10.1
88	C023	承紫河乡	272.0	19.4	192.2	9.7	7.9	4.7	14.4	17.3	9.3	17.3	4.3	9.3	10.1	30.9	10.1	30.9	10.1
89	C024	承紫河乡	242.6	22.5	139.9	10.8	7.1	6.1	17.6	15.4	11.0	15.4	5.3	11.0	12.3	31.7	12.3	31.7	12.3
90	C025	承紫河乡	249.9	42.7	197.5	10.6	4.4	4.5	17.9	13.0	9.0	13.0	5.4	9.0	12.5	27.4	12.5	27.4	12.5
91	C026	承紫河乡	257.3	36.5	111.7	10.3	4.4	6.7	17.3	13.0	11.0	13.0	5.2	11.0	12.1	29.2	12.1	29.2	12.1
92	C027	承紫河乡	249.9	54.0	173.9	10.6	4.4	5.2	17.9	13.0	10.3	13.0	5.4	10.3	12.5	28.7	12.5	28.7	12.5
93	C028	承紫河乡	249.9	43.5	178.3	10.6	4.4	5.0	17.9	13.0	10.1	13.0	5.4	10.1	12.5	28.5	12.5	28.5	12.5
94	C029	承紫河乡	257.3	30.1	217.2	10.3	5.0	4.0	17.3	13.0	7.9	13.0	5.2	7.9	12.1	26.1	12.1	26.1	12.1
95	C030	承紫河乡	301.4	20.7	250.4	8.6	7.6	3.3	14.0	16.5	6.7	16.5	4.2	6.7	9.8	27.3	9.8	27.3	9.8
96	C031	承紫河乡	235.2	32.6	142.9	11.1	4.4	6.0	19.1	13.0	11.0	13.0	5.7	11.0	13.4	29.7	13.4	29.7	13.4
97	C032	承紫河乡	249.9	35.9	185.7	10.6	4.4	4.8	17.9	13.0	9.7	13.0	5.4	9.7	12.5	28.1	12.5	28.1	12.5

（续）

序号	原编号	采样地点	测试值（毫克/千克）			需施化肥纯量（千克/亩）			推荐一（千克/亩）							推荐二（千克/亩）			
									各肥料商品用量			分时期				各肥料商品用量		分时期	
												底肥			追肥			底肥	追肥
			氮	磷	钾	N	P₂O₅	K₂O	尿素	二铵	硫酸钾	二铵	尿素	硫酸钾	尿素	复混肥	尿素	复混肥	尿素
98	C033	承紫河乡	242.6	51.0	217.1	10.8	4.4	4.0	18.5	13.0	7.9	13.0	5.5	7.9	12.9	26.5	12.9	26.5	12.9
99	C034	承紫河乡	213.2	65.7	197.6	12.0	4.4	4.5	20.9	13.0	9.0	13.0	6.3	9.0	14.6	28.3	14.6	28.3	14.6
100	C035	承紫河乡	242.6	24.9	184.7	10.8	6.4	4.9	18.1	14.0	9.7	14.0	5.4	9.7	12.7	29.1	12.7	29.1	12.7
101	C036	承紫河乡	301.4	69.8	219.3	8.6	4.4	3.9	14.0	13.0	7.8	13.0	4.2	7.8	9.8	25.0	9.8	25.0	9.8
102	C037	承紫河乡	227.9	19.6	138.7	11.4	7.9	6.1	18.1	17.1	11.0	17.1	5.4	11.0	12.7	33.5	12.7	33.5	12.7
103	C038	承紫河乡	235.2	23.7	127.6	11.1	6.7	6.5	18.5	14.6	11.0	14.6	5.5	11.0	12.9	31.2	12.9	31.2	12.9
104	C039	承紫河乡	242.6	42.2	181.0	10.8	4.4	5.0	18.5	13.0	9.9	13.0	5.5	9.9	12.9	28.5	12.9	28.5	12.9
105	C040	承紫河乡	257.3	106.8	182.2	10.3	4.4	4.9	17.3	13.0	9.9	13.0	5.2	9.9	12.1	28.1	12.1	28.1	12.1
106	C041	承紫河乡	249.9	43.4	183.9	10.6	4.4	4.9	17.7	13.0	9.8	13.0	5.4	9.8	12.5	28.2	12.5	28.2	12.5
107	C042	承紫河乡	272.0	75.7	270.6	9.7	4.4	3.3	16.1	13.0	6.7	13.0	4.8	6.7	11.3	24.5	11.3	24.5	11.3
108	C043	承紫河乡	147.0	26.3	208.0	13.6	6.0	4.2	23.0	13.1	8.4	13.1	6.9	8.4	16.1	28.5	16.1	28.5	16.1
109	C044	承紫河乡	227.9	38.4	296.3	11.4	4.4	3.3	19.7	13.0	6.7	13.0	5.9	6.7	13.8	25.6	13.8	25.6	13.8
110	C045	承紫河乡	301.4	45.3	133.7	8.6	4.4	6.3	14.0	13.0	11.0	13.0	4.2	11.0	9.8	28.2	9.8	28.2	9.8
111	C046	承紫河乡	235.2	40.4	111.2	11.1	4.4	6.7	19.1	13.0	11.0	13.0	5.7	11.0	13.4	29.7	13.4	29.7	13.4
112	C047	承紫河乡	264.6	50.5	110.4	10.0	4.4	6.7	16.7	13.0	11.0	13.0	5.0	11.0	11.7	29.0	11.7	29.0	11.7
113	C048	承紫河乡	213.2	63.7	129.8	12.0	4.4	6.4	20.9	13.0	11.0	13.0	6.3	11.0	14.6	30.3	14.6	30.3	14.6
114	C049	承紫河乡	191.1	59.9	82.6	12.8	4.4	6.7	22.7	13.0	11.0	13.0	6.8	11.0	15.9	30.8	15.9	30.8	15.9
115	C050	承紫河乡	176.4	23.5	79.1	13.3	6.8	6.7	23.0	14.8	11.0	14.8	6.9	11.0	16.1	32.7	16.1	32.7	16.1
116	C051	承紫河乡	249.9	30.4	147.8	10.6	4.9	5.9	17.9	13.0	11.0	13.0	5.4	11.0	12.5	29.4	12.5	29.4	12.5

（续）

序号	原编号	采样地点	测试值（毫克/千克）			需施化肥纯量（千克/亩）			推荐一（千克/亩）							推荐二（千克/亩）			
									各肥料商品用量			分时期				各肥料商品用量		分时期	
												底肥		追肥				底肥	追肥
			氮	磷	钾	N	P_2O_5	K_2O	尿素	二铵	硫酸钾	二铵	尿素	硫酸钾	尿素	复混肥	尿素	复混肥	尿素
117	C052	承紫河乡	264.6	47.2	105.0	10.0	4.4	6.7	16.7	13.0	11.0	13.0	5.0	11.0	11.7	29.0	11.7	29.0	11.7
118	C053	承紫河乡	249.9	34.5	135.4	10.6	4.4	6.2	17.9	13.0	11.0	13.0	5.4	11.0	12.5	29.4	12.5	29.4	12.5
119	C054	承紫河乡	279.3	55.4	244.1	9.5	4.4	3.3	15.5	13.0	6.7	13.0	4.6	6.7	10.8	24.3	10.8	24.3	10.8
120	C055	承紫河乡	257.3	92.5	391.4	10.3	4.4	3.3	17.3	13.0	6.7	13.0	5.2	6.7	12.1	24.9	12.1	24.9	12.1
121	C056	承紫河乡	249.9	94.3	113.0	10.6	4.4	6.7	17.9	13.0	11.0	13.0	5.4	11.0	12.5	29.4	12.5	29.4	12.5
122	C057	承紫河乡	249.9	38.8	112.3	10.6	4.4	6.7	17.9	13.0	11.0	13.0	5.4	11.0	12.5	29.4	12.5	29.4	12.5
123	C058	承紫河乡	249.9	13.2	106.2	10.6	8.9	6.7	15.4	19.3	11.0	19.3	4.6	11.0	10.8	34.9	10.8	34.9	10.8
124	C059	承紫河乡	249.9	14.4	138.7	10.6	8.9	6.1	15.4	19.3	11.0	19.3	4.6	11.0	10.8	34.9	10.8	34.9	10.8
125	C060	承紫河乡	227.9	12.1	127.4	11.4	8.9	6.5	17.2	19.3	11.0	19.3	5.2	11.0	12.1	35.5	12.1	35.5	12.1
126	D001	当壁镇	227.9	25.7	122.9	11.4	6.2	6.6	19.5	13.5	11.0	13.5	5.9	11.0	13.7	30.3	13.7	30.3	13.7
127	D002	当壁镇	213.2	16.0	91.2	12.0	8.9	6.7	18.4	19.3	11.0	19.3	5.5	11.0	12.9	35.9	12.9	35.9	12.9
128	D003	当壁镇	227.9	20.8	91.2	11.4	7.5	6.7	18.4	16.4	11.0	16.4	5.5	11.0	12.9	32.9	12.9	32.9	12.9
129	D004	当壁镇	147.0	18.9	92.0	13.6	8.1	6.7	22.7	17.5	11.0	17.5	6.8	11.0	15.9	35.3	15.9	35.3	15.9
130	D005	当壁镇	198.5	28.2	99.5	12.5	5.5	6.7	22.1	13.0	11.0	13.0	6.6	11.0	15.5	30.6	15.5	30.6	15.5
131	D006	当壁镇	294.0	26.9	78.2	8.9	5.9	6.7	14.3	13.0	11.0	13.0	4.3	11.0	10.0	28.3	10.0	28.3	10.0
132	D007	当壁镇	227.9	32.6	104.7	11.4	4.4	6.7	19.7	13.0	11.0	13.0	5.9	11.0	13.8	29.9	13.8	29.9	13.8
133	D008	当壁镇	205.8	53.4	87.0	12.2	4.4	6.7	21.5	13.0	11.0	13.0	6.5	11.0	15.1	30.5	15.1	30.5	15.1
134	D009	当壁镇	183.8	30.1	83.1	13.1	5.0	6.7	23.0	13.0	11.0	13.0	6.9	11.0	16.1	30.9	16.1	30.9	16.1
135	D010	当壁镇	220.5	13.6	78.2	11.7	8.9	6.7	17.8	19.3	11.0	19.3	5.3	11.0	12.5	35.7	12.5	35.7	12.5

（续）

序号	原编号	采样地点	测试值（毫克/千克）			需施化肥纯量（千克/亩）			推荐一（千克/亩）								推荐二（千克/亩）			
			氮	磷	钾	N	P₂O₅	K₂O	各肥料商品用量			追肥	分时期			追肥	各肥料商品用量		底肥	追肥
									尿素	二铵	硫酸钾	尿素	底肥 二铵	尿素	硫酸钾	尿素	复混肥	尿素	复混肥	尿素
136	D011	当壁镇	227.9	32.7	84.7	11.4	4.4	6.7	19.7	13.0	11.0	13.8	13.0	5.9	11.0	13.8	29.9	13.8	29.9	13.8
137	D012	当壁镇	198.5	22.5	80.0	12.5	7.1	6.7	21.2	15.4	11.0	14.8	15.4	6.3	11.0	14.8	32.8	14.8	32.8	14.8
138	D013	当壁镇	191.1	78.5	85.2	12.8	4.4	6.7	22.7	13.0	11.0	15.9	13.0	6.8	11.0	15.9	30.8	15.9	30.8	15.9
139	D014	当壁镇	213.2	30.1	106.3	12.0	5.0	6.7	20.9	13.0	11.0	14.6	13.0	6.3	11.0	14.6	30.3	14.6	30.3	14.6
140	D015	当壁镇	161.7	22.1	121.2	13.6	7.2	6.6	23.0	15.6	11.0	16.1	15.6	6.9	11.0	16.1	33.5	16.1	33.5	16.1
141	D016	当壁镇	183.8	16.4	121.2	13.1	8.8	6.6	20.9	19.1	11.0	14.7	19.1	6.3	11.0	14.7	36.3	14.7	36.3	14.7
142	D017	当壁镇	301.4	26.4	85.9	8.6	6.0	6.7	14.0	13.0	11.0	9.8	13.0	4.2	11.0	9.8	28.2	9.8	28.2	9.8
143	D018	当壁镇	191.1	37.1	84.7	12.8	4.4	6.7	22.7	13.0	11.0	15.9	13.0	6.8	11.0	15.9	30.8	15.9	30.8	15.9
144	D019	当壁镇	183.8	38.3	78.2	13.1	4.4	6.7	23.0	13.0	11.0	16.1	13.0	6.9	11.0	16.1	30.9	16.1	30.9	16.1
145	D020	当壁镇	242.6	81.8	67.1	10.8	4.4	6.7	18.5	13.0	11.0	12.9	13.0	5.5	11.0	12.9	29.5	12.9	29.5	12.9
146	D021	当壁镇	301.4	22.2	142.4	8.6	7.2	6.0	14.0	15.6	11.0	9.8	15.6	4.2	11.0	9.8	30.8	9.8	30.8	9.8
147	D022	当壁镇	205.8	13.0	85.9	12.2	8.9	6.7	19.0	19.3	11.0	13.3	19.3	5.7	11.0	13.3	36.0	13.3	36.0	13.3
148	D023	当壁镇	220.5	17.5	72.4	11.7	8.4	6.7	18.2	18.3	11.0	12.8	18.3	5.5	11.0	12.8	34.7	12.8	34.7	12.8
149	D024	当壁镇	257.3	36.4	97.7	10.3	4.4	6.7	17.3	13.0	11.0	12.1	13.0	5.2	11.0	12.1	29.2	12.1	29.2	12.1
150	D025	当壁镇	205.8	17.8	130.1	12.2	8.4	6.4	19.5	18.2	11.0	13.6	18.2	5.8	11.0	13.6	35.1	13.6	35.1	13.6
151	D026	当壁镇	257.3	47.6	201.2	10.3	4.4	4.4	17.3	13.0	8.8	12.1	13.0	5.2	8.8	12.1	27.0	12.1	27.0	12.1
152	D027	当壁镇	205.8	26.7	91.2	12.2	5.9	6.7	21.5	13.0	11.0	15.1	13.0	6.5	11.0	15.1	30.5	15.1	30.5	15.1
153	D028	当壁镇	198.5	34.9	100.1	12.5	4.4	6.7	22.1	13.0	11.0	15.5	13.0	6.6	11.0	15.5	30.6	15.5	30.6	15.5
154	D029	当壁镇	257.3	25.1	163.5	10.3	6.4	5.5	17.0	13.8	10.9	11.9	13.8	5.1	10.9	11.9	29.8	11.9	29.8	11.9

（续）

序号	原编号	采样地点	测试值（毫克/千克）			需施化肥纯量（千克/亩）			推荐一（千克/亩） 各肥料商品用量			分时期 底肥			追肥	推荐二（千克/亩） 各肥料商品用量		分时期 底肥	追肥
			氮	磷	钾	N	P_2O_5	K_2O	尿素	二铵	硫酸钾	二铵	尿素	硫酸钾	尿素	复混肥	尿素	复混肥	尿素
155	D030	当壁镇	198.5	22.0	125.9	12.5	7.2	6.5	21.1	15.7	11.0	15.7	6.3	11.0	14.7	33.0	14.7	33.0	14.7
156	D031	当壁镇	205.8	17.5	90.0	12.2	8.5	6.7	19.4	18.4	11.0	18.4	5.8	11.0	13.6	35.3	13.6	35.3	13.6
157	D032	当壁镇	161.7	28.1	100.8	13.6	5.5	6.7	23.0	13.0	11.0	13.0	6.9	11.0	16.1	30.9	16.1	30.9	16.1
158	D033	当壁镇	191.1	12.6	71.8	12.8	8.9	6.7	20.2	19.3	11.0	19.3	6.1	11.0	14.2	36.4	14.2	36.4	14.2
159	D034	当壁镇	169.1	14.5	84.1	13.6	8.9	6.7	22.0	19.3	11.0	19.3	6.6	11.0	15.4	36.9	15.4	36.9	15.4
160	D035	当壁镇	205.8	16.3	96.1	12.2	8.8	6.7	19.1	19.1	11.0	19.1	5.7	11.0	13.4	35.9	13.4	35.9	13.4
161	D036	当壁镇	191.1	40.5	75.3	12.8	4.4	6.7	22.7	13.0	11.0	13.0	6.8	11.0	15.9	30.8	15.9	30.8	15.9
162	D037	当壁镇	191.1	16.3	87.1	12.8	8.8	6.7	20.3	19.2	11.0	19.2	6.1	11.0	14.2	36.2	14.2	36.2	14.2
163	D038	当壁镇	220.5	13.1	83.8	11.7	8.9	6.7	17.8	19.3	11.0	19.3	5.3	11.0	12.5	35.7	12.5	35.7	12.5
164	D039	当壁镇	147.0	18.2	91.2	13.6	8.3	6.7	22.5	18.0	11.0	18.0	6.7	11.0	15.7	35.7	15.7	35.7	15.7
165	D040	当壁镇	191.1	24.4	90.6	12.8	6.6	6.7	22.2	14.2	11.0	14.2	6.7	11.0	15.6	31.9	15.6	31.9	15.6
166	E001	二人班乡	179.3	60.6	100.5	13.2	4.4	6.7	23.0	13.0	11.0	13.0	6.9	11.0	16.1	30.9	16.1	30.9	16.1
167	E002	二人班乡	183.8	68.9	111.7	13.3	4.4	6.7	23.0	13.0	11.0	13.0	6.9	11.0	16.1	30.9	16.1	30.9	16.1
168	E003	二人班乡	176.4	28.0	112.8	13.3	5.6	6.7	23.0	13.0	11.0	13.0	6.9	11.0	16.1	30.9	16.1	30.9	16.1
169	E004	二人班乡	227.9	36.2	118.6	11.4	4.4	6.7	19.7	13.0	11.0	13.0	5.9	11.0	13.8	29.9	13.8	29.9	13.8
170	E005	二人班乡	176.4	20.8	137.3	13.3	7.5	6.2	22.6	16.4	11.0	16.4	6.8	11.0	15.8	34.2	15.8	34.2	15.8
171	E006	二人班乡	147.0	36.2	138.6	13.6	4.4	6.2	23.0	13.0	11.0	13.0	6.9	11.0	16.1	30.9	16.1	30.9	16.1
172	E007	二人班乡	154.4	35.0	128.7	13.6	4.4	6.4	23.0	13.0	11.0	13.0	6.9	11.0	16.1	30.9	16.1	30.9	16.1
173	E008	二人班乡	176.4	56.8	146.3	13.3	4.4	5.9	23.0	13.0	11.0	13.0	6.9	11.0	16.1	30.9	16.1	30.9	16.1

（续）

序号	原编号	采样地点	测试值（毫克/千克） 氮	磷	钾	需施化肥纯量（千克/亩） N	P₂O₅	K₂O	推荐一（千克/亩） 各肥料商品用量 尿素	二铵	硫酸钾	分时期 底肥 二铵	尿素	硫酸钾	追肥 尿素	推荐二（千克/亩） 各肥料商品用量 复混肥	尿素	分时期 底肥 复混肥	追肥 尿素
174	E009	二人班乡	176.4	52.7	174.7	13.3	4.4	5.1	23.0	13.0	10.3	13.0	6.9	10.3	16.1	30.2	16.1	30.2	16.1
175	E010	二人班乡	191.1	39.5	147.0	12.8	4.4	5.9	22.7	13.0	11.0	13.0	6.8	11.0	15.9	30.8	15.9	30.8	15.9
176	E011	二人班乡	191.1	49.2	163.1	12.8	4.4	5.5	22.7	13.0	10.9	13.0	6.8	10.9	15.9	30.8	15.9	30.8	15.9
177	E012	二人班乡	205.8	48.0	133.5	12.2	4.4	6.3	21.5	13.0	11.0	13.0	6.5	11.0	15.1	30.5	15.1	30.5	15.1
178	E013	二人班乡	191.1	50.0	155.2	12.8	4.4	5.7	22.7	13.0	11.0	13.0	6.8	11.0	15.9	30.8	15.9	30.8	15.9
179	E014	二人班乡	176.4	36.9	192.1	13.3	4.4	4.7	23.0	13.0	9.3	13.0	6.9	9.3	16.1	29.2	16.1	29.2	16.1
180	E015	二人班乡	139.7	30.8	133.4	13.6	4.8	6.3	23.0	13.0	11.0	13.0	6.9	11.0	16.1	30.9	16.1	30.9	16.1
181	E016	二人班乡	147.0	62.1	283.7	13.6	4.4	3.3	23.0	13.0	6.7	13.0	6.9	6.7	16.1	26.6	16.1	26.6	16.1
182	E017	二人班乡	191.1	60.9	202.9	12.8	4.4	4.4	22.7	13.0	8.7	13.0	6.8	8.7	15.9	28.5	15.9	28.5	15.9
183	E018	二人班乡	257.3	52.9	240.3	10.3	4.4	3.3	17.3	13.0	6.7	13.0	5.2	6.7	12.1	24.9	12.1	24.9	12.1
184	E019	二人班乡	169.1	65.5	387.0	13.6	4.4	3.3	23.0	13.0	6.7	13.0	6.9	6.7	16.1	26.6	16.1	26.6	16.1
185	E020	二人班乡	249.9	45.8	187.0	10.6	4.4	4.8	17.9	13.0	9.6	13.0	5.4	9.6	12.5	28.0	12.5	28.0	12.5
186	E021	二人班乡	227.9	85.6	193.3	11.4	4.4	4.6	19.7	13.0	9.3	13.0	5.9	9.3	13.8	28.2	13.8	28.2	13.8
187	E022	二人班乡	183.8	75.2	203.5	13.1	4.4	4.3	23.0	13.0	8.7	13.0	6.9	8.7	16.1	28.6	16.1	28.6	16.1
188	E023	二人班乡	227.9	84.8	193.4	11.4	4.4	4.6	19.7	13.0	9.3	13.0	5.9	9.3	13.8	28.2	13.8	28.2	13.8
189	E024	二人班乡	257.3	64.7	70.9	10.3	4.4	6.7	17.3	13.0	11.0	13.0	5.2	11.0	12.1	29.2	12.1	29.2	12.1
190	E025	二人班乡	213.2	75.0	163.2	12.0	4.4	5.5	20.9	13.0	10.9	13.0	6.3	10.9	14.6	30.2	14.6	30.2	14.6
191	E026	二人班乡	191.1	20.9	160.7	12.8	7.5	5.5	21.4	16.3	11.0	16.3	6.4	11.0	15.0	33.8	15.0	33.8	15.0
192	E027	二人班乡	205.8	33.0	209.7	12.2	4.4	4.2	21.5	13.0	8.4	13.0	6.5	8.4	15.1	27.8	15.1	27.8	15.1

（续）

序号	原编号	采样地点	测试值（毫克/千克）			需施化肥纯量（千克/亩）			推荐一（千克/亩）							推荐二（千克/亩）			
									各肥料商品用量			分时期				各肥料商品用量		分时期	
												底肥			追肥			底肥	追肥
			氮	磷	钾	N	P$_2$O$_5$	K$_2$O	尿素	二铵	硫酸钾	二铵	尿素	硫酸钾	尿素	复混肥	尿素	复混肥	尿素
193	E028	二人班乡	161.7	54.8	124.6	13.6	4.4	6.5	23.0	13.0	11.0	13.0	6.9	11.0	16.1	30.9	16.1	30.9	16.1
194	E029	二人班乡	110.3	35.7	93.4	13.6	4.4	6.7	23.0	13.0	11.0	13.0	6.9	11.0	16.1	30.9	16.1	30.9	16.1
195	E030	二人班乡	169.1	38.8	168.9	13.6	4.4	5.3	23.0	13.0	10.6	13.0	6.9	10.6	16.1	30.5	16.1	30.5	16.1
196	E031	二人班乡	198.5	56.8	301.2	12.5	4.4	3.3	22.1	13.0	6.7	13.0	6.6	6.7	15.5	26.3	15.5	26.3	15.5
197	E032	二人班乡	205.8	49.9	210.2	12.2	4.4	4.2	21.5	13.0	8.3	13.0	6.5	8.3	15.1	27.8	15.1	27.8	15.1
198	E033	二人班乡	213.2	75.5	194.0	12.0	4.4	4.6	20.9	13.0	9.2	13.0	6.3	9.2	14.6	28.5	14.6	28.5	14.6
199	E034	二人班乡	257.3	87.8	216.5	10.3	4.4	4.0	17.3	13.0	8.0	13.0	5.2	8.0	12.1	26.2	12.1	26.2	12.1
200	E035	二人班乡	198.5	80.6	338.6	12.5	4.4	3.3	22.1	13.0	6.7	13.0	6.6	6.7	15.5	26.3	15.5	26.3	15.5
201	E036	二人班乡	161.7	41.3	261.4	13.6	4.4	3.3	23.0	13.0	6.7	13.0	6.9	6.7	16.1	26.6	16.1	26.6	16.1
202	E037	二人班乡	147.0	57.2	175.7	13.6	4.4	5.1	23.0	13.0	10.2	13.0	6.9	10.2	16.1	30.1	16.1	30.1	16.1
203	E038	二人班乡	198.5	53.3	179.1	12.5	4.4	5.0	22.1	13.0	10.1	13.0	6.6	10.1	15.5	29.7	15.5	29.7	15.5
204	E039	二人班乡	227.9	102.5	85.2	11.4	4.4	6.7	19.7	13.0	11.0	13.0	5.9	11.0	13.8	29.9	13.8	29.9	13.8
205	E040	二人班乡	198.5	73.7	202.2	12.5	4.4	4.4	22.1	13.0	8.8	13.0	6.6	8.8	15.5	28.4	15.5	28.4	15.5
206	E041	二人班乡	213.2	128.2	535.5	12.0	4.4	3.3	20.9	13.0	6.7	13.0	6.3	6.7	14.6	25.9	14.6	25.9	14.6
207	E042	二人班乡	198.5	61.6	183.1	12.5	4.4	4.9	22.1	13.0	9.8	13.0	6.6	9.8	15.5	29.5	15.5	29.5	15.5
208	E043	二人班乡	198.5	63.8	193.4	12.5	4.4	4.6	22.1	13.0	9.3	13.0	6.6	9.3	15.5	28.9	15.5	28.9	15.5
209	E044	二人班乡	183.8	44.8	166.1	13.1	4.4	5.4	23.0	13.0	10.8	13.0	6.9	10.8	16.1	30.7	16.1	30.7	16.1
210	E045	二人班乡	183.8	49.0	162.0	13.1	4.4	5.5	23.0	13.0	11.0	13.0	6.9	11.0	16.1	30.9	16.1	30.9	16.1
211	E046	二人班乡	147.0	44.3	106.3	13.6	4.4	6.7	23.0	13.0	11.0	13.0	6.9	11.0	16.1	30.9	16.1	30.9	16.1

（续）

序号	原编号	采样地点	测试值（毫克/千克）			需施化肥纯量（千克/亩）			推荐一（千克/亩）							推荐二（千克/亩）			
									各肥料商品用量			分时期				各肥料商品用量		分时期	
												底肥			追肥			底肥	追肥
			氮	磷	钾	N	P₂O₅	K₂O	尿素	二铵	硫酸钾	二铵	尿素	硫酸钾	尿素	复混肥	尿素	复混肥	尿素
212	E047	二人班乡	176.4	48.0	120.5	13.3	4.4	6.7	23.0	13.0	11.0	13.0	6.9	11.0	16.1	30.9	16.1	30.9	16.1
213	E048	二人班乡	176.4	50.3	151.2	13.3	4.4	5.8	23.0	13.0	11.0	13.0	6.9	11.0	16.1	30.9	16.1	30.9	16.1
214	E049	二人班乡	132.3	45.6	130.1	13.6	4.4	6.4	23.0	13.0	11.0	13.0	6.9	11.0	16.1	30.9	16.1	30.9	16.1
215	E050	二人班乡	147.0	55.3	100.8	13.6	4.4	6.7	23.0	13.0	11.0	13.0	6.9	11.0	16.1	30.9	16.1	30.9	16.1
216	E051	二人班乡	205.8	65.5	177.7	12.2	4.4	5.1	21.5	13.0	10.1	13.0	6.5	10.1	15.1	29.6	15.1	29.6	15.1
217	E052	二人班乡	227.9	52.9	200.1	11.4	4.4	4.4	19.7	13.0	8.9	13.0	5.9	8.9	13.8	27.8	13.8	27.8	13.8
218	E053	二人班乡	183.8	77.1	157.3	13.1	4.4	5.6	23.0	13.0	11.0	13.0	6.9	11.0	16.1	30.9	16.1	30.9	16.1
219	E054	二人班乡	198.5	49.5	253.9	12.5	4.4	3.3	22.1	13.0	6.7	13.0	6.6	6.7	15.5	26.3	15.5	26.3	15.5
220	E055	二人班乡	161.7	69.4	161.4	13.6	4.4	5.5	23.0	13.0	11.0	13.0	6.9	11.0	16.1	30.9	16.1	30.9	16.1
221	E056	二人班乡	161.7	37.8	209.6	13.6	4.4	4.3	23.0	13.0	8.4	13.0	6.9	8.4	16.1	28.3	16.1	28.3	16.1
222	E057	二人班乡	183.8	24.1	207.0	13.1	6.6	4.3	22.7	14.5	8.5	14.5	6.8	8.5	15.9	29.8	15.9	29.8	15.9
223	E058	二人班乡	198.5	34.7	212.1	12.5	4.4	4.1	22.1	13.0	8.2	13.0	6.6	8.2	15.5	27.8	15.5	27.8	15.5
224	E059	二人班乡	205.8	39.3	358.6	12.2	4.4	3.3	21.5	13.0	6.7	13.0	6.5	6.7	15.1	26.1	15.1	26.1	15.1
225	E060	二人班乡	198.5	37.0	197.4	12.5	4.4	4.5	22.1	13.0	9.0	13.0	6.6	9.0	15.5	28.7	15.5	28.7	15.5
226	E061	二人班乡	161.7	21.1	264.8	13.6	7.5	3.3	23.0	16.2	6.7	16.2	6.9	6.7	16.1	29.8	16.1	29.8	16.1
227	E062	二人班乡	183.8	13.6	266.8	13.1	8.9	3.3	20.8	19.3	6.7	19.3	6.3	6.7	14.6	32.2	14.6	32.2	14.6
228	E063	二人班乡	205.8	23.4	291.5	12.2	6.8	3.3	20.8	14.9	6.7	14.9	6.2	6.7	14.5	27.8	14.5	27.8	14.5
229	E064	二人班乡	205.8	24.6	252.8	12.2	6.5	3.3	21.1	14.1	6.7	14.1	6.3	6.7	14.8	27.1	14.8	27.1	14.8
230	E065	二人班乡	176.4	20.2	246.3	13.3	7.7	3.3	22.4	16.8	6.7	16.8	6.7	6.7	15.7	30.2	15.7	30.2	15.7

（续）

序号	原编号	采样地点	测试值（毫克/千克）			需施化肥纯量（千克/亩）			推荐一（千克/亩）							推荐二（千克/亩）			
									各肥料商品用量			分时期				各肥料商品用量		分时期	
												底肥			追肥			底肥	追肥
			氮	磷	钾	N	P₂O₅	K₂O	尿素	二铵	硫酸钾	二铵	尿素	硫酸钾	尿素	复混肥	尿素	复混肥	尿素
231	E066	二人班乡	139.7	20.9	118.5	13.6	7.5	6.7	23.0	16.3	11.0	16.3	6.9	11.0	16.1	34.2	16.1	34.2	16.1
232	E067	二人班乡	110.3	23.1	111.5	13.6	6.9	6.7	23.0	15.0	11.0	15.0	6.9	11.0	16.1	32.9	16.1	32.9	16.1
233	E068	二人班乡	139.7	12.0	104.2	13.6	8.9	6.7	22.0	19.3	11.0	19.3	6.6	11.0	15.4	36.9	15.4	36.9	15.4
234	E069	二人班乡	139.7	32.6	245.0	13.6	4.4	3.3	23.0	13.0	6.7	13.0	6.9	6.7	16.1	26.6	16.1	26.6	16.1
235	E070	二人班乡	154.4	20.1	208.3	13.6	7.8	4.2	22.9	16.9	8.4	16.9	6.9	8.4	16.1	32.2	16.1	32.2	16.1
236	F001	富源乡	257.3	49.2	149.6	10.3	4.4	5.8	17.3	13.0	11.0	13.0	5.2	11.0	12.1	29.2	12.1	29.2	12.1
237	F002	富源乡	198.5	67.5	193.3	12.5	4.4	4.6	22.1	13.0	9.3	13.0	6.6	9.3	15.5	28.9	15.5	28.9	15.5
238	F003	富源乡	154.4	60.5	279.8	13.6	4.4	3.3	23.0	13.0	6.7	13.0	6.9	6.7	16.1	26.6	16.1	26.6	16.1
239	F004	富源乡	169.1	64.2	359.5	13.6	4.4	3.3	23.0	13.0	6.7	13.0	6.9	6.7	16.1	26.6	16.1	26.6	16.1
240	F005	富源乡	272.0	59.2	294.5	9.7	4.4	3.3	16.1	13.0	6.7	13.0	4.8	6.7	11.3	24.5	11.3	24.5	11.3
241	F006	富源乡	257.3	43.9	194.5	10.3	4.4	4.6	17.3	13.0	9.2	13.0	5.2	9.2	12.1	27.4	12.1	27.4	12.1
242	F007	富源乡	242.6	41.1	179.8	10.8	4.4	5.0	18.5	13.0	10.0	13.0	5.5	10.0	12.9	28.6	12.9	28.6	12.9
243	F008	富源乡	169.1	42.8	113.7	13.6	4.4	6.7	23.0	13.0	11.0	13.0	6.9	11.0	16.1	30.9	16.1	30.9	16.1
244	F009	富源乡	220.5	33.6	260.1	11.7	4.4	3.3	20.3	13.0	6.7	13.0	6.1	6.7	14.2	25.8	14.2	25.8	14.2
245	F010	富源乡	242.6	35.3	168.7	10.8	4.4	5.3	18.5	13.0	10.6	13.0	5.5	10.6	12.9	29.2	12.9	29.2	12.9
246	F011	富源乡	242.6	20.9	147.9	10.8	7.5	5.9	17.2	16.4	11.0	16.4	5.2	11.0	12.0	32.5	12.0	32.5	12.0
247	F012	富源乡	279.3	49.0	221.0	9.5	4.4	3.9	15.5	13.0	7.7	13.0	4.6	7.7	10.8	25.4	10.8	25.4	10.8
248	F013	富源乡	257.3	77.7	376.5	10.3	4.4	3.3	17.3	13.0	6.7	13.0	5.2	6.7	12.1	24.9	12.1	24.9	12.1
249	F014	富源乡	316.1	61.9	391.1	8.1	4.4	3.3	14.0	13.0	6.7	13.0	4.2	6.7	9.8	23.9	9.8	23.9	9.8

（续）

序号	原编号	采样地点	测试值（毫克/千克）			需施化肥纯量（千克/亩）			推荐一（千克/亩）							推荐二（千克/亩）			
---	---	---	---	---	---	---	---	---	各肥料商品用量			分时期				各肥料商品用量		分时期	
			氮	磷	钾	N	P_2O_5	K_2O	尿素	二铵	硫酸钾	底肥			追肥	复混肥	尿素	底肥	追肥
												二铵	尿素	硫酸钾	尿素			复混肥	尿素
250	F015	富源乡	213.2	33.0	104.3	12.0	4.4	6.7	20.9	13.0	11.0	13.0	6.3	11.0	14.6	30.3	14.6	30.3	14.6
251	F016	富源乡	198.5	68.3	173.4	12.5	4.4	5.2	22.1	13.0	10.4	13.0	6.6	10.4	15.5	30.0	15.5	30.0	15.5
252	F017	富源乡	205.8	36.5	106.3	12.2	4.4	6.7	21.5	13.0	11.0	13.0	6.5	11.0	15.1	30.5	15.1	30.5	15.1
253	F018	富源乡	257.3	21.4	262.0	10.3	7.4	3.3	16.1	16.1	6.7	16.1	4.8	6.7	11.3	27.6	11.3	27.6	11.3
254	F019	富源乡	183.8	51.4	129.5	13.1	4.4	6.4	23.0	13.0	11.0	13.0	6.9	11.0	16.1	30.9	16.1	30.9	16.1
255	F020	富源乡	242.6	70.2	128.2	10.8	4.4	6.4	18.5	13.0	11.0	13.0	5.5	11.0	12.9	29.5	12.9	29.5	12.9
256	F021	富源乡	213.2	48.9	198.8	12.0	4.4	4.5	20.9	13.0	9.0	13.0	6.3	9.0	14.6	28.2	14.6	28.2	14.6
257	F022	富源乡	257.3	49.7	534.4	10.3	4.4	3.3	17.3	13.0	6.7	13.0	5.2	6.7	12.1	24.9	12.1	24.9	12.1
258	F023	富源乡	198.5	35.7	162.0	12.5	4.4	5.5	22.1	13.0	11.0	13.0	6.6	11.0	15.5	30.6	15.5	30.6	15.5
259	F024	富源乡	169.1	40.5	145.4	13.6	4.4	6.0	23.0	13.0	11.0	13.0	6.9	11.0	16.1	30.9	16.1	30.9	16.1
260	F025	富源乡	301.4	51.9	360.1	8.6	4.4	3.3	14.0	13.0	6.7	13.0	4.2	6.7	9.8	23.9	9.8	23.9	9.8
261	F026	富源乡	147.0	16.4	126.4	13.6	8.8	6.5	22.1	19.1	11.0	19.1	6.6	11.0	15.4	36.7	15.4	36.7	15.4
262	F027	富源乡	117.6	43.2	162.0	13.6	4.4	5.5	23.0	13.0	11.0	13.0	6.9	11.0	16.1	30.9	16.1	30.9	16.1
263	F028	富源乡	205.8	84.4	129.5	12.2	4.4	6.4	21.5	13.0	11.0	13.0	6.5	11.0	15.1	30.5	15.1	30.5	15.1
264	F029	富源乡	205.8	56.0	238.7	12.2	4.4	3.4	21.5	13.0	6.7	13.0	6.5	6.7	15.1	26.2	15.1	26.2	15.1
265	F030	富源乡	227.9	48.4	320.4	11.4	4.4	3.3	19.7	13.0	6.7	13.0	5.9	6.7	13.8	25.6	13.8	25.6	13.8
266	F031	富源乡	257.3	79.1	146.0	10.3	4.4	5.9	17.3	13.0	11.0	13.0	5.2	11.0	12.1	29.2	12.1	29.2	12.1
267	F032	富源乡	257.3	52.2	121.5	10.3	4.4	6.6	17.3	13.0	11.0	13.0	5.2	11.0	12.1	29.2	12.1	29.2	12.1
268	F033	富源乡	249.9	50.3	277.3	10.6	4.4	3.3	17.9	13.0	6.7	13.0	5.4	6.7	12.5	25.0	12.5	25.0	12.5

（续）

序号	原编号	采样点	测试值（毫克/千克）			需施化肥纯量（千克/亩）			推荐一（千克/亩）							推荐二（千克/亩）			
									各肥料商品用量			分时期				各肥料商品用量		分时期	
												底肥		追肥				底肥	追肥
			氮	磷	钾	N	P₂O₅	K₂O	尿素	二铵	硫酸钾	二铵	尿素	硫酸钾	尿素	复混肥	尿素	复混肥	尿素
269	F034	富源乡	257.3	78.1	161.2	10.3	4.4	5.5	17.3	13.0	11.0	13.0	5.2	11.0	12.1	29.2	12.1	29.2	12.1
270	F035	富源乡	198.5	56.1	135.0	12.5	4.4	6.3	22.1	13.0	11.0	13.0	6.6	11.0	15.5	30.6	15.5	30.6	15.5
271	F036	富源乡	198.5	57.0	190.2	12.5	4.4	4.7	22.1	13.0	9.4	13.0	6.6	9.4	15.5	29.1	15.5	29.1	15.5
272	F037	富源乡	227.9	43.1	145.4	11.4	4.4	6.0	19.7	13.0	11.0	13.0	5.9	11.0	13.8	29.9	13.8	29.9	13.8
273	F038	富源乡	257.3	66.3	141.1	10.3	4.4	6.1	17.3	13.0	11.0	13.0	5.2	11.0	12.1	29.2	12.1	29.2	12.1
274	F039	富源乡	183.8	65.5	92.3	13.1	4.4	6.7	23.0	13.0	11.0	13.0	6.9	11.0	16.1	30.9	16.1	30.9	16.1
275	F040	富源乡	257.3	31.1	164.4	10.3	4.7	5.4	17.3	13.0	10.9	13.0	5.2	10.9	12.1	29.1	12.1	29.1	12.1
276	F041	富源乡	227.9	66.7	170.6	11.4	4.4	5.3	19.7	13.0	10.5	13.0	5.9	10.5	13.8	29.4	13.8	29.4	13.8
277	F042	富源乡	191.1	55.4	204.9	12.8	4.4	4.3	22.7	13.0	8.6	13.0	6.8	8.6	15.9	28.4	15.9	28.4	15.9
278	F043	富源乡	242.6	20.3	141.1	10.8	7.7	6.1	17.0	16.7	11.0	16.7	5.1	11.0	11.9	32.8	11.9	32.8	11.9
279	F044	富源乡	242.6	71.5	207.4	10.8	4.4	4.2	18.5	13.0	8.5	13.0	5.5	8.5	12.9	27.0	12.9	27.0	12.9
280	F045	富源乡	213.2	43.5	157.0	12.0	4.4	5.6	20.9	13.0	11.0	13.0	6.3	11.0	14.6	30.3	14.6	30.3	14.6
281	F046	富源乡	198.5	64.9	169.8	12.5	4.4	5.3	22.1	13.0	10.6	13.0	6.6	10.6	15.5	30.2	15.5	30.2	15.5
282	F047	富源乡	227.9	33.3	133.7	11.4	4.4	6.3	19.7	13.0	11.0	13.0	5.9	11.0	13.8	29.9	13.8	29.9	13.8
283	F048	富源乡	198.5	72.5	167.9	12.5	4.4	5.3	22.1	13.0	10.7	13.0	6.6	10.7	15.5	30.3	15.5	30.3	15.5
284	F049	富源乡	272.0	77.8	199.4	9.7	4.4	4.5	16.1	13.0	8.9	13.0	4.8	8.9	11.3	26.7	11.3	26.7	11.3
285	F050	富源乡	198.5	54.3	120.3	12.5	4.4	6.7	22.1	13.0	11.0	13.0	6.6	11.0	15.5	30.6	15.5	30.6	15.5
286	F051	富源乡	264.6	45.9	207.4	10.0	4.4	4.2	16.7	13.0	8.5	13.0	5.0	8.5	11.7	26.5	11.7	26.5	11.7
287	F052	富源乡	286.7	53.7	328.9	9.2	4.4	3.3	14.9	13.0	6.7	13.0	4.5	6.7	10.4	24.1	10.4	24.1	10.4

（续）

序号	原编号	采样地点	测试值（毫克/千克） 氮	磷	钾	需施化肥纯量（千克/亩） N	P$_2$O$_5$	K$_2$O	推荐一（千克/亩） 各肥料商品用量 尿素	二铵	硫酸钾	分时期 二铵	底肥 尿素	硫酸钾	追肥 尿素	推荐二（千克/亩） 各肥料商品用量 复混肥	尿素	分时期 底肥 复混肥	追肥 尿素
288	F053	富源乡	235.2	55.6	193.5	11.1	4.4	4.6	19.1	13.0	9.2	13.0	5.7	9.2	13.4	28.0	13.4	28.0	13.4
289	F054	富源乡	176.4	29.7	257.7	13.3	5.1	3.3	23.0	13.0	6.7	13.0	6.9	6.7	16.1	26.6	16.1	26.6	16.1
290	F055	富源乡	249.9	111.7	521.0	10.6	4.4	3.3	17.9	13.0	6.7	13.0	5.4	6.7	12.5	25.0	12.5	25.0	12.5
291	F056	富源乡	198.5	103.7	130.7	12.5	4.4	6.4	22.1	13.0	11.0	13.0	6.6	11.0	15.5	30.6	15.5	30.6	15.5
292	F057	富源乡	205.8	69.9	165.6	12.2	4.4	5.4	21.5	13.0	10.8	13.0	6.5	10.8	15.1	30.3	15.1	30.3	15.1
293	F058	富源乡	264.6	23.9	361.8	10.0	6.7	3.3	16.1	14.5	6.7	14.5	4.8	6.7	11.3	26.0	11.3	26.0	11.3
294	F059	富源乡	227.9	78.8	189.0	11.4	4.4	4.8	19.7	13.0	9.5	13.0	5.9	9.5	13.8	28.4	13.8	28.4	13.8
295	F060	富源乡	176.4	102.9	169.8	13.3	4.4	5.3	23.0	13.0	10.6	13.0	6.9	10.6	16.1	30.5	16.1	30.5	16.1
296	F061	富源乡	169.1	43.9	134.4	13.6	4.4	6.3	23.0	13.0	11.0	13.0	6.9	11.0	16.1	30.9	16.1	30.9	16.1
297	F062	富源乡	198.5	82.9	97.8	12.5	4.4	6.7	22.1	13.0	11.0	13.0	6.6	11.0	15.5	30.6	15.5	30.6	15.5
298	F063	富源乡	213.2	83.3	183.2	12.0	4.4	4.9	20.9	13.0	9.8	13.0	6.3	9.8	14.6	29.1	14.6	29.1	14.6
299	F064	富源乡	227.9	50.3	274.0	11.4	4.4	3.3	19.7	13.0	6.7	13.0	5.9	6.7	13.8	25.6	13.8	25.6	13.8
300	F065	富源乡	213.2	58.4	375.9	12.0	4.4	3.3	20.9	13.0	6.7	13.0	6.3	6.7	14.6	25.9	14.6	25.9	14.6
301	F066	富源乡	227.9	28.3	161.8	11.4	5.5	5.5	19.7	13.0	11.0	13.0	5.9	11.0	13.8	29.9	13.8	29.9	13.8
302	F067	富源乡	205.8	55.1	225.2	12.2	4.4	3.7	21.5	13.0	7.5	13.0	6.5	7.5	15.1	26.9	15.1	26.9	15.1
303	F068	富源乡	198.5	36.9	270.4	12.5	4.4	3.3	22.1	13.0	6.7	13.0	6.6	6.7	15.5	26.3	15.5	26.3	15.5
304	F069	富源乡	191.1	42.7	231.3	12.8	4.4	3.6	22.7	13.0	7.1	13.0	6.8	7.1	15.9	27.0	15.9	27.0	15.9
305	F070	富源乡	220.5	60.5	163.1	11.7	4.4	5.5	20.3	13.0	10.9	13.0	6.1	10.9	14.2	30.0	14.2	30.0	14.2
306	F071	富源乡	227.9	74.5	144.8	11.4	4.4	6.0	19.7	13.0	11.0	13.0	5.9	11.0	13.8	29.9	13.8	29.9	13.8

（续）

序号	原编号	采样地点	测试值（毫克/千克）			需施化肥纯量（千克/亩）			推荐一（千克/亩）							推荐二（千克/亩）			
									各肥料商品用量			分时期				各肥料商品用量		分时期	
												底肥			追肥			底肥	追肥
			氮	磷	钾	N	P₂O₅	K₂O	尿素	二铵	硫酸钾	二铵	尿素	硫酸钾	尿素	复混肥	尿素	复混肥	尿素
307	F072	富源乡	227.9	74.6	127.1	11.4	4.4	6.5	19.7	13.0	11.0	13.0	5.9	11.0	13.8	29.9	13.8	29.9	13.8
308	F073	富源乡	316.1	71.2	250.9	8.1	4.4	3.3	14.0	13.0	6.7	13.0	4.2	6.7	9.8	23.9	9.8	23.9	9.8
309	F074	富源乡	183.8	45.5	197.8	13.1	4.4	4.5	23.0	13.0	9.0	13.0	6.9	9.0	16.1	28.9	16.1	28.9	16.1
310	F075	富源乡	191.1	76.0	288.7	12.8	4.4	3.3	22.7	13.0	6.7	13.0	6.8	6.7	15.9	26.5	15.9	26.5	15.9
311	F076	富源乡	161.7	52.3	138.7	13.6	4.4	6.1	23.0	13.0	11.0	13.0	6.9	11.0	16.1	30.9	16.1	30.9	16.1
312	F077	富源乡	198.5	76.0	202.1	12.5	4.4	4.4	22.1	13.0	8.8	13.0	6.6	8.8	15.5	28.4	15.5	28.4	15.5
313	F078	富源乡	205.8	87.5	168.5	12.2	4.4	5.3	21.5	13.0	10.6	13.0	6.5	10.6	15.1	30.1	15.1	30.1	15.1
314	F079	富源乡	154.4	49.7	137.4	13.6	4.4	6.2	23.0	13.0	11.0	13.0	6.9	11.0	16.1	30.9	16.1	30.9	16.1
315	F080	富源乡	198.5	61.3	219.8	12.5	4.4	3.9	22.1	13.0	7.8	13.0	6.6	7.8	15.5	27.4	15.5	27.4	15.5
316	F081	富源乡	205.8	41.6	132.0	12.2	4.4	6.3	21.5	13.0	11.0	13.0	6.5	11.0	15.1	30.5	15.1	30.5	15.1
317	F082	富源乡	198.5	31.4	123.4	12.5	4.6	6.6	22.1	13.0	11.0	13.0	6.6	11.0	15.5	30.6	15.5	30.6	15.5
318	F083	富源乡	176.4	35.9	150.9	13.3	4.4	5.8	23.0	13.0	11.0	13.0	6.9	11.0	16.1	30.9	16.1	30.9	16.1
319	F084	富源乡	147.0	39.4	111.2	13.6	4.4	6.7	23.0	13.0	11.0	13.0	6.9	11.0	16.1	30.9	16.1	30.9	16.1
320	F085	富源乡	154.4	40.7	110.6	13.6	4.4	6.7	23.0	13.0	11.0	13.0	6.9	11.0	16.1	30.9	16.1	30.9	16.1
321	F086	富源乡	139.7	19.1	230.7	13.6	8.0	3.6	22.7	17.4	7.2	17.4	6.8	7.2	15.9	31.4	15.9	31.4	15.9
322	F087	富源乡	169.1	106.1	275.9	13.6	4.4	3.3	23.0	13.0	6.7	13.0	6.9	6.7	16.1	26.6	16.1	26.6	16.1
323	F088	富源乡	227.9	46.6	263.7	11.4	4.4	3.3	19.7	13.0	6.7	13.0	5.9	6.7	13.8	25.6	13.8	25.6	13.8
324	F089	富源乡	183.8	34.9	155.7	13.1	4.4	5.7	23.0	13.0	11.0	13.0	6.9	11.0	16.1	30.9	16.1	30.9	16.1
325	F090	富源乡	183.8	56.3	169.2	13.1	4.4	5.3	23.0	13.0	10.6	13.0	6.9	10.6	16.1	30.5	16.1	30.5	16.1

（续）

序号	原编号	采样地点	测试值（毫克/千克）			需施化肥纯量（千克/亩）			推荐一（千克/亩）						推荐二（千克/亩）			
									各肥料商品用量			分时期			各肥料商品用量		分时期	
												底肥		追肥			底肥	追肥
			氮	磷	钾	N	P_2O_5	K_2O	尿素	二铵	硫酸钾	尿素	硫酸钾	尿素	复混肥	尿素	复混肥	尿素
326	H001	黑台镇	139.7	22.8	73.0	13.6	7.0	6.7	23.0	15.2	11.0	6.9	11.0	16.1	33.1	16.1	33.1	16.1
327	H002	黑台镇	183.8	36.5	142.3	13.1	4.4	6.0	23.0	13.0	11.0	6.9	11.0	16.1	30.9	16.1	30.9	16.1
328	H003	黑台镇	176.4	25.3	182.2	13.3	6.3	4.9	23.0	13.7	9.9	6.9	9.9	16.1	30.5	16.1	30.5	16.1
329	H004	黑台镇	191.1	20.0	174.9	12.8	7.8	5.1	21.2	16.9	10.3	6.4	10.3	14.8	33.6	14.8	33.6	14.8
330	H005	黑台镇	183.8	31.4	158.9	13.1	4.6	5.6	23.0	13.0	11.0	6.9	11.0	16.1	30.9	16.1	30.9	16.1
331	H006	黑台镇	220.5	14.8	171.2	11.7	8.9	5.2	17.8	19.3	10.5	5.3	10.5	12.5	35.2	12.5	35.2	12.5
332	H007	黑台镇	110.3	19.3	86.5	13.6	8.0	6.7	22.8	17.3	11.0	6.8	11.0	16.1	35.1	15.9	35.1	15.9
333	H008	黑台镇	147.0	28.1	171.2	13.6	5.5	5.2	23.0	13.0	10.5	6.9	10.5	16.1	30.4	16.1	30.4	16.1
334	H009	黑台镇	205.8	38.6	171.2	12.2	4.4	5.2	21.5	13.0	10.5	6.5	10.5	15.1	29.9	15.1	29.9	15.1
335	H010	黑台镇	161.7	29.3	150.9	13.6	5.2	5.8	23.0	13.0	11.0	6.9	11.0	16.1	30.9	16.1	30.9	16.1
336	H011	黑台镇	169.1	25.8	124.6	13.6	6.2	6.5	23.0	13.4	11.0	6.9	11.0	16.1	31.3	16.1	31.3	16.1
337	H012	黑台镇	183.8	17.6	172.4	13.1	8.4	5.2	21.2	18.4	10.4	6.4	10.4	14.9	35.2	14.9	35.2	14.9
338	H013	黑台镇	161.7	18.7	148.5	13.6	8.1	5.9	22.6	17.7	11.0	6.8	11.0	15.8	35.5	15.8	35.5	15.8
339	H014	黑台镇	213.2	18.3	153.4	12.0	8.3	5.7	19.0	17.9	11.0	5.7	11.0	13.3	34.6	13.3	34.6	13.3
340	H015	黑台镇	176.4	16.3	122.7	13.3	8.8	6.6	21.5	19.2	11.0	6.5	11.0	15.1	36.6	15.1	36.6	15.1
341	H016	黑台镇	198.5	15.3	228.8	12.5	8.9	3.6	19.6	19.3	7.3	5.9	7.3	13.7	32.5	13.7	32.5	13.7
342	H017	黑台镇	205.8	18.4	162.6	12.2	8.2	5.5	19.6	17.9	11.0	5.9	11.0	13.7	34.7	13.7	34.7	13.7
343	H018	黑台镇	139.7	37.0	211.7	13.6	4.4	4.1	23.0	13.0	8.2	6.9	8.2	16.1	28.1	16.1	28.1	16.1
344	H019	黑台镇	180.9	15.8	84.1	13.2	8.9	6.7	21.1	19.3	11.0	6.3	11.0	14.8	36.6	14.8	36.6	14.8

（续）

序号	原编号	采样地点	测试值（毫克/千克）			需施化肥纯量（千克/亩）			推荐一（千克/亩）							推荐二（千克/亩）			
									各肥料商品用量			分时期				各肥料商品用量		分时期	
												底肥			追肥			底肥	追肥
			氮	磷	钾	N	P₂O₅	K₂O	尿素	二铵	硫酸钾	二铵	尿素	硫酸钾	尿素	复混肥	尿素	复混肥	尿素
345	H020	黑台镇	169.1	39.8	177.9	13.6	4.4	5.1	23.0	13.0	10.1	13.0	6.9	10.1	16.1	30.0	16.1	30.0	16.1
346	H021	黑台镇	169.1	22.0	227.0	13.6	7.2	3.7	23.0	15.7	7.4	15.7	6.9	7.4	16.1	30.0	16.1	30.0	16.1
347	H022	黑台镇	132.3	28.3	111.7	13.6	5.5	6.7	23.0	13.0	11.0	13.0	6.9	11.0	16.1	30.9	16.1	30.9	16.1
348	H023	黑台镇	152.9	19.6	147.8	13.6	7.9	5.9	22.8	17.2	11.0	17.2	6.8	11.0	16.0	35.0	16.0	35.0	16.0
349	H024	黑台镇	257.3	38.7	207.4	10.3	4.4	4.2	17.3	13.0	8.5	13.0	5.2	8.5	12.1	26.7	12.1	26.7	12.1
350	H025	黑台镇	220.5	34.1	268.7	11.7	4.4	3.3	20.3	13.0	6.7	13.0	6.1	6.7	14.2	25.8	14.2	25.8	14.2
351	H026	黑台镇	257.3	24.9	97.6	10.3	6.4	6.7	16.9	13.9	11.0	13.9	5.1	11.0	11.8	30.0	11.8	30.0	11.8
352	H027	黑台镇	227.9	24.7	174.9	11.4	6.5	5.1	19.3	14.1	10.3	14.1	5.8	10.3	13.5	30.1	13.5	30.1	13.5
353	H028	黑台镇	173.5	19.8	85.9	13.5	7.8	6.7	22.6	17.0	11.0	17.0	6.8	11.0	15.8	34.8	15.8	34.8	15.8
354	H029	黑台镇	242.6	22.1	260.6	10.8	7.2	3.3	17.4	15.7	6.7	15.7	5.2	6.7	12.2	27.6	12.2	27.6	12.2
355	H030	黑台镇	242.6	44.9	202.1	10.8	4.4	4.4	18.5	13.0	8.8	13.0	5.5	8.8	12.9	27.3	12.9	27.3	12.9
356	H031	黑台镇	191.1	17.9	160.7	12.8	8.4	5.5	20.7	18.2	11.0	18.2	6.2	11.0	14.5	35.4	14.5	35.4	14.5
357	H032	黑台镇	205.8	27.9	254.0	12.2	3.3	3.3	21.5	13.0	6.7	13.0	6.5	6.7	15.1	26.1	15.1	26.1	15.1
358	H033	黑台镇	176.4	18.3	260.6	13.3	8.2	3.3	22.0	17.9	6.7	17.9	6.6	6.7	15.4	31.2	15.4	31.2	15.4
359	H034	黑台镇	161.7	38.6	255.8	13.6	4.4	3.3	23.0	13.0	6.7	13.0	6.9	6.7	16.1	26.6	16.1	26.6	16.1
360	H035	黑台镇	191.1	20.7	156.3	12.8	7.6	5.7	21.3	16.5	11.0	16.5	6.4	11.0	14.9	33.9	14.9	33.9	14.9
361	H036	黑台镇	154.4	45.9	246.6	13.6	4.4	3.3	23.0	13.0	6.7	13.0	6.9	6.7	16.1	26.6	16.1	26.6	16.1
362	H037	黑台镇	220.5	47.3	303.9	11.7	4.4	3.3	20.3	13.0	6.7	13.0	6.1	6.7	14.2	25.8	14.2	25.8	14.2
363	H038	黑台镇	161.7	24.8	183.8	13.6	6.4	4.9	23.0	14.0	9.8	14.0	6.9	9.8	16.1	30.7	16.1	30.7	16.1

（续）

序号	原编号	采样地点	测试值（毫克/千克）			需施化肥纯量（千克/亩）			推荐一（千克/亩）						推荐二（千克/亩）			
									各肥料商品用量			分时期			各肥料商品用量		分时期	
												底肥		追肥			底肥	追肥
			氮	磷	钾	N	P₂O₅	K₂O	尿素	二铵	硫酸钾	尿素	硫酸钾	尿素	复混肥	尿素	复混肥	尿素
364	H039	黑台镇	249.9	25.6	92.9	10.6	6.2	6.7	17.7	13.5	11.0	5.3	11.0	12.4	29.8	12.4	29.8	12.4
365	H040	黑台镇	147.0	20.3	88.1	13.6	7.7	6.7	23.0	16.7	11.0	6.9	11.0	16.1	34.6	16.1	34.6	16.1
366	H041	黑台镇	180.9	19.3	83.4	13.2	8.0	6.7	21.9	17.3	11.0	6.6	11.0	15.3	34.9	15.3	34.9	15.3
367	H042	黑台镇	183.8	16.2	90.2	13.1	8.8	6.7	20.9	19.2	11.0	6.3	11.0	14.6	36.5	14.6	36.5	14.6
368	H043	黑台镇	154.4	43.1	105.5	13.6	4.4	6.7	23.0	13.0	11.0	6.9	11.0	16.1	30.9	16.1	30.9	16.1
369	H044	黑台镇	154.4	21.7	102.5	13.6	7.3	6.7	23.0	15.9	11.0	6.9	11.0	16.1	33.8	16.1	33.8	16.1
370	H045	黑台镇	176.4	33.3	119.6	13.3	4.4	6.7	23.0	13.0	11.0	6.9	11.0	16.1	30.9	16.1	30.9	16.1
371	H046	黑台镇	139.7	49.0	82.2	13.6	4.4	6.7	23.0	13.0	11.0	6.9	11.0	16.1	30.9	16.1	30.9	16.1
372	H047	黑台镇	169.1	43.0	91.7	13.6	4.4	6.7	23.0	13.0	11.0	6.9	11.0	16.1	30.9	16.1	30.9	16.1
373	H048	黑台镇	161.7	60.2	63.1	11.4	4.4	6.7	19.7	13.0	11.0	5.9	11.0	13.8	29.9	13.8	29.9	13.8
374	H049	黑台镇	227.9	43.6	76.7	12.5	4.4	6.7	22.1	13.0	11.0	6.6	11.0	15.5	30.6	15.5	30.6	15.5
375	H050	黑台镇	198.5	50.6	108.2	11.4	4.4	6.5	19.7	13.0	11.0	5.9	11.0	13.8	29.9	13.8	29.9	13.8
376	H051	黑台镇	227.9	110.9	127.0	12.5	4.4	5.2	22.1	13.0	10.4	6.6	10.4	15.5	30.0	15.5	30.0	15.5
377	H052	黑台镇	198.5	54.3	173.6	13.6	4.4	6.6	23.0	13.0	11.0	6.9	11.0	16.1	30.9	16.1	30.9	16.1
378	H053	黑台镇	161.7	35.7	123.3	9.5	4.4	6.7	15.5	13.0	11.0	4.6	11.0	10.8	28.6	10.8	28.6	10.8
379	H054	黑台镇	279.3	82.4	88.7	13.2	5.3	5.6	23.0	13.0	11.0	6.9	11.0	16.1	30.9	16.1	30.9	16.1
380	H055	黑台镇	180.9	28.8	160.1	13.6	4.4	6.7	23.0	13.0	11.0	6.9	11.0	16.1	30.9	16.1	30.9	16.1
381	H056	黑台镇	139.7	50.1	139.9	13.6	4.4	6.1	23.0	13.0	11.0	6.9	11.0	16.1	30.9	16.1	30.9	16.1
382	H057	黑台镇	183.8	77.6	102.1	13.1	4.4	6.7	23.0	13.0	11.0	6.9	11.0	16.1	30.9	16.1	30.9	16.1

（续）

序号	原编号	采样地点	测试值（毫克/千克）			需施化肥纯量（千克/亩）			推荐一							推荐二			
									各肥料商品用量			分时期（千克/亩）				各肥料商品用量		分时期（千克/亩）	
												底肥			追肥			底肥	追肥
			氮	磷	钾	N	P₂O₅	K₂O	尿素	二铵	硫酸钾	二铵	尿素	硫酸钾	尿素	复混肥	尿素	复混肥	尿素
383	H058	黑台镇	227.9	92.2	91.7	11.4	4.4	6.7	19.7	13.0	11.0	13.0	5.9	11.0	13.8	29.9	13.8	29.9	13.8
384	H059	黑台镇	147.0	21.1	110.4	13.6	7.5	6.7	23.0	16.2	11.0	16.2	6.9	11.0	16.1	34.1	16.1	34.1	16.1
385	H060	黑台镇	176.4	81.5	121.0	13.3	4.4	6.6	23.0	13.0	11.0	13.0	6.9	11.0	16.1	30.9	16.1	30.9	16.1
386	I001	裴德镇	242.6	14.6	175.5	10.8	8.9	5.1	16.0	19.3	10.3	19.3	4.8	10.3	11.2	34.4	11.2	34.4	11.2
387	I002	裴德镇	183.8	16.9	173.6	13.1	8.6	5.2	21.1	18.8	10.4	18.8	6.3	10.4	14.7	35.5	14.7	35.5	14.7
388	I003	裴德镇	161.7	42.2	125.2	13.6	4.4	6.5	23.0	13.0	11.0	13.0	6.9	11.0	16.1	30.9	16.1	30.9	16.1
389	I004	裴德镇	176.4	27.6	234.4	13.3	5.7	3.5	23.0	13.0	7.0	13.0	6.9	7.0	16.1	26.9	16.1	26.9	16.1
390	I004	裴德镇	139.7	9.9	75.2	13.6	8.9	6.7	22.0	19.3	11.0	19.3	6.6	11.0	15.4	36.9	15.4	36.9	15.4
391	I005	裴德镇	235.2	18.1	133.5	11.1	8.3	6.3	17.1	18.1	11.0	18.1	5.1	11.0	12.0	34.2	12.0	34.2	12.0
392	I006	裴德镇	132.3	43.7	102.2	13.6	4.4	6.7	23.0	13.0	11.0	13.0	6.9	11.0	16.1	30.9	16.1	30.9	16.1
393	I007	裴德镇	227.9	29.6	145.4	11.4	5.1	6.0	19.7	13.0	11.0	13.0	5.9	11.0	13.8	29.9	13.8	29.9	13.8
394	I008	裴德镇	272.0	31.8	127.0	9.7	4.5	6.5	16.1	13.0	11.0	13.0	4.8	11.0	11.3	28.8	11.3	28.8	11.3
395	I009	裴德镇	205.8	25.5	249.9	12.2	6.3	3.3	21.3	13.6	6.7	13.6	6.4	6.7	14.9	26.6	14.9	26.6	14.9
396	I010	裴德镇	169.1	25.8	176.1	13.6	6.2	5.1	23.0	13.4	10.2	13.4	6.9	10.2	16.1	30.5	16.1	30.5	16.1
397	I011	裴德镇	152.9	25.5	118.1	13.6	6.3	6.7	23.0	13.6	11.0	13.6	6.9	11.0	16.1	31.5	16.1	31.5	16.1
398	I012	裴德镇	160.3	14.6	88.2	11.4	8.9	6.7	22.0	19.3	11.0	19.3	6.6	11.0	15.4	36.9	15.4	36.9	15.4
399	I013	裴德镇	227.9	27.9	97.7	13.6	5.6	6.7	19.7	13.0	11.0	13.0	5.9	11.0	13.8	29.9	13.8	29.9	13.8
400	I014	裴德镇	279.3	48.7	159.0	9.5	4.4	5.6	15.5	13.0	11.0	13.0	4.6	11.0	10.8	28.6	10.8	28.6	10.8
401	I015	裴德镇	169.1	18.4	92.2	13.6	8.2	6.7	22.5	17.9	11.0	17.9	6.8	11.0	15.8	35.6	15.8	35.6	15.8

（续）

序号	原编号	采样地点	测试值（毫克/千克）			需施化肥纯量（千克/亩）			推荐一（千克/亩）							推荐二（千克/亩）			
									各肥料商品用量			分时期				各肥料商品用量		分时期	
												底肥			追肥			底肥	追肥
			氮	磷	钾	N	P₂O₅	K₂O	尿素	二铵	硫酸钾	二铵	尿素	硫酸钾	尿素	复混肥	尿素	复混肥	尿素
402	I016	裴德镇	205.8	34.4	113.5	12.2	4.4	6.7	21.5	13.0	11.0	13.0	6.5	11.0	15.1	30.5	15.1	30.5	15.1
403	I017	裴德镇	132.3	100.8	109.2	13.6	4.4	6.7	23.0	13.0	11.0	13.0	6.9	11.0	16.1	30.9	16.1	30.9	16.1
404	I018	裴德镇	162.9	46.2	188.2	13.6	4.4	4.8	23.0	13.0	9.5	13.0	6.9	9.5	16.1	29.4	16.1	29.4	16.1
405	I019	裴德镇	161.7	46.0	290.1	13.6	4.4	3.3	23.0	13.0	6.7	13.0	6.9	6.7	16.1	26.6	16.1	26.6	16.1
406	I020	裴德镇	242.6	8.9	308.1	10.8	8.9	3.3	16.0	19.3	6.7	19.3	4.8	6.7	11.2	30.8	11.2	30.8	11.2
407	I021	裴德镇	176.4	17.3	189.4	13.3	8.5	4.7	21.8	18.5	9.5	18.5	6.5	9.5	15.2	34.5	15.2	34.5	15.2
408	I022	裴德镇	213.2	9.1	149.2	12.0	8.9	5.9	18.4	19.3	11.0	19.3	5.5	11.0	12.9	35.9	12.9	35.9	12.9
409	I023	裴德镇	242.6	31.3	152.8	10.8	4.6	5.8	18.5	13.0	11.0	13.0	5.5	11.0	12.9	29.5	12.9	29.5	12.9
410	I024	裴德镇	191.1	59.2	142.9	12.8	4.4	6.0	22.7	13.0	11.0	13.0	6.8	11.0	15.9	30.8	15.9	30.8	15.9
411	I025	裴德镇	169.1	24.6	71.2	13.6	6.5	6.7	23.0	14.2	11.0	14.2	6.9	11.0	16.1	32.1	16.1	32.1	16.1
412	I026	裴德镇	147.0	49.1	121.9	13.6	4.4	6.6	23.0	13.0	11.0	13.0	6.9	11.0	16.1	30.9	16.1	30.9	16.1
413	I027	裴德镇	249.9	21.0	147.2	10.6	7.5	5.9	16.6	16.3	11.0	16.3	5.0	11.0	11.6	32.3	11.6	32.3	11.6
414	I028	裴德镇	191.1	35.0	228.9	12.8	4.4	3.6	22.7	13.0	7.3	13.0	6.8	7.3	15.9	27.1	15.9	27.1	15.9
415	I029	裴德镇	161.7	13.6	150.3	13.6	8.9	5.8	22.0	19.3	11.0	19.3	6.6	11.0	15.4	36.9	15.4	36.9	15.4
416	I030	裴德镇	161.7	11.6	140.5	13.6	8.9	6.1	22.0	19.3	11.0	19.3	6.6	11.0	15.4	36.9	15.4	36.9	15.4
417	I031	裴德镇	198.5	19.8	135.3	12.5	7.8	6.2	20.5	17.0	11.0	17.0	6.2	11.0	14.4	34.2	14.4	34.2	14.4
418	I032	裴德镇	176.4	36.5	169.9	13.3	4.4	5.3	23.0	13.0	10.6	13.0	6.9	10.6	16.1	30.5	16.1	30.5	16.1
419	I033	裴德镇	139.7	9.9	81.9	13.6	8.9	6.7	22.0	19.3	11.0	19.3	6.6	11.0	15.4	36.9	15.4	36.9	15.4
420	I034	裴德镇	198.5	22.7	90.2	12.5	7.0	6.7	21.2	15.3	11.0	15.3	6.4	11.0	14.9	32.6	14.9	32.6	14.9

（续）

序号	原编号	采样地点	测试值（毫克/千克） 氮	磷	钾	需施化肥纯量（千克/亩） N	P₂O₅	K₂O	推荐一（千克/亩） 各肥料商品用量 尿素	二铵	硫酸钾	分时期 底肥 二铵	尿素	硫酸钾	追肥 尿素	推荐二（千克/亩） 各肥料商品用量 复混肥	尿素	分时期 底肥 复混肥	追肥 尿素
421	I035	裴德镇	191.1	50.4	116.2	12.8	4.4	6.7	22.7	13.0	11.0	13.0	6.8	11.0	15.9	30.8	15.9	30.8	15.9
422	I036	裴德镇	191.1	25.1	108.5	12.8	6.4	6.7	22.4	13.8	11.0	13.8	6.7	11.0	15.7	31.5	15.7	31.5	15.7
423	I037	裴德镇	161.7	19.4	119.9	13.6	7.9	6.7	22.8	17.3	11.0	17.3	6.8	11.0	15.9	35.1	15.9	35.1	15.9
424	I038	裴德镇	147.0	31.6	130.8	13.6	4.6	6.4	23.0	13.0	11.0	13.0	6.9	11.0	16.1	30.9	16.1	30.9	16.1
425	I039	裴德镇	139.7	45.7	232.1	13.6	4.4	3.6	23.0	13.0	7.1	13.0	6.9	7.1	16.1	27.0	16.1	27.0	16.1
426	I040	裴德镇	213.2	36.3	146.1	12.0	4.4	5.9	20.9	13.0	11.0	13.0	6.3	11.0	14.6	30.3	14.6	30.3	14.6
427	I041	裴德镇	102.9	52.0	146.1	13.6	4.4	5.9	23.0	13.0	11.0	13.0	6.9	11.0	16.1	30.9	16.1	30.9	16.1
428	I042	裴德镇	139.7	35.1	143.6	13.6	4.4	6.0	23.0	13.0	11.0	13.0	6.9	11.0	16.1	30.9	16.1	30.9	16.1
429	I043	裴德镇	176.4	33.0	74.1	13.3	4.4	6.7	23.0	13.0	11.0	13.0	6.9	11.0	16.1	30.9	16.1	30.9	16.1
430	I044	裴德镇	147.0	39.4	100.6	13.6	4.4	6.7	23.0	13.0	11.0	13.0	6.9	11.0	16.1	30.9	16.1	30.9	16.1
431	I045	裴德镇	154.4	48.6	82.4	13.6	4.4	6.7	23.0	13.0	11.0	13.0	6.9	11.0	16.1	30.9	16.1	30.9	16.1
432	I046	裴德镇	176.4	30.5	101.8	13.3	4.8	6.7	23.0	13.0	11.0	13.0	6.9	11.0	16.1	30.9	16.1	30.9	16.1
433	IC47	裴德镇	147.0	77.3	80.4	13.6	4.4	6.7	23.0	13.0	11.0	13.0	6.9	11.0	16.1	30.9	16.1	30.9	16.1
434	IC48	裴德镇	161.7	34.2	106.0	13.6	4.4	6.7	23.0	13.0	11.0	13.0	6.9	11.0	16.1	30.9	16.1	30.9	16.1
435	I049	裴德镇	183.8	46.0	67.1	13.1	4.4	6.7	23.0	13.0	11.0	13.0	6.9	11.0	16.1	30.9	16.1	30.9	16.1
436	I050	裴德镇	139.7	35.1	92.0	13.6	4.7	6.7	23.0	13.0	11.0	13.0	6.9	11.0	16.1	30.9	16.1	30.9	16.1
437	I051	裴德镇	264.6	31.2	154.6	10.0	4.4	5.7	16.7	13.0	11.0	13.0	5.0	11.0	11.7	29.0	11.7	29.0	11.7
438	I052	裴德镇	249.9	38.1	178.0	10.6	4.4	5.1	17.9	13.0	10.1	13.0	5.4	10.1	12.5	28.5	12.5	28.5	12.5
439	I053	裴德镇	154.4	49.7	513.5	13.6	4.4	3.3	23.0	13.0	6.7	13.0	6.9	6.7	16.1	26.6	16.1	26.6	16.1

（续）

序号	原编号	采样地点	测试值（毫克/千克）			需施化肥纯量（千克/亩）			推荐一（千克/亩）							推荐二（千克/亩）			
									各肥料商品用量			分时期				各肥料商品用量		分时期	
												底肥			追肥			底肥	追肥
			氮	磷	钾	N	P₂O₅	K₂O	尿素	二铵	硫酸钾	二铵	尿素	硫酸钾	尿素	复混肥	尿素	复混肥	尿素
440	I054	裴德镇	176.4	44.7	541.0	13.3	4.4	3.3	23.0	13.0	6.7	13.0	6.9	6.7	16.1	26.6	16.1	26.6	16.1
441	I055	裴德镇	249.9	31.9	339.5	10.6	4.5	3.3	17.9	13.0	6.7	13.0	5.4	6.7	12.5	25.0	12.5	25.0	12.5
442	I056	裴德镇	213.2	19.9	208.0	12.0	7.8	4.2	19.3	17.0	8.4	17.0	5.8	8.4	13.5	31.2	13.5	31.2	13.5
443	I057	裴德镇	183.8	26.1	231.5	13.1	6.1	3.6	23.0	13.2	7.1	13.2	6.9	7.1	16.1	27.2	16.1	27.2	16.1
444	I058	裴德镇	176.4	17.5	151.9	13.3	8.5	5.8	21.8	18.4	11.0	18.4	6.5	11.0	15.3	36.0	15.3	36.0	15.3
445	I059	裴德镇	176.4	12.6	139.9	13.3	8.9	6.1	21.4	19.3	11.0	19.3	6.4	11.0	15.0	36.8	15.0	36.8	15.0
446	I060	裴德镇	242.6	15.7	140.7	10.8	8.9	6.1	16.0	19.3	11.0	19.3	4.8	11.0	11.2	35.1	11.2	35.1	11.2
447	I061	裴德镇	257.3	33.1	167.1	10.3	4.4	5.4	17.3	13.0	10.7	13.0	5.2	10.7	12.1	28.9	12.1	28.9	12.1
448	I062	裴德镇	191.1	46.9	139.5	12.8	4.4	6.1	22.7	13.0	11.0	13.0	6.8	11.0	15.9	30.8	15.9	30.8	15.9
449	I063	裴德镇	161.7	57.4	95.2	13.6	4.4	6.7	23.0	13.0	11.0	13.0	6.9	11.0	16.1	30.9	16.1	30.9	16.1
450	I064	裴德镇	139.7	24.5	101.2	13.6	6.5	6.7	23.0	14.2	11.0	14.2	6.9	11.0	16.1	32.1	16.1	32.1	16.1
451	I065	裴德镇	191.1	41.4	231.5	12.8	4.4	3.6	22.7	13.0	7.1	13.0	6.8	7.1	15.9	27.0	15.9	27.0	15.9
452	I066	裴德镇	242.6	24.0	277.3	10.8	6.7	3.3	17.9	14.5	6.7	14.5	5.4	6.7	12.5	26.6	12.5	26.6	12.5
453	I067	裴德镇	257.3	22.4	415.3	10.3	7.1	3.3	16.3	15.5	6.7	15.5	4.9	6.7	11.4	27.0	11.4	27.0	11.4
454	I068	裴德镇	249.9	30.6	357.1	10.6	4.8	3.3	17.9	13.0	6.7	13.0	5.4	6.7	12.5	25.0	12.5	25.0	12.5
455	I069	裴德镇	286.7	83.3	286.3	9.2	4.4	3.3	14.9	13.0	6.7	13.0	4.5	6.7	10.4	24.1	10.4	24.1	10.4
456	I070	裴德镇	183.8	21.2	261.4	13.1	7.4	3.3	22.1	16.2	6.7	16.2	6.6	6.7	15.5	29.5	15.5	29.5	15.5
457	I071	裴德镇	176.4	28.1	95.8	13.3	5.5	6.7	23.0	13.0	11.0	13.0	6.9	11.0	16.1	30.9	16.1	30.9	16.1
458	I072	裴德镇	176.4	43.0	141.0	13.3	4.4	6.1	23.0	13.0	11.0	13.0	6.9	11.0	16.1	30.9	16.1	30.9	16.1

（续）

序号	原编号	采样地点	测试值（毫克/千克）			需施化肥纯量（千克/亩）			推荐一（千克/亩）							推荐二（千克/亩）			
---	---	---	---	---	---	---	---	---	各肥料商品用量			分时期				各肥料商品用量		分时期	
			氮	磷	钾	N	P₂O₅	K₂O	尿素	二铵	硫酸钾	底肥			追肥	复混肥	尿素	底肥	追肥
												二铵	尿素	硫酸钾	尿素			复混肥	尿素
459	I073	裴德镇	176.4	26.4	123.3	13.3	6.0	6.6	23.0	13.1	11.0	13.1	6.9	11.0	16.1	31.0	16.1	31.0	16.1
460	I074	裴德镇	220.5	31.9	126.4	11.7	4.5	6.5	20.3	13.0	11.0	13.0	6.1	11.0	14.2	30.1	14.2	30.1	14.2
461	I075	裴德镇	183.8	42.0	201.5	13.1	4.4	4.4	23.0	13.0	8.8	13.0	6.9	8.8	16.1	28.7	16.1	28.7	16.1
462	I076	裴德镇	198.5	23.8	257.1	12.5	6.7	3.3	21.5	14.6	6.7	14.6	6.4	6.7	15.0	27.7	15.0	27.7	15.0
463	I077	裴德镇	169.1	22.2	294.7	13.6	7.2	3.3	23.0	15.6	6.7	15.6	6.9	6.7	16.1	29.2	16.1	29.2	16.1
464	I078	裴德镇	191.1	9.7	261.9	12.8	8.9	3.3	20.2	19.3	6.7	19.3	6.1	6.7	14.2	32.1	14.2	32.1	14.2
465	I079	裴德镇	213.2	17.2	283.8	12.0	8.5	3.3	18.7	18.6	6.7	18.6	5.6	6.7	13.1	30.9	13.1	30.9	13.1
466	I080	裴德镇	249.9	14.2	111.6	10.6	8.9	6.7	15.4	19.3	11.0	19.3	4.6	11.0	10.8	34.9	10.8	34.9	10.8
467	I081	裴德镇	176.4	10.2	113.7	13.3	8.9	6.7	21.4	19.3	11.0	19.3	6.4	11.0	15.0	36.8	15.0	36.8	15.0
468	I082	裴德镇	198.5	6.1	145.6	12.5	8.9	6.0	19.6	19.3	11.0	19.3	5.9	11.0	13.7	36.2	13.7	36.2	13.7
469	I083	裴德镇	213.2	8.2	147.2	12.0	8.9	5.9	18.4	19.3	11.0	19.3	5.5	11.0	12.9	35.9	12.9	35.9	12.9
470	I084	裴德镇	213.2	11.9	168.4	12.0	8.9	5.3	18.4	19.3	10.6	19.3	5.5	10.6	12.9	35.5	12.9	35.5	12.9
471	I085	裴德镇	183.8	22.1	153.1	13.1	7.2	5.7	22.3	15.6	11.0	15.6	6.7	11.0	15.6	33.3	15.6	33.3	15.6
472	I086	裴德镇	176.4	11.6	124.2	13.3	8.9	6.5	21.4	19.3	11.0	19.3	6.4	11.0	15.0	36.8	15.0	36.8	15.0
473	I087	裴德镇	154.4	10.7	181.0	13.6	8.9	5.0	22.0	19.3	9.9	19.3	6.6	9.9	15.4	35.9	15.4	35.9	15.4
474	I089	裴德镇	147.0	8.0	152.8	13.6	8.9	5.8	22.0	19.3	11.0	19.3	6.6	11.0	15.4	36.9	15.4	36.9	15.4
475	I090	裴德镇	183.8	7.5	151.8	13.1	8.9	5.8	20.8	19.3	11.0	19.3	6.3	11.0	14.6	36.6	14.6	36.6	14.6
476	K001	兴凯湖乡	176.4	88.8	192.0	13.3	4.4	4.7	23.0	13.0	9.3	13.0	6.9	9.3	16.1	29.2	16.1	29.2	16.1
477	K002	兴凯湖乡	242.6	33.8	133.1	10.8	4.4	6.3	18.5	13.0	11.0	13.0	5.5	11.0	12.9	29.5	12.9	29.5	12.9

（续）

序号	原编号	采样地点	测试值（毫克/千克）			需施化肥纯量（千克/亩）			推荐一							推荐二			
									各肥料商品用量			分时期				各肥料商品用量		分时期	
												底肥			追肥			底肥	追肥
			氮	磷	钾	N	P$_2$O$_5$	K$_2$O	尿素	二铵	硫酸钾	二铵	尿素	硫酸钾	尿素	复混肥	尿素	复混肥	尿素
478	K003	兴凯湖乡	183.8	46.4	206.8	13.1	4.4	4.3	23.0	13.0	8.5	13.0	6.9	8.5	16.1	28.4	16.1	28.4	16.1
479	K004	兴凯湖乡	205.8	114.7	112.9	12.2	4.4	6.7	21.5	13.0	11.0	13.0	6.5	11.0	15.1	30.5	15.1	30.5	15.1
480	K005	兴凯湖乡	169.1	49.8	100.6	13.6	4.4	6.7	23.0	13.0	11.0	13.0	6.9	11.0	16.1	30.9	16.1	30.9	16.1
481	K006	兴凯湖乡	198.5	34.8	73.0	12.5	4.4	6.7	22.1	13.0	11.0	13.0	6.6	11.0	15.5	30.6	15.5	30.6	15.5
482	K007	兴凯湖乡	125.0	30.7	335.6	13.6	4.8	3.3	23.0	13.0	6.7	13.0	6.9	6.7	16.1	26.6	16.1	26.6	16.1
483	K008	兴凯湖乡	198.5	67.5	167.5	12.5	4.4	5.3	22.1	13.0	10.7	13.0	6.6	10.7	15.5	30.3	15.5	30.3	15.5
484	K009	兴凯湖乡	286.7	65.6	278.5	9.2	4.4	3.3	14.9	13.0	6.7	13.0	4.5	6.7	10.4	24.1	10.4	24.1	10.4
485	K010	兴凯湖乡	154.4	29.0	123.3	13.6	5.3	6.6	23.0	13.0	11.0	13.0	6.9	11.0	16.1	30.9	16.1	30.9	16.1
486	K011	兴凯湖乡	235.2	23.1	93.9	11.1	6.9	6.7	18.3	15.0	11.0	15.0	5.5	11.0	12.8	31.5	12.8	31.5	12.8
487	K012	兴凯湖乡	227.9	29.4	126.4	11.4	5.2	6.5	19.7	13.0	11.0	13.0	5.9	11.0	13.8	29.9	13.8	29.9	13.8
488	K013	兴凯湖乡	257.3	55.2	162.0	10.3	4.4	5.5	17.3	13.0	11.0	13.0	5.2	11.0	12.1	29.2	12.1	29.2	12.1
489	K014	兴凯湖乡	272.0	26.1	167.1	9.7	6.1	5.4	16.0	13.2	10.7	13.2	4.8	10.7	11.2	28.7	11.2	28.7	11.2
490	K015	兴凯湖乡	272.0	59.1	209.2	9.7	4.4	4.2	16.1	13.0	8.4	13.0	4.8	8.4	11.3	26.2	11.3	26.2	11.3
491	K016	兴凯湖乡	198.5	114.2	263.2	12.5	4.4	3.3	22.1	13.0	6.7	13.0	6.6	6.7	15.5	26.3	15.5	26.3	15.5
492	K017	兴凯湖乡	205.8	41.8	134.4	12.2	4.4	6.3	21.5	13.0	11.0	13.0	6.5	11.0	15.1	30.5	15.1	30.5	15.1
493	K018	兴凯湖乡	176.4	19.3	130.7	13.3	8.0	6.4	22.2	17.3	11.0	17.3	6.7	11.0	15.6	35.0	15.6	35.0	15.6
494	K019	兴凯湖乡	183.8	27.6	176.7	13.1	5.7	5.1	23.0	13.0	10.2	13.0	6.9	10.2	16.1	30.1	16.1	30.1	16.1
495	K020	兴凯湖乡	294.0	88.4	477.9	8.9	4.4	3.3	14.3	13.0	6.7	13.0	4.3	6.7	10.0	23.9	10.0	23.9	10.0
496	K021	兴凯湖乡	257.3	89.3	412.3	10.3	4.4	3.3	17.3	13.0	6.7	13.0	5.2	6.7	12.1	24.9	12.1	24.9	12.1

（续）

序号	原编号	采样地点	测试值（毫克/千克）			需施化肥纯量（千克/亩）			推荐一（千克/亩）							推荐二（千克/亩）			
---	---	---	---	---	---	---	---	---	各肥料商品用量			分时期				各肥料商品用量		分时期	
												底肥			追肥			底肥	追肥
			氮	磷	钾	N	P₂O₅	K₂O	尿素	二铵	硫酸钾	二铵	尿素	硫酸钾	尿素	复混肥	尿素	复混肥	尿素
497	K022	兴凯湖乡	242.6	46.7	245.4	10.8	4.4	3.3	18.5	13.0	6.7	13.0	5.5	6.7	12.9	25.2	12.9	25.2	12.9
498	K023	兴凯湖乡	257.3	30.5	213.5	10.3	4.9	4.1	17.3	13.0	8.1	13.0	5.2	8.1	12.1	26.3	12.1	26.3	12.1
499	K024	兴凯湖乡	257.3	28.1	201.8	10.3	5.5	4.4	17.3	13.0	8.8	13.0	5.2	8.8	12.1	27.0	12.1	27.0	12.1
500	K025	兴凯湖乡	213.2	31.0	94.5	12.0	4.7	6.7	20.9	13.0	11.0	13.0	6.3	11.0	14.6	30.3	14.6	30.3	14.6
501	K026	兴凯湖乡	205.8	68.8	212.9	12.2	4.4	4.1	21.5	13.0	8.2	13.0	6.5	8.2	15.1	27.6	15.1	27.6	15.1
502	K027	兴凯湖乡	147.0	50.2	166.3	13.6	4.4	5.4	23.0	13.0	10.8	13.0	6.9	10.8	16.1	30.7	16.1	30.7	16.1
503	K028	兴凯湖乡	191.1	35.0	134.4	12.8	4.4	6.3	22.7	13.0	11.0	13.0	6.8	11.0	15.9	30.8	15.9	30.8	15.9
504	K029	兴凯湖乡	249.9	40.4	180.4	10.6	4.4	5.0	17.9	13.0	10.0	13.0	5.4	10.0	12.5	28.3	12.5	28.3	12.5
505	K030	兴凯湖乡	198.5	45.3	134.4	12.5	4.4	6.3	22.1	13.0	11.0	13.0	6.6	11.0	15.5	30.6	15.5	30.6	15.5
506	K031	兴凯湖乡	257.3	43.5	149.7	10.3	4.4	5.8	17.3	13.0	11.0	13.0	5.2	11.0	12.1	29.2	12.1	29.2	12.1
507	K032	兴凯湖乡	125.0	53.0	193.9	13.6	4.4	4.6	23.0	13.0	9.2	13.0	6.9	9.2	16.1	29.1	16.1	29.1	16.1
508	K033	兴凯湖乡	257.3	91.6	194.5	10.3	4.4	4.6	17.3	13.0	9.2	13.0	5.2	9.2	12.1	27.4	12.1	27.4	12.1
509	K034	兴凯湖乡	176.4	47.4	130.7	13.3	4.4	6.4	23.0	13.0	11.0	13.0	6.9	11.0	16.1	30.9	16.1	30.9	16.1
510	K035	兴凯湖乡	198.5	55.9	139.3	12.5	4.4	6.1	22.1	13.0	11.0	13.0	6.6	11.0	15.5	30.6	15.5	30.6	15.5
511	K036	兴凯湖乡	213.2	45.6	141.7	12.0	4.4	6.1	20.9	13.0	11.0	13.0	6.3	11.0	14.6	30.3	14.6	30.3	14.6
512	K037	兴凯湖乡	205.8	45.6	133.1	12.2	4.4	6.3	21.5	13.0	11.0	13.0	6.5	11.0	15.1	30.5	15.1	30.5	15.1
513	K038	兴凯湖乡	198.5	48.4	175.5	12.5	4.4	5.1	22.1	13.0	10.3	13.0	6.6	10.3	15.5	29.9	15.5	29.9	15.5
514	K039	兴凯湖乡	176.4	31.9	241.1	13.3	4.5	3.3	23.0	13.0	6.7	13.0	6.9	6.7	16.1	26.6	16.1	26.6	16.1
515	K040	兴凯湖乡	191.1	27.4	176.1	12.8	5.7	5.1	22.7	13.0	10.2	13.0	6.8	10.2	15.9	30.0	15.9	30.0	15.9

（续）

序号	原编号	采样地点	测试值（毫克/千克）			需施化肥纯量（千克/亩）			推荐一（千克/亩）							推荐二（千克/亩）			
									各肥料商品用量			分时期				各肥料商品用量		分时期	
												底肥			追肥			底肥	追肥
			氮	磷	钾	N	P₂O₅	K₂O	尿素	二铵	硫酸钾	二铵	尿素	硫酸钾	尿素	复混肥	尿素	复混肥	尿素
516	L.001	柳毛乡	242.6	66.0	135.0	10.8	4.4	6.3	18.5	13.0	11.0	13.0	5.5	11.0	12.9	29.5	12.9	29.5	12.9
517	L.002	柳毛乡	198.5	34.3	88.1	12.5	4.4	6.7	22.1	13.0	11.0	13.0	6.6	11.0	15.5	30.6	15.5	30.6	15.5
518	L.003	柳毛乡	205.8	55.4	230.2	12.2	4.4	3.6	21.5	13.0	7.2	13.0	6.5	7.2	15.1	26.7	15.1	26.7	15.1
519	L.004	柳毛乡	198.5	36.8	94.8	12.5	4.4	6.7	22.1	13.0	11.0	13.0	6.6	11.0	15.5	30.6	15.5	30.6	15.5
520	L.005	柳毛乡	147.0	36.2	99.6	13.6	4.4	6.7	23.0	13.0	11.0	13.0	6.9	11.0	16.1	30.9	16.1	30.9	16.1
521	L.006	柳毛乡	110.3	5.0	66.7	13.6	8.9	6.7	22.0	19.3	11.0	19.3	6.6	11.0	15.4	36.9	15.4	36.9	15.4
522	L.007	柳毛乡	205.8	20.7	63.7	12.2	7.6	6.7	20.1	16.5	11.0	16.5	6.0	11.0	14.1	33.6	14.1	33.6	14.1
523	L.008	柳毛乡	235.2	38.7	160.0	11.1	4.4	5.6	19.1	13.0	11.0	13.0	5.7	11.0	13.4	29.7	13.4	29.7	13.4
524	L.009	柳毛乡	213.2	31.6	110.1	12.0	4.6	6.7	20.9	13.0	11.0	13.0	6.3	11.0	14.6	30.3	14.6	30.3	14.6
525	L.010	柳毛乡	139.7	19.9	149.6	13.6	7.8	5.8	22.9	17.0	11.0	17.0	6.9	11.0	16.0	34.8	16.0	34.8	16.0
526	L.011	柳毛乡	169.1	20.2	167.9	13.6	7.7	5.3	23.0	16.8	10.7	16.8	6.9	10.7	16.1	34.4	16.1	34.4	16.1
527	L.012	柳毛乡	198.5	14.6	110.6	12.5	8.9	6.7	19.6	19.3	11.0	19.3	5.9	11.0	13.7	36.2	13.7	36.2	13.7
528	L.013	柳毛乡	257.3	19.1	103.2	10.3	8.0	6.7	15.6	17.4	11.0	17.4	4.7	11.0	10.9	33.1	10.9	33.1	10.9
529	L.014	柳毛乡	257.3	61.9	122.8	10.3	4.4	6.6	17.3	13.0	11.0	13.0	5.2	11.0	12.1	29.2	12.1	29.2	12.1
530	L.015	柳毛乡	227.9	35.4	140.6	11.4	4.4	6.1	19.7	13.0	11.0	13.0	5.9	11.0	13.8	29.9	13.8	29.9	13.8
531	L.016	柳毛乡	301.4	161.8	649.0	8.6	4.4	3.3	14.0	13.0	6.7	13.0	4.2	6.7	9.8	23.9	9.8	23.9	9.8
532	L.017	柳毛乡	227.9	150.2	660.6	11.4	4.4	3.3	19.7	13.0	6.7	13.0	5.9	6.7	13.8	25.6	13.8	25.6	13.8
533	L.018	柳毛乡	294.0	45.2	278.9	8.9	4.4	3.3	14.3	13.0	6.7	13.0	4.3	6.7	10.0	23.9	10.0	23.9	10.0
534	L.019	柳毛乡	191.1	70.8	141.1	12.8	4.4	6.1	22.7	13.0	11.0	13.0	6.8	11.0	15.9	30.8	15.9	30.8	15.9

（续）

序号	原编号	采样地点	测试值（毫克/千克）			需施化肥纯量（千克/亩）			推荐一（千克/亩）							推荐二（千克/亩）			
									各肥料商品用量			分时期				各肥料商品用量		分时期	
												底肥			追肥			底肥	追肥
			氮	磷	钾	N	P_2O_5	K_2O	尿素	二铵	硫酸钾	二铵	尿素	硫酸钾	尿素	复混肥	尿素	复混肥	尿素
535	L020	柳毛乡	205.8	180.7	231.4	12.2	4.4	3.6	21.5	13.0	7.1	13.0	6.5	7.1	15.1	26.6	15.1	26.6	15.1
536	L021	柳毛乡	257.3	52.9	150.9	10.3	4.4	5.8	17.3	13.0	11.0	13.0	5.2	11.0	12.1	29.2	12.1	29.2	12.1
537	L022	柳毛乡	242.6	54.6	113.1	10.8	4.4	6.7	18.5	13.0	11.0	13.0	5.5	11.0	12.9	29.5	12.9	29.5	12.9
538	L023	柳毛乡	242.6	25.2	141.2	10.8	6.3	6.1	18.2	13.8	11.0	13.8	5.5	11.0	12.7	30.2	12.7	30.2	12.7
539	L024	柳毛乡	183.8	23.4	88.7	13.1	6.8	6.7	22.6	14.8	11.0	14.8	6.8	11.0	15.8	32.6	15.8	32.6	15.8
540	L025	柳毛乡	205.8	26.7	74.5	12.2	5.9	6.7	21.5	13.0	11.0	13.0	6.5	11.0	15.1	30.5	15.1	30.5	15.1
541	L026	柳毛乡	198.5	52.0	91.7	12.5	4.4	6.7	22.1	13.0	11.0	13.0	6.6	11.0	15.5	30.6	15.5	30.6	15.5
542	L027	柳毛乡	191.1	42.4	104.5	12.8	4.4	6.7	22.7	13.0	11.0	13.0	6.8	11.0	15.9	30.8	15.9	30.8	15.9
543	L028	柳毛乡	198.5	32.8	77.1	12.5	4.4	6.7	22.1	13.0	11.0	13.0	6.6	11.0	15.5	30.6	15.5	30.6	15.5
544	L029	柳毛乡	169.1	28.6	78.3	13.6	5.4	6.7	23.0	13.0	11.0	13.0	6.9	11.0	16.1	30.9	16.1	30.9	16.1
545	L030	柳毛乡	176.4	33.1	78.3	13.3	4.4	6.7	23.0	13.0	11.0	13.0	6.9	11.0	16.1	30.9	16.1	30.9	16.1
546	L031	柳毛乡	161.7	32.4	108.2	13.6	4.4	6.7	23.0	13.0	11.0	13.0	6.9	11.0	16.1	30.9	16.1	30.9	16.1
547	L032	柳毛乡	154.4	51.8	140.2	13.6	4.4	6.1	23.0	13.0	11.0	13.0	6.9	11.0	16.1	30.9	16.1	30.9	16.1
548	L033	柳毛乡	198.5	35.1	146.3	12.5	4.4	5.9	22.1	13.0	11.0	13.0	6.6	11.0	15.5	30.6	15.5	30.6	15.5
549	L034	柳毛乡	139.7	75.4	92.3	13.6	4.4	6.7	23.0	13.0	11.0	13.0	6.9	11.0	16.1	30.9	16.1	30.9	16.1
550	L035	柳毛乡	140.3	19.1	169.9	13.6	8.0	5.3	22.7	17.4	10.6	17.4	6.8	10.6	15.9	34.8	15.9	34.8	15.9
551	M001	密山镇	213.2	17.8	119.7	12.0	8.4	6.7	18.8	18.3	11.0	18.3	5.7	11.0	13.2	34.9	13.2	34.9	13.2
552	M002	密山镇	147.0	52.6	71.0	13.6	4.4	6.7	23.0	13.0	11.0	13.0	6.9	11.0	16.1	30.9	16.1	30.9	16.1
553	M003	密山镇	257.3	25.5	162.9	10.3	6.2	5.5	17.1	13.6	10.9	13.6	5.1	10.9	11.9	29.6	11.9	29.6	11.9

（续）

序号	原编号	采样地点	测试值（毫克/千克）			需施化肥纯量（千克/亩）			推荐一（千克/亩）							推荐二（千克/亩）			
									各肥料商品用量			分时期				各肥料商品用量		分时期	
												底肥			追肥			底肥	追肥
			氮	磷	钾	N	P₂O₅	K₂O	尿素	二铵	硫酸钾	二铵	尿素	硫酸钾	尿素	复混肥	尿素	复混肥	尿素
554	M004	密山镇	249.9	10.6	88.2	10.6	8.9	6.7	15.4	19.3	11.0	19.3	4.6	11.0	10.8	34.9	10.8	34.9	10.8
555	M005	密山镇	139.7	47.4	95.4	13.6	4.4	6.7	23.0	13.0	11.0	13.0	6.9	11.0	16.1	30.9	16.1	30.9	16.1
556	M006	密山镇	132.3	46.2	112.1	13.6	4.4	6.7	23.0	13.0	11.0	13.0	6.9	11.0	16.1	30.9	16.1	30.9	16.1
557	M007	密山镇	139.7	30.0	62.0	13.6	5.0	6.7	23.0	13.0	11.0	13.0	6.9	11.0	16.1	30.9	16.1	30.9	16.1
558	M008	密山镇	249.9	55.6	120.6	10.6	4.4	6.6	17.9	13.0	11.0	13.0	5.4	11.0	12.5	29.4	12.5	29.4	12.5
559	M009	密山镇	139.7	12.0	91.5	13.6	8.9	6.7	22.0	19.3	11.0	19.3	6.6	11.0	15.4	36.9	15.4	36.9	15.4
560	M010	密山镇	257.3	77.6	79.9	10.3	4.4	6.7	17.3	13.0	11.0	13.0	5.2	11.0	12.1	29.2	12.1	29.2	12.1
561	M011	密山镇	220.5	39.9	108.8	11.7	4.4	6.7	20.3	13.0	11.0	13.0	6.1	11.0	14.2	30.1	14.2	30.1	14.2
562	M012	密山镇	242.6	48.6	114.9	10.8	4.4	6.7	18.5	13.0	11.0	13.0	5.5	11.0	12.9	29.5	12.9	29.5	12.9
563	M013	密山镇	176.4	43.3	155.8	13.3	4.4	5.7	23.0	13.0	11.0	13.0	6.9	11.0	16.1	30.9	16.1	30.9	16.1
564	M014	密山镇	227.9	31.1	192.0	11.4	4.7	4.7	19.7	13.0	9.3	13.0	5.9	9.3	13.8	28.2	13.8	28.2	13.8
565	M015	密山镇	169.1	37.7	143.2	13.6	4.4	6.0	23.0	13.0	11.0	13.0	6.9	11.0	16.1	30.9	16.1	30.9	16.1
566	M016	密山镇	198.5	21.9	149.9	12.5	7.3	5.8	21.0	15.8	11.0	15.8	6.3	11.0	14.7	33.1	14.7	33.1	14.7
567	M017	密山镇	227.9	55.5	141.2	11.4	4.4	6.1	19.7	13.0	11.0	13.0	5.9	11.0	13.8	29.9	13.8	29.9	13.8
568	M018	密山镇	176.4	20.8	120.6	13.3	7.5	6.6	22.6	16.4	11.0	16.4	6.8	11.0	15.8	34.2	15.8	34.2	15.8
569	M019	密山镇	176.4	73.0	89.4	13.3	4.4	6.7	23.0	13.0	11.0	13.0	6.9	11.0	16.1	30.9	16.1	30.9	16.1
570	M020	密山镇	308.7	38.6	169.6	8.4	4.4	5.3	14.0	13.0	10.6	13.0	4.2	10.6	9.8	27.8	9.8	27.8	9.8
571	M021	密山镇	227.9	33.3	70.3	11.4	4.4	6.7	19.7	13.0	11.0	13.0	5.9	11.0	13.8	29.9	13.8	29.9	13.8
572	M022	密山镇	169.1	25.9	119.1	13.6	6.1	6.7	23.0	13.3	11.0	13.3	6.9	11.0	16.1	31.2	16.1	31.2	16.1

（续）

序号	原编号	采样地点	测试值（毫克/千克）			需施化肥纯量（千克/亩）			推荐一（千克/亩）							推荐二（千克/亩）			
									各肥料商品用量			分时期				各肥料商品用量		分时期	
												底肥			追肥			底肥	追肥
			氮	磷	钾	N	P₂O₅	K₂O	尿素	二铵	硫酸钾	二铵	尿素	硫酸钾	尿素	复混肥	尿素	复混肥	尿素
573	M023	密山镇	227.9	41.8	107.6	11.4	4.4	6.7	19.7	13.0	11.0	13.0	5.9	11.0	13.8	29.9	13.8	29.9	13.8
574	M024	密山镇	198.5	121.2	478.0	12.5	4.4	3.3	22.1	13.0	6.7	13.0	6.6	6.7	15.5	26.3	15.5	26.3	15.5
575	M025	密山镇	301.4	16.1	114.7	8.6	8.9	6.7	14.0	19.2	11.0	19.2	4.2	11.0	9.8	34.4	9.8	34.4	9.8
576	M026	密山镇	139.7	112.8	153.8	13.6	4.4	5.7	23.0	13.0	11.0	13.0	6.9	11.0	16.1	30.9	16.1	30.9	16.1
577	M027	密山镇	176.4	91.4	154.1	13.3	4.4	5.7	23.0	13.0	11.0	13.0	6.9	11.0	16.1	30.9	16.1	30.9	16.1
578	M028	密山镇	139.7	32.6	138.8	13.6	4.4	6.1	23.0	13.0	11.0	13.0	6.9	11.0	16.1	30.9	16.1	30.9	16.1
579	M029	密山镇	152.9	93.3	122.6	13.6	4.4	6.6	23.0	13.0	11.0	13.0	6.9	11.0	16.1	30.9	16.1	30.9	16.1
580	M030	密山镇	161.7	30.3	84.8	13.6	4.9	6.7	23.0	13.0	11.0	13.0	6.9	11.0	16.1	30.9	16.1	30.9	16.1
581	M031	密山镇	176.4	19.2	180.5	13.3	8.0	5.0	22.2	17.4	10.0	17.4	6.7	10.0	15.5	34.0	15.5	34.0	15.5
582	M032	密山镇	147.0	54.9	118.7	13.6	4.4	6.7	23.0	13.0	11.0	13.0	6.9	11.0	16.1	30.9	16.1	30.9	16.1
583	M033	密山镇	176.4	7.9	102.2	13.3	8.9	6.7	21.4	19.3	11.0	19.3	6.4	11.0	15.0	36.8	15.0	36.8	15.0
584	M034	密山镇	139.7	20.4	82.4	13.6	7.7	6.7	23.0	16.7	11.0	16.7	6.9	11.0	16.1	34.6	16.1	34.6	16.1
585	M035	密山镇	176.4	32.1	250.6	13.3	4.4	3.3	23.0	13.0	6.7	13.0	6.9	6.7	16.1	26.6	16.1	26.6	16.1
586	M036	密山镇	257.3	18.5	249.3	10.3	8.2	3.3	15.4	17.8	6.7	17.8	4.6	6.7	10.8	29.1	10.8	29.1	10.8
587	M037	密山镇	191.1	24.8	258.2	12.8	6.4	3.3	22.3	14.0	6.7	14.0	6.7	6.7	15.6	27.4	15.6	27.4	15.6
588	M038	密山镇	161.7	43.1	243.7	13.6	4.4	3.3	23.0	13.0	6.7	13.0	6.9	6.7	16.1	26.6	16.1	26.6	16.1
589	M039	密山镇	191.1	85.4	111.1	12.8	4.4	6.7	22.7	13.0	11.0	13.0	6.8	11.0	15.9	30.8	15.9	30.8	15.9
590	M040	密山镇	220.5	56.9	102.8	11.7	4.4	6.7	20.3	13.0	11.0	13.0	6.1	11.0	14.2	30.1	14.2	30.1	14.2
591	M041	密山镇	183.8	35.1	104.7	13.1	4.4	6.7	23.0	13.0	11.0	13.0	6.9	11.0	16.1	30.9	16.1	30.9	16.1

（续）

序号	原编号	采样地点	测试值（毫克/千克）			需施化肥纯量（千克/亩）			推荐一（千克/亩）							推荐二（千克/亩）			
			氮	磷	钾	N	P₂O₅	K₂O	各肥料商品用量			分时期				各肥料商品用量		分时期	
									尿素	二铵	硫酸钾	底肥			追肥	复混肥	尿素	底肥	追肥
												二铵	尿素	硫酸钾	尿素			复混肥	尿素
592	M042	密山镇	213.2	58.8	102.8	12.0	4.4	6.7	20.9	13.0	11.0	13.0	6.3	11.0	14.6	30.3	14.6	30.3	14.6
593	M043	密山镇	161.7	52.0	123.1	13.6	4.4	6.6	23.0	13.0	11.0	13.0	6.9	11.0	16.1	30.9	16.1	30.9	16.1
594	M044	密山镇	176.4	79.3	87.5	13.3	4.4	6.7	23.0	13.0	11.0	13.0	6.9	11.0	16.1	30.9	16.1	30.9	16.1
595	M045	密山镇	205.8	35.8	150.2	12.2	4.4	5.8	21.5	13.0	11.0	13.0	6.5	11.0	15.1	30.5	15.1	30.5	15.1
596	M046	密山镇	161.7	34.4	110.7	13.6	4.4	6.7	23.0	13.0	11.0	13.0	6.9	11.0	16.1	30.9	16.1	30.9	16.1
597	M047	密山镇	176.4	24.5	-27.0	13.3	6.5	6.5	23.0	14.2	11.0	14.2	6.9	11.0	16.1	32.1	16.1	32.1	16.1
598	M048	密山镇	183.8	18.6	100.9	13.1	8.2	6.7	21.5	17.7	11.0	17.7	6.4	11.0	15.0	35.2	15.0	35.2	15.0
599	M049	密山镇	154.4	22.0	70.3	13.6	7.2	6.7	23.0	15.7	11.0	15.7	6.9	11.0	16.1	33.6	16.1	33.6	16.1
600	M050	密山镇	227.9	26.9	79.3	11.4	5.9	6.7	19.7	13.0	11.0	13.0	5.9	11.0	13.8	29.9	13.8	29.9	13.8
601	M051	密山镇	180.9	78.4	104.7	13.2	4.4	6.7	23.0	13.0	11.0	13.0	6.9	11.0	16.1	30.9	16.1	30.9	16.1
602	M052	密山镇	213.2	28.4	103.4	12.0	5.5	6.7	20.9	13.0	11.0	13.0	6.3	11.0	14.6	30.3	14.6	30.3	14.6
603	M053	密山镇	198.5	15.0	92.0	12.5	8.9	6.7	19.6	19.3	11.0	19.3	5.9	11.0	13.7	36.2	13.7	36.2	13.7
604	M054	密山镇	205.8	30.9	141.7	12.2	4.7	6.1	21.5	13.0	11.0	13.0	6.5	11.0	15.1	30.5	15.1	30.5	15.1
605	M055	密山镇	154.4	25.2	112.1	13.6	6.3	6.7	23.0	13.8	11.0	13.8	6.9	11.0	16.1	31.7	16.1	31.7	16.1
606	M056	密山镇	142.9	40.2	99.2	13.6	4.4	6.7	23.0	13.0	11.0	13.0	6.9	11.0	16.1	30.9	16.1	30.9	16.1
607	M057	密山镇	242.6	31.5	94.5	10.8	4.6	6.7	18.5	13.0	11.0	13.0	5.5	11.0	12.9	29.5	12.9	29.5	12.9
608	M058	密山镇	191.1	12.8	114.3	12.8	8.9	6.7	20.2	19.3	11.0	19.3	6.1	11.0	14.2	36.4	14.2	36.4	14.2
609	M059	密山镇	180.9	57.5	146.3	13.2	4.4	5.9	23.0	13.0	11.0	13.0	6.9	11.0	16.1	30.9	16.1	30.9	16.1
610	M060	密山镇	272.0	31.4	145.9	9.7	4.6	5.9	16.1	13.0	11.0	13.0	4.8	11.0	11.3	28.8	11.3	28.8	11.3

（续）

序号	原编号	采样地点	测试值（毫克/千克）			需施化肥纯量（千克/亩）			推荐一（千克/亩）						推荐二（千克/亩）			
									各肥料商品用量			分时期			各肥料商品用量		分时期	
												底肥		追肥			底肥	追肥
			氮	磷	钾	N	P₂O₅	K₂O	尿素	二铵	硫酸钾	尿素	硫酸钾	尿素	复混肥	尿素	复混肥	尿素
611	M061	密山镇	161.7	26.3	96.4	13.6	6.0	6.7	23.0	13.1	11.0	6.9	11.0	16.1	31.0	16.1	31.0	16.1
612	M062	密山镇	139.7	60.8	92.0	13.6	4.4	6.7	23.0	13.0	11.0	6.9	11.0	16.1	30.9	16.1	30.9	16.1
613	M063	密山镇	169.1	26.1	72.4	13.6	6.1	6.7	23.0	13.2	11.0	6.9	11.0	16.1	31.1	16.1	31.1	16.1
614	M064	密山镇	205.8	24.3	72.2	12.2	6.6	6.7	21.0	14.3	11.0	6.3	11.0	14.7	31.6	14.7	31.6	14.7
615	M065	密山镇	139.7	29.4	116.8	13.6	5.2	6.7	23.0	13.0	11.0	6.9	11.0	16.1	30.9	16.1	30.9	16.1
616	M066	密山镇	249.9	8.3	137.3	10.6	8.9	6.2	15.4	19.3	11.0	4.6	11.0	10.8	34.9	10.8	34.9	10.8
617	M067	密山镇	205.8	13.7	113.1	12.2	8.9	6.7	19.0	19.3	11.0	5.7	11.0	13.3	36.0	13.3	36.0	13.3
618	M068	密山镇	249.9	22.5	193.9	10.6	7.1	4.6	17.0	15.4	9.2	5.1	9.2	11.9	29.7	11.9	29.7	11.9
619	M069	密山镇	139.7	31.2	212.8	13.6	4.7	4.1	23.0	13.0	8.2	6.9	8.2	16.1	28.1	16.1	28.1	16.1
620	M070	密山镇	257.3	18.2	178.6	10.3	8.3	5.0	15.3	18.0	10.1	4.6	10.1	10.7	32.7	10.7	32.7	10.7
621	M071	密山镇	257.3	30.9	184.3	10.3	4.7	4.9	17.3	13.0	9.8	5.2	9.8	12.1	27.9	12.1	27.9	12.1
622	M072	密山镇	132.3	22.4	122.7	13.6	7.1	6.6	23.0	15.4	11.0	6.9	11.0	16.1	33.3	16.1	33.3	16.1
623	M073	密山镇	139.7	36.9	129.6	13.6	4.4	6.4	23.0	13.0	11.0	6.9	11.0	16.1	30.9	16.1	30.9	16.1
624	M074	密山镇	139.7	16.4	176.7	13.6	8.8	5.1	22.1	19.1	10.2	6.6	10.2	15.4	35.9	15.4	35.9	15.4
625	M075	密山镇	257.3	30.0	151.9	10.3	5.0	5.8	17.3	13.0	11.0	5.2	11.0	12.1	29.2	12.1	29.2	12.1
626	M076	密山镇	183.8	21.7	95.2	13.1	7.3	6.7	22.2	15.9	11.0	6.7	11.0	15.5	33.5	15.5	33.5	15.5
627	M077	密山镇	227.9	22.3	216.2	11.4	7.2	4.0	18.7	15.5	8.0	5.6	8.0	13.1	29.1	13.1	29.1	13.1
628	M078	密山镇	161.7	48.9	78.7	13.6	4.4	6.7	23.0	13.0	11.0	6.9	11.0	16.1	30.9	16.1	30.9	16.1
629	M079	密山镇	176.4	19.5	86.9	13.3	7.9	6.7	22.3	17.2	11.0	6.7	11.0	15.6	34.9	15.6	34.9	15.6

（续）

序号	原编号	采样地点	测试值（毫克/千克）			需施化肥纯量（千克/亩）			推荐一（千克/亩）							推荐二（千克/亩）			
									各肥料商品用量			分时期				各肥料商品用量		分时期	
												底肥			追肥			底肥	追肥
			氮	磷	钾	N	P₂O₅	K₂O	尿素	二铵	硫酸钾	二铵	尿素	硫酸钾	尿素	尿素	复混肥	复混肥	尿素
630	M080	密山镇	169.1	15.2	137.2	13.6	8.9	6.2	22.0	19.3	11.0	19.3	6.6	11.0	15.4	15.4	36.9	36.9	15.4
631	M081	密山镇	191.1	54.3	95.2	12.8	4.4	6.7	22.7	13.0	11.0	13.0	6.8	11.0	15.9	15.9	30.8	30.8	15.9
632	M082	密山镇	227.9	20.1	138.8	11.4	7.7	6.1	18.2	16.8	11.0	16.8	5.5	11.0	12.7	12.7	33.3	33.3	12.7
633	M083	密山镇	139.7	43.7	106.6	13.6	4.4	6.7	23.0	13.0	11.0	13.0	6.9	11.0	16.1	16.1	30.9	30.9	16.1
634	M084	密山镇	147.0	37.2	89.0	13.6	4.4	6.7	23.0	13.0	11.0	13.0	6.9	11.0	16.1	16.1	30.9	30.9	16.1
635	M085	密山镇	169.1	17.5	114.1	13.6	8.5	6.7	22.3	18.4	11.0	18.4	6.7	11.0	15.6	15.6	36.1	36.1	15.6
636	M086	密山镇	213.2	36.4	240.4	12.0	4.4	3.3	20.9	13.0	6.7	13.0	6.3	6.7	14.6	14.6	25.9	25.9	14.6
637	M087	密山镇	183.8	91.7	259.4	13.1	4.4	3.3	23.0	13.0	6.7	13.0	6.9	6.7	16.1	16.1	26.6	26.6	16.1
638	M088	密山镇	132.3	29.5	110.5	13.6	5.1	6.7	23.0	13.0	11.0	13.0	6.9	11.0	16.1	16.1	30.9	30.9	16.1
639	M089	密山镇	220.5	43.4	148.7	11.7	4.4	5.9	20.3	13.0	9.1	13.0	6.1	9.1	14.2	14.2	30.1	30.1	14.2
640	M090	密山镇	139.7	32.0	196.4	13.6	4.4	4.5	23.0	13.0	6.7	13.0	6.9	6.7	16.1	16.1	29.0	29.0	16.1
641	M091	密山镇	139.7	17.5	246.1	13.6	8.5	3.3	22.3	18.4	6.7	18.4	6.7	6.7	15.6	15.6	31.8	31.8	15.6
642	M092	密山镇	169.1	13.8	81.8	13.6	8.9	6.7	22.0	19.3	11.0	19.3	6.6	11.0	15.4	15.4	36.9	36.9	15.4
643	M093	密山镇	198.5	41.3	113.7	12.5	4.4	6.7	22.1	13.0	11.0	13.0	6.6	11.0	15.5	15.5	30.6	30.6	15.5
644	M094	密山镇	242.6	39.9	167.7	10.8	4.4	5.3	18.5	13.0	10.7	13.0	5.5	10.7	12.9	12.9	29.2	29.2	12.9
645	M095	密山镇	176.4	24.6	115.5	13.3	6.5	6.7	23.0	14.1	11.0	14.1	6.9	11.0	16.1	16.1	32.0	32.0	16.1
646	M096	密山镇	227.9	26.4	122.6	11.4	6.0	6.6	19.7	13.0	11.0	13.0	5.9	11.0	13.8	13.8	29.9	29.9	13.8
647	M097	密山镇	227.9	13.7	77.7	11.4	8.9	6.7	17.2	19.3	11.0	19.3	5.2	11.0	12.1	12.1	35.5	35.5	12.1
648	M098	密山镇	152.7	14.8	96.5	13.6	8.9	6.7	22.0	19.3	11.0	19.3	6.6	11.0	15.4	15.4	36.9	36.9	15.4

（续）

序号	原编号	采样地点	测试值（毫克/千克）			需施化肥纯量（千克/亩）			推荐一（千克/亩）各肥料商品用量							推荐二（千克/亩）各肥料商品用量			
			氮	磷	钾	N	P₂O₅	K₂O	尿素	二铵	硫酸钾	分时期				复混肥	尿素	分时期	
												底肥			追肥			底肥	追肥
												二铵	尿素	硫酸钾	尿素			复混肥	尿素
649	M099	密山镇	161.7	41.1	87.8	13.6	4.4	6.7	23.0	13.0	11.0	13.0	6.9	11.0	16.1	30.9	16.1	30.9	16.1
650	M100	密山镇	139.7	16.9	111.7	13.6	8.6	6.7	22.2	18.8	11.0	18.8	6.7	11.0	15.5	36.4	15.5	36.4	15.5
651	M101	密山镇	147.0	46.4	136.4	13.6	4.4	6.2	23.0	13.0	11.0	13.0	6.9	11.0	16.1	30.9	16.1	30.9	16.1
652	M102	密山镇	169.1	41.1	198.3	13.6	4.4	4.5	23.0	13.0	9.0	13.0	6.9	9.0	16.1	28.9	16.1	28.9	16.1
653	M103	密山镇	169.1	89.4	514.6	13.6	4.4	3.3	23.0	13.0	6.7	13.0	6.9	6.7	16.1	26.6	16.1	26.6	16.1
654	M104	密山镇	176.4	77.9	157.1	13.3	4.4	5.6	23.0	13.0	11.0	13.0	6.9	11.0	16.1	30.9	16.1	30.9	16.1
655	M105	密山镇	176.4	24.5	125.2	13.3	6.5	6.5	23.0	14.2	11.0	14.2	6.9	11.0	16.1	32.1	16.1	32.1	16.1
656	M106	密山镇	198.5	85.8	175.8	12.5	4.4	5.1	22.1	13.0	10.2	13.0	6.6	10.2	15.5	29.9	15.5	29.9	15.5
657	M107	密山镇	161.7	43.7	149.6	13.6	4.4	5.8	23.0	13.0	11.0	13.0	6.9	11.0	16.1	30.9	16.1	30.9	16.1
658	M108	密山镇	154.4	27.5	210.8	13.6	5.7	4.1	23.0	13.0	8.3	13.0	6.9	8.3	16.1	28.2	16.1	28.2	16.1
659	M109	密山镇	198.5	56.9	177.1	12.5	4.4	5.1	22.1	13.0	10.2	13.0	6.6	10.2	15.5	29.8	15.5	29.8	15.5
660	M110	密山镇	198.5	72.7	179.3	12.5	4.4	5.0	22.1	13.0	10.0	13.0	6.6	10.0	15.5	29.7	15.5	29.7	15.5
661	M111	密山镇	176.4	57.1	179.6	13.3	4.4	5.0	23.0	13.0	10.0	13.0	6.9	10.0	16.1	29.9	16.1	29.9	16.1
662	M112	密山镇	205.8	80.1	192.7	12.2	4.4	4.6	21.5	13.0	9.3	13.0	6.5	9.3	15.1	28.7	15.1	28.7	15.1
663	M113	密山镇	213.2	112.5	149.2	12.0	4.4	5.9	20.9	13.0	11.0	13.0	6.3	11.0	14.6	30.3	14.6	30.3	14.6
664	M114	密山镇	161.7	20.6	118.3	13.6	7.6	6.7	23.0	16.5	11.0	16.5	6.9	11.0	16.1	34.4	16.1	34.4	16.1
665	M115	密山镇	176.4	11.8	165.8	13.3	8.9	5.4	21.4	19.3	10.8	19.3	6.4	10.8	15.0	36.5	15.0	36.5	15.0
666	M116	密山镇	161.7	24.8	153.9	13.6	6.4	5.7	23.0	14.0	11.0	14.0	6.9	11.0	16.1	31.9	16.1	31.9	16.1
667	M117	密山镇	205.8	17.7	153.9	12.2	8.4	5.7	19.4	18.3	11.0	18.3	5.8	11.0	13.6	35.1	13.6	35.1	13.6

（续）

序号	原编号	采样地点	测试值（毫克/千克）			需施化肥纯量（千克/亩）			推荐一（千克/亩）						推荐二（千克/亩）			
									各肥料商品用量			分时期			各肥料商品用量		分时期	
			氮	磷	钾	N	P_2O_5	K_2O	尿素	二铵	硫酸钾	底肥		追肥	复混肥	尿素	底肥	追肥
												尿素	硫酸钾	尿素			复混肥	尿素
668	M118	密山镇	161.7	25.4	143.3	13.6	6.3	6.0	23.0	13.7	11.0	6.9	11.0	16.1	31.6	16.1	31.6	16.1
669	M119	密山镇	147.0	12.6	129.6	13.6	8.9	6.4	22.0	19.3	11.0	6.6	11.0	15.4	36.9	15.4	36.9	15.4
670	M120	密山镇	169.1	14.4	142.7	13.6	8.9	6.0	22.0	19.3	11.0	6.6	11.0	15.4	36.9	15.4	36.9	15.4
671	M121	密山镇	191.1	23.8	137.7	12.8	6.7	6.2	22.1	14.6	11.0	6.6	11.0	15.5	32.2	15.5	32.2	15.5
672	M122	密山镇	147.0	43.7	127.7	13.6	4.4	6.5	23.0	13.0	11.0	6.9	11.0	16.1	30.9	16.1	30.9	16.1
673	M123	密山镇	191.1	39.6	150.8	12.8	4.4	5.8	22.7	13.0	11.0	6.8	11.0	15.9	30.8	15.9	30.8	15.9
674	M124	密山镇	161.7	32.1	145.2	13.6	4.4	6.0	23.0	13.0	11.0	6.9	11.0	16.1	30.9	16.0	30.9	16.1
675	M125	密山镇	183.8	24.7	110.8	13.1	6.5	6.7	22.9	14.1	11.0	6.9	11.0	16.0	31.9	16.0	31.9	16.0
676	M126	密山镇	205.8	36.3	101.4	12.2	4.4	6.7	21.5	13.0	11.0	6.5	11.0	15.1	30.5	15.1	30.5	15.1
677	M127	密山镇	249.9	36.3	171.2	10.6	4.4	5.2	17.9	13.0	10.5	5.4	10.5	12.5	28.9	12.5	28.9	12.5
678	M128	密山镇	183.8	33.0	228.3	13.1	4.4	3.7	23.0	13.0	7.3	6.9	7.3	16.1	27.2	16.1	27.2	16.1
679	M129	密山镇	191.1	68.9	211.9	12.8	4.4	4.1	22.7	13.0	8.2	6.8	8.2	15.9	28.0	15.9	28.0	15.9
680	M130	密山镇	154.4	22.3	131.4	13.6	7.2	6.3	23.0	15.5	11.0	6.9	11.0	16.1	33.4	16.1	33.4	16.1
681	M131	密山镇	176.4	31.6	100.6	13.3	4.6	6.7	23.0	13.0	11.0	6.9	11.0	16.1	30.9	16.1	30.9	16.1
682	M132	密山镇	242.6	30.6	136.6	10.8	4.8	6.2	18.5	13.0	11.0	5.5	11.0	12.9	29.5	12.9	29.5	12.9
683	M133	密山镇	169.1	60.9	419.6	13.6	4.4	3.3	23.0	13.0	6.7	6.9	6.7	16.1	26.6	16.1	26.6	16.1
684	M134	密山镇	132.3	32.2	211.4	13.6	4.4	4.1	23.0	13.0	8.3	6.9	8.3	16.1	28.2	16.1	28.2	16.1
685	M135	密山镇	154.4	24.7	103.9	13.6	6.5	6.7	23.0	14.1	11.0	6.9	11.0	16.1	32.0	16.1	32.0	16.1
686	M136	密山镇	161.7	37.6	72.1	13.6	4.4	6.7	23.0	13.0	11.0	6.9	11.0	16.1	30.9	16.1	30.9	16.1

（续）

序号	原编号	采样地点	测试值（毫克/千克）			需施化肥纯量（千克/亩）			推荐一（千克/亩）							推荐二（千克/亩）			
									各肥料商品用量			分时期				各肥料商品用量		分时期	
												底肥			追肥			底肥	追肥
			氮	磷	钾	N	P₂O₅	K₂O	尿素	二铵	硫酸钾	二铵	尿素	硫酸钾	尿素	复混肥	尿素	复混肥	尿素
687	M137	密山镇	147.0	34.6	102.7	13.6	4.4	6.7	23.0	13.0	11.0	13.0	6.9	11.0	16.1	30.9	16.1	30.9	16.1
688	M138	密山镇	191.1	31.2	121.4	12.8	4.7	6.6	22.7	13.0	11.0	13.0	6.8	11.0	15.9	30.8	15.9	30.8	15.9
689	M139	密山镇	183.8	14.3	97.7	13.1	8.9	6.7	20.8	19.3	11.0	19.3	6.3	11.0	14.6	36.6	14.6	36.6	14.6
690	M140	密山镇	154.4	32.8	67.7	13.6	4.4	6.7	23.0	13.0	11.0	13.0	6.9	11.0	16.1	30.9	16.1	30.9	16.1
691	M141	密山镇	147.0	9.9	85.2	13.6	8.9	6.7	22.0	19.3	11.0	19.3	6.6	11.0	15.4	36.9	15.4	36.9	15.4
692	M142	密山镇	176.4	71.7	364.6	13.3	4.4	3.3	23.0	13.0	6.7	13.0	6.9	6.7	16.1	26.6	16.1	26.6	16.1
693	M143	密山镇	213.2	79.4	89.6	12.0	4.4	6.7	20.9	13.0	11.0	13.0	6.3	11.0	14.6	30.3	14.6	30.3	14.6
694	M144	密山镇	169.1	54.5	85.2	13.6	4.4	6.7	23.0	13.0	11.0	13.0	6.9	11.0	16.1	30.9	16.1	30.9	16.1
695	M145	密山镇	147.0	32.6	123.3	13.6	4.4	6.6	23.0	13.0	11.0	13.0	6.9	11.0	16.1	30.9	16.1	30.9	16.1
696	M146	密山镇	161.7	39.6	110.8	13.6	4.4	6.7	23.0	13.0	11.0	13.0	6.9	11.0	16.1	30.9	16.1	30.9	16.1
697	M147	密山镇	198.5	47.0	113.3	12.5	4.4	6.7	22.1	13.0	11.0	13.0	6.6	11.0	15.5	30.6	15.5	30.6	15.5
698	M148	密山镇	176.4	28.5	86.0	13.3	5.4	6.7	23.0	13.0	11.0	13.0	6.9	11.0	16.1	30.9	16.1	30.9	16.1
699	M149	密山镇	139.7	37.9	98.0	13.6	4.4	6.7	23.0	13.0	11.0	13.0	6.9	11.0	16.1	30.9	16.1	30.9	16.1
700	M150	密山镇	191.1	35.2	182.1	12.8	4.4	4.9	22.7	13.0	9.9	13.0	6.8	9.9	15.9	29.7	15.9	29.7	15.9
701	M151	密山镇	154.4	37.6	190.8	13.6	4.4	4.7	23.0	13.0	9.4	13.0	6.9	9.4	16.1	29.3	16.1	29.3	16.1
702	M152	密山镇	176.4	29.3	171.5	13.3	5.2	5.2	23.0	13.0	10.5	13.0	6.9	10.5	16.1	30.4	16.1	30.4	16.1
703	M153	密山镇	205.8	56.9	188.3	12.2	4.4	4.8	21.5	13.0	9.5	13.0	6.5	9.5	15.1	29.0	15.1	29.0	15.1
704	M154	密山镇	161.7	34.1	211.4	13.6	4.4	4.1	23.0	13.0	8.3	13.0	6.9	8.3	16.1	28.2	16.1	28.2	16.1
705	M155	密山镇	205.8	83.0	143.3	12.2	4.4	6.0	21.5	13.0	11.0	13.0	6.5	11.0	15.1	30.5	15.1	30.5	15.1

（续）

序号	原编号	采样地点	测试值（毫克/千克）			需施化肥纯量（千克/亩）			推荐一（千克/亩）							推荐二（千克/亩）			
			氮	磷	钾	N	P₂O₅	K₂O	各肥料商品用量			分时期				各肥料商品用量		分时期	
									尿素	二铵	硫酸钾	底肥			追肥	复混肥	尿素	底肥	追肥
												二铵	尿素	硫酸钾	尿素			复混肥	尿素
706	M156	密山镇	161.7	37.1	111.4	13.6	4.4	6.7	23.0	13.0	11.0	13.0	6.9	11.0	16.1	30.9	16.1	30.9	16.1
707	M157	密山镇	235.2	24.1	96.2	11.1	6.6	6.7	18.5	14.5	11.0	14.5	5.6	11.0	13.0	31.0	13.0	31.0	13.0
708	M158	密山镇	139.7	56.7	166.4	13.6	4.4	5.4	23.0	13.0	10.8	13.0	6.9	10.8	16.1	30.7	16.1	30.7	16.1
709	M159	密山镇	161.7	34.8	83.5	13.6	4.4	6.7	23.0	13.0	11.0	13.0	6.9	11.0	16.1	30.9	16.1	30.9	16.1
710	M160	密山镇	198.5	25.1	98.9	12.5	6.4	6.7	21.8	13.8	11.0	13.8	6.5	11.0	15.3	31.3	15.3	31.3	15.3
711	M161	密山镇	191.1	12.4	109.7	12.8	8.9	6.7	20.2	19.3	11.0	19.3	6.1	11.0	14.2	36.4	14.2	36.4	14.2
712	M162	密山镇	205.8	23.2	135.2	12.2	6.9	6.2	20.7	14.9	11.0	14.9	6.2	11.0	14.5	32.2	14.5	32.2	14.5
713	M163	密山镇	154.4	25.7	120.9	13.6	6.2	6.6	23.0	13.5	11.0	13.5	6.9	11.0	16.1	31.4	16.1	31.4	16.1
714	M164	密山镇	169.1	25.8	130.8	13.6	6.2	6.4	23.0	13.4	11.0	13.4	6.9	11.0	16.1	31.3	16.1	31.3	16.1
715	M165	密山镇	191.1	33.4	111.3	12.8	4.4	6.7	22.7	13.0	11.0	13.0	6.8	11.0	15.9	30.8	15.9	30.8	15.9
716	M166	密山镇	147.0	25.2	125.5	13.6	6.3	6.5	23.0	13.7	11.0	13.7	6.9	11.0	16.1	31.6	16.1	31.6	16.1
717	M167	密山镇	154.4	42.0	253.3	13.6	4.4	3.3	23.0	13.0	6.7	13.0	6.9	6.7	16.1	26.6	16.1	26.6	16.1
718	M168	密山镇	191.1	67.4	136.0	12.8	4.4	6.2	22.7	13.0	11.0	13.0	6.8	11.0	15.9	30.8	15.9	30.8	15.9
719	M169	密山镇	220.5	42.4	132.7	11.7	4.4	6.3	20.3	13.0	11.0	13.0	6.1	11.0	14.2	30.1	14.2	30.1	14.2
720	M170	密山镇	205.8	56.7	155.9	12.2	4.4	5.7	21.5	13.0	11.0	13.0	6.5	11.0	15.1	30.5	15.1	30.5	15.1
721	M171	密山镇	257.3	63.0	123.5	10.3	4.4	6.6	17.3	13.0	11.0	13.0	5.2	11.0	12.1	29.2	12.1	29.2	12.1
722	M172	密山镇	176.4	47.7	105.8	13.3	4.4	6.7	23.0	13.0	11.0	13.0	6.9	11.0	16.1	30.9	16.1	30.9	16.1
723	M173	密山镇	154.4	40.8	95.0	13.6	4.4	6.7	23.0	13.0	11.0	13.0	6.9	11.0	16.1	30.9	16.1	30.9	16.1
724	M174	密山镇	169.1	29.9	102.1	13.6	5.0	6.7	23.0	13.0	11.0	13.0	6.9	11.0	16.1	30.9	16.1	30.9	16.1

（续）

序号	原编号	采样地点	测试值（毫克/千克）			需施化肥纯量（千克/亩）			推荐一（千克/亩）							推荐二（千克/亩）			
									各肥料商品用量			分时期				各肥料商品用量		分时期	
												底肥			追肥			底肥	追肥
			氮	磷	钾	N	P_2O_5	K_2O	尿素	二铵	硫酸钾	二铵	尿素	硫酸钾	尿素	复混肥	尿素	复混肥	尿素
725	M175	密山镇	183.8	30.2	67.1	13.1	4.9	6.7	23.0	13.0	11.0	13.0	6.9	11.0	16.1	30.9	16.1	30.9	16.1
726	M176	密山镇	213.2	45.5	74.7	12.0	4.4	6.7	20.9	13.0	11.0	13.0	6.3	11.0	14.6	30.3	14.6	30.3	14.6
727	M177	密山镇	183.8	30.1	113.9	13.1	5.0	6.7	23.0	13.0	11.0	13.0	6.9	11.0	16.1	30.9	16.1	30.9	16.1
728	M178	密山镇	183.8	41.3	161.3	13.1	4.4	5.5	23.0	13.0	11.0	13.0	6.9	11.0	16.1	30.9	16.1	30.9	16.1
729	M179	密山镇	198.5	24.1	96.5	12.5	6.6	6.7	21.5	14.5	11.0	14.5	6.5	11.0	15.1	31.9	15.1	31.9	15.1
730	M180	密山镇	139.7	20.6	72.7	13.6	7.6	6.7	23.0	16.5	11.0	16.5	6.9	11.0	16.1	34.4	16.1	34.4	16.1
731	M181	密山镇	205.8	20.2	107.1	12.2	7.7	6.7	20.0	16.8	11.0	16.8	6.0	11.0	14.0	33.8	14.0	33.8	14.0
732	M182	密山镇	205.8	75.1	148.3	12.2	4.4	5.9	21.5	13.0	11.0	13.0	6.5	11.0	15.1	30.5	15.1	30.5	15.1
733	M183	密山镇	191.1	36.1	98.2	12.8	4.7	6.7	22.7	13.0	11.0	13.0	6.8	11.0	15.9	30.8	15.9	30.8	15.9
734	M184	密山镇	169.1	31.1	89.6	13.6	4.4	6.7	23.0	13.0	11.0	13.0	6.9	11.0	16.1	30.9	16.1	30.9	16.1
735	M185	密山镇	235.2	45.2	133.5	11.1	4.4	6.3	19.1	13.0	11.0	13.0	5.7	11.0	13.4	29.7	13.4	29.7	13.4
736	M186	密山镇	176.4	36.6	128.8	13.3	4.6	6.4	23.0	13.0	11.0	13.0	6.9	11.0	16.1	30.9	16.1	30.9	16.1
737	M187	密山镇	161.7	31.3	130.8	13.6	4.4	6.4	23.0	13.0	11.0	13.0	6.9	11.0	16.1	30.9	16.1	30.9	16.1
738	M188	密山镇	191.1	32.5	142.1	12.8	4.4	6.1	22.7	13.0	11.0	13.0	6.8	11.0	15.9	30.8	15.9	30.8	15.9
739	M189	密山镇	183.8	32.5	145.8	13.1	4.4	5.9	23.0	13.0	11.0	13.0	6.9	11.0	16.1	30.9	16.1	30.9	16.1
740	M190	密山镇	132.3	18.3	77.1	13.6	8.3	6.7	22.5	18.0	11.0	18.0	6.8	11.0	15.8	35.7	15.8	35.7	15.8
741	M191	密山镇	205.8	34.9	120.2	12.2	4.4	6.7	21.5	13.0	11.0	13.0	6.5	11.0	15.1	30.5	15.1	30.5	15.1
742	M192	密山镇	213.2	54.1	95.2	12.0	4.4	6.7	20.9	13.0	11.0	13.0	6.3	11.0	14.6	30.3	14.6	30.3	14.6
743	M193	密山镇	117.6	63.8	74.5	13.6	4.4	6.7	23.0	13.0	11.0	13.0	6.9	11.0	16.1	30.9	16.1	30.9	16.1

（续）

序号	原编号	采样地点	测试值（毫克/千克）			需施化肥纯量（千克/亩）			推荐一（千克/亩）							推荐二（千克/亩）			
---	---	---	---	---	---	---	---	---	各肥料商品用量			分时期				各肥料商品用量		分时期	
												底肥			追肥			底肥	追肥
			氮	磷	钾	N	P₂O₅	K₂O	尿素	二铵	硫酸钾	二铵	尿素	硫酸钾	尿素	复混肥	尿素	复混肥	尿素
744	M194	密山镇	169.1	52.1	76.5	13.6	4.4	6.7	23.0	13.0	11.0	13.0	6.9	11.0	16.1	30.9	16.1	30.9	16.1
745	M195	密山镇	191.1	40.0	90.2	12.8	4.4	6.7	22.7	13.0	11.0	13.0	6.8	11.0	15.9	30.8	15.9	30.8	15.9
746	M196	密山镇	147.0	37.6	95.3	13.6	4.4	6.7	23.0	13.0	11.0	13.0	6.9	11.0	16.1	30.9	16.1	30.9	16.1
747	M197	密山镇	161.7	41.6	75.8	13.6	4.4	6.7	23.0	13.0	11.0	13.0	6.9	11.0	16.1	30.9	16.1	30.9	16.1
748	M198	密山镇	183.8	28.6	113.3	13.1	5.4	6.7	23.0	13.0	11.0	13.0	6.9	11.0	16.1	30.9	16.1	30.9	16.1
749	M199	密山镇	161.7	54.7	141.4	13.6	4.4	6.1	23.0	13.0	11.0	13.0	6.9	11.0	16.1	30.9	16.1	30.9	16.1
750	M200	密山镇	213.2	21.8	123.3	12.0	7.3	6.6	19.8	15.8	11.0	15.8	5.9	11.0	13.9	32.7	13.9	32.7	13.9
751	P001	和平乡	205.8	12.3	129.9	12.2	8.9	6.4	19.0	19.3	11.0	19.3	5.7	11.0	13.3	36.0	13.3	36.0	13.3
752	P002	和平乡	169.1	15.2	145.1	13.6	8.9	6.0	22.0	19.3	11.0	19.3	6.6	11.0	15.4	36.9	15.4	36.9	15.4
753	P003	和平乡	183.8	19.0	173.0	13.1	8.1	5.2	21.6	17.5	10.4	17.5	6.5	10.4	15.1	34.4	15.1	34.4	15.1
754	P004	和平乡	169.1	10.7	149.9	13.6	8.9	5.8	22.0	19.3	11.0	19.3	6.6	11.0	15.4	36.9	15.4	36.9	15.4
755	P005	和平乡	272.0	22.9	273.6	9.7	7.0	3.3	15.2	15.2	6.7	15.2	4.6	6.7	10.7	26.4	10.7	26.4	10.7
756	P006	和平乡	125.0	28.9	323.6	13.6	5.3	3.3	23.0	13.0	6.7	13.0	6.9	6.7	16.1	26.6	16.1	26.6	16.1
757	P007	和平乡	198.5	29.4	295.8	12.5	5.2	3.3	22.1	13.0	6.7	13.0	6.6	6.7	15.5	26.3	15.5	26.3	15.5
758	P008	和平乡	198.5	22.3	252.1	12.5	7.1	3.3	21.1	15.5	6.7	15.5	6.3	6.7	14.8	28.5	14.8	28.5	14.8
759	P009	和平乡	201.3	23.0	232.1	12.4	6.9	3.6	21.1	15.1	7.1	15.1	6.3	7.1	14.7	28.5	14.7	28.5	14.7
760	P010	和平乡	227.9	21.5	179.9	11.4	7.4	5.0	18.5	16.0	10.0	16.0	5.6	10.0	13.0	31.5	13.0	31.5	13.0
761	P011	和平乡	198.5	24.5	190.1	12.5	6.5	4.7	21.6	14.2	9.4	14.2	6.5	9.4	15.1	30.1	15.1	30.1	15.1
762	P012	和平乡	198.5	22.3	248.3	12.5	7.1	3.3	21.1	15.5	6.7	15.5	6.3	6.7	14.8	28.5	14.8	28.5	14.8

（续）

序号	原编号	采样地点	测试值（毫克/千克）			需施化肥纯量（千克/亩）			推荐一（千克/亩）							推荐二（千克/亩）			
									各肥料商品用量			分时期				各肥料商品用量		分时期	
												底肥			追肥			底肥	追肥
			氮	磷	钾	N	P$_2$O$_5$	K$_2$O	尿素	二铵	硫酸钾	二铵	尿素	硫酸钾	尿素	复混肥	尿素	复混肥	尿素
763	P013	和平乡	227.9	23.2	173.0	11.4	6.9	5.2	18.9	15.0	10.4	15.0	5.7	10.4	13.3	31.0	13.3	31.0	13.3
764	P014	和平乡	213.2	16.0	94.5	12.0	8.9	6.7	18.4	19.3	11.0	19.3	5.5	11.0	12.9	35.9	12.9	35.9	12.9
765	P015	和平乡	169.1	12.0	86.3	13.6	8.9	6.7	22.0	19.3	11.0	19.3	6.6	11.0	15.4	36.9	15.4	36.9	15.4
766	P016	和平乡	183.8	18.9	112.3	13.1	8.1	6.7	21.5	17.6	11.0	17.6	6.5	11.0	15.1	35.1	15.1	35.1	15.1
767	P017	和平乡	176.4	13.3	103.4	13.3	8.9	6.7	21.4	19.3	11.0	19.3	6.4	11.0	15.0	36.8	15.0	36.8	15.0
768	P018	和平乡	176.4	14.4	103.4	13.3	8.9	6.7	21.4	19.3	11.0	19.3	6.4	11.0	15.0	36.8	15.0	36.8	15.0
769	P019	和平乡	191.1	75.0	526.1	12.8	4.4	3.3	22.7	13.0	6.7	13.0	6.8	6.7	15.9	26.5	15.9	26.5	15.9
770	P020	和平乡	169.1	23.3	155.9	13.6	6.9	5.7	23.0	14.9	11.0	14.9	6.9	11.0	16.1	32.8	16.1	32.8	16.1
771	P021	和平乡	169.1	18.1	245.8	13.6	8.3	3.3	22.5	18.1	6.7	18.1	6.7	6.7	15.7	31.5	15.7	31.5	15.7
772	P022	和平乡	191.1	20.0	176.1	12.8	7.8	5.1	21.2	16.9	10.2	16.9	6.4	10.2	14.8	33.5	14.8	33.5	14.8
773	P023	和平乡	183.8	18.9	132.5	13.1	8.1	6.3	21.5	17.6	11.0	17.6	6.5	11.0	15.1	35.0	15.1	35.0	15.1
774	P024	和平乡	191.1	18.7	157.2	12.8	8.1	5.6	20.9	17.7	11.0	17.7	6.3	11.0	14.6	35.0	14.6	35.0	14.6
775	P025	和平乡	227.9	12.3	179.9	11.4	8.9	5.0	17.2	19.3	10.0	19.3	5.2	10.0	12.1	34.5	12.1	34.5	12.1
776	P026	和平乡	132.3	26.1	173.0	13.6	6.1	5.2	23.0	13.2	10.4	13.2	6.9	10.4	16.1	30.5	16.1	30.5	16.1
777	P027	和平乡	154.4	31.8	146.4	13.6	4.5	5.9	23.0	13.0	11.0	13.0	6.9	11.0	16.1	30.9	16.1	30.9	16.1
778	P028	和平乡	117.6	15.3	178.0	13.6	8.9	5.1	22.0	19.3	10.1	19.3	6.6	10.1	15.4	36.0	15.4	36.0	15.4
779	P029	和平乡	125.0	32.9	159.1	13.6	4.4	5.6	23.0	13.0	11.0	13.0	6.9	11.0	16.1	30.9	16.1	30.9	16.1
780	P030	和平乡	176.4	7.2	164.1	13.3	8.9	5.4	21.4	19.3	10.9	19.3	6.4	10.9	15.0	36.6	15.0	36.6	15.0
781	P031	和平乡	176.4	11.6	124.9	13.3	8.9	6.5	21.4	19.3	11.0	19.3	6.4	11.0	15.0	36.8	15.0	36.8	15.0

（续）

序号	原编号	采样地点	测试值（毫克/千克）			需施化肥纯量（千克/亩）			推荐一（千克/亩）						推荐二（千克/亩）			
---	---	---	---	---	---	---	---	---	各肥料商品用量			分时期			各肥料商品用量		分时期	
			氮	磷	钾	N	P_2O_5	K_2O	尿素	二铵	硫酸钾	底肥		追肥	复混肥	尿素	底肥	追肥
												尿素	硫酸钾	尿素			复混肥	尿素
782	P032	和平乡	125.0	10.4	50.8	13.6	8.9	6.7	22.0	19.3	11.0	6.6	11.0	15.4	36.9	15.4	36.9	15.4
783	P033	和平乡	191.1	7.2	135.0	12.8	8.9	6.3	20.2	19.3	11.0	6.1	11.0	14.2	36.4	14.2	36.4	14.2
784	P034	和平乡	161.7	10.2	224.9	13.6	8.9	3.8	22.0	19.3	7.5	6.6	7.5	15.4	33.4	15.4	33.4	15.4
785	P035	和平乡	205.8	18.0	142.0	12.2	8.3	6.1	19.5	18.1	11.0	5.9	11.0	13.7	35.0	13.7	35.0	13.7
786	P036	和平乡	139.7	18.6	171.1	13.6	8.2	5.2	22.6	17.8	10.5	6.8	10.5	15.8	35.0	15.8	35.0	15.8
787	P037	和平乡	205.8	13.5	212.9	12.2	8.9	4.1	19.0	19.3	8.2	5.7	8.2	13.3	33.2	13.3	33.2	13.3
788	P038	和平乡	169.1	11.1	119.6	13.6	8.9	6.7	22.0	19.3	11.0	6.6	11.0	15.4	36.9	15.4	36.9	15.4
789	P039	和平乡	183.8	12.0	121.1	13.1	8.9	6.6	20.8	19.3	11.0	6.3	11.0	14.6	36.6	14.6	36.6	14.6
790	P040	和平乡	176.4	15.6	105.3	13.3	8.9	6.7	21.4	19.3	11.0	6.4	11.0	15.0	36.8	15.0	36.8	15.0
791	P041	和平乡	147.0	14.7	95.2	13.6	8.9	6.7	22.0	19.3	11.0	6.6	11.0	15.4	36.9	15.4	36.9	15.4
792	P042	和平乡	227.9	32.4	161.4	11.4	4.4	5.5	19.7	13.0	11.0	5.9	11.0	13.8	29.9	13.8	29.9	13.8
793	P043	和平乡	191.1	14.7	75.2	12.8	8.9	6.7	20.2	19.3	11.0	6.1	11.0	14.2	36.4	14.2	36.4	14.2
794	P044	和平乡	176.4	18.8	200.8	13.3	8.1	4.4	22.1	17.6	8.8	6.6	8.8	15.5	33.1	15.5	33.1	15.5
795	P045	和平乡	227.9	28.3	157.7	11.4	5.5	5.6	19.7	13.0	11.0	5.9	11.0	13.8	29.9	13.8	29.9	13.8
796	P046	和平乡	198.5	28.9	65.2	12.5	5.3	6.7	22.1	13.0	11.0	6.6	11.0	15.5	30.6	15.5	30.6	15.5
797	P047	和平乡	191.1	27.7	107.1	12.8	5.6	6.7	22.7	13.0	11.0	6.8	11.0	15.9	30.8	15.9	30.8	15.9
798	P048	和平乡	161.7	20.3	87.9	13.6	7.7	6.7	23.0	16.7	11.0	6.9	11.0	16.1	34.6	16.1	34.6	16.1
799	P049	和平乡	183.8	19.5	94.7	13.1	7.9	6.7	21.7	17.2	11.0	6.5	11.0	15.2	34.7	15.2	34.7	15.2
800	P050	和平乡	227.9	15.8	135.8	11.4	8.9	6.2	17.2	19.3	11.0	5.2	11.0	12.1	35.5	12.1	35.5	12.1

（续）

序号	原编号	采样地点	测试值（毫克/千克）			需施化肥纯量（千克/亩）			推荐一（千克/亩）						推荐二（千克/亩）			
									各肥料商品用量			分时期			各肥料商品用量		分时期	
												底肥		追肥			底肥	追肥
			氮	磷	钾	N	P₂O₅	K₂O	尿素	二铵	硫酸钾	尿素	硫酸钾	尿素	复混肥	尿素	复混肥	尿素
801	P051	和平乡	198.5	15.5	92.1	12.5	8.9	6.7	19.6	19.3	11.0	5.9	11.0	13.7	36.2	13.7	36.2	13.7
802	P052	和平乡	198.5	16.4	123.6	12.5	8.8	6.6	19.7	19.1	11.0	5.9	11.0	13.8	36.0	13.8	36.0	13.8
803	P053	和平乡	147.0	18.8	100.8	13.6	8.1	6.7	22.6	17.6	11.0	6.8	11.0	15.8	35.4	15.8	35.4	15.8
804	P054	和平乡	161.7	19.8	153.6	13.6	7.8	5.7	22.9	17.0	11.0	6.9	11.0	16.0	34.9	16.0	34.9	16.0
805	P055	和平乡	176.4	54.0	110.3	13.3	4.4	6.7	23.0	13.0	11.0	6.9	11.0	16.1	30.9	16.1	30.9	16.1
806	P056	和平乡	191.1	25.4	171.7	12.8	6.3	5.2	22.5	13.7	10.5	6.7	10.5	15.7	30.9	15.7	30.9	15.7
807	P057	和平乡	183.8	36.5	87.5	13.1	4.4	6.7	23.0	13.0	11.0	6.9	11.0	16.1	30.9	16.1	30.9	16.1
808	P058	和平乡	161.7	52.9	135.8	13.6	4.4	6.2	23.0	13.0	11.0	6.9	11.0	16.1	30.9	16.1	30.9	16.1
809	P059	和平乡	183.8	73.6	280.8	13.1	4.4	3.3	23.0	13.0	6.7	6.9	6.7	16.1	26.6	16.1	26.6	16.1
810	P060	和平乡	161.7	21.8	98.9	13.6	7.3	6.7	23.0	15.8	11.0	6.9	11.0	16.1	33.7	16.1	33.7	16.1
811	P061	和平乡	198.5	15.5	67.7	12.5	8.9	6.7	19.6	19.3	11.0	5.9	11.0	13.7	36.2	13.7	36.2	13.7
812	P062	和平乡	195.6	13.3	47.4	12.6	8.9	6.7	19.9	19.3	11.0	6.0	11.0	13.9	36.3	13.9	36.3	13.9
813	P063	和平乡	183.8	65.9	64.1	13.1	4.4	6.7	23.0	13.0	11.0	6.9	11.0	16.1	30.9	16.1	30.9	16.1
814	P064	和平乡	176.4	45.9	106.5	13.3	4.4	6.7	23.0	13.0	11.0	6.9	11.0	16.1	30.9	16.1	30.9	16.1
815	P065	和平乡	169.1	49.5	95.8	13.6	4.4	6.7	23.0	13.0	11.0	6.9	11.0	16.1	30.9	16.1	30.9	16.1
816	P066	和平乡	154.4	13.2	92.6	13.6	8.9	6.7	22.0	19.3	11.0	6.6	11.0	15.4	36.9	15.4	36.9	15.4
817	P067	和平乡	183.8	19.9	82.7	13.1	7.8	6.7	21.8	17.0	11.0	6.5	11.0	15.2	34.5	15.2	34.5	15.2
818	P068	和平乡	198.5	74.7	61.6	12.5	4.4	6.7	22.1	13.0	11.0	6.6	11.0	15.5	30.6	15.5	30.6	15.5
819	P069	和平乡	169.1	21.8	93.2	13.6	7.3	6.7	23.0	15.8	11.0	6.9	11.0	16.1	33.7	16.1	33.7	16.1

（续）

序号	原编号	采样地点	测试值（毫克/千克）			需施化肥纯量（千克/亩）			推荐一（千克/亩）							推荐二（千克/亩）			
									各肥料商品用量			分时期				各肥料商品用量		分时期	
												底肥			追肥			底肥	追肥
			氮	磷	钾	N	P₂O₅	K₂O	尿素	二铵	硫酸钾	二铵	尿素	硫酸钾	尿素	复混肥	尿素	复混肥	尿素
820	P070	和平乡	191.1	26.8	98.3	12.8	5.9	6.7	22.7	13.0	11.0	13.0	6.8	11.0	15.9	30.8	15.9	30.8	15.9
821	P071	和平乡	161.7	25.7	107.2	13.6	6.2	6.7	23.0	13.5	11.0	13.5	6.9	11.0	16.1	31.4	16.1	31.4	16.1
822	P072	和平乡	154.4	21.7	97.0	13.6	7.3	6.7	23.0	15.9	11.0	15.9	6.9	11.0	16.1	33.8	16.1	33.8	16.1
823	P073	和平乡	161.7	18.7	186.3	13.6	8.1	4.8	22.6	17.7	9.7	17.7	6.8	9.7	15.8	34.1	15.8	34.1	15.8
824	P074	和平乡	205.8	18.8	455.9	12.2	8.1	3.3	19.7	17.6	6.7	17.6	5.9	6.7	13.8	30.2	13.8	30.2	13.8
825	P075	和平乡	176.4	9.2	91.6	13.3	8.9	6.7	21.4	19.3	11.0	19.3	6.4	11.0	15.0	36.8	15.0	36.8	15.0
826	P076	和平乡	198.5	24.7	86.9	12.5	6.5	6.7	21.7	14.1	11.0	14.1	6.5	11.0	15.2	31.6	15.2	31.6	15.2
827	P077	和平乡	183.8	25.9	57.2	13.1	6.1	6.7	23.0	13.3	11.0	13.3	6.9	11.0	16.1	31.2	16.1	31.2	16.1
828	P078	和平乡	173.5	11.0	79.9	13.5	8.9	6.7	21.7	19.3	11.0	19.3	6.5	11.0	15.2	36.8	15.2	36.8	15.2
829	P079	和平乡	163.5	8.7	59.7	13.6	8.9	6.7	22.0	19.3	11.0	19.3	6.6	11.0	15.4	36.9	15.4	36.9	15.4
830	P080	和平乡	213.2	15.0	167.9	12.0	8.9	5.3	18.4	19.3	10.7	19.3	5.5	10.7	12.9	35.5	12.9	35.5	12.9
831	P081	和平乡	227.9	24.7	92.9	11.4	6.5	6.7	19.3	14.1	11.0	14.1	5.8	11.0	13.5	30.9	13.5	30.9	13.5
832	P082	和平乡	147.0	19.4	81.1	13.6	7.9	6.7	22.8	17.2	11.0	17.2	6.8	11.0	15.9	35.1	15.9	35.1	15.9
833	P083	和平乡	139.7	14.4	77.7	13.6	8.9	6.7	22.0	19.3	11.0	19.3	6.6	11.0	15.4	36.9	15.4	36.9	15.4
834	P084	和平乡	139.7	17.3	98.2	13.6	8.5	6.7	22.3	18.5	11.0	18.5	6.7	11.0	15.6	36.2	15.6	36.2	15.6
835	P085	和平乡	139.7	15.0	81.2	13.6	8.9	6.7	22.0	19.3	11.0	19.3	6.6	11.0	15.4	36.9	15.4	36.9	15.4
836	P086	和平乡	139.7	16.4	83.5	13.6	8.8	6.7	22.1	19.1	11.0	19.1	6.6	11.0	15.5	36.7	15.5	36.7	15.5
837	P087	和平乡	139.7	15.6	81.2	13.6	8.9	6.7	22.0	19.3	11.0	19.3	6.6	11.0	15.4	36.9	15.4	36.9	15.4
838	P088	和平乡	139.7	18.2	86.5	13.6	8.3	6.7	22.5	18.0	11.0	18.0	6.7	11.0	15.7	35.7	15.7	35.7	15.7

（续）

序号	原编号	采样地点	测试值（毫克/千克）			需施化肥纯量（千克/亩）			推荐一						推荐二			
									各肥料商品用量			分时期			各肥料商品用量		分时期	
												底肥		追肥			底肥	追肥
			氮	磷	钾	N	P$_2$O$_5$	K$_2$O	尿素	二铵	硫酸钾	尿素	硫酸钾	尿素	复混肥	尿素	复混肥	尿素
839	P089	和平乡	139.7	17.2	92.9	13.6	8.6	6.7	22.2	18.6	11.0	6.7	11.0	15.6	36.3	15.6	36.3	15.6
840	P090	和平乡	139.7	16.6	85.9	13.6	8.7	6.7	22.1	19.0	11.0	6.6	11.0	15.5	36.6	15.5	36.6	15.5
841	P091	和平乡	169.1	16.6	97.1	13.6	8.7	6.7	22.1	19.0	11.0	6.6	11.0	15.5	36.6	15.5	36.6	15.5
842	P092	和平乡	117.6	14.8	100.6	13.6	8.9	6.7	22.0	19.3	11.0	6.6	11.0	15.4	36.9	15.4	36.9	15.4
843	P093	和平乡	139.7	17.0	88.2	13.6	8.6	6.7	22.2	18.7	11.0	6.7	11.0	15.5	36.4	15.5	36.4	15.5
844	P094	和平乡	183.8	20.7	138.2	13.1	7.6	6.2	22.0	16.5	11.0	6.6	11.0	15.4	34.1	15.4	34.1	15.4
845	P095	和平乡	169.1	19.3	119.2	13.6	8.0	6.7	22.7	17.3	11.0	6.8	11.0	15.9	35.2	15.9	35.2	15.9
846	P096	和平乡	139.7	18.5	108.8	13.6	8.2	6.7	22.6	17.8	11.0	6.8	11.0	15.8	35.6	15.8	35.6	15.8
847	P097	和平乡	161.7	15.7	102.4	13.6	8.9	6.7	22.0	19.3	11.0	6.6	11.0	15.4	36.9	15.4	36.9	15.4
848	P098	和平乡	139.7	15.0	110.6	13.6	8.9	6.7	22.0	19.3	11.0	6.6	11.0	15.4	36.9	15.4	36.9	15.4
849	P099	和平乡	153.9	15.3	82.9	13.6	8.9	6.7	22.0	19.3	11.0	6.6	11.0	15.4	36.9	15.4	36.9	15.4
850	P100	和平乡	147.0	22.4	113.1	13.6	7.1	6.7	23.0	15.4	11.0	6.9	11.0	16.1	33.3	16.1	33.3	16.1
851	P101	和平乡	198.5	25.8	105.3	12.5	6.2	6.7	22.0	13.4	11.0	6.6	11.0	15.4	31.0	15.4	31.0	15.4
852	P102	和平乡	154.4	20.7	109.4	13.6	7.6	6.7	23.0	16.5	11.0	6.9	11.0	16.1	34.4	16.1	34.4	16.1
853	P103	和平乡	161.7	24.6	115.5	13.6	6.5	6.6	23.0	14.1	11.0	6.9	11.0	16.1	32.0	16.1	32.0	16.1
854	P104	和平乡	257.3	19.4	122.9	10.3	8.0	6.7	15.6	17.3	11.0	4.7	11.0	10.9	33.0	10.9	33.0	10.9
855	P105	和平乡	183.8	19.5	87.7	13.1	7.9	6.7	21.7	17.2	11.0	6.5	11.0	15.2	34.7	15.2	34.7	15.2
856	P106	和平乡	183.8	23.3	126.4	13.1	6.9	6.5	22.6	14.9	11.0	6.8	11.0	15.8	32.7	15.8	32.7	15.8
857	P107	和平乡	198.5	23.5	102.9	12.5	6.8	6.7	21.4	14.8	11.0	6.4	11.0	15.0	32.2	15.0	32.2	15.0

（续）

序号	原编号	采样地点	测试值（毫克/千克）			需施化肥纯量（千克/亩）			推荐一（千克/亩） 各肥料商品用量			推荐一 分时期 底肥			追肥	推荐二（千克/亩） 各肥料商品用量		分时期 底肥	追肥
			氮	磷	钾	N	P$_2$O$_5$	K$_2$O	尿素	二铵	硫酸钾	二铵	尿素	硫酸钾	尿素	复混肥	尿素	复混肥	尿素
858	P108	和平乡	227.9	20.7	110.0	11.4	7.6	6.7	18.3	16.5	11.0	16.5	5.5	11.0	12.8	33.0	12.8	33.0	12.8
859	P109	和平乡	176.4	23.8	102.9	13.3	6.7	6.7	23.0	14.6	11.0	14.6	6.9	11.0	16.1	32.5	16.1	32.5	16.1
860	P110	和平乡	183.8	26.3	114.9	13.1	6.0	6.7	23.0	13.1	11.0	13.1	6.9	11.0	16.1	31.0	16.1	31.0	16.1
861	P111	和平乡	183.8	40.3	211.7	13.1	4.4	4.1	23.0	13.0	8.2	13.0	6.9	8.2	16.1	28.1	16.1	28.1	16.1
862	P112	和平乡	191.1	34.8	186.5	12.8	4.4	4.8	22.7	13.0	9.6	13.0	6.8	9.6	15.9	29.5	15.9	29.5	15.9
863	P113	和平乡	183.8	30.8	190.0	13.1	4.8	4.7	23.0	13.0	9.4	13.0	6.9	9.4	16.1	29.3	16.1	29.3	16.1
864	P114	和平乡	191.1	14.4	152.4	12.8	8.9	5.8	20.2	19.3	11.0	19.3	6.1	11.0	14.2	36.4	14.2	36.4	14.2
865	P115	和平乡	227.9	71.8	258.9	8.6	4.4	3.3	14.0	13.0	6.7	13.0	5.9	6.7	13.8	25.6	13.8	25.6	13.8
866	P116	和平乡	191.1	68.6	278.0	12.8	4.4	3.3	22.7	13.0	6.7	13.0	6.8	6.7	15.9	26.5	15.9	26.5	15.9
867	P117	和平乡	157.9	25.9	98.1	13.6	6.1	6.7	23.0	13.3	11.0	13.3	6.9	11.0	16.1	31.2	16.1	31.2	16.1
868	P118	和平乡	301.4	31.6	175.3	8.6	4.6	5.1	14.0	13.0	10.3	13.0	4.2	10.3	9.8	27.5	9.8	27.5	9.8
869	P119	和平乡	205.8	19.4	64.1	12.2	8.0	6.7	19.8	17.3	11.0	17.3	5.9	11.0	13.9	34.2	13.9	34.2	13.9
870	P120	和平乡	135.3	17.8	83.7	13.6	8.4	6.7	22.4	18.2	11.0	18.2	6.7	11.0	15.7	35.9	15.7	35.9	15.7
871	P121	和平乡	161.7	50.7	185.8	13.6	4.4	4.8	23.0	13.0	9.7	13.0	6.9	9.7	16.1	29.6	16.1	29.6	16.1
872	P122	和平乡	176.4	70.3	121.4	13.3	4.4	6.6	23.0	13.0	11.0	13.0	6.9	11.0	16.1	30.9	16.1	30.9	16.1
873	P123	和平乡	183.8	64.1	224.6	13.1	4.4	3.8	23.0	13.0	7.5	13.0	6.9	7.5	16.1	27.4	16.1	27.4	16.1
874	P124	和平乡	132.3	14.7	117.3	13.6	8.9	6.7	22.0	19.3	11.0	19.3	6.6	11.0	15.4	36.9	15.4	36.9	15.4
875	P125	和平乡	176.4	8.3	118.6	13.3	8.9	6.7	21.4	19.3	11.0	19.3	6.4	11.0	15.0	36.8	15.0	36.8	15.0
876	P126	和平乡	205.8	17.4	142.7	12.2	8.5	6.0	19.4	18.5	11.0	18.5	5.8	11.0	13.6	35.3	13.6	35.3	13.6

（续）

序号	原编号	采样地点	测试值（毫克/千克）			需施化肥纯量（千克/亩）			推荐一（千克/亩）							推荐二（千克/亩）			
									各肥料商品用量			分时期				各肥料商品用量		分时期	
												底肥			追肥			底肥	追肥
			氮	磷	钾	N	P₂O₅	K₂O	尿素	二铵	硫酸钾	二铵	尿素	硫酸钾	尿素	复混肥	尿素	复混肥	尿素
877	P127	和平乡	205.8	26.4	158.9	12.2	6.0	5.6	21.5	13.1	11.0	13.1	6.4	11.0	15.0	30.5	15.0	30.5	15.0
878	P128	和平乡	191.1	34.5	227.1	12.8	4.4	3.7	22.7	13.0	7.4	13.0	6.8	7.4	15.9	27.2	15.9	27.2	15.9
879	P129	和平乡	183.8	26.9	213.5	13.1	5.8	4.1	23.0	13.0	8.1	13.0	6.9	8.1	16.1	28.0	16.1	28.0	16.1
880	P130	和平乡	180.5	24.3	190.2	13.2	6.6	4.7	23.0	14.3	9.4	14.3	6.9	9.4	16.1	30.6	16.1	30.6	16.1
881	P131	和平乡	169.1	18.8	150.2	13.6	8.1	5.8	22.6	17.6	11.0	17.6	6.8	11.0	15.8	35.4	15.8	35.4	15.8
882	P132	和平乡	139.7	3.8	109.4	13.6	8.9	6.7	22.0	19.3	11.0	19.3	6.6	11.0	15.4	36.9	15.4	36.9	15.4
883	P133	和平乡	220.5	30.1	192.7	11.7	5.0	4.6	20.3	13.0	9.3	13.0	6.1	9.3	14.2	28.4	14.2	28.4	14.2
884	P134	和平乡	169.1	38.2	123.6	13.6	4.4	6.6	23.0	13.0	11.0	13.0	6.9	11.0	16.1	30.9	16.1	30.9	16.1
885	P135	和平乡	205.8	18.6	182.5	12.2	8.2	4.9	19.6	17.8	9.9	17.8	5.9	9.9	13.7	33.5	13.7	33.5	13.7
886	P136	和平乡	154.4	32.7	118.3	13.6	4.4	6.7	23.0	13.0	11.0	13.0	6.9	11.0	16.1	30.9	16.1	30.9	16.1
887	P137	和平乡	191.1	29.5	144.6	12.8	5.1	6.0	22.7	13.0	11.0	13.0	6.8	11.0	15.9	30.8	15.9	30.8	15.9
888	P138	和平乡	213.2	27.6	102.6	12.0	5.7	6.7	20.9	13.0	11.0	13.0	6.3	11.0	14.6	30.3	14.6	30.3	14.6
889	P139	和平乡	169.1	22.8	150.8	13.6	7.0	5.8	23.0	15.2	11.0	15.2	6.9	11.0	16.1	33.1	16.1	33.1	16.1
890	P140	和平乡	191.1	18.1	208.4	12.8	8.3	4.2	20.7	18.1	8.4	18.1	6.2	8.4	14.5	32.7	14.5	32.7	14.5
891	P141	和平乡	169.1	30.5	153.9	13.6	4.9	5.7	23.0	13.0	11.0	13.0	6.9	11.0	16.1	30.9	16.1	30.9	16.1
892	P142	和平乡	161.7	33.8	118.5	13.6	4.4	6.7	23.0	13.0	11.0	13.0	6.9	11.0	16.1	30.9	16.1	30.9	16.1
893	P143	和平乡	161.7	52.0	140.1	13.6	4.4	6.1	23.0	13.0	11.0	13.0	6.9	11.0	16.1	30.9	16.1	30.9	16.1
894	P144	和平乡	169.1	32.2	145.8	13.6	4.4	6.0	23.0	13.0	11.0	13.0	6.9	11.0	16.1	30.9	16.1	30.9	16.1
895	P145	和平乡	183.8	36.6	98.3	13.1	4.4	6.7	23.0	13.0	11.0	13.0	6.9	11.0	16.1	30.9	16.1	30.9	16.1

（续）

序号	原编号	采样地点	测试值（毫克/千克）			需施化肥纯量（千克/亩）			推荐一（千克/亩）							推荐二（千克/亩）			
---	---	---	---	---	---	---	---	---	各肥料商品用量			分时期				各肥料商品用量		分时期	
			氮	磷	钾	N	P₂O₅	K₂O	尿素	二铵	硫酸钾	底肥			追肥	复混肥	尿素	底肥	追肥
												二铵	尿素	硫酸钾	尿素			复混肥	尿素
896	P146	和平乡	132.3	60.8	129.3	13.6	4.4	6.4	23.0	13.0	11.0	13.0	6.9	11.0	16.1	30.9	16.1	30.9	16.1
897	P147	和平乡	176.4	41.2	106.5	13.3	4.4	6.7	23.0	13.0	11.0	13.0	6.9	11.0	16.1	30.9	16.1	30.9	16.1
898	P148	和平乡	220.5	55.9	381.8	11.7	4.4	3.3	20.3	13.0	6.7	13.0	6.1	6.7	14.2	25.8	14.2	25.8	14.2
899	P149	和平乡	205.8	38.0	97.7	12.2	4.4	6.7	21.5	13.0	11.0	13.0	6.5	11.0	15.1	30.5	15.1	30.5	15.1
900	P150	和平乡	191.1	22.5	102.7	12.8	7.1	6.7	21.8	15.4	11.0	15.4	6.5	11.0	15.2	32.9	15.2	32.9	15.2
901	P151	和平乡	147.0	33.6	60.3	13.6	4.4	6.7	23.0	13.0	11.0	13.0	6.9	11.0	16.1	30.9	16.1	30.9	16.1
902	P152	和平乡	176.4	46.1	64.1	13.3	4.4	6.7	23.0	13.0	11.0	13.0	6.9	11.0	16.1	30.9	16.1	30.9	16.1
903	P153	和平乡	161.7	31.2	75.5	13.6	4.7	6.7	23.0	13.0	11.0	13.0	6.9	11.0	16.1	30.9	16.1	30.9	16.1
904	P154	和平乡	161.7	59.8	107.8	13.6	4.4	6.7	23.0	13.0	11.0	13.0	6.9	11.0	16.1	30.9	16.1	30.9	16.1
905	P155	和平乡	161.7	16.3	79.3	13.6	8.8	6.7	22.0	19.2	11.0	19.2	6.6	11.0	15.4	36.8	15.4	36.8	15.4
906	P156	和平乡	147.0	18.3	122.3	13.6	8.3	6.6	22.5	18.0	11.0	18.0	6.8	11.0	15.8	35.7	15.8	35.7	15.8
907	P157	和平乡	191.1	20.1	102.1	12.8	7.7	6.7	21.2	16.8	11.0	16.8	6.4	11.0	14.8	34.2	14.8	34.2	14.8
908	P158	和平乡	191.1	21.7	85.6	12.8	7.3	6.7	21.6	15.9	11.0	15.9	6.5	11.0	15.1	33.4	15.1	33.4	15.1
909	P159	和平乡	176.4	17.1	107.2	13.3	8.6	6.7	21.7	18.6	11.0	18.6	6.5	11.0	15.2	36.2	15.2	36.2	15.2
910	P160	和平乡	147.0	33.5	52.1	13.6	4.4	6.7	23.0	13.0	11.0	13.0	6.9	11.0	16.1	30.9	16.1	30.9	16.1
911	S001	连珠山镇	139.7	35.2	276.9	13.6	4.4	3.3	23.0	13.0	6.7	13.0	6.9	6.7	16.1	26.6	16.1	26.6	16.1
912	S002	连珠山镇	227.9	47.0	248.3	11.4	4.4	3.3	19.7	13.0	6.7	13.0	5.9	6.7	13.8	25.6	13.8	25.6	13.8
913	S003	连珠山镇	147.0	29.4	238.3	13.6	5.2	3.4	23.0	13.0	6.8	13.0	6.9	6.8	16.1	26.7	16.1	26.7	16.1
914	S004	连珠山镇	122.9	128.9	267.9	13.6	4.4	3.3	23.0	13.0	6.7	13.0	6.9	6.7	16.1	26.6	16.1	26.6	16.1

（续）

序号	原编号	采样地点	测试值（毫克/千克）			需施化肥纯量（千克/亩）			推荐一（千克/亩）							推荐二（千克/亩）			
									各肥料商品用量			分时期				各肥料商品用量		分时期	
												底肥			追肥			底肥	追肥
			氮	磷	钾	N	P₂O₅	K₂O	尿素	二铵	硫酸钾	二铵	尿素	硫酸钾	尿素	复混肥	尿素	复混肥	尿素
915	S005	连珠山镇	154.4	23.7	105.2	13.6	6.7	6.7	23.0	14.6	11.0	14.6	6.9	11.0	16.1	32.5	16.1	32.5	16.1
916	S006	连珠山镇	147.0	33.1	297.4	13.6	4.4	3.3	23.0	13.0	6.7	13.0	6.9	6.7	16.1	26.6	16.1	26.6	16.1
917	S007	连珠山镇	195.6	41.0	69.7	12.6	4.4	6.7	22.3	13.0	11.0	13.0	6.7	11.0	15.6	30.7	15.6	30.7	15.6
918	S008	连珠山镇	139.7	105.1	563.1	13.6	4.4	3.3	23.0	13.0	6.7	13.0	6.9	6.7	16.1	26.6	16.1	26.6	16.1
919	S009	连珠山镇	227.9	28.7	92.0	11.4	5.4	6.7	19.7	13.0	11.0	13.0	5.9	11.0	13.8	29.9	13.8	29.9	13.8
920	S010	连珠山镇	169.1	25.8	94.6	13.6	6.2	6.7	23.0	13.4	11.0	13.4	6.9	11.0	16.1	31.3	16.1	31.3	16.1
921	S011	连珠山镇	198.5	26.5	137.8	12.5	6.0	6.2	22.1	13.0	11.0	13.0	6.6	11.0	15.5	30.6	15.5	30.6	15.5
922	S012	连珠山镇	171.5	21.9	65.5	13.5	7.2	6.7	23.0	15.7	11.0	15.7	6.9	11.0	16.1	33.6	16.1	33.6	16.1
923	S013	连珠山镇	136.8	14.2	22.1	13.6	8.9	6.7	22.0	19.3	11.0	19.3	6.6	11.0	15.4	36.9	15.4	36.9	15.4
924	S014	连珠山镇	136.9	41.2	71.5	13.6	4.4	6.7	23.0	13.0	11.0	13.0	6.9	11.0	16.1	30.9	16.1	30.9	16.1
925	S015	连珠山镇	183.8	23.9	116.1	13.1	6.7	6.7	22.7	14.6	11.0	14.6	6.8	11.0	15.9	32.4	15.9	32.4	15.9
926	S016	连珠山镇	176.4	54.5	106.5	13.3	4.4	6.7	23.0	13.0	11.0	13.0	6.9	11.0	16.1	30.9	16.1	30.9	16.1
927	S017	连珠山镇	220.5	25.0	236.4	11.7	6.4	3.4	19.9	13.9	6.9	13.9	6.0	6.9	14.0	26.8	14.0	26.8	14.0
928	S018	连珠山镇	169.1	13.5	213.9	13.6	8.9	4.1	22.0	19.3	8.1	19.3	6.6	8.1	15.4	34.0	15.4	34.0	15.4
929	S019	连珠山镇	176.4	14.9	158.3	13.3	8.9	5.6	21.4	19.3	11.0	19.3	6.4	11.0	15.0	36.8	15.0	36.8	15.0
930	S020	连珠山镇	176.4	5.5	159.5	13.3	8.9	5.6	21.4	19.3	11.0	19.3	6.4	11.0	15.0	36.8	15.0	36.8	15.0
931	S021	连珠山镇	147.0	36.9	206.5	13.6	4.4	4.3	23.0	13.0	8.5	13.0	6.9	8.5	16.1	28.4	16.1	28.4	16.1
932	S022	连珠山镇	132.3	12.1	125.7	13.6	8.9	6.5	22.0	19.3	11.0	19.3	6.6	11.0	15.4	36.9	15.4	36.9	15.4
933	S023	连珠山镇	227.9	80.6	357.1	11.4	4.4	3.3	19.7	13.0	6.7	13.0	5.9	6.7	13.8	25.6	13.8	25.6	13.8

（续）

序号	原编号	采样地点	测试值（毫克/千克）			需施化肥纯量（千克/亩）			推荐一（千克/亩）							推荐二（千克/亩）			
									各肥料商品用量			分时期				各肥料商品用量		分时期	
												底肥			追肥			底肥	追肥
			氮	磷	钾	N	P₂O₅	K₂O	尿素	二铵	硫酸钾	二铵	尿素	硫酸钾	尿素	复混肥	尿素	复混肥	尿素
934	S024	连珠山镇	161.7	36.2	167.3	13.6	4.4	5.4	23.0	13.0	10.7	13.0	6.9	10.7	16.1	30.6	16.1	30.6	16.1
935	S025	连珠山镇	138.9	34.4	110.1	13.6	4.4	6.7	23.0	13.0	11.0	13.0	6.9	11.0	16.1	30.9	16.1	30.9	16.1
936	S026	连珠山镇	183.8	38.4	155.8	13.1	4.4	5.7	23.0	13.0	11.0	13.0	6.9	11.0	16.1	30.9	16.1	30.9	16.1
937	S027	连珠山镇	205.8	75.5	100.4	12.2	4.4	6.7	21.5	13.0	11.0	13.0	6.5	11.0	15.1	30.5	15.1	30.5	15.1
938	S028	连珠山镇	169.1	36.6	208.9	13.6	4.4	4.2	23.0	13.0	8.4	13.0	6.9	8.4	16.1	28.3	16.1	28.3	16.1
939	S029	连珠山镇	125.0	44.0	96.8	13.6	4.4	6.7	23.0	13.0	11.0	13.0	6.9	11.0	16.1	30.9	16.1	30.9	16.1
940	S030	连珠山镇	191.1	29.2	182.4	12.8	5.2	4.9	22.7	13.0	9.9	13.0	6.8	9.9	15.9	29.7	15.9	29.7	15.9
941	T001	太平乡	169.1	66.4	245.7	13.6	4.4	3.3	23.0	13.0	6.7	13.0	6.9	6.7	16.1	26.6	16.1	26.6	16.1
942	T002	太平乡	227.9	66.2	227.4	11.4	4.4	3.7	19.7	13.0	7.4	13.0	5.9	7.4	13.8	26.3	13.8	26.3	13.8
943	T003	太平乡	147.0	67.0	221.2	13.6	4.4	3.9	23.0	13.0	7.7	13.0	6.9	7.7	16.1	27.6	16.1	27.6	16.1
944	T004	太平乡	198.5	62.4	252.5	12.5	4.4	3.3	22.1	13.0	6.7	13.0	6.6	6.7	15.5	26.3	15.5	26.3	15.5
945	T005	太平乡	176.4	62.4	187.2	13.3	4.4	4.8	23.0	13.0	9.6	13.0	6.9	9.6	16.1	29.5	16.1	29.5	16.1
946	T006	太平乡	176.4	64.5	206.3	13.3	4.4	4.3	23.0	13.0	8.5	13.0	6.9	8.5	16.1	28.4	16.1	28.4	16.1
947	T007	太平乡	198.5	60.4	186.5	12.5	4.4	4.8	22.1	13.0	9.6	13.0	6.6	9.6	15.5	29.3	15.5	29.3	15.5
948	T008	太平乡	139.7	79.0	215.1	13.6	4.4	4.0	23.0	13.0	8.1	13.0	6.9	8.1	16.1	28.0	16.1	28.0	16.1
949	T009	太平乡	191.1	79.5	211.7	12.8	4.4	4.1	22.7	13.0	8.2	13.0	6.8	8.2	15.9	28.1	15.9	28.1	15.9
950	T010	太平乡	191.1	77.8	245.7	12.8	4.4	3.3	22.7	13.0	6.7	13.0	6.8	6.7	15.9	26.5	15.9	26.5	15.9
951	T011	太平乡	191.1	53.6	193.3	12.8	4.4	4.6	22.7	13.0	9.3	13.0	6.8	9.3	15.9	29.1	15.9	29.1	15.9
952	T012	太平乡	169.1	94.6	204.9	13.6	4.4	4.3	23.0	13.0	8.6	13.0	6.9	8.6	16.1	28.5	16.1	28.5	16.1

（续）

序号	原编号	采样地点	测试值（毫克/千克）			需施化肥纯量（千克/亩）			推荐一（千克/亩）								推荐二（千克/亩）			
									各肥料商品用量			分时期					各肥料商品用量		分时期	
			氮	磷	钾	N	P₂O₅	K₂O	尿素	二铵	硫酸钾	底肥			追肥		复混肥	尿素	底肥	追肥
												二铵	尿素	硫酸钾	尿素				复混肥	尿素
953	T013	太平乡	161.7	61.9	232.8	13.6	4.4	3.5	23.0	13.0	7.1	13.0	6.9	7.1	16.1		27.0	16.1	27.0	16.1
954	T014	太平乡	198.5	59.8	193.5	12.5	4.4	4.6	22.1	13.0	9.2	13.0	6.6	9.2	15.5		28.9	15.5	28.9	15.5
955	T015	太平乡	161.7	67.2	204.9	13.6	4.4	4.3	23.0	13.0	8.6	13.0	6.9	8.6	16.1		28.5	16.1	28.5	16.1
956	T016	太平乡	176.4	70.5	220.5	13.3	4.4	3.9	23.0	13.0	7.7	13.0	6.9	7.7	16.1		27.6	16.1	27.6	16.1
957	T017	太平乡	169.1	106.8	219.2	13.6	4.4	3.9	23.0	13.0	7.8	13.0	6.9	7.8	16.1		27.7	16.1	27.7	16.1
958	T018	太平乡	183.8	71.3	215.8	13.1	4.4	4.0	23.0	13.0	8.0	13.0	6.9	8.0	16.1		27.9	16.1	27.9	16.1
959	T019	太平乡	205.8	55.1	228.0	12.2	4.4	3.7	21.5	13.0	7.3	13.0	6.5	7.3	15.1		26.8	15.1	26.8	15.1
960	T020	太平乡	205.8	62.4	213.1	12.2	4.4	4.1	21.5	13.0	8.2	13.0	6.5	8.2	15.1		27.6	15.1	27.6	15.1
961	T021	太平乡	183.8	23.6	198.8	13.1	6.8	4.5	22.6	14.7	9.0	14.7	6.8	9.0	15.8		30.5	15.8	30.5	15.8
962	T022	太平乡	176.4	67.2	220.5	13.3	4.4	3.9	23.0	13.0	7.7	13.0	6.9	7.7	16.1		27.6	16.1	27.6	16.1
963	T023	太平乡	176.4	107.0	220.5	13.3	4.4	3.9	23.0	13.0	7.7	13.0	6.9	7.7	16.1		27.6	16.1	27.6	16.1
964	T024	太平乡	169.1	73.2	190.6	13.6	4.4	4.7	23.0	13.0	9.4	13.0	6.9	9.4	16.1		29.3	16.1	29.3	16.1
965	T025	太平乡	176.4	84.1	202.2	13.3	4.4	4.4	23.0	13.0	8.8	13.0	6.9	8.8	16.1		28.7	16.1	28.7	16.1
966	T026	太平乡	227.9	67.5	207.6	11.4	4.4	4.2	19.7	13.0	8.5	13.0	5.9	8.5	13.8		27.4	13.8	27.4	13.8
967	T027	太平乡	176.4	86.9	205.6	13.3	4.4	4.3	23.0	13.0	8.6	13.0	6.9	8.6	16.1		28.5	16.1	28.5	16.1
968	T028	太平乡	169.1	80.3	189.3	13.6	4.4	4.7	23.0	13.0	9.5	13.0	6.9	9.5	16.1		29.4	16.1	29.4	16.1
969	T029	太平乡	198.5	75.7	187.9	12.5	4.4	4.8	22.1	13.0	9.6	13.0	6.6	9.6	15.5		29.2	15.5	29.2	15.5
970	T030	太平乡	176.4	60.2	227.4	13.3	4.4	3.7	23.0	13.0	7.4	13.0	6.9	7.4	16.1		27.3	16.1	27.3	16.1
971	T031	太平乡	227.9	54.1	120.3	11.4	4.4	6.7	19.7	13.0	11.0	13.0	5.9	11.0	13.8		29.9	13.8	29.9	13.8

（续）

序号	原编号	采样地点	测试值（毫克/千克）			需施化肥纯量（千克/亩）			推荐一（千克/亩）							推荐二（千克/亩）			
									各肥料商品用量			分时期				各肥料商品用量		分时期	
												底肥			追肥			底肥	追肥
			氮	磷	钾	N	P₂O₅	K₂O	尿素	二铵	硫酸钾	二铵	尿素	硫酸钾	尿素	复混肥	尿素	复混肥	尿素
972	T032	太平乡	191.1	44.6	125.7	12.8	4.4	6.5	22.7	13.0	11.0	13.0	6.8	11.0	15.9	30.8	15.9	30.8	15.9
973	T033	太平乡	191.1	28.5	111.9	12.8	5.4	6.7	22.7	13.0	11.0	13.0	6.8	11.0	15.9	30.8	15.9	30.8	15.9
974	T034	太平乡	227.9	24.4	125.7	11.4	6.5	6.5	19.2	14.2	11.0	14.2	5.8	11.0	13.5	31.0	13.5	31.0	13.5
975	T035	太平乡	147.0	42.5	114.7	13.6	4.4	6.7	23.0	13.0	11.0	13.0	6.9	11.0	16.1	30.9	16.1	30.9	16.1
976	T036	太平乡	183.8	35.8	114.9	13.1	4.4	6.7	23.0	13.0	11.0	13.0	6.9	11.0	16.1	30.9	16.1	30.9	16.1
977	T037	太平乡	205.8	32.0	108.3	12.2	4.4	6.7	21.5	13.0	11.0	13.0	6.5	11.0	15.1	30.5	15.1	30.5	15.1
978	T038	太平乡	176.4	38.3	114.1	13.3	4.4	6.6	23.0	13.0	11.0	13.0	6.9	11.0	16.1	30.9	16.1	30.9	16.1
979	T039	太平乡	176.4	27.6	123.1	13.3	5.7	6.7	23.0	13.0	11.0	13.0	6.9	11.0	16.1	30.9	16.1	30.9	16.1
980	T040	太平乡	191.1	28.9	119.1	12.8	5.3	6.5	22.7	13.0	11.0	13.0	6.8	11.0	15.9	30.8	15.9	30.8	15.9
981	T041	太平乡	191.1	30.5	127.5	12.8	4.8	6.4	22.7	13.0	11.0	13.0	6.8	11.0	15.9	30.8	15.9	30.8	15.9
982	T042	太平乡	169.1	44.5	131.1	13.6	4.4	5.8	23.0	13.0	11.0	13.0	6.9	11.0	16.1	30.9	16.1	30.9	16.1
983	T043	太平乡	147.0	42.0	151.0	13.6	4.4	5.8	23.0	13.0	11.0	13.0	6.9	11.0	16.1	30.9	16.1	30.9	16.1
984	T044	太平乡	220.5	32.1	125.7	11.7	4.4	6.5	20.3	13.0	11.0	13.0	6.1	11.0	14.2	30.1	14.2	30.1	14.2
985	T045	太平乡	169.1	52.2	152.1	13.6	4.4	5.8	23.0	13.0	11.0	13.0	6.9	11.0	16.1	30.9	16.1	30.9	16.1
986	T046	太平乡	161.7	34.5	152.2	13.6	4.4	5.8	23.0	13.0	11.0	13.0	6.9	11.0	16.1	30.9	16.1	30.9	16.1
987	T047	太平乡	183.8	47.3	125.7	13.1	4.4	6.5	23.0	13.0	11.0	13.0	6.9	11.0	16.1	30.9	16.1	30.9	16.1
988	T048	太平乡	198.5	38.1	110.7	12.5	4.4	6.7	22.1	13.0	11.0	13.0	6.6	11.0	15.5	30.6	15.5	30.6	15.5
989	T049	太平乡	154.4	23.6	120.9	13.6	6.8	6.6	23.0	14.8	11.0	14.8	6.9	11.0	16.1	32.7	16.1	32.7	16.1
990	T050	太平乡	117.6	35.2	154.0	13.6	4.4	5.7	23.0	13.0	11.0	13.0	6.9	11.0	16.1	30.9	16.1	30.9	16.1

（续）

序号	原编号	采样地点	测试值（毫克/千克）			需施化肥纯量（千克/亩）			推荐一 各肥料商品用量（千克/亩）			分时期 底肥			追肥	推荐二 各肥料商品用量（千克/亩）		分时期 底肥	追肥
			氮	磷	钾	N	P₂O₅	K₂O	尿素	二铵	硫酸钾	二铵	尿素	硫酸钾	尿素	复混肥	尿素	复混肥	尿素
991	T051	太平乡	220.5	24.6	121.5	11.7	6.5	6.6	19.9	14.1	11.0	14.1	6.0	11.0	13.9	31.1	13.9	31.1	13.9
992	T052	太平乡	169.1	46.2	105.8	13.6	4.4	6.7	23.0	13.0	11.0	13.0	6.9	11.0	16.1	30.9	16.1	30.9	16.1
993	T053	太平乡	198.5	28.5	105.8	12.5	5.4	6.7	22.1	13.0	11.0	13.0	6.6	11.0	15.5	30.6	15.5	30.6	15.5
994	T054	太平乡	191.1	38.1	111.3	12.8	4.4	6.7	22.7	13.0	11.0	13.0	6.8	11.0	15.9	30.8	15.9	30.8	15.9
995	T055	太平乡	205.8	26.2	119.7	12.2	6.1	6.7	21.4	13.2	11.0	13.2	6.4	11.0	15.0	30.6	15.0	30.6	15.0
996	T056	太平乡	169.1	21.0	127.5	13.6	7.5	6.5	23.0	16.3	11.0	16.3	6.9	11.0	16.1	34.2	16.1	34.2	16.1
997	T057	太平乡	154.4	36.3	137.2	13.6	4.4	6.2	23.0	13.0	11.0	13.0	6.9	11.0	16.1	30.9	16.1	30.9	16.1
998	T058	太平乡	169.1	35.7	139.0	13.6	4.4	6.1	23.0	13.0	11.0	13.0	6.9	11.0	16.1	30.9	16.1	30.9	16.1
999	T059	太平乡	132.3	32.1	120.3	13.6	4.4	6.7	23.0	13.0	11.0	13.0	6.9	11.0	16.1	30.9	16.1	30.9	16.1
1000	T060	太平乡	176.4	23.9	121.2	13.3	6.7	6.6	23.0	14.5	11.0	14.5	6.9	11.0	16.1	32.4	16.1	32.4	16.1
1001	T061	太平乡	183.8	63.9	99.2	13.1	4.4	6.7	23.0	13.0	11.0	13.0	6.9	11.0	16.1	30.9	16.1	30.9	16.1
1002	T062	太平乡	154.4	56.1	107.6	13.6	4.4	6.7	23.0	13.0	11.0	13.0	6.9	11.0	16.1	30.9	16.1	30.9	16.1
1003	T063	太平乡	176.4	44.4	104.4	13.3	4.4	6.7	23.0	13.0	11.0	13.0	6.9	11.0	16.1	30.9	16.1	30.9	16.1
1004	T064	太平乡	147.0	59.7	99.8	13.6	4.4	6.7	23.0	13.0	11.0	13.0	6.9	11.0	16.1	30.9	16.1	30.9	16.1
1005	T065	太平乡	147.0	43.6	90.2	13.6	4.4	6.7	23.0	13.0	11.0	13.0	6.9	11.0	16.1	30.9	16.1	30.9	16.1
1006	T066	太平乡	169.1	21.4	132.8	13.6	7.4	6.3	23.0	16.1	11.0	16.1	6.9	11.0	16.1	34.0	16.1	34.0	16.1
1007	T067	太平乡	161.7	53.5	122.7	13.6	4.4	6.6	23.0	13.0	11.0	13.0	6.9	11.0	16.1	30.9	16.1	30.9	16.1
1008	T068	太平乡	161.7	40.3	110.2	13.6	4.4	6.7	23.0	13.0	11.0	13.0	6.9	11.0	16.1	30.9	16.1	30.9	16.1
1009	T069	太平乡	139.7	40.0	111.5	13.6	4.4	6.7	23.0	13.0	11.0	13.0	6.9	11.0	16.1	30.9	16.1	30.9	16.1

（续）

序号	原编号	采样地点	测试值（毫克/千克） 氮	磷	钾	需施化肥纯量（千克/亩） N	P₂O₅	K₂O	推荐一（千克/亩） 各肥料商品用量 尿素	二铵	硫酸钾	分时期 底肥 二铵	尿素	硫酸钾	追肥 尿素	推荐二（千克/亩） 各肥料商品用量 复混肥	尿素	分时期 底肥 复混肥	追肥 尿素
1010	T070	太平乡	198.5	40.0	98.6	12.5	4.4	6.7	22.1	13.0	11.0	13.0	6.6	11.0	15.5	30.6	15.5	30.6	15.5
1011	X001	兴凯镇	147.0	18.1	93.9	13.6	8.3	6.7	22.5	18.1	11.0	18.1	6.7	11.0	15.7	35.8	15.7	35.8	15.7
1012	X002	兴凯镇	227.9	19.5	102.8	11.4	7.9	6.7	18.1	17.2	11.0	17.2	5.4	11.0	12.6	33.6	12.6	33.6	12.6
1013	X003	兴凯镇	176.4	17.9	102.6	13.3	8.4	6.7	21.9	18.2	11.0	18.2	6.6	11.0	15.3	35.7	15.3	35.7	15.3
1014	X004	兴凯镇	249.9	36.9	77.7	10.6	4.4	6.7	17.9	13.0	11.0	13.0	5.4	11.0	12.5	29.4	12.5	29.4	12.5
1015	X005	兴凯镇	198.5	31.2	89.3	12.5	4.7	6.7	22.1	13.0	11.0	13.0	6.6	11.0	15.5	30.6	15.5	30.6	15.5
1016	X006	兴凯镇	176.4	19.2	88.2	13.3	8.0	6.7	22.2	17.4	11.0	17.4	6.7	11.0	15.5	35.0	15.5	35.0	15.5
1017	X007	兴凯镇	235.2	57.3	155.7	11.1	4.4	5.7	19.1	13.0	11.0	13.0	5.7	11.0	13.4	29.7	13.4	29.7	13.4
1018	X008	兴凯镇	205.8	50.5	174.1	12.2	5.4	5.2	21.5	13.0	10.3	13.0	6.5	10.3	15.1	29.8	15.1	29.8	15.1
1019	X009	兴凯镇	147.0	28.6	111.7	13.6	5.6	6.7	23.0	13.0	11.0	13.0	6.9	11.0	16.1	30.9	16.1	30.9	16.1
1020	X010	兴凯镇	135.3	27.9	70.2	13.6	5.8	6.7	23.0	13.0	11.0	13.0	6.9	11.0	16.1	30.9	16.1	30.9	16.1
1021	X011	兴凯镇	143.3	27.0	105.7	13.6	5.8	6.7	23.0	13.0	11.0	13.0	6.9	11.0	16.1	30.9	16.1	30.9	16.1
1022	X012	兴凯镇	176.4	24.3	116.2	13.3	6.6	6.7	23.0	14.3	11.0	14.3	6.9	11.0	16.1	32.2	16.1	32.2	16.1
1023	X013	兴凯镇	161.7	17.4	94.7	13.6	8.5	6.7	22.3	18.5	11.0	18.5	6.7	11.0	15.6	36.2	15.6	36.2	15.6
1024	X014	兴凯镇	161.7	22.7	205.0	13.3	7.0	4.3	23.0	15.3	8.6	15.3	6.9	8.6	16.1	30.8	16.1	30.8	16.1
1025	X015	兴凯镇	176.4	22.3	187.7	13.3	7.1	4.8	22.9	15.5	9.6	15.5	6.9	9.6	16.1	32.0	16.1	32.0	16.1
1026	X016	兴凯镇	242.6	20.2	142.6	10.8	7.7	6.0	17.0	16.8	11.0	16.8	5.1	11.0	11.9	32.9	11.9	32.9	11.9
1027	X017	兴凯镇	249.9	34.9	226.2	10.6	4.4	3.7	17.9	13.0	7.4	13.0	5.4	7.4	12.5	25.8	12.5	25.8	12.5
1028	X018	兴凯镇	213.2	21.7	98.2	12.0	7.3	6.7	19.8	15.9	11.0	15.9	5.9	11.0	13.8	32.8	13.8	32.8	13.8

（续）

序号	原编号	采样地点	测试值（毫克/千克）			需施化肥纯量（千克/亩）			推荐一（千克/亩）							推荐二（千克/亩）			
									各肥料商品用量			分时期				各肥料商品用量		分时期	
												底肥			追肥			底肥	追肥
			氮	磷	钾	N	P₂O₅	K₂O	尿素	二铵	硫酸钾	二铵	尿素	硫酸钾	尿素	复混肥	尿素	复混肥	尿素
1029	X019	兴凯镇	198.5	22.4	193.4	12.5	7.1	4.6	21.1	15.5	9.3	15.5	6.3	9.3	14.8	31.1	14.8	31.1	14.8
1030	X020	兴凯镇	198.5	29.7	84.1	12.5	5.1	6.7	22.1	13.0	11.0	13.0	6.6	11.0	15.5	30.6	15.5	30.6	15.5
1031	X021	兴凯镇	176.4	32.2	161.4	13.3	4.4	5.5	23.0	13.0	11.0	13.0	6.9	11.0	16.1	30.9	16.1	30.9	16.1
1032	X022	兴凯镇	191.1	52.2	162.5	12.8	4.4	5.5	22.7	13.0	11.0	13.0	6.8	11.0	15.9	30.8	15.9	30.8	15.9
1033	X023	兴凯镇	198.5	54.1	244.4	12.5	4.4	3.3	22.1	13.0	6.7	13.0	6.6	6.7	15.5	26.3	15.5	26.3	15.5
1034	X024	兴凯镇	183.8	49.5	228.9	13.1	4.4	3.6	23.0	13.0	7.3	13.0	6.9	7.3	16.1	27.2	16.1	27.2	16.1
1035	X025	兴凯镇	227.9	51.9	143.0	11.4	4.4	6.0	19.7	13.0	11.0	13.0	5.9	11.0	13.8	29.9	13.8	29.9	13.8
1036	X026	兴凯镇	176.4	27.4	297.3	13.3	5.7	3.3	23.0	13.0	6.7	13.0	6.9	6.7	16.1	26.6	16.1	26.6	16.1
1037	X027	兴凯镇	161.7	21.8	93.3	13.6	7.3	6.7	23.0	15.8	11.0	15.8	6.9	11.0	16.1	33.7	16.1	33.7	16.1
1038	X028	兴凯镇	257.3	37.3	246.5	10.3	4.4	3.3	17.3	13.0	6.7	13.0	5.2	6.7	12.1	24.9	12.1	24.9	12.1
1039	X029	兴凯镇	227.9	35.7	208.8	11.4	4.4	4.2	19.7	13.0	8.4	13.0	5.9	8.4	13.8	27.3	13.8	27.3	13.8
1040	X030	兴凯镇	257.3	37.6	215.5	10.3	4.4	4.0	17.3	13.0	8.0	13.0	5.2	8.0	12.1	26.2	12.1	26.2	12.1
1041	X031	兴凯镇	257.3	39.2	209.6	10.3	4.4	4.2	17.3	13.0	8.4	13.0	5.2	8.4	12.1	26.5	12.1	26.5	12.1
1042	X032	兴凯镇	198.5	35.4	185.9	12.5	4.4	4.8	22.1	13.0	9.7	13.0	6.6	9.7	15.5	29.3	15.5	29.3	15.5
1043	X033	兴凯镇	139.7	25.9	192.8	13.6	6.1	4.6	23.0	13.4	9.3	13.4	6.9	9.3	16.1	29.5	16.1	29.5	16.1
1044	X034	兴凯镇	249.9	32.7	184.7	10.6	4.4	4.9	17.9	13.0	9.7	13.0	5.4	9.7	12.5	28.1	12.5	28.1	12.5
1045	X035	兴凯镇	183.8	32.6	230.2	13.1	4.4	3.6	23.0	13.0	7.2	13.0	6.9	7.2	16.1	27.1	16.1	27.1	16.1
1046	X036	兴凯镇	191.1	31.3	275.4	12.8	4.6	3.3	22.7	13.0	6.7	13.0	6.8	6.7	15.9	26.5	15.9	26.5	15.9
1047	X037	兴凯镇	191.1	27.7	292.9	12.8	5.6	3.3	22.7	13.0	6.7	13.0	6.8	6.7	15.9	26.5	15.9	26.5	15.9

（续）

序号	原编号	采样地点	测试值（毫克/千克）			需施化肥纯量（千克/亩）			推荐一（千克/亩）							推荐二（千克/亩）			
									各肥料商品用量			分时期				各肥料商品用量		分时期	
												底肥			追肥			底肥	追肥
			氮	磷	钾	N	P₂O₅	K₂O	尿素	二铵	硫酸钾	二铵	尿素	硫酸钾	尿素	复混肥	尿素	复混肥	尿素
1048	X038	兴凯镇	154.4	34.9	225.3	13.6	4.4	3.7	23.0	13.0	7.5	13.0	6.9	7.5	16.1	27.4	16.1	27.4	16.1
1049	X039	兴凯镇	213.2	27.3	206.6	12.0	5.7	4.3	20.9	13.0	8.5	13.0	6.3	8.5	14.6	27.8	14.6	27.8	14.6
1050	X040	兴凯镇	183.8	31.1	136.0	13.1	4.7	6.2	23.0	13.0	11.0	13.0	6.9	11.0	16.1	30.9	16.1	30.9	16.1
1051	X041	兴凯镇	198.5	22.5	207.1	12.5	7.1	4.2	21.2	15.4	8.5	15.4	6.3	8.5	14.8	30.3	14.8	30.3	14.8
1052	X042	兴凯镇	198.5	22.8	218.7	12.5	7.0	3.9	21.2	15.2	7.8	15.2	6.4	7.8	14.9	29.5	14.9	29.5	14.9
1053	X043	兴凯镇	161.7	26.0	208.9	13.6	6.1	4.2	23.0	13.3	8.4	13.3	6.9	8.4	16.1	28.6	16.1	28.6	16.1
1054	X044	兴凯镇	227.9	36.0	182.5	11.4	4.4	4.9	19.7	13.0	9.9	13.0	5.9	9.9	13.8	28.8	13.8	28.8	13.8
1055	X045	兴凯镇	147.0	31.1	200.6	13.6	4.7	4.4	23.0	13.0	8.9	13.0	6.9	8.9	16.1	28.8	16.1	28.8	16.1
1056	X046	兴凯镇	183.8	36.4	165.3	13.1	4.4	5.4	23.0	13.0	10.8	13.0	6.9	10.8	16.1	30.7	16.1	30.7	16.1
1057	X047	兴凯镇	176.4	31.8	196.0	13.3	4.5	4.6	23.0	13.0	9.1	13.0	6.9	9.1	16.1	29.0	16.1	29.0	16.1
1058	X048	兴凯镇	183.8	29.0	228.3	13.1	5.3	3.7	23.0	13.0	7.3	13.0	6.9	7.3	16.1	27.2	16.1	27.2	16.1
1059	X049	兴凯镇	205.8	21.5	204.6	12.2	7.3	4.3	20.3	16.0	8.6	16.0	6.1	8.6	14.2	30.7	14.2	30.7	14.2
1060	X050	兴凯镇	176.4	27.0	178.8	13.3	5.8	5.0	23.0	13.0	10.1	13.0	6.9	10.1	16.1	30.0	16.1	30.0	16.1
1061	X051	兴凯镇	154.4	31.2	145.7	13.6	4.7	6.0	23.0	13.0	11.0	13.0	6.9	11.0	16.1	30.9	16.1	30.9	16.1
1062	X052	兴凯镇	205.8	37.7	169.5	12.2	4.4	5.3	21.5	13.0	10.6	13.0	6.5	10.6	15.1	30.0	15.1	30.0	15.1
1063	X053	兴凯镇	205.8	33.0	142.3	12.2	4.4	6.0	21.5	13.0	11.0	13.0	6.5	11.0	15.1	30.5	15.1	30.5	15.1
1064	X054	兴凯镇	183.8	35.4	160.0	13.1	4.4	5.6	23.0	13.0	11.0	13.0	6.9	11.0	16.1	30.9	16.1	30.9	16.1
1065	X055	兴凯镇	169.1	37.6	173.4	13.6	4.4	5.2	23.0	13.0	10.4	13.0	6.9	10.4	16.1	30.3	16.1	30.3	16.1
1066	X056	兴凯镇	198.5	56.7	257.9	12.5	4.4	3.3	22.1	13.0	6.7	13.0	6.6	6.7	15.5	26.3	15.5	26.3	15.5

（续）

序号	原编号	采样地点	测试值（毫克/千克）			需施化肥纯量（千克/亩）			推荐一（千克/亩）							推荐二（千克/亩）			
			氮	磷	钾	N	P$_2$O$_5$	K$_2$O	各肥料商品用量			分时期				各肥料商品用量		分时期	
												底肥			追肥			底肥	追肥
									尿素	二铵	硫酸钾	二铵	尿素	硫酸钾	尿素	复混肥	尿素	复混肥	尿素
1067	X057	兴凯镇	191.1	67.9	273.5	12.8	4.4	3.3	22.7	13.0	6.7	13.0	6.8	6.7	15.9	26.5	15.9	26.5	15.9
1068	X058	兴凯镇	139.7	39.7	237.1	13.6	4.4	3.4	23.0	13.0	6.8	13.0	6.9	6.8	16.1	26.7	16.1	26.7	16.1
1069	X059	兴凯镇	154.4	39.6	264.4	13.6	4.4	3.3	23.0	13.0	6.7	13.0	6.9	6.7	16.1	26.6	16.1	26.6	16.1
1070	X060	兴凯镇	147.0	21.5	153.4	13.6	7.3	5.7	23.0	16.0	11.0	16.0	6.9	11.0	16.1	33.9	16.1	33.9	16.1
1071	X061	兴凯镇	132.3	20.6	148.4	13.6	7.6	5.9	23.0	16.5	11.0	16.5	6.9	11.0	16.1	34.4	16.1	34.4	16.1
1072	X062	兴凯镇	132.3	21.1	137.9	13.6	7.5	6.2	23.0	16.2	11.0	16.2	6.9	11.0	16.1	34.1	16.1	34.1	16.1
1073	X063	兴凯镇	227.9	89.0	126.5	11.4	4.4	6.5	19.7	13.0	11.0	13.0	5.9	11.0	13.8	29.9	13.8	29.9	13.8
1074	X064	兴凯镇	169.1	84.1	140.3	13.6	4.4	6.1	23.0	13.0	11.0	13.0	6.9	11.0	16.1	30.9	16.1	30.9	16.1
1075	X065	兴凯镇	198.5	10.1	152.5	12.5	8.9	5.8	19.6	19.3	11.0	19.3	5.9	11.0	13.7	36.2	13.7	36.2	13.7
1076	X066	兴凯镇	220.5	82.4	130.1	11.7	4.4	6.4	20.3	13.0	11.0	13.0	6.1	11.0	14.2	30.1	14.2	30.1	14.2
1077	X067	兴凯镇	176.4	39.3	129.6	13.3	4.4	6.4	23.0	13.0	11.0	13.0	6.9	11.0	16.1	30.9	16.1	30.9	16.1
1078	X068	兴凯镇	227.9	42.0	126.0	11.4	4.4	6.5	19.7	13.0	11.0	13.0	5.9	11.0	13.8	29.9	13.8	29.9	13.8
1079	X069	兴凯镇	257.3	63.4	295.4	10.3	4.4	3.3	17.3	13.0	6.7	13.0	5.2	6.7	12.1	24.9	12.1	24.9	12.1
1080	X070	兴凯镇	220.5	9.9	85.0	11.7	8.9	6.7	17.8	19.3	11.0	19.3	5.3	11.0	12.5	35.7	12.5	35.7	12.5
1081	Y001	杨木乡	198.5	38.1	127.0	12.5	4.4	6.5	22.1	13.0	11.0	13.0	6.6	11.0	15.5	30.6	15.5	30.6	15.5
1082	Y002	杨木乡	213.2	57.4	119.9	12.0	4.4	6.7	20.9	13.0	11.0	13.0	6.3	11.0	14.6	30.3	14.6	30.3	14.6
1083	Y003	杨木乡	301.4	35.5	84.1	8.6	4.4	6.7	14.0	13.0	11.0	13.0	4.2	11.0	9.8	28.2	9.8	28.2	9.8
1084	Y004	杨木乡	198.5	44.6	108.3	12.5	4.4	6.7	22.1	13.0	11.0	13.0	6.6	11.0	15.5	30.6	15.5	30.6	15.5
1085	Y005	杨木乡	176.4	54.8	127.0	13.3	4.4	6.5	23.0	13.0	11.0	13.0	6.9	11.0	16.1	30.9	16.1	30.9	16.1

（续）

序号	原编号	采样地点	测试值（毫克/千克）			需施化肥纯量（千克/亩）			推荐一（千克/亩）							推荐二（千克/亩）			
									各肥料商品用量			分时期				各肥料商品用量		分时期	
												底肥			追肥			底肥	追肥
			氮	磷	钾	N	P₂O₅	K₂O	尿素	二铵	硫酸钾	二铵	尿素	硫酸钾	尿素	复混肥	尿素	复混肥	尿素
1086	Y006	杨木乡	205.8	46.6	175.4	12.2	4.4	5.1	21.5	13.0	10.3	13.0	6.5	10.3	15.1	29.7	15.1	29.7	15.1
1087	Y007	杨木乡	213.2	57.4	90.2	12.0	4.4	6.7	20.9	13.0	11.0	13.0	6.3	11.0	14.6	30.3	14.6	30.3	14.6
1088	Y008	杨木乡	249.9	26.6	181.3	10.6	6.0	5.0	17.9	13.0	9.9	13.0	5.4	9.9	12.5	28.3	12.5	28.3	12.5
1089	Y009	杨木乡	279.3	41.3	154.6	9.5	4.4	5.7	15.5	13.0	11.0	13.0	4.6	11.0	10.8	28.6	10.8	28.6	10.8
1090	Y010	杨木乡	220.5	58.2	160.9	11.7	4.4	5.5	20.3	13.0	11.0	13.0	6.1	11.0	14.2	30.1	14.2	30.1	14.2
1091	Y011	杨木乡	161.7	51.6	134.2	13.6	4.4	6.3	23.0	13.0	11.0	13.0	6.9	11.0	16.1	30.9	16.1	30.9	16.1
1092	Y012	杨木乡	249.9	48.2	138.7	10.6	4.4	6.1	17.9	13.0	11.0	13.0	5.4	11.0	12.5	29.4	12.5	29.4	12.5
1093	Y013	杨木乡	249.9	34.2	140.5	10.6	4.4	6.1	17.9	13.0	11.0	13.0	5.4	11.0	12.5	29.4	12.5	29.4	12.5
1094	Y014	杨木乡	286.7	45.7	131.3	9.2	4.4	6.4	14.9	13.0	11.0	13.0	4.5	11.0	10.4	28.5	10.4	28.5	10.4
1095	Y015	杨木乡	249.9	35.9	240.5	10.6	4.4	3.3	17.9	13.0	6.7	13.0	5.4	6.7	12.5	25.0	12.5	25.0	12.5
1096	Y016	杨木乡	183.8	45.5	122.1	13.1	4.4	6.6	23.0	13.0	11.0	13.0	6.9	11.0	16.1	30.9	16.1	30.9	16.1
1097	Y017	杨木乡	227.9	28.0	144.4	11.4	5.6	6.0	19.7	13.0	11.0	13.0	5.9	11.0	13.8	29.9	13.8	29.9	13.8
1098	Y018	杨木乡	191.1	25.2	120.9	12.8	6.3	6.6	22.4	13.8	11.0	13.8	6.7	11.0	15.7	31.5	15.7	31.5	15.7
1099	Y019	杨木乡	249.9	63.5	217.8	10.6	4.4	4.0	17.9	13.0	7.9	13.0	5.4	7.9	12.5	26.3	12.5	26.3	12.5
1100	Y020	杨木乡	191.1	41.9	134.4	12.8	4.4	6.3	22.7	13.0	11.0	13.0	6.8	11.0	15.9	30.8	15.9	30.8	15.9
1101	Y021	杨木乡	205.8	48.5	87.7	12.2	4.4	6.7	21.5	13.0	11.0	13.0	6.5	11.0	15.1	30.5	15.1	30.5	15.1
1102	Y022	杨木乡	176.4	30.9	200.5	13.3	4.7	4.4	23.0	13.0	8.9	13.0	6.9	8.9	16.1	28.8	16.1	28.8	16.1
1103	Y023	杨木乡	257.3	16.4	136.7	10.3	8.8	6.2	14.9	19.1	11.0	19.1	4.5	11.0	10.4	34.6	10.4	34.6	10.4
1104	Y024	杨木乡	198.5	22.4	172.1	12.5	7.1	5.2	21.1	15.5	10.4	15.5	6.3	10.4	14.8	32.3	14.8	32.3	14.8

（续）

序号	原编号	采样地点	测试值（毫克/千克）			需施化肥纯量（千克/亩）			推荐一（千克/亩）						推荐二（千克/亩）			
									各肥料商品用量			分时期			各肥料商品用量		分时期	
												底肥		追肥			底肥	追肥
			氮	磷	钾	N	P₂O₅	K₂O	尿素	二铵	硫酸钾	尿素	硫酸钾	尿素	复混肥	尿素	复混肥	尿素
1105	Y025	杨木乡	191.1	34.5	152.8	12.8	4.4	5.8	22.7	13.0	11.0	6.8	11.0	15.9	30.8	15.9	30.8	15.9
1106	Y026	杨木乡	279.3	67.7	144.2	9.5	4.4	6.0	15.5	13.0	11.0	4.6	11.0	10.8	28.6	10.8	28.6	10.8
1107	Y027	杨木乡	176.4	44.4	138.2	13.3	4.4	6.2	23.0	13.0	11.0	6.9	11.0	16.1	30.9	16.1	30.9	16.1
1108	Y028	杨木乡	249.9	50.8	196.9	10.6	4.4	4.5	17.9	13.0	9.1	5.4	9.1	12.5	27.4	12.5	27.4	12.5
1109	Y029	杨木乡	110.3	34.0	134.1	13.6	4.4	6.3	23.0	13.0	11.0	6.9	11.0	16.1	30.9	16.1	30.9	16.1
1110	Y030	杨木乡	220.5	27.5	128.8	11.7	5.7	6.4	20.3	13.0	11.0	6.1	11.0	14.2	30.1	14.2	30.1	14.2
1111	Y031	杨木乡	205.8	45.8	105.8	12.2	4.4	6.7	21.5	13.0	11.0	6.5	11.0	15.1	30.5	15.1	30.5	15.1
1112	Y032	杨木乡	205.8	42.9	137.2	12.2	4.4	6.2	21.5	13.0	11.0	6.5	11.0	15.1	30.5	15.1	30.5	15.1
1113	Y033	杨木乡	198.5	66.9	204.4	12.5	4.4	4.3	22.1	13.0	8.6	6.6	8.6	15.5	28.3	15.5	28.3	15.5
1114	Y034	杨木乡	220.5	39.7	172.8	11.7	4.4	5.2	20.3	13.0	10.4	6.1	10.4	14.2	29.5	14.2	29.5	14.2
1115	Y035	杨木乡	249.9	71.2	256.4	10.6	4.4	3.3	17.9	13.0	6.7	5.4	6.7	12.5	25.0	12.5	25.0	12.5
1116	Y036	杨木乡	227.9	25.2	224.2	11.4	6.3	3.8	19.4	13.8	7.5	5.8	7.5	13.6	27.1	13.6	27.1	13.6
1117	Y037	杨木乡	169.1	48.4	164.9	13.6	4.4	5.4	23.0	13.0	10.8	6.9	10.8	16.1	30.7	16.1	30.7	16.1
1118	Y038	杨木乡	154.4	25.5	99.4	13.6	6.3	6.7	23.0	13.6	11.0	6.9	11.0	16.1	31.5	16.1	31.5	16.1
1119	Y039	杨木乡	169.1	11.6	88.9	13.6	8.9	6.7	22.0	19.3	11.0	6.6	11.0	15.4	36.9	15.4	36.9	15.4
1120	Y040	杨木乡	213.2	22.0	142.3	12.0	7.2	6.0	19.8	15.7	11.0	6.0	11.0	13.9	32.7	13.9	32.7	13.9
1121	Y041	杨木乡	227.9	44.5	167.7	11.4	4.4	5.3	19.7	13.0	10.7	5.9	10.7	13.8	29.6	13.8	29.6	13.8
1122	Y042	杨木乡	213.2	54.6	162.6	12.0	4.4	5.5	20.9	13.0	11.0	6.3	11.0	14.6	30.2	14.6	30.2	14.6
1123	Y043	杨木乡	198.5	88.8	247.0	12.5	4.4	3.3	22.1	13.0	6.7	6.6	6.7	15.5	26.3	15.5	26.3	15.5

（续）

序号	原编号	采样地点	测试值（毫克/千克）			需施化肥纯量（千克/亩）			推荐一（千克/亩）							推荐二（千克/亩）			
									各肥料商品用量			分时期				各肥料商品用量		分时期	
												底肥			追肥			底肥	追肥
			氮	磷	钾	N	P$_2$O$_5$	K$_2$O	尿素	二铵	硫酸钾	二铵	尿素	硫酸钾	尿素	复混肥	尿素	复混肥	尿素
1124	Y044	杨木乡	176.4	8.1	127.3	13.3	8.9	6.5	21.4	19.3	11.0	19.3	6.4	11.0	15.0	36.8	15.0	36.8	15.0
1125	Y045	杨木乡	191.1	21.6	116.0	12.8	7.3	6.7	21.6	15.9	11.0	15.9	6.5	11.0	15.1	33.4	15.1	33.4	15.1
1126	Y046	杨木乡	183.8	21.8	149.8	13.1	7.3	5.8	22.2	15.8	11.0	15.8	6.7	11.0	15.6	33.5	15.6	33.5	15.6
1127	Y047	杨木乡	191.1	21.4	140.5	12.8	7.4	6.1	21.5	16.1	11.0	16.1	6.5	11.0	15.1	33.5	15.1	33.5	15.1
1128	Y048	杨木乡	220.5	69.7	254.0	11.7	4.4	3.3	20.3	13.0	6.7	13.0	6.1	6.7	14.2	25.8	14.2	25.8	14.2
1129	Y049	杨木乡	205.8	38.9	306.2	12.2	4.4	3.3	21.5	13.0	6.7	13.0	6.5	6.7	15.1	26.1	15.1	26.1	15.1
1130	Y050	杨木乡	279.3	59.2	204.9	9.5	4.4	4.3	15.5	13.0	8.6	13.0	4.6	8.6	10.8	26.3	10.8	26.3	10.8
1131	Y051	杨木乡	147.0	31.5	132.9	13.6	4.6	6.3	23.0	13.0	11.0	13.0	6.9	11.0	16.1	30.9	16.1	30.9	16.1
1132	Y052	杨木乡	242.6	67.8	298.8	10.8	4.4	3.3	18.5	13.0	6.7	13.0	5.5	6.7	12.9	25.2	12.9	25.2	12.9
1133	Y053	杨木乡	183.8	44.0	130.5	13.1	4.4	6.4	23.0	13.0	11.0	13.0	6.9	11.0	16.1	30.9	16.1	30.9	16.1
1134	Y054	杨木乡	154.4	48.2	129.8	13.6	4.4	6.4	23.0	13.0	11.0	13.0	6.9	11.0	16.1	30.9	16.1	30.9	16.1
1135	Y055	杨木乡	191.1	63.2	388.8	12.8	4.4	3.3	22.7	13.0	6.7	13.0	6.8	6.7	15.9	26.5	15.9	26.5	15.9
1136	Y056	杨木乡	139.7	38.6	215.4	13.6	4.4	4.0	23.0	13.0	8.0	13.0	6.9	8.0	16.1	27.9	16.1	27.9	16.1
1137	Y057	杨木乡	176.4	43.4	130.1	13.3	4.4	6.4	23.0	13.0	11.0	13.0	6.9	11.0	16.1	30.9	16.1	30.9	16.1
1138	Y058	杨木乡	139.7	16.5	94.4	13.6	8.8	6.7	22.1	19.0	11.0	19.0	6.6	11.0	15.5	36.7	15.5	36.7	15.5
1139	Y059	杨木乡	220.5	39.7	129.9	11.7	4.4	6.4	20.3	13.0	11.0	13.0	6.1	11.0	14.2	30.1	14.2	30.1	14.2
1140	Y060	杨木乡	161.7	18.1	138.9	13.6	8.3	6.1	22.5	18.1	11.0	18.1	6.7	11.0	15.7	35.8	15.7	35.8	15.7
1141	Y061	杨木乡	198.5	73.0	201.8	12.5	4.4	4.4	22.1	13.0	8.8	13.0	6.6	8.8	15.5	28.4	15.5	28.4	15.5
1142	Y062	杨木乡	249.9	30.8	181.8	10.6	4.8	4.9	17.9	13.0	9.9	13.0	5.4	9.9	12.5	28.3	12.5	28.3	12.5

（续）

序号	原编号	采样地点	测试值（毫克/千克）			需施化肥纯量（千克/亩）			推荐一（千克/亩）							推荐二（千克/亩）				
									各肥料商品用量			分时期				各肥料商品用量		分时期		
												底肥			追肥			底肥	追肥
			氮	磷	钾	N	P₂O₅	K₂O	尿素	二铵	硫酸钾	二铵	尿素	硫酸钾	尿素	复混肥	尿素	复混肥	尿素
1143	Y063	杨木乡	257.3	56.6	144.2	10.3	4.4	6.0	17.3	13.0	11.0	13.0	5.2	11.0	12.1	29.2	12.1	29.2	12.1
1144	Y064	杨木乡	235.2	22.7	98.9	11.1	7.0	6.7	18.2	15.3	11.0	15.3	5.5	11.0	12.7	31.7	12.7	31.7	12.7
1145	Y065	杨木乡	198.5	25.0	140.8	12.5	6.4	6.1	21.8	13.9	11.0	13.9	6.5	11.0	15.2	31.4	15.2	31.4	15.2
1146	Y066	杨木乡	257.3	22.9	209.6	10.3	7.0	4.2	16.5	15.1	8.4	15.1	4.9	8.4	11.5	28.4	11.5	28.4	11.5
1147	Y067	杨木乡	301.4	47.7	185.3	8.6	4.4	4.9	14.0	13.0	9.7	13.0	4.2	9.7	9.8	26.9	9.8	26.9	9.8
1148	Y068	杨木乡	191.1	30.8	328.7	12.8	4.8	3.3	22.7	13.0	6.7	13.0	6.8	6.7	15.9	26.5	15.9	26.5	15.9
1149	Y069	杨木乡	227.9	34.0	84.4	11.4	4.4	6.7	19.7	13.0	11.0	13.0	5.9	11.0	13.8	29.9	13.8	29.9	13.8
1150	Y070	杨木乡	154.4	39.5	119.1	13.6	4.4	6.7	23.0	13.0	11.0	13.0	6.9	11.0	16.1	30.9	16.1	30.9	16.1
1151	Z001	知一镇	139.7	21.5	98.3	13.6	7.4	6.7	23.0	16.0	11.0	16.0	6.9	11.0	16.1	33.9	16.1	33.9	16.1
1152	Z002	知一镇	183.8	17.6	93.5	13.1	8.4	6.7	21.2	18.4	11.0	18.4	6.4	11.0	14.9	35.7	14.9	35.7	14.9
1153	Z003	知一镇	183.8	15.5	75.6	13.1	8.9	6.7	20.8	19.3	11.0	19.3	6.3	11.0	14.6	36.6	14.6	36.6	14.6
1154	Z004	知一镇	225.4	18.7	151.3	11.5	8.1	5.8	18.1	17.7	11.0	17.7	5.4	11.0	12.6	34.1	12.6	34.1	12.6
1155	Z005	知一镇	242.6	23.7	157.2	10.8	6.8	5.6	17.8	14.7	11.0	14.7	5.4	11.0	12.5	31.0	12.5	31.0	12.5
1156	Z006	知一镇	227.9	19.3	149.2	11.4	8.0	5.9	18.0	17.3	11.0	17.3	5.4	11.0	12.6	33.7	12.6	33.7	12.6
1157	Z007	知一镇	154.4	15.5	108.4	13.6	8.9	6.7	22.0	19.3	11.0	19.3	6.6	11.0	15.4	36.9	15.4	36.9	15.4
1158	Z008	知一镇	183.8	14.9	105.5	13.1	8.9	6.7	20.8	19.3	11.0	19.3	6.3	11.0	14.6	36.6	14.6	36.6	14.6
1159	Z009	知一镇	183.8	19.3	165.3	13.1	8.0	5.4	21.6	17.3	10.8	17.3	6.5	10.8	15.1	34.6	15.1	34.6	15.1
1160	Z010	知一镇	213.2	23.6	225.6	12.0	6.8	3.7	20.2	14.8	7.5	14.8	6.1	7.5	14.2	28.3	14.2	28.3	14.2
1161	Z011	知一镇	147.0	12.6	77.4	13.6	8.9	6.7	22.0	19.3	11.0	19.3	6.6	11.0	15.4	36.9	15.4	36.9	15.4

（续）

序号	原编号	采样地点	测试值（毫克/千克）			需施化肥纯量（千克/亩）			推荐一（千克/亩）							推荐二（千克/亩）			
									各肥料商品用量			分时期				各肥料商品用量		分时期	
												底肥			追肥			底肥	追肥
			氮	磷	钾	N	P₂O₅	K₂O	尿素	二铵	硫酸钾	二铵	尿素	硫酸钾	尿素	复混肥	尿素	复混肥	尿素
1162	Z012	知一镇	151.3	12.7	98.5	13.6	8.9	6.7	22.0	19.3	11.0	19.3	6.6	11.0	15.4	36.9	15.4	36.9	15.4
1163	Z013	知一镇	154.4	12.9	140.7	13.6	8.9	6.1	22.0	19.3	11.0	19.3	6.6	11.0	15.4	36.9	15.4	36.9	15.4
1164	Z014	知一镇	147.0	15.8	106.7	13.6	8.9	6.7	22.0	19.3	11.0	19.3	6.6	11.0	15.4	36.9	15.4	36.9	15.4
1165	Z015	知一镇	183.8	24.9	136.0	13.1	6.4	6.2	22.9	14.0	11.0	14.0	6.9	11.0	16.1	31.8	16.1	31.8	16.1
1166	Z016	知一镇	161.7	11.7	74.5	13.6	8.9	6.7	22.0	19.3	11.0	19.3	6.6	11.0	15.4	36.9	15.4	36.9	15.4
1167	Z017	知一镇	198.5	21.7	84.3	12.5	7.3	6.7	21.0	15.9	11.0	15.9	6.3	11.0	14.7	33.2	14.7	33.2	14.7
1168	Z018	知一镇	132.3	11.4	83.1	13.6	8.9	6.7	22.0	19.3	11.0	19.3	6.6	11.0	15.4	36.9	15.4	36.9	15.4
1169	Z019	知一镇	176.4	15.1	103.8	13.3	8.9	6.7	21.4	19.3	11.0	19.3	6.4	11.0	15.0	36.8	15.0	36.8	15.0
1170	Z020	知一镇	249.9	21.4	126.8	10.6	7.4	6.5	16.7	16.1	11.0	16.1	5.0	11.0	11.7	32.1	11.7	32.1	11.7
1171	Z021	知一镇	198.5	19.0	126.2	12.5	8.1	6.5	20.3	17.5	11.0	17.5	6.1	11.0	14.2	34.6	14.2	34.6	14.2
1172	Z022	知一镇	169.1	11.1	81.4	13.6	8.9	6.7	22.0	19.3	11.0	19.3	6.6	11.0	15.4	36.9	15.4	36.9	15.4
1173	Z023	知一镇	257.3	18.1	92.9	10.3	8.3	6.7	15.3	18.1	11.0	18.1	4.6	11.0	10.7	33.7	10.7	33.7	10.7
1174	Z024	知一镇	147.0	12.4	83.7	13.6	8.9	6.7	22.0	19.3	11.0	19.3	6.6	11.0	15.4	36.9	15.4	36.9	15.4
1175	Z025	知一镇	176.4	17.6	107.8	13.3	8.4	6.7	21.8	18.4	11.0	18.4	6.5	11.0	15.3	35.9	15.3	35.9	15.3
1176	Z026	知一镇	205.8	31.7	86.0	12.2	4.5	6.7	21.5	13.0	11.0	13.0	6.5	11.0	15.1	30.5	15.1	30.5	15.1
1177	Z027	知一镇	139.7	15.6	99.8	13.6	8.9	6.7	22.0	19.3	11.0	19.3	6.6	11.0	15.4	36.9	15.4	36.9	15.4
1178	Z028	知一镇	176.4	17.0	95.8	13.3	8.6	6.7	21.7	18.7	11.0	18.7	6.5	11.0	15.2	36.2	15.2	36.2	15.2
1179	Z029	知一镇	139.7	12.9	98.6	13.6	8.9	6.7	22.0	19.3	11.0	19.3	6.6	11.0	15.4	36.9	15.4	36.9	15.4
1180	Z030	知一镇	213.2	30.9	218.3	12.0	4.8	3.9	20.9	13.0	7.9	13.0	6.3	7.9	14.6	27.1	14.6	27.1	14.6

（续）

序号	原编号	采样地点	测试值（毫克/千克）			需施化肥纯量（千克/亩）			推荐一（千克/亩）							推荐二（千克/亩）			
									各肥料商品用量			分时期				各肥料商品用量		分时期	
												底肥			追肥			底肥	追肥
			氮	磷	钾	N	P₂O₅	K₂O	尿素	二铵	硫酸钾	二铵	尿素	硫酸钾	尿素	复混肥	尿素	复混肥	尿素
1181	Z031	知一镇	257.3	18.7	103.2	10.3	8.1	6.7	15.5	17.7	11.0	17.7	4.6	11.0	10.8	33.3	10.8	33.3	10.8
1182	Z032	知一镇	249.9	13.7	186.2	10.6	8.9	4.8	15.4	19.3	9.7	19.3	4.6	9.7	10.8	33.6	10.8	33.6	10.8
1183	Z033	知一镇	242.6	13.2	172.1	10.8	8.9	5.2	16.0	19.3	10.4	19.3	4.8	10.4	11.2	34.6	11.2	34.6	11.2
1184	Z034	知一镇	125.0	10.7	95.9	13.6	8.9	6.7	22.0	19.3	11.0	19.3	6.6	11.0	15.4	36.9	15.4	36.9	15.4
1185	Z035	知一镇	138.9	9.5	68.2	13.6	8.9	6.7	22.0	19.3	11.0	19.3	6.6	11.0	15.4	36.9	15.4	36.9	15.4
1186	Z036	知一镇	183.8	13.5	103.2	13.1	8.9	6.7	20.8	19.3	11.0	19.3	6.3	11.0	14.6	36.6	14.6	36.6	14.6
1187	Z037	知一镇	166.5	11.4	100.5	13.6	8.9	6.7	22.0	19.3	11.0	19.3	6.6	11.0	15.4	36.9	15.4	36.9	15.4
1188	Z038	知一镇	154.4	11.9	98.9	13.6	8.9	6.7	22.0	19.3	11.0	19.3	6.6	11.0	15.4	36.9	15.4	36.9	15.4
1189	Z039	知一镇	169.1	15.7	135.3	13.6	8.9	6.2	22.0	19.3	11.0	19.3	6.6	11.0	15.4	36.9	15.4	36.9	15.4
1190	Z040	知一镇	235.2	21.4	210.6	11.1	7.4	4.2	17.9	16.1	8.3	16.1	5.4	8.3	12.5	29.7	12.5	29.7	12.5
1191	Z041	知一镇	137.6	12.6	91.6	13.6	8.9	6.7	22.0	19.3	11.0	19.3	6.6	11.0	15.4	36.9	15.4	36.9	15.4
1192	Z042	知一镇	191.1	17.9	91.7	12.8	8.4	6.7	20.7	18.2	11.0	18.2	6.2	11.0	14.5	35.4	14.5	35.4	14.5
1193	Z043	知一镇	191.1	13.0	107.8	12.8	8.9	6.7	20.2	19.3	11.0	19.3	6.1	11.0	14.2	36.4	14.2	36.4	14.2
1194	Z044	知一镇	176.4	24.4	149.8	13.3	6.6	5.8	23.0	14.3	11.0	14.3	6.9	11.0	16.1	32.2	16.1	32.2	16.1
1195	Z045	知一镇	220.5	26.7	195.0	11.7	5.9	4.6	20.3	13.0	9.2	13.0	6.1	9.2	14.2	28.3	14.2	28.3	14.2
1196	Z046	知一镇	205.8	26.1	213.6	12.2	6.1	4.1	21.4	13.2	8.1	13.2	6.4	8.1	15.0	27.8	15.0	27.8	15.0
1197	Z047	知一镇	141.9	6.2	98.8	13.6	8.9	6.7	22.0	19.3	11.0	19.3	6.6	11.0	15.4	36.9	15.4	36.9	15.4
1198	Z048	知一镇	169.1	18.4	144.4	13.6	8.2	6.0	22.5	17.9	11.0	17.9	6.8	11.0	15.8	35.6	15.8	35.6	15.8
1199	Z049	知一镇	139.7	12.2	164.6	13.6	8.9	5.4	22.0	19.3	10.9	19.3	6.6	10.9	15.4	36.8	15.4	36.8	15.4
1200	Z050	知一镇	147.0	20.7	113.5	13.6	7.6	6.7	23.0	16.5	11.0	16.5	6.9	11.0	16.1	34.4	16.1	34.4	16.1

附表 6-3 密山市水稻作物"测土配方施肥"

序号	原编号	采样地点	测试值（毫克/千克）			需施化肥纯量（千克/亩）			各肥料商品用量		
			氮	磷	钾	N	P$_2$O$_5$	K$_2$O	二铵	尿素	硫酸钾
1	B001	白鱼湾镇	161.7	9.4	71.6	13.6	5.3	6.7	11.6	18.7	10.0
2	B002	白鱼湾镇	147.0	14.4	72.8	13.6	5.3	6.7	11.6	18.7	10.0
3	B003	白鱼湾镇	147.0	8.3	73.9	13.6	5.3	6.7	11.6	18.7	10.0
4	B004	白鱼湾镇	161.7	15.5	78.5	13.6	5.3	6.7	11.6	18.7	10.0
5	B005	白鱼湾镇	154.4	17.4	125.1	13.6	5.1	6.5	11.1	18.9	9.8
6	B006	白鱼湾镇	183.8	20.5	94.0	13.1	4.6	6.7	10.0	18.4	10.0
7	B007	白鱼湾镇	198.5	28.1	109.5	12.5	3.3	6.7	7.2	18.3	10.0
8	B008	白鱼湾镇	169.1	10.2	84.8	13.6	5.3	6.7	11.6	18.7	10.0
9	B009	白鱼湾镇	191.1	20.3	104.4	12.8	4.6	6.7	10.0	17.9	10.0
10	B010	白鱼湾镇	183.8	44.4	160.1	13.1	2.7	5.6	7.0	19.2	8.3
11	B011	白鱼湾镇	161.7	15.2	79.7	13.6	5.3	6.7	11.6	18.7	10.0
12	B012	白鱼湾镇	176.4	28.7	102.6	13.3	3.2	6.7	7.0	19.7	10.0
13	B013	白鱼湾镇	198.5	24.0	108.4	12.5	4.0	6.7	8.7	17.8	10.0
14	B014	白鱼湾镇	191.1	37.1	110.7	12.8	2.7	6.7	7.0	18.8	10.0
15	B015	白鱼湾镇	176.4	22.5	137.7	13.3	4.3	6.2	9.3	19.0	9.3
16	B016	白鱼湾镇	220.5	43.3	500.9	11.7	2.7	3.3	7.0	17.0	6.7
17	B017	白鱼湾镇	132.3	37.1	348.1	13.6	2.7	3.3	7.0	20.0	6.7
18	B018	白鱼湾镇	198.5	81.6	103.2	12.5	2.7	6.7	7.0	18.3	10.0
19	B019	白鱼湾镇	198.5	41.8	180.2	12.5	2.7	5.0	7.0	18.3	7.5
20	B020	白鱼湾镇	191.1	71.3	107.8	12.8	2.7	6.7	7.0	18.8	10.0
21	B021	白鱼湾镇	198.5	54.9	125.6	12.5	2.7	6.5	7.0	18.3	9.8
22	B022	白鱼湾镇	198.5	32.7	121.0	12.5	2.7	6.6	7.0	18.3	10.0
23	B023	白鱼湾镇	183.8	33.0	160.7	13.1	2.7	5.5	7.0	19.2	8.3
24	B024	白鱼湾镇	198.5	16.1	82.0	12.5	5.3	6.7	11.6	17.0	10.0
25	B025	白鱼湾镇	191.1	29.5	81.4	12.8	3.1	6.7	7.0	18.8	10.0
26	B026	白鱼湾镇	227.9	80.8	84.8	11.4	2.7	6.7	7.0	16.5	10.0
27	B027	白鱼湾镇	161.7	25.8	81.4	13.6	3.7	6.7	8.0	19.8	10.0
28	B028	白鱼湾镇	198.5	41.8	85.4	12.5	2.7	6.7	7.0	18.3	10.0
29	B029	白鱼湾镇	176.4	39.8	83.7	13.3	2.7	6.7	7.0	19.7	10.0
30	B030	白鱼湾镇	257.3	50.3	264.1	10.3	2.7	3.3	7.0	14.7	6.7
31	B031	白鱼湾镇	272.0	65.8	272.2	9.7	2.7	3.3	7.0	13.8	6.7
32	B032	白鱼湾镇	257.3	51.2	231.4	10.3	2.7	3.6	7.0	14.7	6.7

推荐表（目标产量 650 千克/亩）

推荐一（千克/亩）						推荐二（千克/亩）							
分时期						各肥料商品用量			分时期				
底肥			蘖肥	穗肥		复混肥	尿素	硫酸钾	底肥		蘖肥	穗肥	
二铵	尿素	硫酸钾	尿素	尿素	硫酸钾				复混肥	尿素	尿素	尿素	硫酸钾
11.6	7.5	5.0	7.5	3.7	5.0	19.1	16.2	5.0	19.1	5.0	7.5	3.7	5.0
11.6	7.5	5.0	7.5	3.7	5.0	19.1	16.2	5.0	19.1	5.0	7.5	3.7	5.0
11.6	7.5	5.0	7.5	3.7	5.0	19.1	16.2	5.0	19.1	5.0	7.5	3.7	5.0
11.6	7.5	5.0	7.5	3.7	5.0	19.1	16.2	5.0	19.1	5.0	7.5	3.7	5.0
11.1	7.6	4.9	7.6	3.8	4.9	18.5	16.3	4.9	18.5	5.0	7.6	3.8	4.9
10.0	7.4	5.0	7.4	3.7	5.0	17.3	16.0	5.0	17.3	5.0	7.4	3.7	5.0
7.2	7.3	5.0	7.3	3.7	5.0	14.5	16.0	5.0	14.5	5.0	7.3	3.7	5.0
11.6	7.5	5.0	7.5	3.7	5.0	19.1	16.2	5.0	19.1	5.0	7.5	3.7	5.0
10.0	7.2	5.0	7.2	3.6	5.0	17.2	15.7	5.0	17.2	5.0	7.2	3.6	5.0
7.0	7.7	4.2	7.7	3.8	4.2	13.9	16.5	4.2	13.9	5.0	7.7	3.8	4.2
11.6	7.5	5.0	7.5	3.7	5.0	19.1	16.2	5.0	19.1	5.0	7.5	3.7	5.0
7.0	7.9	5.0	7.9	3.9	5.0	14.9	16.8	5.0	14.9	5.0	7.9	3.9	5.0
8.7	7.1	5.0	7.1	3.6	5.0	15.8	15.7	5.0	15.8	5.0	7.1	3.6	5.0
7.0	7.5	5.0	7.5	3.8	5.0	14.5	16.3	5.0	14.5	5.0	7.5	3.8	5.0
9.3	7.6	4.6	7.6	3.8	4.6	16.5	16.4	4.6	16.5	5.0	7.6	3.8	4.6
7.0	6.8	3.4	6.8	3.4	3.4	12.1	15.2	3.4	12.1	5.0	6.8	3.4	3.4
7.0	8.0	3.4	8.0	4.0	3.4	13.4	17.0	3.4	13.4	5.0	8.0	4.0	3.4
7.0	7.3	5.0	7.3	3.7	5.0	14.3	16.0	5.0	14.3	5.0	7.3	3.7	5.0
7.0	7.3	3.7	7.3	3.7	3.7	13.1	16.0	3.7	13.1	5.0	7.3	3.7	3.7
7.0	7.5	5.0	7.5	3.8	5.0	14.5	16.3	5.0	14.5	5.0	7.5	3.8	5.0
7.0	7.3	4.9	7.3	3.7	4.9	14.2	16.0	4.9	14.2	5.0	7.3	3.7	4.9
7.0	7.3	5.0	7.3	3.7	5.0	14.3	16.0	5.0	14.3	5.0	7.3	3.7	5.0
7.0	7.7	4.2	7.7	3.8	4.2	13.9	16.5	4.2	13.9	5.0	7.7	3.8	4.2
11.6	6.8	5.0	6.8	3.4	5.0	18.4	15.2	5.0	18.4	5.0	6.8	3.4	5.0
7.0	7.5	5.0	7.5	3.8	5.0	14.5	16.3	5.0	14.5	5.0	7.5	3.8	5.0
7.0	6.6	5.0	6.6	3.3	5.0	13.6	14.9	5.0	13.6	5.0	6.6	3.3	5.0
8.0	7.9	5.0	7.9	4.0	5.0	16.0	16.9	5.0	16.0	5.0	7.9	4.0	5.0
7.0	7.3	5.0	7.3	3.7	5.0	14.3	16.0	5.0	14.3	5.0	7.3	3.7	5.0
7.0	7.9	5.0	7.9	3.9	5.0	14.9	16.8	5.0	14.9	5.0	7.9	3.9	5.0
7.0	5.9	3.4	5.9	2.9	3.4	11.2	13.8	3.4	11.2	5.0	5.9	2.9	3.4
7.0	5.5	3.4	5.5	2.8	3.4	10.9	13.3	3.4	10.9	5.0	5.5	2.8	3.4
7.0	5.9	3.4	5.9	2.9	3.4	11.2	13.8	3.4	11.2	5.0	5.9	2.9	3.4

序号	原编号	采样地点	测试值（毫克/千克）			需施化肥纯量（千克/亩）			各肥料商品用量		
			氮	磷	钾	N	P_2O_5	K_2O	二铵	尿素	硫酸钾
33	B033	白鱼湾镇	191.1	81.4	404.4	12.8	2.7	3.3	7.0	18.8	6.7
34	B034	白鱼湾镇	191.1	58.8	383.1	12.8	2.7	3.3	7.0	18.8	6.7
35	B035	白鱼湾镇	191.1	54.2	375.6	12.8	2.7	3.3	7.0	18.8	6.7
36	B036	白鱼湾镇	249.9	89.1	164.1	10.6	2.7	5.4	7.0	15.2	8.2
37	B037	白鱼湾镇	220.5	60.2	133.1	11.7	2.7	6.3	7.0	17.0	9.5
38	B038	白鱼湾镇	205.8	54.5	141.2	12.2	2.7	6.1	7.0	17.9	9.1
39	B039	白鱼湾镇	183.8	64.7	147.5	13.1	2.7	5.9	7.0	19.2	8.9
40	B040	白鱼湾镇	198.5	63.5	150.3	12.5	2.7	5.8	7.0	18.3	8.7
41	B041	白鱼湾镇	249.9	55.9	152.6	10.6	2.7	5.8	7.0	15.2	8.6
42	B042	白鱼湾镇	257.3	86.3	157.2	10.3	2.7	5.6	7.0	14.7	8.4
43	B043	白鱼湾镇	227.9	120.4	163.6	11.4	2.7	5.5	7.0	16.5	8.2
44	B044	白鱼湾镇	176.4	16.1	260.7	13.3	5.3	3.3	11.6	18.4	6.7
45	B045	白鱼湾镇	125.0	25.5	78.5	13.6	3.7	6.7	8.2	19.8	10.0
46	B046	白鱼湾镇	132.3	8.9	86.6	13.6	5.3	6.7	11.6	18.7	10.0
47	B047	白鱼湾镇	139.7	11.2	91.2	13.6	5.3	6.7	11.6	18.7	10.0
48	B048	白鱼湾镇	154.4	17.6	74.0	13.6	5.1	6.7	11.6	18.9	10.0
49	B049	白鱼湾镇	147.0	10.5	76.8	13.6	5.3	6.7	11.6	18.7	10.0
50	B050	白鱼湾镇	139.7	10.5	76.8	13.6	5.3	6.7	11.6	18.7	10.0
51	B051	白鱼湾镇	161.7	14.9	95.8	13.6	5.3	6.7	11.6	18.7	10.0
52	B052	白鱼湾镇	161.7	19.9	81.4	13.6	4.7	6.7	10.2	19.2	10.0
53	B053	白鱼湾镇	147.0	26.9	142.3	13.6	3.5	6.0	7.7	19.9	9.1
54	B054	白鱼湾镇	183.8	16.7	151.5	13.1	5.2	5.8	11.3	18.0	8.7
55	B055	白鱼湾镇	205.8	33.8	171.0	12.2	2.7	5.2	7.0	17.9	7.9
56	B056	白鱼湾镇	176.4	26.6	165.3	13.3	3.6	5.4	7.8	19.5	8.1
57	B057	白鱼湾镇	176.4	53.5	118.2	13.3	2.7	6.7	7.0	19.7	10.0
58	B058	白鱼湾镇	154.4	91.3	113.6	13.6	2.7	6.7	7.0	20.0	10.0
59	B059	白鱼湾镇	183.8	21.9	172.8	13.1	4.4	5.2	9.5	18.5	7.8
60	B060	白鱼湾镇	154.4	20.8	133.7	13.6	4.5	6.3	9.9	19.3	9.4
61	B061	白鱼湾镇	169.1	16.1	80.2	13.6	5.3	6.7	11.6	18.8	10.0
62	B062	白鱼湾镇	169.1	16.1	91.2	13.6	5.3	6.7	11.6	18.8	10.0
63	B063	白鱼湾镇	169.1	14.9	89.4	13.6	5.3	6.7	11.6	18.7	10.0
64	B064	白鱼湾镇	139.7	6.2	72.2	13.6	5.3	6.7	11.6	18.7	10.0

（续）

推荐一（千克/亩）						推荐二（千克/亩）							
分时期						各肥料商品用量			分时期				
底肥			蘖肥	穗肥		复混肥	尿素	硫酸钾	底肥		蘖肥	穗肥	
二铵	尿素	硫酸钾	尿素	尿素	硫酸钾				复混肥	尿素	尿素	尿素	硫酸钾
7.0	7.5	3.4	7.5	3.8	3.4	12.9	16.3	3.4	12.9	5.0	7.5	3.8	3.4
7.0	7.5	3.4	7.5	3.8	3.4	12.9	16.3	3.4	12.9	5.0	7.5	3.8	3.4
7.0	7.5	3.4	7.5	3.8	3.4	12.9	16.3	3.4	12.9	5.0	7.5	3.8	3.4
7.0	6.1	4.1	6.1	3.0	4.1	12.2	14.1	4.1	12.2	5.0	6.1	3.0	4.1
7.0	6.8	4.7	6.8	3.4	4.7	13.5	15.2	4.7	13.5	5.0	6.8	3.4	4.7
7.0	7.2	4.6	7.2	3.6	4.6	13.7	15.7	4.6	13.7	5.0	7.2	3.6	4.6
7.0	7.7	4.4	7.7	3.8	4.4	14.1	16.5	4.4	14.1	5.0	7.7	3.8	4.4
7.0	7.3	4.4	7.3	3.7	4.4	13.7	16.0	4.4	13.7	5.0	7.3	3.7	4.4
7.0	6.1	4.3	6.1	3.0	4.3	12.4	14.1	4.3	12.4	5.0	6.1	3.0	4.3
7.0	5.9	4.2	5.9	2.9	4.2	12.1	13.8	4.2	12.1	5.0	5.9	2.9	4.2
7.0	6.6	4.1	6.6	3.3	4.1	12.7	14.9	4.1	12.7	5.0	6.6	3.3	4.1
11.6	7.3	3.4	7.3	3.7	3.4	17.3	16.0	3.4	17.3	5.0	7.3	3.7	3.4
8.2	7.9	5.0	7.9	4.0	5.0	16.1	16.9	5.0	16.1	5.0	7.9	4.0	5.0
11.6	7.5	5.0	7.5	3.7	5.0	19.1	16.2	5.0	19.1	5.0	7.5	3.7	5.0
11.6	7.5	5.0	7.5	3.7	5.0	19.1	16.2	5.0	19.1	5.0	7.5	3.7	5.0
11.0	7.6	5.0	7.6	3.8	5.0	18.6	16.3	5.0	18.6	5.0	7.6	3.8	5.0
11.6	7.5	5.0	7.5	3.7	5.0	19.1	16.2	5.0	19.1	5.0	7.5	3.7	5.0
11.6	7.5	5.0	7.5	3.7	5.0	19.1	16.2	5.0	19.1	5.0	7.5	3.7	5.0
11.6	7.5	5.0	7.5	3.7	5.0	19.1	16.2	5.0	19.1	5.0	7.5	3.7	5.0
10.2	7.7	5.0	7.7	3.8	5.0	17.8	16.5	5.0	17.8	5.0	7.7	3.8	5.0
7.7	8.0	4.5	8.0	4.0	4.5	15.2	16.9	4.5	15.2	5.0	8.0	4.0	4.5
11.3	7.2	4.3	7.2	3.6	4.3	17.9	15.8	4.3	17.9	5.0	7.2	3.6	4.3
7.0	7.2	3.9	7.2	3.6	3.9	13.1	15.7	3.9	13.1	5.0	7.2	3.6	3.9
7.8	7.8	4.1	7.8	3.9	4.1	14.6	16.7	4.1	14.6	5.0	7.8	3.9	4.1
7.0	7.9	5.0	7.9	3.9	5.0	14.9	16.8	5.0	14.9	5.0	7.9	3.9	5.0
7.0	8.0	5.0	8.0	4.0	5.0	15.0	17.0	5.0	15.0	5.0	8.0	4.0	5.0
9.5	7.4	3.9	7.4	3.7	3.9	15.8	16.1	3.9	15.8	5.0	7.4	3.7	3.9
9.9	7.7	4.7	7.7	3.9	4.7	17.3	16.6	4.7	17.3	5.0	7.7	3.9	4.7
11.6	7.5	5.0	7.5	3.8	5.0	19.1	16.3	5.0	19.1	5.0	7.5	3.8	5.0
11.6	7.5	5.0	7.5	3.8	5.0	19.1	16.3	5.0	19.1	5.0	7.5	3.8	5.0
11.6	7.5	5.0	7.5	3.7	5.0	19.1	16.2	5.0	19.1	5.0	7.5	3.7	5.0
11.6	7.5	5.0	7.5	3.7	5.0	19.1	16.2	5.0	19.1	5.0	7.5	3.7	5.0

序号	原编号	采样地点	测试值（毫克/千克）			需施化肥纯量（千克/亩）			各肥料商品用量		
			氮	磷	钾	N	P$_2$O$_5$	K$_2$O	二铵	尿素	硫酸钾
65	B065	白鱼湾镇	169.1	9.7	86.0	13.6	5.3	6.7	11.6	18.7	10.0
66	C001	承紫河乡	249.9	17.9	174.5	10.6	5.0	5.2	10.9	14.0	7.7
67	C002	承紫河乡	249.9	21.4	135.3	10.6	4.4	6.2	9.6	14.4	9.4
68	C003	承紫河乡	257.3	11.7	169.2	10.3	5.3	5.3	11.6	13.4	7.9
69	C004	承紫河乡	249.9	33.0	124.2	10.6	2.7	6.5	7.0	15.2	9.8
70	C005	承紫河乡	242.6	60.9	157.8	10.8	2.7	5.6	7.0	15.6	8.4
71	C006	承紫河乡	301.4	38.5	187.6	8.6	2.7	4.8	7.0	12.0	7.2
72	C007	承紫河乡	294.0	34.4	225.5	8.9	2.7	3.7	7.0	12.5	6.7
73	C008	承紫河乡	301.4	36.5	119.9	8.6	2.7	6.7	7.0	12.0	10.0
74	C009	承紫河乡	198.5	45.8	189.6	12.5	2.7	4.7	7.0	18.3	7.1
75	C010	承紫河乡	294.0	26.1	196.5	8.9	3.7	4.5	8.0	12.2	6.8
76	C011	承紫河乡	286.7	62.0	296.5	9.2	2.7	3.3	7.0	12.9	6.7
77	C012	承紫河乡	257.3	77.5	143.6	10.3	2.7	6.0	7.0	14.7	9.0
78	C013	承紫河乡	272.0	91.5	192.6	9.7	2.7	4.7	7.0	13.8	7.0
79	C014	承紫河乡	257.3	50.2	120.3	10.3	2.7	6.7	7.0	14.7	10.0
80	C015	承紫河乡	279.3	36.7	125.2	9.5	2.7	6.5	7.0	13.4	9.8
81	C016	承紫河乡	257.3	33.0	118.6	10.3	2.7	6.7	7.0	14.7	10.0
82	C017	承紫河乡	294.0	13.7	111.2	8.9	5.3	6.7	11.6	12.0	10.0
83	C018	承紫河乡	264.6	25.4	133.5	10.0	3.8	6.3	8.2	13.9	9.4
84	C019	承紫河乡	257.3	31.1	185.9	10.3	2.8	4.8	7.0	14.7	7.3
85	C020	承紫河乡	227.9	25.9	146.6	11.4	3.7	5.9	8.0	16.2	8.9
86	C021	承紫河乡	279.3	49.9	178.5	9.5	2.7	5.0	7.0	13.4	7.6
87	C022	承紫河乡	272.0	19.7	153.5	9.7	4.7	5.7	10.2	12.9	8.6
88	C023	承紫河乡	272.0	19.4	192.2	9.7	4.8	4.7	10.4	12.8	7.0
89	C024	承紫河乡	242.6	22.5	139.9	10.8	4.3	6.1	9.2	15.0	9.2
90	C025	承紫河乡	249.9	42.7	197.5	10.6	2.7	4.5	7.0	15.2	6.8
91	C026	承紫河乡	257.3	36.5	111.7	10.3	2.7	6.7	7.0	14.7	10.0
92	C027	承紫河乡	249.9	54.0	173.9	10.6	2.7	5.2	7.0	15.2	7.8
93	C028	承紫河乡	249.9	43.5	178.3	10.6	2.7	5.0	7.0	15.2	7.6
94	C029	承紫河乡	257.3	30.1	217.2	10.3	3.0	4.0	7.0	14.7	6.7
95	C030	承紫河乡	301.4	20.7	250.4	8.6	4.5	3.3	9.9	12.0	6.7
96	C031	承紫河乡	235.2	32.6	142.9	11.1	2.7	6.0	7.0	16.1	9.0

（续）

推荐一（千克/亩）									推荐二（千克/亩）				
分时期						各肥料商品用量			分时期				
底肥			蘖肥	穗肥		复混肥	尿素	硫酸钾	底肥		蘖肥	穗肥	
二铵	尿素	硫酸钾	尿素	尿素	硫酸钾				复混肥	尿素	尿素	尿素	硫酸钾
11.6	7.5	5.0	7.5	3.7	5.0	19.1	16.2	5.0	19.1	5.0	7.5	3.7	5.0
10.9	5.6	3.9	5.6	2.8	3.9	15.4	13.4	3.9	15.4	5.0	5.6	2.8	3.9
9.6	5.8	4.7	5.8	2.9	4.7	15.1	13.6	4.7	15.1	5.0	5.8	2.9	4.7
11.6	5.4	4.0	5.4	2.7	4.0	15.9	13.0	4.0	15.9	5.0	5.4	2.7	4.0
7.0	6.1	4.9	6.1	3.0	4.9	13.0	14.1	4.9	13.0	5.0	6.1	3.0	4.9
7.0	6.3	4.2	6.3	3.1	4.2	12.5	14.4	4.2	12.5	5.0	6.3	3.1	4.2
7.0	4.8	3.6	4.8	2.4	3.6	10.4	12.2	3.6	10.4	5.0	4.8	2.4	3.6
7.0	5.0	3.4	5.0	2.5	3.4	10.3	12.5	3.4	10.3	5.0	5.0	2.5	3.4
7.0	4.8	5.0	4.8	2.4	5.0	11.8	12.2	5.0	11.8	5.0	4.8	2.4	5.0
7.0	7.3	3.6	7.3	3.7	3.6	12.9	16.0	3.6	12.9	5.0	7.3	3.7	3.6
8.0	4.9	3.4	4.9	2.4	3.4	11.2	12.3	3.4	11.2	5.0	4.9	2.4	3.4
7.0	5.2	3.4	5.2	2.6	3.4	10.5	12.8	3.4	10.5	5.0	5.2	2.6	3.4
7.0	5.9	4.5	5.9	2.9	4.5	12.4	13.8	4.5	12.4	5.0	5.9	2.9	4.5
7.0	5.5	3.5	5.5	2.8	3.5	11.0	13.3	3.5	11.0	5.0	5.5	2.8	3.5
7.0	5.9	5.0	5.9	2.9	5.0	12.9	13.8	5.0	12.9	5.0	5.9	2.9	5.0
7.0	5.3	4.9	5.3	2.7	4.9	12.2	13.0	4.9	12.2	5.0	5.3	2.7	4.9
7.0	5.9	5.0	5.9	2.9	5.0	12.9	13.8	5.0	12.9	5.0	5.9	2.9	5.0
11.6	4.8	5.0	4.8	2.4	5.0	16.4	12.2	5.0	16.4	5.0	4.8	2.4	5.0
8.2	5.6	4.7	5.6	2.8	4.7	13.5	13.4	4.7	13.5	5.0	5.6	2.8	4.7
7.0	5.9	3.6	5.9	2.9	3.6	11.5	13.8	3.6	11.5	5.0	5.9	2.9	3.6
8.0	6.5	4.4	6.5	3.2	4.4	13.9	14.7	4.4	13.9	5.0	6.5	3.2	4.4
7.0	5.3	3.8	5.3	2.7	3.8	11.1	13.0	3.8	11.1	5.0	5.3	2.7	3.8
10.2	5.1	4.3	5.1	2.6	4.3	14.7	12.7	4.3	14.7	5.0	5.1	2.6	4.3
10.4	5.1	3.5	5.1	2.6	3.5	14.0	12.7	3.5	14.0	5.0	5.1	2.6	3.5
9.2	6.0	4.6	6.0	3.0	4.6	14.8	14.0	4.6	14.8	5.0	6.0	3.0	4.6
7.0	6.1	3.4	6.1	3.0	3.4	11.5	14.1	3.4	11.5	5.0	6.1	3.0	3.4
7.0	5.9	5.0	5.9	2.9	5.0	12.9	13.8	5.0	12.9	5.0	5.9	2.9	5.0
7.0	6.1	3.9	6.1	3.0	3.9	11.9	14.1	3.9	11.9	5.0	6.1	3.0	3.9
7.0	6.1	3.8	6.1	3.0	3.8	11.9	14.1	3.8	11.9	5.0	6.1	3.0	3.8
7.0	5.9	3.4	5.9	2.9	3.4	11.2	13.8	3.4	11.2	5.0	5.9	2.9	3.4
9.9	4.8	3.4	4.8	2.4	3.4	13.0	12.2	3.4	13.0	5.0	4.8	2.4	3.4
7.0	6.4	4.5	6.4	3.2	4.5	13.0	14.7	4.5	13.0	5.0	6.4	3.2	4.5

序号	原编号	采样地点	测试值（毫克/千克）			需施化肥纯量（千克/亩）			各肥料商品用量		
			氮	磷	钾	N	P_2O_5	K_2O	二铵	尿素	硫酸钾
97	C032	承紫河乡	249.9	35.9	185.7	10.6	2.7	4.8	7.0	15.2	7.3
98	C033	承紫河乡	242.6	51.0	217.1	10.8	2.7	4.0	7.0	15.6	6.7
99	C034	承紫河乡	213.2	65.7	197.6	12.0	2.7	4.5	7.0	17.4	6.8
100	C035	承紫河乡	242.6	24.9	184.7	10.8	3.9	4.9	8.4	15.2	7.3
101	C036	承紫河乡	301.4	69.8	219.3	8.6	2.7	3.9	7.0	12.0	6.7
102	C037	承紫河乡	227.9	19.6	138.7	11.4	4.7	6.1	10.3	15.6	9.2
103	C038	承紫河乡	235.2	23.7	127.6	11.1	4.0	6.5	8.8	15.6	9.7
104	C039	承紫河乡	242.6	42.2	181.0	10.8	2.7	5.0	7.0	15.6	7.5
105	C040	承紫河乡	257.3	106.8	182.2	10.3	2.7	4.9	7.0	14.7	7.4
106	C041	承紫河乡	249.9	43.4	183.9	10.6	2.7	4.9	7.0	15.2	7.3
107	C042	承紫河乡	272.0	75.7	270.6	9.7	2.7	3.3	7.0	13.8	6.7
108	C043	承紫河乡	147.0	26.3	208.0	13.6	3.6	4.2	7.9	19.8	6.7
109	C044	承紫河乡	227.9	38.4	296.3	11.4	2.7	3.3	7.0	16.5	6.7
110	C045	承紫河乡	301.4	45.3	133.7	8.6	2.7	6.3	7.0	12.0	9.4
111	C046	承紫河乡	235.2	40.4	111.2	11.1	2.7	6.7	7.0	16.1	10.0
112	C047	承紫河乡	264.6	50.5	110.4	10.0	2.7	6.7	7.0	14.3	10.0
113	C048	承紫河乡	213.2	63.7	129.8	12.0	2.7	6.4	7.0	17.4	9.6
114	C049	承紫河乡	191.1	59.9	82.6	12.8	2.7	6.7	7.0	18.8	10.0
115	C050	承紫河乡	176.4	23.5	79.1	13.3	4.1	6.7	8.9	19.2	10.0
116	C051	承紫河乡	249.9	30.4	147.8	10.6	2.9	5.9	7.0	15.2	8.8
117	C052	承紫河乡	264.6	47.2	105.0	10.0	2.7	6.7	7.0	14.3	10.0
118	C053	承紫河乡	249.9	34.5	135.4	10.6	2.7	6.2	7.0	15.2	9.4
119	C054	承紫河乡	279.3	55.4	244.1	9.5	2.7	3.3	7.0	13.4	6.7
120	C055	承紫河乡	257.3	92.5	391.4	10.3	2.7	3.3	7.0	14.7	6.7
121	C056	承紫河乡	249.9	94.3	113.0	10.6	2.7	6.7	7.0	15.2	10.0
122	C057	承紫河乡	249.9	38.8	112.3	10.6	2.7	6.7	7.0	15.2	10.0
123	C058	承紫河乡	249.9	13.2	106.2	10.6	5.3	6.7	11.6	13.8	10.0
124	C059	承紫河乡	249.9	14.4	138.7	10.6	5.3	6.1	11.6	13.8	9.2
125	C060	承紫河乡	227.9	12.1	127.4	11.4	5.3	6.5	11.6	15.2	9.7
126	D001	当壁镇	227.9	25.7	122.9	11.4	3.7	6.6	8.1	16.2	9.9
127	D002	当壁镇	213.2	16.0	91.2	12.0	5.3	6.7	11.6	16.1	10.0
128	D003	当壁镇	227.9	20.8	91.2	11.4	4.5	6.7	9.8	15.7	10.0

（续）

推荐一（千克/亩）						推荐二（千克/亩）							
分时期						各肥料商品用量			分时期				
底肥			蘖肥	穗肥		复混肥	尿素	硫酸钾	底肥		蘖肥	穗肥	
二铵	尿素	硫酸钾	尿素	尿素	硫酸钾				复混肥	尿素	尿素	尿素	硫酸钾
7.0	6.1	3.6	6.1	3.0	3.6	11.7	14.1	3.6	11.7	5.0	6.1	3.0	3.6
7.0	6.3	3.4	6.3	3.1	3.4	11.6	14.4	3.4	11.6	5.0	6.3	3.1	3.4
7.0	7.0	3.4	7.0	3.5	3.4	12.4	15.5	3.4	12.4	5.0	7.0	3.5	3.4
8.4	6.1	3.7	6.1	3.0	3.7	13.1	14.1	3.7	13.1	5.0	6.1	3.0	3.7
7.0	4.8	3.4	4.8	2.4	3.4	10.2	12.2	3.4	10.2	5.0	4.8	2.4	3.4
10.3	6.2	4.6	6.2	3.1	4.6	16.1	14.3	4.6	16.1	5.0	6.2	3.1	4.6
8.8	6.2	4.8	6.2	3.1	4.8	14.9	14.3	4.8	14.9	5.0	6.2	3.1	4.8
7.0	6.3	3.7	6.3	3.1	3.7	12.0	14.4	3.7	12.0	5.0	6.3	3.1	3.7
7.0	5.9	3.7	5.9	2.9	3.7	11.6	13.8	3.7	11.6	5.0	5.9	2.9	3.7
7.0	6.1	3.7	6.1	3.0	3.7	11.7	14.1	3.7	11.7	5.0	6.1	3.0	3.7
7.0	5.5	3.4	5.5	2.8	3.4	10.9	13.3	3.4	10.9	5.0	5.5	2.8	3.4
7.9	7.9	3.4	7.9	4.0	3.4	14.2	16.9	3.4	14.2	5.0	7.9	4.0	3.4
7.0	6.6	3.4	6.6	3.3	3.4	12.0	14.9	3.4	12.0	5.0	6.6	3.3	3.4
7.0	4.8	4.7	4.8	2.4	4.7	11.5	12.2	4.7	11.5	5.0	4.8	2.4	4.7
7.0	6.4	5.0	6.4	3.2	5.0	13.4	14.7	5.0	13.4	5.0	6.4	3.2	5.0
7.0	5.7	5.0	5.7	2.9	5.0	12.7	13.6	5.0	12.7	5.0	5.7	2.9	5.0
7.0	7.0	4.8	7.0	3.5	4.8	13.8	15.5	4.8	13.8	5.0	7.0	3.5	4.8
7.0	7.5	5.0	7.5	3.8	5.0	14.5	16.3	5.0	14.5	5.0	7.5	3.8	5.0
8.9	7.7	5.0	7.7	3.8	5.0	16.5	16.5	5.0	16.5	5.0	7.7	3.8	5.0
7.0	6.1	4.4	6.1	3.0	4.4	12.5	14.1	4.4	12.5	5.0	6.1	3.0	4.4
7.0	5.7	5.0	5.7	2.9	5.0	12.7	13.6	5.0	12.7	5.0	5.7	2.9	5.0
7.0	6.1	4.7	6.1	3.0	4.7	12.8	14.1	4.7	12.8	5.0	6.1	3.0	4.7
7.0	5.3	3.4	5.3	2.7	3.4	10.7	13.0	3.4	10.7	5.0	5.3	2.7	3.4
7.0	5.9	3.4	5.9	2.9	3.4	11.2	13.8	3.4	11.2	5.0	5.9	2.9	3.4
7.0	6.1	5.0	6.1	3.0	5.0	13.1	14.1	5.0	13.1	5.0	6.1	3.0	5.0
7.0	6.1	5.0	6.1	3.0	5.0	13.1	14.1	5.0	13.1	5.0	6.1	3.0	5.0
11.6	5.5	5.0	5.5	2.8	5.0	17.1	13.3	5.0	17.1	5.0	5.5	2.8	5.0
11.6	5.5	4.6	5.5	2.8	4.6	16.7	13.3	4.6	16.7	5.0	5.5	2.8	4.6
11.6	6.1	4.8	6.1	3.0	4.8	17.5	14.1	4.8	17.5	5.0	6.1	3.0	4.8
8.1	6.5	4.9	6.5	3.2	4.9	14.5	14.7	4.9	14.5	5.0	6.5	3.2	4.9
11.6	6.4	5.0	6.4	3.2	5.0	18.0	14.7	5.0	18.0	5.0	6.4	3.2	5.0
9.8	6.3	5.0	6.3	3.1	5.0	16.1	14.4	5.0	16.1	5.0	6.3	3.1	5.0

序号	原编号	采样地点	测试值（毫克/千克）			需施化肥纯量（千克/亩）			各肥料商品用量		
			氮	磷	钾	N	P₂O₅	K₂O	二铵	尿素	硫酸钾
129	D004	当壁镇	147.0	18.9	92.0	13.6	4.8	6.7	10.5	19.1	10.0
130	D005	当壁镇	198.5	28.2	99.5	12.5	3.3	6.7	7.2	18.3	10.0
131	D006	当壁镇	294.0	26.9	78.2	8.9	3.5	6.7	7.7	12.3	10.0
132	D007	当壁镇	227.9	32.6	104.7	11.4	2.7	6.7	7.0	16.5	10.0
133	D008	当壁镇	205.8	53.4	87.0	12.2	2.7	6.7	7.0	17.9	10.0
134	D009	当壁镇	183.8	30.1	83.1	13.1	3.0	6.7	7.0	19.2	10.0
135	D010	当壁镇	220.5	13.6	78.2	11.7	5.3	6.7	11.6	15.6	10.0
136	D011	当壁镇	227.9	32.7	84.7	11.4	2.7	6.7	7.0	16.5	10.0
137	D012	当壁镇	198.5	22.5	80.0	12.5	4.3	6.7	9.3	17.7	10.0
138	D013	当壁镇	191.1	78.5	85.2	12.8	2.7	6.7	7.0	18.8	10.0
139	D014	当壁镇	213.2	30.1	106.3	12.0	3.0	6.7	7.0	17.4	10.0
140	D015	当壁镇	161.7	22.1	121.2	13.6	4.3	6.6	9.4	19.4	9.9
141	D016	当壁镇	183.8	16.4	121.2	13.1	5.3	6.6	11.4	17.9	10.0
142	D017	当壁镇	301.4	26.4	85.9	8.6	3.6	6.7	7.8	12.0	10.0
143	D018	当壁镇	191.1	37.1	84.7	12.8	2.7	6.7	7.0	18.8	10.0
144	D019	当壁镇	183.8	38.3	78.2	13.1	2.7	6.7	7.0	19.2	10.0
145	D020	当壁镇	242.6	81.8	67.1	10.8	2.7	6.7	7.0	15.6	10.0
146	D021	当壁镇	301.4	22.2	142.4	8.6	4.3	6.0	9.4	12.0	9.1
147	D022	当壁镇	205.8	13.0	85.9	12.2	5.3	6.7	11.6	16.5	10.0
148	D023	当壁镇	220.5	17.8	72.4	11.7	5.0	6.7	11.0	15.8	10.0
149	D024	当壁镇	257.3	36.4	97.7	10.3	2.7	6.7	7.0	14.7	10.0
150	D025	当壁镇	205.8	17.8	130.1	12.2	5.0	6.4	10.9	16.7	9.6
151	D026	当壁镇	257.3	47.6	201.2	10.3	2.7	4.4	7.0	14.7	6.7
152	D027	当壁镇	205.8	26.7	91.2	12.2	3.5	6.7	7.7	17.7	10.0
153	D028	当壁镇	198.5	34.9	100.1	12.5	2.7	6.7	7.0	18.3	10.0
154	D029	当壁镇	257.3	25.1	163.5	10.3	3.8	5.5	8.3	14.3	8.2
155	D030	当壁镇	198.5	22.0	125.9	12.5	4.3	6.5	9.4	17.6	9.8
156	D031	当壁镇	205.8	17.5	90.0	12.2	5.1	6.7	11.1	16.7	10.0
157	D032	当壁镇	161.7	28.1	100.8	13.6	3.3	6.7	7.2	20.0	10.0
158	D033	当壁镇	191.1	12.6	71.8	12.8	5.3	6.7	11.6	17.4	10.0
159	D034	当壁镇	169.1	14.5	84.1	13.6	5.3	6.7	11.6	18.7	10.0
160	D035	当壁镇	205.8	16.3	96.1	12.2	5.3	6.7	11.5	16.6	10.0

（续）

推荐一（千克/亩）						推荐二（千克/亩）						
分时期						各肥料商品用量			分时期				
底肥			蘖肥	穗肥		复混肥	尿素	硫酸钾	底肥		蘖肥	穗肥	
二铵	尿素	硫酸钾	尿素	尿素	硫酸钾				复混肥	尿素	尿素	尿素	硫酸钾
10.5	7.6	5.0	7.6	3.8	5.0	18.2	16.4	5.0	18.2	5.0	7.6	3.8	5.0
7.2	7.3	5.0	7.3	3.7	5.0	14.5	16.0	5.0	14.5	5.0	7.3	3.7	5.0
7.7	4.9	5.0	4.9	2.5	5.0	12.6	12.4	5.0	12.6	5.0	4.9	2.5	5.0
7.0	6.6	5.0	6.6	3.3	5.0	13.6	14.9	5.0	13.6	5.0	6.6	3.3	5.0
7.0	7.2	5.0	7.2	3.6	5.0	14.2	15.7	5.0	14.2	5.0	7.2	3.6	5.0
7.0	7.7	5.0	7.7	3.8	5.0	14.7	16.5	5.0	14.7	5.0	7.7	3.8	5.0
11.6	6.3	5.0	6.3	3.1	5.0	17.9	14.4	5.0	17.9	5.0	6.3	3.1	5.0
7.0	6.6	5.0	6.6	3.3	5.0	13.6	14.9	5.0	13.6	5.0	6.6	3.3	5.0
9.3	7.1	5.0	7.1	3.5	5.0	16.3	15.6	5.0	16.3	5.0	7.1	3.5	5.0
7.0	7.5	5.0	7.5	3.8	5.0	14.5	16.3	5.0	14.5	5.0	7.5	3.8	5.0
7.0	7.0	5.0	7.0	3.5	5.0	14.0	15.5	5.0	14.0	5.0	7.0	3.5	5.0
9.4	7.8	5.0	7.8	3.9	5.0	17.1	16.6	5.0	17.1	5.0	7.8	3.9	5.0
11.4	7.2	5.0	7.2	3.6	5.0	18.6	15.8	5.0	18.6	5.0	7.2	3.6	5.0
7.8	4.8	5.0	4.8	2.4	5.0	12.6	12.2	5.0	12.6	5.0	4.8	2.4	5.0
7.0	7.5	5.0	7.5	3.8	5.0	14.5	16.3	5.0	14.5	5.0	7.5	3.8	5.0
7.0	7.7	5.0	7.7	3.8	5.0	14.7	16.5	5.0	14.7	5.0	7.7	3.8	5.0
7.0	6.3	5.0	6.3	3.1	5.0	13.3	14.4	5.0	13.3	5.0	6.3	3.1	5.0
9.4	4.8	4.5	4.8	2.4	4.5	13.7	12.2	4.5	13.7	5.0	4.8	2.4	4.5
11.6	6.6	5.0	6.6	3.3	5.0	18.2	14.9	5.0	18.2	5.0	6.6	3.3	5.0
11.0	6.3	5.0	6.3	3.2	5.0	17.3	14.5	5.0	17.3	5.0	6.3	3.2	5.0
7.0	5.9	5.0	5.9	2.9	5.0	12.9	13.8	5.0	12.9	5.0	5.9	2.9	5.0
10.9	6.7	4.8	6.7	3.3	4.8	17.4	15.0	4.8	17.4	5.0	6.7	3.3	4.8
7.0	5.9	3.4	5.9	2.9	3.4	11.2	13.8	3.4	11.2	5.0	5.9	2.9	3.4
7.7	7.1	5.0	7.1	3.5	5.0	14.8	15.6	5.0	14.8	5.0	7.1	3.5	5.0
7.0	7.3	5.0	7.3	3.7	5.0	14.3	16.0	5.0	14.3	5.0	7.3	3.7	5.0
8.3	5.7	4.1	5.7	2.9	4.1	13.1	13.6	4.1	13.1	5.0	5.7	2.9	4.1
9.4	7.1	4.9	7.1	3.5	4.9	16.3	15.6	4.9	16.3	5.0	7.1	3.5	4.9
11.1	6.7	5.0	6.7	3.3	5.0	17.7	15.0	5.0	17.7	5.0	6.7	3.3	5.0
7.2	8.0	5.0	8.0	4.0	5.0	15.2	17.0	5.0	15.2	5.0	8.0	4.0	5.0
11.6	7.0	5.0	7.0	3.5	5.0	18.6	15.5	5.0	18.6	5.0	7.0	3.5	5.0
11.6	7.5	5.0	7.5	3.7	5.0	19.1	16.2	5.0	19.1	5.0	7.5	3.7	5.0
11.5	6.6	5.0	6.6	3.3	5.0	18.1	14.9	5.0	18.1	5.0	6.6	3.3	5.0

序号	原编号	采样地点	测试值 （毫克/千克）			需施化肥纯量 （千克/亩）			各肥料商品用量		
			氮	磷	钾	N	P$_2$O$_5$	K$_2$O	二铵	尿素	硫酸钾
161	D036	当壁镇	191.1	40.5	75.3	12.8	2.7	6.7	7.0	18.8	10.0
162	D037	当壁镇	191.1	16.3	87.1	12.8	5.3	6.7	11.5	17.5	10.0
163	D038	当壁镇	220.5	13.1	83.8	11.7	5.3	6.7	11.6	15.6	10.0
164	D039	当壁镇	147.0	18.2	91.2	13.6	5.0	6.7	10.8	19.0	10.0
165	D040	当壁镇	191.1	24.4	90.6	12.8	3.9	6.7	8.5	18.3	10.0
166	E001	二人班乡	179.3	60.6	100.5	13.2	2.7	6.7	7.0	19.5	10.0
167	E002	二人班乡	183.8	68.9	111.7	13.1	2.7	6.7	7.0	19.2	10.0
168	E003	二人班乡	176.4	28.0	112.8	13.3	3.3	6.7	7.3	19.6	10.0
169	E004	二人班乡	227.9	36.2	118.6	11.4	2.7	6.7	7.0	16.5	10.0
170	E005	二人班乡	176.4	20.8	137.3	13.3	4.5	6.2	9.8	18.9	9.3
171	E006	二人班乡	147.0	36.2	138.6	13.6	2.7	6.2	7.0	20.0	9.2
172	E007	二人班乡	154.4	35.0	128.7	13.6	2.7	6.4	7.0	20.0	9.6
173	E008	二人班乡	176.4	56.8	146.3	13.3	2.7	5.9	7.0	19.7	8.9
174	E009	二人班乡	176.4	52.7	174.7	13.3	2.7	5.1	7.0	19.7	7.7
175	E010	二人班乡	191.1	39.5	147.0	12.8	2.7	5.9	7.0	18.8	8.9
176	E011	二人班乡	191.1	49.2	163.1	12.8	2.7	5.5	7.0	18.8	8.2
177	E012	二人班乡	205.8	48.0	133.5	12.2	2.7	6.3	7.0	17.9	9.4
178	E013	二人班乡	191.1	50.0	155.2	12.8	2.7	5.7	7.0	18.8	8.5
179	E014	二人班乡	176.4	36.9	192.1	13.3	2.7	4.7	7.0	19.7	7.0
180	E015	二人班乡	139.7	30.8	133.4	13.6	2.9	6.3	7.0	20.0	9.4
181	E016	二人班乡	147.0	62.1	283.7	13.6	2.7	3.3	7.0	20.0	6.7
182	E017	二人班乡	191.1	60.9	202.9	12.8	2.7	4.4	7.0	18.8	6.7
183	E018	二人班乡	257.3	52.9	240.3	10.3	2.7	3.3	7.0	14.7	6.7
184	E019	二人班乡	169.1	65.5	387.0	13.6	2.7	3.3	7.0	20.0	6.7
185	E020	二人班乡	249.9	45.8	187.0	10.6	2.7	4.8	7.0	15.2	7.2
186	E021	二人班乡	227.9	85.6	193.3	11.4	2.7	4.6	7.0	16.5	6.9
187	E022	二人班乡	183.8	75.2	203.5	13.1	2.7	4.3	7.0	19.2	6.7
188	E023	二人班乡	227.9	84.8	193.4	11.4	2.7	4.6	7.0	16.5	6.9
189	E024	二人班乡	257.3	64.7	70.9	10.3	2.7	6.7	7.0	14.7	10.0
190	E025	二人班乡	213.2	75.0	163.1	12.0	2.7	5.5	7.0	17.4	8.2
191	E026	二人班乡	191.1	20.9	160.7	12.8	4.5	5.5	9.8	18.0	8.3
192	E027	二人班乡	205.8	33.0	209.7	12.2	2.7	4.2	7.0	17.9	6.7

（续）

推荐一（千克/亩）						推荐二（千克/亩）							
分时期						各肥料商品用量			分时期				
底肥			蘖肥	穗肥		复混肥	尿素	硫酸钾	底肥		蘖肥	穗肥	
二铵	尿素	硫酸钾	尿素	尿素	硫酸钾				复混肥	尿素	尿素	尿素	硫酸钾
7.0	7.5	5.0	7.5	3.8	5.0	14.5	16.3	5.0	14.5	5.0	7.5	3.8	5.0
11.5	7.0	5.0	7.0	3.5	5.0	18.5	15.5	5.0	18.5	5.0	7.0	3.5	5.0
11.6	6.3	5.0	6.3	3.1	5.0	17.9	14.4	5.0	17.9	5.0	6.3	3.1	5.0
10.8	7.6	5.0	7.6	3.8	5.0	18.4	16.4	5.0	18.4	5.0	7.6	3.8	5.0
8.5	7.3	5.0	7.3	3.7	5.0	15.9	16.0	5.0	15.9	5.0	7.3	3.7	5.0
7.0	7.8	5.0	7.8	3.9	5.0	14.8	16.7	5.0	14.8	5.0	7.8	3.9	5.0
7.0	7.7	5.0	7.7	3.8	5.0	14.7	16.5	5.0	14.7	5.0	7.7	3.8	5.0
7.3	7.9	5.0	7.9	3.9	5.0	15.1	16.8	5.0	15.1	5.0	7.9	3.9	5.0
7.0	6.6	5.0	6.6	3.3	5.0	13.6	14.9	5.0	13.6	5.0	6.6	3.3	5.0
9.8	7.5	4.6	7.5	3.8	4.6	17.0	16.3	4.6	17.0	5.0	7.5	3.8	4.6
7.0	8.0	4.6	8.0	4.0	4.6	14.6	17.0	4.6	14.6	5.0	8.0	4.0	4.6
7.0	8.0	4.8	8.0	4.0	4.8	14.8	17.0	4.8	14.8	5.0	8.0	4.0	4.8
7.0	7.9	4.5	7.9	3.9	4.5	14.3	16.8	4.5	14.3	5.0	7.9	3.9	4.5
7.0	7.9	3.9	7.9	3.9	3.9	13.7	16.8	3.9	13.7	5.0	7.9	3.9	3.9
7.0	7.5	4.4	7.5	3.8	4.4	14.0	16.3	4.4	14.0	5.0	7.5	3.8	4.4
7.0	7.5	4.1	7.5	3.8	4.1	13.6	16.3	4.1	13.6	5.0	7.5	3.8	4.1
7.0	7.2	4.7	7.2	3.6	4.7	13.9	15.7	4.7	13.9	5.0	7.2	3.6	4.7
7.0	7.5	4.3	7.5	3.8	4.3	13.8	16.3	4.3	13.8	5.0	7.5	3.8	4.3
7.0	7.9	3.5	7.9	3.9	3.5	13.4	16.8	3.5	13.4	5.0	7.9	3.9	3.5
7.0	8.0	4.7	8.0	4.0	4.7	14.7	17.0	4.7	14.7	5.0	8.0	4.0	4.7
7.0	8.0	3.4	8.0	4.0	3.4	13.4	17.0	3.4	13.4	5.0	8.0	4.0	3.4
7.0	7.5	3.4	7.5	3.8	3.4	12.9	16.3	3.4	12.9	5.0	7.5	3.8	3.4
7.0	5.9	3.4	5.9	2.9	3.4	11.2	13.8	3.4	11.2	5.0	5.9	2.9	3.4
7.0	8.0	3.4	8.0	4.0	3.4	13.4	17.0	3.4	13.4	5.0	8.0	4.0	3.4
7.0	6.1	3.6	6.1	3.0	3.6	11.7	14.1	3.6	11.7	5.0	6.1	3.0	3.6
7.0	6.6	3.5	6.6	3.3	3.5	12.1	14.9	3.5	12.1	5.0	6.6	3.3	3.5
7.0	7.7	3.4	7.7	3.8	3.4	13.0	16.5	3.4	13.0	5.0	7.7	3.8	3.4
7.0	6.6	3.5	6.6	3.3	3.5	12.1	14.9	3.5	12.1	5.0	6.6	3.3	3.5
7.0	5.9	5.0	5.9	2.9	5.0	12.9	13.8	5.0	12.9	5.0	5.9	2.9	5.0
7.0	7.0	4.1	7.0	3.5	4.1	13.1	15.5	4.1	13.1	5.0	7.0	3.5	4.1
9.8	7.2	4.2	7.2	3.6	4.2	16.1	15.8	4.2	16.1	5.0	7.2	3.6	4.2
7.0	7.2	3.4	7.2	3.6	3.4	12.5	15.7	3.4	12.5	5.0	7.2	3.6	3.4

序号	原编号	采样地点	测试值（毫克/千克）			需施化肥纯量（千克/亩）			各肥料商品用量		
			氮	磷	钾	N	P₂O₅	K₂O	二铵	尿素	硫酸钾
193	E028	二人班乡	161.7	54.8	124.6	13.6	2.7	6.5	7.0	20.0	9.8
194	E029	二人班乡	110.3	35.7	93.4	13.6	2.7	6.7	7.0	20.0	10.0
195	E030	二人班乡	169.1	38.8	168.9	13.6	2.7	5.3	7.0	20.0	8.0
196	E031	二人班乡	198.5	56.8	301.2	12.5	2.7	3.3	7.0	18.3	6.7
197	E032	二人班乡	205.8	49.9	210.2	12.2	2.7	4.2	7.0	17.9	6.7
198	E033	二人班乡	213.2	75.5	194.0	12.0	2.7	4.6	7.0	17.4	6.9
199	E034	二人班乡	257.3	87.8	216.5	10.3	2.7	4.0	7.0	14.7	6.7
200	E035	二人班乡	198.5	80.6	338.6	12.5	2.7	3.3	7.0	18.3	6.7
201	E036	二人班乡	161.7	41.3	261.4	13.6	2.7	3.3	7.0	20.0	6.7
202	E037	二人班乡	147.0	57.2	175.7	13.6	2.7	5.1	7.0	20.0	7.7
203	E038	二人班乡	198.5	53.3	179.1	12.5	2.7	5.0	7.0	18.3	7.5
204	E039	二人班乡	227.9	102.5	85.2	11.4	2.7	6.7	7.0	16.5	10.0
205	E040	二人班乡	198.5	73.7	202.2	12.5	2.7	4.4	7.0	18.3	6.7
206	E041	二人班乡	213.2	128.2	535.5	12.0	2.7	3.3	7.0	17.4	6.7
207	E042	二人班乡	198.5	61.6	183.1	12.5	2.7	4.9	7.0	18.3	7.4
208	E043	二人班乡	198.5	63.8	193.4	12.5	2.7	4.6	7.0	18.3	6.9
209	E044	二人班乡	183.8	44.8	166.1	13.1	2.7	5.4	7.0	19.2	8.1
210	E045	二人班乡	183.8	49.0	162.0	13.1	2.7	5.5	7.0	19.2	8.2
211	E046	二人班乡	147.0	44.3	106.3	13.6	2.7	6.7	7.0	20.0	10.0
212	E047	二人班乡	176.4	48.0	120.5	13.3	2.7	6.7	7.0	19.7	10.0
213	E048	二人班乡	176.4	50.3	151.2	13.3	2.7	5.8	7.0	19.7	8.7
214	E049	二人班乡	132.3	45.6	130.1	13.6	2.7	6.4	7.0	20.0	9.6
215	E050	二人班乡	147.0	55.3	100.8	13.6	2.7	6.7	7.0	20.0	10.0
216	E051	二人班乡	205.8	65.5	177.7	12.2	2.7	5.1	7.0	17.9	7.6
217	E052	二人班乡	227.9	52.9	200.1	11.4	2.7	4.4	7.0	16.5	6.7
218	E053	二人班乡	183.8	77.1	157.3	13.1	2.7	5.6	7.0	19.2	8.4
219	E054	二人班乡	198.5	49.5	253.9	12.5	2.7	3.3	7.0	18.3	6.7
220	E055	二人班乡	161.7	69.4	161.4	13.6	2.7	5.5	7.0	20.0	8.3
221	E056	二人班乡	161.7	37.8	209.6	13.6	2.7	4.2	7.0	20.0	6.7
222	E057	二人班乡	183.8	24.1	207.0	13.1	4.0	4.3	8.7	18.8	6.7
223	E058	二人班乡	198.5	34.7	212.1	12.5	2.7	4.1	7.0	18.3	6.7
224	E059	二人班乡	205.8	39.3	358.6	12.2	2.7	3.3	7.0	17.9	6.7

（续）

推荐一（千克/亩）						推荐二（千克/亩）							
分时期						各肥料商品用量			分时期				
底肥			蘖肥	穗肥		复混肥	尿素	硫酸钾	底肥		蘖肥	穗肥	
二铵	尿素	硫酸钾	尿素	尿素	硫酸钾				复混肥	尿素	尿素	尿素	硫酸钾
7.0	8.0	4.9	8.0	4.0	4.9	14.9	17.0	4.9	14.9	5.0	8.0	4.0	4.9
7.0	8.0	5.0	8.0	4.0	5.0	15.0	17.0	5.0	15.0	5.0	8.0	4.0	5.0
7.0	8.0	4.0	8.0	4.0	4.0	14.0	17.0	4.0	14.0	5.0	8.0	4.0	4.0
7.0	7.3	3.4	7.3	3.7	3.4	12.7	16.0	3.4	12.7	5.0	7.3	3.7	3.4
7.0	7.2	3.4	7.2	3.6	3.4	12.5	15.7	3.4	12.5	5.0	7.2	3.6	3.4
7.0	7.0	3.5	7.0	3.5	3.5	12.4	15.5	3.5	12.4	5.0	7.0	3.5	3.5
7.0	5.9	3.4	5.9	2.9	3.4	11.2	13.8	3.4	11.2	5.0	5.9	2.9	3.4
7.0	7.3	3.4	7.3	3.7	3.4	12.7	16.0	3.4	12.7	5.0	7.3	3.7	3.4
7.0	8.0	3.4	8.0	4.0	3.4	13.4	17.0	3.4	13.4	5.0	8.0	4.0	3.4
7.0	8.0	3.8	8.0	4.0	3.8	13.8	17.0	3.8	13.8	5.0	8.0	4.0	3.8
7.0	7.3	3.8	7.3	3.7	3.8	13.1	16.0	3.8	13.1	5.0	7.3	3.7	3.8
7.0	6.6	5.0	6.6	3.3	5.0	13.6	14.9	5.0	13.6	5.0	6.6	3.3	5.0
7.0	7.3	3.4	7.3	3.7	3.4	12.7	16.0	3.4	12.7	5.0	7.3	3.7	3.4
7.0	7.0	3.4	7.0	3.5	3.4	12.3	15.5	3.4	12.3	5.0	7.0	3.5	3.4
7.0	7.3	3.7	7.3	3.7	3.7	13.0	16.0	3.7	13.0	5.0	7.3	3.7	3.7
7.0	7.3	3.5	7.3	3.7	3.5	12.8	16.0	3.5	12.8	5.0	7.3	3.7	3.5
7.0	7.7	4.0	7.7	3.8	4.0	13.7	16.5	4.0	13.7	5.0	7.7	3.8	4.0
7.0	7.7	4.1	7.7	3.8	4.1	13.8	16.5	4.1	13.8	5.0	7.7	3.8	4.1
7.0	8.0	5.0	8.0	4.0	5.0	15.0	17.0	5.0	15.0	5.0	8.0	4.0	5.0
7.0	7.9	5.0	7.9	3.9	5.0	14.9	16.8	5.0	14.9	5.0	7.9	3.9	5.0
7.0	7.9	4.4	7.9	3.9	4.4	14.2	16.8	4.4	14.2	5.0	7.9	3.9	4.4
7.0	8.0	4.8	8.0	4.0	4.8	14.8	17.0	4.8	14.8	5.0	8.0	4.0	4.8
7.0	8.0	5.0	8.0	4.0	5.0	15.0	17.0	5.0	15.0	5.0	8.0	4.0	5.0
7.0	7.2	3.8	7.2	3.6	3.8	13.0	15.7	3.8	13.0	5.0	7.2	3.6	3.8
7.0	6.6	3.4	6.6	3.3	3.4	12.0	14.9	3.4	12.0	5.0	6.6	3.3	3.4
7.0	7.7	4.2	7.7	3.8	4.2	13.9	16.5	4.2	13.9	5.0	7.7	3.8	4.2
7.0	7.3	3.4	7.3	3.7	3.4	12.7	16.0	3.4	12.7	5.0	7.3	3.7	3.4
7.0	8.0	4.1	8.0	4.0	4.1	14.1	17.0	4.1	14.1	5.0	8.0	4.0	4.1
7.0	8.0	3.4	8.0	4.0	3.4	13.4	17.0	3.4	13.4	5.0	8.0	4.0	3.4
8.7	7.5	3.4	7.5	3.8	3.4	14.5	16.3	3.4	14.5	5.0	7.5	3.8	3.4
7.0	7.3	3.4	7.3	3.7	3.4	12.7	16.0	3.4	12.7	5.0	7.3	3.7	3.4
7.0	7.2	3.4	7.2	3.6	3.4	12.5	15.7	3.4	12.5	5.0	7.2	3.6	3.4

序号	原编号	采样地点	测试值（毫克/千克）			需施化肥纯量（千克/亩）			各肥料商品用量		
			氮	磷	钾	N	P$_2$O$_5$	K$_2$O	二铵	尿素	硫酸钾
225	E060	二人班乡	198.5	37.0	197.4	12.5	2.7	4.5	7.0	18.3	6.8
226	E061	二人班乡	161.7	21.1	264.8	13.6	4.5	3.3	9.7	19.3	6.7
227	E062	二人班乡	183.8	13.6	266.8	13.1	5.3	3.3	11.6	17.9	6.7
228	E063	二人班乡	205.8	23.4	291.5	12.2	4.1	3.3	8.9	17.3	6.7
229	E064	二人班乡	205.8	24.6	252.8	12.2	3.9	3.3	8.5	17.5	6.7
230	E065	二人班乡	176.4	20.2	246.3	13.3	4.6	3.3	10.1	18.8	6.7
231	E066	二人班乡	139.7	20.9	118.5	13.6	4.5	6.7	9.8	19.3	10.0
232	E067	二人班乡	110.3	23.1	111.5	13.6	4.2	6.7	9.0	19.5	10.0
233	E068	二人班乡	139.7	12.0	104.2	13.6	5.3	6.7	11.6	18.7	10.0
234	E069	二人班乡	139.7	32.6	245.0	13.6	2.7	3.3	7.0	20.0	6.7
235	E070	二人班乡	154.4	20.1	208.3	13.6	4.7	4.2	10.1	19.2	6.7
236	F001	富源乡	257.3	49.2	149.6	10.3	2.7	5.8	7.0	14.7	8.8
237	F002	富源乡	198.5	67.5	193.3	12.5	2.7	4.6	7.0	18.3	6.9
238	F003	富源乡	154.4	60.5	279.8	13.6	2.7	3.3	7.0	20.0	6.7
239	F004	富源乡	169.1	64.2	359.5	13.6	2.7	3.3	7.0	20.0	6.7
240	F005	富源乡	272.0	59.2	294.5	9.7	2.7	3.3	7.0	13.8	6.7
241	F006	富源乡	257.3	43.9	194.5	10.3	2.7	4.6	7.0	14.7	6.9
242	F007	富源乡	242.6	41.1	179.8	10.8	2.7	5.0	7.0	15.6	7.5
243	F008	富源乡	169.1	42.8	113.7	13.6	2.7	6.7	7.0	20.0	10.0
244	F009	富源乡	220.5	33.6	260.1	11.7	2.7	3.3	7.0	17.0	6.7
245	F010	富源乡	242.6	35.3	168.7	10.8	2.7	5.3	7.0	15.6	8.0
246	F011	富源乡	242.6	20.9	147.9	10.8	4.5	5.9	9.8	14.8	8.8
247	F012	富源乡	279.3	49.0	221.0	9.5	2.7	3.9	7.0	13.4	6.7
248	F013	富源乡	257.3	77.7	376.5	10.3	2.7	3.3	7.0	14.7	6.7
249	F014	富源乡	316.1	61.9	391.1	8.1	2.7	3.3	7.0	12.0	6.7
250	F015	富源乡	213.2	33.0	104.3	12.0	2.7	6.7	7.0	17.4	10.0
251	F016	富源乡	198.5	68.3	173.4	12.5	2.7	5.2	7.0	18.3	7.8
252	F017	富源乡	205.8	36.5	106.3	12.2	2.7	6.7	7.0	17.9	10.0
253	F018	富源乡	257.3	21.4	262.0	10.3	4.4	3.3	9.6	14.0	6.7
254	F019	富源乡	183.8	51.4	129.5	13.1	2.7	6.4	7.0	19.2	9.6
255	F020	富源乡	242.6	70.2	128.2	10.8	2.7	6.4	7.0	15.6	9.7
256	F021	富源乡	213.2	48.9	198.8	12.0	2.7	4.5	7.0	17.4	6.7

（续）

推荐一（千克/亩）						推荐二（千克/亩）							
分时期						各肥料商品用量			分时期				
底肥			蘖肥	穗肥		复混肥	尿素	硫酸钾	底肥		蘖肥	穗肥	
二铵	尿素	硫酸钾	尿素	尿素	硫酸钾				复混肥	尿素	尿素	尿素	硫酸钾
7.0	7.3	3.4	7.3	3.7	3.4	12.7	16.0	3.4	12.7	5.0	7.3	3.7	3.4
9.7	7.7	3.4	7.7	3.9	3.4	15.8	16.6	3.4	15.8	5.0	7.7	3.9	3.4
11.6	7.2	3.4	7.2	3.6	3.4	17.1	15.7	3.4	17.1	5.0	7.2	3.6	3.4
8.9	6.9	3.4	6.9	3.5	3.4	14.2	15.4	3.4	14.2	5.0	6.9	3.5	3.4
8.5	7.0	3.4	7.0	3.5	3.4	13.8	15.5	3.4	13.8	5.0	7.0	3.5	3.4
10.1	7.5	3.4	7.5	3.8	3.4	16.0	16.3	3.4	16.0	5.0	7.5	3.8	3.4
9.8	7.7	5.0	7.7	3.9	5.0	17.5	16.6	5.0	17.5	5.0	7.7	3.9	5.0
9.0	7.8	5.0	7.8	3.9	5.0	16.8	16.7	5.0	16.8	5.0	7.8	3.9	5.0
11.6	7.5	5.0	7.5	3.7	5.0	19.1	16.2	5.0	19.1	5.0	7.5	3.7	5.0
7.0	8.0	3.4	8.0	4.0	3.4	13.4	17.0	3.4	13.4	5.0	8.0	4.0	3.4
10.1	7.7	3.4	7.7	3.8	3.4	16.1	16.5	3.4	16.1	5.0	7.7	3.8	3.4
7.0	5.9	4.4	5.9	2.9	4.4	12.3	13.8	4.4	12.3	5.0	5.9	2.9	4.4
7.0	7.3	3.5	7.3	3.7	3.5	12.8	16.0	3.5	12.8	5.0	7.3	3.7	3.5
7.0	8.0	3.4	8.0	4.0	3.4	13.4	17.0	3.4	13.4	5.0	8.0	4.0	3.4
7.0	8.0	3.4	8.0	4.0	3.4	13.4	17.0	3.4	13.4	5.0	8.0	4.0	3.4
7.0	5.5	3.4	5.5	2.8	3.4	10.9	13.3	3.4	10.9	5.0	5.5	2.8	3.4
7.0	5.9	3.4	5.9	2.9	3.4	11.3	13.8	3.4	11.3	5.0	5.9	2.9	3.4
7.0	6.3	3.8	6.3	3.1	3.8	12.0	14.4	3.8	12.0	5.0	6.3	3.1	3.8
7.0	8.0	5.0	8.0	4.0	5.0	15.0	17.0	5.0	15.0	5.0	8.0	4.0	5.0
7.0	6.8	3.4	6.8	3.4	3.4	12.1	15.2	3.4	12.1	5.0	6.8	3.4	3.4
7.0	6.3	4.0	6.3	3.1	4.0	12.2	14.4	4.0	12.2	5.0	6.3	3.1	4.0
9.8	5.9	4.4	5.9	3.0	4.4	15.2	13.9	4.4	15.2	5.0	5.9	3.0	4.4
7.0	5.3	3.4	5.3	2.7	3.4	10.7	13.0	3.4	10.7	5.0	5.3	2.7	3.4
7.0	5.9	3.4	5.9	2.9	3.4	11.2	13.8	3.4	11.2	5.0	5.9	2.9	3.4
7.0	4.8	3.4	4.8	2.4	3.4	10.2	12.2	3.4	10.2	5.0	4.8	2.4	3.4
7.0	7.0	5.0	7.0	3.5	5.0	14.0	15.5	5.0	14.0	5.0	7.0	3.5	5.0
7.0	7.3	3.9	7.3	3.7	3.9	13.2	16.0	3.9	13.2	5.0	7.3	3.7	3.9
7.0	7.2	5.0	7.2	3.6	5.0	14.2	15.7	5.0	14.2	5.0	7.2	3.6	5.0
9.6	5.6	3.4	5.6	2.8	3.4	13.6	13.4	3.4	13.6	5.0	5.6	2.8	3.4
7.0	7.7	4.8	7.7	3.8	4.8	14.5	16.5	4.8	14.5	5.0	7.7	3.8	4.8
7.0	6.3	4.8	6.3	3.1	4.8	13.1	14.4	4.8	13.1	5.0	6.3	3.1	4.8
7.0	7.0	3.4	7.0	3.5	3.4	12.3	15.5	3.4	12.3	5.0	7.0	3.5	3.4

序号	原编号	采样地点	测试值 （毫克/千克）			需施化肥纯量 （千克/亩）			各肥料商品用量		
			氮	磷	钾	N	P_2O_5	K_2O	二铵	尿素	硫酸钾
257	F022	富源乡	257.3	49.7	534.4	10.3	2.7	3.3	7.0	14.7	6.7
258	F023	富源乡	198.5	35.7	162.0	12.5	2.7	5.5	7.0	18.3	8.3
259	F024	富源乡	169.1	40.5	145.4	13.6	2.7	6.0	7.0	20.0	8.9
260	F025	富源乡	301.4	51.9	360.1	8.6	2.7	3.3	7.0	12.0	6.7
261	F026	富源乡	147.0	16.4	126.4	13.6	5.3	6.5	11.5	18.8	9.7
262	F027	富源乡	117.6	43.2	162.0	13.6	2.7	5.5	7.0	20.0	8.3
263	F028	富源乡	205.8	84.4	129.5	12.2	2.7	6.4	7.0	17.9	9.6
264	F029	富源乡	205.8	56.0	238.7	12.2	2.7	3.4	7.0	17.9	6.7
265	F030	富源乡	227.9	48.4	320.4	11.4	2.7	3.3	7.0	16.5	6.7
266	F031	富源乡	257.3	79.1	146.0	10.3	2.7	5.9	7.0	14.7	8.9
267	F032	富源乡	257.3	52.2	121.5	10.3	2.7	6.6	7.0	14.7	9.9
268	F033	富源乡	249.9	50.3	277.3	10.6	2.7	3.3	7.0	15.2	6.7
269	F034	富源乡	257.3	78.1	161.2	10.3	2.7	5.5	7.0	14.7	8.3
270	F035	富源乡	198.5	56.1	135.0	12.5	2.7	6.3	7.0	18.3	9.4
271	F036	富源乡	198.5	57.0	190.2	12.5	2.7	4.7	7.0	18.3	7.1
272	F037	富源乡	227.9	43.1	145.4	11.4	2.7	6.0	7.0	16.5	8.9
273	F038	富源乡	257.3	66.3	141.1	10.3	2.7	6.1	7.0	14.7	9.1
274	F039	富源乡	183.8	65.5	92.3	13.1	2.7	6.7	7.0	19.2	10.0
275	F040	富源乡	257.3	31.1	164.4	10.3	2.8	5.4	7.0	14.7	8.1
276	F041	富源乡	227.9	66.7	170.6	11.4	2.7	5.3	7.0	16.5	7.9
277	F042	富源乡	191.1	55.4	204.9	12.8	2.7	4.3	7.0	18.8	6.7
278	F043	富源乡	242.6	20.3	141.1	10.8	4.6	6.1	10.0	14.7	9.1
279	F044	富源乡	242.6	71.5	207.4	10.8	2.7	4.2	7.0	15.6	6.7
280	F045	富源乡	213.2	43.5	157.0	12.0	2.7	5.6	7.0	17.4	8.5
281	F046	富源乡	198.5	64.9	169.8	12.5	2.7	5.3	7.0	18.3	7.9
282	F047	富源乡	227.9	33.3	133.7	11.4	2.7	6.3	7.0	16.5	9.4
283	F048	富源乡	198.5	72.5	167.9	12.5	2.7	5.3	7.0	18.3	8.0
284	F049	富源乡	272.0	77.8	199.4	9.7	2.7	4.5	7.0	13.8	6.7
285	F050	富源乡	198.5	54.3	120.3	12.5	2.7	6.7	7.0	18.3	10.0
286	F051	富源乡	264.6	45.9	207.4	10.0	2.7	4.2	7.0	14.3	6.7
287	F052	富源乡	286.7	53.7	328.9	9.2	2.7	3.3	7.0	12.9	6.7
288	F053	富源乡	235.2	55.6	193.5	11.1	2.7	4.6	7.0	16.1	6.9

（续）

推荐一（千克/亩）						推荐二（千克/亩）							
分时期						各肥料商品用量			分时期				
底肥			蘖肥	穗肥					底肥		蘖肥	穗肥	
二铵	尿素	硫酸钾	尿素	尿素	硫酸钾	复混肥	尿素	硫酸钾	复混肥	尿素	尿素	尿素	硫酸钾
7.0	5.9	3.4	5.9	2.9	3.4	11.2	13.8	3.4	11.2	5.0	5.9	2.9	3.4
7.0	7.3	4.1	7.3	3.7	4.1	13.5	16.0	4.1	13.5	5.0	7.3	3.7	4.1
7.0	8.0	4.5	8.0	4.0	4.5	14.5	17.0	4.5	14.5	5.0	8.0	4.0	4.5
7.0	4.8	3.4	4.8	2.4	3.4	10.2	12.2	3.4	10.2	5.0	4.8	2.4	3.4
11.5	7.5	4.9	7.5	3.8	4.9	18.8	16.3	4.9	18.8	5.0	7.5	3.8	4.9
7.0	8.0	4.1	8.0	4.0	4.1	14.1	17.0	4.1	14.1	5.0	8.0	4.0	4.1
7.0	7.2	4.8	7.2	3.6	4.8	14.0	15.7	4.8	14.0	5.0	7.2	3.6	4.8
7.0	7.2	3.4	7.2	3.6	3.4	12.5	15.7	3.4	12.5	5.0	7.2	3.6	3.4
7.0	6.6	3.4	6.6	3.3	3.4	12.0	14.9	3.4	12.0	5.0	6.6	3.3	3.4
7.0	5.9	4.5	5.9	2.9	4.5	12.3	13.8	4.5	12.3	5.0	5.9	2.9	4.5
7.0	5.9	5.0	5.9	2.9	5.0	12.9	13.8	5.0	12.9	5.0	5.9	2.9	5.0
7.0	6.1	3.4	6.1	3.0	3.4	11.4	14.1	3.4	11.4	5.0	6.1	3.0	3.4
7.0	5.9	4.1	5.9	2.9	4.1	12.0	13.8	4.1	12.0	5.0	5.9	2.9	4.1
7.0	7.3	4.7	7.3	3.7	4.7	14.0	16.0	4.7	14.0	5.0	7.3	3.7	4.7
7.0	7.3	3.5	7.3	3.7	3.5	12.9	16.0	3.5	12.9	5.0	7.3	3.7	3.5
7.0	6.6	4.5	6.6	3.3	4.5	13.1	14.9	4.5	13.1	5.0	6.6	3.3	4.5
7.0	5.9	4.6	5.9	2.9	4.6	12.5	13.8	4.6	12.5	5.0	5.9	2.9	4.6
7.0	7.7	5.0	7.7	3.8	5.0	14.7	16.5	5.0	14.7	5.0	7.7	3.8	5.0
7.0	5.9	4.1	5.9	2.9	4.1	12.0	13.8	4.1	12.0	5.0	5.9	2.9	4.1
7.0	6.6	3.9	6.6	3.3	3.9	12.6	14.9	3.9	12.6	5.0	6.6	3.3	3.9
7.0	7.5	3.4	7.5	3.8	3.4	12.9	16.3	3.4	12.9	5.0	7.5	3.8	3.4
10.0	5.9	4.6	5.9	2.9	4.6	15.5	13.8	4.6	15.5	5.0	5.9	2.9	4.6
7.0	6.3	3.4	6.3	3.1	3.4	11.6	14.4	3.4	11.6	5.0	6.3	3.1	3.4
7.0	7.0	4.2	7.0	3.5	4.2	13.2	15.5	4.2	13.2	5.0	7.0	3.5	4.2
7.0	7.3	4.0	7.3	3.7	4.0	13.3	16.0	4.0	13.3	5.0	7.3	3.7	4.0
7.0	6.6	4.7	6.6	3.3	4.7	13.3	14.9	4.7	13.3	5.0	6.6	3.3	4.7
7.0	7.3	4.0	7.3	3.7	4.0	13.3	16.0	4.0	13.3	5.0	7.3	3.7	4.0
7.0	5.5	3.4	5.5	2.8	3.4	10.9	13.3	3.4	10.9	5.0	5.5	2.8	3.4
7.0	7.3	5.0	7.3	3.7	5.0	14.3	16.0	5.0	14.3	5.0	7.3	3.7	5.0
7.0	5.7	3.4	5.7	2.9	3.4	11.1	13.6	3.4	11.1	5.0	5.7	2.9	3.4
7.0	5.2	3.4	5.2	2.6	3.4	10.5	12.8	3.4	10.5	5.0	5.2	2.6	3.4
7.0	6.4	3.5	6.4	3.2	3.5	11.9	14.7	3.5	11.9	5.0	6.4	3.2	3.5

序号	原编号	采样地点	测试值（毫克/千克）			需施化肥纯量（千克/亩）			各肥料商品用量		
			氮	磷	钾	N	P_2O_5	K_2O	二铵	尿素	硫酸钾
289	F054	富源乡	176.4	29.7	257.7	13.3	3.0	3.3	7.0	19.7	6.7
290	F055	富源乡	249.9	111.7	521.0	10.6	2.7	3.3	7.0	15.2	6.7
291	F056	富源乡	198.5	103.7	130.7	12.5	2.7	6.4	7.0	18.3	9.6
292	F057	富源乡	205.8	69.9	165.6	12.2	2.7	5.4	7.0	17.9	8.1
293	F058	富源乡	264.6	23.9	361.8	10.0	4.0	3.3	8.7	13.8	6.7
294	F059	富源乡	227.9	78.8	189.0	11.4	2.7	4.8	7.0	16.5	7.1
295	F060	富源乡	176.4	102.9	169.8	13.3	2.7	5.3	7.0	19.7	7.9
296	F061	富源乡	169.1	43.9	134.4	13.6	2.7	6.3	7.0	20.0	9.4
297	F062	富源乡	198.5	82.9	97.8	12.5	2.7	6.7	7.0	18.3	10.0
298	F063	富源乡	213.2	83.3	183.2	12.0	2.7	4.9	7.0	17.4	7.4
299	F064	富源乡	227.9	50.3	274.0	11.4	2.7	3.3	7.0	16.5	6.7
300	F065	富源乡	213.2	58.4	375.9	12.0	2.7	3.3	7.0	17.4	6.7
301	F066	富源乡	227.9	28.3	161.8	11.4	3.3	5.5	7.2	16.5	8.3
302	F067	富源乡	205.8	55.1	225.2	12.2	2.7	3.7	7.0	17.9	6.7
303	F068	富源乡	198.5	36.9	270.4	12.5	2.7	3.3	7.0	18.3	6.7
304	F069	富源乡	191.1	42.7	231.3	12.8	2.7	3.6	7.0	18.8	6.7
305	F070	富源乡	220.5	60.5	163.1	11.7	2.7	5.5	7.0	17.0	8.2
306	F071	富源乡	227.9	74.5	144.8	11.4	2.7	6.0	7.0	16.5	9.0
307	F072	富源乡	227.9	74.6	127.1	11.4	2.7	6.5	7.0	16.5	9.7
308	F073	富源乡	316.1	71.2	250.9	8.1	2.7	3.3	7.0	12.0	6.7
309	F074	富源乡	183.8	45.5	197.8	13.1	2.7	4.5	7.0	19.2	6.8
310	F075	富源乡	191.1	76.0	288.7	12.8	2.7	3.3	7.0	18.8	6.7
311	F076	富源乡	161.7	52.3	138.7	13.6	2.7	6.1	7.0	20.0	9.2
312	F077	富源乡	198.5	76.0	202.1	12.5	2.7	4.4	7.0	18.3	6.7
313	F078	富源乡	205.8	87.5	168.5	12.2	2.7	5.3	7.0	17.9	8.0
314	F079	富源乡	154.4	49.7	137.4	13.6	2.7	6.2	7.0	20.0	9.3
315	F080	富源乡	198.5	61.3	219.8	12.5	2.7	3.9	7.0	18.3	6.7
316	F081	富源乡	205.8	41.6	132.0	12.2	2.7	6.3	7.0	17.9	9.5
317	F082	富源乡	198.5	31.4	123.4	12.5	2.8	6.6	7.0	18.3	9.9
318	F083	富源乡	176.4	35.9	150.9	13.3	2.7	5.8	7.0	19.7	8.7
319	F084	富源乡	147.0	39.4	111.2	13.6	2.7	6.7	7.0	20.0	10.0
320	F085	富源乡	154.4	40.7	110.6	13.6	2.7	6.7	7.0	20.0	10.0

（续）

推荐一（千克/亩）						推荐二（千克/亩）						
分时期						各肥料商品用量			分时期				
底肥			蘖肥	穗肥					底肥		蘖肥	穗肥	
二铵	尿素	硫酸钾	尿素	尿素	硫酸钾	复混肥	尿素	硫酸钾	复混肥	尿素	尿素	尿素	硫酸钾
7.0	7.9	3.4	7.9	3.9	3.4	13.2	16.8	3.4	13.2	5.0	7.9	3.9	3.4
7.0	6.1	3.4	6.1	3.0	3.4	11.4	14.1	3.4	11.4	5.0	6.1	3.0	3.4
7.0	7.3	4.8	7.3	3.7	4.8	14.1	16.0	4.8	14.1	5.0	7.3	3.7	4.8
7.0	7.2	4.0	7.2	3.6	4.0	13.2	15.7	4.0	13.2	5.0	7.2	3.6	4.0
8.7	5.5	3.4	5.5	2.8	3.4	12.6	13.3	3.4	12.6	5.0	5.5	2.8	3.4
7.0	6.6	3.6	6.6	3.3	3.6	12.2	14.9	3.6	12.2	5.0	6.6	3.3	3.6
7.0	7.9	4.0	7.9	3.9	4.0	13.8	16.8	4.0	13.8	5.0	7.9	3.9	4.0
7.0	8.0	4.7	8.0	4.0	4.7	14.7	17.0	4.7	14.7	5.0	8.0	4.0	4.7
7.0	7.3	5.0	7.3	3.7	5.0	14.3	16.0	5.0	14.3	5.0	7.3	3.7	5.0
7.0	7.0	3.7	7.0	3.5	3.7	12.7	15.5	3.7	12.7	5.0	7.0	3.5	3.7
7.0	6.6	3.4	6.6	3.3	3.4	12.0	14.9	3.4	12.0	5.0	6.6	3.3	3.4
7.0	7.0	3.4	7.0	3.5	3.4	12.3	15.5	3.4	12.3	5.0	7.0	3.5	3.4
7.2	6.6	4.1	6.6	3.3	4.1	12.9	14.9	4.1	12.9	5.0	6.6	3.3	4.1
7.0	7.2	3.4	7.2	3.6	3.4	12.5	15.7	3.4	12.5	5.0	7.2	3.6	3.4
7.0	7.3	3.4	7.3	3.7	3.4	12.7	16.0	3.4	12.7	5.0	7.3	3.7	3.4
7.0	7.5	3.4	7.5	3.8	3.4	12.9	16.3	3.4	12.9	5.0	7.5	3.8	3.4
7.0	6.8	4.1	6.8	3.4	4.1	12.9	15.2	4.1	12.9	5.0	6.8	3.4	4.1
7.0	6.6	4.5	6.6	3.3	4.5	13.1	14.9	4.5	13.1	5.0	6.6	3.3	4.5
7.0	6.6	4.9	6.6	3.3	4.9	13.5	14.9	4.9	13.5	5.0	6.6	3.3	4.9
7.0	4.8	3.4	4.8	2.4	3.4	10.2	12.2	3.4	10.2	5.0	4.8	2.4	3.4
7.0	7.7	3.4	7.7	3.8	3.4	13.1	16.5	3.4	13.1	5.0	7.7	3.8	3.4
7.0	7.5	3.4	7.5	3.8	3.4	12.9	16.3	3.4	12.9	5.0	7.5	3.8	3.4
7.0	8.0	4.6	8.0	4.0	4.6	14.6	17.0	4.6	14.6	5.0	8.0	4.0	4.6
7.0	7.3	3.4	7.3	3.7	3.4	12.7	16.0	3.4	12.7	5.0	7.3	3.7	3.4
7.0	7.2	4.0	7.2	3.6	4.0	13.1	15.7	4.0	13.1	5.0	7.2	3.6	4.0
7.0	8.0	4.6	8.0	4.0	4.6	14.6	17.0	4.6	14.6	5.0	8.0	4.0	4.6
7.0	7.3	3.4	7.3	3.7	3.4	12.7	16.0	3.4	12.7	5.0	7.3	3.7	3.4
7.0	7.2	4.8	7.2	3.6	4.8	13.9	15.7	4.8	13.9	5.0	7.2	3.6	4.8
7.0	7.3	4.9	7.3	3.7	4.9	14.3	16.0	4.9	14.3	5.0	7.3	3.7	4.9
7.0	7.9	4.4	7.9	3.9	4.4	14.2	16.8	4.4	14.2	5.0	7.9	3.9	4.4
7.0	8.0	5.0	8.0	4.0	5.0	15.0	17.0	5.0	15.0	5.0	8.0	4.0	5.0
7.0	8.0	5.0	8.0	4.0	5.0	15.0	17.0	5.0	15.0	5.0	8.0	4.0	5.0

序号	原编号	采样地点	测试值（毫克/千克）			需施化肥纯量（千克/亩）			各肥料商品用量		
			氮	磷	钾	N	P₂O₅	K₂O	二铵	尿素	硫酸钾
321	F086	富源乡	139.7	19.1	230.7	13.6	4.8	3.6	10.5	19.1	6.7
322	F087	富源乡	169.1	106.1	275.9	13.6	2.7	3.3	7.0	20.0	6.7
323	F088	富源乡	227.9	46.6	263.7	11.4	2.7	3.3	7.0	16.5	6.7
324	F089	富源乡	183.8	34.9	155.7	13.1	2.7	5.7	7.0	19.2	8.5
325	F090	富源乡	183.8	56.3	169.2	13.1	2.7	5.3	7.0	19.2	8.0
326	H001	黑台镇	139.7	22.8	73.0	13.6	4.2	6.7	9.1	19.5	10.0
327	H002	黑台镇	183.8	36.5	142.3	13.1	2.7	6.0	7.0	19.2	9.1
328	H003	黑台镇	176.4	25.3	182.2	13.3	3.8	4.9	8.2	19.3	7.4
329	H004	黑台镇	191.1	20.0	174.9	12.8	4.7	5.1	10.2	17.9	7.7
330	H005	黑台镇	183.8	31.4	158.9	13.1	2.8	5.6	7.0	19.2	8.4
331	H006	黑台镇	220.5	14.8	171.2	11.7	5.3	5.2	11.6	15.6	7.9
332	H007	黑台镇	110.3	19.3	86.5	13.6	4.8	6.7	10.4	19.1	10.0
333	H008	黑台镇	147.0	28.1	171.2	13.6	3.3	5.2	7.2	20.0	7.9
334	H009	黑台镇	205.8	38.6	171.2	12.2	2.7	5.2	7.0	17.9	7.9
335	H010	黑台镇	161.7	29.3	150.9	13.6	3.1	5.8	7.0	20.0	8.7
336	H011	黑台镇	169.1	25.8	124.6	13.6	3.7	6.5	8.1	19.8	9.8
337	H012	黑台镇	183.8	17.6	172.4	13.1	5.1	5.2	11.0	18.1	7.8
338	H013	黑台镇	161.7	18.7	148.5	13.6	4.9	5.9	10.6	19.0	8.8
339	H014	黑台镇	213.2	18.3	153.4	12.0	5.0	5.7	10.8	16.3	8.6
340	H015	黑台镇	176.4	16.3	122.7	13.3	5.3	6.6	11.5	18.4	9.9
341	H016	黑台镇	198.5	15.3	228.8	12.5	5.3	3.6	11.6	17.0	6.7
342	H017	黑台镇	205.8	18.4	162.6	12.2	4.9	5.5	10.7	16.8	8.2
343	H018	黑台镇	139.7	37.0	211.7	13.6	2.7	4.1	7.0	20.0	6.7
344	H019	黑台镇	180.9	15.8	84.1	13.2	5.3	6.7	11.6	18.1	10.0
345	H020	黑台镇	169.1	39.8	177.9	13.6	2.7	5.1	7.0	20.0	7.6
346	H021	黑台镇	169.1	22.0	227.0	13.6	4.3	3.7	9.4	19.4	6.7
347	H022	黑台镇	132.3	28.3	111.7	13.6	3.3	6.7	7.1	20.0	10.0
348	H023	黑台镇	152.9	19.6	147.8	13.6	4.7	5.9	10.3	19.1	8.8
349	H024	黑台镇	257.3	38.7	207.4	10.3	2.7	4.2	7.0	14.7	6.7
350	H025	黑台镇	220.5	34.1	268.7	11.7	2.7	3.3	7.0	17.0	6.7
351	H026	黑台镇	257.3	24.9	97.6	10.3	3.8	6.7	8.4	14.3	10.0
352	H027	黑台镇	227.9	24.7	174.9	11.4	3.9	5.1	8.4	16.1	7.7

（续）

推荐一（千克/亩）						推荐二（千克/亩）							
分时期						各肥料商品用量			分时期				
底肥			蘖肥	穗肥		复混肥	尿素	硫酸钾	底肥		蘖肥	穗肥	
二铵	尿素	硫酸钾	尿素	尿素	硫酸钾				复混肥	尿素	尿素	尿素	硫酸钾
10.5	7.6	3.4	7.6	3.8	3.4	16.5	16.4	3.4	16.5	5.0	7.6	3.8	3.4
7.0	8.0	3.4	8.0	4.0	3.4	13.4	17.0	3.4	13.4	5.0	8.0	4.0	3.4
7.0	6.6	3.4	6.6	3.3	3.4	12.0	14.9	3.4	12.0	5.0	6.6	3.3	3.4
7.0	7.7	4.3	7.7	3.8	4.3	14.0	16.5	4.3	14.0	5.0	7.7	3.8	4.3
7.0	7.7	4.0	7.7	3.8	4.0	13.7	16.5	4.0	13.7	5.0	7.7	3.8	4.0
9.1	7.8	5.0	7.8	3.9	5.0	16.9	16.7	5.0	16.9	5.0	7.8	3.9	5.0
7.0	7.7	4.5	7.7	3.8	4.5	14.2	16.5	4.5	14.2	5.0	7.7	3.8	4.5
8.2	7.7	3.7	7.7	3.9	3.7	14.7	16.6	3.7	14.7	5.0	7.7	3.9	3.7
10.2	7.1	3.9	7.1	3.6	3.9	16.2	15.7	3.9	16.2	5.0	7.1	3.6	3.9
7.0	7.7	4.2	7.7	3.8	4.2	13.9	16.5	4.2	13.9	5.0	7.7	3.8	4.2
11.6	6.3	3.9	6.3	3.1	3.9	16.8	14.4	3.9	16.8	5.0	6.3	3.1	3.9
10.4	7.6	5.0	7.6	3.8	5.0	18.0	16.5	5.0	18.0	5.0	7.6	3.8	5.0
7.2	8.0	3.9	8.0	4.0	3.9	14.1	17.0	3.9	14.1	5.0	8.0	4.0	3.9
7.0	7.2	3.9	7.2	3.6	3.9	13.1	15.7	3.9	13.1	5.0	7.2	3.6	3.9
7.0	8.0	4.4	8.0	4.0	4.4	14.4	17.0	4.4	14.4	5.0	8.0	4.0	4.4
8.1	7.9	4.9	7.9	4.0	4.9	15.9	16.9	4.9	15.9	5.0	7.9	4.0	4.9
11.0	7.2	3.9	7.2	3.6	3.9	17.2	15.8	3.9	17.2	5.0	7.2	3.6	3.9
10.6	7.6	4.4	7.6	3.8	4.4	17.6	16.4	4.4	17.6	5.0	7.6	3.8	4.4
10.8	6.5	4.3	6.5	3.3	4.3	16.6	14.8	4.3	16.6	5.0	6.5	3.3	4.3
11.5	7.4	4.9	7.4	3.7	4.9	18.8	16.0	4.9	18.8	5.0	7.4	3.7	4.9
11.6	6.8	3.4	6.8	3.4	3.4	16.7	15.2	3.4	16.7	5.0	6.8	3.4	3.4
10.7	6.7	4.1	6.7	3.4	4.1	16.5	15.1	4.1	16.5	5.0	6.7	3.4	4.1
7.0	8.0	3.4	8.0	4.0	3.4	13.4	17.0	3.4	13.4	5.0	8.0	4.0	3.4
11.6	7.2	5.0	7.2	3.6	5.0	18.8	15.8	5.0	18.8	5.0	7.2	3.6	5.0
7.0	8.0	3.8	8.0	4.0	3.8	13.8	17.0	3.8	13.8	5.0	8.0	4.0	3.8
9.4	7.8	3.4	7.8	3.9	3.4	15.5	16.6	3.4	15.5	5.0	7.8	3.9	3.4
7.1	8.0	5.0	8.0	4.0	5.0	15.1	17.0	5.0	15.1	5.0	8.0	4.0	5.0
10.3	7.7	4.4	7.7	3.8	4.4	17.4	16.5	4.4	17.4	5.0	7.7	3.8	4.4
7.0	5.9	3.4	5.9	2.9	3.4	11.2	13.8	3.4	11.2	5.0	5.9	2.9	3.4
7.0	6.8	3.4	6.8	3.4	3.4	12.1	15.2	3.4	12.1	5.0	6.8	3.4	3.4
8.4	5.7	5.0	5.7	2.9	5.0	14.1	13.6	5.0	14.1	5.0	5.7	2.9	5.0
8.4	6.4	3.9	6.4	3.2	3.9	13.7	14.7	3.9	13.7	5.0	6.4	3.2	3.9

序号	原编号	采样地点	测试值 （毫克/千克）			需施化肥纯量 （千克/亩）			各肥料商品用量		
			氮	磷	钾	N	P_2O_5	K_2O	二铵	尿素	硫酸钾
353	H028	黑台镇	173.5	19.8	85.9	13.5	4.7	6.7	10.2	18.9	10.0
354	H029	黑台镇	242.6	22.1	260.6	10.8	4.3	3.3	9.4	14.9	6.7
355	H030	黑台镇	242.6	44.9	202.1	10.8	2.7	4.4	7.0	15.6	6.7
356	H031	黑台镇	191.1	17.9	160.7	12.8	5.0	5.5	10.9	17.6	8.3
357	H032	黑台镇	205.8	27.9	254.0	12.2	3.4	3.3	7.3	17.8	6.7
358	H033	黑台镇	176.4	18.3	260.6	13.3	4.9	3.3	10.8	18.6	6.7
359	H034	黑台镇	161.7	38.6	255.8	13.6	2.7	3.3	7.0	20.0	6.7
360	H035	黑台镇	191.1	20.7	156.3	12.8	4.6	5.7	9.9	17.9	8.5
361	H036	黑台镇	154.4	45.9	246.6	13.6	2.7	3.3	7.0	20.0	6.7
362	H037	黑台镇	220.5	47.3	303.9	11.7	2.7	3.3	7.0	17.0	6.7
363	H038	黑台镇	161.7	24.8	183.8	13.6	3.9	4.9	8.4	19.7	7.3
364	H039	黑台镇	249.9	25.6	92.9	10.6	3.7	6.7	8.1	14.9	10.0
365	H040	黑台镇	147.0	20.3	88.1	13.6	4.6	6.7	10.0	19.2	10.0
366	H041	黑台镇	180.9	19.3	83.4	13.2	4.8	6.7	10.4	18.4	10.0
367	H042	黑台镇	183.8	16.2	90.2	13.1	5.3	6.7	11.5	17.9	10.0
368	H043	黑台镇	154.4	43.1	105.5	13.6	2.7	6.7	7.0	20.0	10.0
369	H044	黑台镇	154.4	21.7	102.5	13.6	4.4	6.7	9.5	19.3	10.0
370	H045	黑台镇	176.4	33.3	119.6	13.3	2.7	6.7	7.0	19.7	10.0
371	H046	黑台镇	139.7	49.0	82.2	13.6	2.7	6.7	7.0	20.0	10.0
372	H047	黑台镇	169.1	43.0	91.7	13.6	2.7	6.7	7.0	20.0	10.0
373	H048	黑台镇	161.7	60.2	63.1	13.6	2.7	6.7	7.0	20.0	10.0
374	H049	黑台镇	227.9	43.6	76.7	11.4	2.7	6.7	7.0	16.5	10.0
375	H050	黑台镇	198.5	50.6	108.2	12.5	2.7	6.7	7.0	18.3	10.0
376	H051	黑台镇	227.9	110.9	127.0	11.4	2.7	6.5	7.0	16.5	9.7
377	H052	黑台镇	198.5	54.3	173.6	12.5	2.7	5.2	7.0	18.3	7.8
378	H053	黑台镇	161.7	35.7	123.3	13.6	2.7	6.6	7.0	20.0	9.9
379	H054	黑台镇	279.3	82.4	88.7	9.5	2.7	6.7	7.0	13.4	10.0
380	H055	黑台镇	180.9	28.8	160.1	13.2	3.2	5.6	7.0	19.4	8.3
381	H056	黑台镇	139.7	50.1	139.9	13.6	2.7	6.1	7.0	20.0	9.2
382	H057	黑台镇	183.8	77.6	102.1	13.1	2.7	6.7	7.0	19.2	10.0
383	H058	黑台镇	227.9	92.2	91.7	11.4	2.7	6.7	7.0	16.5	10.0
384	H059	黑台镇	147.0	21.1	110.4	13.6	4.5	6.7	9.7	19.3	10.0

（续）

推荐一（千克/亩）						推荐二（千克/亩）							
分时期						各肥料商品用量			分时期				
底肥			蘖肥	穗肥		复混肥	尿素	硫酸钾	底肥		蘖肥	穗肥	
二铵	尿素	硫酸钾	尿素	尿素	硫酸钾				复混肥	尿素	尿素	尿素	硫酸钾
10.2	7.6	5.0	7.6	3.8	5.0	17.8	16.4	5.0	17.8	5.0	7.6	3.8	5.0
9.4	6.0	3.4	6.0	3.0	3.4	13.7	14.0	3.4	13.7	5.0	6.0	3.0	3.4
7.0	6.3	3.4	6.3	3.1	3.4	11.6	14.4	3.4	11.6	5.0	6.3	3.1	3.4
10.9	7.1	4.2	7.1	3.5	4.2	17.1	15.6	4.2	17.1	5.0	7.1	3.5	4.2
7.3	7.1	3.4	7.1	3.6	3.4	12.8	15.7	3.4	12.8	5.0	7.1	3.6	3.4
10.8	7.4	3.4	7.4	3.7	3.4	16.5	16.2	3.4	16.5	5.0	7.4	3.7	3.4
7.0	8.0	3.4	8.0	4.0	3.4	13.4	17.0	3.4	13.4	5.0	8.0	4.0	3.4
9.9	7.2	4.2	7.2	3.6	4.2	16.3	15.8	4.2	16.3	5.0	7.2	3.6	4.2
7.0	8.0	3.4	8.0	4.0	3.4	13.4	17.0	3.4	13.4	5.0	8.0	4.0	3.4
7.0	6.8	3.4	6.8	3.4	3.4	12.1	15.2	3.4	12.1	5.0	6.8	3.4	3.4
8.4	7.9	3.7	7.9	3.9	3.7	14.9	16.8	3.7	14.9	5.0	7.9	3.9	3.7
8.1	5.9	5.0	5.9	3.0	5.0	14.0	13.9	5.0	14.0	5.0	5.9	3.0	5.0
10.0	7.7	5.0	7.7	3.8	5.0	17.7	16.5	5.0	17.7	5.0	7.7	3.8	5.0
10.4	7.4	5.0	7.4	3.7	5.0	17.8	16.1	5.0	17.8	5.0	7.4	3.7	5.0
11.5	7.2	5.0	7.2	3.6	5.0	18.7	15.8	5.0	18.7	5.0	7.2	3.6	5.0
7.0	8.0	5.0	8.0	4.0	5.0	15.0	17.0	5.0	15.0	5.0	8.0	4.0	5.0
9.5	7.7	5.0	7.7	3.9	5.0	17.3	16.6	5.0	17.3	5.0	7.7	3.9	5.0
7.0	7.9	5.0	7.9	3.9	5.0	14.9	16.8	5.0	14.9	5.0	7.9	3.9	5.0
7.0	8.0	5.0	8.0	4.0	5.0	15.0	17.0	5.0	15.0	5.0	8.0	4.0	5.0
7.0	8.0	5.0	8.0	4.0	5.0	15.0	17.0	5.0	15.0	5.0	8.0	4.0	5.0
7.0	8.0	5.0	8.0	4.0	5.0	15.0	17.0	5.0	15.0	5.0	8.0	4.0	5.0
7.0	6.6	5.0	6.6	3.3	5.0	13.6	14.9	5.0	13.6	5.0	6.6	3.3	5.0
7.0	7.3	5.0	7.3	3.7	5.0	14.3	16.0	5.0	14.3	5.0	7.3	3.7	5.0
7.0	6.6	4.9	6.6	3.3	4.9	13.5	14.9	4.9	13.5	5.0	6.6	3.3	4.9
7.0	7.3	3.9	7.3	3.7	3.9	13.2	16.0	3.9	13.2	5.0	7.3	3.7	3.9
7.0	8.0	4.9	8.0	4.0	4.9	14.9	17.0	4.9	14.9	5.0	8.0	4.0	4.9
7.0	5.3	5.0	5.3	2.7	5.0	12.3	13.0	5.0	12.3	5.0	5.3	2.7	5.0
7.0	7.8	4.2	7.8	3.9	4.2	13.9	16.7	4.2	13.9	5.0	7.8	3.9	4.2
7.0	8.0	4.6	8.0	4.0	4.6	14.6	17.0	4.6	14.6	5.0	8.0	4.0	4.6
7.0	7.7	5.0	7.7	3.8	5.0	14.7	16.5	5.0	14.7	5.0	7.7	3.8	5.0
7.0	6.6	5.0	6.6	3.3	5.0	13.6	14.9	5.0	13.6	5.0	6.6	3.3	5.0
9.7	7.7	5.0	7.7	3.9	5.0	17.5	16.6	5.0	17.5	5.0	7.7	3.9	5.0

序号	原编号	采样地点	测试值（毫克/千克）			需施化肥纯量（千克/亩）			各肥料商品用量		
			氮	磷	钾	N	P$_2$O$_5$	K$_2$O	二铵	尿素	硫酸钾
385	H060	黑台镇	176.4	81.5	121.0	13.3	2.7	6.6	7.0	19.7	10.0
386	I001	裴德镇	242.6	14.6	175.5	10.8	5.3	5.1	11.6	14.3	7.7
387	I002	裴德镇	183.8	16.9	173.6	13.1	5.2	5.2	11.3	18.0	7.8
388	I003	裴德镇	161.7	42.2	125.2	13.6	2.7	6.5	7.0	20.0	9.8
389	I004	裴德镇	176.4	27.6	234.4	13.3	3.4	3.5	7.4	19.6	6.7
390	I004	裴德镇	139.7	9.9	75.2	13.6	5.3	6.7	11.6	18.7	10.0
391	I005	裴德镇	235.2	18.1	133.5	11.1	5.0	6.3	10.8	15.0	9.4
392	I006	裴德镇	132.3	43.7	102.2	13.6	2.7	6.7	7.0	20.0	10.0
393	I007	裴德镇	227.9	29.6	145.4	11.4	3.1	6.0	7.0	16.5	8.9
394	I008	裴德镇	272.0	31.8	127.0	9.7	2.7	6.5	7.0	13.8	9.7
395	I009	裴德镇	205.8	25.5	249.9	12.2	3.8	3.3	8.2	17.6	6.7
396	I010	裴德镇	169.1	25.8	176.1	13.6	3.7	5.1	8.0	19.8	7.7
397	I011	裴德镇	152.9	25.5	118.1	13.6	3.8	6.7	8.2	19.8	10.0
398	I012	裴德镇	160.3	14.6	88.2	13.6	5.3	6.7	11.6	18.7	10.0
399	I013	裴德镇	227.9	27.9	97.7	11.4	3.4	6.7	7.3	16.5	10.0
400	I014	裴德镇	279.3	48.7	159.0	9.5	2.7	5.6	7.0	13.4	8.4
401	I015	裴德镇	169.1	18.4	92.2	13.6	4.9	6.7	10.7	19.0	10.0
402	I016	裴德镇	205.8	34.4	113.5	12.2	2.7	6.7	7.0	17.9	10.0
403	I017	裴德镇	132.3	100.8	109.2	13.6	2.7	6.7	7.0	20.0	10.0
404	I018	裴德镇	162.9	46.2	188.2	13.6	2.7	4.8	7.0	20.0	7.2
405	I019	裴德镇	161.7	46.0	290.1	13.6	2.7	3.3	7.0	20.0	6.7
406	I020	裴德镇	242.6	8.9	308.1	10.8	5.3	3.3	11.6	14.3	6.7
407	I021	裴德镇	176.4	17.3	189.4	13.3	5.1	4.7	11.1	18.5	7.1
408	I022	裴德镇	213.2	9.1	149.2	12.0	5.3	5.9	11.6	16.1	8.8
409	I023	裴德镇	242.6	31.3	152.8	10.8	2.7	5.8	7.0	15.6	8.6
410	I024	裴德镇	191.1	59.2	142.9	12.8	2.7	6.0	7.0	18.8	9.0
411	I025	裴德镇	169.1	24.6	71.2	13.6	3.9	6.7	8.5	19.7	10.0
412	I026	裴德镇	147.0	49.1	121.9	13.6	2.7	6.6	7.0	20.0	9.9
413	I027	裴德镇	249.9	21.0	147.2	10.6	4.5	5.9	9.8	14.4	8.9
414	I028	裴德镇	191.1	35.0	228.9	12.8	2.7	3.6	7.0	18.8	6.7
415	I029	裴德镇	161.7	13.6	150.3	13.6	5.3	5.8	11.6	18.7	8.7
416	I030	裴德镇	161.7	11.6	140.5	13.6	5.3	6.1	11.6	18.7	9.1

（续）

推荐一（千克/亩）						推荐二（千克/亩）							
分时期						各肥料商品用量			分时期				
底肥			蘖肥	穗肥		复混肥	尿素	硫酸钾	底肥		蘖肥	穗肥	
二铵	尿素	硫酸钾	尿素	尿素	硫酸钾				复混肥	尿素	尿素	尿素	硫酸钾
7.0	7.9	5.0	7.9	3.9	5.0	14.9	16.8	5.0	14.9	5.0	7.9	3.9	5.0
11.6	5.7	3.8	5.7	2.9	3.8	16.2	13.6	3.8	16.2	5.0	5.7	2.9	3.8
11.3	7.2	3.9	7.2	3.6	3.9	17.4	15.8	3.9	17.4	5.0	7.2	3.6	3.9
7.0	8.0	4.9	8.0	4.0	4.9	14.9	17.0	4.9	14.9	5.0	8.0	4.0	4.9
7.4	7.8	3.4	7.8	3.9	3.4	13.6	16.8	3.4	13.6	5.0	7.8	3.9	3.4
11.6	7.5	5.0	7.5	3.7	5.0	19.1	16.2	5.0	19.1	5.0	7.5	3.7	5.0
10.8	6.0	4.7	6.0	3.0	4.7	16.5	14.0	4.7	16.5	5.0	6.0	3.0	4.7
7.0	8.0	5.0	8.0	4.0	5.0	15.0	17.0	5.0	15.0	5.0	8.0	4.0	5.0
7.0	6.6	4.5	6.6	3.3	4.5	13.1	14.9	4.5	13.1	5.0	6.6	3.3	4.5
7.0	5.5	4.9	5.5	2.8	4.9	12.4	13.3	4.9	12.4	5.0	5.5	2.8	4.9
8.2	7.0	3.4	7.0	3.5	3.4	13.5	15.5	3.4	13.5	5.0	7.0	3.5	3.4
8.0	7.9	3.8	7.9	4.0	3.8	14.8	16.9	3.8	14.8	5.0	7.9	4.0	3.8
8.2	7.9	5.0	7.9	4.0	5.0	16.1	16.9	5.0	16.1	5.0	7.9	4.0	5.0
11.6	7.5	5.0	7.5	3.7	5.0	19.1	16.2	5.0	19.1	5.0	7.5	3.7	5.0
7.3	6.6	5.0	6.6	3.3	5.0	13.9	14.9	5.0	13.9	5.0	6.6	3.3	5.0
7.0	5.3	4.2	5.3	2.7	4.2	11.5	13.0	4.2	11.5	5.0	5.3	2.7	4.2
10.7	7.6	5.0	7.6	3.8	5.0	18.3	16.4	5.0	18.3	5.0	7.6	3.8	5.0
7.0	7.2	5.0	7.2	3.6	5.0	14.2	15.7	5.0	14.2	5.0	7.2	3.6	5.0
7.0	8.0	5.0	8.0	4.0	5.0	15.0	17.0	5.0	15.0	5.0	8.0	4.0	5.0
7.0	8.0	3.6	8.0	4.0	3.6	13.6	17.0	3.6	13.6	5.0	8.0	4.0	3.6
7.0	8.0	3.4	8.0	4.0	3.4	13.4	17.0	3.4	13.4	5.0	8.0	4.0	3.4
11.6	5.7	3.4	5.7	2.9	3.4	15.7	13.6	3.4	15.7	5.0	5.7	2.9	3.4
11.1	7.4	3.6	7.4	3.7	3.6	17.1	16.1	3.6	17.1	5.0	7.4	3.7	3.6
11.6	6.4	4.4	6.4	3.2	4.4	17.4	14.7	4.4	17.4	5.0	6.4	3.2	4.4
7.0	6.3	4.3	6.3	3.1	4.3	12.6	14.4	4.3	12.6	5.0	6.3	3.1	4.3
7.0	7.5	4.5	7.5	3.8	4.5	14.0	16.3	4.5	14.0	5.0	7.5	3.8	4.5
8.5	7.9	5.0	7.9	3.9	5.0	16.4	16.8	5.0	16.4	5.0	7.9	3.9	5.0
7.0	8.0	5.0	8.0	4.0	5.0	15.0	17.0	5.0	15.0	5.0	8.0	4.0	5.0
9.8	5.7	4.4	5.7	2.9	4.4	15.0	13.6	4.4	15.0	5.0	5.7	2.9	4.4
7.0	7.5	3.4	7.5	3.8	3.4	12.9	16.3	3.4	12.9	5.0	7.5	3.8	3.4
11.6	7.5	4.4	7.5	3.7	4.4	18.5	16.2	4.4	18.5	5.0	7.5	3.7	4.4
11.6	7.5	4.6	7.5	3.7	4.6	18.7	16.2	4.6	18.7	5.0	7.5	3.7	4.6

序号	原编号	采样地点	测试值 （毫克/千克）			需施化肥纯量 （千克/亩）			各肥料商品用量		
			氮	磷	钾	N	P_2O_5	K_2O	二铵	尿素	硫酸钾
417	I031	裴德镇	198.5	19.8	135.3	12.5	4.7	6.2	10.2	17.4	9.4
418	I032	裴德镇	176.4	36.5	169.9	13.3	2.7	5.3	7.0	19.7	7.9
419	I033	裴德镇	139.7	9.9	81.9	13.6	5.3	6.7	11.6	18.7	10.0
420	I034	裴德镇	198.5	22.7	90.2	12.5	4.2	6.7	9.2	17.7	10.0
421	I035	裴德镇	191.1	50.4	116.2	12.8	2.7	6.7	7.0	18.8	10.0
422	I036	裴德镇	191.1	25.1	108.5	12.8	3.8	6.7	8.3	18.4	10.0
423	I037	裴德镇	161.7	19.4	119.9	13.6	4.8	6.7	10.4	19.1	10.0
424	I038	裴德镇	147.0	31.6	130.8	13.6	2.7	6.4	7.0	20.0	9.5
425	I039	裴德镇	139.7	45.7	232.1	13.6	2.7	3.6	7.0	20.0	6.7
426	I040	裴德镇	213.2	36.3	146.1	12.0	2.7	5.9	7.0	17.4	8.9
427	I041	裴德镇	102.9	52.0	146.1	13.6	2.7	5.9	7.0	20.0	8.9
428	I042	裴德镇	139.7	35.1	143.6	13.6	2.7	6.0	7.0	20.0	9.0
429	I043	裴德镇	176.4	33.0	74.1	13.3	2.7	6.7	7.0	19.7	10.0
430	I044	裴德镇	147.0	39.4	100.6	13.6	2.7	6.7	7.0	20.0	10.0
431	I045	裴德镇	154.4	48.6	82.4	13.6	2.7	6.7	7.0	20.0	10.0
432	I046	裴德镇	176.4	30.5	101.8	13.3	2.9	6.7	7.0	19.7	10.0
433	I047	裴德镇	147.0	77.3	80.4	13.6	2.7	6.7	7.0	20.0	10.0
434	I048	裴德镇	161.7	34.2	106.0	13.6	2.7	6.7	7.0	20.0	10.0
435	I049	裴德镇	183.8	46.0	67.1	13.1	2.7	6.7	7.0	19.2	10.0
436	I050	裴德镇	139.7	35.1	92.0	13.6	2.7	6.7	7.0	20.0	10.0
437	I051	裴德镇	264.6	31.2	154.6	10.0	2.8	5.7	7.0	14.3	8.6
438	I052	裴德镇	249.9	38.1	178.0	10.6	2.7	5.1	7.0	15.2	7.6
439	I053	裴德镇	154.4	49.7	513.5	13.6	2.7	3.3	7.0	20.0	6.7
440	I054	裴德镇	176.4	44.7	541.0	13.3	2.7	3.3	7.0	19.7	6.7
441	I055	裴德镇	249.9	31.9	339.5	10.6	2.7	3.3	7.0	15.2	6.7
442	I056	裴德镇	213.2	19.9	208.0	12.0	4.7	4.2	10.2	16.5	6.7
443	I057	裴德镇	183.8	26.1	231.5	13.1	3.6	3.6	7.9	19.0	6.7
444	I058	裴德镇	176.4	17.5	151.9	13.3	5.1	5.8	11.1	18.5	8.7
445	I059	裴德镇	176.4	12.6	139.9	13.3	5.3	6.1	11.6	18.4	9.2
446	I060	裴德镇	242.6	15.7	140.7	10.8	5.3	6.1	11.6	14.3	9.1
447	I061	裴德镇	257.3	33.1	167.1	10.3	2.7	5.4	7.0	14.7	8.0
448	I062	裴德镇	191.1	46.9	139.5	12.8	2.7	6.1	7.0	18.8	9.2

（续）

推荐一（千克/亩）						推荐二（千克/亩）							
分时期						各肥料商品用量			分时期				
底肥			蘖肥	穗肥		复混肥	尿素	硫酸钾	底肥		蘖肥	穗肥	
二铵	尿素	硫酸钾	尿素	尿素	硫酸钾				复混肥	尿素	尿素	尿素	硫酸钾
10.2	7.0	4.7	7.0	3.5	4.7	16.9	15.4	4.7	16.9	5.0	7.0	3.5	4.7
7.0	7.9	4.0	7.9	3.9	4.0	13.8	16.8	4.0	13.8	5.0	7.9	3.9	4.0
11.6	7.5	5.0	7.5	3.7	5.0	19.1	16.2	5.0	19.1	5.0	7.5	3.7	5.0
9.2	7.1	5.0	7.1	3.5	5.0	16.2	15.6	5.0	16.2	5.0	7.1	3.5	5.0
7.0	7.5	5.0	7.5	3.8	5.0	14.5	16.3	5.0	14.5	5.0	7.5	3.8	5.0
8.3	7.4	5.0	7.4	3.7	5.0	15.7	16.1	5.0	15.7	5.0	7.4	3.7	5.0
10.4	7.6	5.0	7.6	3.8	5.0	18.0	16.5	5.0	18.0	5.0	7.6	3.8	5.0
7.0	8.0	4.8	8.0	4.0	4.8	14.8	17.0	4.8	14.8	5.0	8.0	4.0	4.8
7.0	8.0	3.4	8.0	4.0	3.4	13.4	17.0	3.4	13.4	5.0	8.0	4.0	3.4
7.0	7.0	4.5	7.0	3.5	4.5	13.4	15.5	4.5	13.4	5.0	7.0	3.5	4.5
7.0	8.0	4.5	8.0	4.0	4.5	14.5	17.0	4.5	14.5	5.0	8.0	4.0	4.5
7.0	8.0	4.5	8.0	4.0	4.5	14.5	17.0	4.5	14.5	5.0	8.0	4.0	4.5
7.0	7.9	5.0	7.9	3.9	5.0	14.9	16.8	5.0	14.9	5.0	7.9	3.9	5.0
7.0	8.0	5.0	8.0	4.0	5.0	15.0	17.0	5.0	15.0	5.0	8.0	4.0	5.0
7.0	8.0	5.0	8.0	4.0	5.0	15.0	17.0	5.0	15.0	5.0	8.0	4.0	5.0
7.0	7.9	5.0	7.9	3.9	5.0	14.9	16.8	5.0	14.9	5.0	7.9	3.9	5.0
7.0	8.0	5.0	8.0	4.0	5.0	15.0	17.0	5.0	15.0	5.0	8.0	4.0	5.0
7.0	8.0	5.0	8.0	4.0	5.0	15.0	17.0	5.0	15.0	5.0	8.0	4.0	5.0
7.0	7.7	5.0	7.7	3.8	5.0	14.7	16.5	5.0	14.7	5.0	7.7	3.8	5.0
7.0	8.0	5.0	8.0	4.0	5.0	15.0	17.0	5.0	15.0	5.0	8.0	4.0	5.0
7.0	5.7	4.3	5.7	2.9	4.3	12.0	13.6	4.3	12.0	5.0	5.7	2.9	4.3
7.0	6.1	3.8	6.1	3.0	3.8	11.9	14.1	3.8	11.9	5.0	6.1	3.0	3.8
7.0	8.0	3.4	8.0	4.0	3.4	13.4	17.0	3.4	13.4	5.0	8.0	4.0	3.4
7.0	7.9	3.4	7.9	3.9	3.4	13.2	16.8	3.4	13.2	5.0	7.9	3.9	3.4
7.0	6.1	3.4	6.1	3.0	3.4	11.4	14.1	3.4	11.4	5.0	6.1	3.0	3.4
10.2	6.6	3.4	6.6	3.3	3.4	15.1	14.9	3.4	15.1	5.0	6.6	3.3	3.4
7.9	7.6	3.4	7.6	3.8	3.4	13.9	16.4	3.4	13.9	5.0	7.6	3.8	3.4
11.1	7.4	4.3	7.4	3.7	4.3	17.8	16.1	4.3	17.8	5.0	7.4	3.7	4.3
11.6	7.3	4.6	7.3	3.7	4.6	18.5	16.0	4.6	18.5	5.0	7.3	3.7	4.6
11.6	5.7	4.6	5.7	2.9	4.6	16.9	13.6	4.6	16.9	5.0	5.7	2.9	4.6
7.0	5.9	4.0	5.9	2.9	4.0	11.9	13.8	4.0	11.9	5.0	5.9	2.9	4.0
7.0	7.5	4.6	7.5	3.8	4.6	14.1	16.3	4.6	14.1	5.0	7.5	3.8	4.6

序号	原编号	采样地点	测试值 (毫克/千克)			需施化肥纯量 (千克/亩)			各肥料商品用量		
			氮	磷	钾	N	P₂O₅	K₂O	二铵	尿素	硫酸钾
449	I063	裴德镇	161.7	57.4	95.2	13.6	2.7	6.7	7.0	20.0	10.0
450	I064	裴德镇	139.7	24.5	101.2	13.6	3.9	6.7	8.5	19.6	10.0
451	I065	裴德镇	191.1	41.4	231.5	12.8	2.7	3.6	7.0	18.8	6.7
452	I066	裴德镇	242.6	24.0	277.3	10.8	4.0	3.3	8.7	15.1	6.7
453	I067	裴德镇	257.3	22.4	415.3	10.3	4.3	3.3	9.3	14.1	6.7
454	I068	裴德镇	249.9	30.6	357.1	10.6	2.9	3.3	7.0	15.2	6.7
455	I069	裴德镇	286.7	83.3	286.3	9.2	2.7	3.3	7.0	12.9	6.7
456	I070	裴德镇	183.8	21.2	261.4	13.1	4.5	3.3	9.7	18.5	6.7
457	I071	裴德镇	176.4	28.1	95.8	13.3	3.3	6.7	7.2	19.6	10.0
458	I072	裴德镇	176.4	43.0	141.0	13.3	2.7	6.1	7.0	19.7	9.1
459	I073	裴德镇	176.4	26.4	123.3	13.3	3.6	6.6	7.8	19.5	9.9
460	I074	裴德镇	220.5	31.9	126.4	11.7	2.7	6.5	7.0	17.0	9.7
461	I075	裴德镇	183.8	42.0	201.5	13.1	2.7	4.4	7.0	19.2	6.7
462	I076	裴德镇	198.5	23.8	257.1	12.5	4.0	3.3	8.8	17.8	6.7
463	I077	裴德镇	169.1	22.2	294.7	13.6	4.3	3.3	9.4	19.4	6.7
464	I078	裴德镇	191.1	9.7	261.9	12.8	5.3	3.3	11.6	17.4	6.7
465	I079	裴德镇	213.2	17.2	283.8	12.0	5.1	3.3	11.1	16.2	6.7
466	I080	裴德镇	249.9	14.2	111.6	10.6	5.3	6.7	11.6	13.8	10.0
467	I081	裴德镇	176.4	10.2	113.7	13.3	5.3	6.7	11.6	18.4	10.0
468	I082	裴德镇	198.5	6.1	145.6	12.5	5.3	6.0	11.6	17.0	8.9
469	I083	裴德镇	213.2	8.2	147.2	12.0	5.3	5.9	11.6	16.1	8.9
470	I084	裴德镇	213.2	11.9	168.4	12.0	5.3	5.3	11.6	16.1	8.0
471	I085	裴德镇	183.8	22.1	153.1	13.1	4.3	5.7	9.4	18.6	8.6
472	I086	裴德镇	176.4	11.6	124.2	13.3	5.3	6.5	11.6	18.4	9.8
473	I087	裴德镇	154.4	10.7	181.0	13.6	5.3	5.0	11.6	18.7	7.5
474	I089	裴德镇	147.0	8.0	152.8	13.6	5.3	5.8	11.6	18.7	8.6
475	I090	裴德镇	183.8	7.5	151.8	13.1	5.3	5.8	11.6	17.9	8.7
476	K001	兴凯湖乡	176.4	88.8	192.0	13.3	2.7	4.7	7.0	19.7	7.0
477	K002	兴凯湖乡	242.6	33.8	133.1	10.8	2.7	6.3	7.0	15.6	9.5
478	K003	兴凯湖乡	183.8	46.4	206.8	13.1	2.7	4.3	7.0	19.2	6.7
479	K004	兴凯湖乡	205.8	114.7	112.9	12.2	2.7	6.7	7.0	17.9	10.0
480	K005	兴凯湖乡	169.1	49.8	100.6	13.6	2.7	6.7	7.0	20.0	10.0

（续）

推荐一（千克/亩）						推荐二（千克/亩）							
分时期						各肥料商品用量			分时期				
底肥			蘖肥	穗肥					底肥		蘖肥	穗肥	
二铵	尿素	硫酸钾	尿素	尿素	硫酸钾	复混肥	尿素	硫酸钾	复混肥	尿素	尿素	尿素	硫酸钾
7.0	8.0	5.0	8.0	4.0	5.0	15.0	17.0	5.0	15.0	5.0	8.0	4.0	5.0
8.5	7.9	5.0	7.9	3.9	5.0	16.4	16.8	5.0	16.4	5.0	7.9	3.9	5.0
7.0	7.5	3.4	7.5	3.8	3.4	12.9	16.3	3.4	12.9	5.0	7.5	3.8	3.4
8.7	6.1	3.4	6.1	3.0	3.4	13.1	14.1	3.4	13.1	5.0	6.1	3.0	3.4
9.3	5.6	3.4	5.6	2.8	3.4	13.3	13.4	3.4	13.3	5.0	5.6	2.8	3.4
7.0	6.1	3.4	6.1	3.0	3.4	11.4	14.1	3.4	11.4	5.0	6.1	3.0	3.4
7.0	5.2	3.4	5.2	2.6	3.4	10.5	12.8	3.4	10.5	5.0	5.2	2.6	3.4
9.7	7.4	3.4	7.4	3.7	3.4	15.4	16.1	3.4	15.4	5.0	7.4	3.7	3.4
7.2	7.9	5.0	7.9	3.9	5.0	15.1	16.8	5.0	15.1	5.0	7.9	3.9	5.0
7.0	7.9	4.6	7.9	3.9	4.6	14.4	16.8	4.6	14.4	5.0	7.9	3.9	4.6
7.8	7.8	4.9	7.8	3.9	4.9	15.6	16.7	4.9	15.6	5.0	7.8	3.9	4.9
7.0	6.8	4.9	6.8	3.4	4.9	13.7	15.2	4.9	13.7	5.0	6.8	3.4	4.9
7.0	7.7	3.4	7.7	3.8	3.4	13.0	16.5	3.4	13.0	5.0	7.7	3.8	3.4
8.8	7.1	3.4	7.1	3.6	3.4	14.2	15.7	3.4	14.2	5.0	7.1	3.6	3.4
9.4	7.8	3.4	7.8	3.9	3.4	15.5	16.6	3.4	15.5	5.0	7.8	3.9	3.4
11.6	7.0	3.4	7.0	3.5	3.4	16.9	15.5	3.4	16.9	5.0	7.0	3.5	3.4
11.1	6.5	3.4	6.5	3.2	3.4	16.0	14.7	3.4	16.0	5.0	6.5	3.2	3.4
11.6	5.5	5.0	5.5	2.8	5.0	17.1	13.3	5.0	17.1	5.0	5.5	2.8	5.0
11.6	7.3	5.0	7.3	3.7	5.0	18.9	16.0	5.0	18.9	5.0	7.3	3.7	5.0
11.6	6.8	4.5	6.8	3.4	4.5	17.9	15.2	4.5	17.9	5.0	6.8	3.4	4.5
11.6	6.4	4.4	6.4	3.2	4.4	17.5	14.7	4.4	17.5	5.0	6.4	3.2	4.4
11.6	6.4	4.0	6.4	3.2	4.0	17.0	14.7	4.0	17.0	5.0	6.4	3.2	4.0
9.4	7.4	4.3	7.4	3.7	4.3	16.1	16.1	4.3	16.1	5.0	7.4	3.7	4.3
11.6	7.3	4.9	7.3	3.7	4.9	18.8	16.0	4.9	18.8	5.0	7.3	3.7	4.9
11.6	7.5	3.7	7.5	3.7	3.7	17.8	16.2	3.7	17.8	5.0	7.5	3.7	3.7
11.6	7.5	4.3	7.5	3.7	4.3	18.4	16.2	4.3	18.4	5.0	7.5	3.7	4.3
11.6	7.2	4.3	7.2	3.6	4.3	18.1	15.7	4.3	18.1	5.0	7.2	3.6	4.3
7.0	7.9	3.5	7.9	3.9	3.5	13.4	16.8	3.5	13.4	5.0	7.9	3.9	3.5
7.0	6.3	4.7	6.3	3.1	4.7	13.0	14.4	4.7	13.0	5.0	6.3	3.1	4.7
7.0	7.7	3.4	7.7	3.8	3.4	13.0	16.5	3.4	13.0	5.0	7.7	3.8	3.4
7.0	7.2	5.0	7.2	3.6	5.0	14.2	15.7	5.0	14.2	5.0	7.2	3.6	5.0
7.0	8.0	5.0	8.0	4.0	5.0	15.0	17.0	5.0	15.0	5.0	8.0	4.0	5.0

序号	原编号	采样地点	测试值（毫克/千克）			需施化肥纯量（千克/亩）			各肥料商品用量		
			氮	磷	钾	N	P_2O_5	K_2O	二铵	尿素	硫酸钾
481	K006	兴凯湖乡	198.5	34.8	73.0	12.5	2.7	6.7	7.0	18.3	10.0
482	K007	兴凯湖乡	125.0	30.7	335.6	13.6	2.9	3.3	7.0	20.0	6.7
483	K008	兴凯湖乡	198.5	67.5	167.5	12.5	2.7	5.3	7.0	18.3	8.0
484	K009	兴凯湖乡	286.7	65.6	278.5	9.2	2.7	3.3	7.0	12.9	6.7
485	K010	兴凯湖乡	154.4	29.0	123.3	13.6	3.2	6.6	7.0	20.0	9.9
486	K011	兴凯湖乡	235.2	23.1	93.9	11.1	4.2	6.7	9.0	15.5	10.0
487	K012	兴凯湖乡	227.9	29.4	126.4	11.4	3.1	6.5	7.0	16.5	9.7
488	K013	兴凯湖乡	257.3	55.2	162.0	10.3	2.7	5.5	7.0	14.7	8.3
489	K014	兴凯湖乡	272.0	26.1	167.1	9.7	3.6	5.4	7.9	13.6	8.0
490	K015	兴凯湖乡	272.0	59.1	209.2	9.7	2.7	4.2	7.0	13.8	6.7
491	K016	兴凯湖乡	198.5	114.2	263.2	12.5	2.7	3.3	7.0	18.3	6.7
492	K017	兴凯湖乡	205.8	41.8	134.4	12.2	2.7	6.3	7.0	17.9	9.4
493	K018	兴凯湖乡	176.4	19.3	130.7	13.3	4.8	6.4	10.4	18.7	9.6
494	K019	兴凯湖乡	183.8	27.6	176.7	13.1	3.4	5.1	7.4	19.1	7.6
495	K020	兴凯湖乡	294.0	88.4	477.9	8.9	2.7	3.3	7.0	12.5	6.7
496	K021	兴凯湖乡	257.3	89.3	412.3	10.3	2.7	3.3	7.0	14.7	6.7
497	K022	兴凯湖乡	242.6	46.7	245.4	10.8	2.7	3.3	7.0	15.6	6.7
498	K023	兴凯湖乡	257.3	30.5	213.5	10.3	2.9	4.1	7.0	14.7	6.7
499	K024	兴凯湖乡	257.3	28.1	201.8	10.3	3.3	4.4	7.2	14.7	6.7
500	K025	兴凯湖乡	213.2	31.0	94.5	12.0	2.8	6.7	7.0	17.4	10.0
501	K026	兴凯湖乡	205.8	68.8	212.9	12.2	2.7	4.1	7.0	17.9	6.7
502	K027	兴凯湖乡	147.0	50.2	166.3	13.6	2.7	5.4	7.0	20.0	8.1
503	K028	兴凯湖乡	191.1	35.0	134.4	12.8	2.7	6.3	7.0	18.8	9.4
504	K029	兴凯湖乡	249.9	40.4	180.4	10.6	2.7	5.0	7.0	15.2	7.5
505	K030	兴凯湖乡	198.5	45.3	134.4	12.5	2.7	6.3	7.0	18.3	9.4
506	K031	兴凯湖乡	257.3	43.5	149.7	10.3	2.7	5.8	7.0	14.7	8.8
507	K032	兴凯湖乡	125.0	53.0	193.9	13.6	2.7	4.6	7.0	20.0	6.9
508	K033	兴凯湖乡	257.3	91.6	194.5	10.3	2.7	4.6	7.0	14.7	6.9
509	K034	兴凯湖乡	176.4	47.4	130.7	13.3	2.7	6.4	7.0	19.7	9.6
510	K035	兴凯湖乡	198.5	55.9	139.3	12.5	2.7	6.1	7.0	18.3	9.2
511	K036	兴凯湖乡	213.2	45.6	141.7	12.0	2.7	6.1	7.0	17.4	9.1
512	K037	兴凯湖乡	205.8	45.6	133.1	12.2	2.7	6.3	7.0	17.9	9.5

（续）

推荐一（千克/亩）						推荐二（千克/亩）							
分时期						各肥料商品用量			分时期				
底肥			蘖肥	穗肥		复混肥	尿素	硫酸钾	底肥		蘖肥	穗肥	
二铵	尿素	硫酸钾	尿素	尿素	硫酸钾				复混肥	尿素	尿素	尿素	硫酸钾
7.0	7.3	5.0	7.3	3.7	5.0	14.3	16.0	5.0	14.3	5.0	7.3	3.7	5.0
7.0	8.0	3.4	8.0	4.0	3.4	13.4	17.0	3.4	13.4	5.0	8.0	4.0	3.4
7.0	7.3	4.0	7.3	3.7	4.0	13.3	16.0	4.0	13.3	5.0	7.3	3.7	4.0
7.0	5.2	3.4	5.2	2.6	3.4	10.5	12.8	3.4	10.5	5.0	5.2	2.6	3.4
7.0	8.0	4.9	8.0	4.0	4.9	14.9	17.0	4.9	14.9	5.0	8.0	4.0	4.9
9.0	6.2	5.0	6.2	3.1	5.0	15.2	14.3	5.0	15.2	5.0	6.2	3.1	5.0
7.0	6.6	4.9	6.6	3.3	4.9	13.5	14.9	4.9	13.5	5.0	6.6	3.3	4.9
7.0	5.9	4.1	5.9	2.9	4.1	12.0	13.8	4.1	12.0	5.0	5.9	2.9	4.1
7.9	5.4	4.0	5.4	2.7	4.0	12.4	13.1	4.0	12.4	5.0	5.4	2.7	4.0
7.0	5.5	3.4	5.5	2.8	3.4	10.9	13.3	3.4	10.9	5.0	5.5	2.8	3.4
7.0	7.3	3.4	7.3	3.7	3.4	12.7	16.0	3.4	12.7	5.0	7.3	3.7	3.4
7.0	7.2	4.7	7.2	3.6	4.7	13.9	15.7	4.7	13.9	5.0	7.2	3.6	4.7
10.4	7.5	4.8	7.5	3.7	4.8	17.7	16.2	4.8	17.7	5.0	7.5	3.7	4.8
7.4	7.7	3.8	7.7	3.8	3.8	13.9	16.5	3.8	13.9	5.0	7.7	3.8	3.8
7.0	5.0	3.4	5.0	2.5	3.4	10.3	12.5	3.4	10.3	5.0	5.0	2.5	3.4
7.0	5.9	3.4	5.9	2.9	3.4	11.2	13.8	3.4	11.2	5.0	5.9	2.9	3.4
7.0	6.3	3.4	6.3	3.1	3.4	11.6	14.4	3.4	11.6	5.0	6.3	3.1	3.4
7.0	5.9	3.4	5.9	2.9	3.4	11.2	13.8	3.4	11.2	5.0	5.9	2.9	3.4
7.2	5.9	3.4	5.9	2.9	3.4	11.4	13.8	3.4	11.4	5.0	5.9	2.9	3.4
7.0	7.0	5.0	7.0	3.5	5.0	14.0	15.5	5.0	14.0	5.0	7.0	3.5	5.0
7.0	7.2	3.4	7.2	3.6	3.4	12.5	15.7	3.4	12.5	5.0	7.2	3.6	3.4
7.0	8.0	4.0	8.0	4.0	4.0	14.0	17.0	4.0	14.0	5.0	8.0	4.0	4.0
7.0	7.5	4.7	7.5	3.8	4.7	14.2	16.3	4.7	14.2	5.0	7.5	3.8	4.7
7.0	6.1	3.7	6.1	3.0	3.7	11.8	14.1	3.7	11.8	5.0	6.1	3.0	3.7
7.0	7.3	4.7	7.3	3.7	4.7	14.0	16.0	4.7	14.0	5.0	7.3	3.7	4.7
7.0	5.9	4.4	5.9	2.9	4.4	12.3	13.8	4.4	12.3	5.0	5.9	2.9	4.4
7.0	8.0	3.5	8.0	4.0	3.5	13.5	17.0	3.5	13.5	5.0	8.0	4.0	3.5
7.0	5.9	3.4	5.9	2.9	3.4	11.3	13.8	3.4	11.3	5.0	5.9	2.9	3.4
7.0	7.9	4.8	7.9	3.9	4.8	14.7	16.8	4.8	14.7	5.0	7.9	3.9	4.8
7.0	7.3	4.6	7.3	3.7	4.6	13.9	16.0	4.6	13.9	5.0	7.3	3.7	4.6
7.0	7.0	4.5	7.0	3.5	4.5	13.5	15.5	4.5	13.5	5.0	7.0	3.5	4.5
7.0	7.2	4.7	7.2	3.6	4.7	13.9	15.7	4.7	13.9	5.0	7.2	3.6	4.7

序号	原编号	采样地点	测试值（毫克/千克）			需施化肥纯量（千克/亩）			各肥料商品用量		
			氮	磷	钾	N	P₂O₅	K₂O	二铵	尿素	硫酸钾
513	K038	兴凯湖乡	198.5	48.4	175.5	12.5	2.7	5.1	7.0	18.3	7.7
514	K039	兴凯湖乡	176.4	31.9	241.1	13.3	2.7	3.3	7.0	19.7	6.7
515	K040	兴凯湖乡	191.1	27.4	176.1	12.8	3.4	5.1	7.4	18.7	7.7
516	L001	柳毛乡	242.6	66.0	135.0	10.8	2.7	6.3	7.0	15.6	9.4
517	L002	柳毛乡	198.5	34.3	88.1	12.5	2.7	6.7	7.0	18.3	10.0
518	L003	柳毛乡	205.8	55.4	230.2	12.2	2.7	3.6	7.0	17.9	6.7
519	L004	柳毛乡	198.5	36.8	94.8	12.5	2.7	6.7	7.0	18.3	10.0
520	L005	柳毛乡	147.0	36.2	99.6	13.6	2.7	6.7	7.0	20.0	10.0
521	L006	柳毛乡	110.3	5.0	66.7	13.6	5.3	6.7	11.6	18.7	10.0
522	L007	柳毛乡	205.8	20.7	63.7	12.2	4.6	6.7	9.9	17.0	10.0
523	L008	柳毛乡	235.2	38.7	160.0	11.1	2.7	5.6	7.0	16.1	8.3
524	L009	柳毛乡	213.2	31.6	110.1	12.0	2.7	6.7	7.0	17.4	10.0
525	L010	柳毛乡	139.7	19.9	149.6	13.6	4.7	5.8	10.2	19.2	8.8
526	L011	柳毛乡	169.1	20.2	167.9	13.6	4.6	5.3	10.1	19.2	8.0
527	L012	柳毛乡	198.5	14.6	110.6	12.5	5.3	6.7	11.6	17.0	10.0
528	L013	柳毛乡	257.3	19.1	103.2	10.3	4.8	6.7	10.5	13.7	10.0
529	L014	柳毛乡	257.3	61.9	122.8	10.3	2.7	6.6	7.0	14.7	9.9
530	L015	柳毛乡	227.9	35.4	140.6	11.4	2.7	6.1	7.0	16.5	9.1
531	L016	柳毛乡	301.4	161.8	649.0	8.6	2.7	3.3	7.0	12.0	6.7
532	L017	柳毛乡	227.9	150.2	660.6	11.4	2.7	3.3	7.0	16.5	6.7
533	L018	柳毛乡	294.0	45.2	278.9	8.9	2.7	3.3	7.0	12.5	6.7
534	L019	柳毛乡	191.1	70.8	141.1	12.8	2.7	6.1	7.0	18.8	9.1
535	L020	柳毛乡	205.8	180.7	231.4	12.2	2.7	3.6	7.0	17.9	6.7
536	L021	柳毛乡	257.3	52.9	150.9	10.3	2.7	5.8	7.0	14.7	8.7
537	L022	柳毛乡	242.6	54.6	113.1	10.8	2.7	6.7	7.0	15.6	10.0
538	L023	柳毛乡	242.6	25.2	141.2	10.8	3.8	6.1	8.3	15.3	9.1
539	L024	柳毛乡	183.8	23.4	88.7	13.1	4.1	6.7	8.9	18.7	10.0
540	L025	柳毛乡	205.8	26.7	74.5	12.2	3.5	6.7	7.7	17.7	10.0
541	L026	柳毛乡	198.5	52.0	91.7	12.5	2.7	6.7	7.0	18.3	10.0
542	L027	柳毛乡	191.1	42.4	104.5	12.8	2.7	6.7	7.0	18.8	10.0
543	L028	柳毛乡	198.5	32.8	77.1	12.5	2.7	6.7	7.0	18.3	10.0
544	L029	柳毛乡	169.1	28.6	78.3	13.6	3.2	6.7	7.0	20.0	10.0

（续）

推荐一（千克/亩）						推荐二（千克/亩）							
分时期						各肥料商品用量			分时期				
底肥			蘖肥	穗肥		复混肥	尿素	硫酸钾	底肥		蘖肥	穗肥	
二铵	尿素	硫酸钾	尿素	尿素	硫酸钾				复混肥	尿素	尿素	尿素	硫酸钾
7.0	7.3	3.8	7.3	3.7	3.8	13.2	16.0	3.8	13.2	5.0	7.3	3.7	3.8
7.0	7.9	3.4	7.9	3.9	3.4	13.2	16.8	3.4	13.2	5.0	7.9	3.9	3.4
7.4	7.5	3.8	7.5	3.7	3.8	13.7	16.2	3.8	13.7	5.0	7.5	3.7	3.8
7.0	6.3	4.7	6.3	3.1	4.7	12.9	14.4	4.7	12.9	5.0	6.3	3.1	4.7
7.0	7.3	5.0	7.3	3.7	5.0	14.3	16.0	5.0	14.3	5.0	7.3	3.7	5.0
7.0	7.2	3.4	7.2	3.6	3.4	12.5	15.7	3.4	12.5	5.0	7.2	3.6	3.4
7.0	7.3	5.0	7.3	3.7	5.0	14.3	16.0	5.0	14.3	5.0	7.3	3.7	5.0
7.0	8.0	5.0	8.0	4.0	5.0	15.0	17.0	5.0	15.0	5.0	8.0	4.0	5.0
11.6	7.5	5.0	7.5	3.7	5.0	19.1	16.2	5.0	19.1	5.0	7.5	3.7	5.0
9.9	6.8	5.0	6.8	3.4	5.0	16.7	15.2	5.0	16.7	5.0	6.8	3.4	5.0
7.0	6.4	4.2	6.4	3.2	4.2	12.6	14.7	4.2	12.6	5.0	6.4	3.2	4.2
7.0	7.0	5.0	7.0	3.5	5.0	14.0	15.5	5.0	14.0	5.0	7.0	3.5	5.0
10.2	7.7	4.4	7.7	3.8	4.4	17.2	16.5	4.4	17.2	5.0	7.7	3.8	4.4
10.1	7.7	4.0	7.7	3.8	4.0	16.8	16.5	4.0	16.8	5.0	7.7	3.8	4.0
11.6	6.8	5.0	6.8	3.4	5.0	18.4	15.2	5.0	18.4	5.0	6.8	3.4	5.0
10.5	5.5	5.0	5.5	2.7	5.0	15.9	13.2	5.0	15.9	5.0	5.5	2.7	5.0
7.0	5.9	4.9	5.9	2.9	4.9	12.8	13.8	4.9	12.8	5.0	5.9	2.9	4.9
7.0	6.6	4.6	6.6	3.3	4.6	13.2	14.9	4.6	13.2	5.0	6.6	3.3	4.6
7.0	4.8	3.4	4.8	2.4	3.4	10.2	12.2	3.4	10.2	5.0	4.8	2.4	3.4
7.0	6.6	3.4	6.6	3.3	3.4	12.0	14.9	3.4	12.0	5.0	6.6	3.3	3.4
7.0	5.0	3.4	5.0	2.5	3.4	10.3	12.5	3.4	10.3	5.0	5.0	2.5	3.4
7.0	7.5	4.6	7.5	3.8	4.6	14.1	16.3	4.6	14.1	5.0	7.5	3.8	4.6
7.0	7.2	3.4	7.2	3.6	3.4	12.5	15.7	3.4	12.5	5.0	7.2	3.6	3.4
7.0	5.9	4.4	5.9	2.9	4.4	12.2	13.8	4.4	12.2	5.0	5.9	2.9	4.4
7.0	6.3	5.0	6.3	3.1	5.0	13.3	14.4	5.0	13.3	5.0	6.3	3.1	5.0
8.3	6.1	4.6	6.1	3.1	4.6	13.9	14.2	4.6	13.9	5.0	6.1	3.1	4.6
8.9	7.5	5.0	7.5	3.7	5.0	16.4	16.2	5.0	16.4	5.0	7.5	3.7	5.0
7.7	7.1	5.0	7.1	3.5	5.0	14.8	15.6	5.0	14.8	5.0	7.1	3.5	5.0
7.0	7.3	5.0	7.3	3.7	5.0	14.3	16.0	5.0	14.3	5.0	7.3	3.7	5.0
7.0	7.5	5.0	7.5	3.8	5.0	14.5	16.3	5.0	14.5	5.0	7.5	3.8	5.0
7.0	7.3	5.0	7.3	3.7	5.0	14.3	16.0	5.0	14.3	5.0	7.3	3.7	5.0
7.0	8.0	5.0	8.0	4.0	5.0	15.0	17.0	5.0	15.0	5.0	8.0	4.0	5.0

序号	原编号	采样地点	测试值（毫克/千克）			需施化肥纯量（千克/亩）			各肥料商品用量		
			氮	磷	钾	N	P₂O₅	K₂O	二铵	尿素	硫酸钾
545	L030	柳毛乡	176.4	33.1	78.3	13.3	2.7	6.7	7.0	19.7	10.0
546	L031	柳毛乡	161.7	32.4	108.2	13.6	2.7	6.7	7.0	20.0	10.0
547	L032	柳毛乡	154.4	51.8	140.2	13.6	2.7	6.1	7.0	20.0	9.2
548	L033	柳毛乡	198.5	35.1	146.3	12.5	2.7	5.9	7.0	18.3	8.9
549	L034	柳毛乡	139.7	75.4	92.3	13.6	2.7	6.7	7.0	20.0	10.0
550	L035	柳毛乡	140.3	19.1	169.9	13.6	4.8	5.3	10.5	19.1	7.9
551	M001	密山镇	213.2	17.8	119.7	12.0	5.0	6.7	11.0	16.3	10.0
552	M002	密山镇	147.0	52.6	71.0	13.6	2.7	6.7	7.0	20.0	10.0
553	M003	密山镇	257.3	25.5	162.9	10.3	3.7	5.5	8.1	14.4	8.2
554	M004	密山镇	249.9	10.6	88.2	10.6	5.3	6.7	11.6	13.8	10.0
555	M005	密山镇	139.7	47.4	95.4	13.6	2.7	6.7	7.0	20.0	10.0
556	M006	密山镇	132.3	46.2	112.1	13.6	2.7	6.7	7.0	20.0	10.0
557	M007	密山镇	139.7	30.0	62.0	13.6	3.0	6.7	7.0	20.0	10.0
558	M008	密山镇	249.9	55.6	120.6	10.6	2.7	6.6	7.0	15.2	10.0
559	M009	密山镇	139.7	12.0	91.5	13.6	5.3	6.7	11.6	18.7	10.0
560	M010	密山镇	257.3	77.6	79.9	10.3	2.7	6.7	7.0	14.7	10.0
561	M011	密山镇	220.5	39.9	108.8	11.7	2.7	6.7	7.0	17.0	10.0
562	M012	密山镇	242.6	48.6	114.9	10.8	2.7	6.7	7.0	15.6	10.0
563	M013	密山镇	176.4	43.3	155.8	13.3	2.7	5.7	7.0	19.7	8.5
564	M014	密山镇	227.9	31.1	192.0	11.4	2.8	4.7	7.0	16.5	7.0
565	M015	密山镇	169.1	37.7	143.2	13.6	2.7	6.0	7.0	20.0	9.0
566	M016	密山镇	198.5	21.9	149.9	12.5	4.4	5.8	9.5	17.6	8.8
567	M017	密山镇	227.9	55.5	141.2	11.4	2.7	6.1	7.0	16.5	9.1
568	M018	密山镇	176.4	20.8	120.6	13.3	4.5	6.6	9.8	18.9	10.0
569	M019	密山镇	176.4	73.0	89.4	13.3	2.7	6.7	7.0	19.7	10.0
570	M020	密山镇	308.7	38.6	169.6	8.4	2.7	5.3	7.0	12.0	7.9
571	M021	密山镇	227.9	33.3	70.3	11.4	2.7	6.7	7.0	16.5	10.0
572	M022	密山镇	169.1	25.9	119.1	13.6	3.7	6.7	8.0	19.8	10.0
573	M023	密山镇	227.9	41.8	107.6	11.4	2.7	6.7	7.0	16.5	10.0
574	M024	密山镇	198.5	121.2	478.0	12.5	2.7	3.3	7.0	18.3	6.7
575	M025	密山镇	301.4	16.1	114.7	8.6	5.3	6.7	11.5	12.0	10.0
576	M026	密山镇	139.7	112.8	153.8	13.6	2.7	5.7	7.0	20.0	8.6

（续）

推荐一（千克/亩）						推荐二（千克/亩）							
分时期						各肥料商品用量			分时期				
底肥			蘖肥	穗肥		复混肥	尿素	硫酸钾	底肥		蘖肥	穗肥	
二铵	尿素	硫酸钾	尿素	尿素	硫酸钾				复混肥	尿素	尿素	尿素	硫酸钾
7.0	7.9	5.0	7.9	3.9	5.0	14.9	16.8	5.0	14.9	5.0	7.9	3.9	5.0
7.0	8.0	5.0	8.0	4.0	5.0	15.0	17.0	5.0	15.0	5.0	8.0	4.0	5.0
7.0	8.0	4.6	8.0	4.0	4.6	14.6	17.0	4.6	14.6	5.0	8.0	4.0	4.6
7.0	7.3	4.5	7.3	3.7	4.5	13.8	16.0	4.5	13.8	5.0	7.3	3.7	4.5
7.0	8.0	5.0	8.0	4.0	5.0	15.0	17.0	5.0	15.0	5.0	8.0	4.0	5.0
10.5	7.6	4.0	7.6	3.8	4.0	17.0	16.4	4.0	17.0	5.0	7.6	3.8	4.0
11.0	6.5	5.0	6.5	3.3	5.0	17.5	14.8	5.0	17.5	5.0	6.5	3.3	5.0
7.0	8.0	5.0	8.0	4.0	5.0	15.0	17.0	5.0	15.0	5.0	8.0	4.0	5.0
8.1	5.8	4.1	5.8	2.9	4.1	13.0	13.6	4.1	13.0	5.0	5.8	2.9	4.1
11.6	5.5	5.0	5.5	2.8	5.0	17.1	13.3	5.0	17.1	5.0	5.5	2.8	5.0
7.0	8.0	5.0	8.0	4.0	5.0	15.0	17.0	5.0	15.0	5.0	8.0	4.0	5.0
7.0	8.0	5.0	8.0	4.0	5.0	15.0	17.0	5.0	15.0	5.0	8.0	4.0	5.0
7.0	6.1	5.0	6.1	3.0	5.0	13.1	14.1	5.0	13.1	5.0	6.1	3.0	5.0
11.6	7.5	5.0	7.5	3.7	5.0	19.1	16.2	5.0	19.1	5.0	7.5	3.7	5.0
7.0	5.9	5.0	5.9	2.9	5.0	12.9	13.8	5.0	12.9	5.0	5.9	2.9	5.0
7.0	6.8	5.0	6.8	3.4	5.0	13.8	15.2	5.0	13.8	5.0	6.8	3.4	5.0
7.0	6.3	5.0	6.3	3.1	5.0	13.3	14.4	5.0	13.3	5.0	6.3	3.1	5.0
7.0	7.9	4.3	7.9	3.9	4.3	14.1	16.8	4.3	14.1	5.0	7.9	3.9	4.3
7.0	6.6	3.5	6.6	3.3	3.5	12.1	14.9	3.5	12.1	5.0	6.6	3.3	3.5
7.0	8.0	4.5	8.0	4.0	4.5	14.5	17.0	4.5	14.5	5.0	8.0	4.0	4.5
9.5	7.0	4.4	7.0	3.5	4.4	15.9	15.6	4.4	15.9	5.0	7.0	3.5	4.4
7.0	6.6	4.6	6.6	3.3	4.6	13.2	14.9	4.6	13.2	5.0	6.6	3.3	4.6
9.8	7.5	5.0	7.5	3.8	5.0	17.4	16.3	5.0	17.4	5.0	7.5	3.8	5.0
7.0	7.9	5.0	7.9	3.9	5.0	14.9	16.8	5.0	14.9	5.0	7.9	3.9	5.0
7.0	4.8	4.0	4.8	2.4	4.0	10.8	12.2	4.0	10.8	5.0	4.8	2.4	4.0
7.0	6.6	5.0	6.6	3.3	5.0	13.6	14.9	5.0	13.6	5.0	6.6	3.3	5.0
8.0	7.9	5.0	7.9	4.0	5.0	15.9	16.9	5.0	15.9	5.0	7.9	4.0	5.0
7.0	6.6	5.0	6.6	3.3	5.0	13.6	14.9	5.0	13.6	5.0	6.6	3.3	5.0
7.0	7.3	3.4	7.3	3.7	3.4	12.7	16.0	3.4	12.7	5.0	7.3	3.7	3.4
11.5	4.8	5.0	4.8	2.4	5.0	16.3	12.2	5.0	16.3	5.0	4.8	2.4	5.0
7.0	8.0	4.3	8.0	4.0	4.3	14.3	17.0	4.3	14.3	5.0	8.0	4.0	4.3

序号	原编号	采样地点	测试值 (毫克/千克)			需施化肥纯量 (千克/亩)			各肥料商品用量		
			氮	磷	钾	N	P₂O₅	K₂O	二铵	尿素	硫酸钾
577	M027	密山镇	176.4	91.4	154.1	13.3	2.7	5.7	7.0	19.7	8.6
578	M028	密山镇	139.7	32.6	138.8	13.6	2.7	6.1	7.0	20.0	9.2
579	M029	密山镇	152.9	93.3	122.6	13.6	2.7	6.6	7.0	20.0	9.9
580	M030	密山镇	161.7	30.3	84.8	13.6	3.0	6.7	7.0	20.0	10.0
581	M031	密山镇	176.4	19.2	180.5	13.3	4.8	5.0	10.4	18.7	7.5
582	M032	密山镇	147.0	54.9	118.7	13.6	2.7	6.7	7.0	20.0	10.0
583	M033	密山镇	176.4	7.9	102.2	13.3	5.3	6.7	11.6	18.4	10.0
584	M034	密山镇	139.7	20.4	82.4	13.6	4.6	6.7	10.0	19.2	10.0
585	M035	密山镇	176.4	32.1	250.6	13.3	2.7	3.3	7.0	19.7	6.7
586	M036	密山镇	257.3	18.5	249.3	10.3	4.9	3.3	10.7	13.6	6.7
587	M037	密山镇	191.1	24.8	258.2	12.8	3.9	3.3	8.4	18.4	6.7
588	M038	密山镇	161.7	43.1	243.7	13.6	2.7	3.3	7.0	20.0	6.7
589	M039	密山镇	191.1	85.4	111.1	12.8	2.7	6.7	7.0	18.8	10.0
590	M040	密山镇	220.5	56.9	102.8	11.7	2.7	6.7	7.0	17.0	10.0
591	M041	密山镇	183.8	35.1	104.7	13.1	2.7	6.7	7.0	19.2	10.0
592	M042	密山镇	213.2	58.8	102.8	12.0	2.7	6.7	7.0	17.4	10.0
593	M043	密山镇	161.7	52.0	123.1	13.6	2.7	6.6	7.0	20.0	9.9
594	M044	密山镇	176.4	79.3	87.5	13.3	2.7	6.7	7.0	19.7	10.0
595	M045	密山镇	205.8	35.8	150.2	12.2	2.7	5.8	7.0	17.9	8.7
596	M046	密山镇	161.7	34.4	110.7	13.6	2.7	6.7	7.0	20.0	10.0
597	M047	密山镇	176.4	24.5	127.0	13.3	3.9	6.5	8.5	19.3	9.7
598	M048	密山镇	183.8	18.6	100.9	13.1	4.9	6.7	10.6	18.2	10.0
599	M049	密山镇	154.4	22.0	70.3	13.6	4.3	6.7	9.4	19.4	10.0
600	M050	密山镇	227.9	26.9	79.3	11.4	3.5	6.7	7.7	16.3	10.0
601	M051	密山镇	180.9	78.4	104.7	13.2	2.7	6.7	7.0	19.4	10.0
602	M052	密山镇	213.2	28.4	103.4	12.0	3.3	6.7	7.1	17.4	10.0
603	M053	密山镇	198.5	15.0	92.0	12.5	5.3	6.7	11.6	17.0	10.0
604	M054	密山镇	205.8	30.9	141.7	12.2	2.8	6.1	7.0	17.9	9.1
605	M055	密山镇	154.4	25.2	112.1	13.6	3.8	6.7	8.3	19.7	10.0
606	M056	密山镇	142.9	40.2	99.2	13.6	2.7	6.7	7.0	20.0	10.0
607	M057	密山镇	242.6	31.5	94.5	10.8	2.8	6.7	7.0	15.6	10.0
608	M058	密山镇	191.1	12.8	114.3	12.8	5.3	6.7	11.6	17.4	10.0

（续）

推荐一（千克/亩）						推荐二（千克/亩）							
分时期						各肥料商品用量			分时期				
底肥			蘖肥	穗肥		复混肥	尿素	硫酸钾	底肥		蘖肥	穗肥	
二铵	尿素	硫酸钾	尿素	尿素	硫酸钾				复混肥	尿素	尿素	尿素	硫酸钾
7.0	7.9	4.3	7.9	3.9	4.3	14.2	16.8	4.3	14.2	5.0	7.9	3.9	4.3
7.0	8.0	4.6	8.0	4.0	4.6	14.6	17.0	4.6	14.6	5.0	8.0	4.0	4.6
7.0	8.0	4.9	8.0	4.0	4.9	14.9	17.0	4.9	14.9	5.0	8.0	4.0	4.9
7.0	8.0	5.0	8.0	4.0	5.0	15.0	17.0	5.0	15.0	5.0	8.0	4.0	5.0
10.4	7.5	3.7	7.5	3.7	3.7	16.7	16.2	3.7	16.7	5.0	7.5	3.7	3.7
7.0	8.0	5.0	8.0	4.0	5.0	15.0	17.0	5.0	15.0	5.0	8.0	4.0	5.0
11.6	7.3	5.0	7.3	3.7	5.0	18.9	16.0	5.0	18.9	5.0	7.3	3.7	5.0
10.0	7.7	5.0	7.7	3.8	5.0	17.7	16.5	5.0	17.7	5.0	7.7	3.8	5.0
7.0	7.9	3.4	7.9	3.9	3.4	13.2	16.8	3.4	13.2	5.0	7.9	3.9	3.4
10.7	5.5	3.4	5.5	2.7	3.4	14.5	13.2	3.4	14.5	5.0	5.5	2.7	3.4
8.4	7.4	3.4	7.4	3.7	3.4	14.1	16.0	3.4	14.1	5.0	7.4	3.7	3.4
7.0	8.0	3.4	8.0	4.0	3.4	13.4	17.0	3.4	13.4	5.0	8.0	4.0	3.4
7.0	7.5	5.0	7.5	3.8	5.0	14.5	16.3	5.0	14.5	5.0	7.5	3.8	5.0
7.0	6.8	5.0	6.8	3.4	5.0	13.8	15.2	5.0	13.8	5.0	6.8	3.4	5.0
7.0	7.7	5.0	7.7	3.8	5.0	14.7	16.5	5.0	14.7	5.0	7.7	3.8	5.0
7.0	7.0	5.0	7.0	3.5	5.0	14.0	15.5	5.0	14.0	5.0	7.0	3.5	5.0
7.0	8.0	4.9	8.0	4.0	4.9	14.9	17.0	4.9	14.9	5.0	8.0	4.0	4.9
7.0	7.9	5.0	7.9	3.9	5.0	14.9	16.8	5.0	14.9	5.0	7.9	3.9	5.0
7.0	7.2	4.4	7.2	3.6	4.4	13.5	15.7	4.4	13.5	5.0	7.2	3.6	4.4
7.0	8.0	5.0	8.0	4.0	5.0	15.0	17.0	5.0	15.0	5.0	8.0	4.0	5.0
8.5	7.7	4.9	7.7	3.9	4.9	16.1	16.6	4.9	16.1	5.0	7.7	3.9	4.9
10.6	7.3	5.0	7.3	3.6	5.0	17.9	15.9	5.0	17.9	5.0	7.3	3.6	5.0
9.4	7.8	5.0	7.8	3.9	5.0	17.2	16.6	5.0	17.2	5.0	7.8	3.9	5.0
7.7	6.5	5.0	6.5	3.3	5.0	14.2	14.8	5.0	14.2	5.0	6.5	3.3	5.0
7.0	7.8	5.0	7.8	3.9	5.0	14.8	16.7	5.0	14.8	5.0	7.8	3.9	5.0
7.1	7.0	5.0	7.0	3.5	5.0	14.1	15.4	5.0	14.1	5.0	7.0	3.5	5.0
11.6	6.8	5.0	6.8	3.4	5.0	18.4	15.2	5.0	18.4	5.0	6.8	3.4	5.0
7.0	7.2	4.5	7.2	3.6	4.5	13.7	15.7	4.5	13.7	5.0	7.2	3.6	4.5
8.3	7.9	5.0	7.9	3.9	5.0	16.2	16.8	5.0	16.2	5.0	7.9	3.9	5.0
7.0	8.0	5.0	8.0	4.0	5.0	15.0	17.0	5.0	15.0	5.0	8.0	4.0	5.0
7.0	6.3	5.0	6.3	3.1	5.0	13.3	14.4	5.0	13.3	5.0	6.3	3.1	5.0
11.6	7.0	5.0	7.0	3.5	5.0	18.6	15.5	5.0	18.6	5.0	7.0	3.5	5.0

序号	原编号	采样地点	测试值 （毫克/千克）			需施化肥纯量 （千克/亩）			各肥料商品用量		
			氮	磷	钾	N	P₂O₅	K₂O	二铵	尿素	硫酸钾
609	M059	密山镇	180.9	57.5	146.3	13.2	2.7	5.9	7.0	19.4	8.9
610	M060	密山镇	272.0	31.4	145.9	9.7	2.8	5.9	7.0	13.8	8.9
611	M061	密山镇	161.7	26.3	96.4	13.6	3.6	6.7	7.9	19.8	10.0
612	M062	密山镇	139.7	60.8	92.0	13.6	2.7	6.7	7.0	20.0	10.0
613	M063	密山镇	169.1	26.1	72.4	13.6	3.6	6.7	7.9	19.8	10.0
614	M064	密山镇	205.8	24.3	72.2	12.2	3.9	6.7	8.6	17.4	10.0
615	M065	密山镇	139.7	29.4	116.8	13.6	3.1	6.7	7.0	20.0	10.0
616	M066	密山镇	249.9	8.3	137.3	10.6	5.3	6.2	11.6	13.8	9.3
617	M067	密山镇	205.8	13.7	113.1	12.2	5.3	6.7	11.6	16.5	10.0
618	M068	密山镇	249.9	22.5	193.9	10.6	4.2	4.6	9.2	14.5	6.9
619	M069	密山镇	139.7	31.2	212.8	13.6	2.8	4.1	7.0	20.0	6.7
620	M070	密山镇	257.3	18.2	178.6	10.3	5.0	5.0	10.8	13.6	7.6
621	M071	密山镇	257.3	30.9	184.3	10.3	2.8	4.9	7.0	14.7	7.3
622	M072	密山镇	132.3	22.4	122.7	13.6	4.3	6.6	9.3	19.4	9.9
623	M073	密山镇	139.7	36.9	129.6	13.6	2.7	6.4	7.0	20.0	9.6
624	M074	密山镇	139.7	16.4	176.7	13.6	5.3	5.1	11.5	18.8	7.6
625	M075	密山镇	257.3	30.0	151.9	10.3	3.0	5.8	7.0	14.7	8.7
626	M076	密山镇	183.8	21.7	95.2	13.1	4.4	6.7	9.5	18.5	10.0
627	M077	密山镇	227.9	22.3	216.2	11.4	4.3	4.0	9.3	15.9	6.7
628	M078	密山镇	161.7	48.9	78.7	13.6	2.7	6.7	7.0	20.0	10.0
629	M079	密山镇	176.4	19.5	86.9	13.3	4.7	6.7	10.3	18.7	10.0
630	M080	密山镇	169.1	15.2	137.2	13.6	5.3	6.2	11.6	18.7	9.3
631	M081	密山镇	191.1	54.3	95.2	12.8	2.7	6.7	7.0	18.8	10.0
632	M082	密山镇	227.9	20.1	138.8	11.4	4.6	6.1	10.1	15.6	9.2
633	M083	密山镇	139.7	43.7	106.6	13.6	2.7	6.7	7.0	20.0	10.0
634	M084	密山镇	147.0	37.2	89.0	13.6	2.7	6.7	7.0	20.0	10.0
635	M085	密山镇	169.1	17.5	114.1	13.6	5.1	6.7	11.1	18.9	10.0
636	M086	密山镇	213.2	36.4	240.4	12.0	2.7	3.3	7.0	17.4	6.7
637	M087	密山镇	183.8	91.7	259.4	13.1	2.7	3.3	7.0	19.2	6.7
638	M088	密山镇	132.3	29.5	110.5	13.6	3.1	6.7	7.0	20.0	10.0
639	M089	密山镇	220.5	43.4	148.7	11.7	2.7	5.9	7.0	17.0	8.8
640	M090	密山镇	139.7	32.0	196.4	13.6	2.7	4.5	7.0	20.0	6.8

（续）

推荐一（千克/亩）						推荐二（千克/亩）							
分时期						各肥料商品用量			分时期				
底肥			蘖肥	穗肥		复混肥	尿素	硫酸钾	底肥		蘖肥	穗肥	
二铵	尿素	硫酸钾	尿素	尿素	硫酸钾				复混肥	尿素	尿素	尿素	硫酸钾
7.0	7.8	4.5	7.8	3.9	4.5	14.2	16.7	4.5	14.2	5.0	7.8	3.9	4.5
7.0	5.5	4.5	5.5	2.8	4.5	12.0	13.3	4.5	12.0	5.0	5.5	2.8	4.5
7.9	7.9	5.0	7.9	4.0	5.0	15.8	16.9	5.0	15.8	5.0	7.9	4.0	5.0
7.0	8.0	5.0	8.0	4.0	5.0	15.0	17.0	5.0	15.0	5.0	8.0	4.0	5.0
7.9	7.9	5.0	7.9	4.0	5.0	15.9	16.9	5.0	15.9	5.0	7.9	4.0	5.0
8.6	7.0	5.0	7.0	3.5	5.0	15.5	15.5	5.0	15.5	5.0	7.0	3.5	5.0
7.0	8.0	5.0	8.0	4.0	5.0	15.0	17.0	5.0	15.0	5.0	8.0	4.0	5.0
11.6	5.5	4.6	5.5	2.8	4.6	16.8	13.3	4.6	16.8	5.0	5.5	2.8	4.6
11.6	6.6	5.0	6.6	3.3	5.0	18.2	14.9	5.0	18.2	5.0	6.6	3.3	5.0
9.2	5.8	3.5	5.8	2.9	3.5	13.5	13.7	3.5	13.5	5.0	5.8	2.9	3.5
7.0	8.0	3.4	8.0	4.0	3.4	13.4	17.0	3.4	13.4	5.0	8.0	4.0	3.4
10.8	5.4	3.8	5.4	2.7	3.8	15.0	13.2	3.8	15.0	5.0	5.4	2.7	3.8
7.0	5.9	3.7	5.9	2.9	3.7	11.6	13.8	3.7	11.6	5.0	5.9	2.9	3.7
9.3	7.8	4.9	7.8	3.9	4.9	17.0	16.7	4.9	17.0	5.0	7.8	3.9	4.9
7.0	8.0	4.8	8.0	4.0	4.8	14.8	17.0	4.8	14.8	5.0	8.0	4.0	4.8
11.5	7.5	3.8	7.5	3.8	3.8	17.8	16.3	3.8	17.8	5.0	7.5	3.8	3.8
7.0	5.9	4.3	5.9	2.9	4.3	12.2	13.8	4.3	12.2	5.0	5.9	2.9	4.3
9.5	7.4	5.0	7.4	3.7	5.0	16.9	16.1	5.0	16.9	5.0	7.4	3.7	5.0
9.3	6.3	3.4	6.3	3.2	3.4	14.0	14.5	3.4	14.0	5.0	6.3	3.2	3.4
7.0	8.0	5.0	8.0	4.0	5.0	15.0	17.0	5.0	15.0	5.0	8.0	4.0	5.0
10.3	7.5	5.0	7.5	3.7	5.0	17.8	16.2	5.0	17.8	5.0	7.5	3.7	5.0
11.6	7.5	4.6	7.5	3.7	4.6	18.7	16.2	4.6	18.7	5.0	7.5	3.7	4.6
7.0	7.5	5.0	7.5	3.8	5.0	14.5	16.3	5.0	14.5	5.0	7.5	3.8	5.0
10.1	6.2	4.6	6.2	3.1	4.6	16.0	14.4	4.6	16.0	5.0	6.2	3.1	4.6
7.0	8.0	5.0	8.0	4.0	5.0	15.0	17.0	5.0	15.0	5.0	8.0	4.0	5.0
7.0	8.0	5.0	8.0	4.0	5.0	15.0	17.0	5.0	15.0	5.0	8.0	4.0	5.0
11.1	7.6	5.0	7.6	3.8	5.0	18.6	16.3	5.0	18.6	5.0	7.6	3.8	5.0
7.0	7.0	3.4	7.0	3.5	3.4	12.3	15.5	3.4	12.3	5.0	7.0	3.5	3.4
7.0	7.7	3.4	7.7	3.8	3.4	13.0	16.5	3.4	13.0	5.0	7.7	3.8	3.4
7.0	8.0	5.0	8.0	4.0	5.0	15.0	17.0	5.0	15.0	5.0	8.0	4.0	5.0
7.0	6.8	4.4	6.8	3.4	4.4	13.2	15.2	4.4	13.2	5.0	6.8	3.4	4.4
7.0	8.0	3.4	8.0	4.0	3.4	13.4	17.0	3.4	13.4	5.0	8.0	4.0	3.4

序号	原编号	采样地点	测试值（毫克/千克）			需施化肥纯量（千克/亩）			各肥料商品用量		
			氮	磷	钾	N	P_2O_5	K_2O	二铵	尿素	硫酸钾
641	M091	密山镇	139.7	17.5	246.1	13.6	5.1	3.3	11.1	18.9	6.7
642	M092	密山镇	169.1	13.8	81.8	13.6	5.3	6.7	11.6	18.7	10.0
643	M093	密山镇	198.5	41.3	113.7	12.5	2.7	6.7	7.0	18.3	10.0
644	M094	密山镇	242.6	39.9	167.7	10.8	2.7	5.3	7.0	15.6	8.0
645	M095	密山镇	176.4	24.6	115.5	13.3	3.9	6.7	8.5	19.3	10.0
646	M096	密山镇	227.9	26.4	122.6	11.4	3.6	6.6	7.8	16.3	9.9
647	M097	密山镇	227.9	13.7	77.7	11.4	5.3	6.7	11.6	15.2	10.0
648	M098	密山镇	152.7	14.8	96.5	13.6	5.3	6.7	11.6	18.7	10.0
649	M099	密山镇	161.7	41.1	87.8	13.6	2.7	6.7	7.0	20.0	10.0
650	M100	密山镇	139.7	16.9	111.7	13.6	5.2	6.7	11.3	18.8	10.0
651	M101	密山镇	147.0	46.4	136.4	13.6	2.7	6.2	7.0	20.0	9.3
652	M102	密山镇	169.1	41.1	198.3	13.6	2.7	4.5	7.0	20.0	6.7
653	M103	密山镇	169.1	89.4	514.6	13.6	2.7	3.3	7.0	20.0	6.7
654	M104	密山镇	176.4	77.9	157.1	13.3	2.7	5.6	7.0	19.7	8.5
655	M105	密山镇	176.4	24.5	125.2	13.3	3.9	6.5	8.5	19.3	9.8
656	M106	密山镇	198.5	85.8	175.8	12.5	2.7	5.1	7.0	18.3	7.7
657	M107	密山镇	161.7	43.7	149.6	13.6	2.7	5.8	7.0	20.0	8.8
658	M108	密山镇	154.4	27.5	210.8	13.6	3.4	4.1	7.4	20.0	6.7
659	M109	密山镇	198.5	56.9	177.1	12.5	2.7	5.1	7.0	18.3	7.6
660	M110	密山镇	198.5	72.7	179.3	12.5	2.7	5.0	7.0	18.3	7.5
661	M111	密山镇	176.4	57.1	179.6	13.3	2.7	5.0	7.0	19.7	7.5
662	M112	密山镇	205.8	80.1	192.7	12.2	2.7	4.6	7.0	17.9	7.0
663	M113	密山镇	213.2	112.5	149.2	12.0	2.7	5.9	7.0	17.4	8.8
664	M114	密山镇	161.7	20.6	118.3	13.6	4.6	6.7	9.9	19.2	10.0
665	M115	密山镇	176.4	11.8	165.8	13.3	5.3	5.4	11.6	18.4	8.1
666	M116	密山镇	161.7	24.8	153.9	13.6	3.9	5.7	8.4	19.7	8.6
667	M117	密山镇	205.8	17.7	153.9	12.2	5.0	5.7	11.0	16.7	8.6
668	M118	密山镇	161.7	25.4	143.3	13.6	3.8	6.0	8.2	19.7	9.0
669	M119	密山镇	147.0	12.6	129.6	13.6	5.3	6.4	11.6	18.7	9.6
670	M120	密山镇	169.1	14.4	142.7	13.6	5.3	6.0	11.6	18.7	9.1
671	M121	密山镇	191.1	23.8	137.7	12.8	4.0	6.2	8.8	18.3	9.3
672	M122	密山镇	147.0	43.7	127.7	13.6	2.7	6.5	7.0	20.0	9.7

（续）

推荐一（千克/亩）						推荐二（千克/亩）							
分时期						各肥料商品用量			分时期				
底肥			蘖肥	穗肥		复混肥	尿素	硫酸钾	底肥		蘖肥	穗肥	
二铵	尿素	硫酸钾	尿素	尿素	硫酸钾				复混肥	尿素	尿素	尿素	硫酸钾
11.1	7.6	3.4	7.6	3.8	3.4	17.0	16.3	3.4	17.0	5.0	7.6	3.8	3.4
11.6	7.5	5.0	7.5	3.7	5.0	19.1	16.2	5.0	19.1	5.0	7.5	3.7	5.0
7.0	7.3	5.0	7.3	3.7	5.0	14.3	16.0	5.0	14.3	5.0	7.3	3.7	5.0
7.0	6.3	4.0	6.3	3.1	4.0	12.3	14.4	4.0	12.3	5.0	6.3	3.1	4.0
8.5	7.7	5.0	7.7	3.9	5.0	16.2	16.6	5.0	16.2	5.0	7.7	3.9	5.0
7.8	6.5	4.9	6.5	3.3	4.9	14.3	14.8	4.9	14.3	5.0	6.5	3.3	4.9
11.6	6.1	5.0	6.1	3.0	5.0	17.7	14.1	5.0	17.7	5.0	6.1	3.0	5.0
11.6	7.5	5.0	7.5	3.7	5.0	19.1	16.2	5.0	19.1	5.0	7.5	3.7	5.0
7.0	8.0	5.0	8.0	4.0	5.0	15.0	17.0	5.0	15.0	5.0	8.0	4.0	5.0
11.3	7.5	5.0	7.5	3.8	5.0	18.8	16.3	5.0	18.8	5.0	7.5	3.8	5.0
7.0	8.0	4.7	8.0	4.0	4.7	14.7	17.0	4.7	14.7	5.0	8.0	4.0	4.7
7.0	8.0	3.4	8.0	4.0	3.4	13.4	17.0	3.4	13.4	5.0	8.0	4.0	3.4
7.0	8.0	3.4	8.0	4.0	3.4	13.4	17.0	3.4	13.4	5.0	8.0	4.0	3.4
7.0	7.9	4.2	7.9	3.9	4.2	14.1	16.8	4.2	14.1	5.0	7.9	3.9	4.2
8.5	7.7	4.9	7.7	3.9	4.9	16.1	16.6	4.9	16.1	5.0	7.7	3.9	4.9
7.0	7.3	3.8	7.3	3.7	3.8	13.2	16.0	3.8	13.2	5.0	7.3	3.7	3.8
7.0	8.0	4.4	8.0	4.0	4.4	14.4	17.0	4.4	14.4	5.0	8.0	4.0	4.4
7.4	8.0	3.4	8.0	4.0	3.4	13.8	17.0	3.4	13.8	5.0	8.0	4.0	3.4
7.0	7.3	3.8	7.3	3.7	3.8	13.1	16.0	3.8	13.1	5.0	7.3	3.7	3.8
7.0	7.3	3.8	7.3	3.7	3.8	13.1	16.0	3.8	13.1	5.0	7.3	3.7	3.8
7.0	7.9	3.8	7.9	3.9	3.8	13.6	16.8	3.8	13.6	5.0	7.9	3.9	3.8
7.0	7.2	3.5	7.2	3.6	3.5	12.6	15.7	3.5	12.6	5.0	7.2	3.6	3.5
7.0	7.0	4.4	7.0	3.5	4.4	13.4	15.5	4.4	13.4	5.0	7.0	3.5	4.4
9.9	7.7	5.0	7.7	3.8	5.0	17.6	16.5	5.0	17.6	5.0	7.7	3.8	5.0
11.6	7.3	4.0	7.3	3.7	4.0	18.0	16.0	4.0	18.0	5.0	7.3	3.7	4.0
8.4	7.9	4.3	7.9	3.9	4.3	15.6	16.8	4.3	15.6	5.0	7.9	3.9	4.3
11.0	6.7	4.3	6.7	3.3	4.3	17.0	15.0	4.3	17.0	5.0	6.7	3.3	4.3
8.2	7.9	4.5	7.9	3.9	4.5	15.6	16.8	4.5	15.6	5.0	7.9	3.9	4.5
11.6	7.5	4.8	7.5	3.7	4.8	18.9	16.2	4.8	18.9	5.0	7.5	3.7	4.8
11.6	7.5	4.5	7.5	3.7	4.5	18.6	16.2	4.5	18.6	5.0	7.5	3.7	4.5
8.8	7.3	4.6	7.3	3.7	4.6	15.7	16.0	4.6	15.7	5.0	7.3	3.7	4.6
7.0	8.0	4.8	8.0	4.0	4.8	14.8	17.0	4.8	14.8	5.0	8.0	4.0	4.8

序号	原编号	采样地点	测试值（毫克/千克）			需施化肥纯量（千克/亩）			各肥料商品用量		
			氮	磷	钾	N	P₂O₅	K₂O	二铵	尿素	硫酸钾
673	M123	密山镇	191.1	39.6	150.8	12.8	2.7	5.8	7.0	18.8	8.7
674	M124	密山镇	161.7	32.1	145.2	13.6	2.7	6.0	7.0	20.0	9.0
675	M125	密山镇	183.8	24.7	110.8	13.1	3.9	6.7	8.4	18.8	10.0
676	M126	密山镇	205.8	36.3	101.4	12.2	2.7	6.7	7.0	17.9	10.0
677	M127	密山镇	249.9	36.3	171.2	10.6	2.7	5.2	7.0	15.2	7.9
678	M128	密山镇	183.8	33.0	228.3	13.1	2.7	3.7	7.0	19.2	6.7
679	M129	密山镇	191.1	68.9	211.9	12.8	2.7	4.1	7.0	18.8	6.7
680	M130	密山镇	154.4	22.3	131.4	13.6	4.3	6.3	9.3	19.4	9.5
681	M131	密山镇	176.4	31.6	100.6	13.3	2.7	6.7	7.0	19.7	10.0
682	M132	密山镇	242.6	30.6	136.6	10.8	2.9	6.2	7.0	15.6	9.3
683	M133	密山镇	169.1	60.9	419.6	13.6	2.7	3.3	7.0	20.0	6.7
684	M134	密山镇	132.3	32.2	211.4	13.6	2.7	4.1	7.0	20.0	6.7
685	M135	密山镇	154.4	24.7	103.9	13.6	3.9	6.7	8.5	19.7	10.0
686	M136	密山镇	161.7	37.6	72.1	13.6	2.7	6.7	7.0	20.0	10.0
687	M137	密山镇	147.0	34.6	102.7	13.6	2.7	6.7	7.0	20.0	10.0
688	M138	密山镇	191.1	31.2	121.4	12.8	2.8	6.6	7.0	18.8	9.9
689	M139	密山镇	183.8	14.3	97.7	13.1	5.3	6.7	11.6	17.9	10.0
690	M140	密山镇	154.4	32.8	67.7	13.6	2.7	6.7	7.0	20.0	10.0
691	M141	密山镇	147.0	9.9	85.2	13.6	5.3	6.7	11.6	18.7	10.0
692	M142	密山镇	176.4	71.7	364.6	13.3	2.7	3.3	7.0	19.7	6.7
693	M143	密山镇	213.2	79.4	89.6	12.0	2.7	6.7	7.0	17.4	10.0
694	M144	密山镇	169.1	54.5	85.2	13.6	2.7	6.7	7.0	20.0	10.0
695	M145	密山镇	147.0	32.6	123.3	13.6	2.7	6.6	7.0	20.0	9.9
696	M146	密山镇	161.7	39.6	110.8	13.6	2.7	6.7	7.0	20.0	10.0
697	M147	密山镇	198.5	47.0	113.3	12.5	2.7	6.7	7.0	18.3	10.0
698	M148	密山镇	176.4	28.5	86.0	13.3	3.2	6.7	7.1	19.7	10.0
699	M149	密山镇	139.7	37.9	98.0	13.6	2.7	6.7	7.0	20.0	10.0
700	M150	密山镇	191.1	35.2	182.1	12.8	2.7	4.9	7.0	18.8	7.4
701	M151	密山镇	154.4	37.6	190.8	13.6	2.7	4.7	7.0	20.0	7.0
702	M152	密山镇	176.4	29.3	171.5	13.3	3.1	5.2	7.0	19.7	7.9
703	M153	密山镇	205.8	56.9	188.3	12.2	2.7	4.8	7.0	17.9	7.2
704	M154	密山镇	161.7	34.1	211.4	13.6	2.7	4.1	7.0	20.0	6.7

（续）

推荐一（千克/亩）						推荐二（千克/亩）						
分时期						各肥料商品用量			分时期				
底肥			蘖肥	穗肥					底肥		蘖肥	穗肥	
二铵	尿素	硫酸钾	尿素	尿素	硫酸钾	复混肥	尿素	硫酸钾	复混肥	尿素	尿素	尿素	硫酸钾
7.0	7.5	4.4	7.5	3.8	4.4	13.9	16.3	4.4	13.9	5.0	7.5	3.8	4.4
7.0	8.0	4.5	8.0	4.0	4.5	14.5	17.0	4.5	14.5	5.0	8.0	4.0	4.5
8.4	7.5	5.0	7.5	3.8	5.0	16.0	16.3	5.0	16.0	5.0	7.5	3.8	5.0
7.0	7.2	5.0	7.2	3.6	5.0	14.2	15.7	5.0	14.2	5.0	7.2	3.6	5.0
7.0	6.1	3.9	6.1	3.0	3.9	12.0	14.1	3.9	12.0	5.0	6.1	3.0	3.9
7.0	7.7	3.4	7.7	3.8	3.4	13.0	16.5	3.4	13.0	5.0	7.7	3.8	3.4
7.0	7.5	3.4	7.5	3.8	3.4	12.9	16.3	3.4	12.9	5.0	7.5	3.8	3.4
9.3	7.8	4.8	7.8	3.9	4.8	16.9	16.6	4.8	16.9	5.0	7.8	3.9	4.8
7.0	7.9	5.0	7.9	3.9	5.0	14.9	16.8	5.0	14.9	5.0	7.9	3.9	5.0
7.0	6.3	4.7	6.3	3.1	4.7	12.9	14.4	4.7	12.9	5.0	6.3	3.1	4.7
7.0	8.0	3.4	8.0	4.0	3.4	13.4	17.0	3.4	13.4	5.0	8.0	4.0	3.4
7.0	8.0	3.4	8.0	4.0	3.4	13.4	17.0	3.4	13.4	5.0	8.0	4.0	3.4
8.5	7.9	5.0	7.9	3.9	5.0	16.3	16.8	5.0	16.3	5.0	7.9	3.9	5.0
7.0	8.0	5.0	8.0	4.0	5.0	15.0	17.0	5.0	15.0	5.0	8.0	4.0	5.0
7.0	8.0	5.0	8.0	4.0	5.0	15.0	17.0	5.0	15.0	5.0	8.0	4.0	5.0
7.0	7.5	5.0	7.5	3.8	5.0	14.5	16.3	5.0	14.5	5.0	7.5	3.8	5.0
11.6	7.2	5.0	7.2	3.6	5.0	18.8	15.7	5.0	18.8	5.0	7.2	3.6	5.0
7.0	8.0	5.0	8.0	4.0	5.0	15.0	17.0	5.0	15.0	5.0	8.0	4.0	5.0
11.6	7.5	5.0	7.5	3.7	5.0	19.1	16.2	5.0	19.1	5.0	7.5	3.7	5.0
7.0	7.9	3.4	7.9	3.9	3.4	13.2	16.8	3.4	13.2	5.0	7.9	3.9	3.4
7.0	7.0	5.0	7.0	3.5	5.0	14.0	15.5	5.0	14.0	5.0	7.0	3.5	5.0
7.0	8.0	5.0	8.0	4.0	5.0	15.0	17.0	5.0	15.0	5.0	8.0	4.0	5.0
7.0	8.0	4.9	8.0	4.0	4.9	14.9	17.0	4.9	14.9	5.0	8.0	4.0	4.9
7.0	8.0	5.0	8.0	4.0	5.0	15.0	17.0	5.0	15.0	5.0	8.0	4.0	5.0
7.0	7.3	5.0	7.3	3.7	5.0	14.3	16.0	5.0	14.3	5.0	7.3	3.7	5.0
7.1	7.9	5.0	7.9	3.9	5.0	14.9	16.8	5.0	14.9	5.0	7.9	3.9	5.0
7.0	8.0	5.0	8.0	4.0	5.0	15.0	17.0	5.0	15.0	5.0	8.0	4.0	5.0
7.0	7.5	3.7	7.5	3.8	3.7	13.2	16.3	3.7	13.2	5.0	7.5	3.8	3.7
7.0	8.0	3.5	8.0	4.0	3.5	13.5	17.0	3.5	13.5	5.0	8.0	4.0	3.5
7.0	7.9	3.9	7.9	3.9	3.9	13.8	16.8	3.9	13.8	5.0	7.9	3.9	3.9
7.0	7.2	3.6	7.2	3.6	3.6	12.7	15.7	3.6	12.7	5.0	7.2	3.6	3.6
7.0	8.0	3.4	8.0	4.0	3.4	13.4	17.0	3.4	13.4	5.0	8.0	4.0	3.4

序号	原编号	采样地点	测试值（毫克/千克）			需施化肥纯量（千克/亩）			各肥料商品用量		
			氮	磷	钾	N	P_2O_5	K_2O	二铵	尿素	硫酸钾
705	M155	密山镇	205.8	83.0	143.3	12.2	2.7	6.0	7.0	17.9	9.0
706	M156	密山镇	161.7	37.1	111.4	13.6	2.7	6.7	7.0	20.0	10.0
707	M157	密山镇	235.2	24.1	96.2	11.1	4.0	6.7	8.7	15.6	10.0
708	M158	密山镇	139.7	56.7	166.4	13.6	2.7	5.4	7.0	20.0	8.1
709	M159	密山镇	161.7	34.8	83.5	13.6	2.7	6.7	7.0	20.0	10.0
710	M160	密山镇	198.5	25.1	98.9	12.5	3.8	6.7	8.3	18.0	10.0
711	M161	密山镇	191.1	12.4	109.7	12.8	5.3	6.7	11.6	17.4	10.0
712	M162	密山镇	205.8	23.2	135.2	12.2	4.1	6.2	9.0	17.3	9.4
713	M163	密山镇	154.4	25.7	120.9	13.6	3.7	6.6	8.1	19.8	10.0
714	M164	密山镇	169.1	25.8	130.8	13.6	3.7	6.4	8.0	19.8	9.5
715	M165	密山镇	191.1	33.4	111.3	12.8	2.7	6.7	7.0	18.8	10.0
716	M166	密山镇	147.0	25.2	125.5	13.6	3.8	6.5	8.2	19.7	9.8
717	M167	密山镇	154.4	42.0	253.3	13.6	2.7	3.3	7.0	20.0	6.7
718	M168	密山镇	191.1	67.4	136.0	12.8	2.7	6.2	7.0	18.8	9.3
719	M169	密山镇	220.5	42.4	132.7	11.7	2.7	6.3	7.0	17.0	9.5
720	M170	密山镇	205.8	56.7	155.9	12.2	2.7	5.7	7.0	17.9	8.5
721	M171	密山镇	257.3	63.0	123.5	10.3	2.7	6.6	7.0	14.7	9.9
722	M172	密山镇	176.4	47.7	105.8	13.3	2.7	6.7	7.0	19.7	10.0
723	M173	密山镇	154.4	40.8	95.0	13.6	2.7	6.7	7.0	20.0	10.0
724	M174	密山镇	169.1	29.9	102.1	13.6	3.0	6.7	7.0	20.0	10.0
725	M175	密山镇	183.8	30.2	67.1	13.1	3.0	6.7	7.0	19.2	10.0
726	M176	密山镇	213.2	45.5	74.7	12.0	2.7	6.7	7.0	17.4	10.0
727	M177	密山镇	183.8	30.1	113.9	13.1	3.0	6.7	7.0	19.2	10.0
728	M178	密山镇	183.8	41.3	161.3	13.1	2.7	5.5	7.0	19.2	8.3
729	M179	密山镇	198.5	24.1	96.5	12.5	4.0	6.7	8.7	17.9	10.0
730	M180	密山镇	139.7	20.6	72.7	13.6	4.6	6.7	9.9	19.2	10.0
731	M181	密山镇	205.8	20.2	107.1	12.2	4.6	6.7	10.1	17.0	10.0
732	M182	密山镇	205.8	75.1	148.3	12.2	2.7	5.9	7.0	17.9	8.8
733	M183	密山镇	191.1	36.1	98.2	12.8	2.7	6.7	7.0	18.8	10.0
734	M184	密山镇	169.1	31.1	89.6	13.6	2.8	6.7	7.0	20.0	10.0
735	M185	密山镇	235.2	45.2	133.5	11.1	2.7	6.3	7.0	16.1	9.4
736	M186	密山镇	176.4	36.6	128.8	13.3	2.7	6.4	7.0	19.7	9.6

（续）

推荐一（千克/亩）						推荐二（千克/亩）							
分时期						各肥料商品用量			分时期				
底肥			蘖肥	穗肥		复混肥	尿素	硫酸钾	底肥		蘖肥	穗肥	
二铵	尿素	硫酸钾	尿素	尿素	硫酸钾				复混肥	尿素	尿素	尿素	硫酸钾
7.0	7.2	4.5	7.2	3.6	4.5	13.7	15.7	4.5	13.7	5.0	7.2	3.6	4.5
7.0	8.0	5.0	8.0	4.0	5.0	15.0	17.0	5.0	15.0	5.0	8.0	4.0	5.0
8.7	6.2	5.0	6.2	3.1	5.0	14.9	14.4	5.0	14.9	5.0	6.2	3.1	5.0
7.0	8.0	4.0	8.0	4.0	4.0	14.0	17.0	4.0	14.0	5.0	8.0	4.0	4.0
7.0	8.0	5.0	8.0	4.0	5.0	15.0	17.0	5.0	15.0	5.0	8.0	4.0	5.0
8.3	7.2	5.0	7.2	3.6	5.0	15.5	15.8	5.0	15.5	5.0	7.2	3.6	5.0
11.6	7.0	5.0	7.0	3.5	5.0	18.6	15.5	5.0	18.6	5.0	7.0	3.5	5.0
9.0	6.9	4.7	6.9	3.5	4.7	15.6	15.4	4.7	15.6	5.0	6.9	3.5	4.7
8.1	7.9	5.0	7.9	4.0	5.0	16.0	16.9	5.0	16.0	5.0	7.9	4.0	5.0
8.0	7.9	4.8	7.9	4.0	4.8	15.7	16.9	4.8	15.7	5.0	7.9	4.0	4.8
7.0	7.5	5.0	7.5	3.8	5.0	14.5	16.3	5.0	14.5	5.0	7.5	3.8	5.0
8.2	7.9	4.9	7.9	3.9	4.9	16.0	16.8	4.9	16.0	5.0	7.9	3.9	4.9
7.0	8.0	3.4	8.0	4.0	3.4	13.4	17.0	3.4	13.4	5.0	8.0	4.0	3.4
7.0	7.5	4.7	7.5	3.8	4.7	14.2	16.3	4.7	14.2	5.0	7.5	3.8	4.7
7.0	6.8	4.7	6.8	3.4	4.7	13.5	15.2	4.7	13.5	5.0	6.8	3.4	4.7
7.0	7.2	4.3	7.2	3.6	4.3	13.4	15.7	4.3	13.4	5.0	7.2	3.6	4.3
7.0	5.9	4.9	5.9	2.9	4.9	12.8	13.8	4.9	12.8	5.0	5.9	2.9	4.9
7.0	7.9	5.0	7.9	3.9	5.0	14.9	16.8	5.0	14.9	5.0	7.9	3.9	5.0
7.0	8.0	5.0	8.0	4.0	5.0	15.0	17.0	5.0	15.0	5.0	8.0	4.0	5.0
7.0	8.0	5.0	8.0	4.0	5.0	15.0	17.0	5.0	15.0	5.0	8.0	4.0	5.0
7.0	7.7	5.0	7.7	3.8	5.0	14.7	16.5	5.0	14.7	5.0	7.7	3.8	5.0
7.0	7.0	5.0	7.0	3.5	5.0	14.0	15.5	5.0	14.0	5.0	7.0	3.5	5.0
7.0	7.7	5.0	7.7	3.8	5.0	14.7	16.5	5.0	14.7	5.0	7.7	3.8	5.0
7.0	7.7	4.1	7.7	3.8	4.1	13.8	16.5	4.1	13.8	5.0	7.7	3.8	4.1
8.7	7.1	5.0	7.1	3.6	5.0	15.8	15.7	5.0	15.8	5.0	7.1	3.6	5.0
9.9	7.7	5.0	7.7	3.8	5.0	17.6	16.5	5.0	17.6	5.0	7.7	3.8	5.0
10.1	6.8	5.0	6.8	3.4	5.0	16.9	15.2	5.0	16.9	5.0	6.8	3.4	5.0
7.0	7.2	4.4	7.2	3.6	4.4	13.6	15.7	4.4	13.6	5.0	7.2	3.6	4.4
7.0	7.5	5.0	7.5	3.8	5.0	14.5	16.3	5.0	14.5	5.0	7.5	3.8	5.0
7.0	8.0	5.0	8.0	4.0	5.0	15.0	17.0	5.0	15.0	5.0	8.0	4.0	5.0
7.0	6.4	4.7	6.4	3.2	4.7	13.2	14.7	4.7	13.2	5.0	6.4	3.2	4.7
7.0	7.9	4.8	7.9	3.9	4.8	14.7	16.8	4.8	14.7	5.0	7.9	3.9	4.8

序号	原编号	采样地点	测试值（毫克/千克）			需施化肥纯量（千克/亩）			各肥料商品用量		
			氮	磷	钾	N	P₂O₅	K₂O	二铵	尿素	硫酸钾
737	M187	密山镇	161.7	31.3	130.8	13.6	2.8	6.4	7.0	20.0	9.5
738	M188	密山镇	191.1	32.5	142.1	12.8	2.7	6.1	7.0	18.8	9.1
739	M189	密山镇	183.8	32.5	145.8	13.1	2.7	5.9	7.0	19.2	8.9
740	M190	密山镇	132.3	18.3	77.1	13.6	5.0	6.7	10.8	19.0	10.0
741	M191	密山镇	205.8	34.9	120.2	12.2	2.7	6.7	7.0	17.9	10.0
742	M192	密山镇	213.2	54.1	95.2	12.0	2.7	6.7	7.0	17.4	10.0
743	M193	密山镇	117.6	63.8	74.5	13.6	2.7	6.7	7.0	20.0	10.0
744	M194	密山镇	169.1	52.1	76.5	13.6	2.7	6.7	7.0	20.0	10.0
745	M195	密山镇	191.1	40.0	90.2	12.8	2.7	6.7	7.0	18.8	10.0
746	M196	密山镇	147.0	37.6	95.3	13.6	2.7	6.7	7.0	20.0	10.0
747	M197	密山镇	161.7	41.6	75.8	13.6	2.7	6.7	7.0	20.0	10.0
748	M198	密山镇	183.8	28.6	113.3	13.1	3.2	6.7	7.0	19.2	10.0
749	M199	密山镇	161.7	54.7	141.4	13.6	2.7	6.1	7.0	20.0	9.1
750	M200	密山镇	213.2	21.8	123.3	12.0	4.4	6.6	9.5	16.7	9.9
751	P001	和平乡	205.8	12.3	129.9	12.2	5.3	6.4	11.6	16.5	9.6
752	P002	和平乡	169.1	15.2	145.1	13.6	5.3	6.0	11.6	18.7	9.0
753	P003	和平乡	183.8	19.0	173.0	13.1	4.8	5.2	10.5	18.2	7.8
754	P004	和平乡	169.1	10.7	149.9	13.6	5.3	5.8	11.6	18.7	8.8
755	P005	和平乡	272.0	22.9	273.6	9.7	4.2	3.3	9.1	13.2	6.7
756	P006	和平乡	125.0	28.9	323.6	13.6	3.2	3.3	7.0	20.0	6.7
757	P007	和平乡	198.5	29.4	295.5	12.5	3.1	3.3	7.0	18.3	6.7
758	P008	和平乡	198.5	22.3	252.1	12.5	4.3	3.3	9.3	17.7	6.7
759	P009	和平乡	201.3	23.0	232.1	12.4	4.2	3.6	9.1	17.6	6.7
760	P010	和平乡	227.9	21.5	179.9	11.4	4.4	5.0	9.6	15.8	7.5
761	P011	和平乡	198.5	24.5	190.1	12.5	3.9	4.7	8.5	17.9	7.1
762	P012	和平乡	198.5	22.3	248.3	12.5	4.3	3.3	9.3	17.7	6.7
763	P013	和平乡	227.9	23.2	173.0	11.4	4.1	5.2	9.0	16.0	7.8
764	P014	和平乡	213.2	16.0	94.5	12.0	5.3	6.7	11.6	16.1	10.0
765	P015	和平乡	169.1	12.0	86.3	13.6	5.3	6.7	11.6	18.7	10.0
766	P016	和平乡	183.8	18.9	112.3	13.1	4.9	6.7	10.6	18.2	10.0
767	P017	和平乡	176.4	13.3	103.4	13.3	5.3	6.7	11.6	18.4	10.0
768	P018	和平乡	176.4	14.4	103.4	13.3	5.3	6.7	11.6	18.4	10.0

（续）

推荐一（千克/亩）						推荐二（千克/亩）							
分时期						各肥料商品用量			分时期				
底肥			蘗肥	穗肥					底肥		蘗肥	穗肥	
二铵	尿素	硫酸钾	尿素	尿素	硫酸钾	复混肥	尿素	硫酸钾	复混肥	尿素	尿素	尿素	硫酸钾
7.0	8.0	4.8	8.0	4.0	4.8	14.8	17.0	4.8	14.8	5.0	8.0	4.0	4.8
7.0	7.5	4.5	7.5	3.8	4.5	14.1	16.3	4.5	14.1	5.0	7.5	3.8	4.5
7.0	7.7	4.5	7.7	3.8	4.5	14.2	16.5	4.5	14.2	5.0	7.7	3.8	4.5
10.8	7.6	5.0	7.6	3.8	5.0	18.4	16.4	5.0	18.4	5.0	7.6	3.8	5.0
7.0	7.2	5.0	7.2	3.6	5.0	14.2	15.7	5.0	14.2	5.0	7.2	3.6	5.0
7.0	7.0	5.0	7.0	3.5	5.0	14.0	15.5	5.0	14.0	5.0	7.0	3.5	5.0
7.0	8.0	5.0	8.0	4.0	5.0	15.0	17.0	5.0	15.0	5.0	8.0	4.0	5.0
7.0	8.0	5.0	8.0	4.0	5.0	15.0	17.0	5.0	15.0	5.0	8.0	4.0	5.0
7.0	7.5	5.0	7.5	3.8	5.0	14.5	16.3	5.0	14.5	5.0	7.5	3.8	5.0
7.0	8.0	5.0	8.0	4.0	5.0	15.0	17.0	5.0	15.0	5.0	8.0	4.0	5.0
7.0	8.0	5.0	8.0	4.0	5.0	15.0	17.0	5.0	15.0	5.0	8.0	4.0	5.0
7.0	7.7	5.0	7.7	3.8	5.0	14.7	16.5	5.0	14.7	5.0	7.7	3.8	5.0
7.0	8.0	4.6	8.0	4.0	4.6	14.6	17.0	4.6	14.6	5.0	8.0	4.0	4.6
9.5	6.7	4.9	6.7	3.3	4.9	16.1	15.0	4.9	16.1	5.0	6.7	3.3	4.9
11.6	6.6	4.8	6.6	3.3	4.8	18.0	14.9	4.8	18.0	5.0	6.6	3.3	4.8
11.6	7.5	4.5	7.5	3.7	4.5	18.6	16.2	4.5	18.6	5.0	7.5	3.7	4.5
10.5	7.3	3.9	7.3	3.6	3.9	16.7	15.9	3.9	16.7	5.0	7.3	3.6	3.9
11.6	7.5	4.4	7.5	3.7	4.4	18.5	16.2	4.4	18.5	5.0	7.5	3.7	4.4
9.1	5.3	3.4	5.3	2.6	3.4	12.7	12.9	3.4	12.7	5.0	5.3	2.6	3.4
7.0	8.0	3.4	8.0	4.0	3.4	13.4	17.0	3.4	13.4	5.0	8.0	4.0	3.4
7.0	7.3	3.4	7.3	3.7	3.4	12.7	16.0	3.4	12.7	5.0	7.3	3.7	3.4
9.3	7.1	3.4	7.1	3.5	3.4	14.7	15.6	3.4	14.7	5.0	7.1	3.5	3.4
9.1	7.0	3.4	7.0	3.5	3.4	14.4	15.5	3.4	14.4	5.0	7.0	3.5	3.4
9.6	6.3	3.8	6.3	3.2	3.8	14.7	14.5	3.8	14.7	5.0	6.3	3.2	3.8
8.5	7.2	3.5	7.2	3.6	3.5	14.2	15.7	3.5	14.2	5.0	7.2	3.6	3.5
9.3	7.1	3.4	7.1	3.5	3.4	14.7	15.6	3.4	14.7	5.0	7.1	3.5	3.4
9.0	6.4	3.9	6.4	3.2	3.9	14.3	14.6	3.9	14.3	5.0	6.4	3.2	3.9
11.6	6.4	5.0	6.4	3.2	5.0	18.0	14.7	5.0	18.0	5.0	6.4	3.2	5.0
11.6	7.5	5.0	7.5	3.7	5.0	19.1	16.2	5.0	19.1	5.0	7.5	3.7	5.0
10.6	7.3	5.0	7.3	3.6	5.0	17.8	15.9	5.0	17.8	5.0	7.3	3.6	5.0
11.6	7.3	5.0	7.3	3.7	5.0	18.9	16.0	5.0	18.9	5.0	7.3	3.7	5.0
11.6	7.3	5.0	7.3	3.7	5.0	18.9	16.0	5.0	18.9	5.0	7.3	3.7	5.0

序号	原编号	采样地点	测试值（毫克/千克）			需施化肥纯量（千克/亩）			各肥料商品用量		
			氮	磷	钾	N	P$_2$O$_5$	K$_2$O	二铵	尿素	硫酸钾
769	P019	和平乡	191.1	75.0	526.1	12.8	2.7	3.3	7.0	18.8	6.7
770	P020	和平乡	169.1	23.3	155.9	13.6	4.1	5.7	8.9	19.5	8.5
771	P021	和平乡	169.1	18.1	245.8	13.6	5.0	3.3	10.8	19.0	6.7
772	P022	和平乡	191.1	20.0	176.1	12.8	4.7	5.1	10.2	17.9	7.7
773	P023	和平乡	183.8	18.9	132.5	13.1	4.8	6.3	10.5	18.2	9.5
774	P024	和平乡	191.1	18.7	157.2	12.8	4.9	5.6	10.6	17.7	8.5
775	P025	和平乡	227.9	12.3	179.9	11.4	5.3	5.0	11.6	15.2	7.5
776	P026	和平乡	132.3	26.1	173.0	13.6	3.7	5.2	7.9	19.8	7.8
777	P027	和平乡	154.4	31.8	146.4	13.6	2.7	5.9	7.0	20.0	8.9
778	P028	和平乡	117.6	15.3	178.0	13.6	5.3	5.1	11.6	18.7	7.6
779	P029	和平乡	125.0	32.9	159.1	13.6	2.7	5.6	7.0	20.0	8.4
780	P030	和平乡	176.4	7.2	164.1	13.3	5.3	5.4	11.6	18.4	8.2
781	P031	和平乡	176.4	11.6	124.9	13.3	5.3	6.5	11.6	18.4	9.8
782	P032	和平乡	125.0	10.4	50.8	13.6	5.3	6.7	11.6	18.7	10.0
783	P033	和平乡	191.1	7.2	135.0	12.8	5.3	6.3	11.6	17.4	9.4
784	P034	和平乡	161.7	10.2	224.9	13.6	5.3	3.8	11.6	18.7	6.7
785	P035	和平乡	205.8	18.0	142.0	12.2	5.0	6.1	10.9	16.8	9.1
786	P036	和平乡	139.7	18.6	171.1	13.6	4.9	5.2	10.7	19.0	7.9
787	P037	和平乡	205.8	13.5	212.9	12.2	5.3	4.1	11.6	16.5	6.7
788	P038	和平乡	169.1	11.1	119.6	13.6	5.3	6.7	11.6	18.7	10.0
789	P039	和平乡	183.8	12.0	121.1	13.1	5.3	6.6	11.6	17.9	10.0
790	P040	和平乡	176.4	15.6	105.3	13.3	5.3	6.7	11.6	18.4	10.0
791	P041	和平乡	147.0	14.7	95.2	13.6	5.3	6.7	11.6	18.7	10.0
792	P042	和平乡	227.9	32.4	161.4	11.4	2.7	5.5	7.0	16.5	8.3
793	P043	和平乡	191.1	14.7	75.2	12.8	5.3	6.7	11.6	17.4	10.0
794	P044	和平乡	176.4	18.8	200.8	13.3	4.9	4.4	10.6	18.7	6.7
795	P045	和平乡	227.9	28.3	157.7	11.4	3.3	5.6	7.1	16.5	8.4
796	P046	和平乡	198.5	28.9	65.2	12.5	3.2	6.7	7.0	18.3	10.0
797	P047	和平乡	191.1	27.7	107.1	12.8	3.4	6.7	7.3	18.7	10.0
798	P048	和平乡	161.7	20.3	87.9	13.6	4.6	6.7	10.0	19.2	10.0
799	P049	和平乡	183.8	19.5	94.7	13.1	4.8	6.7	10.3	18.3	10.0
800	P050	和平乡	227.9	15.8	135.8	11.4	5.3	6.2	11.6	15.2	9.3

（续）

推荐一（千克/亩）						推荐二（千克/亩）							
分时期						各肥料商品用量			分时期				
底肥			蘖肥	穗肥		复混肥	尿素	硫酸钾	底肥		蘖肥	穗肥	
二铵	尿素	硫酸钾	尿素	尿素	硫酸钾				复混肥	尿素	尿素	尿素	硫酸钾
7.0	7.5	3.4	7.5	3.8	3.4	12.9	16.3	3.4	12.9	5.0	7.5	3.8	3.4
8.9	7.8	4.3	7.8	3.9	4.3	16.0	16.7	4.3	16.0	5.0	7.8	3.9	4.3
10.8	7.6	3.4	7.6	3.8	3.4	16.8	16.4	3.4	16.8	5.0	7.6	3.8	3.4
10.2	7.1	3.8	7.1	3.6	3.8	16.1	15.7	3.8	16.1	5.0	7.1	3.6	3.8
10.5	7.3	4.7	7.3	3.6	4.7	17.6	15.9	4.7	17.6	5.0	7.3	3.6	4.7
10.6	7.1	4.2	7.1	3.5	4.2	16.9	15.6	4.2	16.9	5.0	7.1	3.5	4.2
11.6	6.1	3.8	6.1	3.0	3.8	16.4	14.1	3.8	16.4	5.0	6.1	3.0	3.8
7.9	7.9	3.9	7.9	4.0	3.9	14.8	16.9	3.9	14.8	5.0	7.9	4.0	3.9
7.0	8.0	4.5	8.0	4.0	4.5	14.5	17.0	4.5	14.5	5.0	8.0	4.0	4.5
11.6	7.5	3.8	7.5	3.7	3.8	17.9	16.2	3.8	17.9	5.0	7.5	3.7	3.8
7.0	8.0	4.2	8.0	4.0	4.2	14.2	17.0	4.2	14.2	5.0	8.0	4.0	4.2
11.6	7.3	4.1	7.3	3.7	4.1	18.0	16.0	4.1	18.0	5.0	7.3	3.7	4.1
11.6	7.3	4.9	7.3	3.7	4.9	18.8	16.0	4.9	18.8	5.0	7.3	3.7	4.9
11.6	7.5	5.0	7.5	3.7	5.0	19.1	16.2	5.0	19.1	5.0	7.5	3.7	5.0
11.6	7.0	4.7	7.0	3.5	4.7	18.3	15.5	4.7	18.3	5.0	7.0	3.5	4.7
11.6	7.5	3.4	7.5	3.7	3.4	17.4	16.2	3.4	17.4	5.0	7.5	3.7	3.4
10.9	6.7	4.5	6.7	3.4	4.5	17.1	15.1	4.5	17.1	5.0	6.7	3.4	4.5
10.7	7.6	3.9	7.6	3.8	3.9	17.2	16.4	3.9	17.2	5.0	7.6	3.8	3.9
11.6	6.6	3.4	6.6	3.3	3.4	16.6	14.9	3.4	16.6	5.0	6.6	3.3	3.4
11.6	7.5	5.0	7.5	3.7	5.0	19.1	16.2	5.0	19.1	5.0	7.5	3.7	5.0
11.6	7.2	5.0	7.2	3.6	5.0	18.7	15.7	5.0	18.7	5.0	7.2	3.6	5.0
11.6	7.3	5.0	7.3	3.7	5.0	18.9	16.0	5.0	18.9	5.0	7.3	3.7	5.0
11.6	7.5	5.0	7.5	3.7	5.0	19.1	16.2	5.0	19.1	5.0	7.5	3.7	5.0
7.0	6.6	4.1	6.6	3.3	4.1	12.8	14.9	4.1	12.8	5.0	6.6	3.3	4.1
11.6	7.0	5.0	7.0	3.5	5.0	18.6	15.5	5.0	18.6	5.0	7.0	3.5	5.0
10.6	7.5	3.4	7.5	3.7	3.4	16.4	16.2	3.4	16.4	5.0	7.5	3.7	3.4
7.1	6.6	4.2	6.6	3.3	4.2	13.0	14.9	4.2	13.0	5.0	6.6	3.3	4.2
7.0	7.3	5.0	7.3	3.7	5.0	14.3	16.0	5.0	14.3	5.0	7.3	3.7	5.0
7.3	7.5	5.0	7.5	3.7	5.0	14.8	16.2	5.0	14.8	5.0	7.5	3.7	5.0
10.0	7.7	5.0	7.7	3.8	5.0	17.7	16.5	5.0	17.7	5.0	7.7	3.8	5.0
10.3	7.3	5.0	7.3	3.7	5.0	17.6	16.0	5.0	17.6	5.0	7.3	3.7	5.0
11.6	6.1	4.7	6.1	3.0	4.7	17.3	14.1	4.7	17.3	5.0	6.1	3.0	4.7

序号	原编号	采样地点	测试值（毫克/千克）			需施化肥纯量（千克/亩）			各肥料商品用量		
			氮	磷	钾	N	P_2O_5	K_2O	二铵	尿素	硫酸钾
801	P051	和平乡	198.5	15.5	92.1	12.5	5.3	6.7	11.6	17.0	10.0
802	P052	和平乡	198.5	16.4	123.6	12.5	5.3	6.6	11.4	17.0	9.8
803	P053	和平乡	147.0	18.8	100.8	13.6	4.9	6.7	10.6	19.0	10.0
804	P054	和平乡	161.7	19.8	153.6	13.6	4.7	5.7	10.2	19.2	8.6
805	P055	和平乡	176.4	54.0	110.3	13.3	2.7	6.7	7.0	19.7	10.0
806	P056	和平乡	191.1	25.4	171.7	12.8	3.8	5.2	8.2	18.4	7.8
807	P057	和平乡	183.8	36.5	87.5	13.1	2.7	6.7	7.0	19.2	10.0
808	P058	和平乡	161.7	52.9	135.8	13.6	2.7	6.2	7.0	20.0	9.3
809	P059	和平乡	183.8	73.6	280.8	13.1	2.7	3.3	7.0	19.2	6.7
810	P060	和平乡	161.7	21.8	98.9	13.6	4.4	6.7	9.5	19.4	10.0
811	P061	和平乡	198.5	15.5	67.7	12.5	5.3	6.7	11.6	17.0	10.0
812	P062	和平乡	195.6	13.3	47.4	12.6	5.3	6.7	11.6	17.2	10.0
813	P063	和平乡	183.8	65.9	64.1	13.1	2.7	6.7	7.0	19.2	10.0
814	P064	和平乡	176.4	45.9	106.5	13.3	2.7	6.7	7.0	19.7	10.0
815	P065	和平乡	169.1	49.5	95.8	13.6	2.7	6.7	7.0	20.0	10.0
816	P066	和平乡	154.4	13.2	92.6	13.6	5.3	6.7	11.6	18.7	10.0
817	P067	和平乡	183.8	19.9	82.7	13.1	4.7	6.7	10.2	18.3	10.0
818	P068	和平乡	198.5	74.7	61.6	12.5	2.7	6.7	7.0	18.3	10.0
819	P069	和平乡	169.1	21.8	93.2	13.6	4.4	6.7	9.5	19.4	10.0
820	P070	和平乡	191.1	26.8	98.3	12.8	3.5	6.7	7.7	18.6	10.0
821	P071	和平乡	161.7	25.7	107.2	13.6	3.7	6.7	8.1	19.8	10.0
822	P072	和平乡	154.4	21.7	97.0	13.6	4.4	6.7	9.5	19.4	10.0
823	P073	和平乡	161.7	18.7	186.3	13.6	4.9	4.8	10.6	19.0	7.2
824	P074	和平乡	205.8	18.8	455.9	12.2	4.9	3.3	10.6	16.8	6.7
825	P075	和平乡	176.4	9.2	91.6	13.3	5.3	6.7	11.6	18.4	10.0
826	P076	和平乡	198.5	24.7	86.9	12.5	3.9	6.7	8.5	17.9	10.0
827	P077	和平乡	183.8	25.9	57.2	13.1	3.7	6.7	8.0	19.0	10.0
828	P078	和平乡	173.5	11.0	79.9	13.5	5.3	6.7	11.6	18.5	10.0
829	P079	和平乡	163.5	8.7	59.7	13.6	5.3	6.7	11.6	18.7	10.0
830	P080	和平乡	213.2	15.0	167.9	12.0	5.3	5.3	11.6	16.1	8.0
831	P081	和平乡	227.9	24.7	92.9	11.4	3.9	6.7	8.5	16.1	10.0
832	P082	和平乡	147.0	19.4	81.1	13.6	4.8	6.7	10.3	19.1	10.0

（续）

推荐一（千克/亩）						推荐二（千克/亩）							
分时期						各肥料商品用量			分时期				
底肥			蘖肥	穗肥		复混肥	尿素	硫酸钾	底肥		蘖肥	穗肥	
二铵	尿素	硫酸钾	尿素	尿素	硫酸钾				复混肥	尿素	尿素	尿素	硫酸钾
11.6	6.8	5.0	6.8	3.4	5.0	18.4	15.2	5.0	18.4	5.0	6.8	3.4	5.0
11.4	6.8	4.9	6.8	3.4	4.9	18.2	15.2	4.9	18.2	5.0	6.8	3.4	4.9
10.6	7.6	5.0	7.6	3.8	5.0	18.2	16.4	5.0	18.2	5.0	7.6	3.8	5.0
10.2	7.7	4.3	7.7	3.8	4.3	17.2	16.5	4.3	17.2	5.0	7.7	3.8	4.3
7.0	7.9	5.0	7.9	3.9	5.0	14.9	16.8	5.0	14.9	5.0	7.9	3.9	5.0
8.2	7.4	3.9	7.4	3.7	3.9	14.5	16.1	3.9	14.5	5.0	7.4	3.7	3.9
7.0	7.7	5.0	7.7	3.8	5.0	14.7	16.5	5.0	14.7	5.0	7.7	3.8	5.0
7.0	8.0	4.7	8.0	4.0	4.7	14.7	17.0	4.7	14.7	5.0	8.0	4.0	4.7
7.0	7.7	3.4	7.7	3.8	3.4	13.0	16.5	3.4	13.0	5.0	7.7	3.8	3.4
9.5	7.7	5.0	7.7	3.9	5.0	17.2	16.6	5.0	17.2	5.0	7.7	3.9	5.0
11.6	6.8	5.0	6.8	3.4	5.0	18.4	15.2	5.0	18.4	5.0	6.8	3.4	5.0
11.6	6.9	5.0	6.9	3.4	5.0	18.5	15.3	5.0	18.5	5.0	6.9	3.4	5.0
7.0	7.7	5.0	7.7	3.8	5.0	14.7	16.5	5.0	14.7	5.0	7.7	3.8	5.0
7.0	7.9	5.0	7.9	3.9	5.0	14.9	16.8	5.0	14.9	5.0	7.9	3.9	5.0
7.0	8.0	5.0	8.0	4.0	5.0	15.0	17.0	5.0	15.0	5.0	8.0	4.0	5.0
11.6	7.5	5.0	7.5	3.7	5.0	19.1	16.2	5.0	19.1	5.0	7.5	3.7	5.0
10.2	7.3	5.0	7.3	3.7	5.0	17.5	16.0	5.0	17.5	5.0	7.3	3.7	5.0
7.0	7.3	5.0	7.3	3.7	5.0	14.3	16.0	5.0	14.3	5.0	7.3	3.7	5.0
9.5	7.7	5.0	7.7	3.9	5.0	17.2	16.6	5.0	17.2	5.0	7.7	3.9	5.0
7.7	7.4	5.0	7.4	3.7	5.0	15.1	16.2	5.0	15.1	5.0	7.4	3.7	5.0
8.1	7.9	5.0	7.9	4.0	5.0	16.0	16.9	5.0	16.0	5.0	7.9	4.0	5.0
9.5	7.7	5.0	7.7	3.9	5.0	17.3	16.6	5.0	17.3	5.0	7.7	3.9	5.0
10.6	7.6	3.6	7.6	3.8	3.6	16.8	16.4	3.6	16.8	5.0	7.6	3.8	3.6
10.6	6.7	3.4	6.7	3.4	3.4	15.7	15.1	3.4	15.7	5.0	6.7	3.4	3.4
11.6	7.3	5.0	7.3	3.7	5.0	18.9	16.0	5.0	18.9	5.0	7.3	3.7	5.0
8.5	7.2	5.0	7.2	3.6	5.0	15.6	15.8	5.0	15.6	5.0	7.2	3.6	5.0
8.0	7.6	5.0	7.6	3.8	5.0	15.6	16.4	5.0	15.6	5.0	7.6	3.8	5.0
11.6	7.4	5.0	7.4	3.7	5.0	19.0	16.1	5.0	19.0	5.0	7.4	3.7	5.0
11.6	7.5	5.0	7.5	3.7	5.0	19.1	16.2	5.0	19.1	5.0	7.5	3.7	5.0
11.6	6.4	4.0	6.4	3.2	4.0	17.0	14.7	4.0	17.0	5.0	6.4	3.2	4.0
8.5	6.4	5.0	6.4	3.2	5.0	14.9	14.7	5.0	14.9	5.0	6.4	3.2	5.0
10.3	7.6	5.0	7.6	3.8	5.0	18.0	16.5	5.0	18.0	5.0	7.6	3.8	5.0

序号	原编号	采样地点	测试值 （毫克/千克）			需施化肥纯量 （千克/亩）			各肥料商品用量		
			氮	磷	钾	N	P_2O_5	K_2O	二铵	尿素	硫酸钾
833	P083	和平乡	139.7	14.4	77.7	13.6	5.3	6.7	11.6	18.7	10.0
834	P084	和平乡	139.7	17.3	98.2	13.6	5.1	6.7	11.1	18.9	10.0
835	P085	和平乡	139.7	15.0	81.2	13.6	5.3	6.7	11.6	18.7	10.0
836	P086	和平乡	139.7	16.4	83.5	13.6	5.3	6.7	11.4	18.8	10.0
837	P087	和平乡	139.7	15.6	81.2	13.6	5.3	6.7	11.6	18.7	10.0
838	P088	和平乡	139.7	18.2	86.5	13.6	5.0	6.7	10.8	19.0	10.0
839	P089	和平乡	139.7	17.2	92.9	13.6	5.1	6.7	11.2	18.9	10.0
840	P090	和平乡	139.7	16.6	85.9	13.6	5.2	6.7	11.4	18.8	10.0
841	P091	和平乡	169.1	16.6	97.1	13.6	5.2	6.7	11.4	18.8	10.0
842	P092	和平乡	117.6	14.8	100.6	13.6	5.3	6.7	11.6	18.7	10.0
843	P093	和平乡	139.7	17.0	88.2	13.6	5.2	6.7	11.2	18.9	10.0
844	P094	和平乡	183.8	20.7	138.2	13.1	4.6	6.2	9.9	18.4	9.2
845	P095	和平乡	169.1	19.3	119.2	13.6	4.8	6.7	10.4	19.1	10.0
846	P096	和平乡	139.7	18.5	108.8	13.6	4.9	6.7	10.7	19.0	10.0
847	P097	和平乡	161.7	15.7	102.4	13.6	5.3	6.7	11.6	18.7	10.0
848	P098	和平乡	139.7	15.0	110.6	13.6	5.3	6.7	11.6	18.7	10.0
849	P099	和平乡	153.9	15.3	82.9	13.6	5.3	6.7	11.6	18.7	10.0
850	P100	和平乡	147.0	22.4	113.1	13.6	4.3	6.7	9.3	19.4	10.0
851	P101	和平乡	198.5	25.8	105.3	12.5	3.7	6.7	8.0	18.0	10.0
852	P102	和平乡	154.4	20.7	109.4	13.6	4.6	6.7	9.9	19.2	10.0
853	P103	和平乡	161.7	24.6	115.5	13.6	3.9	6.7	8.5	19.7	10.0
854	P104	和平乡	257.3	19.4	122.9	10.3	4.8	6.6	10.4	13.7	9.9
855	P105	和平乡	183.8	19.5	87.7	13.1	4.7	6.7	10.3	18.3	10.0
856	P106	和平乡	183.8	23.3	126.4	13.1	4.1	6.5	9.0	18.7	9.7
857	P107	和平乡	198.5	23.5	102.9	12.5	4.1	6.7	8.9	17.8	10.0
858	P108	和平乡	227.9	20.7	110.0	11.4	4.6	6.7	9.9	15.7	10.0
859	P109	和平乡	176.4	23.8	102.9	13.3	4.0	6.7	8.8	19.2	10.0
860	P110	和平乡	183.8	26.3	114.9	13.1	3.6	6.7	7.9	19.0	10.0
861	P111	和平乡	183.8	40.3	211.7	13.1	2.7	4.1	7.0	19.2	6.7
862	P112	和平乡	191.1	34.8	186.5	12.8	2.7	4.8	7.0	18.8	7.2
863	P113	和平乡	183.8	30.8	190.0	13.1	2.9	4.7	7.0	19.2	7.1
864	P114	和平乡	191.1	14.4	152.4	12.8	5.3	5.8	11.6	17.4	8.7

（续）

推荐一（千克/亩）						推荐二（千克/亩）							
分时期						各肥料商品用量			分时期				
底肥			蘖肥	穗肥					底肥		蘖肥	穗肥	
二铵	尿素	硫酸钾	尿素	尿素	硫酸钾	复混肥	尿素	硫酸钾	复混肥	尿素	尿素	尿素	硫酸钾
11.6	7.5	5.0	7.5	3.7	5.0	19.1	16.2	5.0	19.1	5.0	7.5	3.7	5.0
11.1	7.6	5.0	7.6	3.8	5.0	18.7	16.3	5.0	18.7	5.0	7.6	3.8	5.0
11.6	7.5	5.0	7.5	3.7	5.0	19.1	16.2	5.0	19.1	5.0	7.5	3.7	5.0
11.4	7.5	5.0	7.5	3.8	5.0	19.0	16.3	5.0	19.0	5.0	7.5	3.8	5.0
11.6	7.5	5.0	7.5	3.7	5.0	19.1	16.2	5.0	19.1	5.0	7.5	3.7	5.0
10.8	7.6	5.0	7.6	3.8	5.0	18.4	16.4	5.0	18.4	5.0	7.6	3.8	5.0
11.2	7.5	5.0	7.5	3.8	5.0	18.7	16.3	5.0	18.7	5.0	7.5	3.8	5.0
11.4	7.5	5.0	7.5	3.8	5.0	18.9	16.3	5.0	18.9	5.0	7.5	3.8	5.0
11.4	7.5	5.0	7.5	3.8	5.0	18.9	16.3	5.0	18.9	5.0	7.5	3.8	5.0
11.6	7.5	5.0	7.5	3.7	5.0	19.1	16.2	5.0	19.1	5.0	7.5	3.7	5.0
11.2	7.5	5.0	7.5	3.8	5.0	18.8	16.3	5.0	18.8	5.0	7.5	3.8	5.0
9.9	7.4	4.6	7.4	3.7	4.6	16.9	16.0	4.6	16.9	5.0	7.4	3.7	4.6
10.4	7.6	5.0	7.6	3.8	5.0	18.0	16.5	5.0	18.0	5.0	7.6	3.8	5.0
10.7	7.6	5.0	7.6	3.8	5.0	18.3	16.4	5.0	18.3	5.0	7.6	3.8	5.0
11.6	7.5	5.0	7.5	3.7	5.0	19.1	16.2	5.0	19.1	5.0	7.5	3.7	5.0
11.6	7.5	5.0	7.5	3.7	5.0	19.1	16.2	5.0	19.1	5.0	7.5	3.7	5.0
11.6	7.5	5.0	7.5	3.7	5.0	19.1	16.2	5.0	19.1	5.0	7.5	3.7	5.0
9.3	7.8	5.0	7.8	3.9	5.0	17.0	16.7	5.0	17.0	5.0	7.8	3.9	5.0
8.0	7.2	5.0	7.2	3.6	5.0	15.2	15.8	5.0	15.2	5.0	7.2	3.6	5.0
9.9	7.7	5.0	7.7	3.8	5.0	17.6	16.5	5.0	17.6	5.0	7.7	3.8	5.0
8.5	7.9	5.0	7.9	3.9	5.0	16.3	16.8	5.0	16.3	5.0	7.9	3.9	5.0
10.4	5.5	4.9	5.5	2.7	4.9	15.8	13.2	4.9	15.8	5.0	5.5	2.7	4.9
10.3	7.3	5.0	7.3	3.7	5.0	17.6	16.0	5.0	17.6	5.0	7.3	3.7	5.0
9.0	7.5	4.9	7.5	3.7	4.9	16.3	16.2	4.9	16.3	5.0	7.5	3.7	4.9
8.9	7.1	5.0	7.1	3.6	5.0	16.0	15.7	5.0	16.0	5.0	7.1	3.6	5.0
9.9	6.3	5.0	6.3	3.1	5.0	16.2	14.4	5.0	16.2	5.0	6.3	3.1	5.0
8.8	7.7	5.0	7.7	3.8	5.0	16.4	16.5	5.0	16.4	5.0	7.7	3.8	5.0
7.9	7.6	5.0	7.6	3.8	5.0	15.5	16.4	5.0	15.5	5.0	7.6	3.8	5.0
7.0	7.7	3.4	7.7	3.8	3.4	13.0	16.5	3.4	13.0	5.0	7.7	3.8	3.4
7.0	7.5	3.6	7.5	3.8	3.6	13.1	16.3	3.6	13.1	5.0	7.5	3.8	3.6
7.0	7.7	3.5	7.7	3.8	3.5	13.2	16.5	3.5	13.2	5.0	7.7	3.8	3.5
11.6	7.0	4.3	7.0	3.5	4.3	17.9	15.5	4.3	17.9	5.0	7.0	3.5	4.3

序号	原编号	采样地点	测试值（毫克/千克）			需施化肥纯量（千克/亩）			各肥料商品用量		
			氮	磷	钾	N	P₂O₅	K₂O	二铵	尿素	硫酸钾
865	P115	和平乡	227.9	71.8	258.9	11.4	2.7	3.3	7.0	16.5	6.7
866	P116	和平乡	191.1	68.6	278.0	12.8	2.7	3.3	7.0	18.8	6.7
867	P117	和平乡	157.9	25.9	98.1	13.6	3.7	6.7	8.0	19.8	10.0
868	P118	和平乡	301.4	31.6	175.3	8.6	2.7	5.1	7.0	12.0	7.7
869	P119	和平乡	205.8	19.4	64.1	12.2	4.8	6.7	10.4	16.9	10.0
870	P120	和平乡	135.3	17.8	83.7	13.6	5.0	6.7	10.9	18.9	10.0
871	P121	和平乡	161.7	50.7	185.8	13.6	2.7	4.8	7.0	20.0	7.3
872	P122	和平乡	176.4	70.3	121.4	13.3	2.7	6.6	7.0	19.7	9.9
873	P123	和平乡	183.8	64.1	224.6	13.1	2.7	3.8	7.0	19.2	6.7
874	P124	和平乡	132.3	14.7	117.3	13.6	5.3	6.7	11.6	18.7	10.0
875	P125	和平乡	176.4	8.3	118.6	13.3	5.3	6.7	11.6	18.4	10.0
876	P126	和平乡	205.8	17.4	142.7	12.2	5.1	6.0	11.1	16.7	9.1
877	P127	和平乡	205.8	26.4	158.9	12.2	3.6	5.6	7.8	17.6	8.4
878	P128	和平乡	191.1	34.5	227.1	12.8	2.7	3.7	7.0	18.8	6.7
879	P129	和平乡	183.8	26.9	213.5	13.1	3.5	4.1	7.6	19.1	6.7
880	P130	和平乡	180.5	24.3	190.2	13.2	3.9	4.7	8.6	19.0	7.1
881	P131	和平乡	169.1	18.8	150.2	13.6	4.9	5.8	10.6	19.0	8.7
882	P132	和平乡	139.7	3.8	109.4	13.6	5.3	6.7	11.6	18.7	10.0
883	P133	和平乡	220.5	30.1	192.7	11.7	3.0	4.6	7.0	17.0	7.0
884	P134	和平乡	169.1	38.2	123.6	13.6	2.7	6.6	7.0	20.0	9.8
885	P135	和平乡	205.8	18.6	182.5	12.2	4.9	4.9	10.7	16.8	7.4
886	P136	和平乡	154.4	32.7	118.3	13.6	2.7	6.7	7.0	20.0	10.0
887	P137	和平乡	191.1	29.5	144.6	12.8	3.1	6.0	7.0	18.8	9.0
888	P138	和平乡	213.2	27.6	102.6	12.0	3.4	6.7	7.4	17.3	10.0
889	P139	和平乡	169.1	22.8	150.8	13.6	4.2	5.8	9.1	19.5	8.7
890	P140	和平乡	191.1	18.1	208.4	12.8	5.0	4.2	10.8	17.7	6.7
891	P141	和平乡	169.1	30.5	153.9	13.6	2.9	5.7	7.0	20.0	8.6
892	P142	和平乡	161.7	33.8	118.5	13.6	2.7	6.7	7.0	20.0	10.0
893	P143	和平乡	161.7	52.0	140.1	13.6	2.7	6.1	7.0	20.0	9.2
894	P144	和平乡	169.1	32.2	145.8	13.6	2.7	6.0	7.0	20.0	8.9
895	P145	和平乡	183.8	36.6	98.3	13.1	2.7	6.7	7.0	19.2	10.0
896	P146	和平乡	132.3	60.8	129.3	13.6	2.7	6.4	7.0	20.0	9.6

（续）

推荐一（千克/亩）						推荐二（千克/亩）							
分时期						各肥料商品用量			分时期				
底肥			蘖肥	穗肥		复混肥	尿素	硫酸钾	底肥		蘖肥	穗肥	
二铵	尿素	硫酸钾	尿素	尿素	硫酸钾				复混肥	尿素	尿素	尿素	硫酸钾
7.0	6.6	3.4	6.6	3.3	3.4	12.0	14.9	3.4	12.0	5.0	6.6	3.3	3.4
7.0	7.5	3.4	7.5	3.8	3.4	12.9	16.3	3.4	12.9	5.0	7.5	3.8	3.4
8.0	7.9	5.0	7.9	4.0	5.0	15.9	16.9	5.0	15.9	5.0	7.9	4.0	5.0
7.0	4.8	3.8	4.8	2.4	3.8	10.7	12.2	3.8	10.7	5.0	4.8	2.4	3.8
10.4	6.8	5.0	6.8	3.4	5.0	17.1	15.1	5.0	17.1	5.0	6.8	3.4	5.0
10.9	7.6	5.0	7.6	3.8	5.0	18.5	16.4	5.0	18.5	5.0	7.6	3.8	5.0
7.0	8.0	3.6	8.0	4.0	3.6	13.6	17.0	3.6	13.6	5.0	8.0	4.0	3.6
7.0	7.9	5.0	7.9	3.9	5.0	14.9	16.8	5.0	14.9	5.0	7.9	3.9	5.0
7.0	7.7	3.4	7.7	3.8	3.4	13.0	16.5	3.4	13.0	5.0	7.7	3.8	3.4
11.6	7.5	5.0	7.5	3.7	5.0	19.1	16.2	5.0	19.1	5.0	7.5	3.7	5.0
11.6	7.3	5.0	7.3	3.7	5.0	18.9	16.0	5.0	18.9	5.0	7.3	3.7	5.0
11.1	6.7	4.5	6.7	3.3	4.5	17.3	15.0	4.5	17.3	5.0	6.7	3.3	4.5
7.8	7.1	4.2	7.1	3.5	4.2	14.1	15.6	4.2	14.1	5.0	7.1	3.5	4.2
7.0	7.5	3.4	7.5	3.8	3.4	12.9	16.3	3.4	12.9	5.0	7.5	3.8	3.4
7.6	7.6	3.4	7.6	3.8	3.4	13.6	16.4	3.4	13.6	5.0	7.6	3.8	3.4
8.6	7.6	3.5	7.6	3.8	3.5	14.7	16.4	3.5	14.7	5.0	7.6	3.8	3.5
10.6	7.6	4.4	7.6	3.8	4.4	17.6	16.4	4.4	17.6	5.0	7.6	3.8	4.4
11.6	7.5	5.0	7.5	3.7	5.0	19.1	16.2	5.0	19.1	5.0	7.5	3.7	5.0
7.0	6.8	3.5	6.8	3.4	3.5	12.3	15.2	3.5	12.3	5.0	6.8	3.4	3.5
7.0	8.0	4.9	8.0	4.0	4.9	14.9	17.0	4.9	14.9	5.0	8.0	4.0	4.9
10.7	6.7	3.7	6.7	3.4	3.7	16.1	15.1	3.7	16.1	5.0	6.7	3.4	3.7
7.0	8.0	5.0	8.0	4.0	5.0	15.0	17.0	5.0	15.0	5.0	8.0	4.0	5.0
7.0	7.5	4.5	7.5	3.8	4.5	14.0	16.3	4.5	14.0	5.0	7.5	3.8	4.5
7.4	6.9	5.0	6.9	3.5	5.0	14.3	15.4	5.0	14.3	5.0	6.9	3.5	5.0
9.1	7.8	4.4	7.8	3.9	4.4	16.3	16.7	4.4	16.3	5.0	7.8	3.9	4.4
10.8	7.1	3.4	7.1	3.5	3.4	16.3	15.6	3.4	16.3	5.0	7.1	3.5	3.4
7.0	8.0	4.3	8.0	4.0	4.3	14.3	17.0	4.3	14.3	5.0	8.0	4.0	4.3
7.0	8.0	5.0	8.0	4.0	5.0	15.0	17.0	5.0	15.0	5.0	8.0	4.0	5.0
7.0	8.0	4.6	8.0	4.0	4.6	14.6	17.0	4.6	14.6	5.0	8.0	4.0	4.6
7.0	8.0	4.5	8.0	4.0	4.5	14.5	17.0	4.5	14.5	5.0	8.0	4.0	4.5
7.0	7.7	5.0	7.7	3.8	5.0	14.7	16.5	5.0	14.7	5.0	7.7	3.8	5.0
7.0	8.0	4.8	8.0	4.0	4.8	14.8	17.0	4.8	14.8	5.0	8.0	4.0	4.8

序号	原编号	采样地点	测试值（毫克/千克）			需施化肥纯量（千克/亩）			各肥料商品用量		
			氮	磷	钾	N	P₂O₅	K₂O	二铵	尿素	硫酸钾
897	P147	和平乡	176.4	41.2	106.5	13.3	2.7	6.7	7.0	19.7	10.0
898	P148	和平乡	220.5	55.9	381.8	11.7	2.7	3.3	7.0	17.0	6.7
899	P149	和平乡	205.8	38.0	97.7	12.2	2.7	6.7	7.0	17.9	10.0
900	P150	和平乡	191.1	22.5	102.7	12.8	4.2	6.7	9.2	18.1	10.0
901	P151	和平乡	147.0	33.6	60.3	13.6	2.7	6.7	7.0	20.0	10.0
902	P152	和平乡	176.4	46.1	64.1	13.3	2.7	6.7	7.0	19.7	10.0
903	P153	和平乡	161.7	31.2	75.5	13.6	2.8	6.7	7.0	20.0	10.0
904	P154	和平乡	161.7	59.8	107.8	13.6	2.7	6.7	7.0	20.0	10.0
905	P155	和平乡	161.7	16.3	79.3	13.6	5.3	6.7	11.5	18.8	10.0
906	P156	和平乡	147.0	18.3	122.3	13.6	5.0	6.6	10.8	19.0	9.9
907	P157	和平乡	191.1	20.1	102.1	12.8	4.6	6.7	10.1	17.9	10.0
908	P158	和平乡	191.1	21.7	85.6	12.8	4.4	6.7	9.5	18.1	10.0
909	P159	和平乡	176.4	17.1	107.2	13.3	5.1	6.7	11.2	18.5	10.0
910	P160	和平乡	147.0	33.5	52.1	13.6	2.7	6.7	7.0	20.0	10.0
911	S001	连珠山镇	139.7	35.2	276.9	13.6	2.7	3.3	7.0	20.0	6.7
912	S002	连珠山镇	227.9	47.0	248.3	11.4	2.7	3.3	7.0	16.5	6.7
913	S003	连珠山镇	147.0	29.4	238.3	13.6	3.1	3.4	7.0	20.0	6.7
914	S004	连珠山镇	122.9	128.9	267.9	13.6	2.7	3.3	7.0	20.0	6.7
915	S005	连珠山镇	154.4	23.7	105.2	13.6	4.0	6.7	8.8	19.6	10.0
916	S006	连珠山镇	147.0	33.1	297.4	13.6	2.7	3.3	7.0	20.0	6.7
917	S007	连珠山镇	195.6	41.0	69.7	12.6	2.7	6.7	7.0	18.5	10.0
918	S008	连珠山镇	139.7	105.1	563.1	13.6	2.7	3.3	7.0	20.0	6.7
919	S009	连珠山镇	227.9	28.7	92.0	11.4	3.2	6.7	7.0	16.5	10.0
920	S010	连珠山镇	169.1	25.8	94.6	13.6	3.7	6.7	8.0	19.8	10.0
921	S011	连珠山镇	198.5	26.5	137.8	12.5	3.6	6.2	7.8	18.1	9.3
922	S012	连珠山镇	171.5	21.9	65.5	13.5	4.3	6.7	9.4	19.3	10.0
923	S013	连珠山镇	136.8	14.2	22.1	13.6	5.3	6.7	11.6	18.7	10.0
924	S014	连珠山镇	136.9	41.2	71.5	13.6	2.7	6.7	7.0	20.0	10.0
925	S015	连珠山镇	183.8	23.9	116.1	13.1	4.0	6.7	8.7	18.7	10.0
926	S016	连珠山镇	176.4	54.5	106.5	13.3	2.7	6.7	7.0	19.7	10.0
927	S017	连珠山镇	220.5	25.0	236.4	11.7	3.8	3.4	8.4	16.6	6.7
928	S018	连珠山镇	169.1	13.5	213.9	13.6	5.3	4.1	11.6	18.7	6.7

（续）

推荐一（千克/亩）						推荐二（千克/亩）							
分时期						各肥料商品用量			分时期				
底肥			蘖肥	穗肥		复混肥	尿素	硫酸钾	底肥		蘖肥	穗肥	
二铵	尿素	硫酸钾	尿素	尿素	硫酸钾				复混肥	尿素	尿素	尿素	硫酸钾
7.0	7.9	5.0	7.9	3.9	5.0	14.9	16.8	5.0	14.9	5.0	7.9	3.9	5.0
7.0	6.8	3.4	6.8	3.4	3.4	12.1	15.2	3.4	12.1	5.0	6.8	3.4	3.4
7.0	7.2	5.0	7.2	3.6	5.0	14.2	15.7	5.0	14.2	5.0	7.2	3.6	5.0
9.2	7.3	5.0	7.3	3.6	5.0	16.5	15.9	5.0	16.5	5.0	7.3	3.6	5.0
7.0	8.0	5.0	8.0	4.0	5.0	15.0	17.0	5.0	15.0	5.0	8.0	4.0	5.0
7.0	7.9	5.0	7.9	3.9	5.0	14.9	16.8	5.0	14.9	5.0	7.9	3.9	5.0
7.0	8.0	5.0	8.0	4.0	5.0	15.0	17.0	5.0	15.0	5.0	8.0	4.0	5.0
7.0	8.0	5.0	8.0	4.0	5.0	15.0	17.0	5.0	15.0	5.0	8.0	4.0	5.0
11.5	7.5	5.0	7.5	3.8	5.0	19.0	16.3	5.0	19.0	5.0	7.5	3.8	5.0
10.8	7.6	5.0	7.6	3.8	5.0	18.3	16.4	5.0	18.3	5.0	7.6	3.8	5.0
10.1	7.2	5.0	7.2	3.6	5.0	17.3	15.7	5.0	17.3	5.0	7.2	3.6	5.0
9.5	7.2	5.0	7.2	3.6	5.0	16.8	15.8	5.0	16.8	5.0	7.2	3.6	5.0
11.2	7.4	5.0	7.4	3.7	5.0	18.6	16.1	5.0	18.6	5.0	7.4	3.7	5.0
7.0	8.0	5.0	8.0	4.0	5.0	15.0	17.0	5.0	15.0	5.0	8.0	4.0	5.0
7.0	8.0	3.4	8.0	4.0	3.4	13.4	17.0	3.4	13.4	5.0	8.0	4.0	3.4
7.0	6.6	3.4	6.6	3.3	3.4	12.0	14.9	3.4	12.0	5.0	6.6	3.3	3.4
7.0	8.0	3.4	8.0	4.0	3.4	13.4	17.0	3.4	13.4	5.0	8.0	4.0	3.4
7.0	8.0	3.4	8.0	4.0	3.4	13.4	17.0	3.4	13.4	5.0	8.0	4.0	3.4
8.8	7.8	5.0	7.8	3.9	5.0	16.6	16.7	5.0	16.6	5.0	7.8	3.9	5.0
7.0	8.0	3.4	8.0	4.0	3.4	13.4	17.0	3.4	13.4	5.0	8.0	4.0	3.4
7.0	7.4	5.0	7.4	3.7	5.0	14.4	16.1	5.0	14.4	5.0	7.4	3.7	5.0
7.0	8.0	3.4	8.0	4.0	3.4	13.4	17.0	3.4	13.4	5.0	8.0	4.0	3.4
7.0	6.6	5.0	6.6	3.3	5.0	13.6	14.9	5.0	13.6	5.0	6.6	3.3	5.0
8.0	7.9	5.0	7.9	4.0	5.0	16.0	16.9	5.0	16.0	5.0	7.9	4.0	5.0
7.8	7.2	4.6	7.2	3.6	4.6	14.7	15.9	4.6	14.7	5.0	7.2	3.6	4.6
9.4	7.7	5.0	7.7	3.9	5.0	17.2	16.6	5.0	17.2	5.0	7.7	3.9	5.0
11.6	7.5	5.0	7.5	3.7	5.0	19.1	16.2	5.0	19.1	5.0	7.5	3.7	5.0
7.0	8.0	5.0	8.0	4.0	5.0	15.0	17.0	5.0	15.0	5.0	8.0	4.0	5.0
8.7	7.5	5.0	7.5	3.7	5.0	16.2	16.2	5.0	16.2	5.0	7.5	3.7	5.0
7.0	7.9	5.0	7.9	3.9	5.0	14.9	16.8	5.0	14.9	5.0	7.9	3.9	5.0
8.4	6.6	3.4	6.6	3.3	3.4	13.3	15.0	3.4	13.3	5.0	6.6	3.3	3.4
11.6	7.5	3.4	7.5	3.7	3.4	17.4	16.2	3.4	17.4	5.0	7.5	3.7	3.4

序号	原编号	采样地点	测试值 （毫克/千克）			需施化肥纯量 （千克/亩）			各肥料商品用量		
			氮	磷	钾	N	P₂O₅	K₂O	二铵	尿素	硫酸钾
929	S019	连珠山镇	176.4	14.9	158.3	13.3	5.3	5.6	11.6	18.4	8.4
930	S020	连珠山镇	176.4	5.5	159.5	13.3	5.3	5.6	11.6	18.4	8.4
931	S021	连珠山镇	147.0	36.9	206.5	13.6	2.7	4.3	7.0	20.0	6.7
932	S022	连珠山镇	132.3	12.1	125.7	13.6	5.3	6.5	11.6	18.7	9.8
933	S023	连珠山镇	227.9	80.6	357.1	11.4	2.7	3.3	7.0	16.5	6.7
934	S024	连珠山镇	161.7	36.2	167.3	13.6	2.7	5.4	7.0	20.0	8.0
935	S025	连珠山镇	138.9	34.4	110.1	13.6	2.7	6.7	7.0	20.0	10.0
936	S026	连珠山镇	183.8	38.4	155.8	13.1	2.7	5.7	7.0	19.2	8.5
937	S027	连珠山镇	205.8	75.5	100.4	12.2	2.7	6.7	7.0	17.9	10.0
938	S028	连珠山镇	169.1	36.6	208.9	13.6	2.7	4.2	7.0	20.0	6.7
939	S029	连珠山镇	125.0	44.0	96.8	13.6	2.7	6.7	7.0	20.0	10.0
940	S030	连珠山镇	191.1	29.2	182.4	12.8	3.1	4.9	7.0	18.8	7.4
941	T001	太平乡	169.1	66.4	245.7	13.6	2.7	3.3	7.0	20.0	6.7
942	T002	太平乡	227.9	66.2	227.4	11.4	2.7	3.7	7.0	16.5	6.7
943	T003	太平乡	147.0	67.0	221.2	13.6	2.7	3.9	7.0	20.0	6.7
944	T004	太平乡	198.5	62.4	252.5	12.5	2.7	3.3	7.0	18.3	6.7
945	T005	太平乡	176.4	62.4	187.2	13.3	2.7	4.8	7.0	19.7	7.2
946	T006	太平乡	176.4	64.5	206.3	13.3	2.7	4.3	7.0	19.7	6.7
947	T007	太平乡	198.5	60.4	186.5	12.5	2.7	4.8	7.0	18.3	7.2
948	T008	太平乡	139.7	79.0	215.1	13.6	2.7	4.0	7.0	20.0	6.7
949	T009	太平乡	191.1	79.5	211.7	12.8	2.7	4.1	7.0	18.8	6.7
950	T010	太平乡	191.1	77.8	245.7	12.8	2.7	3.3	7.0	18.8	6.7
951	T011	太平乡	191.1	53.6	193.3	12.8	2.7	4.6	7.0	18.8	6.9
952	T012	太平乡	169.1	94.6	204.9	13.6	2.7	4.3	7.0	20.0	6.7
953	T013	太平乡	161.7	61.9	232.8	13.6	2.7	3.5	7.0	20.0	6.7
954	T014	太平乡	198.5	59.8	193.5	12.5	2.7	4.6	7.0	18.3	6.9
955	T015	太平乡	161.7	67.2	204.9	13.6	2.7	4.3	7.0	20.0	6.7
956	T016	太平乡	176.4	70.5	220.5	13.3	2.7	3.9	7.0	19.7	6.7
957	T017	太平乡	169.1	106.8	219.2	13.6	2.7	3.9	7.0	20.0	6.7
958	T018	太平乡	183.8	71.3	215.8	13.1	2.7	4.0	7.0	19.2	6.7
959	T019	太平乡	205.8	55.1	228.0	12.2	2.7	3.7	7.0	17.9	6.7
960	T020	太平乡	205.8	62.4	213.1	12.2	2.7	4.1	7.0	17.9	6.7

（续）

推荐一（千克/亩）						推荐二（千克/亩）							
分时期						各肥料商品用量			分时期				
底肥			蘖肥	穗肥		复混肥	尿素	硫酸钾	底肥		蘖肥	穗肥	
二铵	尿素	硫酸钾	尿素	尿素	硫酸钾				复混肥	尿素	尿素	尿素	硫酸钾
11.6	7.3	4.2	7.3	3.7	4.2	18.1	16.0	4.2	18.1	5.0	7.3	3.7	4.2
11.6	7.3	4.2	7.3	3.7	4.2	18.1	16.0	4.2	18.1	5.0	7.3	3.7	4.2
7.0	8.0	3.4	8.0	4.0	3.4	13.4	17.0	3.4	13.4	5.0	8.0	4.0	3.4
11.6	7.5	4.9	7.5	3.7	4.9	19.0	16.2	4.9	19.0	5.0	7.5	3.7	4.9
7.0	6.6	3.4	6.6	3.3	3.4	12.0	14.9	3.4	12.0	5.0	6.6	3.3	3.4
7.0	8.0	4.0	8.0	4.0	4.0	14.0	17.0	4.0	14.0	5.0	8.0	4.0	4.0
7.0	8.0	5.0	8.0	4.0	5.0	15.0	17.0	5.0	15.0	5.0	8.0	4.0	5.0
7.0	7.7	4.3	7.7	3.8	4.3	14.0	16.5	4.3	14.0	5.0	7.7	3.8	4.3
7.0	7.2	5.0	7.2	3.6	5.0	14.2	15.7	5.0	14.2	5.0	7.2	3.6	5.0
7.0	8.0	3.4	8.0	4.0	3.4	13.4	17.0	3.4	13.4	5.0	8.0	4.0	3.4
7.0	8.0	5.0	8.0	4.0	5.0	15.0	17.0	5.0	15.0	5.0	8.0	4.0	5.0
7.0	7.5	3.7	7.5	3.8	3.7	13.2	16.3	3.7	13.2	5.0	7.5	3.8	3.7
7.0	8.0	3.4	8.0	4.0	3.4	13.4	17.0	3.4	13.4	5.0	8.0	4.0	3.4
7.0	6.6	3.4	6.6	3.3	3.4	12.0	14.9	3.4	12.0	5.0	6.6	3.3	3.4
7.0	8.0	3.4	8.0	4.0	3.4	13.4	17.0	3.4	13.4	5.0	8.0	4.0	3.4
7.0	7.3	3.4	7.3	3.7	3.4	12.7	16.0	3.4	12.7	5.0	7.3	3.7	3.4
7.0	7.9	3.6	7.9	3.9	3.6	13.5	16.8	3.6	13.5	5.0	7.9	3.9	3.6
7.0	7.9	3.4	7.9	3.9	3.4	13.2	16.8	3.4	13.2	5.0	7.9	3.9	3.4
7.0	7.3	3.6	7.3	3.7	3.6	13.0	16.0	3.6	13.0	5.0	7.3	3.7	3.6
7.0	8.0	3.4	8.0	4.0	3.4	13.4	17.0	3.4	13.4	5.0	8.0	4.0	3.4
7.0	7.5	3.4	7.5	3.8	3.4	12.9	16.3	3.4	12.9	5.0	7.5	3.8	3.4
7.0	7.5	3.4	7.5	3.8	3.4	12.9	16.3	3.4	12.9	5.0	7.5	3.8	3.4
7.0	7.5	3.5	7.5	3.8	3.5	13.0	16.3	3.5	13.0	5.0	7.5	3.8	3.5
7.0	8.0	3.4	8.0	4.0	3.4	13.4	17.0	3.4	13.4	5.0	8.0	4.0	3.4
7.0	8.0	3.4	8.0	4.0	3.4	13.4	17.0	3.4	13.4	5.0	8.0	4.0	3.4
7.0	7.3	3.5	7.3	3.7	3.5	12.8	16.0	3.5	12.8	5.0	7.3	3.7	3.5
7.0	8.0	3.4	8.0	4.0	3.4	13.4	17.0	3.4	13.4	5.0	8.0	4.0	3.4
7.0	7.9	3.4	7.9	3.9	3.4	13.2	16.8	3.4	13.2	5.0	7.9	3.9	3.4
7.0	8.0	3.4	8.0	4.0	3.4	13.4	17.0	3.4	13.4	5.0	8.0	4.0	3.4
7.0	7.7	3.4	7.7	3.8	3.4	13.0	16.5	3.4	13.0	5.0	7.7	3.8	3.4
7.0	7.2	3.4	7.2	3.6	3.4	12.5	15.7	3.4	12.5	5.0	7.2	3.6	3.4
7.0	7.2	3.4	7.2	3.6	3.4	12.5	15.7	3.4	12.5	5.0	7.2	3.6	3.4

序号	原编号	采样地点	测试值（毫克/千克）			需施化肥纯量（千克/亩）			各肥料商品用量		
			氮	磷	钾	N	P₂O₅	K₂O	二铵	尿素	硫酸钾
961	T021	太平乡	183.8	23.6	198.8	13.1	4.1	4.5	8.8	18.7	6.7
962	T022	太平乡	176.4	67.2	220.5	13.3	2.7	3.9	7.0	19.7	6.7
963	T023	太平乡	176.4	107.0	220.5	13.3	2.7	3.9	7.0	19.7	6.7
964	T024	太平乡	169.1	73.2	190.6	13.6	2.7	4.7	7.0	20.0	7.1
965	T025	太平乡	176.4	84.1	202.2	13.3	2.7	4.4	7.0	19.7	6.7
966	T026	太平乡	227.9	67.5	207.6	11.4	2.7	4.2	7.0	16.5	6.7
967	T027	太平乡	176.4	86.9	205.6	13.3	2.7	4.3	7.0	19.7	6.7
968	T028	太平乡	169.1	80.3	189.3	13.6	2.7	4.7	7.0	20.0	7.1
969	T029	太平乡	198.5	75.7	187.9	12.5	2.7	4.8	7.0	18.3	7.2
970	T030	太平乡	176.4	60.2	227.4	13.3	2.7	3.7	7.0	19.7	6.7
971	T031	太平乡	227.9	54.1	120.3	11.4	2.7	6.7	7.0	16.5	10.0
972	T032	太平乡	191.1	44.6	125.7	12.8	2.7	6.5	7.0	18.8	9.8
973	T033	太平乡	191.1	28.5	111.9	12.8	3.2	6.7	7.1	18.8	10.0
974	T034	太平乡	227.9	24.4	125.7	11.4	3.9	6.5	8.5	16.1	9.8
975	T035	太平乡	147.0	42.5	114.7	13.6	2.7	6.7	7.0	20.0	10.0
976	T036	太平乡	183.8	35.8	114.9	13.1	2.7	6.7	7.0	19.2	10.0
977	T037	太平乡	205.8	32.0	108.3	12.2	2.7	6.7	7.0	17.9	10.0
978	T038	太平乡	176.4	38.3	114.1	13.3	2.7	6.7	7.0	19.7	10.0
979	T039	太平乡	176.4	27.6	123.1	13.3	3.4	6.6	7.4	19.6	9.9
980	T040	太平乡	191.1	28.9	119.5	12.8	3.2	6.7	7.0	18.8	10.0
981	T041	太平乡	191.1	30.5	127.5	12.8	2.9	6.5	7.0	18.8	9.7
982	T042	太平乡	169.1	44.5	131.1	13.6	2.7	6.4	7.0	20.0	9.5
983	T043	太平乡	147.0	42.0	151.0	13.6	2.7	5.8	7.0	20.0	8.7
984	T044	太平乡	220.5	32.1	125.7	11.7	2.7	6.5	7.0	17.0	9.8
985	T045	太平乡	169.1	52.2	152.1	13.6	2.7	5.8	7.0	20.0	8.7
986	T046	太平乡	161.7	34.5	152.2	13.6	2.7	5.8	7.0	20.0	8.7
987	T047	太平乡	183.8	47.3	125.7	13.1	2.7	6.5	7.0	19.2	9.8
988	T048	太平乡	198.5	38.1	110.7	12.5	2.7	6.7	7.0	18.3	10.0
989	T049	太平乡	154.4	23.6	120.9	13.6	4.1	6.6	8.9	19.6	10.0
990	T050	太平乡	117.6	35.2	154.0	13.6	2.7	5.7	7.0	20.0	8.6
991	T051	太平乡	220.5	24.6	121.5	11.7	3.9	6.6	8.5	16.6	9.9
992	T052	太平乡	169.1	46.2	105.8	13.6	2.7	6.7	7.0	20.0	10.0

（续）

推荐一（千克/亩）						推荐二（千克/亩）							
分时期						各肥料商品用量			分时期				
底肥			蘗肥	穗肥		复混肥	尿素	硫酸钾	底肥		蘗肥	穗肥	
二铵	尿素	硫酸钾	尿素	尿素	硫酸钾				复混肥	尿素	尿素	尿素	硫酸钾
8.8	7.5	3.4	7.5	3.7	3.4	14.7	16.2	3.4	14.7	5.0	7.5	3.7	3.4
7.0	7.9	3.4	7.9	3.9	3.4	13.2	16.8	3.4	13.2	5.0	7.9	3.9	3.4
7.0	7.9	3.4	7.9	3.9	3.4	13.2	16.8	3.4	13.2	5.0	7.9	3.9	3.4
7.0	8.0	3.5	8.0	4.0	3.5	13.5	17.0	3.5	13.5	5.0	8.0	4.0	3.5
7.0	7.9	3.4	7.9	3.9	3.4	13.2	16.8	3.4	13.2	5.0	7.9	3.9	3.4
7.0	6.6	3.4	6.6	3.3	3.4	12.0	14.9	3.4	12.0	5.0	6.6	3.3	3.4
7.0	7.9	3.4	7.9	3.9	3.4	13.2	16.8	3.4	13.2	5.0	7.9	3.9	3.4
7.0	8.0	3.6	8.0	4.0	3.6	13.6	17.0	3.6	13.6	5.0	8.0	4.0	3.6
7.0	7.3	3.6	7.3	3.7	3.6	12.9	16.0	3.6	12.9	5.0	7.3	3.7	3.6
7.0	7.9	3.4	7.9	3.9	3.4	13.2	16.8	3.4	13.2	5.0	7.9	3.9	3.4
7.0	6.6	5.0	6.6	3.3	5.0	13.6	14.9	5.0	13.6	5.0	6.6	3.3	5.0
7.0	7.5	4.9	7.5	3.8	4.9	14.4	16.3	4.9	14.4	5.0	7.5	3.8	4.9
7.1	7.5	5.0	7.5	3.8	5.0	14.6	16.3	5.0	14.6	5.0	7.5	3.8	5.0
8.5	6.4	4.9	6.4	3.2	4.9	14.8	14.7	4.9	14.8	5.0	6.4	3.2	4.9
7.0	8.0	5.0	8.0	4.0	5.0	15.0	17.0	5.0	15.0	5.0	8.0	4.0	5.0
7.0	7.7	5.0	7.7	3.8	5.0	14.7	16.5	5.0	14.7	5.0	7.7	3.8	5.0
7.0	7.2	5.0	7.2	3.6	5.0	14.2	15.7	5.0	14.2	5.0	7.2	3.6	5.0
7.0	7.9	5.0	7.9	3.9	5.0	14.9	16.8	5.0	14.9	5.0	7.9	3.9	5.0
7.4	7.8	4.9	7.8	3.9	4.9	15.2	16.7	4.9	15.2	5.0	7.8	3.9	4.9
7.0	7.5	5.0	7.5	3.8	5.0	14.5	16.3	5.0	14.5	5.0	7.5	3.8	5.0
7.0	7.5	4.8	7.5	3.8	4.8	14.4	16.3	4.8	14.4	5.0	7.5	3.8	4.8
7.0	8.0	4.8	8.0	4.0	4.8	14.8	17.0	4.8	14.8	5.0	8.0	4.0	4.8
7.0	8.0	4.4	8.0	4.0	4.4	14.4	17.0	4.4	14.4	5.0	8.0	4.0	4.4
7.0	6.8	4.9	6.8	3.4	4.9	13.7	15.2	4.9	13.7	5.0	6.8	3.4	4.9
7.0	8.0	4.3	8.0	4.0	4.3	14.3	17.0	4.3	14.3	5.0	8.0	4.0	4.3
7.0	8.0	4.3	8.0	4.0	4.3	14.3	17.0	4.3	14.3	5.0	8.0	4.0	4.3
7.0	7.7	4.9	7.7	3.8	4.9	14.6	16.5	4.9	14.6	5.0	7.7	3.8	4.9
7.0	7.3	5.0	7.3	3.7	5.0	14.3	16.0	5.0	14.3	5.0	7.3	3.7	5.0
8.9	7.8	5.0	7.8	3.9	5.0	16.7	16.7	5.0	16.7	5.0	7.8	3.9	5.0
7.0	8.0	4.3	8.0	4.0	4.3	14.3	17.0	4.3	14.3	5.0	8.0	4.0	4.3
8.5	6.6	5.0	6.6	3.3	5.0	15.1	14.9	5.0	15.1	5.0	6.6	3.3	5.0
7.0	8.0	5.0	8.0	4.0	5.0	15.0	17.0	5.0	15.0	5.0	8.0	4.0	5.0

序号	原编号	采样地点	测试值（毫克/千克）			需施化肥纯量（千克/亩）			各肥料商品用量		
			氮	磷	钾	N	P$_2$O$_5$	K$_2$O	二铵	尿素	硫酸钾
993	T053	太平乡	198.5	28.5	105.8	12.5	3.2	6.7	7.1	18.3	10.0
994	T054	太平乡	191.1	38.1	111.3	12.8	2.7	6.7	7.0	18.8	10.0
995	T055	太平乡	205.8	26.2	119.7	12.2	3.6	6.7	7.9	17.6	10.0
996	T056	太平乡	169.1	21.0	127.5	13.6	4.5	6.5	9.8	19.3	9.7
997	T057	太平乡	154.4	36.3	137.2	13.6	2.7	6.2	7.0	20.0	9.3
998	T058	太平乡	169.1	35.7	139.0	13.6	2.7	6.1	7.0	20.0	9.2
999	T059	太平乡	132.3	32.1	120.3	13.6	2.7	6.7	7.0	20.0	10.0
1000	T060	太平乡	176.4	23.9	121.2	13.3	4.0	6.6	8.7	19.2	10.0
1001	T061	太平乡	183.8	63.9	99.2	13.1	2.7	6.7	7.0	19.2	10.0
1002	T062	太平乡	154.4	56.1	107.6	13.6	2.7	6.7	7.0	20.0	10.0
1003	T063	太平乡	176.4	44.4	104.4	13.3	2.7	6.7	7.0	19.7	10.0
1004	T064	太平乡	147.0	59.7	99.8	13.6	2.7	6.7	7.0	20.0	10.0
1005	T065	太平乡	147.0	43.6	90.2	13.6	2.7	6.7	7.0	20.0	10.0
1006	T066	太平乡	169.1	21.4	132.8	13.6	4.4	6.3	9.6	19.3	9.5
1007	T067	太平乡	161.7	53.5	122.7	13.6	2.7	6.6	7.0	20.0	9.9
1008	T068	太平乡	161.7	40.3	110.2	13.6	2.7	6.7	7.0	20.0	10.0
1009	T069	太平乡	139.7	40.0	111.5	13.6	2.7	6.7	7.0	20.0	10.0
1010	T070	太平乡	198.5	40.0	98.6	12.5	2.7	6.7	7.0	18.3	10.0
1011	X001	兴凯镇	147.0	18.1	93.9	13.6	5.0	6.7	10.8	19.0	10.0
1012	X002	兴凯镇	227.9	19.5	102.8	11.4	4.7	6.7	10.3	15.6	10.0
1013	X003	兴凯镇	176.4	17.9	102.6	13.3	5.0	6.7	10.9	18.6	10.0
1014	X004	兴凯镇	249.9	36.9	77.7	10.6	2.7	6.7	7.0	15.2	10.0
1015	X005	兴凯镇	198.5	31.2	89.3	12.5	2.8	6.7	7.0	18.3	10.0
1016	X006	兴凯镇	176.4	19.2	88.2	13.3	4.8	6.7	10.4	18.7	10.0
1017	X007	兴凯镇	235.2	57.3	155.7	11.1	2.7	5.7	7.0	16.1	8.5
1018	X008	兴凯镇	205.8	50.5	174.1	12.2	2.7	5.2	7.0	17.9	7.7
1019	X009	兴凯镇	147.0	28.6	111.7	13.6	3.2	6.7	7.0	20.0	10.0
1020	X010	兴凯镇	135.3	27.9	70.2	13.6	3.3	6.7	7.3	20.0	10.0
1021	X011	兴凯镇	143.3	27.0	105.7	13.6	3.5	6.7	7.6	19.9	10.0
1022	X012	兴凯镇	176.4	24.3	116.2	13.3	3.9	6.7	8.6	19.2	10.0
1023	X013	兴凯镇	161.7	17.4	94.7	13.6	5.1	6.7	11.1	18.9	10.0
1024	X014	兴凯镇	161.7	22.7	205.0	13.6	4.2	4.3	9.2	19.5	6.7

（续）

推荐一（千克/亩）						推荐二（千克/亩）							
分时期						各肥料商品用量			分时期				
底肥			蘖肥	穗肥		复混肥	尿素	硫酸钾	底肥		蘖肥	穗肥	
二铵	尿素	硫酸钾	尿素	尿素	硫酸钾				复混肥	尿素	尿素	尿素	硫酸钾
7.1	7.3	5.0	7.3	3.7	5.0	14.4	16.0	5.0	14.4	5.0	7.3	3.7	5.0
7.0	7.5	5.0	7.5	3.8	5.0	14.5	16.3	5.0	14.5	5.0	7.5	3.8	5.0
7.9	7.1	5.0	7.1	3.5	5.0	15.0	15.6	5.0	15.0	5.0	7.1	3.5	5.0
9.8	7.7	4.8	7.7	3.9	4.8	17.4	16.6	4.8	17.4	5.0	7.7	3.9	4.8
7.0	8.0	4.6	8.0	4.0	4.6	14.6	17.0	4.6	14.6	5.0	8.0	4.0	4.6
7.0	8.0	4.6	8.0	4.0	4.6	14.6	17.0	4.6	14.6	5.0	8.0	4.0	4.6
7.0	8.0	5.0	8.0	4.0	5.0	15.0	17.0	5.0	15.0	5.0	8.0	4.0	5.0
8.7	7.7	5.0	7.7	3.8	5.0	16.4	16.5	5.0	16.4	5.0	7.7	3.8	5.0
7.0	7.7	5.0	7.7	3.8	5.0	14.7	16.5	5.0	14.7	5.0	7.7	3.8	5.0
7.0	8.0	5.0	8.0	4.0	5.0	15.0	17.0	5.0	15.0	5.0	8.0	4.0	5.0
7.0	7.9	5.0	7.9	3.9	5.0	14.9	16.8	5.0	14.9	5.0	7.9	3.9	5.0
7.0	8.0	5.0	8.0	4.0	5.0	15.0	17.0	5.0	15.0	5.0	8.0	4.0	5.0
7.0	8.0	5.0	8.0	4.0	5.0	15.0	17.0	5.0	15.0	5.0	8.0	4.0	5.0
9.6	7.7	4.7	7.7	3.9	4.7	17.1	16.6	4.7	17.1	5.0	7.7	3.9	4.7
7.0	8.0	4.9	8.0	4.0	4.9	14.9	17.0	4.9	14.9	5.0	8.0	4.0	4.9
7.0	8.0	5.0	8.0	4.0	5.0	15.0	17.0	5.0	15.0	5.0	8.0	4.0	5.0
7.0	8.0	5.0	8.0	4.0	5.0	15.0	17.0	5.0	15.0	5.0	8.0	4.0	5.0
7.0	7.3	5.0	7.3	3.7	5.0	14.3	16.0	5.0	14.3	5.0	7.3	3.7	5.0
10.8	7.6	5.0	7.6	3.8	5.0	18.4	16.4	5.0	18.4	5.0	7.6	3.8	5.0
10.3	6.2	5.0	6.2	3.1	5.0	16.5	14.3	5.0	16.5	5.0	6.2	3.1	5.0
10.9	7.4	5.0	7.4	3.7	5.0	18.3	16.1	5.0	18.3	5.0	7.4	3.7	5.0
7.0	6.1	5.0	6.1	3.0	5.0	13.1	14.1	5.0	13.1	5.0	6.1	3.0	5.0
7.0	7.3	5.0	7.3	3.7	5.0	14.3	16.0	5.0	14.3	5.0	7.3	3.7	5.0
10.4	7.5	5.0	7.5	3.7	5.0	17.9	16.2	5.0	17.9	5.0	7.5	3.7	5.0
7.0	6.4	4.3	6.4	3.2	4.3	12.7	14.7	4.3	12.7	5.0	6.4	3.2	4.3
7.0	7.2	3.9	7.2	3.6	3.9	13.0	15.7	3.9	13.0	5.0	7.2	3.6	3.9
7.0	8.0	5.0	8.0	4.0	5.0	15.0	17.0	5.0	15.0	5.0	8.0	4.0	5.0
7.3	8.0	5.0	8.0	4.0	5.0	15.3	17.0	5.0	15.3	5.0	8.0	4.0	5.0
7.6	8.0	5.0	8.0	4.0	5.0	15.6	17.0	5.0	15.6	5.0	8.0	4.0	5.0
8.6	7.7	5.0	7.7	3.8	5.0	16.3	16.5	5.0	16.3	5.0	7.7	3.8	5.0
11.1	7.6	5.0	7.6	3.8	5.0	18.6	16.3	5.0	18.6	5.0	7.6	3.8	5.0
9.2	7.8	3.4	7.8	3.9	3.4	15.3	16.7	3.4	15.3	5.0	7.8	3.9	3.4

序号	原编号	采样地点	测试值（毫克/千克）			需施化肥纯量（千克/亩）			各肥料商品用量		
			氮	磷	钾	N	P₂O₅	K₂O	二铵	尿素	硫酸钾
1025	X015	兴凯镇	176.4	22.3	187.7	13.3	4.3	4.8	9.3	19.0	7.2
1026	X016	兴凯镇	242.6	20.2	142.6	10.8	4.6	6.0	10.1	14.7	9.1
1027	X017	兴凯镇	249.9	34.9	226.2	10.6	2.7	3.7	7.0	15.2	6.7
1028	X018	兴凯镇	213.2	21.7	98.2	12.0	4.4	6.7	9.5	16.7	10.0
1029	X019	兴凯镇	198.5	22.4	193.4	12.5	4.3	4.6	9.3	17.7	6.9
1030	X020	兴凯镇	198.5	29.7	84.1	12.5	3.1	6.7	7.0	18.3	10.0
1031	X021	兴凯镇	176.4	32.2	161.4	13.3	2.7	5.5	7.0	19.7	8.3
1032	X022	兴凯镇	191.1	52.2	162.5	12.8	2.7	5.5	7.0	18.8	8.2
1033	X023	兴凯镇	198.5	54.1	244.4	12.5	2.7	3.3	7.0	18.3	6.7
1034	X024	兴凯镇	183.8	49.5	228.9	13.1	2.7	3.6	7.0	19.2	6.7
1035	X025	兴凯镇	227.9	51.9	143.0	11.4	2.7	6.0	7.0	16.5	9.0
1036	X026	兴凯镇	176.4	27.4	297.3	13.3	3.4	3.3	7.5	19.6	6.7
1037	X027	兴凯镇	161.7	21.8	93.3	13.6	4.4	6.7	9.5	19.4	10.0
1038	X028	兴凯镇	257.3	37.3	246.5	10.3	2.7	3.3	7.0	14.7	6.7
1039	X029	兴凯镇	227.9	35.7	208.8	11.4	2.7	4.2	7.0	16.5	6.7
1040	X030	兴凯镇	257.3	37.6	215.5	10.3	2.7	4.0	7.0	14.7	6.7
1041	X031	兴凯镇	257.3	39.2	209.6	10.3	2.7	4.2	7.0	14.7	6.7
1042	X032	兴凯镇	198.5	35.4	185.9	12.5	2.7	4.8	7.0	18.3	7.3
1043	X033	兴凯镇	139.7	25.9	192.8	13.6	3.7	4.6	8.0	19.8	7.0
1044	X034	兴凯镇	249.9	32.7	184.7	10.6	2.7	4.9	7.0	15.2	7.3
1045	X035	兴凯镇	183.8	32.6	230.2	13.1	2.7	3.6	7.0	19.2	6.7
1046	X036	兴凯镇	191.1	31.3	275.4	12.8	2.8	3.3	7.0	18.8	6.7
1047	X037	兴凯镇	191.1	27.7	292.9	12.8	3.4	3.3	7.3	18.7	6.7
1048	X038	兴凯镇	154.4	34.9	225.3	13.6	2.7	3.7	7.0	20.0	6.7
1049	X039	兴凯镇	213.2	27.3	206.6	12.0	3.4	4.3	7.5	17.3	6.7
1050	X040	兴凯镇	183.8	31.1	136.0	13.1	2.8	6.2	7.0	19.2	9.3
1051	X041	兴凯镇	198.5	22.5	207.1	12.5	4.3	4.2	9.3	17.7	6.7
1052	X042	兴凯镇	198.5	22.8	218.7	12.5	4.2	3.9	9.1	17.7	6.7
1053	X043	兴凯镇	161.7	26.0	208.9	13.6	3.7	4.2	8.0	19.8	6.7
1054	X044	兴凯镇	227.9	36.0	182.5	11.4	2.7	4.9	7.0	16.5	7.4
1055	X045	兴凯镇	147.0	31.1	200.6	13.6	2.8	4.4	7.0	20.0	6.7
1056	X046	兴凯镇	183.8	36.4	165.3	13.1	2.7	5.4	7.0	19.2	8.1

（续）

推荐一（千克/亩）						推荐二（千克/亩）							
分时期						各肥料商品用量			分时期				
底肥			蘖肥	穗肥					底肥		蘖肥	穗肥	
二铵	尿素	硫酸钾	尿素	尿素	硫酸钾	复混肥	尿素	硫酸钾	复混肥	尿素	尿素	尿素	硫酸钾
9.3	7.6	3.6	7.6	3.8	3.6	15.5	16.4	3.6	15.5	5.0	7.6	3.8	3.6
10.1	5.9	4.5	5.9	2.9	4.5	15.5	13.8	4.5	15.5	5.0	5.9	2.9	4.5
7.0	6.1	3.4	6.1	3.0	3.4	11.4	14.1	3.4	11.4	5.0	6.1	3.0	3.4
9.5	6.7	5.0	6.7	3.3	5.0	16.2	15.0	5.0	16.2	5.0	6.7	3.3	5.0
9.3	7.1	3.5	7.1	3.5	3.5	14.8	15.6	3.5	14.8	5.0	7.1	3.5	3.5
7.0	7.3	5.0	7.3	3.7	5.0	14.3	16.0	5.0	14.3	5.0	7.3	3.7	5.0
7.0	7.9	4.1	7.9	3.9	4.1	14.0	16.8	4.1	14.0	5.0	7.9	3.9	4.1
7.0	7.5	4.1	7.5	3.8	4.1	13.6	16.3	4.1	13.6	5.0	7.5	3.8	4.1
7.0	7.3	3.4	7.3	3.7	3.4	12.7	16.0	3.4	12.7	5.0	7.3	3.7	3.4
7.0	7.7	3.4	7.7	3.8	3.4	13.0	16.5	3.4	13.0	5.0	7.7	3.8	3.4
7.0	6.6	4.5	6.6	3.3	4.5	13.1	14.9	4.5	13.1	5.0	6.6	3.3	4.5
7.5	7.8	3.4	7.8	3.9	3.4	13.6	16.7	3.4	13.6	5.0	7.8	3.9	3.4
9.5	7.7	5.0	7.7	3.9	5.0	17.2	16.6	5.0	17.2	5.0	7.7	3.9	5.0
7.0	5.9	3.4	5.9	2.9	3.4	11.2	13.8	3.4	11.2	5.0	5.9	2.9	3.4
7.0	6.6	3.4	6.6	3.3	3.4	12.0	14.9	3.4	12.0	5.0	6.6	3.3	3.4
7.0	5.9	3.4	5.9	2.9	3.4	11.2	13.8	3.4	11.2	5.0	5.9	2.9	3.4
7.0	5.9	3.4	5.9	2.9	3.4	11.2	13.8	3.4	11.2	5.0	5.9	2.9	3.4
7.0	7.3	3.6	7.3	3.7	3.6	13.0	16.0	3.6	13.0	5.0	7.3	3.7	3.6
8.0	7.9	3.5	7.9	4.0	3.5	14.4	16.9	3.5	14.4	5.0	7.9	4.0	3.5
7.0	6.1	3.7	6.1	3.0	3.7	11.7	14.1	3.7	11.7	5.0	6.1	3.0	3.7
7.0	7.7	3.4	7.7	3.8	3.4	13.0	16.5	3.4	13.0	5.0	7.7	3.8	3.4
7.0	7.5	3.4	7.5	3.8	3.4	12.9	16.3	3.4	12.9	5.0	7.5	3.8	3.4
7.3	7.5	3.4	7.5	3.7	3.4	13.2	16.2	3.4	13.2	5.0	7.5	3.7	3.4
7.0	8.0	3.4	8.0	4.0	3.4	13.4	17.0	3.4	13.4	5.0	8.0	4.0	3.4
7.5	6.9	3.4	6.9	3.5	3.4	12.8	15.4	3.4	12.8	5.0	6.9	3.5	3.4
7.0	7.7	4.7	7.7	3.8	4.7	14.4	16.5	4.7	14.4	5.0	7.7	3.8	4.7
9.3	7.1	3.4	7.1	3.5	3.4	14.7	15.6	3.4	14.7	5.0	7.1	3.5	3.4
9.1	7.1	3.4	7.1	3.5	3.4	14.6	15.6	3.4	14.6	5.0	7.1	3.5	3.4
8.0	7.9	3.4	7.9	4.0	3.4	14.2	16.9	3.4	14.2	5.0	7.9	4.0	3.4
7.0	6.6	3.7	6.6	3.3	3.7	12.3	14.9	3.7	12.3	5.0	6.6	3.3	3.7
7.0	8.0	3.4	8.0	4.0	3.4	13.4	17.0	3.4	13.4	5.0	8.0	4.0	3.4
7.0	7.7	4.1	7.7	3.8	4.1	13.8	16.5	4.1	13.8	5.0	7.7	3.8	4.1

序号	原编号	采样地点	测试值（毫克/千克）			需施化肥纯量（千克/亩）			各肥料商品用量		
			氮	磷	钾	N	P₂O₅	K₂O	二铵	尿素	硫酸钾
1057	X047	兴凯镇	176.4	31.8	196.0	13.3	2.7	4.6	7.0	19.7	6.8
1058	X048	兴凯镇	183.8	29.0	228.3	13.1	3.2	3.7	7.0	19.2	6.7
1059	X049	兴凯镇	205.8	21.5	204.6	12.2	4.4	4.3	9.6	17.1	6.7
1060	X050	兴凯镇	176.4	27.0	178.8	13.3	3.5	5.0	7.6	19.5	7.5
1061	X051	兴凯镇	154.4	31.2	145.7	13.6	2.8	6.0	7.0	20.0	8.9
1062	X052	兴凯镇	205.8	37.7	169.5	12.2	2.7	5.3	7.0	17.9	7.9
1063	X053	兴凯镇	205.8	33.0	142.3	12.2	2.7	6.0	7.0	17.9	9.1
1064	X054	兴凯镇	183.8	35.4	160.0	13.1	2.7	5.6	7.0	19.2	8.3
1065	X055	兴凯镇	169.1	37.6	173.4	13.6	2.7	5.2	7.0	20.0	7.8
1066	X056	兴凯镇	198.5	56.7	257.9	12.5	2.7	3.3	7.0	18.3	6.7
1067	X057	兴凯镇	191.1	67.9	273.5	12.8	2.7	3.3	7.0	18.8	6.7
1068	X058	兴凯镇	139.7	39.7	237.1	13.6	2.7	3.4	7.0	20.0	6.7
1069	X059	兴凯镇	154.4	39.6	264.4	13.6	2.7	3.3	7.0	20.0	6.7
1070	X060	兴凯镇	147.0	21.5	153.4	13.6	4.4	5.7	9.6	19.3	8.6
1071	X061	兴凯镇	132.3	20.6	148.4	13.6	4.6	5.9	9.9	19.2	8.8
1072	X062	兴凯镇	132.3	21.1	137.9	13.6	4.5	6.2	9.7	19.3	9.3
1073	X063	兴凯镇	227.9	89.0	126.5	11.4	2.7	6.5	7.0	16.5	9.7
1074	X064	兴凯镇	169.1	84.1	140.3	13.6	2.7	6.1	7.0	20.0	9.2
1075	X065	兴凯镇	198.5	10.1	152.5	12.5	5.3	5.8	11.6	17.0	8.6
1076	X066	兴凯镇	220.5	82.4	130.1	11.7	2.7	6.4	7.0	17.0	9.6
1077	X067	兴凯镇	176.4	39.3	129.6	13.3	2.7	6.4	7.0	19.7	9.6
1078	X068	兴凯镇	227.9	42.0	126.0	11.4	2.7	6.5	7.0	16.5	9.8
1079	X069	兴凯镇	257.3	63.4	295.4	10.3	2.7	3.3	7.0	14.7	6.7
1080	X070	兴凯镇	220.5	9.9	85.0	11.7	5.3	6.7	11.6	15.6	10.0
1081	Y001	杨木乡	198.5	38.1	127.0	12.5	2.7	6.5	7.0	18.3	9.7
1082	Y002	杨木乡	213.2	57.4	119.9	12.0	2.7	6.7	7.0	17.4	10.0
1083	Y003	杨木乡	301.4	35.5	84.1	8.6	2.7	6.7	7.0	12.0	10.0
1084	Y004	杨木乡	198.5	44.6	108.3	12.5	2.7	6.7	7.0	18.3	10.0
1085	Y005	杨木乡	176.4	54.8	127.0	13.3	2.7	6.5	7.0	19.7	9.7
1086	Y006	杨木乡	205.8	46.6	175.4	12.2	2.7	5.1	7.0	17.9	7.7
1087	Y007	杨木乡	213.2	57.4	90.2	12.0	2.7	6.7	7.0	17.4	10.0
1088	Y008	杨木乡	249.9	26.6	181.3	10.6	3.6	5.0	7.8	15.0	7.4

（续）

推荐一（千克/亩）						推荐二（千克/亩）							
分时期						各肥料商品用量			分时期				
底肥			蘖肥	穗肥		复混肥	尿素	硫酸钾	底肥		蘖肥	穗肥	
二铵	尿素	硫酸钾	尿素	尿素	硫酸钾				复混肥	尿素	尿素	尿素	硫酸钾
7.0	7.9	3.4	7.9	3.9	3.4	13.3	16.8	3.4	13.3	5.0	7.9	3.9	3.4
7.0	7.7	3.4	7.7	3.8	3.4	13.0	16.5	3.4	13.0	5.0	7.7	3.8	3.4
9.6	6.9	3.4	6.9	3.4	3.4	14.8	15.3	3.4	14.8	5.0	6.9	3.4	3.4
7.6	7.8	3.8	7.8	3.9	3.8	14.2	16.7	3.8	14.2	5.0	7.8	3.9	3.8
7.0	8.0	4.5	8.0	4.0	4.5	14.5	17.0	4.5	14.5	5.0	8.0	4.0	4.5
7.0	7.2	4.0	7.2	3.6	4.0	13.1	15.7	4.0	13.1	5.0	7.2	3.6	4.0
7.0	7.2	4.5	7.2	3.6	4.5	13.7	15.7	4.5	13.7	5.0	7.2	3.6	4.5
7.0	7.7	4.2	7.7	3.8	4.2	13.9	16.5	4.2	13.9	5.0	7.7	3.8	4.2
7.0	8.0	3.9	8.0	4.0	3.9	13.9	17.0	3.9	13.9	5.0	8.0	4.0	3.9
7.0	7.3	3.4	7.3	3.7	3.4	12.7	16.0	3.4	12.7	5.0	7.3	3.7	3.4
7.0	7.5	3.4	7.5	3.8	3.4	12.9	16.3	3.4	12.9	5.0	7.5	3.8	3.4
7.0	8.0	3.4	8.0	4.0	3.4	13.4	17.0	3.4	13.4	5.0	8.0	4.0	3.4
7.0	8.0	3.4	8.0	4.0	3.4	13.4	17.0	3.4	13.4	5.0	8.0	4.0	3.4
9.6	7.7	4.3	7.7	3.9	4.3	16.6	16.6	4.3	16.6	5.0	7.7	3.9	4.3
9.9	7.7	4.4	7.7	3.8	4.4	17.0	16.5	4.4	17.0	5.0	7.7	3.8	4.4
9.7	7.7	4.6	7.7	3.9	4.6	17.1	16.6	4.6	17.1	5.0	7.7	3.9	4.6
7.0	6.6	4.9	6.6	3.3	4.9	13.5	14.9	4.9	13.5	5.0	6.6	3.3	4.9
7.0	8.0	4.6	8.0	4.0	4.6	14.6	17.0	4.6	14.6	5.0	8.0	4.0	4.6
11.6	6.8	4.3	6.8	3.4	4.3	17.7	15.2	4.3	17.7	5.0	6.8	3.4	4.3
7.0	6.8	4.8	6.8	3.4	4.8	13.6	15.2	4.8	13.6	5.0	6.8	3.4	4.8
7.0	7.9	4.8	7.9	3.9	4.8	14.7	16.8	4.8	14.7	5.0	7.9	3.9	4.8
7.0	6.6	4.9	6.6	3.3	4.9	13.5	14.9	4.9	13.5	5.0	6.6	3.3	4.9
7.0	5.9	3.4	5.9	2.9	3.4	11.2	13.8	3.4	11.2	5.0	5.9	2.9	3.4
11.6	6.3	5.0	6.3	3.1	5.0	17.9	14.4	5.0	17.9	5.0	6.3	3.1	5.0
7.0	7.3	4.9	7.3	3.7	4.9	14.2	16.0	4.9	14.2	5.0	7.3	3.7	4.9
7.0	7.0	5.0	7.0	3.5	5.0	14.0	15.5	5.0	14.0	5.0	7.0	3.5	5.0
7.0	4.8	5.0	4.8	2.4	5.0	11.8	12.2	5.0	11.8	5.0	4.8	2.4	5.0
7.0	7.3	5.0	7.3	3.7	5.0	14.3	16.0	5.0	14.3	5.0	7.3	3.7	5.0
7.0	7.9	4.9	7.9	3.9	4.9	14.7	16.8	4.9	14.7	5.0	7.9	3.9	4.9
7.0	7.2	3.8	7.2	3.6	3.8	13.0	15.7	3.8	13.0	5.0	7.2	3.6	3.8
7.0	7.0	5.0	7.0	3.5	5.0	14.0	15.5	5.0	14.0	5.0	7.0	3.5	5.0
7.8	6.0	3.7	6.0	3.0	3.7	12.5	14.0	3.7	12.5	5.0	6.0	3.0	3.7

序号	原编号	采样地点	测试值 （毫克/千克）			需施化肥纯量 （千克/亩）			各肥料商品用量		
			氮	磷	钾	N	P₂O₅	K₂O	二铵	尿素	硫酸钾
1089	Y009	杨木乡	279.3	41.3	154.6	9.5	2.7	5.7	7.0	13.4	8.6
1090	Y010	杨木乡	220.5	58.2	160.9	11.7	2.7	5.5	7.0	17.0	8.3
1091	Y011	杨木乡	161.7	51.6	134.2	13.6	2.7	6.3	7.0	20.0	9.4
1092	Y012	杨木乡	249.9	48.2	138.7	10.6	2.7	6.1	7.0	15.2	9.2
1093	Y013	杨木乡	249.9	34.2	140.5	10.6	2.7	6.1	7.0	15.2	9.1
1094	Y014	杨木乡	286.7	45.7	131.3	9.2	2.7	6.4	7.0	12.9	9.5
1095	Y015	杨木乡	249.9	35.9	240.5	10.6	2.7	3.3	7.0	15.2	6.7
1096	Y016	杨木乡	183.8	45.5	122.1	13.1	2.7	6.6	7.0	19.2	9.9
1097	Y017	杨木乡	227.9	28.0	144.4	11.4	3.3	6.0	7.3	16.5	9.0
1098	Y018	杨木乡	191.1	25.2	120.9	12.8	3.8	6.6	8.3	18.4	10.0
1099	Y019	杨木乡	249.9	63.5	217.8	10.6	2.7	4.0	7.0	15.2	6.7
1100	Y020	杨木乡	191.1	41.9	134.4	12.8	2.7	6.3	7.0	18.8	9.4
1101	Y021	杨木乡	205.8	48.5	87.7	12.2	2.7	6.7	7.0	17.9	10.0
1102	Y022	杨木乡	176.4	30.9	200.5	13.3	2.8	4.4	7.0	19.7	6.7
1103	Y023	杨木乡	257.3	16.4	136.7	10.3	5.3	6.2	11.5	13.4	9.3
1104	Y024	杨木乡	198.5	22.4	172.1	12.5	4.3	5.2	9.3	17.7	7.8
1105	Y025	杨木乡	191.1	34.5	152.8	12.8	2.7	5.8	7.0	18.8	8.6
1106	Y026	杨木乡	279.3	67.7	144.2	9.5	2.7	6.0	7.0	13.4	9.0
1107	Y027	杨木乡	176.4	44.4	138.2	13.3	2.7	6.2	7.0	19.7	9.2
1108	Y028	杨木乡	249.9	50.8	196.9	10.6	2.7	4.5	7.0	15.2	6.8
1109	Y029	杨木乡	110.3	34.0	134.1	13.6	2.7	6.3	7.0	20.0	9.4
1110	Y030	杨木乡	220.5	27.5	128.8	11.7	3.4	6.4	7.4	16.9	9.6
1111	Y031	杨木乡	205.8	45.8	105.8	12.2	2.7	6.7	7.0	17.9	10.0
1112	Y032	杨木乡	205.8	42.9	137.2	12.2	2.7	6.2	7.0	17.9	9.3
1113	Y033	杨木乡	198.5	66.9	204.4	12.5	2.7	4.3	7.0	18.3	6.7
1114	Y034	杨木乡	220.5	39.7	172.8	11.7	2.7	5.2	7.0	17.0	7.8
1115	Y035	杨木乡	249.9	71.2	256.4	10.6	2.7	3.3	7.0	15.2	6.7
1116	Y036	杨木乡	227.9	25.2	224.2	11.4	3.8	3.8	8.3	16.2	6.7
1117	Y037	杨木乡	169.1	48.4	164.9	13.6	2.7	5.4	7.0	20.0	8.1
1118	Y038	杨木乡	154.4	25.5	99.4	13.6	3.8	6.7	8.2	19.8	10.0
1119	Y039	杨木乡	169.1	11.6	88.9	13.6	5.3	6.7	11.6	18.7	10.0
1120	Y040	杨木乡	213.2	22.0	142.3	12.0	4.3	6.0	9.4	16.7	9.1

（续）

推荐一（千克/亩）						推荐二（千克/亩）						
分时期						各肥料商品用量			分时期			
底肥			蘖肥	穗肥		复混肥	尿素	硫酸钾	底肥		蘖肥	穗肥	
二铵	尿素	硫酸钾	尿素	尿素	硫酸钾				复混肥	尿素	尿素	尿素	硫酸钾
7.0	5.3	4.3	5.3	2.7	4.3	11.6	13.0	4.3	11.6	5.0	5.3	2.7	4.3
7.0	6.8	4.1	6.8	3.4	4.1	12.9	15.2	4.1	12.9	5.0	6.8	3.4	4.1
7.0	8.0	4.7	8.0	4.0	4.7	14.7	17.0	4.7	14.7	5.0	8.0	4.0	4.7
7.0	6.1	4.6	6.1	3.0	4.6	12.7	14.1	4.6	12.7	5.0	6.1	3.0	4.6
7.0	6.1	4.6	6.1	3.0	4.6	12.6	14.1	4.6	12.6	5.0	6.1	3.0	4.6
7.0	5.2	4.8	5.2	2.6	4.8	11.9	12.8	4.8	11.9	5.0	5.2	2.6	4.8
7.0	6.1	3.4	6.1	3.0	3.4	11.4	14.1	3.4	11.4	5.0	6.1	3.0	3.4
7.0	7.7	5.0	7.7	3.8	5.0	14.7	16.5	5.0	14.7	5.0	7.7	3.8	5.0
7.3	6.6	4.5	6.6	3.3	4.5	13.3	14.9	4.5	13.3	5.0	6.6	3.3	4.5
8.3	7.4	5.0	7.4	3.7	5.0	15.6	16.1	5.0	15.6	5.0	7.4	3.7	5.0
7.0	6.1	3.4	6.1	3.0	3.4	11.4	14.1	3.4	11.4	5.0	6.1	3.0	3.4
7.0	7.5	4.7	7.5	3.8	4.7	14.2	16.3	4.7	14.2	5.0	7.5	3.8	4.7
7.0	7.2	5.0	7.2	3.6	5.0	14.2	15.7	5.0	14.2	5.0	7.2	3.6	5.0
7.0	7.9	3.4	7.9	3.9	3.4	13.2	16.8	3.4	13.2	5.0	7.9	3.9	3.4
11.5	5.4	4.7	5.4	2.7	4.7	16.5	13.1	4.7	16.5	5.0	5.4	2.7	4.7
9.3	7.1	3.9	7.1	3.5	3.9	15.3	15.6	3.9	15.3	5.0	7.1	3.5	3.9
7.0	7.5	4.3	7.5	3.8	4.3	13.8	16.3	4.3	13.8	5.0	7.5	3.8	4.3
7.0	5.3	4.5	5.3	2.7	4.5	11.8	13.0	4.5	11.8	5.0	5.3	2.7	4.5
7.0	7.9	4.6	7.9	3.9	4.6	14.5	16.8	4.6	14.5	5.0	7.9	3.9	4.6
7.0	6.1	3.4	6.1	3.0	3.4	11.5	14.1	3.4	11.5	5.0	6.1	3.0	3.4
7.0	8.0	4.7	8.0	4.0	4.7	14.7	17.0	4.7	14.7	5.0	8.0	4.0	4.7
7.4	6.7	4.8	6.7	3.4	4.8	14.0	15.1	4.8	14.0	5.0	6.7	3.4	4.8
7.0	7.2	5.0	7.2	3.6	5.0	14.2	15.7	5.0	14.2	5.0	7.2	3.6	5.0
7.0	7.2	4.6	7.2	3.6	4.6	13.8	15.7	4.6	13.8	5.0	7.2	3.6	4.6
7.0	7.3	3.4	7.3	3.7	3.4	12.7	16.0	3.4	12.7	5.0	7.3	3.7	3.4
7.0	6.8	3.9	6.8	3.4	3.9	12.7	15.2	3.9	12.7	5.0	6.8	3.4	3.9
7.0	6.1	3.4	6.1	3.0	3.4	11.4	14.1	3.4	11.4	5.0	6.1	3.0	3.4
8.3	6.5	3.4	6.5	3.2	3.4	13.1	14.7	3.4	13.1	5.0	6.5	3.2	3.4
7.0	8.0	4.1	8.0	4.0	4.1	14.1	17.0	4.1	14.1	5.0	8.0	4.0	4.1
8.2	7.9	5.0	7.9	4.0	5.0	16.1	16.9	5.0	16.1	5.0	7.9	4.0	5.0
11.6	7.5	5.0	7.5	3.7	5.0	19.1	16.2	5.0	19.1	5.0	7.5	3.7	5.0
9.4	6.7	4.5	6.7	3.3	4.5	15.7	15.0	4.5	15.7	5.0	6.7	3.3	4.5

序号	原编号	采样地点	测试值（毫克/千克）			需施化肥纯量（千克/亩）			各肥料商品用量		
			氮	磷	钾	N	P_2O_5	K_2O	二铵	尿素	硫酸钾
1121	Y041	杨木乡	227.9	44.5	167.7	11.4	2.7	5.3	7.0	16.5	8.0
1122	Y042	杨木乡	213.2	54.6	162.6	12.0	2.7	5.5	7.0	17.4	8.2
1123	Y043	杨木乡	198.5	88.8	247.0	12.5	2.7	3.3	7.0	18.3	6.7
1124	Y044	杨木乡	176.4	8.1	127.3	13.3	5.3	6.5	11.6	18.4	9.7
1125	Y045	杨木乡	191.1	21.6	116.0	12.8	4.4	6.7	9.5	18.0	10.0
1126	Y046	杨木乡	183.8	21.8	149.8	13.1	4.4	5.8	9.5	18.5	8.8
1127	Y047	杨木乡	191.1	21.4	140.5	12.8	4.4	6.1	9.6	18.0	9.1
1128	Y048	杨木乡	220.5	69.7	254.0	11.7	2.7	3.3	7.0	17.0	6.7
1129	Y049	杨木乡	205.8	38.9	306.2	12.2	2.7	3.3	7.0	17.9	6.7
1130	Y050	杨木乡	279.3	59.2	204.9	9.5	2.7	4.3	7.0	13.4	6.7
1131	Y051	杨木乡	147.0	31.5	132.9	13.6	2.7	6.3	7.0	20.0	9.5
1132	Y052	杨木乡	242.6	67.8	298.8	10.8	2.7	3.3	7.0	15.6	6.7
1133	Y053	杨木乡	183.8	44.0	130.5	13.1	2.7	6.4	7.0	19.2	9.6
1134	Y054	杨木乡	154.4	48.2	129.8	13.6	2.7	6.4	7.0	20.0	9.6
1135	Y055	杨木乡	191.1	63.2	388.8	12.8	2.7	3.3	7.0	18.8	6.7
1136	Y056	杨木乡	139.7	38.6	215.4	13.6	2.7	4.0	7.0	20.0	6.7
1137	Y057	杨木乡	176.4	43.4	130.1	13.3	2.7	6.4	7.0	19.7	9.6
1138	Y058	杨木乡	139.7	16.5	94.4	13.6	5.3	6.7	11.4	18.8	10.0
1139	Y059	杨木乡	220.5	39.7	129.9	11.7	2.7	6.4	7.0	17.0	9.6
1140	Y060	杨木乡	161.7	18.1	138.9	13.6	5.0	6.1	10.8	19.0	9.2
1141	Y061	杨木乡	198.5	73.0	201.8	12.5	2.7	4.4	7.0	18.3	6.7
1142	Y062	杨木乡	249.9	30.8	181.8	10.6	2.9	4.9	7.0	15.2	7.4
1143	Y063	杨木乡	257.3	56.6	144.2	10.3	2.7	6.0	7.0	14.7	9.0
1144	Y064	杨木乡	235.2	22.7	98.9	11.1	4.2	6.7	9.2	15.5	10.0
1145	Y065	杨木乡	198.5	25.0	140.8	12.5	3.8	6.1	8.3	18.0	9.1
1146	Y066	杨木乡	257.3	22.9	209.6	10.3	4.2	4.2	9.1	14.1	6.7
1147	Y067	杨木乡	301.4	47.7	185.3	8.6	2.7	4.9	7.0	12.0	7.3
1148	Y068	杨木乡	191.1	30.8	328.7	12.8	2.9	3.3	7.0	18.8	6.7
1149	Y069	杨木乡	227.9	34.0	84.4	11.4	2.7	6.7	7.0	16.5	10.0
1150	Y070	杨木乡	154.4	39.5	119.1	13.6	2.7	6.7	7.0	20.0	10.0
1151	Z001	知一镇	139.7	21.5	98.3	13.6	4.4	6.7	9.6	19.3	10.0
1152	Z002	知一镇	183.8	17.6	93.5	13.1	5.1	6.7	11.0	18.1	10.0

（续）

推荐一（千克/亩）						推荐二（千克/亩）							
分时期						各肥料商品用量			分时期				
底肥			蘖肥	穗肥		复混肥	尿素	硫酸钾	底肥		蘖肥	穗肥	
二铵	尿素	硫酸钾	尿素	尿素	硫酸钾				复混肥	尿素	尿素	尿素	硫酸钾
7.0	6.6	4.0	6.6	3.3	4.0	12.6	14.9	4.0	12.6	5.0	6.6	3.3	4.0
7.0	7.0	4.1	7.0	3.5	4.1	13.1	15.5	4.1	13.1	5.0	7.0	3.5	4.1
7.0	7.3	3.4	7.3	3.7	3.4	12.7	16.0	3.4	12.7	5.0	7.3	3.7	3.4
11.6	7.3	4.8	7.3	3.7	4.8	18.8	16.0	4.8	18.8	5.0	7.3	3.7	4.8
9.5	7.2	5.0	7.2	3.6	5.0	16.8	15.8	5.0	16.8	5.0	7.2	3.6	5.0
9.5	7.4	4.4	7.4	3.7	4.4	16.3	16.1	4.4	16.3	5.0	7.4	3.7	4.4
9.6	7.2	4.6	7.2	3.6	4.6	16.4	15.8	4.6	16.4	5.0	7.2	3.6	4.6
7.0	6.8	3.4	6.8	3.4	3.4	12.1	15.2	3.4	12.1	5.0	6.8	3.4	3.4
7.0	7.2	3.4	7.2	3.6	3.4	12.5	15.7	3.4	12.5	5.0	7.2	3.6	3.4
7.0	5.3	3.4	5.3	2.7	3.4	10.7	13.0	3.4	10.7	5.0	5.3	2.7	3.4
7.0	8.0	4.7	8.0	4.0	4.7	14.7	17.0	4.7	14.7	5.0	8.0	4.0	4.7
7.0	6.3	3.4	6.3	3.1	3.4	11.6	14.4	3.4	11.6	5.0	6.3	3.1	3.4
7.0	7.7	4.8	7.7	3.8	4.8	14.5	16.5	4.8	14.5	5.0	7.7	3.8	4.8
7.0	8.0	4.8	8.0	4.0	4.8	14.8	17.0	4.8	14.8	5.0	8.0	4.0	4.8
7.0	7.5	3.4	7.5	3.8	3.4	12.9	16.3	3.4	12.9	5.0	7.5	3.8	3.4
7.0	8.0	3.4	8.0	4.0	3.4	13.4	17.0	3.4	13.4	5.0	8.0	4.0	3.4
7.0	7.9	4.8	7.9	3.9	4.8	14.7	16.8	4.8	14.7	5.0	7.9	3.9	4.8
11.4	7.5	5.0	7.5	3.8	5.0	18.9	16.3	5.0	18.9	5.0	7.5	3.8	5.0
7.0	6.8	4.8	6.8	3.4	4.8	13.6	15.2	4.8	13.6	5.0	6.8	3.4	4.8
10.8	7.6	4.6	7.6	3.8	4.6	18.0	16.4	4.6	18.0	5.0	7.6	3.8	4.6
7.0	7.3	3.4	7.3	3.7	3.4	12.7	16.0	3.4	12.7	5.0	7.3	3.7	3.4
7.0	6.1	3.7	6.1	3.0	3.7	11.8	14.1	3.7	11.8	5.0	6.1	3.0	3.7
7.0	5.9	4.5	5.9	2.9	4.5	12.4	13.8	4.5	12.4	5.0	5.9	2.9	4.5
9.2	6.2	5.0	6.2	3.1	5.0	15.3	14.3	5.0	15.3	5.0	6.2	3.1	5.0
8.3	7.2	4.6	7.2	3.6	4.6	15.1	15.8	4.6	15.1	5.0	7.2	3.6	4.6
9.1	5.6	3.4	5.6	2.8	3.4	13.1	13.5	3.4	13.1	5.0	5.6	2.8	3.4
7.0	4.8	3.6	4.8	2.4	3.6	10.4	12.2	3.6	10.4	5.0	4.8	2.4	3.6
7.0	7.5	3.4	7.5	3.8	3.4	12.9	16.3	3.4	12.9	5.0	7.5	3.8	3.4
7.0	6.6	5.0	6.6	3.3	5.0	13.6	14.9	5.0	13.6	5.0	6.6	3.3	5.0
7.0	8.0	5.0	8.0	4.0	5.0	15.0	17.0	5.0	15.0	5.0	8.0	4.0	5.0
9.6	7.7	5.0	7.7	3.9	5.0	17.3	16.6	5.0	17.3	5.0	7.7	3.9	5.0
11.0	7.2	5.0	7.2	3.6	5.0	18.2	15.8	5.0	18.2	5.0	7.2	3.6	5.0

序号	原编号	采样地点	测试值（毫克/千克）			需施化肥纯量（千克/亩）			各肥料商品用量		
			氮	磷	钾	N	P₂O₅	K₂O	二铵	尿素	硫酸钾
1153	Z003	知一镇	183.8	15.5	75.6	13.1	5.3	6.7	11.6	17.9	10.0
1154	Z004	知一镇	225.4	18.7	151.3	11.5	4.9	5.8	10.6	15.6	8.7
1155	Z005	知一镇	242.6	23.7	157.2	10.8	4.1	5.6	8.8	15.1	8.4
1156	Z006	知一镇	227.9	19.3	149.2	11.4	4.8	5.9	10.4	15.5	8.8
1157	Z007	知一镇	154.4	15.5	108.4	13.6	5.3	6.7	11.6	18.7	10.0
1158	Z008	知一镇	183.8	14.9	105.5	13.1	5.3	6.7	11.6	17.9	10.0
1159	Z009	知一镇	183.8	19.3	165.3	13.1	4.8	5.4	10.4	18.2	8.1
1160	Z010	知一镇	213.2	23.6	225.6	12.0	4.1	3.7	8.9	16.9	6.7
1161	Z011	知一镇	147.0	12.6	77.4	13.6	5.3	6.7	11.6	18.7	10.0
1162	Z012	知一镇	151.3	12.7	98.5	13.6	5.3	6.7	11.6	18.7	10.0
1163	Z013	知一镇	154.4	12.9	140.7	13.6	5.3	6.1	11.6	18.7	9.1
1164	Z014	知一镇	147.0	15.8	106.7	13.6	5.3	6.7	11.6	18.7	10.0
1165	Z015	知一镇	183.8	24.9	136.0	13.1	3.9	6.2	8.4	18.8	9.3
1166	Z016	知一镇	161.7	11.7	74.5	13.6	5.3	6.7	11.6	18.7	10.0
1167	Z017	知一镇	198.5	21.7	84.3	12.5	4.4	6.7	9.5	17.6	10.0
1168	Z018	知一镇	132.3	11.4	83.1	13.6	5.3	6.7	11.6	18.7	10.0
1169	Z019	知一镇	176.4	15.1	103.8	13.3	5.3	6.7	11.6	18.4	10.0
1170	Z020	知一镇	249.9	21.4	126.8	10.6	4.4	6.5	9.6	14.4	9.7
1171	Z021	知一镇	198.5	19.0	126.2	12.5	4.8	6.5	10.5	17.3	9.7
1172	Z022	知一镇	169.1	11.1	81.4	13.6	5.3	6.7	11.6	18.7	10.0
1173	Z023	知一镇	257.3	18.1	92.2	10.3	5.0	6.7	10.8	13.6	10.0
1174	Z024	知一镇	147.0	12.4	83.7	13.6	5.3	6.7	11.6	18.7	10.0
1175	Z025	知一镇	176.4	17.6	107.8	13.3	5.1	6.7	11.0	18.5	10.0
1176	Z026	知一镇	205.8	31.7	86.0	12.2	2.7	6.7	7.0	17.9	10.0
1177	Z027	知一镇	139.7	15.6	99.8	13.6	5.3	6.7	11.6	18.7	10.0
1178	Z028	知一镇	176.4	17.0	95.8	13.3	5.2	6.7	11.2	18.5	10.0
1179	Z029	知一镇	139.7	12.9	98.6	13.6	5.3	6.7	11.6	18.7	10.0
1180	Z030	知一镇	213.2	30.9	218.3	12.0	2.9	3.9	7.0	17.4	6.7
1181	Z031	知一镇	257.3	18.7	103.2	10.3	4.9	6.7	10.6	13.7	10.0
1182	Z032	知一镇	249.9	13.7	186.2	10.6	5.3	4.8	11.6	13.8	7.2
1183	Z033	知一镇	242.6	13.2	172.1	10.8	5.2	5.2	11.6	14.3	7.8
1184	Z034	知一镇	125.0	10.7	95.9	13.6	5.3	6.7	11.6	18.7	10.0

（续）

推荐一（千克/亩）						推荐二（千克/亩）							
分时期						各肥料商品用量			分时期				
底肥			蘖肥	穗肥					底肥		蘖肥	穗肥	
二铵	尿素	硫酸钾	尿素	尿素	硫酸钾	复混肥	尿素	硫酸钾	复混肥	尿素	尿素	尿素	硫酸钾
11.6	7.2	5.0	7.2	3.6	5.0	18.8	15.7	5.0	18.8	5.0	7.2	3.6	5.0
10.6	6.3	4.3	6.3	3.1	4.3	16.2	14.4	4.3	16.2	5.0	6.3	3.1	4.3
8.8	6.0	4.2	6.0	3.0	4.2	14.1	14.1	4.2	14.1	5.0	6.0	3.0	4.2
10.4	6.2	4.4	6.2	3.1	4.4	16.0	14.3	4.4	16.0	5.0	6.2	3.1	4.4
11.6	7.5	5.0	7.5	3.7	5.0	19.1	16.2	5.0	19.1	5.0	7.5	3.7	5.0
11.6	7.2	5.0	7.2	3.6	5.0	18.8	15.7	5.0	18.8	5.0	7.2	3.6	5.0
10.4	7.3	4.1	7.3	3.6	4.1	16.8	15.9	4.1	16.8	5.0	7.3	3.6	4.1
8.9	6.8	3.4	6.8	3.4	3.4	14.0	15.1	3.4	14.0	5.0	6.8	3.4	3.4
11.6	7.5	5.0	7.5	3.7	5.0	19.1	16.2	5.0	19.1	5.0	7.5	3.7	5.0
11.6	7.5	5.0	7.5	3.7	5.0	19.1	16.2	5.0	19.1	5.0	7.5	3.7	5.0
11.6	7.5	4.6	7.5	3.7	4.6	18.7	16.2	4.6	18.7	5.0	7.5	3.7	4.6
11.6	7.5	5.0	7.5	3.7	5.0	19.1	16.2	5.0	19.1	5.0	7.5	3.7	5.0
8.4	7.5	4.7	7.5	3.8	4.7	15.6	16.3	4.7	15.6	5.0	7.5	3.8	4.7
11.6	7.5	5.0	7.5	3.7	5.0	19.1	16.2	5.0	19.1	5.0	7.5	3.7	5.0
9.5	7.0	5.0	7.0	3.5	5.0	16.6	15.6	5.0	16.6	5.0	7.0	3.5	5.0
11.6	7.5	5.0	7.5	3.7	5.0	19.1	16.2	5.0	19.1	5.0	7.5	3.7	5.0
11.6	7.3	5.0	7.3	3.7	5.0	18.9	16.0	5.0	18.9	5.0	7.3	3.7	5.0
9.6	5.8	4.9	5.8	2.9	4.9	15.3	13.6	4.9	15.3	5.0	5.8	2.9	4.9
10.5	6.9	4.9	6.9	3.5	4.9	17.3	15.4	4.9	17.3	5.0	6.9	3.5	4.9
11.6	7.5	5.0	7.5	3.7	5.0	19.1	16.2	5.0	19.1	5.0	7.5	3.7	5.0
10.8	5.4	5.0	5.4	2.7	5.0	16.3	13.2	5.0	16.3	5.0	5.4	2.7	5.0
11.6	7.5	5.0	7.5	3.7	5.0	19.1	16.2	5.0	19.1	5.0	7.5	3.7	5.0
11.0	7.4	5.0	7.4	3.7	5.0	18.4	16.1	5.0	18.4	5.0	7.4	3.7	5.0
7.0	7.2	5.0	7.2	3.6	5.0	14.2	15.7	5.0	14.2	5.0	7.2	3.6	5.0
11.6	7.5	5.0	7.5	3.7	5.0	19.1	16.2	5.0	19.1	5.0	7.5	3.7	5.0
11.2	7.4	5.0	7.4	3.7	5.0	18.6	16.1	5.0	18.6	5.0	7.4	3.7	5.0
11.6	7.5	5.0	7.5	3.7	5.0	19.1	16.2	5.0	19.1	5.0	7.5	3.7	5.0
7.0	7.0	3.4	7.0	3.5	3.4	12.3	15.5	3.4	12.3	5.0	7.0	3.5	3.4
10.6	5.5	5.0	5.5	2.7	5.0	16.1	13.2	5.0	16.1	5.0	5.5	2.7	5.0
11.6	5.5	3.6	5.5	2.8	3.6	15.7	13.3	3.6	15.7	5.0	5.5	2.8	3.6
11.6	5.7	3.9	5.7	2.9	3.9	16.2	13.6	3.9	16.2	5.0	5.7	2.9	3.9
11.6	7.5	5.0	7.5	3.7	5.0	19.1	16.2	5.0	19.1	5.0	7.5	3.7	5.0

序号	原编号	采样地点	测试值 （毫克/千克）			需施化肥纯量 （千克/亩）			各肥料商品用量		
			氮	磷	钾	N	P$_2$O$_5$	K$_2$O	二铵	尿素	硫酸钾
1185	Z035	知一镇	138.9	9.5	68.2	13.6	5.3	6.7	11.6	18.7	10.0
1186	Z036	知一镇	183.8	13.5	103.2	13.1	5.3	6.7	11.6	17.9	10.0
1187	Z037	知一镇	166.5	11.4	100.5	13.6	5.3	6.7	11.6	18.7	10.0
1188	Z038	知一镇	154.4	11.9	98.9	13.6	5.3	6.7	11.6	18.7	10.0
1189	Z039	知一镇	169.1	15.7	135.3	13.6	5.3	6.2	11.6	18.7	9.4
1190	Z040	知一镇	235.2	21.4	210.6	11.1	4.4	4.2	9.6	15.3	6.7
1191	Z041	知一镇	137.6	12.6	91.6	13.6	5.3	6.7	11.6	18.7	10.0
1192	Z042	知一镇	191.1	17.9	91.7	12.8	5.0	6.7	10.9	17.7	10.0
1193	Z043	知一镇	191.1	13.0	107.8	12.8	5.3	6.7	11.6	17.4	10.0
1194	Z044	知一镇	176.4	24.4	149.8	13.3	3.9	5.8	8.6	19.2	8.8
1195	Z045	知一镇	220.5	26.7	195.0	11.7	3.5	4.6	7.7	16.8	6.9
1196	Z046	知一镇	205.8	26.1	213.6	12.2	3.6	4.1	7.9	17.6	6.7
1197	Z047	知一镇	141.9	6.2	98.8	13.6	5.3	6.7	11.6	18.7	10.0
1198	Z048	知一镇	169.1	18.4	144.4	13.6	4.9	6.0	10.7	19.0	9.0
1199	Z049	知一镇	139.7	12.2	164.6	13.6	5.3	5.4	11.6	18.7	8.1
1200	Z050	知一镇	147.0	20.7	113.5	13.6	4.5	6.7	9.9	19.2	10.0

（续）

推荐一（千克/亩）						推荐二（千克/亩）							
分时期						各肥料商品用量			分时期				
底肥			蘖肥	穗肥					底肥		蘖肥	穗肥	
二铵	尿素	硫酸钾	尿素	尿素	硫酸钾	复混肥	尿素	硫酸钾	复混肥	尿素	尿素	尿素	硫酸钾
11.6	7.5	5.0	7.5	3.7	5.0	19.1	16.2	5.0	19.1	5.0	7.5	3.7	5.0
11.6	7.2	5.0	7.2	3.6	5.0	18.8	15.7	5.0	18.8	5.0	7.2	3.6	5.0
11.6	7.5	5.0	7.5	3.7	5.0	19.1	16.2	5.0	19.1	5.0	7.5	3.7	5.0
11.6	7.5	5.0	7.5	3.7	5.0	19.1	16.2	5.0	19.1	5.0	7.5	3.7	5.0
11.6	7.5	4.7	7.5	3.7	4.7	18.8	16.2	4.7	18.8	5.0	7.5	3.7	4.7
9.6	6.1	3.4	6.1	3.1	3.4	14.1	14.2	3.4	14.1	5.0	6.1	3.1	3.4
11.6	7.5	5.0	7.5	3.7	5.0	19.1	16.2	5.0	19.1	5.0	7.5	3.7	5.0
10.9	7.1	5.0	7.1	3.5	5.0	18.0	15.6	5.0	18.0	5.0	7.1	3.5	5.0
11.6	7.0	5.0	7.0	3.5	5.0	18.6	15.5	5.0	18.6	5.0	7.0	3.5	5.0
8.6	7.7	4.4	7.7	3.8	4.4	15.6	16.5	4.4	15.6	5.0	7.7	3.8	4.4
7.7	6.7	3.4	6.7	3.4	3.4	12.9	15.1	3.4	12.9	5.0	6.7	3.4	3.4
7.9	7.0	3.4	7.0	3.5	3.4	13.3	15.6	3.4	13.3	5.0	7.0	3.5	3.4
11.6	7.5	5.0	7.5	3.7	5.0	19.1	16.2	5.0	19.1	5.0	7.5	3.7	5.0
10.7	7.6	4.5	7.6	3.8	4.5	17.8	16.4	4.5	17.8	5.0	7.6	3.8	4.5
11.6	7.5	4.1	7.5	3.7	4.1	18.2	16.2	4.1	18.2	5.0	7.5	3.7	4.1
9.9	7.7	5.0	7.7	3.8	5.0	17.6	16.5	5.0	17.6	5.0	7.7	3.8	5.0

图书在版编目（CIP）数据

黑龙江省密山市耕地地力评价/田荣山主编 . —北京：中国农业出版社，2018.9

ISBN 978-7-109-24362-0

Ⅰ.①黑… Ⅱ.①田… Ⅲ.①耕作土壤-土壤肥力-土壤调查-密山②耕作土壤-土壤评价-密山 Ⅳ.①S159.235②S158

中国版本图书馆 CIP 数据核字（2018）第 159400 号

中国农业出版社出版

（北京市朝阳区麦子店街 18 号楼）

（邮政编码 100125）

责任编辑 杨桂华

———————————

中国农业出版社印刷厂印刷 新华书店北京发行所发行

2018 年 9 月第 1 版 2018 年 9 月北京第 1 次印刷

———————————

开本：787mm×1092mm 1/16 印张：23.5 插页：8

字数：580 千字

定价：108.00 元

（凡本版图书出现印刷、装订错误，请向出版社发行部调换）

密山市行政区划图

图例

- 村界
- 乡界
- 县界
- 公路
- 铁路
- 水系
- 居民点

乡（镇）名称

二人班乡	富源乡	裴德镇
兴凯湖	当壁镇	连珠山镇
兴凯湖乡	承紫河乡	黑台镇
兴凯镇	杨木乡	
和平乡	柳毛乡	
太平乡	白鱼湾乡	
密山镇	知一镇	

比例尺 1：500 000

本图采用北京 1954 坐标系

哈尔滨万图信息技术开发有限公司

密山市土壤图

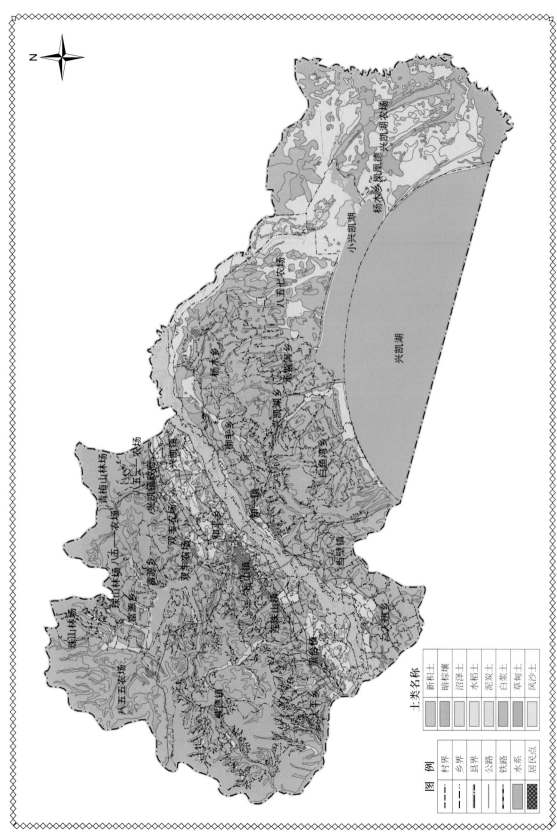

兴凯湖

小兴凯湖

杨木乡 凤凰 德兴凯湖农场

八五七农场

杨木乡

裴德乡

当壁镇

兴凯湖乡

白鱼湾乡

青梅山林场 五一 农场 八一 连珠山镇

连珠山镇

密山镇

知一乡

半截河乡

柴河乡

兴凯镇

裴山林场

富源乡

富源乡

双丰农场

太平乡 黑台镇

三人班乡

珠山林场

八五五农场

兴凯镇

哈尔滨万图信息技术开发有限公司

比例尺 1：500 000

图 例

土类名称
村界		新积土
乡界		暗棕壤
县界		沼泽土
公路		水稻土
铁路		泥炭土
水系		白浆土
居民点		草甸土
		风沙土

本图采用北京 1954 坐标系

密山市土地利用现状图

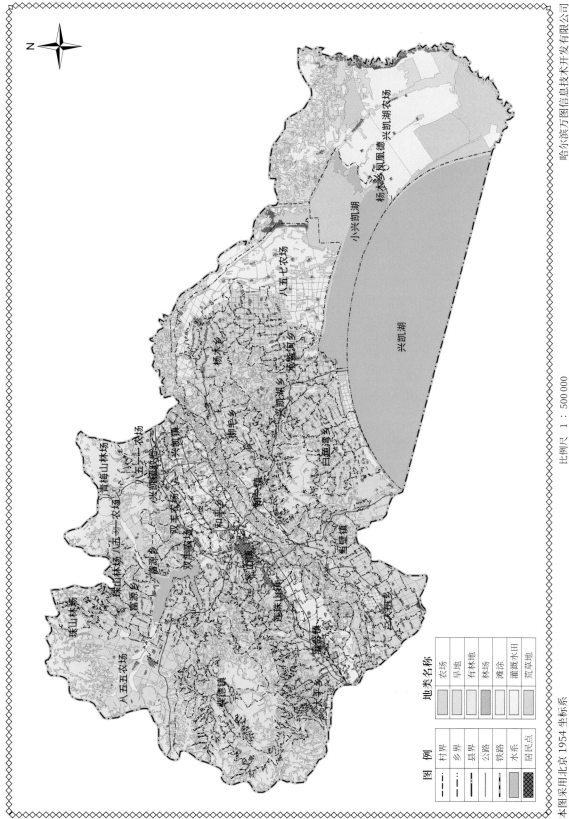

哈尔滨万图信息技术开发有限公司

比例尺 1 : 500 000

本图采用北京 1954 坐标系

图 例		地类名称	
村界		农场	
乡界		旱地	
县界		有林地	
公路		林场	
铁路		滩涂	
水系		灌溉水田	
居民点		荒草地	

兴凯湖

小兴凯湖

杨木乡 凤凰德 兴凯湖农场

八五七农场

杨木乡

知一乡

兴凯湖乡

白鱼湾乡

当壁镇

青梅山林场

连珠山镇

太平乡

裴德镇

兴凯镇

和平乡

双丰农场

富源乡

富源乡

八五五农场

珠山林场

五一农场

五二农场

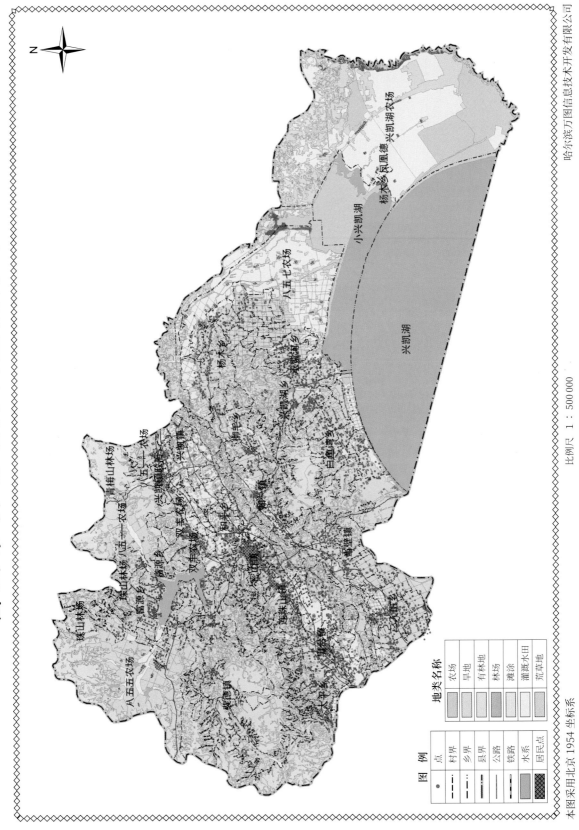

密山市耕地地力调查点分布图

哈尔滨万图信息技术开发有限公司

比例尺 1：500 000

本图采用北京1954坐标系

兴凯湖

小兴凯湖

杨木乡凤凰德兴凯湖农场

八五七农场

杨木乡

兴凯湖乡

和平乡

白鱼湾乡

裴德镇

知一镇

兴凯湖农场

富源乡

双丰农场

密山镇

连珠山镇

黑台镇

柳毛乡

太平乡

蜂蜜山镇

八五五农场

珠山林场

裴山林场

青梅山林场

五一农场

八五一一农场

长安乡

承紫河乡

图 例

点
村界
乡界
县界
公路
铁路
水系
居民点

地类名称

农场
旱地
有林地
林场
滩涂
灌溉水田
荒草地

密山市施肥分区图

哈尔滨溪万图信息技术开发有限公司

兴凯湖

图 例

◎	县、市
◉	乡、镇
○	村
	村界
	乡界
	县界
	公路
	铁路
	水系
	居民点

氮、磷、钾

比例尺 1：50 000

本图采用北京 1954 坐标系

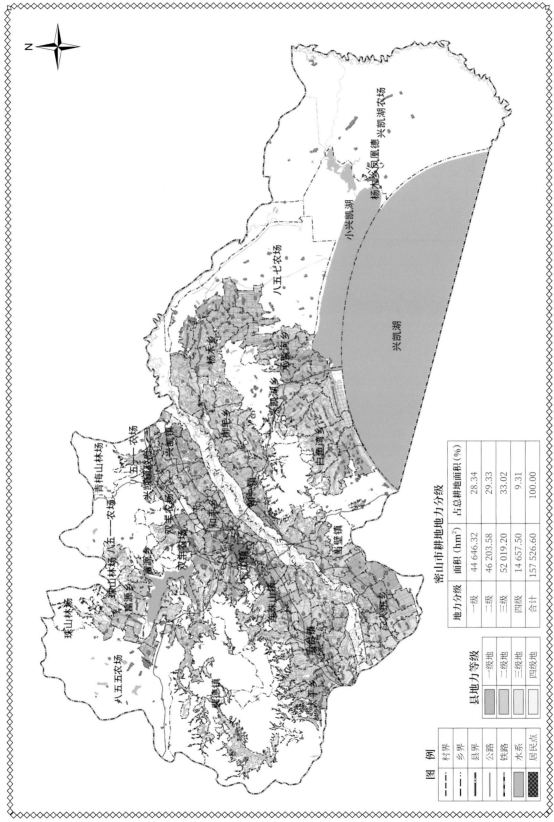

密山市耕地地力等级图

比例尺 1：500 000

哈尔滨万图信息技术开发有限公司

本图采用北京1954坐标系

兴凯湖

小兴凯湖

杨木乡凤凰德 兴凯湖农场

八五七农场

杨木乡

太平乡 兴凯湖乡

白鱼湾乡

珠山林场

青梅山林场

八五一一农场

八五一○农场

柳毛乡

知一镇

裴德镇

八五五五农场

富源乡

双峰农场

黑台镇

密山镇

和平乡

五一农场

连珠山镇

兴凯镇

承紫河乡

二人班乡

和平乡

密山市耕地地力分级

地力分级	面积（hm²）	占总耕地面积（%）
一级	44 646.32	28.34
二级	46 203.58	29.33
三级	52 019.20	33.02
四级	14 657.50	9.31
合计	157 526.60	100.00

县级地力等级

一级地
二级地
三级地
四级地

图 例

村界
乡界
县界
公路
铁路
水系
居民点

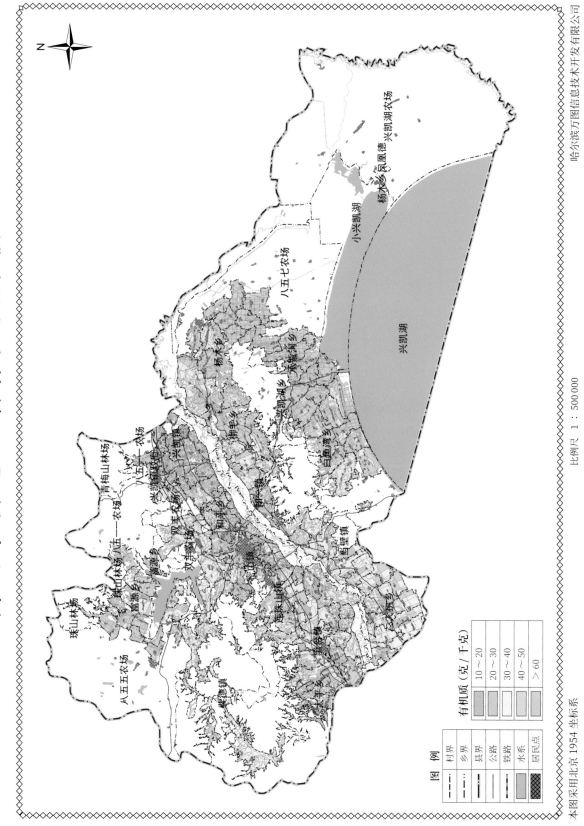

密山市耕地土壤有机质分级图

哈尔滨万图信息技术开发有限公司

比例尺 1：500 000

本图采用北京 1954 坐标系

图 例

	村界
	乡界
	县界
	公路
	铁路
	水系
	居民点

有机质（克/千克）

	10～20
	20～30
	30～40
	40～50
	＞60

珠山林场
八五五农场
八五五林场八分场
富源乡
裴德镇
连珠山镇
黑台镇
八一农场
青梅山林场
密山镇
双丰农场
柳毛乡
知一镇
和平乡
杨木乡
龙王庙乡
兴凯湖乡
朝阳乡
白鱼湾乡
当壁镇
兴凯镇
八五七农场
小兴凯湖
兴凯湖
杨木乡凤凰德兴凯湖农场

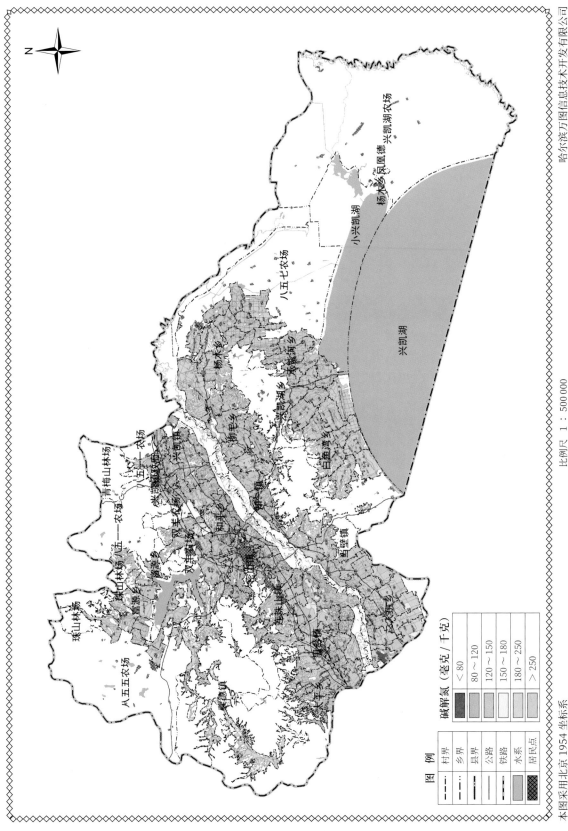

密山市耕地土壤碱解氮分级图

图 例

村界
乡界
县界
公路
铁路
水系
居民点

碱解氮（毫克/千克）

< 80
80 ～ 120
120 ～ 150
150 ～ 180
180 ～ 250
> 250

比例尺 1：500 000

哈尔滨万图信息技术开发有限公司

本图采用北京 1954 坐标系

密山市耕地土壤全氮分级图

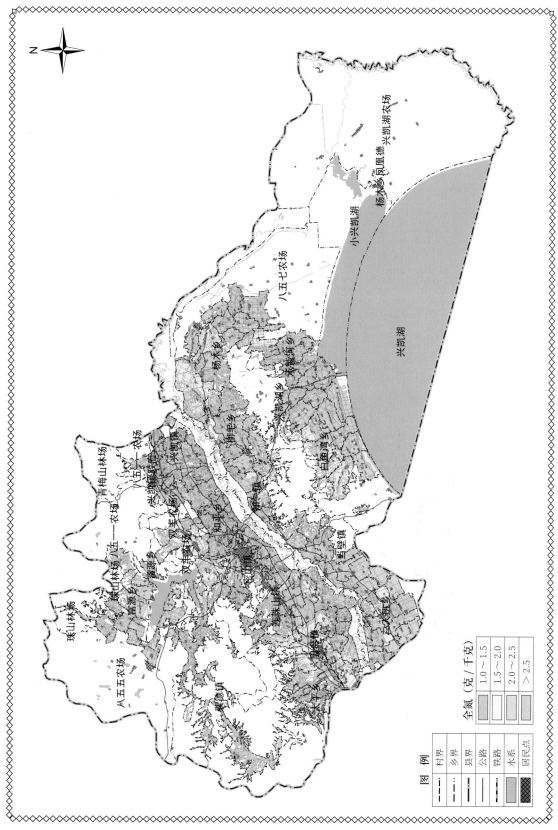

兴凯湖

小兴凯湖

杨木乡 凤德 兴凯湖农场

八五七农场

珠山林场

青梅山林场

裴德镇

珠山林场 八五一一农场

八五五农场

富源乡

知一镇

兴凯湖林场

二人班乡

连珠山镇

白鱼湾乡

当壁镇

柳毛乡

杨木乡

和平乡

黑台镇

兴凯镇

承紫河乡

兴凯湖农场

兴凯湖乡

双丰林场

富源乡

裴德镇

太平乡

三人班乡

哈尔滨万图信息技术开发有限公司

比例尺 1 : 500 000

图 例

村界
乡界
县界
公路
铁路
水系
居民点

全氮 (克/千克)

1.0～1.5
1.5～2.0
2.0～2.5
＞2.5

本图采用北京 1954 坐标系

密山市耕地土壤有效磷分级图

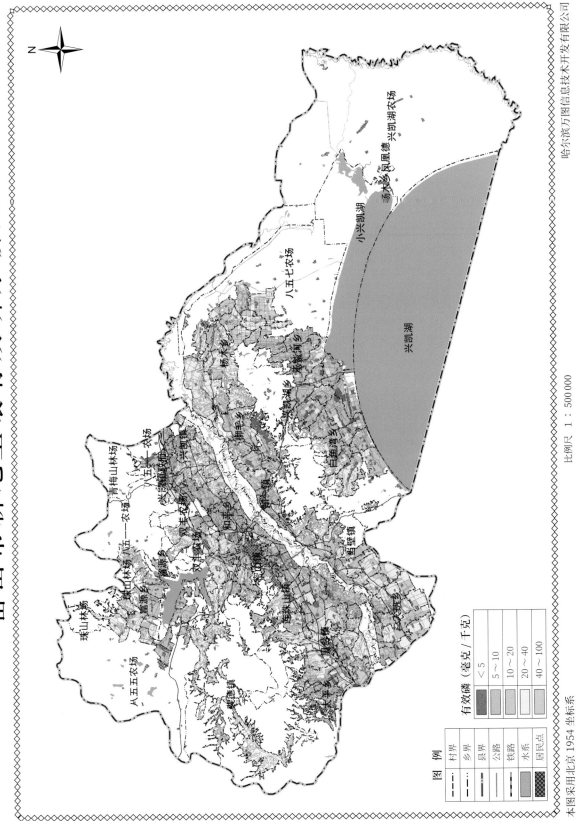

兴凯湖

小兴凯湖

汤水乡凤凰德 兴凯湖农场

八五七农场

杨木乡

裴德镇

知一镇

白鱼湾乡

兴凯湖乡

兴凯镇

青梅山林场

八五一一农场

双鱼山农场

富源乡

和平乡

连珠山镇

柳毛乡

太平乡

黑台镇

珠山林场

珠山林场

八五五农场

承德镇

图 例

村界	
乡界	
县界	
公路	
铁路	
水系	
居民点	

有效磷（毫克/千克）

<5
5～10
10～20
20～40
40～100

比例尺 1：500 000

本图采用北京 1954 坐标系

哈尔滨万图信息技术开发有限公司

密山市耕地土壤速效钾分级图

珠山林场

八五五农场

穆棱镇

八五七农场

小兴凯湖

兴凯湖

杨木乡 凤凰德 兴凯湖农场

青梅山林场

五一农场

兴凯湖镇

兴凯湖乡

裴德镇

双鸭山林场（八五一一农场

珠山林场

富源乡

太平乡

连珠山镇

密山镇

知一镇

杨木乡

兴凯湖乡

黑台镇

承紫河乡

白鱼湾乡

若壁镇

二人班乡

图 例

	村界
	乡界
	县界
	公路
	铁路
	水系
	居民点

速效钾（毫克／千克）

	30～50
	50～100
	100～150
	150～200
	＞200

本图采用北京 1954 坐标系

比例尺 1：500 000

哈尔滨万图信息技术开发有限公司

密山市耕地土壤有效锰分级图

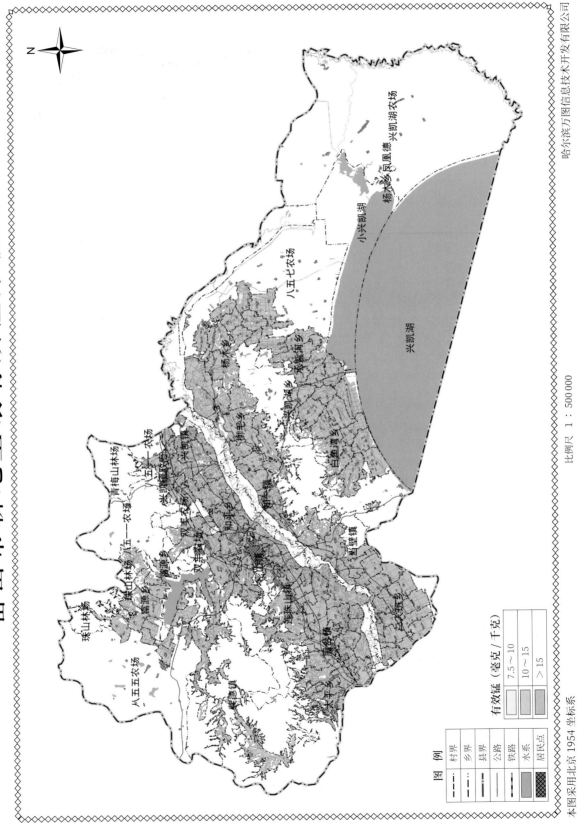

兴凯湖

小兴凯湖

杨木乡凤凰德兴凯湖农场

八五七农场

八五七农场

杨木乡

承紫河乡

兴凯湖乡

柳毛乡

白鱼湾乡

兴凯镇

连珠山镇

知一镇

和平乡

当壁镇

密山镇

双鸭农场

裴德镇

富源乡

黑台镇

青梅山林场

珠山林场

连珠山林场

八五一一农场

五一农场

八五五农场

八五七农场

八五五农场

太平乡

二人班乡

杨木乡

知一镇

八五五农场

图例

	村界
	乡界
	县界
	公路
	铁路
	水系
	居民点

有效锰（毫克/千克）

	7.5～10
	10～15
	＞15

比例尺 1：500 000

本图采用北京 1954 坐标系

哈尔滨万图信息技术开发有限公司

密山市耕地土壤有效锌分级图

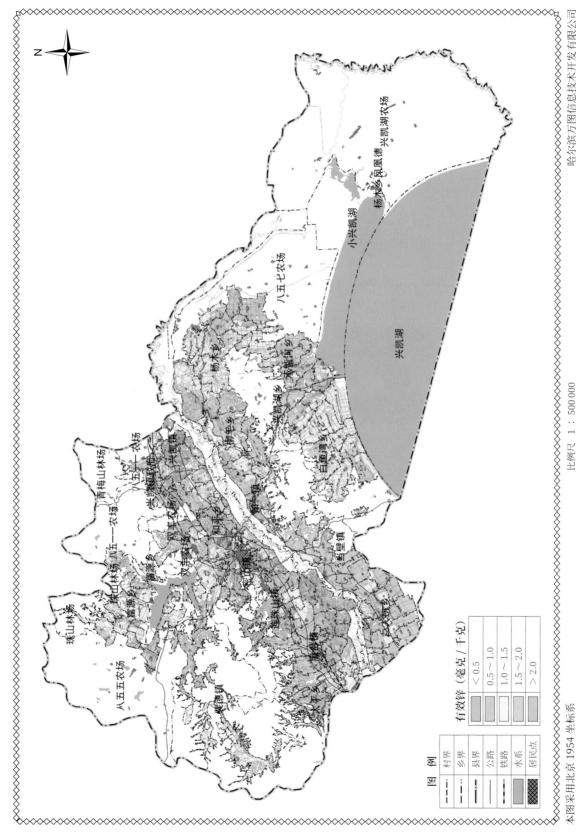

兴凯湖

小兴凯湖

杨木乡 凤凰德 兴凯湖 兴凯湖农场

八五七农场

杨木乡

兴凯湖乡

承紫河乡

柳毛乡

白鱼湾乡

八五一农场

青梅山林场

珠山林场 八五一一农场

富源乡

八五五五农场

珠山林场

裴德镇

连珠山镇

知一镇

黑台镇

三人城乡

太平乡

图 例

	村界
	乡界
	县界
	公路
	铁路
	水系
	居民点

有效锌 (毫克／千克)

	< 0.5
	0.5～1.0
	1.0～1.5
	1.5～2.0
	> 2.0

本图采用北京 1954 坐标系   比例尺 1：500 000   哈尔滨万图信息技术开发有限公司

密山市耕地土壤 pH 分级图

比例尺 1：500 000

兴凯湖

凤凰德村

土壤 pH
< 5.8
5.8～6.0
6.0～6.2
6.2～6.5
> 6.5

图 例
◎ 村
---- 村界
-·-·- 县界
水系

北京 1954 坐标系，高斯 - 克吕格投影，1956 年黄海高程系，密山市农技农业技术推广中心，中国科学院东北地理与农业生态研究所，2008 年 10 月

密山市玉米适宜性评价图

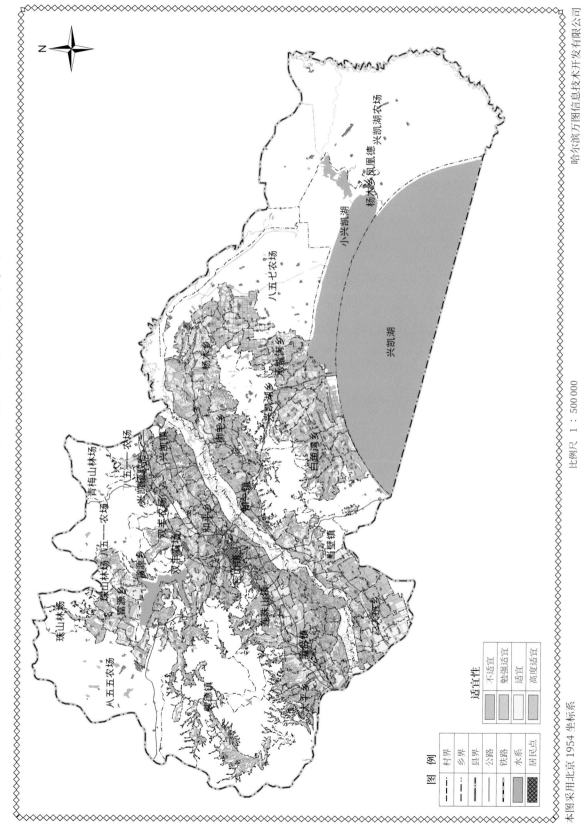

比例尺 1 : 500 000

本图采用北京 1954 坐标系

哈尔滨万图信息技术开发有限公司

图　例

村界		
乡界		
县界		
公路		
铁路		
水系		
居民点		

适宜性

	不适宜
	勉强适宜
	适宜
	高度适宜

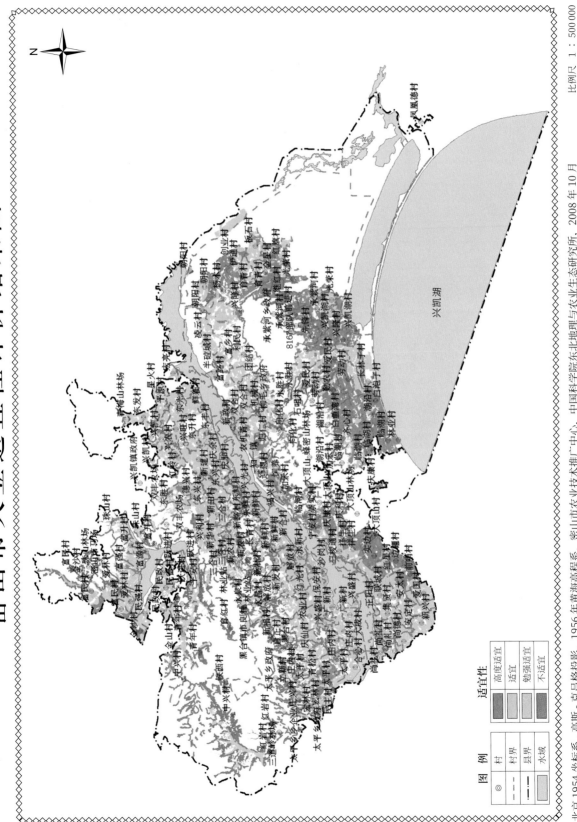

密山市大豆适宜性评价结果图

比例尺 1：500 000

北京 1954 坐标系，高斯－克吕格投影，1956 年黄海高程系，密山市农业技术推广中心，中国科学院东北地理与农业生态研究所，2008 年 10 月

图例

◎	村
- · -	村界
- · · -	县界
	水域

适宜性

高度适宜
适宜
勉强适宜
不适宜

兴凯湖